LES

# CHEMINS DE FER

## FRANÇAIS

—

### TOME TROISIEME

PÉRIODE DU 4 SEPTEMBRE 1870 AU CLASSEMENT DE 1879

# ALFRED PICARD

CONSEILLER D'ÉTAT, INGÉNIEUR EN CHEF DES PONTS ET CHAUSSÉES
ANCIEN DIRECTEUR DES CHEMINS DE FER AU MINISTÈRE DES TRAVAUX PUBLICS

LES

# CHEMINS DE FER

## FRANÇAIS

ÉTUDE HISTORIQUE

SUR

## LA CONSTITUTION ET LE RÉGIME DU RÉSEAU

DÉBATS PARLEMENTAIRES

ACTES LÉGISLATIFS — RÉGLEMENTAIRES — ADMINISTRATIFS — ETC.

PUBLIÉ SOUS LES AUSPICES DU MINISTÈRE DES TRAVAUX PUBLICS

## TOME TROISIÈME

PÉRIODE DU 4 SEPTEMBRE 1870 AU CLASSEMENT DE 1879

## PARIS

## J. ROTHSCHILD, ÉDITEUR

13, RUE DES SAINTS-PÈRES, 13

1884

# ABRÉVIATIONS

Km.   — *Kilomètre.*
B. L. — *Bulletin des Lois.*
J. O. — *Journal officiel.*

# PREMIÈRE PARTIE.

---

## PÉRIODE
## DU 4 SEPTEMBRE 1870 AU 31 DÉCEMBRE 1875

### EXTENSION DES RÉSEAUX CONCÉDÉS AUX GRANDES COMPAGNIES

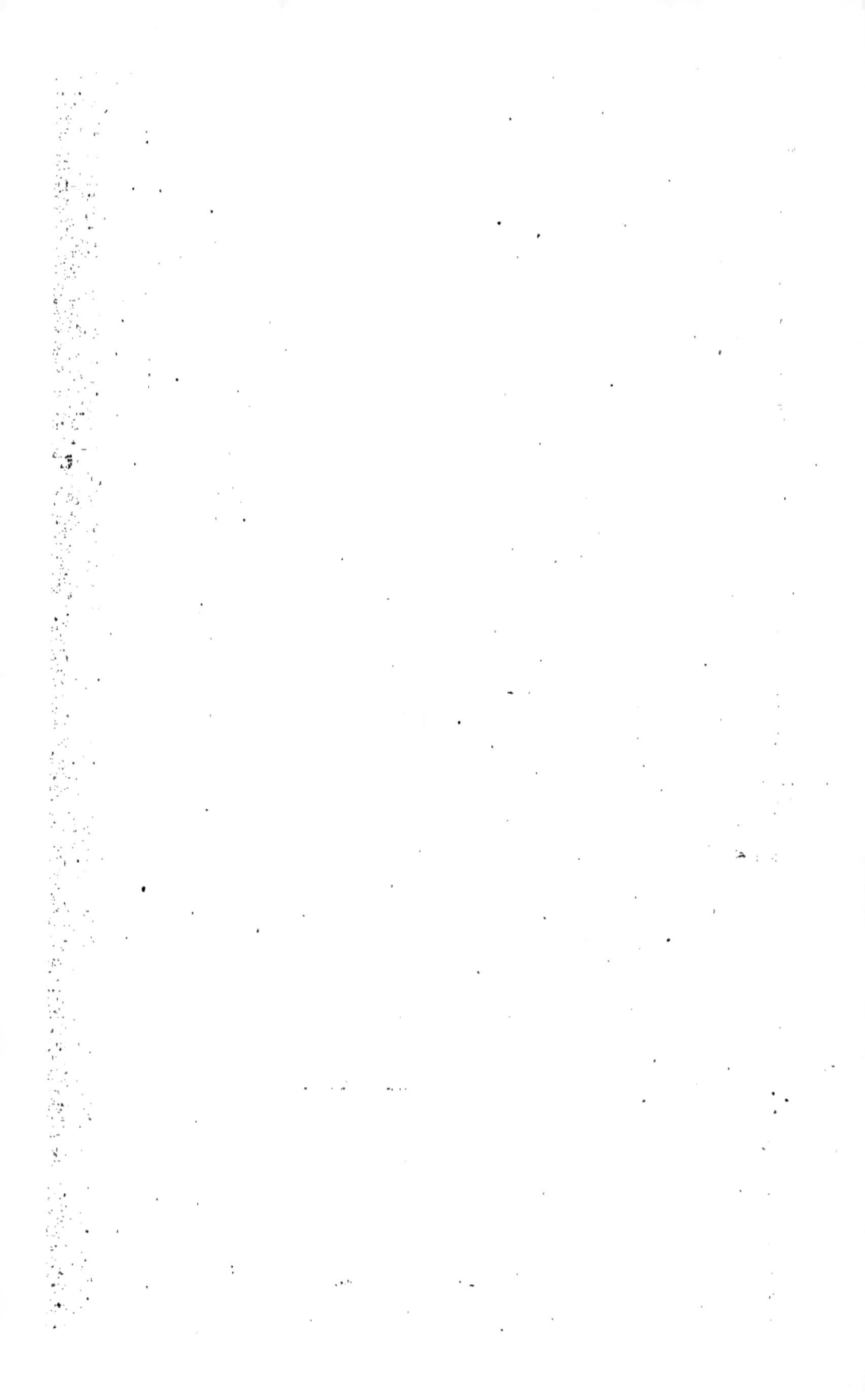

LES

# CHEMINS DE FER

## FRANÇAIS

---

### PREMIÈRE PARTIE

## PÉRIODE du 4 SEPTEMBRE 1870 au 31 DÉCEMBRE 1875

#### EXTENSION DES RÉSEAUX CONCÉDÉS AUX GRANDES COMPAGNIES

---

## CHAPITRE Ier. — ANNÉE 1871

**372. — Concession définitive de divers chemins à la Compagnie des Charentes.** — Le premier acte que nous ayons à signaler pour 1871 (1) est un décret du 29 janvier 1871 [B. L., 2ᵉ sem. 1874, nº 233, p. 601], rendant définitive la concession du chemin de fer de Blaye à la ligne de Saintes à Coutras, qui avait été concédé provisoirement à la Compagnie des chemins de fer des Charentes, par la convention du 18 juillet 1868. Ce chemin fut ouvert en 1873.

Un décret du chef du pouvoir exécutif, du 30 août 1871 [B. L., 2ᵉ sem. 1871, nº 66, p. 254], rendit également dé-

---

(1) Il n'existe aucun acte intéressant à relater du 4 septembre au 31 décembre 1870.

finitive la concession à la même Compagnie du chemin de Libourne à la ligne de Saintes à Coutras ; ce chemin n'est pas encore ouvert.

**373. — Convention avec la Compagnie du Nord.** — Le 8 janvier, le Ministre conclut avec la Compagnie du Nord une convention, aux termes de laquelle cette Compagnie renonçait à recourir à la garantie d'intérêt, pour les années 1870, 1871..... 1875, et était autorisée à porter au compte de premier établissement de son nouveau réseau tout ou partie des insuffisances de ce réseau. Le capital garanti restait fixé, au maximum, à 200 millions et rien n'était changé aux bases du partage éventuel des bénéfices.

Cette convention fut approuvée par un décret du 9 février 1871 [B. L., 1er sem. 1871, n° 47, p. 62].

**374. — Arrêté homologuant les traités passés entre diverses Compagnies d'intérêt local et la Compagnie d'Orléans à Châlons-sur-Marne.** — Un arrêté du président du conseil, chef du pouvoir exécutif, en date du 24 juillet 1871 [B. L., 2e sem. 1871, n° 59, p. 65], homologua les traités des 16 avril et 24 mai 1870, par lesquels les concessionnaires des chemins d'intérêt local de Glos-Monfort à Pont-Audemer, de Pont-de-l'Arche à Gisors, d'Evreux à Elbeuf et d'Acquigny à Dreux cédaient ces chemins à la Compagnie d'Orléans à Châlons-sur-Marne.

**375. — Concession de chemins d'intérêt local dans le département d'Eure-et-Loire.** — Le 20 mai 1870, le département d'Eure-et-Loir concédait à la Compagnie du chemin de fer d'Orléans à Rouen :

1° Sans subvention, ni garantie d'intérêt, sept lignes reliant la Loupe à Senonches (8 km.), Senonches à Château-

neuf (16 km.), Senonches à Nonancourt (28 km.), Senonches à Verneuil (32 km.), Brou vers Saint-Calais (20 km.),
la Loupe à Brou (39 km.), Maintenon à Auneau (21 km.) ;
2° avec une subvention départementale de 10 000 fr. par kilomètre et une subvention de l'État de 5 000 fr., cinq lignes : de
Dreux à Maintenon (25 km.) : de Chartres à Auneau (20 km.):
d'Auneau à la limite du département, par Sainville (16 km.);
de Chartres à Brou (37 km.) ; de Voves à Toury (25 km.).

La concession des chemins de Brou vers Saint-Calais et
d'Auneau vers Sainville et Étampes était subordonnée à
l'obtention, par la Compagnie, de la concession de leurs
prolongements sur le territoire des départements voisins.

Sur le chiffre de 3 405 000 fr., auquel s'élevaient les
subventions départementales accordées ainsi à la Compagnie,
tant par la convention du 20 mai 1870 que par une convention antérieure approuvée par décret du 4 août 1869 et portant sur d'autres chemins, 450 000 fr. devaient être payés
en capital, sur les fonds des exercices 1869 et 1870, et
2 955 000 fr. transformés en annuités de 147 750 fr., à
partir du 1er janvier 1872. Le paiement de ces annuités
devait être suspendu, en cas d'inexécution du contrat.

La durée de la concession était de quatre-vingt-dix-neuf
ans ; le cahier des charges reproduisait, à peu près complètement, les clauses de l'acte analogue relatif à la ligne d'Orléans
à Rouen.

Un décret du 31 juillet 1871 [B. L., 2e sem. 1871, n° 59,
p. 67] approuva la convention et alloua au département une
subvention de 615,000 fr.

Seuls, les chemins de Chartres à Auneau et de Chartres à
Brou ont été ouverts en 1876.


376. — **Loi sur les conseils généraux.** — Dans la loi du
10 août 1871 [B. L., 2e sem. 1871, n° 64, p. 93], sur les con-

seils généraux, nous relevons le paragraphe relatif aux pouvoirs des assemblées départementales, en matière de chemins de fer d'intérêt local ; il est ainsi conçu : « Le conseil général statue définitivement sur……. la direction des chemins de fer d'intérêt local, le mode et les conditions de leur construction, les traités et dispositions nécessaires pour en assurer l'exploitation. »

377.— **Concession du chemin d'intérêt local d'Orléans à la limite d'Eure-et-Loir.** — Le 9 octobre 1869, le département du Loiret avait concédé à MM. Fresson et consorts, moyennant une subvention totale de 300 000 fr., un chemin d'Orléans à la limite d'Eure-et-Loir, dans la direction de Voves (24 km.). Le tarif était celui des chemins d'intérêt général.

Un arrêté du chef du pouvoir exécutif, du 22 août 1871 [B. L., 1er sem. 1872, n° 77, p. 8], autorisa l'exécution de ce chemin et le dota d'une subvention de 100 000 fr.

L'ouverture à l'exploitation eut lieu en 1872.

378. — **Concession définitive des chemins de Saint-Omer à Berguette, de Berguette à Armentières, de Dunkerque à Calais par Gravelines, de Somain à Roubaix et à Tourcoing.**— La convention du 22 mai 1869, entre l'État et la Compagnie du Nord-Est, portait concession éventuelle, au profit de la Compagnie du Nord-Est, de six lignes : de Saint-Omer à Berguette ; de Berguette à Armentières; de Dunkerque à Calais, par Gravelines; de Somain à Roubaix et à Tourcoing, par Orchies; d'Erquelines à Fourmies ou Anor ; de Chauny à Anisy. L'État s'engageait à garantir pendant cinquante ans, jusqu'à concurrence de moitié, un intérêt de 5 °/₀ amortissement compris, sur la dépense de premier établissement, limitée à un maximum de 150 000 fr. par kilomètre;

cette somme pouvant toutefois être augmentée de 20 000 fr.
pour insuffisance des produits, jusqu'à l'époque à laquelle
commencerait l'application de la garantie d'intérêt. Le
22 août 1871 [J. O., 3 septembre 1871], M. de Larcy, Ministre des travaux publics, déposa un projet de loi tendant
à rendre définitive la concession des quatre premières lignes,
pour lesquelles toutes les formalités avaient été remplies.

M. Plichon présenta, le 5 septembre 1871 [J. O., 22 octobre
1871], un rapport concluant à l'adoption du projet de loi,
sauf addition du chemin d'Erquelines à Fourmies ou à
Anor, par ou près Consolre et Solre-le-Château, pour lequel
les formalités nécessaires venaient d'être accomplies.

Après le dépôt de ce rapport, M. Testelin saisit la Commission d'un article additionnel ayant pour objet d'interdire
toute aliénation ou cession totale ou partielle de la concession ou de l'exploitation du réseau du Nord-Est, sans l'assentiment du pouvoir législatif ou des conseils généraux des
départements intéressés. La Commission pensa que cette
clause était inutile : en effet, les aliénations, les traités de
fusion, d'association ou d'exploitation étaient essentiellement
subordonnés à l'approbation du Gouvernement et même du
pouvoir législatif, si les charges du Trésor devaient être
aggravées ; quant aux départements, leur intervention était
évidemment obligatoire [J. O., 28 octobre 1871].

La loi fut votée sans discussion le 15 septembre 1871
[J. O., 16 septembre 1871], et promulguée le 12 octobre
[B. L., 2ᵉ sem. 1871, nᵒ 68, p. 296].

L'ouverture à l'exploitation de la ligne de Saint-Omer à
Berguette eut lieu en 1878 ; celle de la ligne de Berguette à
Armentières, en 1874 ; celle de la ligne de Dunkerque à
Calais, en 1876 ; et celle de la ligne de Somain à Tourcoing,
en 1874-1878. Quant au chemin d'Erquelines à Fourmies,
il n'a pas encore été livré à la circulation : le retard tient

à diverses causes et, notamment, aux changements qu'a dû subir le tracé dans l'intérêt de la défense.

**379. — Impôt sur la grande vitesse.** — La loi de finances du 16 septembre 1871 [B. L., 2ᵉ sem. 1871, n° 67, p. 265] frappa tous les transports en grande vitesse, à partir du 15 octobre 1871, d'une taxe additionnelle de 10 %. L'impôt total perçu sur ces transports élève ainsi leurs prix dans la proportion excessive de 100 à 123,2, savoir :

| | |
|---|---|
| Prix initial............................................ | 100 |
| 1ᵉʳ impôt du dixième, portant à la fois sur le prix de transport et sur le péage (loi du 14 juillet 1855)................. | 10 |
| 1ᵉʳ décime ajouté par la loi du 6 prairial an VII........ | 1 |
| 2ᵉ décime ajouté par la loi du 14 juillet 1855.......... | 1 |
| TOTAL..... | 112 |
| 2ᵉ impôt de 10 % résultant de la loi du 22 août 1871.... | 11,2 |
| TOTAL..... | 123,2 |

**380. — Concession des chemins de Saint-Amand à la frontière belge vers Tournay et de Saint-Amand à Blanc-Misseron.** — Le 26 octobre 1871 [B. L., 2ᵉ sem. 1871, n° 72, p. 396], intervint une convention par laquelle le Ministre concédait à la Compagnie de Lille à Valenciennes, sans subvention ni garantie d'intérêt, et aux clauses et conditions de son cahier des charges du 11 juillet 1864, deux chemins de Saint-Amand à la frontière belge, vers Tournay (9 km.), et de Saint-Amand à Blanc-Misseron (20 km.).

Un décret en date du même jour approuva cette convention.

La première ligne fut livrée à l'exploitation en 1875, et la seconde en 1880.

381. — **Concession du chemin de Lagny aux carrières de Neufmoutiers.**— Un décret du 27 décembre 1871 [B. L., 1er sem. 1872, n° 81. p. 124] autorisa la société Cornu et consorts à établir un chemin de fer de Lagny aux carrières de Neufmoutiers (15 km.). Ce chemin était destiné, tout à la fois, au transport des produits des carrières et à un service public de voyageurs et de marchandises.

La largeur de la voie était de 1 mètre. Le tarif des voyageurs était celui des grandes Compagnies ; celui des marchandises transportées en petite vitesse comprenait : 1° trois prix de 0 fr. 20, 0 fr. 18 et 0 fr. 16, pour les transports sans conditions de tonnage ; 2° trois autres prix de 0 fr. 15, 0 fr. 13 et 0 fr. 10, pour les transports par wagons complets.

L'ouverture eut lieu en 1872.

382. — **Incidents parlementaires (questions, interpellations, enquêtes). Proposition de M. Barthélemy Saint-Hilaire tendant à une enquête parlementaire sur les chemins de fer.** — Il nous reste, pour clore l'année 1871, à relater divers incidents parlementaires, tels que questions, interpellations, enquêtes, etc.

Nous commencerons par une proposition de M. Barthélemy Saint-Hilaire.

Le 19 février 1871, M. Barthélemy Saint-Hilaire déposa sur le bureau de l'Assemblée nationale, en son nom et au nom d'un certain nombre de ses collègues, une proposition [J. O., 25 mars 1871] tendant à nommer huit commissions, composées de quarante-cinq membres chacune, avec mission d'éclairer l'Assemblée sur la situation des forces et des ressources de la France et notamment sur l'état des chemins de fer, routes, rivières et canaux.

Cette proposition, prise en considération, donna lieu à

un rapport de M. Bastid, dont nous allons donner une analyse
sommaire [J. O., 2 juin 1871].

Ce rapport, déposé le 11 mars 1871, constatait tout
d'abord qu'au 23 février 1871, sur une longueur totale de
17 546 kilomètres de chemins de fer français en exploitation, 7 122 kilomètres étaient occupés par l'ennemi ; dans
ce dernier chiffre était compris le réseau de l'Est tout
entier. M. Bastid faisait ensuite connaître le montant des
dommages éprouvés par les administrations de chemins de
fer, savoir :

*Compagnie de l'Est :*

Dégâts, 30 000 000 fr.
Machines au pouvoir de l'ennemi, 200.
Wagons au pouvoir de l'ennemi, 3 000.

*Compagnie de Paris-Lyon-Méditerranée :*

Dégâts, 4 000 000 fr.
Wagons au pouvoir de l'ennemi, 300.

*Compagnie d'Orléans :*

Dégâts, 1 500 000 fr.
Machine au pouvoir de l'ennemi, 1.
Fourgons au pouvoir de l'ennemi, 30.

*Compagnie de l'Ouest :*

Dégâts, 15 000 000 fr.
Machines au pouvoir de l'ennemi, 6.
Wagons au pouvoir de l'ennemi, 150.

*Compagnie du Nord :*

Dégâts, 6 000 000 fr.

Ces diverses indications n'avaient qu'un caractère tout
à fait approximatif; elles laissaient en dehors le réseau
départemental. Le délai nécessaire aux réparations était

évalué à quinze jours, pour une mise en état provisoire, et à une campagne, pour une mise en état définitive.

Aux dommages ayant en quelque sorte un caractère direct, s'ajoutait la diminution de recettes qu'avait produite la perturbation apportée à l'exploitation par l'état de guerre ; M. Bastid fournissait quelques renseignements sommaires à cet égard.

Examinant ensuite les ressources que présentaient les voies ferrées pour la guerre, leur fonctionnement et les réformes à introduire dans les services qui s'y rattachaient, il constatait les résultats merveilleux obtenus dans certaines circonstances ; il citait l'exemple du transport, en trente heures, de l'armée du général Vinoy et celui de la concentration, en trois jours, au Mans, d'une armée de 100 000 hommes ; mais il relevait aussi de nombreux faits qui avaient contribué à paralyser les chemins de fer, particulièrement les contre-ordres, les réquisitions abusives, les compétitions entre des autorités de divers ordres, l'immobilisation de nombreux wagons par l'intendance qui les transformait en magasins, l'action insouciante et désordonnée de comités locaux ; il signalait la nécessité de remédier à cette situation par des réformes sérieuses et notamment par une direction plus forte ; il appelait l'attention des pouvoirs publics sur les inconvénients qu'avait comportés l'insuffisance de lignes transversales et sur la possibilité de créer, le cas échéant, des chemins de campagne, comme l'avaient fait les Allemands, en quelques semaines, entre Herning et Pont-à-Mousson, sur une longueur de 30 kilomètres.

**383. — Proposition de M. Raudot sur les concessions de chemins de fer.** — Le 14 juin 1871, M. Raudot déposa une proposition de loi [J. O., 27 juin 1871], ayant pour objet de rendre désormais perpétuelles les concessions de chemins

de fer et, par contre, de ne plus les subventionner sur les
fonds du Trésor. Au budget de 1871, les annuités aux
Compagnies, les garanties d'intérêt et les subventions aux
chemins d'intérêt local s'élevaient à 76 millions ; l'état
des finances publiques paraissait à M. Raudot devoir porter
obstacle au paiement d'une somme si élevée et, à plus forte
raison, au développement du réseau, si l'on persistait dans
les errements du passé, pour l'établissement des voies
ferrées. Le seul moyen, suivant lui, de porter remède à
cette situation, était d'affranchir à l'avenir les concessionnaires de toutes les entraves résultant d'une immixtion
exagérée de l'administration dans l'étude de leurs projets,
l'exécution de leurs travaux et l'organisation de leur exploitation ; de les exonérer des transports gratuits ou à prix
réduit ; de ranimer leur activité en leur assurant la perpétuité de leur propriété ; de suivre, à cet égard, l'exemple de
l'Angleterre et de revenir aux errements du règne de
Henri IV ; et, en échange de ces avantages, de supprimer
tout secours pécuniaire de l'État aux Compagnies.

La commission d'initiative exprima, le 26 juillet 1871,
[J. O., 22 août 1871], par l'organe de M. Arthur Legrand
son rapporteur, l'avis qu'il n'y avait pas lieu de prendre
cette proposition en considération. Elle jugeait impossible
de ne pas surveiller, de ne pas réglementer une industrie
qui intéressait la généralité des citoyens et qui, par la force
des choses, était soustraite aux lois de la concurrence ; la
perpétuité des concessions et la liberté absolue dans la
construction et l'exploitation ne lui paraissaient pas devoir
compenser, pour les Compagnies, la suppression de tout
concours financier. Elle faisait d'ailleurs remarquer qu'il
convenait avant tout d'écarter du débat les allocations au
titre de la garantie d'intérêt, simples avances remboursables avec intérêts et gagées par la valeur du matériel

roulant. Quant aux subventions, l'État s'en récupérait par l'accroissement de ses recettes et la réduction de ses dépenses : c'est ainsi qu'en 1869 l'impôt sur le prix des transports en grande vitesse, l'abonnement pour le timbre des titres, la taxe sur les valeurs mobilières, sur les mutations, sur les timbres des récépissés, avaient produit 57 000 000 fr.; les immunités stipulées au profit des services publics avaient donné une économie montant au même chiffre; le bénéfice du Trésor avait donc été de 114 000 000 fr., soit de 7 000 fr. par kilomètre; le montant des subventions, à rapprocher de ce bénéfice, était de 1 770 000 000 fr., sur lesquels un milliard seulement avait été payé. La participation de l'Etat dans les dépenses de premier établissement n'avait eu jusqu'alors rien d'exagéré; car elle n'avait pas dépassé 17 °/₀ de ces dépenses; du reste, l'autorité législative seule pourrait à l'avenir prononcer la déclaration d'utilité publique des travaux d'intérêt général et il ne convenait pas de lui interdire, par avance, de prendre telle détermination dont les circonstances révéleraient la nécessité. Abstraction faite de toute autre considération, la perpétuité ne faciliterait pas les concessions; car il suffisait d'une annuité de 0 fr. 0004. pour amortir un franc de capital en quatre-vingt-dix-neuf ans, et une entreprise, qui ne pourrait supporter une si faible charge, ne serait certainement pas viable. En renonçant aux concessions temporaires, on renoncerait du même coup aux avantages du retour des chemins de fer à l'État.

Postérieurement, le 18 décembre 1871, M. Arthur Legrand déclara devant l'Assemblée nationale que la Commission avait changé d'avis, à raison des plaintes nombreuses qui s'étaient élevées récemment contre le mode de transport des marchandises; des propositions qu'avaient formulées plusieurs membres de l'Assemblée, concernant l'exploitation des chemins de fer; de l'interpellation que

M. Le Royer avait adressée au Ministre des travaux publics ; du mouvement d'opinion qui s'était produit dans le public. Sans préjuger la suite à donner aux idées exprimées par M. Raudot, il conclut à renvoyer la proposition à la Commission d'enquête instituée pour étudier toutes les questions relatives aux chemins de fer. Cette conclusion fut adoptée sans discussion [J. O., 19 décembre 1871].

**384.—Questions sur l'insuffisance des moyens de transport par voies ferrées.** — La première de ces questions fut posée le 13 juillet 1871 par M. Jullien, député [J. O., 14 juillet 1871]. Suivant lui, l'insuffisance des transports par voies ferrées paralysait au plus haut point l'agriculture et l'industrie ; elle immobilisait, dans les maisons de commerce et les usines, un stock considérable de marchandises ; elle portait un obstacle regrettable au commerce d'exportation. La principale cause d'un tel état de choses était l'envoi à l'étranger d'une partie considérable de notre matériel roulant ; il importait de savoir quand on rentrerait dans une situation normale.

M. Félix Dupin joignit ses doléances à celles de M. Jullien. Il insista spécialement sur l'accumulation des vins dans la région du Midi et imputa une partie du mal à ce que les Compagnies, et notamment celle de Paris-Lyon-Méditerranée, n'avaient pas su, à la suite de la guerre, se mettre à la hauteur de leur tâche.

M. le baron de Larcy répondit à ces deux députés ; il rappela les nécessités indiscutables qu'avaient dû subir les Compagnies, par le fait de la guerre, puis de l'insurrection de Paris, du rapatriement des prisonniers français, de l'évacuation de l'armée allemande. Les Compagnies avaient été privées, pour leur trafic commercial, de 30 000 wagons sur 120 000. D'autre part, elles ne recevaient pas des

usines le matériel qu'elles leur avaient commandé. En même
temps, elles se trouvaient dans l'obligation de faire face à
une fréquentation plus grande ; leurs gares de Paris avaient
été encombrées de marchandises et cet encombrement avait
été d'autant plus grave que les commerçants ne voulaient
faire leurs livraisons que contre remboursement ; le camionnage avait fait défaut, par suite de la perte d'un grand nombre de chevaux ; beaucoup de magasins publics, d'entrepôts,
qui constituaient en quelque sorte les déversoirs des gares,
avaient été détruits. Il y avait eu une véritable crise, résultant de circonstances de force majeure. Les mesures les
plus vigoureuses étaient prises par l'administration et par
les Compagnies, pour faire cesser cette crise et pour assurer
la rentrée rapide des wagons retenus en Allemagne.

Après quelques observations complémentaires de M. Pel-
lereau-Villeneuve, le débat fut clos.

La question fut renouvelée, le 13 septembre, par M. de
Lacretelle et par M. Arrazat, mais plus particulièrement
pour le réseau de Paris-Lyon-Méditerranée [J. O., 14 septembre 1871]. Le Ministre des travaux publics répondit par
les considérations qu'il avait déjà invoquées au mois de
juillet ; mais il annonça son intention de rapporter, en novembre, l'arrêté du 11 avril qui, en raison des circonstances,
avait dispensé les Compagnies de l'observation des délais
réglementaires.

**385.— Interpellation de M. Le Royer sur deux arrêtés
ministériels relatifs aux délais de transport.** — Le 14 décembre 1871 [J. O., 15 décembre 1871], M. Le Royer interpella le Ministre des travaux publics sur les arrêtés des
11 avril et 10 octobre relatifs aux transports par les voies
ferrées et sur l'application qu'en faisaient les Compagnies.

Suivant l'orateur, l'arrêté du 11 avril pouvait prêter à la critique, au point de vue de la légalité; il était inutile, puisqu'il ne faisait que consacrer un état de choses résultant de circonstances de force majeure; il était dangereux, en ce sens qu'il constituait pour les Compagnies un oreiller de paresse. Néanmoins le public n'avait pas protesté ; il avait du reste compté sur la réalisation de la promesse du Ministre, de rentrer dans le droit commun, à partir du mois de novembre 1871. Mais l'opinion avait été surprise par l'arrêté du 10 octobre 1871, qui subordonnait le rétablissement des délais, pour le transport des marchandises en petite vitesse classées dans les séries inférieures, au paiement de la taxe afférente à la deuxième série du tarif général ; qui ne rétablissait les conditions de droit commun qu'à partir du 1er janvier 1872, moyennant paiement du prix des tarifs généraux ; et qui exceptait même de ces mesures les départements occupés, auxquels le régime de l'arrêté du 11 avril devait rester applicable jusqu'à leur évacuation. Les dispositions de cet arrêté devaient nécessairement avoir pour effet l'accumulation des marchandises des séries inférieures ; l'exagération des délais pour le transport de ces marchandises, lorsqu'elles n'acquittaient pas la taxe de la deuxième série ; le développement d'une crise sans précédent, pour les transports de houille, de grains, de vins, d'engrais chimiques ; la mise en chômage totale ou partielle des usines ; le renchérissement des produits alimentaires. Il fallait absolument revenir au droit commun et ranimer le travail en souffrance. Le matériel était d'ailleurs rentré en France et réparé ; les Compagnies pouvaient en acquérir ; elles étaient en mesure de satisfaire aux obligations que leur conférait leur monopole. Le retrait de l'arrêté du 10 octobre s'imposait au Gouvernement.

M. de Larcy, Ministre des travaux publics, répondit à

M. Le Royer ; il rappela tout d'abord que l'arrêté du 11 avril avait été implicitement approuvé par l'Assemblée, lors de la discussion soulevée par M. Jullien, le 13 juillet 1871 ; que cet arrêté, sans être absolument conforme à la stricte rigueur des principes, n'en avait pas moins eu pour effet d'éviter au public et aux Compagnies, de nombreux procès ; que du reste, il n'avait pas couvert la responsabilité des Compagnies, pour le cas où le délai dont elles avaient moralement besoin aurait été dépassé.

Puis il reconnut que la situation ne s'était pas améliorée aussi rapidement qu'il l'avait désiré et espéré. Mais il expliqua le fait par l'arriéré auquel les Compagnies avaient eu à faire face ; il montra tous les efforts de son administration pour rentrer le plus tôt possible dans le régime normal, tous les résultats déjà obtenus ; il ajouta que la Commission d'enquête, dont l'institution était proposée à l'Assemblée, pourrait utilement porter ses investigations sur la conduite tenue par le Gouvernement et par les Compagnies, et sur les mesures à prendre pour l'avenir.

A la séance suivante, M. Cézanne prit la parole, pour établir que la crise des transports sévissait non seulement sur la France, mais encore sur la Belgique, la Suisse, l'Autriche, la Prusse ; qu'elle avait pris les proportions de ces grands phénomènes naturels qui déjouent toutes les combinaisons de la prudence humaine ; qu'elle n'était pas encore près de toucher à son terme ; qu'en tous cas la question ne pouvait pas être jugée *ex abrupto* par une assemblée de 750 personnes et que la seule décision à prendre était de renvoyer l'affaire à la commission d'enquête.

M. de Jouvenel répliqua à M. Cézanne ; il accusa les Compagnies de n'avoir pas su faire les sacrifices nécessaires pour remédier à la crise, d'avoir oublié la générosité dont les pouvoirs publics avaient fait preuve à leur égard, d'avoir

3

fait germer l'idée du rachat par l'insuffisance de leurs efforts. Il indiqua l'opportunité de les convier à augmenter les
quais d'arrivage et à multiplier les voies d'évitement ; de
faire accélérer, par l'emploi d'un personnel plus nombreux,
le travail de déchargement des wagons ; d'exiger une meilleure utilisation du matériel et, à cet effet, un accroissement
de la vitesse des trains.

Après un discours de M. le comte Benoist-d'Azy, dans un
sens favorable aux Compagnies, et quelques observations de
M. le marquis de Dampierre, sur les inconvénients des conflits entre la Compagnie d'Orléans et la Compagnie des Charentes, l'Assemblée vota un ordre du jour de MM. Cézanne,
de Clercq, Raudot et Jullien, portant renvoi de la question à
la Commission d'enquête.

386. — **Propositions de MM. Wilson et Claude tendant
à une enquête parlementaire sur les chemins de fer.**— Le
7 décembre [J. O., 8 décembre 1871], M. Wilson et trois de
ses collègues déposèrent sur le bureau de l'Assemblée une
proposition, ayant pour objet la nomination d'une Commission de quinze membres « chargée d'une enquête concer-
« nant les améliorations à apporter au service du trans-
« port des marchandises sur les chemins de fer. »

Le lendemain [J. O., 9 décembre 1871], M. Claude et
trente autres députés formulèrent une proposition analogue,
mais en portant à trente le nombre des membres de la
Commission et en lui donnant pour mission de « procéder
« à une enquête sur la situation des moyens de transport
« en France et sur la tarification des marchandises, et de
« présenter un projet de loi sur les voies et moyens propres
« à amener la prompte amélioration des voies de transport
« et l'abaissement des tarifs ».

Au nom de la Commission saisie de ces deux propositions,

M. de Clercq conclut [J. O., 16 décembre 1871] à la nomination d'une Commission parlementaire de trente membres
chargée : « 1° de proposer d'urgence à l'Assemblée les me-
« sures immédiates à prendre, afin de diminuer, autant que
« possible, les souffrances causées par la crise actuelle, et
« 2° de procéder à une enquête approfondie sur le régime
« général des chemins de fer. »

L'Assemblée ayant homologué cette conclusion [J. O.,
16 décembre 1871], la Commission fut nommée ; M. Raudot
en était président ; M. Feray, vice-président ; MM. Wilson
et de Clercq, secrétaires.

Cette Commission entendit longuement le Ministre, le
directeur général des chemins de fer, les directeurs des
Compagnies ; elle se rendit compte de l'état des gares de
Paris, des magasins et des entrepôts ; et, dès le 5 janvier
1872, M. de Clercq put présenter un rapport sommaire sur
le résultat de ses premiers travaux [J. O., 9 janvier 1872].
D'après ce rapport, l'encombrement des voies ferrées était
dû à des raisons plus fortes que la volonté et la prévoyance
humaines ; les Compagnies avaient fait de très grands efforts
et étaient disposées à s'imposer encore patriotiquement de
nouveaux sacrifices. Les causes principales de l'encombrement étaient le manque de matériel après la signature de
la paix ; l'affluence des marchandises présentées aux gares,
pour remplacer les approvisionnements épuisés pendant une
longue période d'inactivité commerciale ; la désorganisation
du personnel ; la destruction de certaines gares et d'un
grand nombre d'ouvrages d'art ; l'insuffisance des voies
navigables ; les agissements du public, qui ne prenait pas
livraison des marchandises et immobilisait ainsi les wagons ;
les formalités excessives du service des douanes et de celui
de l'octroi ; l'importance des transports des céréales, par

suite de la mauvaise récolte. Les arrêtés du 11 avril et du
10 octobre avaient été inspirés par des vues très louables,
mais n'avaient pas produit les effets que leur auteur en attendait. Il fallait prendre d'autres dispositions. La Commis-
soin ne pensait pas qu'il y eût là matière à intervention législative et se bornait à appeler l'attention du Gouvernement
sur les mesures suivantes :

1° Accélération des services de la douane et de l'octroi,
à Paris et dans les principales villes ;

2° Mise à la disposition des Compagnies, par le Ministre de la guerre, de chevaux, voitures et soldats pour
aider à la manutention et au camionnage des marchandises ;

3° Élévation, jusqu'à la fin de la crise, des droits de magasinage ;

4° Réduction, à la journée du lendemain de la mise à la
poste de la lettre d'avis, du délai accordé pour le déchargement des marchandises et leur enlèvement ;

5° Camionnage d'office des marchandises non enlevées dans
le délai fixé par le Ministre et dépôt de ces marchandises
dans des entrepôts, aux risques et périls des destinataires ;

6° Mise à la disposition des Compagnies, par les villes où
cela serait nécessaire et à Paris spécialement, des bâtiments
et magasins disponibles ;

7° Fixation de délais de livraison qui pourraient provisoirement être portés au double des délais déterminés par
l'arrêté ministériel du 12 juin 1866 ; et retour au droit commun et aux anciens délais, à partir du 1er mars ;

8° Publicité des avis relatifs à la fermeture des gares,
quand il serait impossible d'échapper à cette extrémité.

Au rapport était annexé un tableau indiquant que le
nombre des wagons en service, au 31 octobre 1871, était de

120 821 pour 16 233 kilomètres en exploitation, soit de 7,44 par kilomètre ou de 19,16 par million de tonnes transportées à 1 kilomètre (tonnage de 1869), et que 11 903 wagons étaient en cours de construction, pour être livrés au plus tard en août 1872.

# CHAPITRE II. — ANNÉE 1872

387. — **Arrêté ministériel du 29 décembre 1871 et décret du 3 janvier 1872 sur les délais de transport.** — Entrant dans les vues de la Commission, le Ministre prit, le 29 décembre 1871, un arrêté portant les stipulations suivantes :

1° A partir du 1er janvier 1872, les transports en grande vitesse, ainsi que les transports en petite vitesse, devaient être faits dans les délais fixés par l'arrêté ministériel du 12 juin 1866 ;

2° Provisoirement et jusqu'au 1er mars 1872, les marchandises en petite vitesse devaient être expédiées dans l'ordre d'inscription ; toutefois, en cas d'insuffisance du matériel, la priorité pouvait être accordée aux houilles, cokes, minerais, blés, seigles, farines, pommes de terre et sels, et aux marchandises livrables sur des embranchements particuliers ou dans des magasins publics reliés par voie ferrée. Les délais pouvaient être portés au double de ceux qui étaient fixés par l'arrêté du 12 juin 1866, pour les tarifs généraux, et par les décisions d'homologation, pour les tarifs spéciaux.

Les Compagnies bénéficiaient d'un minimum de six jours, non compris ceux de la remise et de la livraison.

En cas de fermeture momentanée d'une gare, pour cause de force majeure, avis de la fermeture, de ses causes et de sa durée probable devait être immédiatement notifié aux autorités locales et publié par voie d'affiches.

Les délais restaient suspendus pour les départements occupés.

Un décret du 3 janvier 1872, rendu en Conseil d'État,

[B. L., 1er sem. 1872, n° 80, p. 81], approuva cet arrêté. Le 29 février, intervint un second décret [B. L., 1er sem. 1872, n° 85, p. 264], qui prorogeait l'effet du premier jusqu'au 31 mars.

388. — **Rétablissement de la Commission centrale des chemins de fer.** — Un arrêté du 16 février 1871 avait supprimé le comité consultatif des chemins de fer. Le 6 janvier 1872, un second arrêté rétablit la commission centrale des chemins de fer. Cette Commission avait dans ses attributions toutes les questions relatives à la construction et à l'exploitation, qui n'étaient pas de la compétence des conseils généraux des ponts et chaussées et des mines. Elle était présidée par le Ministre et comprenait des membres de l'administration centrale; des inspecteurs généraux; des délégués des ministères de la guerre, des finances, de l'intérieur et du commerce; et des membres de la chambre de commerce de Paris. Les inspecteurs généraux du contrôle y avaient voix consultative dans les affaires de leur service.

389. — **Convention avec la Compagnie de la Vendée pour le chemin de Bressuire à Tours.** — Une loi du 22 juillet 1870 avait, nous l'avons vu, approuvé une convention passée avec la Compagnie des chemins de fer de la Vendée, pour la concession du chemin de fer de Bressuire à Joué, près Tours. D'après cette loi, les travaux d'infrastructure devaient être exécutés par l'État. Les circonstances ayant empêché l'administration de mettre la main à l'œuvre, la Compagnie avait offert de construire la plate-forme, sur 29 kilomètres de longueur, entre Bressuire et Thouars, moyennant une somme à forfait de 2 700 000 fr., à payer le 15 janvier 1874; un décret du Gouvernement de la défense nationale, du 25 janvier 1871 [B. L., 1er sem. 1873, n° 126, p. 395], avait accepté cette offre. Le Gouvernement pensa

qu'il était naturel de recourir à la même combinaison pour
le surplus de la ligne (94 km.), et, après s'être entendu avec
la Compagnie de la Vendée, il présenta, le 12 septembre
1871 un projet de loi [J. O., 28 octobre 1871], portant
approbation d'une convention, aux termes de laquelle cette
Compagnie se chargeait de la construction de la plate-forme
sur ces 94 kilomètres, moyennant une allocation à forfait
de 8 600 000 fr., soit de 90 000 fr. environ par kilomètre,
à payer au moment de l'achèvement des travaux, c'est-à-
dire : partie au 15 janvier 1874, partie au 15 janvier 1875
au plus tôt. Les exercices 1872 et 1873 devaient ainsi se
trouver déchargés, pour l'Etat, de dépenses auxquelles il
aurait eu peine à faire face. La Compagnie avançait en
outre au Trésor, pour hâter la mise en valeur de la ligne
des Sables-d'Olonne à Tours, une somme de 900 000 fr.
applicable à l'achèvement du bassin à flot du port des
Sables-d'Olonne et à d'autres travaux d'amélioration de ce
port. Cette somme devait être versée en deux années et rem-
boursée par l'État en cinq autres années ; la Compagnie
renonçait à tout intérêt, à la condition que le domaine mît
à sa disposition, au prix de 100 fr. par an et par hectare,
des terrains attenant au port des Sables, qu'elle comptait
utiliser pour des voies de garage, des magasins, des dépôts.

M. de Puiberneau fit un rapport tout à fait favorable à
cette proposition [J. O., 15 janvier 1872] et la loi fut votée
le 13 janvier [J. O., 14 janvier 1872. B. L., 1ᵉʳ sem. 1872,
n° 83, p. 161].

390.— **Concessions diverses de chemins de fer d'intérêt
local.** — Un assez grand nombre de concessions de chemins de fer d'intérêt local furent faites en 1872. Nous en
résumons, dans le tableau suivant, les principaux éléments :

| DÉSIGNATION des départements. | DÉSIGNATION des lignes. | DATES des décrets. | NUMÉRO du Bulletin des lois. | DÉSIGNATION des concessionnaires. | SUBVENTIONS accordées aux concessionnaires. | PART DE L'ÉTAT dans ces subventions. | TARIFS | | ÉPOQUE d'ouverture. | OBSERVATIONS. |
|---|---|---|---|---|---|---|---|---|---|---|
| | | | | | | | Voyageurs. | Marchand. et pet. vitesse. | | |
| | | | | | | | cent. | cent. | | |
| Eure-et-Loir | De la limite du Loiret, vers Patay, à Nogent-le-Rotrou (81 km.). | 23 janv. | 1er sem. 1872, n° 84, p. 193. | Cie d'Orléans à Rouen. | Néant. | » | 10 7,5 5,3 | 16 14 10 8 - 5 - 4 | » | Faculté de rachat pour l'État moyennant remboursement des dépenses utiles de premier établissement augmentées de leur intérêt pendant un an. |
| Vienne | Poitiers vers Saumur (62 km.). | 1er mars. | 1er sem. 1872, n° 89, p. 387. | Guillet et Cie. | 637 500 fr. | 237 500 fr. | 12 9 | 18 14 | 1874 | |
| Maine-et-Loire. | Id.    (24 km.). | Id. | 1er sem. 1872, n° 88, p. 357. | Id. | 528 833  33 | 138 833  33 | 6 | 10 | | |
| Calvados | Caen à Aunay-sur-Odon (33 km.). | 17 mars. | 2e sem. 1872, n° 145, p. 661. | Guillet. | 48 000 fr. p. km. sur 26 km. 53 334 fr. p. km. sur 7 km. | 405 338 | 10 7,5 5,3 | 16 14 10 5 | » | Concession limitée au terme de celle du chemin de Paris à Cherbourg. |
| Id. | Mézidon à Dives (29 km.). | Id. | 2e sem. 1872, n° 145, p. 661. | Isouard. | 40 000 fr. p. km. | 287 477 | Id. | Id. | 1870 | Concession limitée au terme de celle du chemin de Mézidon au Mans. |
| Loir-et-Cher. | Brou vers Saint-Calais (37 km.). | 19 avril. | 1er sem. 1873, n° 118, p. 9. | Cie d'Orléans à Rouen. | Néant. | » | Id. | Id. | » | |

| DÉSIGNATION des départements | DÉSIGNATION des lignes | DATES des décrets. | NUMÉRO du bulletin des lois. | DÉSIGNATION des concessionnaires. | SUBVENTIONS accordées aux concessionnaires. | PART DE L'ÉTAT dans les subventions. | TARIFS | | ÉPOQUE d'ouverture. | OBSERVATIONS. |
|---|---|---|---|---|---|---|---|---|---|---|
| | | | | | | | Voyageurs. | Marchand. en pet. vitesse. | | |
| | | | | | | | cent. | cent. | | |
| Oise. | Abancourt vers St-Omer-en-Chaussée (31 km.). Gisors à Beauvais (28 km.). Beauvais à Clermont (8 km.). Clermont à Compiègne (21 km.). Beauvais à St-Just (28 km.). St-Just vers Montdidier (18 km.). Pont-St-Maxence vers Roye (40 km.). Breteuil à la station de Breteuil (7 km.). | 6 juin. | 2e sem. 1872, n° 115, p. 678. 2e sem. 1875, n° 276, p. 822. | Cie du Nord. | 10 000 fr. par kilomètre, sauf pour la ligne de Pont-Saint-Maxence vers Roye, non subventionnée. | 362 500 fr. | 10 7,5 5,5 | 16 14 10 3-5-4 | 1875 1875 1878 79-80 1876 1875 » | Abandonnée en 1877. |
| Loire-Inférieure. | Nantes à Paimbœuf, à Pornic et à Machecoul (101 km.). | 5 août. | 1er sem. 1873, n° 119, p. 63. | Brian. | 2 850 000 fr. | 1 600 000 | 10 7,5 5,5 | 16 14 10 | 1875 | |
| Saône-et-Loire. | Chalon-sur-Saône vers Bourg (27 km.). | 3 octobre. | 1er sem. 1873, n° 131, p. 526. | Mangini. | Terrains. | 67 500 | Id. | 8 Id. | 1876 1878 | |
| Somme. | Roye vers Pont-St-Maxence (10 km.). | Id. | 1er sem. 1873, n° 126, p. 397. | Cie du Nord. | Néant. | » | 10 7,5 5,5 | 16 16 16 | » | Abandonnée en 1877. |
| Meuse. | Nançois-le-Petit à Gondrecourt (35 km.). | 6 nov. | 1er sem. 1873, n° 140, p. 827. | Brasseur. | 1 345 500 fr. | 448 500 | 11 8 6 | 16 14 12 12 | 1875 | Traité d'exploitation, à prix coûtant, avec la Compagnie de l'Est, pour 25 ans. |
| Rhône. | Lyon au faubourg St-Just (1 km.). | 15 déc. | 2e sem. 1873, n° 154, p. 397. | Riche. | Néant. | » | Parcours entier. 25 c. 15 Gares extrêmes à la gare Interm⁽⁾. 20 c. 10 | 5 c. p. 20 kg 20 c. 10 | 1878 | Plan incliné à traction par machine fixe. |

391. — **Autorisation donnée à la Compagnie du Nord d'employer des rails en acier.** — Nous mentionnons, comme présentant de l'intérêt, le premier décret portant autorisation pour l'emploi de rails en acier. Cette autorisation fut délivrée à la Compagnie du Nord par décret du 26 février 1872. [B. L., 1er sem. 1872, n° 85, p. 259] : un décret était en effet nécessaire, parce que le poids des nouveaux rails ne devait être que de 30 kilogrammes, alors que le cahier des charges fixait le poids normal des rails à 35 kilogrammes.

392. — **Concession d'un embranchement reliant, à Bruay, les deux chemins de Lille à Valenciennes et d'Anzin à la frontière belge.** — La Compagnie de Lille à Valenciennes obtint par décret du 26 février 1872 [B. L., 1er sem. 1872, n° 85, p. 260], l'autorisation d'établir et d'exploiter, aux conditions de son cahier des charges de 1862, un embranchement raccordant cette ligne et celle d'Anzin à la frontière belge, à la station de Bruay.

Cet embranchement, dont la longueur était de 1 kilomètre, fut ouvert en 1874.

393. — **Loi sur le timbre des récépissés.** — Le 30 mars 1872 [B. L., 1er sem. 1872, n° 87, p. 341], intervint une loi, qui fixait à 0 fr. 70, y compris la décharge donnée par le destinataire, le droit de timbre des récépissés délivrés par les administrations de chemins de fer, en exécution de la loi du 13 mai 1863. Ce droit n'était pas assujetti aux décimes.

Il était stipulé que les récépissés pourraient servir de lettres de voiture pour les transports qui, indépendamment des voies ferrées, emprunteraient les routes, canaux et rivières, et recevoir des modifications en cours d'expédition.

En cas de groupage, il y avait lieu à un récépissé collectif et à un récépissé spécial, par destinaire. Le premier seul était soumis au droit d'enregistrement au profit des concessionnaires de chemins de fer.

**394.—Constitution de la Compagnie des Dombes et du Sud-Est.** — Un décret du 7 mai 1872 [B. L., 2ᵉ sem. 1872, n° 103, p. 156] autorisa la substitution de la société nouvelle, formée sous la dénomination de « Société anonyme des Dombes et du Sud-Est » : 1° à la Compagnie de la Dombes, pour la concession du chemin de Sathonay à Bourg et le desséchement de 6 000 hectares d'étangs; 2° à MM. Lucien et Félix Mangini, pour la concession du chemin de Lyon à Montbrison.

La nouvelle Compagnie était astreinte à limiter ses opérations à la construction et à l'exploitation des chemins de fer, dont elle avait obtenu ou dont elle obtiendrait la concession en France, et à l'entreprise du desséchement des étangs de la Dombes.

**395. — Concession d'un sous-embranchement à la Société des mines de Bruay.** — Par un décret, portant également la date du 7 mai 1872 [B. L., 1ᵉʳ sem. 1872, n° 95, p. 576], la Compagnie des mines de Bruay, déjà concessionnaire d'un embranchement reliant ces mines à la ligne des houillères du Pas-de-Calais, obtint la concession d'une voie de raccordement, rattachant cet embranchement au canal d'Aire à la Bassée.

Cette voie de 4 kilomètres était provisoirement, et sous le réserves ordinaires, affectée au service exclusif des mines; elle fut livrée à l'exploitation en 1875.

**396. — Concession du chemin de Bondy à Aulnay-les-Bondy.** — Le 6 juin, un décret [B. L., 2ᵉ sem. 1872, n° 104, p. 192], approuva une convention portant concession d'un chemin de Bondy à Aulnay-les-Bondy à MM. Letellier et autres, sans subvention ni garantie d'intérêt.

Le cahier des charges était conforme à celui des grandes Compagnies.

L'ouverture à l'exploitation eut lieu en 1875.

## 397. Concession des chemins de Montsoult à Amiens et de Cambrai vers Dour à la Compagnie du Nord.

I. — PROJET DE LOI. — La Compagnie des chemins de fer du Nord avait demandé la concession, sans subvention ni garantie d'intérêt, de deux lignes de Montsoult à Amiens et de Cambrai à la frontière de Belgique, vers Dour. La première de ces deux lignes était destinée à rapprocher de Paris ou d'Amiens quarante stations du réseau, notamment celle de Beauvais ; sa longueur était de 111 kilomètres, dont 6 environ empruntés aux chemins existants ; la dépense de premier établissement était estimée à 18 450 000 fr. ; le produit brut kilométrique était évalué à 13 000 fr. et le produit net, à 6 500 fr. Quant à la seconde, elle devait desservir une région industrielle et fournir une nouvelle communication avec la Belgique ; sa longueur était de 41 kilomètres ; la dépense de premier établissement était estimée à 6 000 000 fr. : le produit brut kilométrique était évalué à 14 000 fr. et le produit net, à 8 000 fr.

Le Ministre conclut avec la Compagnie une convention lui accordant la concession qu'elle sollicitait. Aux termes de cette convention, les deux lignes nouvelles devaient former un réseau spécial distinct de l'ancien et du nouveau réseau, de telle sorte que l'on n'avait pas à remanier les contrats antérieurs. L'État avait droit au prélèvement de la moitié des bénéfices excédant un produit net kilométrique de 13 000 fr. : ce revenu réservé avant partage correspon-

dait à 7,20 % environ de la dépense de premier établissement, tandis que, pour le surplus du réseau, la proportion était de 9,3 %. Cette condition avantageuse à l'État
et le fait que la Compagnie du Nord ne paraissait pas devoir
recourir à la garantie d'intérêt, pour son nouveau réseau,
devaient faire tomber toute préoccupation sur la diminution
que les nouvelles lignes pouvaient apporter aux recettes des
chemins en exploitation.

Le 27 mars, un projet de loi portant ratification de cette
convention fut déposé sur le bureau de l'Assemblée [J. O.,
19 avril 1872].

II. — RAPPORT A L'ASSEMBLÉE NATIONALE. — Le 15 mai,
M. Cézanne présenta un rapport favorable [J. O., 26 mai
1872]. Toutefois, il demanda l'addition, au projet de convention, d'une clause qui avait été acceptée par la Compagnie et qui étendait à toutes les Compagnies, formées depuis
1869 ou à former plus tard, le bénéfice d'une disposition,
déjà introduite en 1869, au profit des Compagnies, préexistantes ou en voie de création, à cette époque. Cette clause
autorisait les Compagnies s'embranchant sur le réseau du
Nord : 1° à n'acquitter que le péage afférent au nombre de
kilomètres parcourus, en cas d'emprunt des lignes de ce
réseau ; 2° à faire régler par des arbitres la redevance à
payer à la Compagnie du Nord, pour l'usage de ses gares ;
le Ministre était, en outre, investi des pouvoirs nécessaires
pour statuer, les deux Compagnies entendues, sur les difficultés relatives au principe et à l'exercice de l'usage commun
des gares. Le rapport examinait, d'ailleurs, un vœu du conseil
général du Nord, tendant à ce que la Compagnie fût tenue, vis-
à-vis de toutes les Compagnies affluentes, de calculer ses tarifs
suivant la distance kilométrique, sans distinction de réseau :
il exprimait l'avis qu'une stipulation de cette nature présen-

terait un grave danger, en solidarisant les Compagnies entre
elles, en détruisant par suite toute possibilité de concurrence,
et en plaçant inévitablement les petites Compagnies dans une
situation de subordination ; il ajoutait que cette clause, supposant forcément la réciprocité, ne pourrait être introduite
dans une convention conclue avec la Compagnie du Nord
seule.

III. — Discussion et vote par l'Assemblée. — La discussion [J. O., 16 juin 1872] s'engagea le 15 juin. M. le baron de
Janzé protesta contre la concession des deux lignes nouvelles
à la Compagnie du Nord. Il y voyait un nouveau pas fait
dans la voie de la consolidation des grandes Compagnies,
dont le domaine était déjà beaucoup trop vaste, dont on ne
pouvait obtenir la réduction des tarifs, établis à une époque
où les chemins de fer coûtaient beaucoup plus cher et qui
se trouvaient dans l'impuissance de satisfaire à tous les
besoins du trafic. L'intérêt public exigeait que l'on constituât des Compagnies concurrentes ; que l'on fît, par exemple,
la grande ligne de Marseille à Calais, qui était indispensable
pour le commerce de transit et pour laquelle M. Delahante
avait offert de régler le prix de chacune des diverses classes
de voyageurs, d'après les taxes perçues par les grandes
Compagnies, pour les classes immédiatement inférieures, et
celui des transports de marchandises, d'après ceux des
Compagnies réduits de 10 %. On n'avait pas à redouter que
la concurrence réagît sur les recettes des lignes préexistantes
et par contre-coup sur les finances de l'État ; cette crainte
serait absolument chimérique, l'expérience le démontrait :
le chemin de Londres à Liverpool avait vu croître son produit net, après l'exécution de trois lignes concurrentes ; il
en avait été de même de la ligne de Paris à Lyon par la
Bourgogne, après la construction du chemin du Bourbon-

nais, et de celle de Paris à Strasbourg, après l'établissement
du chemin de Paris à Mulhouse.

M. Cézanne répondit à M. de Janzé que la question de
la concurrence avait été absolument réservée par la Commission; que cette Commission, déjà chargée de l'étude du
régime général des chemins de fer, portait notamment ses
investigations sur l'opportunité des voies concurrentielles;
que le chemin de Monsoult à Amiens ne présentait aucune
connexité avec celui de Marseille à Calais; que ce dernier
chemin et celui de Givors à Saint-Étienne, dont M. de Janzé
avait dit quelques mots, feraient l'objet d'un examen minutieux. D'ailleurs, aucune Compagnie autre que celle du
Nord, n'avait sollicité la concession des deux nouvelles
lignes, dont il était impossible d'ajourner davantage l'exécution.

M. des Rotours fit ensuite remarquer que le chemin de
Cambrai à Dour avait été classé comme ligne d'intérêt local
par le département du Nord et que le Gouvernement arriverait à annuler les effets de la loi de 1865, s'il généralisait
le procédé consistant à distraire les chemins productifs des
réseaux départementaux, pour les faire passer dans le ré_
seau d'intérêt général. Sous le bénéfice de cette observation
et, eu égard aux engagements antérieurs que l'administration avait pu prendre envers la Compagnie du Nord, il ne
s'opposait pas au vote de la loi.

M. de Larcy, Ministre des travaux publics, donna à
l'Assemblée les assurances qu'appelait l'observation de
M. des Rotours; il invoqua particulièrement le caractère
international du chemin de Cambrai à Dour.

Après un échange d'explications à cet égard, entre
M. Testelin, M. Cézanne et le Ministre, l'Assemblée passa
à la discussion des articles.

M. des Rotours soumit à l'Assemblée une série d'amendements. Aux termes du premier, le délai d'exécution de la ligne de Cambrai à Dour était réduit de trois à deux ans; cet amendement fut rejeté, sur les observations de M. Cézanne, à raison des conférences et de l'accord à intervenir avec l'autorité militaire.

Le deuxième amendement portait que, en retour des avantages conférés à la Compagnie du Nord, cette Compagnie serait tenue d'établir, avec les concessionnaires des chemins aboutissant à son réseau, des tarifs communs réglés sur la distance totale parcourue par les marchandises, sans distinction de réseau et sans frais de transmission, et de se conformer, à cet égard, aux prescriptions du Ministre des travaux publics. M. Cézanne fit remarquer, d'une part, que la proposition avait l'inconvénient de préjuger la solution à donner à la très grave question de l'autorité de l'administration sur la tarification, et, d'autre part, que les tarifs communs n'étaient jamais suffisamment rémunérateurs pour les petites lignes dont le développement était trop faible. Il conclut au rejet et son avis fut ratifié par l'Assemblée.

Le troisième amendement eut le même sort : il avait pour but de déterminer des maxima de 30 % et de 40 % pour les frais d'exploitation des deux nouveaux chemins, à faire entrer en ligne de compte au point de vue du partage des bénéfices. D'après le rapporteur, cette disposition allait à l'encontre des intérêts des populations, en incitant la Compagnie à réduire le nombre de ses trains et à appliquer des taxes élevées.

Le quatrième amendement n'eut pas plus de succès : son objet était d'obliger la Compagnie à ne point relever ses tarifs, tels qu'ils résultaient alors des homologations ministérielles. Après quelques considérations générales de M. Cézanne et de M. Raudot, président de la Commission, sur le mérite de la convention, la plus favorable à l'État qui eût été conclue depuis de longues années, la loi fut votée le 15 juin [B. L., 2ᵉ sem. 1872, n° 99, p. 33, et n° 116, p. 724].

La ligne de Montsoult à Amiens fut ouverte, par sections, de 1874 à 1877 ; celle de Cambrai vers Dour, de 1876 à 1882.

398. — **Concession définitive de la ligne de Chauny à Anisy.** — Un décret du 2 juillet 1872 [B. L., 2ᵉ sem. 1872, n° 99, p. 56] rendit définitive la concession du chemin de Chauny à Anisy, accordée, à titre provisoire, en 1869, à MM. de Melun et autres.

Ce chemin fut livré à l'exploitation en 1882.

399. — **Substitution de la Compagnie du chemin de fer du Rhône, à l'ancienne Compagnie du chemin de la Croix-Rousse à Sathonay.** — Le chemin de la Croix-Rousse à Sathonay avait été placé sous séquestre, par décret du 26 octobre 1864 [B. L., 2ᵉ sem. 1864, n° 1249, p. 445] ; un jugement du tribunal de commerce de la Seine, de 1865, avait déclaré la Compagnie en faillite.

Un décret du 12 juillet 1872 [B. L., 2ᵉ sem. 1872, n° 115, p. 684] autorisa la substitution, à l'ancienne société, d'une nouvelle Compagnie dite « Société anonyme des chemins de fer du Rhône » et stipula que le séquestre serait levé, aussitôt après le paiement des trois millions formant le prix de rachat de la ligne.

400. — **Approbation de l'adjudication du chemin de Clermont à Tulle.** — Le Gouvernement impérial avait, nous l'avons vu, présenté au Corps législatif, en juillet 1870, un projet de loi portant approbation de l'adjudication passée au profit de MM. Narjot de Toucy et autres, pour la concession du chemin de fer de Clermont à Tulle, avec em-

branchement sur Vendes, moyennant une subvention de 27 995 000 fr. Mais les événements avaient empêché de donner à ce projet de loi la suite qu'il comportait.

Le Ministre des travaux publics s'adressa de nouveau à l'Assemblée nationale, le 26 juillet 1872, pour demander l'homologation de l'adjudication [J. O., 24 août 1872].

Le 30 juillet, M. de Jouvenel, rapporteur, conclut à l'adoption de la proposition du Ministre, en faisant observer qu'il était impossible de condamner plus longtemps à une impuissance absolue une Compagnie financière sérieuse, qui avait réuni des capitaux considérables; immobilisé, depuis plus de deux ans, un cautionnement important; et consenti, dans l'intérêt du Trésor, à reporter de trois ans, c'est-à-dire à reculer au 15 janvier 1875 le paiement du premier terme de la subvention [J. O., 5, 7 et 8 septembre 1872].

Lors de la discussion, M. Courcelle et M. Caillaux demandèrent l'ajournement, comme ils l'avaient déjà fait pour la ligne de Tours à Montluçon jusqu'à ce que le budget eût été voté et jusqu'à ce que l'Assemblée fût fixée sur les dispositions à prendre pour faire face aux engagements antérieurs vis-à-vis des Compagnies. Mais leur proposition fut vivement combattue par MM. le baron de Jouvenel, le baron de Barante, le comte Jaubert, l'Ébraly et de Goulard, Ministre des finances, qui invoquèrent la situation spéciale du chemin de Clermont à Tulle, adjugé depuis 1870, et la nécessité absolue de ne pas laisser plus longtemps en suspens le résultat de l'adjudication et de donner à une vaste région, jusqu'alors déshéritée, la satisfaction qui lui avait été solennellement promise.

La loi fut votée, sans débat sur le fond, le 3 août [J. O., 4 août 1872. — B. L., 2ᵉ sem. 1872, nᵒ 105, p. 213].

L'ouverture à l'exploitation eut lieu en 1880-1881.

**401. — Proposition de MM. Laurier, Gambetta et autres, pour le rachat des chemins de fer.** — Le 3 février 1872 [J. O., 4 février 1872], M. Clément Laurier, tant en son nom qu'au nom de 33 de ses collègues et notamment de MM. Gambetta, Tirard, Challemel-Lacour, Tolain, Rouvier, Henri Brisson, Goblet et Lepère, déposa une proposition de loi tendant au rachat des chemins de fer et à leur utilisation, comme gage hypothécaire privilégié de l'emprunt de 3 000 000 000 fr. à émettre pour la libération du territoire. Pour justifier cette proposition, il constatait le mouvement général de l'opinion publique en faveur de l'évacuation, aussi prompte que possible, des départements encore occupés par l'armée allemande. La combinaison, qu'avait préconisée M. de Soubeyran et qui comportait des emprunts à lots, ne lui paraissait pas de nature à aboutir, parce que les marchés de Londres, de Berlin et de Francfort devaient nous rester fermés pour sa réalisation. Au contraire, le rachat des chemins de fer était, à ses yeux, susceptible d'assurer le succès d'un emprunt pour la libération de la patrie.

Le droit de l'État de rentrer en possession des voies ferrées s'était ouvert, pour la Compagnie du Nord, au 1er janvier 1867 ; pour l'Est, au 1er janvier 1870. Il devait s'ouvrir, pour l'Ouest, au 1er janvier 1873 ; pour l'Orléans, à la même date ; pour le Paris-Lyon-Méditerranée, au 1er janvier 1875 ; et, pour le Midi, au 1er janvier 1877. L'État avait donc la faculté de s'approprier, soit immédiatement, soit dans un avenir peu éloigné, la totalité du réseau national.

Grâce à la différence de 1/2 % au moins, existant entre le taux du crédit chirographique et celui du crédit hypothécaire, M. Laurier exprimait l'espoir que l'emprunt pourrait être réalisé à 5 1/2 %, au lieu de l'être à 6 %, et qu'il serait ainsi possible de réaliser une économie annuelle de 18 000 000 fr. suffisante pour amortir trois milliards en quarante-six ans, c'est-à-dire dans un délai inférieur de quarante ans à la durée des concessions.

M. Pouyer-Quertier, Ministre des finances, combattit l'urgence, en faisant valoir que la proposition avait pour objet la transformation radicale d'un système remontant à plus de vingt années et qu'elle pouvait avoir pour effet de porter atteinte au crédit des Compagnies, aux intérêts de nombreux porteurs d'actions ou d'obligations, et, par contre-coup, au crédit de l'État lui-même et à la rapidité de la libération du territoire. Il demanda le renvoi de cette proposition à la Commission d'initiative.

Malgré les efforts de M. Laurier, l'Assemblée fit droit à la demande de M. Pouyer-Quertier.

La proposition fut retirée le 19 février 1872.

## 402. — Proposition de MM. de Janzé et autres sur les rapports entre les Compagnies et le personnel des chemins de fer.

ɪ. — PROPOSITION. — MM. de Janzé, Raoul Duval, Jules Brame, Guinot, Tirard et Houssard présentèrent le 9 février [J. O., 24 février 1872] une proposition portant institution à Paris d'une cinquième section du conseil des prud'hommes, avec mission de statuer sur les différends qui pourraient s'élever entre les ouvriers des Compagnies de chemins de fer et les comités de direction de ces Compagnies. Suivant eux, cette mesure se justifiait par les variations de la jurisprudence, en ce qui concernait les tribunaux compétents pour connaître des contestations entre les Compagnies et la plupart des ouvriers, ainsi que par la nécessité de confier le règlement de ces difficultés à des hommes doués des connaissances spéciales indispensables.

L'urgence demandée par M. de Janzé lui fut refusée.

II. — RAPPORT DE LA COMMISSION D'INITIATIVE PARLEMEN-
TAIRE. — M. Bastid rédigea, au nom de la Commission
d'initiative, un rapport sommaire sur l'affaire [J. O., 9 avril
1872]. Il fit tout d'abord remarquer que la proposition était
sans objet pour les ouvriers non commissionnés, déjà justiciables des conseils de prud'hommes, d'après les assimila-
tions techniques et professionnelles, et que, dès lors, elle
devait être considérée comme s'appliquant exclusivement
au personnel commissionné. Les directeurs des Compagnies,
consultés sur l'opportunité de la mesure, l'avaient repoussée,
en faisant valoir que la sécurité de l'exploitation était
subordonnée à une régularité absolue dans le service ; que
la création d'une juridiction nouvelle serait tout à la fois
inutile et dangereuse ; que d'ailleurs la carrière des agents
et en particulier des mécaniciens et des chauffeurs était
entourée des garanties les plus sérieuses ; que leur existence, sur leurs vieux jours, était assurée par des caisses de
retraite ; que des institutions de secours largement dotées
avaient été instituées pour toutes les éventualités. Les mécaniciens et les chauffeurs, entendus par la Commission,
avait au contraire présenté comme arbitraire et comme
draconien le régime auquel ils étaient soumis ; ils s'étaient
plaints particulièrement de l'accord intervenu entre les
Compagnies pour refuser tout emploi aux agents remerciés
sur un autre réseau ; ils avaient insisté pour la constitution
d'une juridiction prompte, économique et apte à juger des
contestations spéciales et techniques. Après avoir enregistré
ces doléances, la Commission faisait l'historique des conseils
de prud'hommes, rappelait leur but et leur mission bien
déterminés, relatait un certain nombre de décisions judiciaires, et en tirait cette conséquence que les membres du

personnel des chemins de fer trouvaient toujours leurs
juges naturels, soit dans les tribunaux de commerce, soit
dans les justices de paix, soit dans les conseils de prud'-
hommes, suivant qu'ils étaient liés par un engagement
commercial, placés dans les conditions de travail prévues
par l'article 5 § 3 de la loi du 25 mai 1828, ou simplement
occupés dans un atelier à titre d'ouvriers. Le rapprochement
de l'institution des conseils de prud'hommes et de l'orga--
nisation du personnel des chemins de fer ne lui paraissait
offrir aucun point d'assimilation. Comment composerait-on
le tribunal? Où seraient les patrons? Où serait la seconde
classe d'électeurs, avec un personnel dispersé dans la France
entière? Comment étendre à tout le territoire la compétence essentiellement locale de la nouvelle juridiction?
Comment assurer la comparution, devant le conseil, d'agents
résidant souvent à une distance considérable? Tout élément
pratique se dérobait à la réalisation d'un changement de
législation, dont la nécessité n'avait été nullement signalée
dans la grande enquête ouverte en 1869 sur l'organisation
des conseils de prud'hommes, qui du reste altérerait profondément le régime des chemins de fer et qui pourrait compromettre les garanties les plus indispensables d'ordre public.
D'autre part, la procédure des tribunaux de commerce était
sommaire et peu coûteuse; les magistrats consulaires ne
manquaient jamais d'ouvrir la porte à la conciliation. La
Commission concluait donc au maintien du statu quo.

III. — DISCUSSION A L'ASSEMBLÉE NATIONALE. — La discussion en séance publique eut lieu le 24 avril [J. O.,
25 avril 1872]. Après avoir rappelé que la juridiction sommaire, conciliatrice et économique, des conseils de prud'-
hommes, créée en 1806 avec un rôle très restreint, n'avait
cessé de se développer, non seulement dans ses attributions,

mais encore dans le nombre et la variété des industries qui lui étaient soumises, M. de Janzé fit prévaloir que les équivoques et les contradictions de la jurisprudence, sur les rapports entre les Compagnies de chemins de fer et leurs agents, rendaient indispensable une mesure législative sur la matière. La compétence des conseils de prud'hommes était, en effet, contestée par les Compagnies, même pour les ouvriers de leurs ateliers; il y avait, au sujet des mécaniciens et des chauffeurs, conflit entre les tribunaux de commerce, qui considéraient ces agents comme des employés, et les conseils de prud'hommes, qui les considéraient comme des ouvriers.

Le seul moyen de prémunir les agents des Compagnies contre les abus du régime véritablement léonin, qu'ils étaient obligés de subir, était de mettre à leur disposition la juridiction des prud'hommes, dont la procédure n'entraînait que des frais minimes. M. de Janzé ne tenait d'ailleurs qu'au principe et se déclarait prêt à adhérer aux améliorations de détail ou de forme, que la Commission jugerait utile d'apporter à sa proposition.

M. Bastid, rapporteur, répondit à M. de Janzé; il reproduisit l'argumentation de son rapport, pour établir que l'adoption de la proposition serait de nature à jeter la perturbation dans l'ordre naturel des juridictions et dans le fonctionnement du personnel des chemins de fer. L'objet de la juridiction des prud'hommes était de placer, à côté de la fabrique où naissaient les différends entre patrons et ouvriers, des juges pouvant, en quelque sorte, saisir au vol les causes et les circonstances de la contestation. Ne serait-ce pas méconnaître absolument ce caractère des conseils de prud'hommes que d'instituer à Paris un tribunal unique, dont les membres seraient élus par la fraction très restreinte du personnel résidant à Paris, qui aurait une compétence territoriale équivalente à celle de la cour de cassation ; entre les mains duquel seraient remis les intérêts de nombreux justiciables, placés dans l'impossibilité matérielle de comparaître devant lui et d'accéder à son prétoire? Pouvait-on assimiler les mécaniciens à des ouvriers travaillant dans une fabrique ? Ne fallait-il pas, au contraire, les regarder bien plutôt comme des fonctionnaires d'une administration publique ? Sans doute, on ne devait pas tolérer qu'ils fussent opprimés ; mais, d'autre part, on devait soigneusement se garder de porter atteinte à la discipline et, par suite, à la sécurité et à la régularité de l'exploitation. La juridiction des tribunaux de commerce était suffisante pour les protéger et un exemple récent avait prouvé que cette juridiction savait, le cas échéant, punir la violation du contrat de louage par les Compagnies.

M. Tirard reprit la thèse de M. de Janzé. Tout en reconnaissant que la proposition était susceptible d'être amendée, il insista pour qu'elle fût prise en considération. Contrairement aux assertions du rapport, la juridiction des conseils de prud'hommes était contestée aux ouvriers des ateliers, attendu que le tribunal de commerce de Paris considérait, en principe, les ouvriers comme justiciables de la section à laquelle se rattachait l'industrie de leurs patrons et que l'industrie des chemins de fer n'était pas représentée dans les conseils de prud'hommes. Quant aux mécaniciens et aux chauffeurs, malgré l'importance de leurs fonctions, malgré la nature de leur contrat, malgré l'élévation relative de leur salaire, ils ne se trouvaient pas dans une situation notoirement différente de celle de beaucoup d'autres ouvriers, et les tribunaux consulaires comportaient une procédure trop longue et trop coûteuse pour eux. L'orateur invoquait, afin de justifier l'utilité de la proposition, le renvoi récent, par les Compagnies, de quatre-vingts mécaniciens et chauffeurs, pour le seul fait d'avoir signé une pétition conçue en termes convenables et modérés et adressée à l'Assemblée et au Ministre des travaux publics.

M. Bastid crut devoir répliquer. La question portait à ses yeux, non point sur la constitution des juridictions, mais bien sur la nature des contrats qui liaient les Compagnies et leurs agents : elle devait trouver tout naturellement sa place dans la grande enquête sur les classes ouvrières et dans l'enquête sur les chemins de fer, et il ne fallait pas, par une prise en considération, faire naître des espérances irréalisables et provoquer des déceptions.

Après quelques mots de M. Tolain, sur la nécessité de ne pas laisser les mécaniciens et les chauffeurs livrés à l'arbitraire si puissant des Compagnies privilégiées de chemins de fer, la prise en considération fut repoussée par 341 voix contre 192.

**403.—Proposition relative aux tarifs du chemin de Victor-Emmanuel.**— Les conventions intervenues avec la Compagnie de Paris-Lyon-Méditerranée, pour l'exploitation du chemin de fer Victor-Emmanuel, autorisaient la Compagnie à considérer cette exploitation comme absolument distincte de celle de son réseau ; à appliquer les anciens tarifs sardes, à percevoir un droit de transmission de 5 fr. par wagon de 10 tonnes au passage d'un réseau à l'autre ; à bénéficier des délais afférents à cette transmission ; à traiter, au point de vue des taxes, les transports empruntant les deux réseaux, comme s'ils passaient entre les mains de deux Compagnies distinctes, sans communauté de tarifs. Ce régime plaçait le département de la Savoie dans une situation de flagrante inégalité vis-à-vis des autres départements. MM. Grange-Humbert et Costa de Beauregard formulèrent, en conséquence, une proposition ayant pour objet de rendre désormais obligatoires, sur la ligne de Culoz à Modane, les tarifs généraux et spéciaux de la ligne de Paris à Culoz [J. O., 24 mars 1872]. Cette proposition ne reçut pas de suite.

404. — Discussion au sujet de la transformation en annuités de la garantie d'intérêt, pour l'exercice 1872. — Le Gouvernement ayant engagé des négociations avec les Compagnies pour substituer des annuités à la garantie d'intérêt due pour l'exercice 1872, MM. Wilson et Germain combattirent la mesure, le 25 mars 1872, à l'occasion de la discussion du budget ; suivant eux, cette transformation avait le double inconvénient de recourir à un crédit inférieur à celui de l'État et d'altérer la sincérité du budget. Ils combattirent également l'inscription de l'annuité au budget extraordinaire. MM. de Goulard, Ministre des finances, et Caillaux, rapporteur, défendirent les propositions du Gouvernement, en invoquant la situation financière et les précédents relatifs aux subventions ; ils obtinrent gain de cause.

405. — Question de M. Destremx sur les encombrements du réseau de Paris-Lyon-Méditerranée. — Pour clore l'année 1872, il nous reste à mentionner une question posée le 16 novembre, par M. Destremx, sur les encombrements du réseau Paris-Lyon-Méditerranée et sur les retards qui en résultaient pour l'expédition des vins [J. O., 17 novembre 1872]. Suivant cet honorable député, le fait devait être imputé à l'insuffisance des gares et du matériel ; il demandait la prompte exécution du chemin d'Alais au Pouzin, la concession de lignes nouvelles doublant les lignes trop chargées et un partage du trafic entre les réseaux de Lyon et du Midi.

M. Teisserenc de Bort, Ministre des travaux publics, lui répondit en signalant l'exagération des plaintes et en faisant connaître que les Compagnies avaient, depuis 1870, augmenté leur matériel de 11 500 wagons; que des nouvelles commandes étaient faites; et que la Compagnie de Paris-Lyon-Méditerranée, en particulier, se préoccupait de l'insuffisance de ses gares, principale cause des encombrements. Il promit, d'ailleurs, de tenir compte des vœux de M. Destremx pour le prompt achèvement du chemin d'Alais au Pouzin.

# CHAPITRE III. — ANNÉE 1873

406. — **Concession à la Compagnie de l'Ouest d'un chemin d'Étaimpuis (ligne de Rouen à Dieppe) à Motteville (ligne de Rouen au Havre)**. — L'année 1873 s'ouvrit par un décret du 9 janvier [B. L., 1ᵉʳ sem. 1873, n. 118, p. 34], accordant à la Compagnie de l'Ouest la concession d'un chemin reliant les lignes de Rouen à Dieppe et de Rouen au Havre entre Étaimpuis et Motteville. La longueur de ce raccordement était de 20 kilomètres et la dépense devait en être imputée sur le compte de 124 millions, ouvert pour travaux complémentaires.

La mise en exploitation eut lieu en 1876.

407. — **Concessions diverses de chemin d'intérêt local.** — Nous avons à signaler, en 1873, les concessions suivantes de chemins d'intérêt local :

| DÉSIGNATION des départements. | DÉSIGNATION des lignes. | DATES des décrets. | NUMÉRO du Bulletin des lois. | DÉSIGNATION des concessionnaires. | SUBVENTIONS accordées aux concessionnaires. | PART DE L'ÉTAT dans les subventions. | TARIFS Voyageurs. | TARIFS Marchand. en pet. vitesse. | ÉPOQUE d'ouverture. | OBSERVATIONS. |
|---|---|---|---|---|---|---|---|---|---|---|
| | | | | | | | cent. | cent. | | |
| Calvados. | Caen à Courseulles (28 km.) | 12 janv. | 2e sem. 1873, n° 155, p. 426. | Mauger et Castor | 48 000 fr. p. km. | 324 000 fr. | 10 7,5 5,5 | 16 14 10 8-5-4 | 1875 1876 | Concession devant prendre fin avec celle de la ligne de Paris à Cherbourg. |
| Charente-In-férieure. | Pons à la Tremblade et embt de Saujon sur Royan (99 km.) | 15 janv. | 2e sem. 1873, n° 145, p. 72. | Richard et Desgranges. | 20 000 fr. p. km., subvention de l'État. 190 000 fr. des communes. | 750 300 | 10 8 6 | 16 14 10 8 | 1875 1876 | |
| Seine-Infé-rieure. | De l'Eure à Rouen, St-Sever (26 km.) | 5 avril. | 2e sem. 1873, n° 165, p. 735. | Cie d'Orléans à Rouen. | » | » | 10 7,5 5,5 | 16 14 10 8-5-4 | » | Interdiction de rétrocession de la concession ou de l'exploitation, sous peine d'une révocation ou d'une réduction de 25 % sur les tarifs effectifs. |
| Charente. | Cognac vers Surgères (14 km.) | Id. | 2e sem. 1873, n° 152, p. 286. | Desroches. | » | » | Id. | Id. | » | |
| Charente-In-férieure. | Surgères vers Cognac (61 km.) | Id. | 2e sem. 1873, n° 150, p. 580. | Id. | 30 000 fr. p. km. | 610 000 | Id. | Id. | » | |
| Nord. | Épehy à Cambrai (20 km.) | 2 mai. | 2e sem. 1873, n° 167, p. 839. | Cie de Picardie et Flandres. | 24 000 fr. | » | Id. | Id. | 1876 | Attribution au département du quart des produits bruts au-dessus de 26 000 fr. par kilomètre. |

| DÉSIGNATION des Départements. | DÉSIGNATION des lignes. | DATES des décrets. | NUMÉRO du Bulletin des lois. | DÉSIGNATION des concessionnaires. | SUBVENTIONS accordées aux concessionnaires. | PART DE L'ÉTAT dans les subventions. | TARIFS | | ÉPOQUE d'ouverture. | OBSERVATIONS. |
|---|---|---|---|---|---|---|---|---|---|---|
| | | | | | | | Voyageurs. | Marchand. ou pet. vitesse. | | |
| | | | | | | | cent. | cent. | | |
| Vosges. | Laveline à St-Dié avec embᵗˢ sur Granges et sur Fraize (38 km.) | 2 mai. | 2ᵉ sem. 1873, nᵒ 175, p. 1000. | Cⁱᵉ des chemins de fer des Vosges. | 1 110 000 fr. | 665 875 fr. | 10 7,5 5,5 | 18 15 12 10 8 | 1874 à 1876 | Attribution au département et à l'État, au prorata de leurs subventions, de la moitié du produit brut, au dessus de 12 000 fr. par kilomètre. |
| Indre. | Tournon à la Châtre (96 km.) | 10 juin. | 1ᵉʳ sem. 1874, nᵒ 177, p. 33. | Séguineau et Jackson. | 20 000 fr. p. km. | 945 700 | Id. | 16 14 10 8-5-4 | » | Les concessionnaires ont été frappés de déchéance en 1876. |
| Bouches-du-Rhône. | Arles aux carrières de Fontvieille (10 km.) | Id. | 1ᵉʳ sem. 1874, nᵒ 210, p. 1012. | Michal et Cⁱᵉ | 1 158 500 fr. | 289 625 | Id. | Id. | 1875 | Durée de la concession fixée à 46 années. |
| Puy-de-Dôme. | Vertaizon à Billom (9 km.) | Id. | 1ᵉʳ sem. 1874, nᵒ 180, p. 142. | Perrichont. | 450 000 | 150 000 | Id. | Id. | 1874 | Livraison des terrains par la ville de Billom, moyennant une somme à forfait de 235 000 f. |
| Ardennes. | Vouziers à Apremont (38 km.) | 29 juin. | 1ᵉʳ sem. 1874, nᵒ 176, p. 5. | Desroches et Cⁱᵉ. | Abandon de la concession du chemin d'Amagne à Vouziers. | Abandon du droit au partage des bénéfices pour la ligne d'Amagne à Vouziers. | Id. | Id. | 1876 | Attribution au département et à l'État, au prorata de leurs subventions, de 30 °/₀ du produit net au dessus de 8 000 fr. par kilomètre. |

| DÉSIGNATION des Départements. | DÉSIGNATION des lignes. | DATES des décrets. | NUMÉRO du Bulletin des lois. | DÉSIGNATION des concessionnaires. | SUBVENTIONS accordées aux concessionnaires. | PART DE L'ÉTAT dans les subventions. | TARIFS | | ÉPOQUE d'ouverture. | OBSERVATIONS. |
|---|---|---|---|---|---|---|---|---|---|---|
| | | | | | | | Voyageurs. | Marchand. et pet. vitesse. | | |
| | | | | | | | cent. | cent. | | |
| Seine-et-Oise. | Ermont à Méry-sur-Oise et Valmondois (15 km.). | 7 juillet. | 1er sem. 1874, n° 184, p. 251. | Cie du Nord. | Néant. | » | 10 7,5 5,5 | 16 14 10 8-5-4 | 1876 | Concession résultant d'une adjudication. Durée de 57 ans. Interdiction par l'État de faire passer par le chemin ou de compter comme l'ayant suivi, des transports autres que ceux qui auraient pour point de départ ou d'arrivée une station dudit chemin ou celle de l'Isle-Adam. |
| Meurthe-et-Moselle. | Toul à Colombey (22 km.). Lunéville à Gerbéviller (19 k.). | 8 Août. | 1er sem. 1874, n° 185, p. 282. | Parent-Pécher. | Terrains. Déviations de chemins latéraux, chemins d'accès aux stations.1 120 000 f. | 531 800 fr. | Id. | 16 14 12 10 | 1881 1882 | Droit de préférence réservé au concessionnaire pour le prolongement du chemin de Toul à Colombey vers Mircourt. |
| Eure. | St-Georges à Evreux (35 km.). Evreux au Neubourg (22 km.) Evreux à Verneuil et embranchements (57 km. Les Andelys à St-Pierre-Louviers (15 km.). Charleval vers la ligne d'Amiens à Rouen (10 km.). Ménesqueville à Lyons-la-Forêt (8 km.). Evreux-Ville à Evreux-Navarre (5 km.). Neubourg à Caudebec (20 k.) Pont-Authou à la ligne de Lisieux à Honfleur (28 k.). | 8 Août. | 2e sem. 1874, n° 189, p. 469. | Cie d'Orléans à Rouen. | 2 175 000 fr. pour le chemin d'Evreux à Verneuil. | » | Id. | 16 14 10 8-5-4 | » | La convention entre le département et la Compagnie portait, en outre, concession éventuelle pour le cas où le département se reconnaîtrait libre de tout engagement antérieur, des lignes de Neubourg à Glos-Monfort, de Pont-Audemer à Honfleur et à Quetteville, et de Saussay aux Andelys. |

| DÉSIGNATION des Départements. | DÉSIGNATION des lignes. | DATES des décrets. | NUMÉRO du Bulletin des lois. | DÉSIGNATION des concessionnaires. | SUBVENTIONS accordées aux concessionnaires. | PART DE L'ÉTAT dans les subventions. | TARIFS Voyageurs. cent. | TARIFS Marchand. en petite vitesse. cent. | ÉPOQUE d'ouverture. | OBSERVATIONS. |
|---|---|---|---|---|---|---|---|---|---|---|
| Nord. | Valenciennes à Douzies (31 km.). | 11 septembre. | 1er sem. 1874, n° 181, p. 197 | De Carpentier. | Néant. | » | 10 7,5 5,5 | 16 14 10 8-5-4 | 1880 | |
| Somme. | Doullens vers Arras (5 km.). | 8 octobre. | 1er sem. 1874, n° 186, p. 342. | Banque-Franco-Autrichienne-Hongroise. | Néant. | » | 12 9 6 | 18 14 12 | 1875 | |
| Pas-de-Calais. | Arras vers Doullens et Frévent à Bouquemaison (35 km.). | 8 octobre. | 1er sem. 1874, n° 200, p. 704. | Id. | 606 666 fr. | 151 666 fr. | Id. | Id. | 1876 | |
| Meuse. | Lérouville vers Eurville et embranchements sur les carrières de Fourrires et Moulier-sur-Saulx et sur deux établissements industriels (69 km.). | 10 octobre. | 1er sem. 1874, n° 187, p. 336. | Delloye-Tiberghien. | 1 452 000 | 80 000 | 10 7,5 5,5 | 16 14 10 8-5-4 | » | Concession de 90 ans. Faculté de remplacer une partie de la subvention par des taxes supplémentaires. Déchéance prononcée en 1877. |
| Haute-Marne. | Eurville vers Lérouville (6 km.). | 10 octobre. | 2e sem. 1874, n° 171, p. 992. | Id. | » | » | Id. | Id. | » | |
| Manche. | Avranches à Passais (49 km.) | 25 octobre. | 1er sem. 1875, n° 256, p. 567. | Guébhard fils, Riche frères et Parent-Pécher. | Terrains 32 000 fr. p. km. | 375 000 | Id. | 16 14 10 8 | » | |
| Maine-et-Loire. | Montreuil-Bellay à Angers (53 km.). Cholet vers Nantes (37 km.). Beaupréau à Chalonnes (25 km.). Fayé à Chalonnes (26 km.). Beaufort à Angers (24 km.). | 28 octobre. | 1er sem. 1874, n° 213, p. 1197. | Donon et de Contades. | Subvention variant de 20 000 fr. à 40 000 fr. p. km. | 11 250 fr. par km. | 12 9 6 | 18 14 10 | 1877 | Attribution au département de la moitié des bénéfices au-dessus de 16 000 à 18 000 fr. de produit brut par kilom., sous réserve d'un revenu de 6 % pour le capital-actions (à répartir entre les diverses caisses ayant fourni des subventions au prorata, de ces subventions.) |

Nous mentionnerons, en outre, les actes suivants concernant les chemins de fer d'intérêt local :

Décret du 24 mai 1873 [B. L., 2° sem. 1873, n° 143, p. 43], approuvant un traité passé entre la Compagnie de la Vendée et la Compagnie du chemin de fer de Poitiers à Saumur, pour l'exploitation de cette dernière ligne ;

Décret du 7 juillet 1873 [B. L., 2° sem. 1873, n° 150, p. 202], approuvant un traité passé entre la Compagnie de l'Est et la Compagnie du chemin d'Épernay à Romilly, pour l'exploitation de cette ligne ;

Décret du 18 octobre 1873 [B. L., 2° sem. 1873, n° 165, p. 759], approuvant des traités passés entre la Compagnie de l'Est et les Compagnies des chemins de Nancy vers Château-Salins et de Nancy à Vézelise, pour l'exploitation de ces deux lignes.

408. — Concession du prolongement du chemin de Lagny à Neufmoutiers jusqu'à la ligne de Coulommiers à Gretz et jusqu'à la ligne de Paris à Avricourt. — Le 18 janvier 1873 [B. L., 2° sem. 1873, n° 156, p. 457], la Compagnie du chemin de fer de Lagny aux carrières de Neufmoutiers obtint la concession du prolongement de ce chemin, de Villeneuve-le-Comte à Mortcerf, sur la ligne de Coulommiers à Gretz (6 km.).

Un second décret du 11 décembre 1873 [B. L., 2° sem. 1873, n° 175, p. 1129] lui concéda un raccordement avec la ligne de Paris à Avricourt, à Lagny (1 km.).

409. — Mise sous séquestre du chemin de Perpignan à Prades. — La Compagnie du chemin de Perpignan à Prades étant dans l'impossibilité d'achever et d'exploiter ce chemin, un décret du 8 février [B. L., 1er sem. 1873, n° 120, p. 146] le plaça sous séquestre.

410. — **Raccordement du canal de la Sauldre avec le chemin de fer du Centre.** — Un décret du 10 février 1873 [B. L., 2ᵉ sem. 1873, n° 137, p. 747] déclara d'utilité publique le raccordement du canal de la Sauldre avec la gare du chemin de fer du Centre et approuva deux soumissions de la Compagnie d'Orléans pour la construction de ce raccordement, moyennant une somme à forfait de 44 000 fr., et pour son exploitation.

411. — **Allocation d'une subvention à la Compagnie de Bordeaux au Verdon.** — Le Corps législatif avait été saisi, le 19 juillet 1870, d'un projet de loi portant allocation d'une subvention de 4 650 000 fr. à la Compagnie de Bordeaux au Verdon, en faveur de laquelle le département de la Gironde avait, de son côté, voté un subside de 1 600 000 fr. L'instruction de cette proposition avait été suspendue par la guerre et, depuis, le conseil général de la Gironde avait renoncé aux prétentions de copropriété sur le chemin, qu'il avait d'abord élevées en compensation de son concours pécuniaire.

Il importait de fournir à la Compagnie les moyens d'achever les travaux. Le ministre des travaux publics présenta donc le 31 juillet 1872 [J. O., 29 août 1872] un nouveau projet de loi semblable à celui du 19 juillet 1870, si ce n'est que l'échéance du premier des dix termes semestriels de la subvention était reporté au 15 janvier 1875. Ce projet de loi ne fut discuté qu'en 1873.

M. Mathieu-Bodet, rapporteur, formula le 8 février 1873 des conclusions favorables à ce projet de loi [J. O., 17 février 1873].

Sans le combattre, M. Caillaux demanda au Gouvernement de s'expliquer sur les moyens dont il disposerait pour payer la subvention et pour tenir ses engagements antérieurs [J. O., 23 février 1872].

Le rapporteur lui répondit, en faisant remarquer qu'il ne s'agissait que d'une annuité de 460 000 fr. à servir pendant dix années à partir de 1875 et que, du reste, il était impossible de ne pas tenir l'engagement pris en 1869.

M. de Fourtou, Ministre des travaux publics, ayant donné à M. Caillaux les assurances qu'il désirait, la loi fut votée le 22 février [B. L., 1ᵉʳ sem. 1873, n° 120, p. 130].

Le chemin fut ouvert complètement en 1875.

## 412. — Convention avec la Compagnie de l'Est.

I. — EXPOSÉ. — Le traité de paix conclu avec l'Allemagne, à la suite de la guerre fatale de 1870-1871, avait entraîné la mutilation du réseau de l'Est et lui avait fait perdre les lignes ou sections de lignes suivantes :

Ancien réseau (lignes en exploitation).

| | |
|---|---|
| Section de la ligne de Paris à Strasbourg et à Kehl. . . . . . . . . . . . . . . . | 106 km. |
| Section de la ligne de Frouard à Forbach . . . . . . . . . . . . . . | 90 |
| Ligne de Vendenheim à Wissembourg. | 57 |
| Ligne de Metz à Thionville et à la frontière . . . . . . . . . . . . | 46 |
| Ligne de Strasbourg à la frontière suisse et à Wesserling . . . . . . . | 165 |
| TOTAL . . . . . . | 464 km. |

Nouveau réseau. .

A. *Lignes en exploitation.*

| | | | |
|---|---|---|---|
| Section de la ligne de Paris à Mulhouse . . . . | 35 km. | | |
| Section de la ligne de Mézières à Thionville. . . . | 17 | | |
| Ligne de Dieuze à Avricourt. . . . | 22 | | |
| A reporter. . . . . . | 74 km. | 74 km. | 464 km. |

|  |  | | |
|---|---|---|---|
| *Report* . . . . . . . | 74 km. | 74 km. | 464 km. |

Nouveau réseau. .
{
| Ligne de Strasbourg à Barr, Mutzig et Wasselonne. . . . . | 49 | | |
| Ligne de Sainte-Marie-aux-Mines à Schlestadt . . | 21 | | |
| Section de la ligne de Thionville à Niederbronn . . | 94 | | |
| Ligne de Niederbronn à Hagueneau . . . . . . | 21 | | |
| Section de la ligne de Belfort à Guebwiller. . . | 19 | | |
| Ligne de Sarreguemines à la frontière . . . . | 1 | | |
| TOTAL. . . | 279 km. | 279 km. | |

B. *Lignes en construction ou à construire.*

| Section de la ligne de Thionville à Niederbronn . . | 59 km. | | |
| Section de la ligne de Belfort à Guebwiller . . . | 12 | | |
| Section de la ligne de Reims à Metz. | 13 | | |
| Section de la ligne de Remiremont à Mulhouse . . | 13 | | |
| TOTAL . . . . . | 97 km. | 97 | |
| TOTAL . . . . . . | 376 km. | 376 | |
| TOTAL GÉNÉRAL . . . . . . | | | 840 km. |

Tout en reconnaissant à ces chemins de fer le caractère de propriété privée, le vainqueur en avait exigé la remise par le Gouvernement français, à charge par ce dernier de les racheter à la Compagnie de l'Est et moyennant le paiement, par le Gouvernement allemand, d'une indemnité à valoir sur notre rançon de 5 milliards.

Les clauses du traité de Francfort du 10 mai 1871, concernant cette rétrocession, stipulaient les dispositions suivantes :

1° Le Gouvernement français devait user de son droit de rachat vis-à-vis de la Compagnie de l'Est et subroger en-suite le Gouvernement allemand dans tous les droits qu'il aurait acquis, par ce rachat, sur les lignes en exploitation ou en construction situées sur les territoires annexés à l'Allemagne.

2° La remise devait comprendre les terrains de toute nature appartenant à la Compagnie, les gares, les stations, les ateliers, les magasins, les maisons de garde, les autres immeubles, tout le matériel fixe, les matériaux, combustibles et approvisionnements, le mobilier des gares, l'outillage dès ateliers et des gares, les créances de la Compagnie à titre de subventions dues par des corporations ou personnes domiciliées sur les territoires cédés.

3° Le matériel roulant en était exclu.

4° Le Gouvernement français s'engageait à libérer, envers l'empire allemand, les chemins de fer cédés, ainsi que leurs dépendances, de tous les droits que les tiers pourraient faire valoir et à se substituer à lui, le cas échéant, dans les réclamations qui pourraient être élevées par les créanciers desdits chemins.

5° La France prenait à sa charge les réclamations qui pourraient émaner de la Compagnie de l'Est, relativement à l'exploitation des lignes annexées et à l'usage des objets immobiliers et mobiliers affectés à cette exploitation, depuis l'origine de la guerre.

6° Le Gouvernement allemand devait payer au Gouvernement français, pour la cession des droits de propriété spécifiés aux § 1 et 2 ci-dessus et pour le prix de l'engagement relaté au § 4, une somme de 325 millions à défalquer de l'indemnité de guerre.

7° Le Gouvernement allemand se déclarait prêt à se substituer aux droits et charges résultant, pour la Compagnie de l'Est, de ses traités relatifs à l'exploitation des chemins du Luxembourg. Il exigeait d'ailleurs du Gouvernement français le double engagement :

(a) De lui céder gratuitement ses droits, dans un délai de six semaines, pour le cas où il serait subrogé à la Compagnie de l'Est par le rachat de sa concession ou par une entente spéciale ;

(b) Au cas où cette subrogation ne s'effectuerait pas, de n'accorder de concession pour les chemins du réseau de l'Est situés en territoire français, que si le concessionnaire n'exploitait pas les lignes du Luxembourg.

II. — CONVENTION AVEC LA COMPAGNIE DE L'EST. — L'exécution des dispositions que nous venons d'analyser soulevait une première difficulté, résultant de ce que le droit de rachat prévu au cahier des charges ne pouvait s'appliquer à une partie seulement de la concession des chemins de fer de l'Est. Le Gouvernement français, ne voulant pas ajouter aux difficultés financières avec lesquelles il était aux prises celle du rachat total du réseau, entra en négociation avec la Compagnie pour le rachat partiel et, après de longs pourparlers, arrêta conformément à l'avis de la commission centrale des chemins de fer, un projet de convention dont les stipulations étaient les suivantes.

L'article 1er donnait la nomenclature des lignes cédées à l'Allemagne et détachées par conséquent du réseau de l'Est, et subrogeait le Gouvernement français à la Compagnie dans ses droits et obligations pour l'exploitation des chemins de fer du Guillaume-Luxembourg, ladite subrogation devant être cédée au Gouvernement allemand.

Il convient de faire connaître, à cet égard, que les chemins du Guillaume-Luxembourg avaient un développement de 337 kilomètres; que, soit par eux-mêmes, soit par leurs prolongements naturels sur le territoire belge, ils permettaient à la Compagnie d'atteindre les ports d'Anvers, de Rotterdam et d'Amsterdam; que la durée du bail conclu par cette Compagnie et sanctionnée par la loi du 11 juillet 1868 était de quarante-cinq ans, sans clause résolutoire réservée à la société concessionnaire.

Les articles 2, 3 et 4 annulaient la concession du chemin de Belfort à Guebwiller, en ce qui concernait la section française, et celle du chemin de Remiremont à la ligne de Colmar à Mulhouse; ils déchargeaient l'État :

1° Pour la ligne de Niederbronn à Thionville, de la partie de la subvention correspondant à la longueur non encore construite de cette ligne, ci . . . . . . . . . . . . . . . . . . . . . . 10 510 000 fr.

2° Pour la ligne de Belfort à Guebwiller, de la subvention de . . . . . . . . . . . . . . . . . . . 1 080 000 correspondant à la section française et de la subvention de . . . . . . . . . . . . . . . . . . . . . 720 000 afférente à la section non encore construite sur le territoire cédé ;

3° Pour la ligne de Remiremont au chemin de Colmar à Mulhouse, qui n'était pas encore entreprise, de la subvention de . . . . . . . . . . . . . . . 15 000 000

TOTAL. . . . 27 310 000 fr.

L'article 5 portait concession à la Compagnie de neuf lignes nouvelles destinées à réunir les tronçons mutilés du réseau et à rétablir autant que possible le transit, sur notre territoire, des provenances de Belgique et de Suisse, à savoir :

1° *Ligne d'Épinal à Neufchâteau*, déjà décidée par la loi du 18 juillet 1868. L'objet de cette ligne était d'abréger de 32 kilomètres le parcours du Havre et de Paris à Épinal et aux nombreuses vallées des Vosges qui y convergent ; elle devait d'ailleurs desservir les thermes de Contrexéville et traverser une contrée agricole et forestière. Sa longueur était de 71 kilomètres et son évaluation, de 17 500 000 fr.

2° *Ligne de Sedan à la frontière belge vers Bouillon.* — Cette ligne, de 20 kilomètres, estimée à 6 millions, devait, en se reliant à des chemins du territoire belge, amener dans l'arrondissement de Sedan les houilles et cokes de Liège, avec un raccourci de plus de 50 kilomètres sur le tracé par Givet et Mézières.

3° *Ligne de la frontière belge, près de Longwy, au chemin de Nancy à Metz, près d'Arnaville, avec embranchements sur Villerupt et sur la vallée de l'Orne.* — Cette ligne, de 105 kilomètres, était appelée à rétablir les communications directes de Nancy et des deux départements de Meurthe-et-Moselle et des Vosges avec les Ardennes et tout le nord de la France, et celles des centres industriels si importants des vallées de la Meurthe et de la Moselle avec la Belgique, dans la direction de Bruxelles et de Liège ; elle devait en outre, avec les lignes d'Aillevillers à Lure et de Petit-Croix à la frontière suisse, former, sur le territoire français, la voie la plus directe de la Belgique et de la Hollande vers la Suisse ; enfin, elle était destinée à mettre en valeur les terrains miniers du nord de l'arrondissement de Briey et à amener les charbons belges aux usines métallurgiques de la partie française de la vallée de la Moselle. L'estimation était de 44 700 000 fr.

4° *Ligne d'Aillevillers à Lure.* — Cette ligne, destinée au transit entre la Suisse et la Belgique, desservait, en outre, l'important établissement thermal de Luxeuil; sa longueur était de 36 kilomètres et son évaluation, de 14 millions.

5° *Ligne de Petit-Croix à la frontière suisse.* — Ce chemin, appelé à compléter la grande voie nouvelle de transit, rétablissait les communications directes entre le réseau de l'Est et la Suisse, communications qui se faisaient autrefois par Bâle. Il devait être prolongé par Porrentruy, d'une part sur Bâle et d'autre part sur Bienne; l'exécution de cette double branche était assurée sur le territoire fédéral.

La longueur était de 18 kilomètres et l'estimation de 5 800 000 fr.

6° *Ligne de Coulommiers à la Ferté-Gaucher.* — Cette ligne, dont la longueur était de 20 kilomètres et l'évaluation, de 3 500 000 fr., faisait suite à celle de Gretz à Coulommiers et desservait l'industrieuse vallée du Morin.

7° *Ligne de Remiremont au Thillot.* — Cette ligne formait une section de celle de Remiremont à Wesserling, dont la concession était annulée. Sa longueur était de 21 kilomètres et son estimatiou, de 5 millions.

8° *Ligne de Bourbonne-les-Bains au chemin de Paris à Mulhouse.* — Ce chemin, ayant pour objet de desservir les thermes de Bourbonne et particulièrement l'établissement militaire de cette localité, devait avoir 15 kilomètres et coûter 2 800 000 fr.

9° *Ligne de la gare de Langres à la ville de Langres.* — Cette ligne, de 5 kilomètres de longueur, avait un grand intérêt militaire; elle était évaluée à 1 600 000 fr.|

En résumé, la Compagnie se chargeait d'exécuter 321 kilomètres de chemins nouveaux estimés à 103 000 000 fr. (soit 320 000 fr. par km.). Eu égard à l'état du marché, un délai de dix ans lui était accordé pour l'achèvement des travaux.

Le dernier paragraphe de l'article 6 conférait à la Compagnie la faculté de demander, en cas de rachat, que les lignes concédées depuis moins de quinze ans, délai jugé nécessaire pour les mettre en valeur, fussent évaluées non d'après leur produit net, mais d'après leur prix réel de premier établissement.

L'article 7 réglait l'indemnité allouée à la Compagnie : 1° pour la dédommager de l'abandon d'une partie de sa concession, du morcellement de son réseau, des dégâts provenant des faits de guerre ou autres dont elle pouvait se prévaloir, ainsi que de tous les dommages résultant pour elle du traité de Francfort ; 2° pour libérer le Gouvernement français des obligations inscrites au paragraphe 5 précité des dispositions de ce traité.

Il était remis à la Compagnie un titre inaliénable de rente de 20 500 000 fr., représentant, au taux de l'emprunt du 2 juillet 1871, la somme de 325 000 000 fr. payée à la France par l'Allemagne ; les intérêts de cette rente couraient du 18 mai 1871, date de la ratification du traité de paix ; mais le titre devait être restitué à l'État à la fin de la concession.

Il était en outre fait remise à la Compagnie, dans le rapport du nombre de kilomètres de l'ancien réseau cédés à l'Allemagne à la longueur totale de ce réseau, des sommes qui lui auraient été avancées jusqu'à la clôture de l'exercice 1871 à titre de garantie, ainsi que de leurs intérêts.

De ces deux clauses, la première se justifiait par ce fait qu'il paraissait équitable d'attribuer à la Compagnie le montant intégral de la somme fixée par le traité lui-même comme constituant le prix de rachat des lignes cédées à l'Allemagne, et d'autre part que, cette indemnité ayant été défalquée de l'indemnité de guerre, la Compagnie de l'Est devait être assimilée aux autres souscripteurs de l'emprunt, au point de vue du taux de la rente.

La seconde paraissait s'imposer par le fait de la mutilation de l'ancien réseau : la créance ainsi abandonnée était
de 19 669 000 fr.

La commission centrale des chemins de fer avait d'ailleurs motivé cette double allocation par les considérations
suivantes.

Le produit net des 464 kilomètres de l'ancien réseau
cédés à l'Allemagne avait été, en 1869, de 12 637 100 fr.
Quant aux lignes ou sections de lignes du nouveau réseau
terminées ou en construction, leur valeur intrinsèque taité
de 50 914 254 fr., somme dont l'intérêt et l'amortissement,
au taux de 5 75 °/₀, était de 2.927 570 fr. La valeur de l'ensemble des lignes cédées était ainsi de 15 564 670 fr. La
différence entre ce chiffre et celui de 20 500 000 fr., capitalisée à 5 °/₀, donnait 98 706 600 fr. qui, ajoutés à la
créance abandonnée de 19 669 000, formaient un total de
118 375 600 fr. Cette indemnité complémentaire correspondait :

1° A la valeur des objets mobiliers, de l'outillage
et des approvisionnements retenus par l'Allemagne, ci
9 295 000 fr. ;

2° Aux pertes subies par la Compagnie, à raison du séquestre organisé de septembre 1870 à mars 1871, ci
37 100 000 fr. ;

3° A la perte de l'exploitation du réseau du Luxembourg
qui, au point de vue des revenus directs, était évaluée à
18 200 000 fr. et, au point de vue du trafic enlevé aux lignes
françaises, était estimée à 33 000 000 fr. ;

4° Aux frais de reconstitution des gares de tête et des
ateliers, ci 14 millions ;

5° Aux dommages causés aux ouvrages par les armées
française et allemande, dommages dont l'évaluation était de

10 900 000 fr. sur lesquels 5 690 000 fr. imputables à l'autorité française ;

6° Au morcellement du réseau ;

7° A l'obligation pour la Compagnie de construire, sans allocation explicite d'une subvention, 321 kilomètres de chemins nouveaux, alors qu'il lui avait été accordé 27 310 000 fr. pour 137 kilomètres seulement à établir sur le territoire annexé ;

8° Au détournement du trafic de transit, que la Compagnie aurait à subir pendant plusieurs années, et aux sacrifices qu'elle serait tenue de s'imposer pour reconquérir ultérieurement ce trafic.

L'article 8 stipulait que le revenu réservé à l'ancien réseau continuerait à être calculé comme antérieurement, en y comprenant tant les lignes cédées que celles du territoire français : cette stipulation résultait de ce que la Compagnie conservait la charge des capitaux employés à l'établissement des chemins pris par l'Allemagne.

Les nouvelles lignes étaient rattachées au nouveau réseau et le capital garanti était augmenté d'une somme ne pouvant excéder 300 000 fr. par kilomètre.

Le produit du titre de rente était divisé en deux parts : l'une était ajoutée aux recettes du nouveau réseau, jusqu'à concurrence de la somme nécessaire pour couvrir l'intérêt et l'amortissement des dépenses de premier établissement des lignes de ce réseau cédées à l'Allemagne ; l'autre était comprise dans les recettes de l'ancien réseau.

Enfin l'article 9 portait que les recettes additionnelles stipulées à l'article 7 seraient ajoutées au produit net des deux réseaux, pour le compte du partage des bénéfices.

III. — PROJET DE LOI. — Le 6 janvier 1873, le Ministre des travaux publics présenta à l'Assemblée nationale un projet de loi [J. O., 13 et 16 janvier 1873], qui déclarait d'utilité publique les lignes nouvelles énumérées dans la convention et qui portait approbation de cette convention.

IV. — Proposition de rachat du réseau de l'est par M. de Janzé et six autres députés. — Peu de jours après, le 3 février, M. de Janzé et quelques-uns de ses collègues proposaient à l'Assemblée le rachat total de la concession de la Compagnie de l'Est [J. O., 18 février 1873]. Ils accusaient les auteurs de la convention d'accorder à la Compagnie, tant sous forme d'indemnisation directe que sous forme d'abandon des avances faites par l'État au titre de la garantie d'intérêt, une rente excédant de 6 millions et demi l'annuité due en vertu des contrats pour le prix du réseau entier ; d'être allé puiser les éléments de l'indemnité aux sources les plus diverses et les plus contestables ; d'avoir fait entrer en ligne de compte la perte du réseau luxembourgeois, alors que le traité de Francfort avait laissé à la Compagnie de l'Est la faculté de conserver ce réseau, sauf à ne pas recevoir de concessions nouvelles en France, ou de les céder à une autre Compagnie, soit française, soit étrangère ; d'avoir méconnu, au profit d'une société financière, le principe exposé par M. Thiers et consacré par l'Assemblée, d'après lequel les faits de guerre n'ouvraient pas un droit à indemnité au profit de ceux qui en étaient victimes ; d'avoir voulu échapper à l'exécution du traité qui prévoyait le rachat intégral de la concession. Chiffrant les charges du Trésor, dans la double hypothèse de l'approbation de la convention et du rachat, ils supputaient : 1° que, dans le premier cas, les recettes de la Compagnie de l'Est s'élèveraient à peu près à un chiffre égal à celui des dépenses annuelles et que, dès lors, l'État aurait à subvenir, par le jeu de la garantie d'intérêt, aux insuffisances des nouvelles

lignes ; 2° que, dans le second cas, l'annuité de rachat ne
devant être que de 19 millions et les frais d'exploitation devant être diminués de 10 %, l'excédent des ressources sur
les dépenses serait de près de 9 millions.

Aux termes de la proposition, l'État devait reprendre
le service des titres, poursuivre leur amortissement, mais
avec la faculté de les racheter en Bourse aux cours qui lui
paraîtraient les plus convenables, et adjuger l'exploitation
du réseau sur un cahier des charges ratifié par l'Assemblée
nationale.

v. — RAPPORT DE M. KRANTZ. — Au début de son rapport [J. O., 19 avril 1873], M. Krantz rendait un hommage
éclatant à l'abnégation et au dévouement dont la Compagnie
de l'Est avait fait preuve pendant la guerre, à l'énergie avec
laquelle elle avait secondé les efforts de la défense. Il établissait ensuite, en invoquant les termes mêmes de l'article 1er des clauses additionnelles au traité de Francfort, que
la somme fixée par les deux États signataires de ce traité,
représentant exclusivement le prix de valeurs appartenant
à la Compagnie de l'Est, devait incontestablement être attribué en entier à cette société ; mais il faisait remarquer
que l'Assemblée avait le devoir d'examiner si cette indemnité était suffisante et, le cas échéant, de réparer les erreurs qui auraient été commises au détriment de la Compagnie, tenue en dehors des négociations. Or, en capitalisant
à 5 % le produit net des lignes en exploitation, en comptant la valeur des lignes en construction pour leur coût réel,
en y ajoutant le prix des approvisionnements cédés, on arrivait à un total de 313 à 326 millions, suivant que l'on adoptait les chiffres de l'inspecteur général du contrôle ou ceux
de la Compagnie. Comme on négligeait dans ce calcul la valeur de diverses subventions encore dues par des tiers à la

Compagnie de l'Est ; le dommage résultant pour elle de la perte de ses gares frontière, et des grands ateliers de répation de Montigny et de Mulhouse ; sa responsabilité éventuelle vis-à-vis des créanciers qui éléveraient des réclamations, il était certain que la somme de 325 millions était à peine suffisante. La Compagnie s'était trouvée, par la force des choses, inscrite d'office au premier rang des souscripteurs de l'emprunt : cette situation pouvait n'être pas sans inconvénient pour elle, à une époque où ses ressources étaient épuisées ; elle devait donc en recueillir le fruit et l'attribution de la rente de 20 500 000 fr., correspondant au capital ci-dessus indiqué, était absolument légitime. La valeur, en 1873, des quatre-ving-trois annuités promises à la Compagnie, capitalisée au taux normal de 5 %, correspondait, il est vrai, au versement immédiat d'un capital de près de 403 millions ; mais on ne pouvait raisonner sur un état fictif du crédit et, d'ailleurs, en supposant qu'il en résultât un certain avantage pour la Compagnie, cet avantage pouvait être considéré comme la juste compensation des pertes subies par elle, en dehors de celles qui avaient fait explicitement l'objet de l'indemnité de 325 millions, pertes dont la nomenclature avait été donnée dans l'exposé des motifs. L'abandon des avances de l'État, au titre de la garantie d'intérêt, pour la partie du réseau qui était cédée à l'Allemagne, paraissait également à la Commission justifiée par des considérations d'équité et, notamment, par ce fait que la Compagnie perdait la partie de son ancien réseau qui se prêtait le plus au développement de ses recettes, ainsi que par la suppression de 27 millions de subventions, antérieurement allouées par des actes législatifs.

Passant en revue les diverses concessions nouvelles proposées par le Gouvernement, la Commission complétait la ligne de Longwy à Arnaville par un embranchement sur

Thiaucourt, ce qui portait la longueur à 115 kilom. 5 et l'évaluation à 45 millions ; elle prolongeait jusqu'à Saint-Maurice le chemin de Remiremont au Thillot, qui devait dès lors avoir 26 kilomètres et coûter 5 millions et demi ; elle y ajoutait :

1° *Un chemin d'Aillevillers à Plombières.* — Ce chemin était motivé par l'importance des thermes de Plombières dont l'État était propriétaire, par l'existence d'un vaste hôpital militaire dans cette localité, par les immenses forêts domaniales qui l'enveloppaient, par la nécessité de dédommager le département des Vosges du fardeau que la guerre avait fait peser sur lui ; sa longueur était de 11 kilomètres et son estimation, de 1 800 000 fr. :

2° *Un embranchement sur le Val-d'Ajol,* de 16 kilomètres de longueur, évalué à 2 millions, et destiné à desservir une vallée riche et industrieuse et à y attirer les exilés alsaciens ;

3° *Un chemin de Montmédy vers la frontière belge,* de 1 kilomètre de longueur, estimé à 200 000 fr. et formant le prolongement naturel d'une ligne belge :

4° *Une ligne de Champigneules à Jarville, contournant la ville de Nancy à l'est.* — Cette ligne, de 8 kilomètres, avait pour objet principal de décharger la grande artère de Paris à Strasbourg aux abords de Nancy, de suppléer à l'insuffisance de la gare de cette ville, de créer de vastes terrains industriels entre le nouveau chemin et le canal de la Marne au Rhin. La ville devait livrer les terrains à la Compagnie, moyennant paiement, par cette dernière, d'une somme forfaitaire de 200 000 fr. ; le capital à garantir était fixé à 2 400 000 fr. au maximum.

La longueur totale des lignes qu'il s'agissait de concéder à la Compagnie était ainsi portée à 358 kilomètres et le capital garanti, à 102 600 000 fr.

Au lieu de fixer un chiffre moyen de 300 000 fr. pour

3                                                    5

le maximum kilométrique de l'augmentation du capital garanti, la Commission, ayant égard aux différences considérables que comporteraient les dépenses des diverses lignes nouvelles, fixait un maximum spécial pour chacune de ces lignes.

Considérant le délai de dix ans, accordé pour l'exécution des travaux, comme exagéré, elle indiquait des délais spéciaux à chaque ligne, d'après son importance, en se renfermant entre les deux limites de cinq années et de neuf années.

Enregistrant les résultats d'un accord intervenu, sur son initiative, entre l'administration et la Compagnie, elle inscrivait dans le projet de loi un article analogue à celui qui avait déjà été consacré par la loi du 16 juin 1872 pour le réseau du Nord. Aux termes de cet article, les Compagnies d'embranchement, qui avaient à emprunter les rails de l'Est n'étaient tenues d'acquitter le péage que pour le nombre de kilomètres réellement parcourus sur ces rails ; si elles avaient à établir un service commun dans des gares de la Compagnie de l'Est, la redevance à payer à cette société était réglée par voie d'arbitrage ; en cas de désaccord sur le principe ou l'exercice de l'usage commun desdites gares, il devait être statué par le Ministre, les Compagnies entendues.

Passant à l'examen de la proposition de rachat qui avait été soumise à l'Assemblée nationale, la Commission repoussait cette proposition pour les motifs suivants.

1° C'eût été une faute de courir au-devant des embarras et des difficultés, en assumant une exploitation ingrate et stérile.

2° Les conditions auxquelles aurait dû être contracté l'emprunt, destiné à faire face au paiement de l'indemnité de rachat, eussent été particulièrement onéreuses.

3° L'État eût été conduit à entreprendre directement

l'exploitation, ce qui eût présenté de graves inconvénients et ce qui d'ailleurs ne paraissait pas entrer dans les vues des auteurs de la proposition, ou à substituer une Compagnie improvisée à une Compagnie habile, expérimentée, bien assise et recommandable à tous égards.

Elle relevait en outre dans l'exposé des motifs ou dans le texte de la proposition de nombreuses erreurs. Dans le calcul de l'indemnité à payer, on avait omis l'amortissement du capital-actions, les charges afférentes aux obligations, le remboursement du matériel : on avait invoqué à tort le chiffre relativement élevé du coefficient d'exploitation du réseau de l'Est (49 %), alors que ce chiffre s'expliquait par la modération relative des tarifs. Enfin, le rachat eût entrainé une dépense annuelle de 70 774 000 fr. pour une recette de 56 274 000 fr. seulement, soit une charge de 14 500 000 fr.

VI. — DISCUSSION [J. O., 28, 29 et 30 mai ; 10, 12, 13, 14, 15, 17 et 18 juin 1873]. — (A). *Discussion générale.* — M. Clapier ouvrit la discussion , le 27 mai, , par un long discours, dans lequel il fit l'historique de la constitution du réseau de l'Est, en insistant sur les avantages successifs consentis au profit de la Compagnie concessionnaire, savoir : inscription au cahier des charges primitif de taxes élevées ; part considérable prise par l'État dans les dépenses de premier établissement ; prorogation de la concession en 1852, sans que cette prorogation eût pour corollaire l'abaissement des tarifs, qu'appelait l'allongement du délai d'amortissement des capitaux ; garantie d'intérêt pour les lignes du nouveau réseau, avec réserve d'un revenu déterminé pour l'ancien, et, par suite, d'un dividende relativement élevé pour les actionnaires ; assimilation du réseau luxembourgeois au réseau français, pour la garantie de l'État. L'orateur indiqua ensuite les principaux éléments de l'indemnité que le

Gouvernement et la Commission proposaient à la Compagnie et rappela que l'Assemblée avait à se prononcer sur trois amendements :

1° Amendement de M. de Janzé, tendant au rachat de la concession du réseau de l'Est et à sa transmission à une nouvelle Compagnie.

2° Amendement de M. Clapier, tendant : à ne payer immédiatement à la Compagnie qu'une annuité de 15 500 000 fr., suffisante pour couvrir le revenu reservé à l'ancien réseau et les charges du nouveau réseau ; à admettre en outre le principe du remboursement des approvisionnements enlevés par l'Allemagne, ainsi que des pertes occasionnées par le séquestre pendant la guerre ; mais à subordonner ce remboursement aux justifications nécessaires pour établir des comptes en bonne et due forme ; enfin, à ajourner les concessions nouvelles, afin de remplir au préalable les formalités voulues et notamment celles des enquêtes, et de rechercher des conditions moins onéreuses pour le Trésor ;

3° Amendement de M. le colonel Denfert, tendant à admettre le paiement d'une annuité correspondant à l'indemnité en capital de 325 millions, mais à limiter le taux à 5 %, et à ne concéder que trois lignes nouvelles.

Comme on le voit, le discours de M. Clapier n'était, en quelque sorte, qu'une préface de la grande discussion à laquelle allait donner lieu le projet de loi.

M. de Fourtou qui avait présenté le projet de loi, alors qu'il était Ministre des travaux publics, prit ensuite la parole pour défendre la convention. Suivant lui, cette convention était la conséquence nécessaire du traité de Francfort. La Compagnie de l'Est, voyant son réseau mutilé, avait fait les efforts les plus énergiques pour la conserver ; elle avait échoué devant la volonté bien arrêtée du Gouvernement

allemand : il n'y avait dès lors plus pour elle qu'à poursuivre
le règlement de l'indemnité à laquelle elle pouvait légitimement prétendre. Son intervention directe n'avait pas été
admise ; mais il avait été entendu que le Gouvernement
français jouerait exclusivement le rôle d'un intermédiaire
et qu'il rendrait d'une main à la Compagnie ce qu'il rece-
vrait de l'autre. Il ne pouvait d'ailleurs en être autrement
et cela avait été si bien entendu, que la Compagnie avait eu
constamment ses représentants à côté des négociateurs
français aussi bien à Bruxelles qu'à Francfort. L'État était
incontestablement débiteur, au regard de la Compagnie
de l'Est, des 325 millions défalqués sur l'indemnité de
guerre.

La Compagnie aurait pu, à la rigueur, prétendre au versement de ce capital et le conserver indéfiniment, même
après l'expiration de sa concession. En effet, les termes
mêmes du traité, qui ne visait que la subrogation du Gouvernement allemand au Gouvernement français, dans les
droits *à acquérir* par ce dernier, témoignaient manifestement
l'intention bien arrêtée du vainqueur de régler seulement
les droits privés et d'en payer la valeur au moment de la
cession. Toutefois, entrant dans la voie transactionnelle où
la poussait le Gouvernement, la Compagnie avait consenti à
la substitution d'une rente au paiement du capital et admis
que cette rente, au lieu d'être perpétuelle, fût temporaire
et fît retour à l'État à la fin de la période de concession.

Une fois le principe de la rente accepté, le seul taux qui
pût servir de base, pour la détermination du chiffre de
cette rente, était celui de l'emprunt du 2 juillet 1871 : car
la Compagnie avait été le premier prêteur, elle avait été
inscrite d'office en tête des listes de souscription, et, si elle
avait reçu directement son indemnité du Gouvernement allemand, elle aurait pu la placer à ce taux : d'autre part, il

importait de ne pas oublier qu'elle allait être contrainte de faire appel au crédit public, dans les mêmes conditions que l'État, pour la reconstitution de son réseau.

C'est à tort que l'on avait vu dans la convention l'allocation à la Compagnie, non seulement d'une indemnité correspondant à la mutilation de son réseau, mais encore d'une indemnité complémentaire ; les calculs que l'on avait faits à ce sujet, soit en recherchant les charges réelles afférentes aux lignes de l'Alsace-Lorraine, soit en capitalisant à 5 °/₀ la valeur immédiate des quatre-vingt-trois annuités à servir à la Compagnie, ne répondaient pas à la réalité des faits. Du reste, en supposant qu'il fût accordé à la Compagnie une indemnité complémentaire, cette allocation eût été largement justifiée par le séquestre commercial du réseau pendant la guerre ; par les dommages que les opérations militaires avaient causés aux ouvrages ; par la remise, aux mains de l'Allemagne, des lignes luxembourgeoises, dont la Compagnie de l'Est avait assumé la charge à l'instigation du Gouvernement français et qui lui avaient éte enlevées sans sa participation et sans son assentiment.

Quant à l'abandon d'une partie de la créance de l'État au titre de la garantie d'intérêt, il se justifiait par la cession à l'Allemagne d'une partie notable de l'ancien réseau de la Compagnie de l'Est, c'est-à-dire de l'instrument de libération de cette Compagnie envers l'État, ainsi que par la suppression de la subvention de 27 millions que le Trésor avait encore à servir à la Compagnie, et par l'accroissement considérable des chemins du nouveau réseau à exécuter par elle (358 kilomètres au lieu de 160).

Pour reconnaître que la convention sauvegardait l'intérêt public, il suffisait de remarquer que, si le « statu quo ante » eût été maintenu, la Compagnie n'eût pas tardé à entrer dans la période de remboursement des avances de

l'État, tandis que l'origine de cette période était inévitablement reculée d'un grand nombre d'années.

Enfin, les concessions nouvelles étaient indispensables
au point de vue patriotique : car leur objet était de rappeler
sur le territoire français le grand courant commercial entre
la Hollande, la Belgique et la Suisse, et de reconstituer, en
deçà de notre frontière, les communications internationales
que les événements nous avaient fait perdre.

M. de Fourtou terminait par un hommage aux services
rendus par la Compagnie de l'Est pendant la guerre.

M. de Ventavon succéda à la tribune à M. de Fourtou.
Suivant l'orateur, il était impossible de soutenir que l'indemnité de 325 millions, stipulée par le traité de paix,
appartînt de droit à la Compagnie de l'Est, et que les négociateurs français eussent été de simples intermédiaires, prenant d'une main pour rendre de l'autre. Ce que le Gouvernement allemand avait entendu payer, c'était non seulement
les avantages matériels, mais encore les avantages politiques
que devait lui assurer la possession des chemins d'Alsace-
Lorraine. D'un autre côté, en relisant le traité, il était facile
de se convaincre que les parties contractantes avaient eu en
vue, non point le rachat partiel, mais bien le rachat total
de la concession du réseau de l'Est, par application de l'article 37 du cahier des charges, et que dès lors la somme de
325 millions représentait, outre la valeur proprement dite
de la partie annexée du réseau, une quote-part des sacrifices
imposés au Trésor français pour la réalisation de ce rachat
intégral.

Aussi bien, s'il n'en eût pas été ainsi, l'Allemagne eût-
elle admis un chiffre qui faisait ressortir à 592 000 fr. le
prix kilométrique des chemins annexés? L'exposé des motifs
du projet de loi portant ratification du traité du 8 mai 1871
eût-il pu affirmer que notre rançon se trouvait atténuée,

dans une certaine mesure, par l'indemnité afférente au réseau de l'Alsace-Lorraine ?

Le taux usuraire, auquel était calculée la rente à servir à la Compagnie, n'était pas davantage admissible. Si l'État en était réduit à ne pas compter, pour hâter l'évacuation du territoire, il ne se trouvait pas dans la même situation vis-à-vis de la Compagnie ; il devait avoir le temps moralement nécessaire pour se libérer, alors surtout que la Compagnie lui devait elle-même 95 millions.

L'erreur du Gouvernement et de la Commission dérivait d'une fausse appréciation de la nature des contrats de concession de chemins de fer et des obligations juridiques de l'État. On se trouvait en présence d'un simple contrat de louage ; or l'article 1722 du Code civil stipulait explicitement qu'en cas de destruction partielle de la chose louée, il n'y avait lieu qu'à la réduction du prix de fermage ou à la résiliation du bail, *sans dommages-intérêts*. L'État ne pouvait être débiteur vis-à-vis de la Compagnie que de la part de revenu qu'elle avait perdue, c'est-à-dire d'une annuité de 15 564 000 francs, comprenant le produit net, en 1869, des chemins en exploitation, ainsi que l'intérêt et l'amortissement, au taux de 5,75 °/₀, du prix de construction des autres lignes.

Le Gouvernement avait, à la vérité, dans son exposé des motifs, cherché à justifier l'écart entre la somme de 15 millions et demi et celle de 20 millions et demi par la nécessité d'accorder à la Compagnie certaines indemnités complémentaires. Mais l'Assemblée ne pouvait le suivre dans cette voie. En effet, c'était à tort que l'on proposait de payer à la Compagnie des approvisionnements et un outillage qui constituaient l'un des éléments du revenu déjà porté en ligne de compte ; pour être absolument rigoureux, on eût même dû retrancher du chiffre de 15 millions et demi l'intérêt de la valeur du matériel roulant restitué par la Prusse. C'était à tort que l'on attribuait à la Compagnie une allocation afférente au réseau luxembourgeois : ce réseau était onéreux pour elle ; du reste, le Gouvernement allemand n'en avait pas exigé la remise ; il s'était borné à stipuler que son maintien entre les mains de la Compagnie de l'Est serait un obstacle absolu à toute concession nouvelle au profit de ladite Compagnie, et c'était pour pouvoir étendre son réseau que cette Compagnie s'en était dessaisie. C'était encore à tort que le projet de loi conservait indirectement à la Compagnie le bénéfice de la subvention de 27 millions, antérieurement consentie à son profit pour des lignes qu'elle n'avait plus à construire. C'était à tort aussi que l'Assemblée était appelée à admettre une indemnité de 14 millions pour perte de gares et d'ateliers, dont la valeur était déjà comprise dans le revenu des lignes sur lesquelles étaient installés ces établissements. C'était à tort enfin que, pour les faits de guerre, on voulait déroger au droit commun et s'écarter des prescriptions de la loi du 6 décembre 1871, qui permettait d'accorder des secours, mais qui ne reconnaissait pas le droit à indemnité.

M. de Ventavon concluait au rejet de la convention et à l'opportunité du renvoi du litige devant les tribunaux, bien plus compétents pour en connaître.

M. Méline, membre de la Commission, réfuta l'argumentation de M. de Ventavon. A ses yeux, c'était précisément parce que le Gouvernement français avait jugé à propos de traiter, sous sa responsabilité, avec le Gouvernement allemand, qu'il était au premier chef responsable vis-à-vis de la Compagnie et qu'il ne pouvait lui marchander l'indemnité stipulée par le traité. La théorie juridique exposée par le précédent orateur, concernant la nature du contrat de concession, était en contradiction avec la doctrine de la plupart des jurisconsultes ; le droit des Compagnies était bien plutôt un droit d'usufruit. Or, aux termes de la loi du 3 mai 1841 sur l'expropriation, il n'était pas douteux que, en sa qualité d'usufruitière, la Compagnie de l'Est eût droit à la remise intégrale de la somme de 375 000 000 fr. qui formait le prix de son usufruit, sauf à restituer cette somme à la fin de sa concession. Elle avait également le droit d'en faire tel emploi qu'il lui convenait et, notamment, de l'appliquer à la souscrition de l'emprunt ; sans doute elle n'avait pas eu l'initiative et le mérite de cette souscription, qui lui avait été imposée d'office ; mais il n'en était pas moins vrai que, si le Gouvernement n'eût pas disposé des 325 000 000 fr. dus à la Compagnie, il aurait été contraint d'augmenter d'autant son émission ; dès lors, ce n'était que justice de traiter la Compagnie comme un souscripteur. Les arguments tirés par M. de Ventavon de l'article 1722 du Code civil n'étaient pas applicables en l'espèce, car ils supposaient que le propriétaire de la chose fût absolument étranger à la perte subie par le locataire. Il ne fallait pas non plus s'arrêter aux critiques dirigées contre les indications données par le Gouvernement et par la Commission, sur le principe et les éléments de l'indemnité complémentaire à laquelle la Compagnie pouvait prétendre : le chiffre de 37 000 000 fr., auquel avaient été évalués les dommages résultant du séquestre, n'avait que le caractère d'un renseignement approximatif ; on ne pouvait contester à la Compagnie le remboursement de ses approvisionnements, dont le prix devait inévitablement s'ajouter à la valeur intrinsèque des lignes cédées à l'Allemagne ; on ne pouvait davantage nier que la cession du Guillaume-Luxembourg fût la conséquence du traité de Francfort et constituât une partie de notre rançon, et M. de Ventavon n'avait pu représenter ce réseau, comme onéreux pour la Compagnie, qu'en négligeant les plus-values de l'avenir ; il était également incontestable que les ateliers de Metz et de Mulhouse avaient une affectation générale à l'ensemble de la concession de l'Est et que, dès lors, leur reconstitution, en deçà de la nouvelle frontière, ne devait pas se faire aux frais exclusifs de la Compagnie ; le reproche formulé, en ce qui touchait la subvention de 27 000 000 fr., n'était pas non plus absolument fondé, attendu qu'une partie des lignes sur lesquelles portait cette subvention restaient en territoire français. D'ailleurs, quel que fût le mode de calcul, on n'arrivait pas à une somme totale de moins de 60 000 000 fr., pour l'indemnité complémentaire. En terminant, M. Méline faisait observer que, par le fait du jeu de la garantie, les avances de l'État à la Compagnie seraient augmentées d'une somme égale à celle dont serait réduite, le cas échéant, l'annuité de 20 500 000 fr. et que, dès lors, l'intérêt du débat était plus apparent que réel.

M. Pouyer-Quertier, qui avait conduit les négociations à Francfort, monta à la tribune, sur l'invitation de M. de Janzé, pour donner des explications sur le titre auquel il avait traité et pour faire connaître son appréciation sur les droits de la Compagnie. Il déclara que, tout en défendant les intérêts de la Compagnie de l'Est et en s'efforçant de la soustraire au jury d'expropriation que le Gouvernement allemand menaçait d'instituer à Berlin, pour régler l'indemnité en cas d'échec des négociations, il avait entendu avant tout stipuler au nom de l'intérêt général et comme mandataire exclusif de l'État. C'était ainsi que, en partant d'une offre de 90 000 000 fr., il avait pu obtenir le chiffre de 325 000 000 fr. ; mais il avait été expressément entendu que cette somme, tout à fait hors de proportion avec le prix de revient kilométrique des lignes de l'Est, correspondait, non seulement aux droits de la Compagnie, mais encore à ceux des tiers et de l'État, et qu'elle comprenait aussi bien les indemnités accessoires de toute nature que l'indemnité principale. La Compagnie ne pouvait, à aucun point de vue, prétendre à l'allocation totale des 325 000 000 fr. ; elle y était d'autant moins fondée que, si, au lieu de réussir, les négociateurs avaient dû accepter un chiffre insuffisant, elle ne s'en serait certes pas contentée. En justice, en équité, il y avait lieu tout au moins de déduire la part des avances de l'État, au titre de la garantie d'intérêt, afférentes aux lignes cédées, soit une somme de 45 000 000 fr., puisque le gage de cette créance disparaissait. Il était également impossible d'admettre le taux usuraire qui avait servi de base au calcul de l'annuité ; de donner à la Compagnie de la rente au taux de l'emprunt de 1871, alors que la cote était, en 1873, de 90 fr. à 91 fr.; et de payer ainsi en réalité 360 000 000 fr.

M. Pouyer-Quertier exposa ensuite une combinaison, qui lui paraissait de nature à procurer les plus grands bénéfices au Trésor. Cette combinaison consistait à s'entendre avec la Banque de France pour réduire, pendant trois exercices, de 100 000 000 fr. environ la somme de 200 000 000 fr., affectée annuellement à son remboursement, et à créer ainsi des ressources pour le paiement en capital de l'indemnité due à la Compagnie. Les avances de la Banque ne portant intérêt qu'à 1 %, et le remboursement intégral de cet établissement financier ne devant être retardé que de dix-huit mois, c'était une annuité supplémentaire de 3 000 000 fr. à lui compter pendant huit années, au lieu d'une annuité de 20 500 000 fr. à servir à la Compagnie de l'Est pendant quatre-vingt-trois ans.

M. de Fourtou répliqua. Tout en réservant l'avis du Gouvernement sur la combinaison financière préconisée par M. Pouyer-Quertier, il s'efforça d'établir qu'en fait, lorsque les négociateurs français avaient traité, ils n'avaient pu entendre stipuler pour un intérêt public que le vainqueur eût refusé de prendre en considération, mais qu'ils s'étaient incontestablement considérés comme les défenseurs d'intérêts privés auxquels il ne serait pas permis de marchander plus tard les avantages arrachés à l'Allemagne. Il chercha à mettre le précédent orateur en contradiction avec lui-même, en rappelant que, comme Ministre des finances, M. Pouyer-Quertier avait adhéré à un projet de convention, au moins aussi onéreux pour l'État. Ce projet admettait en effet l'allocation d'une annuité de 17 000 000 fr.; l'abandon des avances de l'État, au titre de la garantie d'intérêt, soit d'une somme de 42 000 000 fr.; et le report, sur les 267 kilomètres de concessions nouvelles qu'il s'agissait alors de faire à la Compagnie, de la subvention de 27 310 000 fr. afférente aux lignes annexées.

A la séance suivante, M. Germain releva l'erreur que, suivant lui, la Commission avait commise, comme le Gouvernement, en accordant, pour une souscription fictive irréductible et affranchie de toute éventualité de conversion, le taux des souscriptions réductibles et susceptibles de conversion.

De son côté, M. Krantz, rapporteur, crut devoir réfuter immédiatement une partie de l'argumentation des adversaires du projet de loi. On avait à tort accusé l'État de céder toujours aux exigences des Compagnies : pour rendre justice aux efforts de l'administration, il suffisait de constater que le Trésor n'avait concouru que pour un huitième aux dépenses du réseau et qu'il retirait de ses subventions 10,5 %, tandis que les Compagnies recevaient seulement 5, 63 %. L'allégation relative aux facilités laissées aux Compagnies, pour la répartition de leurs dépenses entre le compte de premier établissement et le compte d'exploitation, n'était pas moins fantaisiste : la comptabilité des chemins de fer était soumise à la vérification la plus rigoureuse

et les difficultés étaient déférées au Conseil d'État. M. Krantz
signalait également les inexactitudes commises par M. de
Ventavon, à propos du chiffre kilométrique auquel la convention faisait ressortir le prix des chemins de fer annexés,
ainsi que de la perte subie par la Compagnie de l'Est, à
raison du séquestre de son réseau.

Puis, la discussion fut ajournée, pour permettre au nouveau ministère d'étudier l'affaire et de se former une opinion.

Quelques jours plus tard, le débat fut rouvert. M. Deseilligny, Ministre des travaux publics, après avoir repoussé
la proposition de M. de Ventavon tendant à déférer le règlement de l'indemnité à la juridiction compétente, c'est-à-dire
à retarder la solution d'une affaire en suspens depuis deux
ans, défendit le projet de loi et justifia le chiffre de
20 500 000 fr., en le décomposant autrement que l'avaient
fait la Commission et le Gouvernement. Suivant lui, ce
chiffre comprenait les éléments suivants :

| | |
|---|---:|
| 1° Annuité de . . . . . . . . . . . . . . . . . . | 1 266 000 fr. |
| représentative de la subvention de 27 000 000 fr., qui avait été accordée à la Compagnie pour l'exécu- de 153 kilomètres sur le territoire de l'Alsace-Lor- raine, et qu'il était juste de maintenir pour les 358 kilomètres concédés à la Compagnie en deçà de la nouvelle frontière ; | |
| 2° Annuité de . . . . . . . . . . . . . . . . . . | 13 600 000 |
| représentant le revenu net, pour l'année 1869, de la partie en exploitation du réseau annexé ; | |
| 3° Annuité de . . . . . . . . . . . . . . . . . . | 2 930 000 |
| pour la partie de ce réseau qui n'avait pas quinze années d'exploitation et qui devait entrer en compte pour ses dépenses de premier établissement ; | |
| 4° Annuité de . . . . . . . . . . . . . . . . . . | 2 704 000 |
| correspondant à un capital de 47 000 000 fr., pour indemnités diverses. | |
| TOTAL . . . . . . | 20 500 000 fr. |

La somme de 47 000 000 fr. était notablement inférieure à celle que la Compagnie de l'Est aurait pu réclamer et n'était acceptée par elle qu'à titre de transaction. En effet, cette Compagnie était fondée à prétendre :

| | |
|---|---:|
| Au paiement des approvisionnements qui lui avaient été enlevés, ci . . . . . . . . . . . . . . . . . . . . . . . . . . . . . . . . . . . | 9 200 000 fr. |
| Au remboursement des pertes que lui avait fait subir le séquestre, sous déduction de la fraction de ces pertes dont elle était rendue indemne par le fait de l'abandon partiel de la créance de l'État, au titre de la garantie d'intérêt, ci . . . . . . . . . . . . . . . . . . . . . . | 20 000 000 |
| Au dédommagement partiel des dégradations causées par les faits de guerre et évaluées à 10 500 000 fr., chiffre ramené toutefois, par la déduction des dommages imputables à l'autorité allemande, à . . . . . . . . | 5 000 000 |
| Au paiement des dépenses de reconstitution des gares terminus et des ateliers, ci . . . . . . . . . . . . . . . | 14 000 000 |
| A une indemnité pour la cession du Guillaume-Luxembourg qui était appelé à produire des recettes considérables et à développer notablement le trafic du réseau français, par suite de l'extension de l'industrie métallurgique dans la Meurthe et la Moselle ; cette indemnité, évaluée par la Compagnie à 18 000 000 fr. pour le dommage direct et à 33 000 000 fr. pour le dommage indirect, n'avait été admise en compte que pour . . . . . . . . . . . . . . . | 18 000 000 |
| TOTAL . . . . . . . . . . | 66 200 000 fr. |

Quant à l'abandon partiel de la créance de l'État, il se justifiait amplement par la disproportion de l'ancien et du nouveau réseau, tels que les constituait la mutilation du territoire, et par l'écart entre le chiffre de 47 000 000 fr. pour indemnités diverses et celui de 67 000 000 fr., qui aurait pu servir de base aux revendications légitimes de la Compagnie.

En terminant, le Ministre faisait ressortir l'influence néfaste que le démembrement de la concession de l'Est et la cession à l'Allemagne de la riche et industrieuse région de l'Alsace, ainsi que du grand centre métallurgique de la Moselle, exerceraient inévitablement sur l'avenir et sur la situation financière.de la Compagnie.

M. le baron de Janzé reprit divers arguments déjà produits par les adversaires de la convention et soutint, notamment, qu'aux termes mêmes du traité, l'État aurait dû racheter la concession entière de la Compagnie de l'Est, céder à l'Allemagne la partie annexée de ce réseau, puis affermer le surplus, soit à la Compagnie de l'Est, soit à toute autre Compagnie. Même en acceptant le rachat partiel, le seul devoir de l'État était de payer à la Compagnie une annuité égale au revenu de la partie de son ancien réseau qui lui était enlevée, c'est-à-dire une annuité de 15 000 000 fr. En tous cas, l'avis de la Commission du budget était indispensable.

Ce fut M. Krantz, rapporteur, qui répondit à M. de Janzé. Il commenta à nouveau le texte du traité de paix, pour établir : 1° que le chiffre de 325 000 000 fr., auquel avait été fixée l'indemnité payée par l'Allemagne, ne comprenait ni l'éviction du réseau du Luxembourg, ni le séquestre, ni les dommages de guerre ; qu'ainsi, en dehors de l'indemnité allemande, il y avait incontestablement une indemnité française, et que telle était la raison principale de la transformation de la somme de 325 000 000 fr. en annuités de 20 500 000 fr. ; 2° que cette somme s'appliquait exclusivement aux droits de la Compagnie de l'Est, abstraction faite des droits de l'État, auxquels l'Allemagne eût certainement refusé tout dédommagement pour les chemins de fer, comme pour les autres voies de communication. Examinant ensuite la proposition de rachat formulée par M. de Janzé, M. Krantz éleva des doutes sur le droit de l'État de rentrer en possession de la totalité du réseau

attendu que les dernières concessions remontaient à moins
de quinze ans; en supposant même cette question résolue
en faveur de l'État, il faudrait déférer aux tribunaux le
règlement de l'indemnité afférente aux lignes qui ne comportaient pas l'application des bases fixées par le cahier des
charges. D'ailleurs, le rachat imposerait au Trésor une
charge annuelle de 71 000 000 fr. au moins; les produits
nets de la partie française du réseau, ajoutés à l'annuité de
20 500 000 fr. que l'État n'aurait pas à servir, ne forme-
raient qu'un total de 56 000 000 fr. et laisseraient, par
suite, une insuffisance de 14 000 000 fr. L'espoir de faire
face à cette insuffisance, par la substitution d'une Compagnie nouvelle à la Compagnie de l'Est, était absolument
chimérique, et d'ailleurs, en opérant cette substitution, ne
courrait-on pas le risque de placer notre réseau de guerre
entre des mains étrangères, c'est-à-dire de compromettre
les intérêts vitaux de la patrie?

M. Tolain défendit l'idée de la disjonction entre le
règlement de l'indemnité et la concession des lignes nouvelles, d'un côté parce que l'Assemblée était incompétente
pour apprécier des réclamations dont la connaissance revenait naturellement aux tribunaux et, d'un autre côté, parce
que les chemins nouveaux devaient, dans l'intérêt de l'État
et du public, faire l'objet d'une adjudication.

Puis, M. George prononça un long discours en faveur
du projet de loi. D'après l'orateur, il était impossible de
tenir plus longtemps en suspens le sort de la Compagnie de
l'Est et la reconstitution de notre industrie et de notre commerce dans la région de l'Est. Le rejet de la convention
placerait l'État dans l'alternative, soit de racheter le réseau
tout entier, soit de maintenir la Compagnie en possession
des lignes qui lui restaient et de renvoyer aux tribunaux le
règlement judiciaire de son procès. De ces deux solutions,

la première obligerait l'État : à payer chaque année aux actionnaires leur revenu réservé, soit 19 500 000 fr. ; à assurer le service des obligations, qui exigeait 47 000 000 fr. ; à acquitter la valeur du matériel roulant, défalcation faite de la créance du Trésor, soit 64 000 000 fr. ; à faire de nombreuses réparations, évaluées à 11 000 000 fr. ; à consacrer 14 000 000 fr. à la reconstitution des gares frontières et des ateliers ; à rétablir, en arrière de la nouvelle frontière, les communications interceptées par la mutilation du territoire et à dépenser dans ce but 103 000 000 fr. ; à exécuter des travaux complémentaires importants, estimés à 30 000 000 fr. Le budget serait ainsi grevé d'une charge annuelle de 36 000 000 fr. Pouvait-on sérieusement espérer que l'institution d'une Compagnie nouvelle provoquerait des économies couvrant cette charge ? Les reproches adressés par M. de Janzé à la Compagnie de l'Est étaient souverainement injustes : si le coefficient d'exploitation de cette Compagnie était élevé, il fallait l'attribuer à la disproportion entre son ancien et son nouveau réseau ; en analysant les statistiques, on voyait au contraire que la Compagnie de l'Est était l'une de celles qui obtenaient de leur nouveau réseau le plus fort rendement, et cela avec des tarifs relativement réduits. Une nouvelle Compagnie aurait inévitablement une exploitation plus coûteuse, attendu qu'elle aurait à acquérir le matériel nécessaire, alors que celui de la Compagnie de l'Est était déjà partiellement amorti ; elle serait forcément conduite à percevoir des taxes plus élevées. L'adjudication que réclamait M. Tolain exposerait l'État à se trouver en face d'une société qui disparaîtrait après quelques années et, ce qui était encore infiniment plus grave, en face d'une Compagnie française de nom et étrangère de fait.

La seconde solution, consistant à remettre aux tribunaux le soin de régler l'indemnité due à la Compagnie, compro-

mettrait également les intérêts du Trésor ; il n'y aurait pas
en France un tribunal qui n'allouât *de plano* à la Compagnie
la somme de 325 000 000 fr. reçue par le Gouvernement
français ; l'État se trouverait en outre en face de revendications, portant sur la reconstitution des gares frontières et
des ateliers, sur les dégâts commis par les troupes françaises, sur le séquestre, sur le morcellement du réseau,
sur la perte du Guillaume-Luxembourg ; l'indemnité totale
accordée à la Compagnie dépasserait certainement
400 000 000 fr., qu'il faudrait payer immédiatement et
emprunter, à cet effet, à un taux onéreux. La France serait
de plus appelée en garantie, dans le procès que la Compagnie concessionnaire du chemin du Luxembourg paraissait
disposée à intenter contre la Compagnie de l'Est. Enfin, elle
serait indubitablement conduite à subventionner largement
les nouvelles lignes à construire en arrière de la frontière.

Au contraire, en adoptant la convention, on était absolument fixé sur l'étendue des sacrifices imposés au Trésor et
ces sacrifices n'avaient rien d'excessif. Car, en tenant compte
de la valeur, en 1873, de la part abandonnée par l'État sur
sa créance, soit 19 000 000 fr., l'annuité concédée à la Compagnie n'était que de 21 500 000 fr., moyennant quoi elle
renonçait à toute indemnité accessoire, elle établissait sans
subvention 350 kilomètres de lignes nouvelles, elle renonçait
à la nue propriété de son indemnité principale, elle affran-
chissait le Gouvernement de toute responsabilité vis-à-vis
de la Compagnie luxembourgeoise. La meilleure preuve que
la convention ne faisait pas un pont d'or à la Compagnie,
c'est que les actionnaires étaient, suivant toute probabilité,
condamnés à voir leur dividende rester invariable jusqu'en 1920. Ainsi, le contrat soumis à la ratification de
l'Assemblée était équitable et conforme à l'intérêt public.

Pour que la discussion générale fût complète, il restait

à examiner la combinaison financière proposée par M. Pouyer-Quertier. C'est ce que fit M. Magne, Ministre des finances, après quelques considérations contre la solution du rachat total du réseau. Il rappela à l'Assemblée les conditions essentielles de la solidité du billet de banque : existence, dans l'encaisse ou le portefeuille de la Banque de France, d'une contre-valeur équivalente à celle des billets émis par elle ; sécurité complète des effets admis dans son portefeuille ; courte échéance de ces effets ; limitation des émissions, en cas de cours forcé. Il importait au plus haut point, sous peine d'entrer dans une voie fatale et d'exposer le pays aux plus grands désastres, de refuser de suivre M. Pouyer-Quertier et d'engager des opérations telles que celle qu'il proposait ; il fallait ménager soigneusement la garantie de l'amortissement, que M. Pouyer-Quertier lui-même avait eu la sagesse de faire décider par le législateur, à une autre époque.

M. Pouyer-Quertier répondit à M. Magne. Tout d'abord, il fit de nouveau le procès de l'annuité de 20 500 000 fr. qu'il s'agissait d'allouer à la Compagnie de l'Est ; il invoqua une convention qui avait été préparée en 1871 par le cabinet dont il faisait partie, qui ne comportait qu'une annuité de 18 500 000 fr., que la Compagnie avait acceptée, et à laquelle il ne voulait lui-même souscrire que moyennant une réduction de 1 500 000 fr. Le Gouvernement abandonnait, à la vérité, la totalité de sa créance afférente à la garantie d'intérêt ; mais la valeur de cette créance en 1871 était, au plus, de 35 000 000 fr. Il maintenait aussi la subvention de 27 000 000 fr. relative aux travaux des lignes nouvelles ; mais le sacrifice auquel il consentait, de ce chef, était bien inférieur à celui auquel devait fatalement conduire la garantie d'intérêt stipulée par la nouvelle convention.

L'orateur établissait, d'après le prix de revient de l'an-

cien réseau de la Compagnie et d'après la longueur des
sections cédées à l'Allemagne, que la dépense consacrée à
l'établissement de ces sections ne s'élevait pas à plus de
160 000 000 fr. ; en ajoutant à ce chiffre la valeur des
lignes du nouveau réseau perdues par la Compagnie et celle
du matériel, il arrivait à un total de 251 000 000 fr. Si donc
l'Assemblée se décidait à abandonner à la Compagnie de
l'Est la totalité de l'indemnité de 325 000 000 fr., elle pouvait
être certaine d'accorder à cette société un large dédommagement, pour toutes ses pertes accessoires. Elle ne devait
pas aller plus loin et faire encore bénéficier la Compagnie
de la plus-value de 42 500 000 fr., correspondant à l'amélioration du taux de la rente de 1871 à 1873. Elle n'avait
que deux partis à prendre : ou autoriser le Ministre à placer ces 325 000 000 fr. en rentes, au cours de la Bourse, et
à remettre le titre correspondant à la Compagnie, ou
adopter la combinaison qu'il avait proposée. Cette combinaison n'était pas susceptible de produire les effets redoutés
par le Ministre des finances ; car elle n'entraînerait nullement une agmentation dans la circulation des billets, dont
le nombre devait au contraire continuer à se réduire annuellement par le fait de l'amortissement.

M. Deseilligny, Ministre des Travaux publics, répliqua à
M. Pouyer-Quertier et s'efforça d'établir que le projet de
convention de 1871 était, en tenant compte de la subvention
accordée à la Compagnie et de l'abandon complet de la
créance de l'État, plus onéreux que la convention de 1873.

Après quelques observations de M. Léon Say, contre la
combinaison financière préconisée par M. Pouyer-Quertier,
l'Assemblée passa à la discussion des articles.

(B). — *Discussion des articles.* — A propos de l'article 1ᵉʳ,
M. de Janzé développa un contre-projet qui comportait le

rachat total du réseau de l'Est, l'État prenant à sa charge
le service des titres, avec faculté de les amortir par des
achats à la Bourse, et qui réservait, pour des lois spéciales,
la concession des lignes nouvelles. S'appuyant sur le dernier compte rendu à l'assemblée générale des actionnaires,
il estimait à 60 648 000 fr. les charges du service des titres
et à 36 647 000 fr. le produit net du réseau, ce qui ne laissait
qu'un déficit de 24 000 000 fr., chiffre un peu inférieur à
l'avance, au titre de la garantie d'intérêt, pour 1872 ; il ne
comptait rien pour le matériel, dont la valeur était, suivant
lui, couverte par la créance du Trésor et qui d'ailleurs
serait repris par la nouvelle Compagnie. Ainsi, même pour
pour l'exercice 1873, la situation ne serait pas aggravée ;
pour l'avenir, elle serait considérablement améliorée : 1° par
l'amortissement progressif des titres, substitué au paiement
continu d'une rente de 20 500 000 fr. ; 2° par la possibilité
d'une exploitation plus économique ; 3° par la majoration
que l'État obtiendrait certainement sur le fermage, grâce à
l'escompte des plus-values futures du réseau.

M. Krantz répondit, mais en s'attachant beaucoup moins
à combattre le système de M. de Janzé qu'à justifier de nouveau le montant de l'annuité de 20 500 000 fr.

Le contre-projet fut ensuite repoussé.

M. Clapier, développant les considérations qu'il avait
présentées au début de la discussion générale, demanda le
rejet de la partie du projet de loi qui avait trait à la déclaration d'utilité publique d'un certain nombre de lignes, pour
le motif que les enquêtes préalables, exigées par la loi du
17 juillet 1833, n'avaient pas eu lieu. Puis il s'attacha à prouver que le projet de convention était également inacceptable.

Écartant la prétention de la Compagnie de recevoir l'intégralité de la somme de 325 000 000 fr. stipulée entre la
France et l'Allemagne, il soutint que cette indemnité avait

été envisagée par les négociateurs, non pas comme représentant la dette de la France vis-à-vis de la Compagnie, mais bien comme devant couvrir le Trésor français des charges que lui imposerait le rachat total du réseau. Il refusa également son adhésion au calcul de l'annuité représentative de l'indemnité; c'était par une fiction inadmissible que l'on en était arrivé à traiter la Compagnie comme un souscripteur tacite et privilégié, à augmenter de 325 000 000 fr. le montant de l'emprunt autorisé par l'Assemblée, et à considérer comme liquide et exigible, dès 1871, une dette dont la valeur n'était même pas connue. L'orateur rappela les chiffres saisissants qu'avaient cités MM. de Ventavon et Pouyer-Quertier, pour mettre en lumière l'exagération de l'indemnité allouée à la Compagnie de l'Est ; il fit valoir, notamment, que cette indemnité équivalait au paiement des quatre cinquièmes de l'ancien réseau, alors que la Compagnie conservait les deux tiers de ce réseau. Reprenant la méthode de calcul de M. Deseilligny, il contesta l'évaluation des approvisionnements pris par l'Allemagne et le principe même d'un dédommagement pour les dégâts causés par les faits de guerre ; il contesta, de même, le droit de la Compagnie de l'Est à toute indemnité, pour la reconstitution des gares terminus et des ateliers, en alléguant que, si la Compagnie était restée en possession de la partie annexée de son réseau, elle aurait dû néanmoins procéder à cette reconstitution en arrière de la nouvelle ligne de douane ; tout au plus serait-il possible d'autoriser l'imputation de la dépense au compte de premier établissement. Il repoussa aussi toute allocation pour les chemins luxembourgeois : si la Compagnie avait renoncé à ces chemins, c'était bénévolement, pour ne pas se fermer l'accès de concessions nouvelles dans la région de l'Est. La manière de faire entrer dans le calcul de l'indemnité une subvention implicite de 27 000 000 fr. ne lui paraissait

pas davantage acceptable, attendu que la subvention ne
pouvait porter intérêt depuis deux ans ; que le paiement
devait en être échelonné sur plusieurs exercices ; que d'ailleurs elle était subordonnée à la concession de lignes nouvelles ; enfin qu'en la confondant dans l'indemnité, il serait
impossible de la déduire du montant des dépenses de premier établissement de ces lignes, au point de vue du jeu de
la garantie, et que le Trésor serait ainsi amené à payer des
deux mains.

Il voulait que la Compagnie fût tenue de porter, en
atténuation de ses réclamations, la valeur du matériel des
lignes alsaciennes appartenant au nouveau réseau, qui lui
avait été restitué, et qu'elle remboursât immédiatement la
part de la créance de l'État afférente à ces lignes, soit
50 000 000 fr. L'abandon de cette créance ne pouvait être
justifié par les raisons que l'on avait tirées de la mutilation
de l'ancien réseau, c'est-à-dire de l'instrument de libération
de la Compagnie: car les lignes prises par l'Allemagne, étant les
plus éloignées de la capitale, étaient nécessairement les moins
productives. Pour tous ces motifs, M. Clapier concluait à
repousser toute transaction et à faire régler le différend par
les tribunaux compétents.

De son côté, M. le colonel Denfert-Rochereau présenta
un amendement qui consistait :

1° A reconnaître à la Compagnie la propriété de la
somme de 325 000 000 fr., mais à la transformer en une
annuité de 16 760 000 fr., représentant l'intérêt à 5 %, et
l'amortissement au même taux, en quatre-vingt-trois ans,
de cette somme ;

2° A annuler la créance de l'État au titre de la garantie
d'intérêt, jusqu'à concurrence des pertes causées par le séquestre et des dépenses occasionnées par la réparation des
dégâts de la guerre ;

3° A décharger également la Compagnie de sa dette, pour les avances de l'État, en ce qui concernait le Guillaume-Luxembourg;

4° A autoriser l'imputation des frais de reconstitution des gares terminus et des ateliers au compte de premier établissement.

Au nom de la Commission, M. Varroy combattit les amendements de MM. Clapier et Denfert-Rochereau, ainsi qu'une proposition incidente formulée par M. Germain. Après avoir insisté sur les avantages que présentaient toujours les transactions, il montra que l'adoption de la proposition de M. Germain, tendant à calculer l'annuité au taux de 5,75 °/₀, amortissement compris, conduirait à un chiffre de 20 500 000 fr., en tenant compte des indemnités accessoires dues à la Compagnie. Puis, prenant corps à corps l'argumentation de M. Clapier et de M. le colonel Denfert-Rochereau, il mit en relief la légitimité d'une allocation pour le Guillaume-Luxembourg, qui avait été, quoi qu'on eût dit, enlevé à la Compagnie de l'Est par le traité de paix et dont la perte causait à cette société un préjudice direct, au moins égal au chiffre admis par la Commission. Les allégations concernant la prétendue exagération de la somme accordée pour le séquestre étaient entachées d'une erreur, tenant à ce qu'on avait fait abstraction de la période comprise entre les préliminaires de paix et le traité de Francfort, période durant laquelle les transports avaient pris, sur tout le territoire, un développement inusité. La somme de 9 000 000 fr., portée en compte pour les approvisionnements, était irréductible : elle résultait d'états détaillés qui ne pouvaient être contestés. M. Varroy appelait d'ailleurs tout particulièrement l'attention de l'Assemblée sur ce fait que le projet de convention se bornait à amortir 50 000 000 fr., sur la dépense totale de 800 000 000 fr. du nouveau réseau ;

qu'il laissait par conséquent peser presque complètement
sur la Compagnie les charges de ce réseau, alors qu'il lui enlevait 39 % des recettes de l'ancien réseau; c'est-à-dire des
produits au moyen desquels devait vivre le nouveau réseau ; qu'il retirait ainsi l'instrument de libération pour
$(0,39 \times 800\,000\,000 - 50\,000\,000$ fr.), c'est-à-dire pour
$262\,000\,000$ fr.; et qu'il anéantissait, du même coup, une
part proportionnelle dans les plus-values de l'avenir. Il y
avait de ce chef un préjudice, dont on n'avait pas fait état à
la Compagnie de l'Est. D'autre part, la Compagnie ne verrait
pas se réduire sensiblement les frais généraux de on
exploitation ; elle perdrait une fraction de son domaine
privé ; elle aurait à construire 358 kilomètres de chemins
de fer, moyennant une subvention modique de $27\,000\,000$ fr;
elle retomberait dans l'incertitude la plus grave sur son
avenir. En terminant, l'orateur adjurait l'Assemblée de ne
pas laisser plus longtemps sans voies de communication
l'une des régions les plus industrielles de France, une région
où il fallait absolument provoquer la reconstitution des industries de l'Alsace-Lorraine.

Les amendements de M. Clapier et de M. le colonel
Denfert-Rochereau, mis aux voix, ne furent pas pris en
considération.

Avant la continuation de la discussion et pour répondre
par avance à des objections que faisait naître, au point de
vue militaire, la construction de la ligne de Longwy à Arnaville, à raison de sa proximité de la frontière, M. Krantz,
rapporteur, annonça que, d'accord avec le Ministre et avec
la Compagnie, la Commission avait modifié la désignation de
cette ligne, de manière à en réserver le tracé jusqu'à l'accomplissement d'une nouvelle instruction complète.

M. le général Guillemaut, tout en prenant acte de cette
déclaration, critiqua très vivement, au nom des intérêts de

l'État, les embranchements que l'on se proposait de greffer
sur la ligne précitée, ainsi que le chemin de Virton vers la
Belgique.

M. Deseilligny, Ministre des travaux publics, répondit
brièvement à M. le général Guillemaut, en lui donnant l'assurance que ses observations seraient prises en très sérieuse
considération dans les études définitives, mais en insistant
pour la déclaration immédiate d'utilité publique. De son
côté, M. Krantz invoqua l'avis de la Commission mixte, en
rappelant l'origine et le rôle de cette commission appelée à
pondérer les intérêts civils et militaires qui étaient, au
même titre, les intérêts de la France ; il fit valoir que, en
construisant des lignes susceptibles de prêter à quelques
critiques, au point de vue militaire, mais destinées à contribuer puissamment à la reconstitution de la richesse du
pays, on travaillerait incontestablement à refaire la grandeur
et la force de la France. Il donna des indications précises
sur la production minière et métallurgique du département
de Meurthe-et-Moselle, sur la nécessité de desservir Villerupt, sur l'utilité d'établir un embranchement vers Moyeuvre,
pour permettre la translation des grandes usines de cette
localité en deçà de la frontière.

L'Assemblée ne s'arrêta pas aux objections de M. le
général Guillemaut.

M. Bompard, de concert avec le Ministre des travaux
publics, la Commission et la Compagnie, sollicita ensuite
l'addition d'une ligne de Gondrecourt à Neufchâteau, dont
la longueur était de 25 kilomètres et qui devait compléter la route la plus courte du Havre vers la Suisse.

M. Raudot combattit cette proposition qui lui paraissait
inacceptable, d'un côté parce qu'aucune des formalités
voulues n'avait été accomplie, et d'autre part, parce qu'elle
aurait pour effet d'augmenter encore les sacrifices du Trésor,

alors que, sur d'autres points de la France, l'État ne pouvait faire face à ses engagements. A cette occasion il renouvela ses critiques contre le système de la garantie d'intérêt.

M. Pouyer-Quertier joignit ses efforts à ceux de M. Raudot. Invoquant l'exemple du réseau du Nord-Est construit sans subvention et dans des conditions économiques, tandis que la Compagnie du Nord avait réclamé, pour la concession de ce réseau, un concours considérable de l'État; rappelant le prix de revient très élevé de la plupart des lignes concédées aux grandes Compagnies et les difficultés des règlements du compte de la garantie d'intérêt, il protesta contre les sacrifices véritablement excessifs qui étaient réclamés de l'Assemblée nationale.

Après une réponse de M. Ernest Picard, qui fit surtout valoir les droits du département de la Meuse, encore occupé par les troupes allemandes, l'addition fut votée.

MM. Leblond, Thomas et Margaine présentèrent un amendement ayant pour objet de prolonger jusqu'à Sézanne la ligne de Paris à Coulommiers et à la Ferté-Gaucher, de manière à lui donner effectivement le caractère d'une ligne d'intérêt général et à la rendre utilisable pour la défense. Cet amendement ne fut pas pris en considération.

L'ensemble des concessions, avec addition du chemin de Gondrecourt à Neufchâteau, se trouva par suite ratifié par l'Assemblée.

A propos des conditions de la concession, M. Clapier s'éleva contre la continuation des errements antérieurs; suivant lui, c'était une grande faute de confier la concession des chemins de fer à des Compagnies n'ayant qu'un capital social très restreint et jouissant d'une garantie d'intérêt qui les désintéressait d'une bonne administration. L'extension du second réseau, par l'addition de lignes peu productives,

devait d'ailleurs avoir pour conséquence de retarder le
partage des bénéfices et de rendre éventuellement le rachat
beaucoup plus difficilement réalisable. Enfin, le délai d'exécution était excessif. Pourquoi ne pas suivre l'exemple si
fécond des États-Unis, c'est-à-dire : abandonner les Compagnies à elles-mêmes. mais leur donner la liberté ?

M. Pouyer-Quertier appuya les objections présentées par
M. Clapier. Suivant lui, l'État ne devait pas contracter un
engagement qui pouvait se traduire par le versement annuel
d'une somme de 4 800 000 fr. Au pis-aller, s'il fallait absolument subventionner les lignes nouvelles, il convenait de le
faire au moyen d'allocations en capital, une fois payées.
L'abandon des combinaisons du Gouvernement impérial, qui
conduisaient à des règlements de compte impossibles, s'imposait de lui-même à l'Assemblée.

Le Ministre des travaux publics réfuta l'argumentation
de MM. Clapier et Pouyer-Quertier ; il refit sommairement
l'historique des diverses phases par lesquelles était passée
l'œuvre des chemins de fer ; il montra la fécondité de la combinaison qui avait été admise en 1859 et qui avait permis
l'établissement des lignes secondaires au profit des parties
pauvres de la France. Il ramena à sa juste valeur l'exemple
des chemins du Nord-Est qu'avait invoqué M. Pouyer-
Quertier, en rappelant que ces chemins bénéficiaient d'une
garantie d'intérêt. Il mit en lumière l'inanité des attaques
dirigées contre les grandes administrations de chemins de
fer, à propos de l'élévation de leurs frais de premier établissement et de leur coefficient d'exploitation, en expliquant
que les dépenses de construction pouvaient varier dans des
limites très étendues, suivant le degré de perfection du
tracé, et d'autre part que la proportion des frais d'exploitation aux recettes brutes augmentait au fur et à mesure de
l'abaissement des tarifs.

M. Germain crut devoir attaquer, à son tour, le système de la garantie d'intérêt qu'il jugeait énervant pour l'industrie et trop aléatoire pour l'État, et préconisa le système des subventions directes.

Mais, l'Assemblée donna raison au Gouvernement et à la Commission par 416 voix contre 136.

Sur l'article relatif à l'annuité à servir à la Compagnie, M. Pouyer-Quertier insista à nouveau en faveur de la combinaison financière qu'il avait indiquée et demanda que le Gouvernement, renonçant à passer sous les fourches caudines des grandes Compagnies qui, par leurs exigences retardaient le développement normal du réseau, favorisât les entreprises tentées par les départements, les communes et les sociétés particulières.

Mais, à la suite d'une déclaration du Ministre des finances, portant qu'il ne ferait un nouvel appel à la Banque de France qu'en cas de nécessité de salut public, M. Pouyer-Quertier retira son amendement.

M. Tirard développa ensuite une autre combinaison, qui consistait à admettre la dette de 325 000 000 fr., mais à ne la considérer comme productive que d'un intérêt de 5,50 %, égal à celui de la rente au moment de la discussion, et, par suite, à regarder la différence entre l'annuité calculée à ce taux et l'annuité de 20 500 000 fr. comme constituant une annuité d'amortissement à 5 %, suffisante pour reconstituer le capital en quarante-trois années. Il demanda le renvoi de la question à la Commission du budget. Cette proposition fut rejetée.

Puis M. Léonce de Guiraud présenta un autre amendement, dont le but était d'adopter, pour l'annuité, le taux de 5,75 %, taux égal à celui des emprunts de la Compagnie.

M. de Fourtou combattit cet amendement en rappelant que la Compagnie avait droit à des indemnités accessoires,

indépendamment de l'indemnité principale de 325 000 000 fr.,
et que dès lors on insistait à tort sur le taux excessif auquel
aurait été calculée l'annuité correspondant à cette somme.

M. Germain, tout en admettant qu'il était dû à la Compagnie certaines sommes en dehors de l'indemnité principale
de 325 000 000 fr., déclara que les chiffres cités par M. de
Fourtou étaient, à ses yeux, tout à fait exagérés; que
l'abandon d'une partie de la créance de l'État devait couvrir
largement la perte sur le séquestre; et que les résultats de
l'éviction du Guillaume-Luxembourg étaient compensés par
les concessions nouvelles.

Après une réponse de M. Krantz, M. Clapier vint soutenir, à nouveau, que l'État ne devait rien en dehors des
325 000 000 fr.; qu'en particulier la perte relative au séquestre avait été comprise par les négociateurs dans cette
somme et que, d'un autre côté, elle avait été couverte par la
garantie d'intérêt; que l'éviction du Guillaume-Luxembourg
n'était pas susceptible d'ouvrir un droit à indemnité au profit
de la Compagnie, attendu que la prétendue prospérité de ce
réseau était plus que problématique.

Mais M. Deseilligny reprit la défense de la convention et
invoqua, notamment, l'opportunité : 1° de ne pas courir au-
devant d'un procès, dont les juges ne pourraient faire abstraction des avis de toutes les Commissions appelées à
élaborer le contrat en discussion; 2° de ne point retarder la
reconstitution de notre réseau, alors que les Allemands
avaient entrepris et poussaient avec activité l'exécution de
chemins complémentaires sur le territoire de l'Alsace-
Lorraine.

Malgré les efforts de M. de Janzé, l'amendement de
M. de Guiraud fut rejeté.

L'Assemblée admit ensuite, sur la demande de M. Montgolfier, une modification de la convention, portant explici-

tement que le titre de rente délivré à la Compagnie tenait
compte de la subvention de 27 300 000 fr. reportée sur les
nouvelles lignes et réduisant d'autant le capital garanti pour
ces lignes.

Enfin, après avoir repoussé un amendement de
M. Pouyer-Quertier, tendant à réserver à l'État le droit de
rembourser ultérieurement sa dette en capital, elle vota
l'ensemble de la loi le 17 juin 1873 [B. L., 1ᵉʳ sem. 1873,
n° 139, p. 813].

La ligne de Longuyon à Pagny fut livrée à l'exploitation
en 1877; l'embranchement de Villerupt, en 1878; celui de
Briey, en 1879; celui de la vallée de l'Orne, en 1882; la
ligne d'Aillevillers à Lure, en 1878; l'embranchement de
Plombières, en 1878; l'embranchement du Val-d'Ajol, en
1881; la section de Belfort à Morvillars, en 1877; la ligne
de Coulommiers à la Ferté-Gaucher, en 1881; celle de Remiremont à Saint-Maurice, en 1879; celle de Bourbonne-
les-Bains, en 1880; celle de Champigneules à Jarville, en
1881; et celle de Montmédy vers Virton, en 1881.

**413. — Concession du chemin d'Arles à la Tour Saint-
Louis.** — La création du canal Saint-Louis, autorisée par
le décret du 9 mai 1863, était un fait accompli en 1873;
elle ouvrait à la navigation maritime le fleuve le plus important par le rôle qu'il était appelé à jouer dans le réseau
des voies navigables, le seul néanmoins qui fût fermé à son
embouchure par un obstacle presque infranchissable. Le
complément indispensable de ce canal était un chemin de
fer reliant la gare maritime de Saint-Louis avec la ville
d'Arles et par là, avec le Nord et l'Est de la France. La
longueur de ce chemin était de 35 kilomètres; il était évalué
à 7 millions. Après l'accomplissement des formalités d'en-

quête, le Ministre déposa le 14 juillet 1873 [J. O., 4 août 1873] un projet de loi portant approbation de la concession dudit chemin, sans subvention, ni garantie d'intérêt, à la Société anonyme de Saint-Louis du Rhône ; le Crédit Mobilier s'était engagé à constituer le capital nécessaire. Eu égard aux propriétés immobilières que la Société possédait aux abords du port et du canal, la proportion du capital-actions, dont l'emploi utile devait être établi avant toute émission d'obligations, était limitée aux trois cinquièmes ; il était d'ailleurs stipulé que les émissions ne pourraient dépasser le montant des versements effectués sur les actions.

Le 18 juillet 1873, M. Montgolfier présenta un rapport favorable [J. O., 21 août 1873].

Lors de la discussion, M. Caillaux demanda, dans l'intérêt des obligataires, que la Compagnie fût tenue de publier au *Journal officiel*, ainsi qu'au chef-lieu des départements traversés :

1° Dans le courant du mois de mai, son compte d'établissement et son compte d'exploitation, pour l'année précédente ;

2° Dans le premier mois de chaque trimestre, les recettes réalisées pendant le trimestre précédent.

Suivant l'orateur, cette disposition devait, à l'avenir, être appliquée à toutes les concessions nouvelles et, notamment, à celles des chemins d'intérêt local.

M. de Montgolfier répondit que la mesure était inutile, pour les chemins d'intérêt général soumis au contrôle de l'État ; qu'elle ne pouvait trouver son application que pour les chemins d'intérêt local ; mais que, même pour ces chemins, il convenait d'en faire l'objet d'une loi spéciale.

Le Ministre s'étant engagé à provoquer cette loi, les conclusions de la Commission furent votées le 26 juillet 1873 [B. L., 2ᵉ sem. 1873, n° 149, p. 177].

3                                        7

Par suite de circonstances diverses, la ligne n'est pas encore livrée à l'exploitation.

414. — **Décret relatif au transport des céréales**. — Le 14 septembre 1873, intervint un décret [B. L., 2ᵉ sem. 1873, n° 156, p. 483] aux termes duquel les Compagnies qui abaisseraient leurs tarifs pour le transport des céréales, avant le 1ᵉʳ octobre 1873, étaient autorisées à les relever, sans attendre l'expiration du délai légal d'un an. Toutefois, la durée des tarifs réduits ne pouvait être de moins de trois mois, à compter du 1ᵉʳ octobre. Les Compagnies étaient en outre dispensées de toute formalité d'affichage préalable, pour l'application des taxes abaissées ; elles devaient prévenir le public huit jours à l'avance, par la voie des affiches, du relèvement de ces taxes.

415. — **Substitution de la Compagnie du Nord à la Compagnie du chemin de Saint-Ouen**. — Un décret du 24 mars 1855 avait autorisé l'établissement d'un raccordement entre la gare d'eau de Saint-Ouen et le chemin de Ceinture.

La Compagnie du Nord obtint le 21 novembre 1873 [B. L., 2ᵉ sem. 1873, n° 170, p. 956] l'autorisation de se substituer à la Société concessionnaire de ce raccordement, mais sous la réserve qu'il serait tenu un compte à part des recettes et des dépenses.

416. — **Rapport de M. Cézanne, au nom de la commission du régime des chemins de fer, sur le projet d'une ligne nouvelle de Calais à Marseille**. — La Commission, chargée par l'Assemblée nationale de procéder à une enquête sur le régime général des chemins de fer, avait reçu, dès le début de ses travaux, une demande de MM. Delahante, Donon et Gladstone, tendant à la concession d'une ligne directe de

Calais à Marseille, et un grand nombre de pétitions et de délibérations d'assemblées municipales ou départementales, dans le même sens.

Les arguments invoqués à l'appui de la demande étaient les suivants :

1° Les chemins de fer existants étaient insuffisants, surtout dans la direction du Nord au Midi.

2° La concurrence seule pouvait améliorer cette situation.

3° Sans une ligne directe de Calais à Marseille, le transit de l'Angleterre en Orient serait perdu pour la France et acquis à l'Allemagne.

4° La concession n'exigerait ni garantie d'intérêt, ni subvention ; le capital serait, en majeure partie, fourni par l'étranger ; les intérêts de l'État et des Compagnies existantes ne seraient pas attaqués ; ces Compagnies verraient même augmenter leur trafic.

5° La nouvelle Compagnie réaliserait une économie notable de temps sur le parcours de Calais à Marseille ; elle offrirait au public, sous le rapport du confort et de la sécurité, des perfectionnements importants.

La Commission se livra à une étude approfondie de la question et l'opinion de la majorité fut consignée dans un remarquable rapport de M. Cézanne en date du 3 février 1873 [J. O., 20, 21 et 22 février 1873], que nous allons résumer brièvement.

1° *Insuffisance des chemins de fer existants.*

Tout d'abord, le rapport faisait observer qu'il était impossible d'espérer la suppression absolue des crises industrielles, par la multiplication des voies de transport ; ce serait une erreur économique que de chercher à accumuler des moyens d'action, des instruments de travail permettant de faire face tout à coup à des exigences exceptionnelles ; il en résulterait une immobilisation de capitaux, plus désastreuse que les crises elles-mêmes. Mais, en laissant de côté les crises proprement dites, on était obligé de reconnaître que le réseau français comportait un grand nombre de lacunes et que, sur certains de ses points, il présentait des sections incontestablement sujettes à encombrement.

Si l'on examinait plus spécialement, à ce point de vue, les communications entre Calais et Marseille, on voyait tout d'abord qu'entre Calais et Amiens il existait deux voies, l'une par Boulogne, ne donnant pas plus de 43 000 fr. de recette kilométrique brute, l'autre par Arras, ne donnant pas plus de 62 000 fr. ; que d'Amiens à Creil, la recette. s'élevait à 122 200 fr. ; que, de Creil à Saint-Denis, elle atteignait 135 500 fr., mais se répartissait entre les deux branches de Pontoise et de Chantilly ; que, d'ailleurs, la Compagnie du Nord avait obtenu en 1872 la concession d'une nouvelle ligne d'Amiens à Paris ; qu'ainsi, de Calais à Paris, il n'y avait pas urgence à dépenser des centaines de millions, pour l'établissement d'une troisième ligne. Les seules améliorations qu'il importât de réaliser, pour le réseau du Nord, consistaient à dégager la gare de La Chapelle, en reportant les ateliers hors de Paris et en créant, hors des fortifications, une puissante gare de triage et de transbordement ; à relier plus complètement les lignes extérieures avec le chemin de Ceinture ; à envelopper Paris d'une deuxième ceinture extra-muros. En ce qui concernait le réseau de Paris-Lyon-Méditerranée, la gare de Bercy, doublée par celle de Villeneuve-Saint-Georges, paraissait en état de suffire aux exigences du trafic normal ; de Villeneuve-Saint-Georges à Saint-Germain-du-Mont-d'Or, les deux branches de la Bourgogne et du Bourbonnais avaient respectivement 139 300 fr. et 39 300 fr. de recette brute, et étaient encore loin d'avoir atteint la limite de leur capacité de transport ; de Saint-Germain-du-Mont-d'Or à Lyon, il existait un tronc commun qui recevait, à la fois, le trafic des branches de la Bourgogne et du Bourbonnais et celui des échanges entre Lyon et l'Alsace, mais qu'il était facile de soulager en le dédoublant et en reportant, sur la ligne de Bourg, la circulation entre Lyon et l'Alsace. Le point de Lyon était un passage obligé, sur lequel de grands efforts devraient être faits, dans un avenir peu éloigné. La situation n'était véritablement tendue qu'au sud de Lyon ; entre cette ville et Marseille, la recette brute kilométrique était en effet de 163 000 fr. : la circulation était en outre loin d'être répartie uniformément sur toute la durée de l'année, elle présentait une intensité exceptionnelle lors des expéditions de vins et de l'importation des blés de la mer Noire ; cette situation appelait les remèdes suivants :

1° Agrandissement notable des gares de Montpellier et de Nîmes et, en général, de toutes les installations de la ligne de Tarascon à Cette ;

2° Construction, de Nîmes à Lyon, sur la rive droite du Rhône, d'une ligne à double voie indépendante de celle de Nîmes au Pouzin, de manière à constituer, avec les lignes déjà existantes ou en voie de construction, deux grandes artères entre Lyon et la mer et trois artères entre Paris et la Méditerranée ;

3° Ouverture d'une seconde entrée à Marseille, par un embranchement ayant son terminus dans une gare maritime et indépendant du tunnel de la Nerthe ;

4° Achèvement du chemin de Marseille à Grenoble, qui permettrait d'atteindre Genève sans passer par Lyon, ainsi que de deux embranchements, dont l'un, remontant le bassin de la Durance, traverserait les Alpes au col de l'Échelle pour se relier à Bardonnèche, avec le réseau de la Haute-Italie, tandis que l'autre desservirait Digne ;

5° Amélioration de la navigation du Rhône et de la Saône et jonction de cette dernière rivière à la Marne.

L'exécution de ces travaux devait faire de Marseille le centre de rayonnement de quatre lignes distinctes, se dirigeant vers l'Ouest, par le littoral ; vers le Nord, par Lyon ; vers le Nord-Est, par Grenoble et la Suisse, avec ramification sur Briançon et l'Italie ; enfin vers l'Est, par Nice, sans parler de la mer et du Rhône.

Il convenait, en outre, de créer une seconde ligne de Givors à Saint-Étienne, afin de pouvoir tourner Lyon, dans certaines éventualités que le caractère de cette grande ville obligeait à prévoir.

### 2° *Concurrence en matière de chemins de fer.*

Le chapitre du rapport, qui traite de la concurrence en matière de chemins de fer, est à lire en entier. Nous croyons devoir en citer textuellement quelques extraits : « La libre « concurrence, disait M. Cézanne, est souvent présentée « au public comme le plus puissant remède aux imperfec- « tions de notre système actuel de chemins de fer. Toutefois, « et sans parler des faits accomplis, des engagements pris, « en un mot, du passé qui pèse forcément sur nos délibéra- « tions actuelles, mais en supposant même que la France « soit absolument libre de choisir aujourd'hui, pour ses che- « mins de fer, entre tel ou tel système, la question de la « concurrence mériterait un examen attentif.

« Qui ne se souvient de ces deux puissantes Compagnies « de transport qui, ayant leur siège à Paris, exploitaient au- « trefois simultanément toutes les grandes routes de France : « les messageries nationales et les messageries Laffitte et « Gaillard ? Les actionnaires, les employés, la raison sociale « étaient différents : les Compagnies se faisaient-elles con- « currence ? Leurs voitures partaient aux mêmes heures,

« relayaient aux mêmes lieux, arrivaient en même temps,
« percevaient le même tarif; elles ne différaient que par
« quelques traits de la peinture extérieure. Il n'y avait donc
« pas concurrence; il y avait accord, concert, bonne har-
« monie, on pourrait presque dire association, coalition per-
« manente.

      « Il en sera forcément, fatalement, de même entre deux
« puissantes Compagnies de chemins de fer placées côte à
« côte et desservant la même route. Le fait est si certain
« que M. Delahante n'a pas hésité à le reconnaître lui-
« même, dans le sein de la Commission. Répondant à une
« question de M. Arago, membre de la Commission, il s'est
« exprimé en ces termes : « *On ne devrait pas parler de concur-*
« *rence en matière de chemins de fer ; on ne se bat pas à coups de*
« *tarifs ; c'est pour cela que j'ai dit à propos de la ligne de*
« *Calais à Marseille que je ne ferais que* 10 % *d'abaissement de*
« *tarifs : les tarifs ne pourraient baisser que si les Compagnies*
« *pouvaient espérer de se débarrasser des concurrents. En Angle-*
« *terre, on ne s'est pas fait la guerre des tarifs, ainsi nous ne*
« *ferons pas baisser les tarifs.*»

      « Cette déclaration si nette est absolument conforme à
« la théorie professée par les maîtres de la science écono-
« mique. La concurrence a ses lois comme tout autre phé-
« nomène et la première condition de son existence, c'est
« qu'il n'y ait pas intérêt et facilité à le faire cesser.

      « Qu'une administration convie à l'adjudication publique
« d'un ouvrage ou d'une fourniture de nombreux industriels
« en quête d'affaires, il y aura concurrence réelle : les
« candidats s'ignorant les uns les autres, n'ayant pu se con-
« certer, calculant isolément les chances de l'affaire basées
« sur leurs procédés de fabrication, chacun se présente à
« l'adjudication avec un prix différent et le plus réduit pos-
« sible ; mais, que l'adjudication soit fréquemment renou-

« velée, en sorte que les concurrents aient la facililé de se
« syndiquer, ou même que l'adjudication, sans être fré-
« quente, soit de telle nature que les concurrents restent
« forcément peu nombreux et connus les uns des autres,
« aussitôt le concert s'établit, la concurrence cesse.

« La plupart des Compagnies de chemins de fer ont re-
« noncé, pour cette cause, à l'adjudication des fournitures de
« rails, de locomotives, etc.; elles traitent de gré à gré. Ne
« voit-on pas nombre d'industries similaires se syndiquer
« et le même prix s'imposer au public, pour certains objets,
« chez tous les marchands d'une grande ville ?

« La concurrence que les économistes représentent, à
« bon droit, comme le régime naturel de l'industrie, comme
« le régulateur souverain des compétitions contraires,
« comme la source féconde du progrès, trouve ainsi des
« limites qui lui sont imposées par la force des choses et par
« la liberté même laissée aux intérêts.

. . . . . . . . . . . . . .

« Si, au lieu d'une Compagnie de chemins de fer, il y
« en a deux, établies dans le même pays, pour une longue
« durée de temps, desservant côte à côte la même route,
« ayant tout intérêt et toute facilité à s'entendre, l'entente
« est certaine et inévitable.

. . . . . . . . . . . .

« La seule concurrence efficace qui puisse être opposée
« aux chemins de fer est celle des routes de terre, pour les
« petites distances avec de faibles charges et, pour les
« grands transports, celle des voies navigables intérieures
« ou maritimes..... C'est ainsi que, soit dans l'intérieur de
« la France, soit le long des canaux et des côtes, toute une
« population de rouliers, de bateliers, de caboteurs tiennent
« en échec les Compagnies de chemins de fer. C'est donc un
« devoir impérieux, pour les représentants du pays, de veil-

« ler au bon entretien et à l'amélioration des voies naviga-
« bles, afin d'activer cette concurrence salutaire qui résulte,
« pour les chemins de fer, de l'impossibilité d'amener un
« concert entre des personnes si nombreuses et des instru-
« ments de transport si différents.... »

M. Cézanne citait, à l'appui de sa thèse, les faits qui s'é-
taient produits en Amérique, sur cette terre classique de la
libre concurrence ; il montrait les Compagnies du nouveau
monde se syndiquant, étendant leur domaine sur d'immenses
étendues de territoire, constituant des monopoles écrasants
et, finalement, relevant leurs tarifs primitifs dans une proportion souvent énorme.

Des effets analogues s'étaient manifestés en Angleterre ;
le mouvement de fusion avait été irrésistible, malgré les
efforts des pouvoirs publics pour chercher à l'enrayer.

En France même, l'expérience du Grand-Central et du
Nord-Est était là pour nous éclairer ; « Tout esprit non pré-
« venu et qui consentira, dans ces difficiles matières, à in-
« terroger consciencieusement les faits, sans se payer de mots
« sonores, reconnaîtra que le premier besoin de deux Com-
« pagnies industrielles placées en concurrence, c'est de
« vivre ; or, s'il n'y a pas de tonnage pour deux, il faudra,
« par une élévation de tarifs, chercher au moins de la recette
« pour deux. Dans ce cas, l'élévation du tarif ne sera limitée
« que par le cahier des charges, si le Gouvernement possède,
« comme en France, les moyens de le faire respecter, ou
« par la crainte de diminuer le produit en écrasant le ma-
« tière tarifable. »

Chemin faisant, M. Cézanne relatait les hommages rendus
par les Américains et les Anglais à la sagesse de l'organisation
générale de nos voies ferrées, et signalait la nécessité de ne
toucher que d'une main prudente à cette organisation.

3° *Transit continental d'Angleterre en Orient.*

M. Cézanne montrait qu'il ne fallait se faire aucune illusion sur l'importance du transit des marchandises. Les échanges entre l'Angleterre et l'Orient continueraient inévitablement à se faire exclusivement par la mer, eu égard aux progrès considérables de la marine, qui arrivait à abaisser son fret à moins de 0 fr. 01 c. par kilomètre. L'exemple du chemin de fer d'Alexandrie à Suez, qui, même avant l'ouverture du canal de Suez, n'avait jamais eu qu'un trafic très restreint et qui avait été délaissé pour la voie maritime du cap, et celui du chemin de l'isthme de Panama, qui avait été également délaissé pour la voie maritime du détroit de Magellan, ne pouvaient laisser aucun doute à cet égard. La part la plus considérable du transit de marchandises, sur lequel il fût possible de compter, proviendrait de la Belgique, de l'Allemagne et de la Suisse ; pour l'attirer vers le port de Marseille, il importait moins de créer une seconde ligne sur la rive gauche du Rhône, que de dégager celle qui existait déjà.

Le véritable intérêt d'une communication rapide entre le Nord et le Midi se rattachait au transit des voyageurs qui se dirigeraient vers Brindisi par les voies ferrées, en franchissant, soit le Saint-Gothard, soit le mont Cenis. Mais les améliorations indiquées au commencement du rapport paraissaient, à cet égard, de nature à satisfaire à toutes les nécessités.

4° *Conditions financières de l'entreprise.*

Les demandeurs estimaient les dépenses à 430 000 000 fr. pour 1 083 kilomètres, soit à 425 000 fr par kilomètre : c'était un chiffre notablement inférieur au prix de revient du chemin de Paris à Marseille, qui avait coûté 750 000 fr. par kilomètre. Malgré les progrès accomplis dans l'art de la

construction, une si grande différence était évidemment
inadmissible. Elle l'était d'autant plus que la ligne devait
être faite dans des conditions de perfection, seules susceptibles de la justifier; que la meilleure place était prise, presque
partout, par les chemins préexistants, et que, par suite, le
tracé rencontrerait des terrains plus accidentés ; enfin que
les salaires et le prix de beaucoup de matériaux avaient
augmenté. M. Cézanne portait, pour ces divers motifs, l'évaluation à 600 000 000 fr.

Le rapport ne contestait nullement la possibilité de réunir
les capitaux nécessaires à l'entreprise. En effet, les dépenses faites par les Compagnies, sur l'ensemble du réseau
français, étaient productives d'un intérêt de 5,46 %, malgré
l'adjonction d'un grand nombre de mauvaises lignes et, si
l'on n'envisageait que les lignes maîtresses, il était hors de
doute que ces lignes donnaient une rémunération considérable. Au point de vue du placement de leurs capitaux, les
promoteurs du chemin de Calais à Marseille faisaient un
calcul infaillible, puisqu'ils offraient de partager le produit
de deux des meilleures lignes, sans accepter aucune charge
en échange.

Mais l'œuvre nouvelle ne pourrait s'accomplir sans porter
un préjudice considérable aux Compagnies préexistantes et
à l'État. Comment admettre en effet que, à côté de l'artère
principale et nourricière de deux grands réseaux, l'on pût
établir une dérivation effectuant un drainage kilométrique
de 60 000 fr. par an, sans appauvrir cette artère.

Vainement les auteurs du projet invoquaient-ils les effets
merveilleux du développement des voies de communication;
si la substitution des chemins de fer aux routes de terre
avait donné aux transports un essor inattendu, le progrès
sur les voies ferrées avait été beaucoup plus lent, malgré la
construction de nombreux affluents venant apporter leur

trafic aux lignes principales ; sur le Nord, la progression n'avait pas dépassé 3,3 .∕° par an ; sur la ligne de Paris à Lyon et à la Méditerranée, elle avait été de 2,3 % environ. D'autre part, le tracé de la ligne directe de Calais à Marseille suivait, pour ainsi dire côte à côte, celui des chemins existants ; il n'évitait même pas le passage de Paris, qu'il aurait dû tourner en se dirigeant d'Amiens sur Dijon ; dans la vallée du Rhône, il desservait la même rive que la ligne de Paris à Marseille. Enfin les tarifs ne devaient pas être très sensiblement réduits. On ne voyait donc pas qui viendrait faire sortir de terre des marchandises et des voyageurs restés jusqu'alors indifférents.

Vainement aussi invoquait-on ce fait que les Compagnies ne recherchaient pas le trafic et qu'elles ne faisaient pas d'efforts pour féconder les régions qu'elles traversaient. A la vérité, on pouvait concevoir quelque doute pour la Compagnie de Paris-Lyon-Méditerranée, qui avait un immense champ d'action, et dont la direction, placée à Paris loin des parties les plus productives de ce réseau, était exposée à laisser échapper certains éléments de trafic ; mais il fallait reconnaître, d'autre part, qu'il serait facile de remédier au mal par une réorganisation de l'administration de cette Compagnie et que la concentration des chemins de fer, entre un petit nombre de mains puissantes, avait seule permis de doter les régions pauvres de voies ferrées, sans sacrifice excessif pour le Trésor.

Plus de 6 000 kilomètres de chemins de fer d'intérêt général et 1 400 kilomètres de chemins d'intérêt local étaient décidés et attendaient les moyens d'exécution ; 5 à 6 000 autres kilomètres étaient réclamés ; 3 milliards et, peut-être, dix années seraient nécessaires pour mener à bien cette œuvre immense. L'État était dans l'impossibilité de payer aux Compagnies les sommes promises. Les émissions d'obligations avaient dû être arrêtées. Dans cette situation, ce serait une faute irréparable que de consacrer à la ligne de Calais à Marseille une somme de 600 millions, de détourner cette somme de travaux plus puissants et plus féconds, de l'employer à détruire les revenus de lignes préexistantes, et d'infliger aux actionnaires du Nord et de Paris-Lyon-Méditerranée une perte de 20 millions par an et au Trésor une charge égale, au titre de la garantie d'intérêt. L'état des finances imposait aux pouvoirs publics le devoir impérieux de n'autoriser aucune œuvre nationale, si elle ne présentait pas un caractère incontestable d'urgence et de fécondité.

3° *Avantages matériels de l'entreprise.*

Les promoteurs de l'affaire affirmaient que la ligne nouvelle aurait une longueur de 1 061 kilomètres seulement et réaliserait, par suite, une abréviation de parcours de 110 kilomètres. Cette assertion était plus que douteuse ; mais, en la tenant même pour exacte, il ne fallait pas oublier que le tiers du chemin était projeté en pente ou en rampe de 0, 01, inclinaison qui n'avait été admise sur aucune grande voie ferrée ; cette imperfection du profil devait entraîner une réduction notable de la charge des trains et de leur vitesse, une augmentation correspondante des frais de traction et d'exploitation ainsi que de la durée du trajet.

Le seul perfectionnement sérieux offert par les promoteurs de l'affaire était l'adaptation, aux wagons de voyageurs, d'une galerie extérieure permettant aux voyageurs de changer de compartiment, pendant la marche du train, et aux employés de faire des rondes permanentes : ce perfectionnement était bien minime, si on le rapprochait du montant de la dépense.

Pour toutes ces raisons, M. Cézanne pensait, avec la majorité de la Commission, que les seules mesures à prendre immédiatement étaient celles qu'il avait indiquées et que nous avons relatées, sauf à les compléter par la construction d'un canal latéral au Rhône, à partir de Lyon jusqu'à Arles, avec prolongement sur Marseille.

Il soumettait à la Chambre un projet de résolution comportant, sous le bénéfice des observations précédentes, le renvoi des pétitions au Ministre des travaux publics.

Aux rapports étaient jointes diverses annexes et notamment une note de M. Raudot, exposant l'appréciation de la minorité de la Commission.

Cet honorable député invoquait, à l'appui de l'exécution immédiate de la ligne de Calais à Marseille, les encombrements périodiques des voies existantes ; leur trafic toujours croissant ; la continuation certaine et rapide de cette progression ; le développement tout à fait excessif du réseau de Paris-Lyon-Méditerranée, qu'il était impossible d'augmenter encore par de nouvelles concessions ; les travaux considérables qui restaient à exécuter sur ce réseau ; la richesse des régions traversées par le tracé ; les relations étroites de l'Angleterre et de la France ; l'éventualité de l'établissement d'une voie ferrée reliant ces deux pays ; l'accroissement incessant des transports de vins du Midi, ainsi que des échanges entre l'Espagne et nos départements de l'Est ; le débouché, pour ainsi dire illimité, qui nous était ouvert sur l'Italie ; la part très large que nous pouvions prendre dans le transit entre le Nord de l'Europe occidentale et l'Orient. Il convenait de s'inspirer de la politique suivie par les États-Unis, après la guerre de sécession, et de ne pas entraver une œuvre éminemment patriotique.

L'affaire ayant été inscrite à l'ordre du jour de la séance

du 12 novembre [J. O., 13 novembre 1873]. M. Rouvier demanda l'ajournement de la discussion, eu égard à l'importance des intérêts engagés dans la question.

Mais M. Cézanne combattit cette motion. Il rappela que la commission d'enquête sur le régime des chemins de fer, après une étude attentive et prolongée, s'était montrée favorabla au mobile qui avait dicté les pétitions ; qu'ensuite elle s'était divisée sur les mesures à prendre ; que la majorité avait donné la préférence à l'établissement d'un certain nombre de sections comblant des lacunes dans les communications entre le Nord et le Midi de la France ; qu'au contraire la minorité s'était prononcée en faveur de la concession d'une ligne nouvelle de Calais à Marseille ; que, dérogeant aux usages parlementaires, la Commission avait mis, sous les yeux de l'Assemblée, deux rapports exprimant et tendant à justifier ces deux opinions : que, d'ailleurs, les deux rapports concluaient au renvoi des pétitions au Ministre des travaux publics : que, dès son entrée dans le cabinet, M. Deseilligny, ancien membre de la Commission, s'était considéré comme saisi de l'affaire. Dans cette situation, un débat sur le fond était inutile et la seule mesure à prendre était d'ordonner le renvoi proposé par la Commission.

M. Deseilligny déclara accepter ce renvoi.

Après quelques mots de M. Raudot, qui entendait réserver absolument la discussion à ouvrir ultérieurement, le projet de résolution de la Commission fut adopté.

417. — Interpellation sur la gare de Modane. — Nous mentionnons pour ordre une interpellation adressée le 7 janvier au Ministre des travaux publics par M. Grange [J.O., 8 janvier 1873], au sujet de la fermeture de la gare de Modane transit au service local des marchandises. M. de Fourtou répondit, en faisant connaître que cette mesure avait été provoquée par

l'administration des chemins de fer de la Haute-Italie, afin
de détruire l'industrie des commissionnaires en douane et que
des négociations diplomatiques étaient engagées avec l'Italie.
Après cette déclaration, l'ordre du jour pur et simple fut voté.

418. — **Pétition relative à la gare des marchandises de
Grenelle.** — La commission d'enquête sur les chemins de fer
avait été saisie en 1872 du projet de création de deux gares à
marchandises, sur le chemin de Ceinture, l'une à Grenelle,
l'autre à Gentilly ; au commencement de 1873, une pétition
des usiniers et des industriels de Grenelle et de Javel,
tendant à l'établissement de la première de ces deux gares,
lui avait été renvoyée. M. Alfred Monnet déposa, le 19 mars
1873, un rapport favorable à cette pétition [J. O., 7 avril 1873]
Après avoir refait brièvement l'historique du chemin de
Ceinture, M. Monnet rappelait l'extension prise par le XVᵉ arrondissement, au point de vue commercial ; il montrait tout
ce qu'il y avait d'anormal à voir le chemin de Ceinture traverser cet arrondissement, sans desservir les nombreux
établissements industriels avec lesquels il se mettait en
contact ; il faisait ressortir l'insuffisance des services rendus
par le chemin de Ceinture, pour le transport des marchandises ; il citait l'exemple de deux grandes usines, celle de
MM. Cail et Cⁱᵉ notamment, qui étaient astreintes à des
camionnages onéreux et souverainement gênants pour la
circulation parisienne. Du reste, la nécessité de la gare de
Grenelle n'était pas contestable ; l'État l'avait proclamée
en achetant, dès 1865, les terrains nécessaires à son assiette.
Les intéressés se prêteraient certainement à des combinaisons
financières, de nature à diminuer les charges du Trésor pour
l'exécution de cette gare. Les pouvoirs publics ne devaient
pas admettre plus longtemps l'ajournement d'une solution
tenue en suspens depuis 1861 ; il y avait lieu de prendre en

considération la pétition et de la renvoyer au Ministre des travaux publics.

Les conclusions de ce rapport furent adoptées le 23 juin [J. O., 24 juin 1873], après un discours de M. Tirard en faveur de la prompte exécution de la gare et une déclaration de M. Deseilligny, Ministre des travaux publics, qui attribuait le retard de l'affaire à la nécessité d'adapter avant tout le tronçon de la gare de Saint-Lazare à Auteuil à un service normal de marchandises, ainsi qu'aux difficultés du projet, mais qui promettait une solution prochaine, si les intéressés concouraient utilement à la réunion des capitaux nécessaires.

# CHAPITRE IV. — ANNÉE 1874

**419. —. Concessions diverses de chemins d'intérêt local.** — Les concessions de chemins d'intérêt local intervenues en 1874 sont les suivantes:

| Désignation des départements. | DÉSIGNATION des lignes. | DATES des DÉCRETS. | NUMÉRO du Bulletin des lois. | DÉSIGNATION des concessionnaires. | SUBVENTIONS accordées aux concessionnaires. | Part de l'État dans cette subvention. | TARIFS. | | ÉPOQUE d'ouverture. | OBSERVATIONS. |
|---|---|---|---|---|---|---|---|---|---|---|
| | | | | | | | Voyageurs. | Marchand. et pet. vitesse. | | |
| | | | | | | | cent. | cent. | | |
| Loire. | Roanne vers Cluny (10 km.) | 8 janv. | 1er sem. 1874, n° 213, p. 1241. | Riche et Parent-Pécher. | Néant. | » | 10 7,5 8,5 | 16 14 10 8-5-4 | » | |
| Saône-et-Loire. | Châlon vers Roanne et embranchement de St-Gengoux à Montchanin (11.4 km.). | Id. | 2e sem. 1874, n° 221, p. 219. | Id. | Néant. | » | Id. | Id. | » | |
| Nord. | Hazebrouck à Templeuve (48 km.). Don vers Hénin-Liétard (6 km.). Artres à Denain (11 km.). Denain à St-Amand (14 km.). Lourches à la ligne d'Artres à Denain (7 km.). | 13 janv. | 2e sem. 1874, n° 218, p. 118. | Cie de Lille à Valenciennes. | Néant. | » | Id. | Id. | 1879 | |
| Pas-de-Calais. | Hénin-Liétard vers Don (14 km.). Hazebrouck à Templeuve (section d'Aubers à Laventie (3 km.). | Id. | 2e sem. 1874, n° 220, p. 369. | Id. | Néant. | » | Id. | Id. | 1879 | |
| Gironde. | La Teste à l'Étang de Cazaux (13 km.). | 2 février. | 2e sem. 1874, n° 225, p. 342. | Bonnet. | Néant. | » | 10 6 | 35 28 25 12 | 1876 | Concession de 70 ans. |

| DÉSIGNATION des départements. | DÉSIGNATION des lignes. | DATE des décrets. | NUMÉRO du Bulletin des lois. | DÉSIGNATION des concessionnaires. | SUBVENTIONS accordées aux concessionnaires. | PART DE L'ÉTAT dans les subventions. | TARIFS | | ÉPOQUE d'ouverture. | OBSERVATIONS. |
|---|---|---|---|---|---|---|---|---|---|---|
| | | | | | | | Voyageurs. | Marchand. et pet. vitesse. | | |
| | | | | | | cent. | cent. | 16 | | |
| Manche. | Carentan à Carteret (43 km.). | 10 fév. | 2e sem. 1874, n° 233, p. 641. | Guéblard, Riche, Parent-Pécher. | Terrains et 31 750 fr. p. km. | 201 000 fr. | 10 7,5 5,5 | 14 10 8-5-4 | » | |
| Meurthe-et-Moselle. | Vézelise vers Mirecourt (15 km.). | 5 mars. | 2e sem. 1874, n° 223, p. 209. | Tourtel et autres. | Terrains. Déviations de chemins. Chemins latéraux. Chemins d'accès aux stations. 394 000 fr. | 182 000 | Id. | 16 14 12 10 | 1870 | Concession du 90 ans. |
| Vosges. | Mirecourt vers Vézelise (9 km.). | 5 mars. | 2e sem. 1874, n° 230, p. 509. | Id. | Id. (sauf la subvention en argent, qui était de 876 000 fr.). | 103 000 | Id. | Id. | 1870 | |
| | De la limite de Maine-et-Loire au Mans, par la Flèche (33 km.). | | | | | | | | 1877 | |
| | La Flèche à Sablé (23 km.). | | | | | | | 16 | 1877 | |
| Sarthe. | De la limite de Loir-et-Cher à Château-du-Loir (25 km.). | 11 avril. | 1er sem. 1874, n° 208, p. 935. | Cie d'Orléans. | Néant. | » | Id. | 14* 10 8-5-4 | 1879 | |
| | Pont de Braye à St-Calais (20 km.). | | | | | | | | 1870 | |
| | La Flèche vers Angers (0 km.). | | | | | | | | | |
| Vendée. | Machecoul à la Roche-sur-Yon et embranchement sur Saint-Gilles-sur-Vie (78 km.). | 11 avril. | 2e sem. 1874, n° 228, p. 433. | Brian. | 2 310 000 fr. | 577 500 | 10 8 6 | 16 14 10 8 | 1878 à 1881 | |

| DÉSIGNATION des départements. | DÉSIGNATION des lignes. | DATES des décrets. | NUMÉRO du Bulletin des lois. | DÉSIGNATION des concessionnaires. | SUBVENTIONS accordées aux concessionnaires. | PART DE L'ÉTAT dans les subventions. | TARIFS | | ÉPOQUE d'ouverture. | OBSERVATIONS. |
|---|---|---|---|---|---|---|---|---|---|---|
| | | | | | | | Voyageurs. | Marchand. pet. vitesse. | | |
| | | | | | | | cent. | cent. | | |
| Algérie. | Bône à Guelma (88 km.). | 7 mai. | 2e sem. 1874, n° 217, p. 78. | Société des Batignolles. | Néant. | » | 16 12 8 | 22 13 | 1876 1877 | Garantie de 6 °/₀ sur le capital de 1er établissement fixé à 11 000 fr. pendant toute la durée de la concession et sur des dépenses complémentaires fixées à 500 000 fr. au maximum. Remboursement des avances du département, au moyen de l'excédent des recettes au delà de 20 000 fr. en tant que le produit net serait de 12 000 fr. au moins. Faculté d'incorporation dans le réseau d'intérêt général, moyennant remboursement par l'État, au département, des avances de ce dernier. |
| Charente. | Confolens à Exideuil (17 km.). | 13 juin. | 2e sem. 1874, n° 234, p. 661. | Cie des Charentes. | 783 750 fr. | 213 750 fr. | 10 8 6 | 16 14 10 8-5-4 | » | |
| Rhône. | Sathonay vers Trévoux (8 km.). | 1er août. | 2e sem. 1874, n° 241, p. 677. | Mors. | Néant. | » | 10 7,5 5,5 | 16 14 10 | 1882 | |
| Ain | Trévoux vers Sathonay (11 km.). | Id. | 2e sem. 1874, n° 234, p. 697. | Cie des chemins de fer du Rhône. | Néant. | » | Id. | 16 14 10 8-5-4 | 1882 | |
| Seine Inférieure. | St-Pierre-les-Elbeuf vers le Neubourg (1 k.). | Id. | 2e sem. 1874, n° 234, p. 713. | Cie d'Orléans à Rouen. | Néant. | » | Id. | Id. | » | Interdiction de rétrocession, sous peine de déchéance ou de réduction de 25 °/₀ sur les tarifs effectifs. |

| DÉSIGNATION des départements. | DÉSIGNATION des lignes. | DATES des décrets. | NUMÉRO du Bulletin des lois. | DÉSIGNATION des concessionnaires. | SUBVENTIONS accordées aux concessionnaires. | PART DE L'ÉTAT dans ces subventions. | TARIFS | | ÉPOQUE d'ouverture. | OBSERVATIONS. |
|---|---|---|---|---|---|---|---|---|---|---|
| | | | | | | | Voyageurs. | Marchand. en gr. vitesse. | | |
| | | | | | | | cent. | cent. | | |
| Eure. | Saussay-la-Vache aux Andelys (13 km.). Le Neubourg à Glos-Montfort (24 km.). | 21 nov. | (non inséré au Bulletin.) | Cie d'Orléans à Rouen. | 1 110 000 fr. | » | 10 7,5 5,5 | 16 14 10 8-5-4 | » | Déchéance prononcée en 1878. |
| Pas-de-Calais. | Bapaume vers Marcoing (10 km.). | 27 nov. | 1er sem. 1875, nº 243, p. 60. | Cie d'Achiet à Bapaume. | 430 075 | » | 10 8 6 | 25 20 16 12 | 1877 1878 | |
| Algérie. | Ste-Barbe-du-Tlélat à Sidi-bel-Abbès (51 km.). | 30 nov. | 1er sem. 1874, nº 247, p. 179. | Seignette et Cie. | Néant. | » | 16 12 8 | 24 20 13 | 1877 | Garantie de 6 %/. jusqu'à concurrence d'une somme maximum de 400 000 fr. Remboursement sans intérêts des sommes avancées sur les excédents de recettes, au-dessus de l'intérêt et de l'amortissement garanti. Droit de révision quinquennal des tarifs, au-dessus d'un produit net de 10 %/.. Faculté d'incorporation au réseau d'intérêt général, comme pour la ligne de Bône à Guelma. |
| Pas-de-Calais. | Boileux à Marquion (20 km.). | 7 décembre. | 2e sem. 1874, nº 254, p. 494. | Demiautte, Duhuisson et Trannin. | 394 815 fr. | » | 10 8 6 | 25 20 16 12 | 1878 1880 | Concession expirant au 31 décembre 1950. |
| Haute-Saône. | Gray à Gy et Bucoy-les-Gy (22 km.). | 11 décembre. | 1er sem. 1875, nº 204, p. 107. | Martin et Pradines. | 12 000 fr. p. km. | » | 10 7,5 5,5 | 20 18 16 | 1878 | Voie de 1 mètre. |

420. — **Taxe de 5 °/₀ sur la petite vitesse.** — La loi de finances du 21 mars 1874 [B. L., 1ᵉʳ sem. 1874, n° 190, p. 473] édicta un impôt de 5 °/₀ sur les transports en petite vitessse par chemin de fer. Cette disposition avait été très vivement combattue par MM. Féray, Pouyer-Quertier, George et Reymond ; mais, en présence des nécessités budgétaires, elle avait été admise par l'Assemblée, malgré l'influence fâcheuse qu'elle pouvait avoir sur notre production et notre commerce.

Toutefois, conformément à un amendement de M. Caillaux auquel avait adhéré le Gouvernement, les marchandises de transit et d'exportation étaient exemptes de l'impôt.

Divers autres amendements présentés, le premier, par M. Caillaux, dans le but de n'appliquer la taxe qu'aux transports excédant 60 kilomètres, c'est-à-dire dépassant le champ d'action du roulage ordinaire ; le second, par M. Tolain, dans le but de ne le rendre applicable qu'au delà de 300 kilomètres ; le troisième, par M. de Ravinel, pour y soustraire les chemins d'intérêt local, avaient été rejetés par l'Assemblée, qui s'était bornée, suivant la demande de M. Morin, à conférer au Gouvernement le pouvoir de suspendre, par décret, la perception pour les céréales.

L'Assemblée avait également repoussé un proposition de MM. Féray et Aclocque, tendant à substituer à l'impôt de la petite vitesse un impôt supplémentaire sur les voyageurs.

Un décret 22 mai 1874 régla les conditions d'exemption des marchandises de transit et d'exportation [B. L., 1ᵉʳ sem. 1874, n° 202, p. 746].

421. — **Concession définitive et adjudication de divers chemins de fer.**

I. — Projet de loi. — Le développement total des voies

ferrées d'intérêt général concédées à titre définitif ou éventuel, ou simplement classées, s'élevait au 1er juin 1873 à 23 656 kilomètres. Parmi les lignes classées et non concédées, dont le nombre était de huit et la longueur totale de 694 kilomètres, figuraient le chemin de Tours à Montluçon, d'une étendue de 210 kilomètres, qui avait fait l'objet d'un projet de loi spécial, et celui d'Épinal à Neufchâteau, d'une longueur de 74 kilomètres, qui était compris dans les concessions nouvelles à accorder à la Compagnie de l'Est.

Les lignes en exploitation présentaient d'ailleurs un développement de 18 230 kilomètres et les lignes en construction, un développement de 3 000 kilomètres.

Les dépenses totales faites ou à faire par les Compagnies, pour la construction des chemins qui leur avaient été concédés à titre définitif ou éventuel, pouvaient être évaluées à 8 720 000 000 fr., y compris les travaux complémentaires à exécuter pendant un délai de dix ans, à dater de l'exercice 1869 : ce chiffre correspondait à 380 000 fr. environ par kilomètre. Les dépenses réalisées au 31 décembre 1872 montaient à 7 570 000 000 fr.

De son côté, l'État avait accordé des subventions qui s'élevaient à 1 780 000 000 fr. au total, soit à 77 520 fr. par kilomètre, ce qui faisait ressortir à 457 ou 458 000 fr. le prix de revient moyen du kilomètre de nos chemins de fer d'intérêt général, après l'achèvement des travaux complémentaires. Les subventions étaient payables en capital, jusqu'à concurrence de 1 080 000 000 fr., somme sur laquelle il restait à solder 50 000 000 fr. ; le surplus était payable en annuités.

Telle était la situation lorsque, le 9 juin 1873, le Ministre des travaux publics déposa un projet de loi [J. O., 18 et 19 juin 1873] tendant : 1° à la concession définitive de plusieurs chemins concédés à titre éventuel ; 2° à l'adjudication de divers chemins classés et non concédés.

Les lignes à concéder définitivement étaient les suivantes.

*Réseau d'Orléans.* — Chemin de Bergerac à la ligne de Périgueux à Agen, près le Buisson (35 km.), concédé à titre éventuel par une convention du 28 juillet 1868, moyennant une subvention de 8 700 000 fr.

*Réseau de Paris à Lyon et à la Méditerranée.*

1° Chemin d'Annecy à Annemasse (54 km.) et d'Annemasse à la frontière suisse (9 km.), concédés à titre éventuel par une convention du 18 juillet 1868, en remplacement de la section du chemin de Collonges à Thonon comprise entre Annemasse et Collonges, antérieurement concédée à la Compagnie.— La double condition, que l'instruction à ouvrir sur cette substitution serait favorable et que le Gouvernement fédéral assurerait la jonction du tronçon d'Annemasse à la frontière avec la ligne de Lyon à Genève, était remplie. Conformément aux arrangements intervenus en 1868, l'État devait faire la plate-forme des nouveaux chemins ; la Compagnie lui avançait les 15 millions et demi nécessaires à cet effet.

2° Chemin de Vichy à Thiers (33 km.) et de Thiers à Ambert (46 km.), concédés éventuellement en même temps que les précédents et sur des bases analogues. — Deux tracés s'étaient disputé la préférence pour le chemin de Vichy à Thiers ; le tracé le plus long, celui de la vallée de la Dore, avait prévalu, mais à charge par la Compagnie de réduire de 7 kilomètres la longueur d'application des taxes pour les voyageurs et pour les marchandises allant de Vichy à Thiers et au delà vers Montbrison ou inversement, sans que, dans aucun cas, les taxes pour les stations intermédiaires pussent être supérieures à celle qui serait perçue pour la station extrême.

*Réseau du Midi.*

1° Chemin d'Oloron à la ligne de Pau à Bayonne (32 km.), concédé éventuellement par la loi du 10 août 1868, moyennant livraison de la plate-forme par l'État et avance par la Compagnie de la somme nécessaire, soit 4 millions. — Le tracé devait passer par ou près Buzy et aboutir aux abords de la gare de Pau.

2° Chemins de Mazamet à Bédarieux (73 km.) et de Marvejols à Neussargues (84 km.), concédés en même temps et dans les mêmes conditions que le précédent. — La Compagnie du Midi contribuait pour 2 millions à l'infrastructure du premier de ces deux chemins, afin de faire adopter un tracé qui semblait plus satisfaisant. Elle faisait d'ailleurs l'avance de la somme de 32 millions nécessaire pour l'exécution des travaux à la charge de l'État.

*Réseau des Charentes.*

1° Chemin de Niort à Saint-Jean-d'Angély (44 km.), concédé éventuellement le 18 juillet 1868, moyennant livraison de la plate-forme.

2° Chemin de la ligne de Rochefort à Saintes, vers Marennes et le Chapus (30 km.). — Le concours de l'État pour ces deux chemins était évalué à 8 millions.

Quant aux chemins classés par la loi du 18 juillet 1868, il ne restait à statuer ou à présenter des propositions que pour six d'entre eux, savoir : Besançon à Morteau (95 km.), Niort à Ruffec (71 km.), Cercy-la-Tour à Gilly-sur-Loire (40 km.), Auxerre à la ligne du Bourbonnais (82 km.), Sottevast à Coutances (60 km.), et Aurillac à Saint-Denis (62 km.). Le Gouvernement annonçait son intention de comprendre la ligne de Gilly-sur-Loire à Cercy-la-Tour dans un ensemble de concessions au profit de la Compagnie de Paris-Lyon-Méditerranée qui, seule, pouvait l'exploiter utilement; les chemins d'Auxerre à la ligne du Bourbonnais, de Sottevast à Coutances et d'Aurillac à Saint-Denis soulevaient des difficultés de tracé qui s'opposaient à leur exécution immédiate ; le projet de loi visait donc uniquement les chemins de Besançon à Morteau et de Niort à Ruffec.

Ces deux derniers chemins devaient faire l'objet d'adjudications publiques, dont le rabais porterait sur le montant de la subvention.

La dépense totale du chemin de Besançon à Morteau et de son embranchement sur Ornans et Lods était estimée à 22 260 000 fr., dont 12 610 000 fr. pour l'infrastructure ; le maximum de la subvention du Trésor était fixé à 10 000 000 fr., somme sur laquelle le département du Doubs s'était engagé à fournir 500 000 fr., les localités intéressées 500 000 fr., et la Compagnie de Paris-Lyon-Méditerranée 400 000 fr.

Pour le second, le maximum de la subvention était de 4 600 000 fr.

Ces subventions étaient payables en seize termes semestriels, à partir du 15 janvier 1877 ; mais l'État se réservait la faculté de les convertir en quatre-vingt-dix annuités représentant, au taux de 4 1/2 %, l'intérêt de l'amortissement du capital total ; après avoir opté pour ce dernier mode de libération, il pouvait, pendant quatre ans, à compter de l'échéance du premier terme, revenir au premier mode.

Le projet de loi stipulait qu'aucune émission d'obligations ne pourrait avoir lieu avant le versement et l'emploi, en achats de terrains, travaux, approvisionnements sur place, dépôt de cautionnement, des quatre cinquièmes du capital-actions, sans une autorisation délivrée par le Ministre des travaux publics, après avis du Ministre des finances.

Il portait aussi que le montant des émissions serait, au plus, égal à celui du capital-actions.

Le Ministre des travaux publics devait déterminer par un arrêté les conditions à remplir pour être admis à concourir à l'adjudication, ainsi que les formes de cette adjudication, dont les résultats étaient subordonnés à l'homologation par décret délibéré en Conseil d'État.

II. — RAPPORT DE M. DE MONTGOLFIER. — Le rapport fut présenté par M. de Montgolfier le 12 décembre 1873, au nom de la Commission d'enquête sur les chemins de fer [J. O., 19, 20, 21 et 23 janvier 1874].

Cet honorable député fit tout d'abord un historique intéressant de la constitution de notre réseau ; il exposa les rapports financiers de l'État avec les Compagnies concessionnaires, et donna des renseignements statistiques détaillés et précis sur les résultats des conventions (on pourra se reporter avec fruit à cette partie de son travail, que nous croyons devoir nous dispenser d'analyser).

M. de Montgolfier donnait ensuite son adhésion au principe du projet de loi, qui n'entraînait pour le Trésor qu'une charge annuelle de 8 millions et demi environ ; toutefois, il engageait le Gouvernement à se montrer dorénavant très sobre de subventions et de garanties d'intérêt, en raison de l'état de nos finances.

Passant à l'examen des articles, il concluait à un certain nombre de modifications que nous allons relater.

1° D'accord avec le Ministre des travaux publics et pour avoir égard à divers mécomptes survenus depuis le dépôt du projet de loi dans les négociations avec la Suisse, il supprimait de la nomenclature des lignes à concéder à la Compagnie de Paris-Lyon-Méditerranée le chemin d'Annemasse à la frontière, mais en y plaçant simultanément la totalité de la ligne de Collonges à Thonon et celle d'Annemasse à Annecy. La longueur de l'ancien réseau était ainsi portée à 4 368 kilomètres et la subvention de l'État, augmentée de 4 500 000 fr. Le revenu kilométrique

réservé à l'ancien réseau, qui avait été fixée à 32 100 fr.
en 1868, était ramené à 31 800 fr., pour tenir compte, d'une
part de l'augmentation de 54 kilomètres survenue dans le
développement du réseau, et d'autre part de la somme de
6 millions à ajouter à l'évaluation antérieure des travaux de
l'ancien réseau.

2° Pour le cas où l'établissement d'une ligne entre Béziers
et Alais par Paulhan enlèverait à la ligne de Marvejols à
Neussargues l'avantage de la plus courte distance entre
Béziers et Paris, le projet de loi modifié accordait à la
Compagnie du Midi la concession éventuelle d'un chemin
de Pont-de-Montgon à Arvant, moyennant livraison de la
plate-forme par l'État et avance par la Compagnie de la
somme nécessaire à l'établissement de cette plate-forme, ladite somme remboursable par le Trésor jusqu'à concurrence
de 7 millions. La concession éventuelle ainsi consentie devenait caduque, si elle n'était pas rendue définitive dans un
délai de huit années, à dater du 1er janvier qui suivrait la
promulgation de la loi faisant l'objet du rapport. Elle devait
d'ailleurs donner lieu, le cas échéant, à une augmentation
de 6 millions sur le capital garanti.

3° La Compagnie concessionnaire du chemin espagnol
de Gérone à la frontière française n'arrivait pas à réunir les
capitaux nécessaires pour achever l'exécution de ce chemin
et le raccorder avec celui de Perpignan à Port-Vendres,
bien que les Cortès lui eussent alloué une subvention de
10 900 000 fr. sur la dépense totale évaluée à 30 900 000 fr.
La Compagnie du Midi, estimant que sa jonction avec Bar-
celone donnerait à son ancien réseau un supplément de recette
brute de 3 000 000 fr. et un supplément de recette nette de
2 000 000 fr., avait offert à la Société espagnole de lui garantir
un intérêt de 6 °/₀ sur ses capitaux, sans que ses avances
pussent excéder 600 000 fr. par an, et étant entendu, d'une

part que ces avances cesseraient quand le revenu de la ligne de Gérone à la frontière attendrait 1 200 000 fr., et d'autre part qu'elles lui seraient remboursées, avec les intérêts à 5 °/₀, quand le produit net de ladite ligne s'éleverait à 8 °/₀. Toutefois, la réalisation de cette offre était subordonnée à l'autorisation du Gouvernement d'imputer les résultats de l'opération au compte d'exploitation de l'ancien réseau. M. de Montgolfier proposait de faire droit à la demande de la Compagnie du Midi.

4° Le projet de loi révisé stipulait explicitement que le premier terme de la subvention accordée à la Compagnie d'Orléans et celui des annuités à servir aux Compagnies de Paris-Lyon-Méditerranée et du Midi, à titre de remboursement de leurs avances, écherrait le 15 janvier 1877.

5° Il substituait à l'exécution, par l'État, de l'infrastructure du chemin de Saint-Jean-d'Angély à Niort, une subvention de 3 800 000 fr. payable en seize termes semestriels à partir du 15 janvier 1877.

6° Conformément à la demande de la Compagnie des Charentes et aux vœux des intéressés, il remplaçait la ligne de Saint-Jean-d'Angély à Saint-Savinien, concédée en 1868, par celle de Saint-Jean-d'Angély à Taillebourg, de manière à réduire le parcours entre Saint-Jean-d'Angély et Bordeaux.

7° Le Gouvernement avait réservé son choix entre divers tracés étudiés pour la ligne reliant le chemin de Rochefort à Saintes avec Marennes et le Chapus. M. de Montgolfier considérait comme nécessaire de déterminer immédiatement ce tracé et, malgré l'accroissement de 7 kilomètres qui devait en résulter dans le parcours entre Marennes et Rochefort, il fixait la bifurcation de la nouvelle ligne et du chemin de Rochefort à Saintes en amont du port de Tonnay-Charente, afin d'éviter le pont tournant qu'il eût fallu exécuter sur la Charente, et de ne pas troubler les relations entre Tonnay et la mer. L'exécution de la plate-forme par l'État était remplacée, comme pour le chemin précédent, par une subvention de 4 200 000 fr.

8° La Commission introduisait, dans le cahier des charges destiné à servir de base à l'adjudication des chemins de Besançon à Morteau et de Niort à Ruffec, divers changements tendant à autoriser les croisements à niveau des voies de terre, à moins d'obstacles locaux dont l'appréciation appartiendrait à l'administration ; à réserver à l'État la faculté d'accoler aux ponts du chemin de fer une voie charretière ou pour piétons, le supplément de dépenses étant payé, soit par le Trésor, soit par la caisse départementale ou la caisse communale ; à ne prescrire l'établissement de clôtures qu'à la traversée des lieux habités, sur 50 mètres de chaque côté des passages à niveau, et sur les autres points où l'administration le jugerait nécessaire.

9° Elle ramenait de la moitié aux deux cinquièmes la proportion minimum du capital-actions au capital total, et des quatre cinquièmes aux deux cinquièmes la quote-part du capital-actions à verser et à employer avant toute émission d'obligations.

10° Elle ajoutait à la loi un article identique à celui qui avait été introduit dans les dernières lois de concession du Nord et du réseau de l'Est, au profit des lignes d'embranchement, et elle recommandait au Gouvernement de profiter de la première occasion pour imposer la même clause aux autres Compagnies.

11° La Commission constatait que quelques doutes avaient surgi sur l'interprétation de l'article 37 du cahier des charges, concernant l'exécution du droit de rachat, et que l'on s'était demandé si toute concession nouvelle avait pour effet de reculer la période à l'expiration de laquelle ce droit s'ouvrait pour l'État. Sans admettre qu'il pût en être ainsi, elle croyait néanmoins utile de dissiper toute équivoque et complétait le projet de loi, en stipulant que, le cas échéant, les Compagnies auraient la faculté de réclamer le remboursement du prix réel de premier établissement des lignes dont la concession remonterait à moins de quinze ans.

Le 18 mars 1874, M. de Montgolfier déposa un rapport supplémentaire tendant à quelques modifications nouvelles dans le projet de loi [J. O., 20 avril 1874].

Pour donner satisfaction à une observation très juste de la Compagnie du Midi, il était stipulé que, après la mise éventuelle en exploitation de la ligne de Montgon à Arvant, le revenu réservé de l'ancien réseau serait augmenté de 1,10 % de la somme de 6 000 000 fr. ajoutée au capital garanti, soit de 66 000 fr., qui, répartis sur 798 kilomètres, donnaient 85 fr. par kilomètre (27 765 fr. au lieu de 27 680 fr.).

La ligne de Niort à Ruffec, qui, d'après les propositions primitives du Gouvernement et de la Commission, devait faire l'objet d'une adjudication, était concédée à la Compagnie des Charentes, moyennant une subvention de 4 600 000 fr. à payer en seize termes semestriels. Il paraissait en effet difficile d'interposer entre le réseau des Charentes et le réseau d'Orléans une nouvelle Compagnie, dont le champ d'action eût été nécessairement très limité et, par suite, l'avenir très incertain.

De nouvelles études ayant prouvé que l'infrastructure de la ligne de Besançon à Morteau coûterait au moins 12 millions, la subvention afférente à ce chemin, d'abord fixée à 10 millions, était augmentée de 2 millions. Conformément à un amendement de M. Caillaux, la faculté de paiement de cette subvention en quatre-vingt-dix-neuf annuités était transformée en une faculté de libération en trente termes semestriels. Le cahier des charges était révisé, de façon à faire bénéficier les carrières et les établissements commerciaux de toute nature des clauses relatives aux embranchements particuliers : l'initiative de cette excellente mesure appartenait à M. Varroy.

Enfin, la Commission examinait et repoussait d'autres amendements que nous retrouverons dans la discussion.

III. — DISCUSSION ET ADOPTION. — (A). *Discussion générale.* — Quand le débat s'ouvrit devant l'Assemblée [J. O., 24 mars 1874], M. Clapier combattit l'urgence ; il fit valoir que les concessions éventuelles faites aux Compagnies en 1868 étaient périmées, et que dès lors rien n'empêchait d'examiner à loisir le projet de loi et de discuter l'opportunité de maintenir des cahiers des charges écrasants pour l'industrie et le commerce, ainsi que la convenance de consentir de nouveaux sacrifices, alors que le budget était en déficit et qu'il s'agissait exclusivement de voies de communication d'ordre secondaire.

Après une réponse de M. Raudot, président de la Commission, qui invoqua les engagements de 1868 et la nécessité de ne pas laisser plus longtemps déshéritées des régions jusqu'alors privées de voies ferrées, M. Tolain appuya les observations de M. Clapier, en se bornant toutefois à demander qu'à l'avenir une question si grave fût traitée avec plus de maturité, que l'on recherchât s'il était sage et prudent de persévérer dans le système des concessions aux grandes Compagnies, que l'on discutât les modifications à apporter aux cahiers des charges, notamment pour empêcher l'écrasement des Compagnies secondaires.

M. de Larcy, Ministre des travaux publics, insista pour

3                                                              9

le vote du projet de loi : suivant lui, il s'agissait purement et simplement d'une liquidation du passé ; les charges qui devaient en résulter pour le Trésor étaient relativement faibles et seraient largement compensées par les bénéfices directs ou indirects que procurerait à l'État l'exploitation des nouvelles lignes.

(B). *Discussion des articles.* — L'Assemblée passa ensuite à la discussion des articles.

Après quelques observations de M. Raymond Bastid en faveur du prolongement de la ligne de Bergerac au Buisson jusqu'à Saint-Denis et Aurillac, M. Clapier s'éleva contre l'exagération des subventions ; il demanda que le système des concessions directes fût remplacé par le système de l'adjudication ; il critiqua l'extension excessive du réseau de Paris-Lyon-Méditerranée qui pliait déjà sous son fardeau, le développement incessant d'un monopole qui constituait l'une des grandes plaies du pays, les abus que les cahiers des charges rendaient possibles de la part de la Compagnie.

Le rapporteur, M. de Montgolfier, répondit à M. Clapier ; il justifia les subventions par le caractère spécial des lignes qu'il s'agissait d'établir et qui devaient être construites dans des régions montagneuses et à faible trafic ; il demanda instamment à l'Assemblée de ne pas retarder l'œuvre de justice distributive, à laquelle elle était conviée, et de ne pas s'arrêter à des critiques qui n'étaient point à leur place dans cette discussion ; il obtint gain de cause.

MM. Chardon et Folliet insistèrent ensuite pour la prompte exécution des chemins de la Savoie.

Puis l'Assemblée repoussa un amendement de MM. La Caze et autres tendant à substituer un tracé d'Oloron à Artix, tracé prévu pour la ligne d'Oloron à Pau.

Elle rejeta également un amendement de M. Raudot ayant pour objet de ne concéder éventuellement la section de Pont-de-Montgon à Arvant que sans subvention, ni garantie d'intérêt. Elle considéra en effet que, par suite du jeu de la garantie, l'État était intéressé à maintenir entre les mains de la Compagnie du Midi la voie la plus directe de Béziers vers Paris.

Elle adopta, au contraire, malgré les efforts de M. Raudot, un amendement de M. Caillaux, portant que la concession du chemin de fer de Besançon à Morteau prendrait fin avec la concession générale du réseau de Paris-Lyon-Méditerrannée, de telle sorte que l'État rentrât simultanément en possession de toutes les lignes de la région.

Enfin, conformément à une proposition de MM. Jozon et de Lafayette, elle décida que, le capital-actions représenterait au moins la moitié du capital total à réaliser par la Compagnie et qu'aucune émission d'obligations ne serait autorisée avant le versement et l'emploi des quatre cinquièmes du capital social.

Le Ministre confirma d'ailleurs, sur la demande de M. Caillaux, son engagement antérieur de présenter un projet de loi assurant la publication au *Journal officiel* du compte rendu trimestriel des résultats de l'exploitation.

La loi fut votée le 23 mars [B. L., 1er sem. 1873, n° 205, p. 801].

L'adjudication du chemin de Besançon à Morteau eut lieu le 14 septembre 1874 : elle fut passée au profit de MM. Villevert, le comte de Constantin et Aglantier, dont la soumission comportait la réduction de la subvention à 9 265 000 fr. Un décret du 16 novembre [B. L., 2e sem. 1874, n° 246, p. 794] approuva les résultats de cette adjudication et stipula que la Compagnie devrait se renfermer strictement, à moins d'autorisation spéciale, dans l'objet de sa concession ou des autres concessions de chemins de fer qui pourraient lui être faites ultérieurement. Le chemin fut repris par l'État en 1879 ; il n'est pas encore livré à l'exploitation.

La ligne de Bergerac au Buisson fut ouverte en 1879, celle de Vichy à Thiers en 1881, celle de Saint-Jean-d'Angély à Niort en 1881. Les autres lignes ne sont pas encore ouvertes.

## 422. — Concession du chemin de Tours à Montluçon.

I. — PROJET DE LOI. — Sur les dix-sept chemins classés par la loi du 18 juillet 1868, dix avaient été concédés ; leur longueur était de 1156 kilomètres ; les subventions qui avaient été accordées aux concessionnaires, pour leur construction, avaient réalisé une économie de près de 76 millions sur les évaluations primitives des travaux d'infrastructure et de 38 millions sur les évaluations rectifiées. Il restait à concéder sept lignes, d'un développement total de 625 kilomètres, et notamment celle de Tours à Montluçon, qui présentait un caractère spécial d'urgence.

Le 4 juin 1872, le Ministre des travaux publics présenta un projet de loi [J. O., 10 juin 1872], tendant à l'adjudication de cette ligne, dont la longueur pouvait varier de 191 kilomètres à 212 kilomètres, suivant le tracé à adopter entre la Châtre et Montluçon ; la détermination de ce tracé était réservée à un décret délibéré en Conseil d'État. Le maximum de la subvention de l'État était fixé à 14 millions, chiffre un peu inférieur à l'évaluation de l'infrastructure pour le tracé le plus court. Le Gouvernement avait la faculté de payer cette subvention en seize termes semestriels égaux à partir du 15 janvier 1875, ou de la transformer en quatre-vingt-dix annuités représentant, au taux de 4 1/2 %, l'intérêt et l'amortissement du montant total de ladite subvention : ce taux correspondait à celui de 5,50 %, amortissement compris, des emprunts de la Compagnie, supposés échelonnés sur huit années à partir de 1873. L'État se réservait, jusqu'au 15 janvier 1879, le droit de revenir au paiement en capital, s'il avait tout d'abord opté pour les annuités. Comme on le voit, c'était l'application du système de 1863, 1868 et 1869. Les émissions d'obligations étaient subordonnées à l'autorisation du Ministre des travaux publics, qui en déterminait la forme, le mode et le taux de négociation ; elles ne pouvaient dépasser les trois cinquièmes du capital total à réaliser, déduction faite de la subvention ; aucune émission ne pouvait avoir lieu avant le versement et l'emploi en travaux, achats de terrains, approvisionnements sur place ou dépôt de cautionnement des deux cinquièmes du capital social. L'adjudication devait être homologuée par un décret délibéré en Conseil d'État.

II. — RAPPORT A L'ASSEMBLÉE NATIONALE. — Le 20 juillet, M. Wilson déposa un rapport favorable [J. O., 2, 3, 6 et 7 août 1872]. Il insista sur l'utilité de la ligne au point de vue stratégique, pour doubler, le cas échéant, celle de Tours à Vierzon et pour relier le parc des équipages de Châteauroux aux établissements militaires de Tours. Au nom de la Commission et d'accord avec le Gouvernement, il proposa de réduire à 10 millions, soit 40 000 fr. par kilomètre, le maximum de la subvention ; le nombre considérable des demandes en concession parvenues au ministère des travaux publics permettait de prévoir une diminution notable de ce chiffre : la situation financière n'était donc pas de nature à s'opposer à l'exécution d'un chemin qui devait, en définitive, imposer à l'État un si faible sacrifice. La Commission con-

clut aussi à arrêter d'orés et déjà le tracé entre la Châtre
et Montluçon et à adopter la variante par Châteaumeillant,
afin d'éviter un tronc commun de 23 kilomètres avec le réseau d'Orléans, et d'assurer l'indépendance et la vitalité de
la nouvelle concession. Elle invita l'administration à se montrer très sévère dans l'admission des concessionnaires et,
sous le bénéfice des modifications ci-dessus relatées, elle
demanda l'adoption du projet de loi.

Le 2 août 1872, au moment où la discussion allait s'ouvrir, M. Caillaux demanda l'ajournement de cette discussion après le vote du buget de 1873, en faisant valoir que,
avant de prendre des engagements nouveaux, il fallait assurer la réalisation des engagements antérieurs; que diverses lignes de la région de l'Est et celle de Grande-Ceinture autour de Paris présentaient une utilité comparable,
sinon supérieure, à celle du chemin de Tours à Montluçon ;
qu'il importait de traiter sur le même pied tout le reliquat
du classement de 1868. Malgré les efforts de M. Wilson, de
M. Léon Clément et de M. Teisserenc de Bort, Ministre des
travaux publics, qui fit valoir le peu d'importance de la subvention, les grands intérêts à desservir, les revenus de toute
nature à retirer par l'État et par les intéressés de la construction du chemin, l'ajournement fut voté par l'Assemblée
[J. O., 3 août 1872].

Le 12 décembre 1873, M. Wilson déposa un rapport
supplémentaire, après entente entre la Commission et le Ministre des travaux publics [J. O., 22 janvier 1874]. Les modifications, que ce rapport tendait à apporter au projet
primitif, étaient les suivantes.

1° La ligne était complétée par un embranchement
d'Urciers à Lavaud-Franche (33 km.), qui était destiné à
desservir le département de la Creuse et en particulier les

houillères d'Ahun. L'infrastructure de cet embranchement
était évaluée à 2 870 000 fr.; une subvention supplémentaire de 2 000 000 fr., au maximum, était en conséquence
prévue au projet de loi. Grâce à ce sacrifice, il paraissait
possible d'ajourner, pendant de longues années, la ligne
d'Argenton à Guéret dont la plate-forme était estimée à
9 500 000 fr.

2° Le cahier des charges était révisé, suivant le principe
précédemment indiqué dans le rapport de M. de Montgolfier (1873), au point de vue des passages à niveau et des
clôtures.

3° Le projet de loi était complété également par deux
articles relatifs aux chemins d'embranchement et au mode
de calcul de l'indemnité afférente aux lignes concédées depuis
moins de quinze ans, au cas où des concessions nouvelles
seraient faites ultérieurement à la Compagnie et où le rachat
s'effectuerait avant l'expiration de la quinzième année, à
compter de la date de ces concessions. Ces articles reproduisaient les dispositions des clauses similaires du projet
de loi Montgolfier.

Peu de temps après, la Compagnie de la Vendée réclama la concession du chemin, moyennant une subvention
de 14 000 000 fr., soit de 57 000 fr. par kilomètre.

D'accord avec le Ministre des travaux publics, la Commission considéra que cette demande était justifiée par la
relation étroite de la ligne de Tours à Montluçon avec le
réseau de la Vendée, par le soin avec lequel la Compagnie
s'était jusqu'alors conformée à ses engagements, par la dépense élevée (près de 22 millions) qu'exigeait la construction
de la plate-forme. Elle conclut donc, par un deuxième rapport supplémentaire du 23 mars 1874 [J. O., 1er mai 1874], à
l'accueillir, en modifiant le cahier des charges conformé-

ment aux conclusions du rapport précité de M. de Montgolfier.

III. — VOTE DE LA LOI. — La loi fut votée sans discussion le 24 mars 1874 [J. O., 25 mars 1874. — B. L., 1ᵉʳ sem.
1874, n° 208. p. 949].

La ligne de Tours à Montluçon fut ouverte jusqu'à
la Châtre, de 1878 à 1882.

**423. — Concession du chemin d'Anduze à Lézan.** —
Le 27 mars 1874 [B. L., 2ᵉ sem. 1874, n° 227, p. 409], un
décret ratifia une convention qui portait concession, sans
subvention ni garantie d'intérêt, au profit de MM. Mazel,
André et Casaubon, d'un chemin d'Anduze à la ligne de
Nîmes à Alais (6 km.) ; une clause de ce décret interdisait à
la Compagnie de se livrer, sans autorisation spéciale, à
toute opération étrangère à la concession ou aux autres
concessions de chemins de fer qui pourraient lui être faites
ultérieurement.

La ligne fut incorporée en 1875 au réseau de la Compagnie de Paris-Lyon-Méditerranée.

**424. — Intervention du Ministre de la guerre dans la
création des chemins de fer en dehors de la zone frontière.** — L'intervention du Ministre de la guerre dans l'instruction préalable à la création des chemins de fer situés
dans la zone frontière, avait été réglée par les décrets
sur les travaux mixtes. Un décret du 2 avril 1874 [B. L.,
1ᵉʳ sem. 1874, n° 194, p. 590] étendit cette intervention aux
lignes situés en dehors de cette zone, mais sans qu'elle exigeât des conférences mixtes au premier et au deuxième
degré, et sous la réserve que le défaut d'observations, dans

un délai de deux mois après la communication du dossier par le Ministre des travaux publics, serait considérée comme une adhésion.

425. — **Application en Algérie de la loi sur les chemins de fer d'intérêt local.** — Un décret du 7 mai 1874 [J. O., 14 mai 1874, p. 132] rendit applicable à l'Algérie la législation sur les chemins de fer d'intérêt local ; l'indication du décret du 5 juillet 1854 y était substituée à celle du 21 mai 1836 pour les ressources susceptibles d'être affectées par les départements et les communes à l'établissement des voies ferrées vicinales.

426. — **Achèvement du chemin de Perpignan à Prades.** — Le chemin de Perpignan à Prades avait été adjugé le 22 août 1863, au profit du sieur Edmond Scharpe, moyennant une subvention de 1 999 000 fr., payable en six termes semestriels égaux. Le 15 mars 1870, 27 kilomètres étaient terminés et livrés à l'exploitation entre Perpignan et Boule-Ternère : la société à laquelle le sieur Scharpe avait cédé ses droits avait épuisé son capital social de 5 000 000 fr., son capital-obligations d'égale somme et les cinq premiers termes de la subvention ; elle obtint l'autorisation d'émettre de nouvelles obligations, jusqu'à concurrence de 1 000 000 fr. : malgré la réalisation de ce complément de ressources, elle se trouva dans l'impossibilité, non seulement d'achever les travaux, mais encore de poursuivre l'exploitation de la section de Perpignan à Boule-Ternère. Le 8 février 1873, un décret plaça la ligne sous séquestre ; peu de temps après, intervint la liquidation de la Société. L'administration dut se demander s'il y avait lieu d'appliquer immédiatement la pénalité de la déchéance ou d'ajourner l'adjudication jusqu'au moment où les travaux, qui paraissaient devoir exiger

encore une dépense de 1 200 000 fr. seraient terminés. De ces deux solutions, la première eût eu le grave inconvénient d'entraîner de longs délais, essentiellement préjudiciables à l'industrie métallurgique, et de compromettre les intérêts respectables des porteurs d'obligations. Le Ministre crut préférable de s'arrêter à la seconde, en faisant face aux dépenses, d'une part, au moyen du solde de la subvention, et d'autre part, au moyen d'un prélèvement sur les avances de la Compagnie du Midi, prélèvement qui pouvait être opéré sans inconvénient, attendu que les produits de la ligne devaient permettre d'en faire, en temps utile, la restitution au réseau du Midi.

Le 20 février 1874, l'Assemblée fut saisie d'un projet de loi destiné à autoriser le Ministre à achever les travaux dans ces conditions [J. O., 1er mars 1874].

M. Caillaux, rapporteur, formula le 21 mars un avis favorable à cette combinaison; son rapport [J. O., 28 avril 1874] contenait des indications détaillées sur les causes de l'impuissance de la Compagnie, qui, dès l'origine, avait été grevée d'un apport statutaire, qui avait eu ensuite à payer des primes considérables pour l'émission de ses emprunts, et qui, avec une dépense apparente de 18 millions, n'avait pas fait plus de 6 à 7 millions de dépense utile.

La loi fut votée le 21 mai 1874, après un échange d'observations entre le rapporteur et M. Ducasse, qui tenait à faire toutes ses réserves au sujet de la généralisation éventuelle de la mesure proposée, en l'espèce pour sauvegarder les intérêts des obligataires [J. O., 22 mai 1874. — B. L., 1er sem. 1874, n° 203, p. 756].

La ligne fut complètement livrée à l'exploitation en 1877.

**427. — Concession d'un chemin de ceinture à Lille.** — Un décret du 11 juin 1874 [B. L., 2e sem. 1874, n° 231,

p. 562] déclara d'utilité publique l'établissement, dans l'enceinte de la ville de Lille, d'un chemin de fer de ceinture destiné à relier la gare aux marchandises de Saint-Sauveur (ligne de Paris à Lille) au port de la Haute-Deûle (6 km.), et autorisa la ville de Lille à en poursuivre l'exécution, conformément à une convention conclue entre cette ville et la Compagnie du Nord.

Aux termes de cette convention, le nouveau chemin devait être considéré comme faisant partie intégrante de la concession du réseau du Nord ; il était exclusivement affecté au transport des marchandises ; tout parcours partiel était compté pour 3 kilomètres ; le parcours entier était compté pour 6 kilomètres ; les parcours empruntant à la fois le chemin de ceinture et le réseau du Nord étaient comptés au minimum pour 6 kilomètres ; des surtaxes de 0 fr. 40 et de 0 fr. 20 étaient stipulées pour les marchandises circulant au prix des tarifs spéciaux, suivant qu'elles parcouraient la totalité ou seulement une partie du chemin de ceinture.

L'ouverture à l'exploitation eut lieu en 1877.

**428. — Concession du chemin de Bourges à Gien. —**
Depuis longtemps, le Gouvernement se préoccupait de la nécessité d'établir des communications directes entre le grand arsenal de Bourges et les chemins de fer aboutissant à Paris d'une part, et aux frontières du Nord et du Nord-Est d'autre part. De leur côté, les départements du Cher et du Loiret, désireux de doter d'une voie rapide de communication la région située entre les deux lignes d'Orléans à Bourges par Vierzon et de Montargis à Nevers, avaient concédé à MM. de Mieulle, le comte Constantin et Isouard un chemin de Bourges à Beaune-la-Rolande. La Compagnie concessionnaire s'était engagée à exécuter, moyennant des conditions à débattre ultérieurement, un embranchement d'Argent à Gien.

Le Conseil général des ponts et chaussées et le Conseil d'État, consultés sur les résultats de l'enquête d'utilité publique à laquelle avait été soumis l'avant-projet de la ligne de Bourges à Beaune-la-Rolande, furent d'accord pour proclamer la nécessité de retenir cette ligne dans le réseau d'intérêt général.

MM. de Mieulle et consorts sollicitèrent alors du Gouvernement la concession, qui leur échappait du côté des conseils généraux, et lui soumirent un avant-projet, qui comportait une dépense de 24 millions pour le chemin de Bourges à Beaune-la-Rolande et pour l'embranchement d'Argent à Gien, soit pour une longueur de 154 kilomètres.

La Compagnie d'Orléans protesta contre la réalisation de ce projet, qui lui créait une concurrence entre Bourges et Paris; mais cette protestation était peu fondée, attendu que le raccourci ne dépassait pas 10 kilomètres, chiffre largement compensé par les frais de transmission.

Le Ministre des travaux publics conclut donc avec M. de Mieulle une convention, aux termes de laquelle l'État lui concédait, sans subvention ni garantie d'intérêt, une ligne de Bourges à Gien, avec embranchement d'Argent sur Beaune-la-Rolande, et soumit, le 28 mars 1874, cette convention à la ratification de l'Assemblée [J. O., 16 et 17 mai 1874].

Les clauses financières et les dispositions du cahier des charges reproduisaient celles qui avaient été sanctionnées par la loi du 23 mars 1874.

Le 10 juin 1874 [J. O., 8, 10 et 21 juillet 1874], M. Ricot déposa un rapport tendant à l'approbation des propositions du Gouvernement, sauf quelques modifications à apporter au cahier des charges, pour le rendre absolument conforme aux dispositions adoptées par la loi du 23 mars 1874. Il appelait d'ailleurs l'attention des pouvoirs publics sur l'uti-

lité d'une ligne de Sancerre à Clamecy et Nuits-sous-
Ravière, pour diminuer la distance à parcourir entre
Bourges, Langres et Toul.

La loi fut votée le 17 juin 1874 [J. O., 18 juin 1874. —
B. L., 2ᵉ sem. 1874, n° 219, p. 145].

**429. — Réunion de la ligne de Lérouville à Sedan au
réseau de Lille à Valenciennes.** — MM. Lebon et Otlet,
concessionnaires de la ligne de Lérouville à Sedan, ayant
cédé ladite entreprise à la Compagnie de Lille à Valenciennes, un décret du 12 août 1874 [B. L., 2ᵉ sem. 1874,
n° 229, p. 497] ratifia ce traité, sous la réserve que, à moins
d'autorisation spéciale, la Compagnie se renfermerait strictement dans l'objet de ses concessions antérieures, sauf les
extensions que son réseau pourrait recevoir ultérieurement.

**430. — Concession d'un sous-embranchement pour
les mines de Marles.** — La Compagnie des mines de
Marles, déjà concessionnaire d'un chemin raccordant ses
mines à la ligne des houillères du Pas-de-Calais, obtint,
par décret du 27 novembre 1874 [B. L., 2ᵉ sem. 1874,
n° 238, p. 902], l'autorisation d'exécuter un sous-embranchement de 2 kilomètres, qui était, sous la réserve d'usage,
affecté jusqu'à nouvel ordre au service exclusif des mines.

Ce sous-embranchement fut ouvert à l'exploitation en
1876.

**431. — Projet de loi pour la concession d'un chemin
d'Amiens à Dijon.**

I. — PRÉCÉDENTS. — Une Compagnie, représentée par
M. le comte de Beaurepaire, avait adressé à l'administration,
vers la fin de 1869, l'avant-projet d'un chemin de fer direct

d'Amiens à Dijon, dont elle sollicitait la concession sans subvention ni garantie d'intérêt. Ce chemin avait une longueur de 405 kilomètres, dont 79 empruntés au réseau de la Compagnie de l'Est; il était évalué à 116 000 000 fr., soit à 356 000 fr. par kilomètre. La Compagnie faisait valoir les services qu'il rendrait au point de vue du transit international, en permettant d'éviter la traversée de Paris; au point de vue stratégique, en reliant les places fortes du Nord avec celles de l'Est et du Sud-Est; enfin au point de vue local, en desservant six départements riches en agriculture et en industrie. Elle estimait le produit net kilométrique à près de 75 000 fr. Après une enquête, dont les résultats furent favorables, le conseil général des ponts et chaussées exprima l'avis que les études étaient absolument insuffisantes, que l'utilité de l'œuvre n'était pas en rapport avec les dépenses et, que, en l'état, il n'y avait pas lieu de poursuivre la déclaration d'utilité publique. Malgré cet avis, le Ministre des travaux publics saisit le Conseil d'État d'un projet de loi : cette assemblée conclut également à un complément d'études.

Après une nouvelle instruction, le conseil général des ponts et chaussées exprima l'opinion que la section d'Amiens à Troyes pouvait faire l'objet d'une concession immédiate, mais qu'il convenait d'ajourner la section de Troyes à Dijon. La commission provisoire remplaçant le Conseil d'État, appelée à examiner l'affaire, fit observer qu'il n'était pas établi que la ligne nouvelle dût procurer au public des avantages irréalisables par les lignes existantes; elle insista sur la prudence qui s'imposait à l'État dans la concession de chemins destinés à faire concurrence aux grandes Compagnies, et conclut, comme l'avait fait précédemment le conseil général des ponts et chaussées, à ne pas donner suite à la déclaration d'utilité publique.

Dans cette situation et sur les instances d'un grand
nombre de députés, le Ministre crut devoir remettre le dossier à la commission d'enquête sur le régime des voies de
transport.

M. Cézanne présenta un rapport remarquable, qui fut
adopté par la Commission le 27 mars 1872. Il fit observer
que la première section, comprise entre Amiens et la ligne
de Paris à Mulhouse, traverserait un vaste quadrilatère, en
se tenant à 60 kilomètres de distance des lignes existantes :
que le chemin ne constituerait pas une voie parallèle, mais
une voie perpendiculaire desservant des contrées nouvelles ;
qu'il n'y avait aucune hésitation possible sur l'opportunité
de la première section : que la seconde section paraissait de
même pouvoir être concédée, sauf examen du choix à faire
entre le tracé de Châtillon à Dijon et celui de Châtillon à
Is-sur-Tille (le premier tracé paraissant à priori préférable
à la Commission).

Pour se conformer aux indications de ce rapport, le
Gouvernement se prépara à soumettre à l'Assemblée un
projet de loi accordant la concession sollicitée par M. de
Beaurepaire, qui, de concert avec M. Calvet-Rogniat, pro-
duisit un engagement du Crédit mobilier de pourvoir aux
voies et moyens, sous les réserves suivantes :

1° Le capital de construction serait porté à 85 millions :

2° Le capital-obligations pourrait s'élever aux trois cinquièmes de cette somme ;

3° Les émissions pourraient avoir lieu après l'emploi des
deux cinquièmes du capital-actions.

II.— PROJET DE LOI. — Le Ministre, jugeant ces conditions
acceptables, déposa le 13 février 1874 son projet de loi
[J. O., 18 mars 1874]. Indépendamment des clauses d'usage.
la convention conférait au Ministre des travaux publics la

faculté d'autoriser, sur la demande de la Compagnie et après avis du Ministre des finances, des émissions anticipées dont le produit serait déposé dans les caisses d'établissements de crédit agréés par lui, jusqu'au jour où les conditions fixées pour l'émission normale des emprunts seraient remplies. Cette dernière disposition avait pour objet de permettre à la Compagnie de ne pas morceler ses emprunts et de profiter des circonstances favorables à leur réalisation.

La détermination du tracé, entre Châtillon et Dijon, était réservée pour un décret délibéré en Conseil d'État.

Les stipulations que nous venons de rapporter, concernant la constitution du capital de la Société, étaient contraires à l'avis du Conseil d'État, qui, par des considérations longuement développées, avait insisté pour la limitation du capital-obligations à la moitié du capital total nécessaire à l'entreprise, pour l'interdiction de toute émission d'obligations avant l'emploi des quatre cinquièmes du capital-actions, et pour le versement du produit des émissions anticipées, soit à la caisse des dépôts et consignations, soit à la Banque de France, soit au Crédit foncier, ou pour leur emploi en bons du Trésor.

III. — RAPPORT A L'ASSEMBLÉE NATIONALE. — Le rapport à l'Assemblée nationale fut présenté le 28 juillet 1874 par M. Cézanne [J. O., 14 août 1874].

Examinant tout d'abord les questions de tracé, le rapporteur concluait :

Pour la section d'Amiens à la ligne de Paris à Belfort, 1° à faire aboutir le chemin à Romilly, conformément à la demande du Ministre de la guerre ; 2° à n'accorder immédiatement qu'une concession éventuelle du tronçon de Montmirail à Romilly, attendu qu'il n'avait pas été procédé aux formalités d'enquête d'utilité publique ; 3° à déléguer au Conseil d'État les pouvoirs nécessaires pour prononcer la déclaration d'utilité publique et la concession définitive de ce tronçon ;

Pour la section de Romilly à Troyes, à repousser la demande de concession formulée par MM. de Beaurepaire et consorts, attendu que la ligne nouvelle eût doublé inutilement celle de la Compagnie de l'Est, qu'il y eût eu là une consommation de capitaux absolument stérile pour le pays, qu'en tout état de cause les rails de l'Est devaient être empruntés sur une assez grande longueur, et que, d'ailleurs, il n'y avait pas à redouter de difficultés de la part de la Compagnie de l'Est, intéressée au développement du trafic entre Amiens et Dijon ;

Pour la section de Châtillon vers Dijon, à adopter définitivement le tracé de Châtillon à Is-sur-Tille, de préférence au tracé direct repoussé par le Ministre de la guerre et beaucoup plus coûteux, et à accorder aux demandeurs la concession éventuelle d'un chemin d'Is-sur-Tille à Dijon, indépendant de celui de la Compagnie de Paris-Lyon-Méditerranée, cette concession devant être rendue définitive par décret rendu en Conseil d'État, après la mise en exploitation des autres sections.

M. Cézanne évaluait la dépense à 80 000 000 fr. environ pour 437 kilomètres, y compris 6 000 000 fr. pour les 25 kilomètres d'Is-sur-Tille à Dijon. Il estimait la recette kilométrique brute à 30 000 fr. et le produit net à 15 000 fr.

Il modifiait les clauses financières, de manière à limiter le capital-obligations à la moitié du capital total et à interdire toute émission d'obligations, avant le versement et l'emploi de la moitié du capital-actions.

L'affaire ne reçut par d'autre suite.

432. — **Proposition en faveur de la percée du Simplon.**

ı. — Proposition. — Le 5 avril 1873, MM. Baragnon,
Sadi-Carnot et autres avaient présenté une proposition [J. O.,
31 mai 1873], tendant à mettre annuellement à la disposition du Gouvernement un crédit de 4 millions, à affecter
pendant douze années à la traversée du Simplon.

Une proposition identique avait été déposée, à la même
date, par MM. Lepère, Gambetta et autres députés.

Les auteurs de cette proposition rappelaient que, dès
1870, le pouvoir législatif en avait été saisi ; que les événements avaient seuls empêché d'y donner suite ; que l'intérêt
en était accru par la nécessité, pour la France, de chercher
des compensations à ses malheurs sur le terrain économique ; et qu'il importait de la reprendre immédiatement.

ıı. — Rapport a l'assemblée nationale. — Le 28 mai
1874, M. Cézanne déposa son rapport sur cette double proposition, comme rapporteur de la Commission d'enquête sur
le régime général des chemins de fer [J. O., 19 juin 1874].

Ce rapport débutait par quelques considérations d'ensemble sur les divers passages des Alpes. Les cols que la
topographie du terrain avait prédestinés à une concurrence,
comme points de passage possibles, étaient, dans le bassin
du Rhin, ceux du Saint-Gothard, du Luckmanier, du Ber-
nardin et du Simplon, et dans le bassin du Rhône, ceux du
Grand-Saint-Bernard, du mont Cenis, du Simplon et du
mont Genèvre. A n'envisager que l'altitude, les conditions
climatériques, l'épaisseur de la montagne, la dispositions
des abords, le Simplon et le mont Genèvre étaient particulièrement privilégiés. Néanmoins la préférence avait, tout
d'abord, été accordée, par de puissantes raisons politiques et
commerciales, au mont Cenis qui rattachait l'Italie et la

Savoie, alors placée sous sa dépendance, et au Saint-Gothard,
qui touchait aux sources du Rhin, c'est-à-dire à l'Allemagne.

M. Cézanne examinait ensuite quelle serait la ligne naturelle de partage entre le trafic du mont Cenis et celui du
Saint-Gothard et comment cette ligne pourrait être modifiée par l'ouverture du Simplon. La comparaison des distances de Paris et de Boulogne à Plaisance (point de passage
obligé du transit vers l'Italie méridionale et l'Orient), par le
mont Cenis et par le Saint-Gothard, montrait que, pour
Paris, le Saint-Gothard offrait seulement un raccourci de
37 kilomètres (952 km., au lieu de 989 km.) susceptible
d'être réduit à 4 kilomètres, après l'exécution du chemin
d'Auxerre à Avallon et Chagny, et que, pour Boulogne, ce
raccourci était également de 37 kilomètres susceptibles
d'être réduits à 7 kilomètres, par l'établissement du chemin
d'Amiens à Dijon; si l'on considérait, en outre, que l'itinéraire français ne comportait qu'une ligne de douane et se
prêtait à des combinaisons particulièrement favorables de
tarifs différentiels, on reconnaissait que le mont Cenis était
absolument maître de la clientèle française. En revanche, le
Saint-Gothard pouvait, pour des motifs analogues, compter
sur le trafic de la Belgique et de l'Allemagne. La ligne de
partage du trafic entre les deux traversées des Alpes semblait donc devoir coïncider avec la frontière politique. Ce
premier aperçu ne militait pas en faveur de la percée du
Simplon, qui devait nécessairement préjudicier au mont
Cenis.

Entrant plus avant dans l'analyse des faits, M. Cézanne
établissait que le raccourci de 67 kilomètres à attendre de
l'ouverture du Simplon pour les relations entre Paris et
Plaisance (922 km., au lieu de 989 km.) et l'avantage apparent résultant de la faible altitude du souterrain (503 m.
au-dessous du mont Cenis et 379 m. au-dessous du Saint-

Gothard) serait compensé par les difficultés du passage du
Jura, qu'il faudrait traverser à 1 000 mètres environ d'altitude et qui exigerait des rampes de 0 m. 020 à 0 m. 025,
et par les fortes inclinaisons de la vallée que la voie ferrée
aurait à suivre pour descendre du Simplon en Italie. Nous
ne pouvions davantage compter sur une diminution notable
de la clientèle du Saint-Gothard à notre profit: d'après
l'étude attentive à laquelle s'était livré l'un des promoteurs
même de l'entreprise du Simplon, l'Alsace, la Belgique et
l'Allemagne devaient, en tout état de cause, nous échapper ;
telle avait d'ailleurs été, dès 1866, l'opinion de la société
industrielle de Mulhouse, qui avait poussé le Gouvernement
français à s'intéresser de préférence au Saint-Gothard. Tel
était aussi le résultat des recherches de M. Vauthier, ingénieur des ponts et chaussées, et auteur d'un projet de traversée du Simplon, à moins que l'on n'exécutât un tunnel
très bas, long et coûteux.

Quant au transit entre l'Angleterre d'une part, l'Italie,
l'Égypte et l'extrême Orient d'autre part, il importait de le
réduire à ses justes limites. Les progrès incessants de la navigation à vapeur, l'abaissement du fret à la moitié et même
au tiers du prix des transports par chemins de fer, l'enseignement à tirer de ce fait qu'avant l'ouverture du canal de
Suez le chemin de fer d'Alexandrie à Suez était délaissé
malgré l'énorme détour à faire pour tourner le cap de
Bonne-Espérance, l'insuccès du chemin de Panama qui
n'avait pas pu lutter contre le détroit de Magellan, prouvaient
surabondamment que l'avenir était à la navigation maritime.
Du reste, le peu d'importance du trafic du mont Cenis, dont
la recette brute ne dépassait pas 40 000 fr. par kilomètre,
bien qu'il n'eût pas encore à subir la concurrence du Saint-
Gothard, fournissait à cet égard une indication précieuse et
significative.

Il n'était qu'une éventualité qui pût ramener vers le Simplon l'attention de la France : c'était celle d'un développement excessif du trafic ou celle de dégradations graves sur la ligne du mont Cénis. Encore faudrait-il examiner, le cas échéant, si d'autres points de passage, tels que celui du mont Genèvre, ne présenteraient pas des avantages plus considérables.

A la vérité, les partisans du Simplon avaient invoqué des intérêts militaires hautement affirmés, suivant eux, par les efforts que Napoléon I<sup>er</sup> n'avait cessé de faire pour s'assurer la possession de ce passage; mais les circonstances étaient changées; dans la situation actuelle, les deux portes du Simplon seraient entre les mains de la Suisse et de l'Italie, et, relue après soixante ans, la correspondance de Napoléon I<sup>er</sup> fournissait des arguments, non plus en faveur, mais à l'encontre de la percée.

Au point de vue financier, la proposition prêtait également aux critiques les plus graves. L'Allemagne, beaucoup plus intéressée à l'ouverture du Saint-Gothard que la France ne pouvait l'être à l'ouverture du Simplon, n'avait cependant contribué à une œuvre vitale pour elle que jusqu'à concurrence d'une somme de 20 millions, la Suisse et l'Italie fournissant 65 millions; la France elle-même avait donné une quote-part relativement faible pour la traversée du mont Cenis. Était-il admissible que le pays s'imposât de 48 millions, c'est-à-dire d'une somme égale à la moitié de la dépense totale, pour un travail d'un intérêt contestable, et cela avant de s'être assuré qu'il serait suivi par la Suisse et l'Italie.

M. Cézanne rappelait, à cette occasion, les diverses phases par lesquelles était passée la Compagnie qui, dès 1853, s'était constituée en vue du percement du Simplon. Cette Compagnie avait obtenu la concession des 118 kilo-

mètres compris entre Bouveret (lac de Genève) et Brigg sur
le territoire suisse, celle du tunnel et de ses abords de Brigg
à Domo-d'Ossola, enfin des 56 kilomètres compris entre Domo-
d'Ossola et le lac Majeur, près d'Arona. Elle avait eu à faire
face à des charges écrasantes; car, abstraction faite des
80 kilomètres exécutés entre Bouveret et Sierre, dans la
partie basse du Valais, la section de 135 kilomètres comprise entre Sierre et Arona, évaluée à 102 millions,
devait en coûter au moins 150; le produit net correspondant devait être, tout au plus, de 20 000 fr. par kilomètre,
soit, au total, de 2 700 000 fr. Aussi une première faillite
s'était-elle produite dès 1865. La Compagnie nouvelle n'avait
pas tardé à tomber elle-même dans le discrédit le plus profond; le 23 décembre 1872, sa déchéance avait été prononcée
par l'Assemblée fédérale et le consortium de la Suisse occidentale s'était rendu adjudicataire, au prix de 10 100 fr.,
des travaux déjà exécutés entre Bouveret et la montagne,
travaux qui avaient entraîné une dépense de 40 millions; de
son côté, le Gouvernement italien avait confisqué purement et simplement la partie située sur son territoire. De
nombreux capitalistes français avaient été frappés par ces
mesures de rigueur.

Pour tous ces motifs, la Commission, considérant que la
percée du Simplon était une œuvre intéressant à la fois la
France, l'Italie et la Suisse; qu'il était contraire à la dignité
et aux intérêts de la France de s'engager dans l'entreprise,
avant de s'être assurée du concours des puissances co-
intéressées; qu'il n'y avait pas lieu, pour le Gouvernement
français, de prendre l'initiative de l'accord à intervenir entre
les puissances; que, toutefois, des capitalistes français
avaient contribué aux premiers travaux et qu'il importait
d'établir par une enquête officielle la situation exacte de
l'ancienne Compagnie, écartait la proposition de loi et, pour

le surplus, concluait au renvoi du rapport au Ministre des travaux publics et au Ministre des finances.

Au rapport de M. Cézanne était annexée une note relative au Saint-Gothard. Nous extrayons de cette note les renseignements suivants :

Altitude du point culminant du tunnel, 1 162 mètres. Longueur : 14 900 mètres. Inclinaison maximum des rampes aux abords : 0 m. 025. Durée présumée des travaux : neuf années. Tarifs maxima des voyageurs : 1re classe, 0 fr. 50 par lieue, avec surtaxe de 50 % pour les parties de la ligne en pente de 15 % et au-dessus ; 2e classe, 0 fr. 40 par lieue, avec les mêmes surtaxes ; 3e classe, 0 fr. 25 par lieue, avec surtaxe semblable. Tarifs des messageries : matières pondéreuses, 0 fr. 05 par tonne et par kilomètre, avec surtaxe de 0 fr. 03 comme ci-dessus ; matières supérieures, 0 fr. 165 à 0 fr. 195 par kilomètre, suivant les pentes. Dépenses de construction, y compris les intérêts pendant la construction et le déficit de l'exploitation avant l'achèvement complet des travaux : 187 millions. Produit net kilométrique, pendant la moyenne des dix premières années : 24 000 fr. Subvention : 85 millions, dont 20 à la charge de l'Allemagne, 45 à la charge de l'Italie, 20 à la charge de la Suisse.

M. Cézanne, signalait d'autre part, une étude de M. Godin de Lépinay, ingénieur en chef, sur la percée du mont Blanc, qui méritait toute l'attention du Gouvernement.

III. — REJET DE LA PROPOSITION. — Les conclusions de la Commission furent adoptées le 14 décembre 1874, sans discussion [J. O., 15 décembre 1874].

433. — Incident au sujet des garanties d'intérêt, pendant la discussion du budget de 1875. — Nous avons encore à signaler en 1874 une discussion intéressante, à laquelle

donna lieu le 26 juillet un amendement de MM. Gouin et
Pouyer-Quertier, tendant à la négociation de bons de liquidation trentenaires pour le paiement des avances à faire
par l'État, en 1874 et 1875, au titre de la garantie d'intérêt.
M. Gouin prononça un long discours à l'appui de cet amendement ; il rappela les prévisions énoncéés par M. de Franqueville en 1865 ; il montra combien peu ces prévisions
avaient été altérées par la constitution du réseau d'intérêt
local et par les concessions ultérieures de 1868, 1873 et
1874 ; il expliqua ce fait par le trafic qu'un grand nombre
de chemins départementaux apportaient aux lignes d'intérêt
général et qui compensait les effets de la concurrence de
quelques autres chemins, ainsi que par l'importance des
subventions accordées aux lignes concédées par l'État depuis
1865. D'accord avec M. de Franqueville et en tenant compte
de la situation nouvelle, il évalua à 300 millions le montant
des avances à faire par le Trésor, de 1865 à 1885. Il rappela
ensuite que, toujours, les pouvoirs publics avaient cru devoir
reporter sur l'avenir les charges des subventions accordées
aux Compagnies : c'est ainsi qu'en 1857 on avait eu recours
à une conversion en cinquante annuités ; en 1861, à des obligations trentenaires ; en 1865, à des annuités réparties sur
quatre-vingt-dix années. On avait sagement agi et employé
le seul moyen qui permît d'imprimer une impulsion sérieuse
au développement du réseau. Ce mode de procéder, rationnel pour des sommes définitivement acquises aux Compagnies, l'était à plus forte raison pour des avances remboursables : car les générations futures trouveraient dans le
recouvrement d'une créance, dont personne ne contestait la
valeur, la compensation des charges qui pèseraient sur elles,
si l'amendement était adopté.

Tout en rendant hommage à la sagacité avec laquelle
M. de Franqueville avait prévu l'avenir en 1865, M. Cail-

laux, Ministre des travaux publics, combattit la proposition; il fit remarquer que, suivant toute probabilité, le
remboursement commencerait seulement vers 1890; que la
combinaison préconisée par MM. Gouin et Pouyer-Quertier
aurait pour effet de jeter sur le marché, pendant seize années, 300 millions d'obligations trentenaires, et de déprécier
la rente; que ce chiffre pourrait encore être augmenté par
la concurrence entre les lignes nouvelles et les lignes anciennes et par l'accroissement des frais d'exploitation; que
la garantie d'intérêt était déjà une forme de subvention
convertie en annuités: qu'il serait par suite anormal de
transformer chacune de ces annuités en une nouvelle série
d'annuités; que d'ailleurs, s'il était juste de faire supporter
par l'avenir le paiement des subventions, il ne serait pas
équitable d'agir de même pour les insuffisances des produits
de l'exploitation, alors qu'on bénéficiait des revenus procurés par cette exploitation. M. Mathieu-Bodet s'associa
aux observations de M. Caillaux, au nom de la Commission
du budget, et, malgré les efforts de M. Pouyer-Quertier,
l'amendement fut rejeté.

# CHAPITRE V. — ANNÉE 1875

**434. — Rapport de M. Dietz-Monnin sur le régime des chemins de fer.**

I. — QUESTIONNAIRE. — La Commission d'enquête, instituée en 1871, avait porté spécialement ses investigations sur les tarifs et sur les questions qui s'y rattachaient.

Le 31 mars 1872, elle avait adressé aux chambres de commerce, aux chambres consultatives, aux conseils généraux, aux préfets, aux maires, aux tribunaux consulaires, aux syndicats, commerçants et industriels, un questionnaire, qui ne renfermait pas moins de vingt-deux questions sur les points ci-dessous énumérés :

1° Principales marchandises et denrées composant le trafic des diverses régions, tant au départ qu'à l'arrivée, par chemins de fer, voies navigables ou roulage.

2° Résultats produits par les tarifs spéciaux, différentiels, communs, d'exportation ou internationaux.

Anomalies des tarifs en vigueur.

Inégalités créées par ces anomalies entre les producteurs ou consommateurs de localités différentes.

3° Marchandises et denrées dont la production ou la consommation serait augmentée par des réductions de tarifs.

Relation entre l'abaissement des tarifs et l'augmentation du tonnage pour les principales marchandises.

4° Observations sur la classification des marchandises du tarif général.

5° Conditions dans lesquelles se faisait la circulation des marchandises passant sur plusieurs réseaux.

Obstacles apportés aux relations commerciales par les différences de tarifs sur les divers réseaux.

6° Convenance de réclamer une classification uniforme pour les différentes Compagnies, en prenant pour base de cette classification la valeur des marchandises, leur volume, la distance parcourue.

7° Opportunité de réclamer un tarif kilométrique qui fût appliqué, en considérant toutes les lignes des différents réseaux comme les prolongements les unes des autres.

8° Parcours moyen des principales marchandises.

9° Possibilité d'organiser les réceptions de certaines marchandises par wagon ou train complet. Spécification de ces marchandises.

10° Transport à prix réduit, pendant l'été, de certains produits susceptibles d'être emmagasinés, afin d'éviter les encombreménts qui se produisaient, chaque année, en automne.

11° Observations sur les délais de livraison.

Opportunité de pouvoir obtenir des augmentations de vitesse pour certaines marchandises, en payant des surtaxes sur le tarif général.

12° Réclamations concernant l'insuffisance du personnel, du matériel des gares.

13° Influence des expéditions à destination en gare sur les encombrements.

14° Influence de la création d'entrepôts privés sur l'accélération des chargements et l'accroissement de la puissance d'expédition et de réception des gares.

15° Obstacles apportés à l'établissement de ces entrepôts par l'usage des expéditions en gare.

16° Augmentation des prix de transport, résultant des

détours imposés aux marchandises pour aller d'un point à un autre.

17° Observations sur les services rendus par les commissaires de surveillance administrative et les inspecteurs de l'exploitation commerciale.

18° Emploi de wagons appartenant à l'industrie, pour prévenir le retour des crises de transport.

19° Conditions à établir pour les rapports entre les Compagnies et les industriels fournissant du matériel.

20° Facilités à donner à la construction des embranchements particuliers.

21° Difficultés dans les relations entre les grandes Compagnies et les Compagnies secondaires.

22° Modifications dans les règles en vigueur pour les échanges de matériel entre les grandes Compagnies et les Compagnies secondaires.

II. — PREMIER RAPPORT. — Le 14 mars 1874, M. Dietz-Monnin déposa, au nom de la Commission, un premier rapport dans lequel il passait en revue les réponses faites à ce questionnaire [J. O., 26, 27, 28 et 29 juin 1874].

Ces réponses, au nombre de 108, étaient généralement conçues en termes trop vagues et n'étaient pas appuyées sur des données assez précises pour permettre de formuler immédiatement des conclusions.

Parmi les principaux faits que M. Dietz-Monnin dégageait de l'enquête, nous relatons les suivants.

(A) *Tarifs différentiels.* — La grande majorité des intérêts se montrait favorable au maintien des tarifs différentiels, mis en usage depuis un temps immémorial par toutes les entreprises de transport. Toutefois, on reprochait aux Compagnies de les appliquer surtout, pour porter préjudice aux voies fluviales concurrentes ou au cabotage.

(B) *Sérification des marchandises*. — Cette sérification présentait, sur les divers réseaux, des divergences que rien ne justifiait et qui avaient provoqué les protestations les plus vives.

(C) *Multiplicité des taxes*. — Cette multiplicité créait un dédale dans lequel les intéressés étaient impuissants à se reconnaître et avait pour eux des conséquences désastreuses.

La situation était meilleure dans les autres pays. En Amérique, il existait quatre classes et une classe spéciale (en dehors des tarifs spéciaux); en Belgique, quatre classes; en Allemagne, une classe normale, une classe à prix réduit et quatre classes à charge complète; en Angleterre, une classe des minéraux, une classe spéciale et un classe générale (cette classification était adoptée par toutes les Compagnies affiliées au Railway Clearing-House; les remaniements jugés indispensables ne s'effectuaient qu'au 1er janvier.)

(D) *Passage d'un réseau à l'autre*. — Ce passage donnait lieu à des pertes de temps excessives; les transbordements et les avaries, qui en étaient la conséquence, étaient trop multipliées.

(E) *Inégalité des taxes*. — Cette inégalité favorisait certains industriels ou commerçants, au préjudice de leurs concurrents; elle provoquait des erreurs de taxation.

(F) *Accroissement du matériel roulant*. — L'augmentation du matériel roulant était presque unanimement demandée comme le vrai remède aux crises de transport.

(G) *Délais de livraison*. — Il convenait de s'inspirer de l'exemple de l'Angleterre où les Compagnies, sans être liées par des délais légaux, opéraient les transports et la livraison avec une rapidité remarquable. En Allemagne et en Belgique, malgré l'abaissement des taxes, les délais étaient également moins longs qu'en France.

(H) *Insuffisance du personnel et des gares.* — La plupart des déposants signalaient, avec vigueur, cette insuffisance.

(I) *Influence des expéditions en gare sur les encombrements.* — Cette influence était contestable en raison, d'une part, de l'élévation des droits de magasinage, et d'autre part, de la brièveté des délais à l'expiration desquels les Compagnies avaient la faculté de faire camionner d'office.

(J) *Rapports entre les grandes et les petites Compagnies.* — Il semblait résulter de toutes les réponses qu'il y avait urgence à régler ces rapports.

III. — RAPPORT SUPPLÉMENTAIRE. — Dans un rapport supplémentaire du 2 août 1875 [J. O., 9 novembre 1875], M. Dietz-Monnin, après avoir rappelé l'insuffisance des réponses au questionnaire, concluait à l'utilité d'une enquête orale et indiquait, comme base de cette enquête, les desiderata suivants auxquels la Commission s'était arrêtée et dont la plupart avaient été formulés par la chambre de commerce de Paris :

1° Révision des tarifs généraux, spéciaux, différentiels et communs, et adoption d'un tarif égal pour tous, uniforme pour toutes les Compagnies, et comprenant un certain nombre de séries déterminées d'après la valeur, le poids et le volume de la marchandise ;

2° Remaniement des tarifs internationaux, d'exportation et de transit, afin d'en faire disparaître des inégalités de prix profitables aux producteurs étrangers et préjudiciables aux intérêts français, et de les établir par tonne et par kilomètre, sans différences autres que celles qui seraient justifiées par des chargements complets de 4 à 5 000 kilogrammes ;

3° Obligation pour les Compagnies de toujours faire prendre le chemin le plus court aux expéditions qui leur étaient confiées, ou tout au moins d'appliquer le tarif du parcours le plus direct et les, taxes les plus réduites sans que l'expéditeur eût besoin de le demander ;

4° Obligation de délivrer des récépissés stipulant, d'une façon claire et précise, les frais de transport, les frais accessoires, les remboursements, les délais de route et de séjour en gare ;

5° Restitution du délai de quarante-huit heures accordé aux destinataires pour l'enlèvement des marchandises qui leur étaient adressées en gare ;

6° Abaissement des tarifs généraux en vue de produire une augmentation du trafic ;

7° Interdiction pour les Compagnies de relever leurs tarifs, lorsqu'elles les auraient abaissés pour détruire une concurrence, ou interdiction de les abaisser dans ce but spécial ;

8° Organisation d'une vitesse accélérée et mixte pour le transport des marchandises ;

9° Facilités à accorder aux grandes usines qui désireraient fournir leur matériel de transport ;

10° Encouragements à la création de grandes agences de transport ;

11° **Transport** à 0 fr. 02 par tonne et par kilomètre, des céréales, de la houille, des engrais, du plâtre et de la chaux destinés à l'agriculture ;

12° Création de lignes concurrentielles ;

13° Introduction des diverses réformes ci-dessus dans les cahiers des charges des concessions futures.

M. Dietz-Monnin signalait, en outre, deux vœux tendant, le premier à détacher du ministère des travaux publics, pour la reporter au ministère de l'agriculture et du commerce, l'exploitation commerciale des chemins de fer, et le second à instituer, près du ministère du commerce, un comité consultatif du trafic et des tarifs, recruté, soit dans les chambres et tribunaux de commerce, chambres consultatives des arts et manufactures, chambres consultatives d'agriculture, soit dans les notabilités industrielles, agricoles et commerciales.

Il annonçait que la Commission avait résolu d'ouvrir son enquête orale du 8 novembre au 20 décembre 1875. Cette enquête n'eut pas lieu.

Les rapports de M. Dietz-Monnin provoquèrent des observations critiques de la part des grandes Compagnies : nous aurons à mentionner ces critiques, lorsque nous examinerons les travaux de la commission centrale des chemins de fer, en 1878, sur la question des tarifs.

435. — **Concessions de chemins industriels.** — Nous avons à signaler en 1875 un certain nombre de décrets relatifs à des chemins de fer miniers, savoir :

—Décret du 3 janvier [B. L., 1ᵉʳ sem. 1875, n° 241, p. 16], autorisant la Société des mines de Lens à établir un embranchement reliant l'une de ses fosses avec la gare d'eau de Vendin-le-Vieil, sur la Deûle, et avec la gare de Violaines, sur la ligne de Lille à Béthune. Cet embranchement, de 8 kilomètres, était soumis au cahier des charges général de la concesion faite à la Société en 1860 ; il était, jusqu'à nouvel ordre, affecté exclusivement au service des mines ainsi qu'à un service public de marchandises.

Son ouverture à l'exploitation eut lieu en 1878.

—Décret du même jour [B.L., 1ᵉʳ sem. 1875, n° 241, p. 14], autorisant également la Compagnie des mines d'Anzin à établir un nouvel embranchement sur la ligne d'Anzin à la frontière belge. Cet embranchement, de 3 kilomètres, était soumis au cahier des charges de la ligne précitée et temporairement affecté au service exclusif des mines.

—Décret du 12 mars [B. L.,1ᵉʳ sem. 1875, n° 252, p. 454], autorisant la Société des mines de Marsanges à établir un chemin d'embranchement de 6 kilomètres sur la ligne de Brioude à Alais. Cet embranchement était temporairement affecté au service exclusif des mines. La durée de la concession était de quatre-vingt-dix-neuf ans. Le tarif inscrit au cahier des charges, en vue de l'éventualité d'un service public, était de 0 fr. 10, 0 fr. 09 et 0 fr. 075, pour les trois classes de voyageurs; de 0 fr. 20, 0 fr. 18 et 0 fr. 16, pour les trois classes de marchandises en petite vitesse, sans condition de tonnage ; de 0 fr. 15, 0 fr. 13 et 0 fr. 10, pour les mêmes marchandises par wagon complet. La largeur de la voie était de 0 m. 60.

—Décret du 24 juillet [B. L., 2ᵉ sem. 1875, n° 280, p. 1077], concédant à M. Labbé, maître de forges à Gorcy, un chemin de 3 kilomètres, de Gorcy à la frontière belge, près Signeulx. Ce chemin était exclusivement affecté, jusqu'à nouvel ordre, au transport des produits des forges et à un service public de marchandises. La concession devait prendre fin en même temps que celle du réseau de l'Est. Le tarif était celui des chemins d'intérêt général. L'ouverture à l'exploitation eut lieu en 1877.

— Décret du 14 décembre [B. L., 2ᵉ sem. 1875, n° 281, p. 1121], autorisant la Compagnie des mines d'Auchy-aux-Bois à établir un sous-embranchement de 1 kilomètre, affecté temporairement au service exclusif de ces mines et soumis au cahier des charges de la concession de 1860.

— Décret du 29 décembre [B. L., 1ᵉʳ sem. 1876, n° 300, p. 467], concédant à la Société Schneider et Cⁱᵉ du Creusot un chemin de 8 kilomètres, reliant les mines d'Allevard à la ligne de Grenoble à Montmélian. La durée de la concession était égale au temps restant à courir sur celle de Paris-Lyon-Méditerranée. Le trafic inscrit au cahier des charges était, pour les voyageurs, de 0 fr. 10, 0 fr. 075 et 0 fr. 055, et pour les marchandises, de 0 fr. 20, 0 fr. 18, 0 fr. 16 et 0 fr. 14; toutefois le chemin était provisoirement réservé au service des mines. La largeur de la voie était de 1 mètre à 1 mètre 10.

436. — **Concessions de chemins d'intérêt local.** — Nous réunissons dans le tableau ci-dessous les principales données relatives aux chemins d'intérêt local concédés en 1875.

| DÉSIGNATION des départements | DÉSIGNATION des lignes. | DATES des décrets. | NUMÉRO du Bulletin des lois. | DÉSIGNATION des concessionnaires. | SUBVENTIONS accordées aux concessionnaires. | Part de l'État dans ces subventions. | TARIFS | | ÉPOQUES d'ouverture | OBSERVATIONS |
|---|---|---|---|---|---|---|---|---|---|---|
| | | | | | | | Voyageurs. | Marchand. en pet. vitesse. | | |
| | | | | | | | cent. | cent. | | |
| Nord. | Marcoing vers le Pas-de-Calais (6 km.) | 20 janv. | 1er sem. 1875, n° 251, p. 417. | Cie d'Achiet à Bapaume. | Néant. | » | 10 8 6 | 25 20 16 12 | 1878 | Concession de 50 ans. |
| Bouchet-du-Rhône. | Miramas à Port-de-Bouc (25 km.) | 12 avril. | 2e sem. 1875, n° 262, p. 97. | Digeon et Dela-marre. | Néant. | » | 10 7,5 5,5 | 16 14 10 8-5-4 | 1879 à 1881 | Concession de 86 ans. |
| Nord. | St-Waast-le Haut à la ligne de Valenciennes à Douzies (5 km.) | 8 mai. | 2e sem. 1875, n° 273, p. 589. | De Carpentier, concess. de la ligne de Douzies. | Néant. | » | Id. | | » | Attribution au département du quart du produit brut au-dessus de 15 000 f. par km. |
| Savoie. | Moutiers à Albertville. (28 km.) | 15 juin. | 1er sem. 1875, n° 259, p. 751. | De St-Pierre. | 1 700 000 fr. environ. | 700 000 fr. | Id. | 16 14 10 | » | |
| Basses-Pyrénées | Bayonne à Biarritz. (8 km.) | 15 juin. | 2e sem. 1875, n° 278, p. 980. | Ardoin. | Néant. | » | | 16 14 10 8-5-4 | 1877 | Attribution à l'État et au département du quart du produit brut au-dessus de 15 000 f. par km., avec ventilation suivant la régle admise pour la ligne de Samaches au Pas-de-Calais. |
| Somme. | Canaples à Amiens. (24 km.) | 19 juin. | 2e sem. 1875, n° 209, p. 387. | Cie du Nord. | Néant. | » | 12 9 6 | 18 12 | 1877 | Réduction au quart de la part du produit brut attribuée à l'État et au département pour cette dernière ligne. Attribution à l'État et au département, proporta. de leurs subventions, de la moitié du produit brut au-dessus de 12 000 f. par km. |
| Vosges. | Granges à Gérardmer. (13 km.) | 3 déc. | 1er sem. 1876, n° 295, p. 177. | Cie des chemins de fer des Vosges. | 1 600 000 fr. environ. | 167 758 fr. | 10 7,5 5,5 | 18 15 12 10 8 | 1878 | |

Nous avons en outre à mentionner trois décrets du 19 juin, autorisant la rétrocession à la Compagnie du Nord : 1° de la section du chemin de Bouquemaison sur Gamaches, comprise entre Doullens et la limite du Pas-de-Calais [B. L., 1er sem. 1875, n° 259, p. 782]; 2° du chemin d'Arras à la limite du département de la Somme et de Frévent à Bouquemaison [B. L., 1er sem. 1875, n° 259, p. 783]; 3° du chemin de Doullens à la limite du Pas-de-Calais, vers Arras [B. L., 1er sem. 1875, n° 259. p. 784]. Le premier de ces décrets stipulait que la part de bénéfice attribuée au département de la Somme serait répartie entre l'État et le département, au prorata de leurs subventions.

437. — **Concession à la Compagnie de l'Est du chemin d'intérêt local de Pont-Maugis à Raucourt et à Mouzon. Incorporation de la section de Pont-Maugis à Mouzon à la ligne de Lérouville à Sedan.** — Le 13 mars 1873, le département des Ardennes avait conclu avec la Compagnie de l'Est une convention portant cession, au profit de cette dernière, du chemin d'intérêt local de Pont-Maugis à Raucourt et à Mouzon. Le département remettait gratuitement à la Compagnie les terrains et les travaux déjà exécutés entre Rémilly et Raucourt; il était remboursé des dépenses faites entre Pont-Maugis et Remilly, lesdites dépenses arbitrées à 145 000 fr.; il renonçait à toute part dans les bénéfices, pour toute la longueur de la ligne de Pont-Maugis à Mouzon. De son côté, la Compagnie consentait à ne réclamer aucune subvention départementale ou communale; elle s'engageait à mettre en mouvement, chaque jour, un train de marchandises et un service d'omnibus à traction de chevaux en correspondance avec trois trains de la ligne de Sedan à Thionville.

Le 21 mai 1874, la Compagnie de l'Est signait avec les

concessionnaires du chemin de Sedan à Lérouville une autre
convention par laquelle elle souscrivait à l'incorporation à ce
chemin de la section de Pont-Maugis à Remilly, en se réservant toutefois, pendant la durée de la concession, un
droit de cojouissance et d'exploitation. MM. Lebon et Otlet
recevaient la faculté de poser à leurs frais une seconde voie
sur ladite section, à charge de rembourser à la Compagnie
de l'Est les terrains et travaux situés à l'est d'un plan vertical
passant par l'axe de l'entre-voie. Chaque Compagnie devait
faire l'exploitation, sur la voie qui lui appartiendrait, et entretenir cette voie. Dans le cas où il serait reconnu nécessaire d'établir un service à double voie, une convention
spéciale interviendrait pour en régler les conditions, sur la
base du partage des frais d'entretien proportionnellement
au nombre de trains ou de machines circulant sur les deux
voies.

Un décret du 25 janvier 1875 [B. L., 1er sem. 1875,
n° 243, p. 77] approuva ces traités; prononça l'incorporation
de la ligne d'intérêt local de Pont-Maugis à Mouzon au chemin de fer d'intérêt général de Sedan à Lérouville; abrogea,
en ce qui touchait cette ligne et l'embranchement de Raucourt, l'article du décret du 4 novembre 1867 relatif à la
participation éventuelle de l'État aux bénéfices; et réduisit la
subvention de 1 400 000 fr., accordée antérieurement au
département des Ardennes pour son réseau d'intérêt local,
au prorata du nombre de kilomètres qu'il conservait.


438. — Convention avec la Compagnie de Paris-Lyon-
Méditerranée et déclaration d'utilité publique du chemin
de Quissac à Montpellier.


I. — Projet de loi. — Le 5 août 1874 [J. O., 8 et 9 décembre 1874], M. Caillaux, Ministre des travaux publics,

déposa un projet de loi, portant concession à la Compagnie de Paris-Lyon-Méditerranée de vingt lignes nouvelles, présentant ensemble un développement des 855 kilomètres et devant entraîner une dépense de 281 millions pour cette Compagnie, savoir :

Ligne de Nîmes au Teil (118 km.), destinée à constituer sur la rive droite du Rhône, entre Nîmes et Lyon, une voie ferrée continue et à offrir ainsi aux riches vignobles du Gard, de l'Hérault et de l'Aude un débouché à l'abri des encombrements de la rive gauche.

Ligne d'Uzès à Remoulins et à Beaucaire (32 km.), rattachant le chef-lieu d'arrondissement d'Uzès aux chemins des deux rives du Rhône.

Ligne d'Uzès à Saint-Julien, avec prolongement sur l'Auzonnet, (44 km.), pour desservir d'importants gîtes houillers et miniers situés dans cette vallée.

Ligne d'Uzès à Nozières (19 km.), reliant Uzès au chemin de Nîmes à Alais et à Brioude.

Ligne de Vézenobres à Quissac, avec embranchement sur Anduze, (28 km.), destinée à rattacher l'arrondissement de Quissac et le canton d'Anduze à Uzès, d'une part, et à Alais, de l'autre.

Ligne de Nîmes à Sommières et de Sommières aux Mazes (43 km.), établissant entre Nîmes et Montpellier une nouvelle voie ferrée et mettant les localités situées sur cette voie en communication avec Cette, ainsi qu'avec les bassins industriels d'Alais, de Bessèges et de la Grand'Combe.

Ligne d'Aubenas à Prades (9 km. 5), rattachant les gisements d'anthracite de Prades et la station thermale de Vals à la ville d'Aubenas et, par là, à la grande ligne de la rive droite du Rhône.

Ligne de Lyon à Givors par Brignais (16 km.), desservant une banlieue importante et formant en outre l'une des sections d'un second chemin de Lyon à Saint-Étienne ;

Ligne de Givors à Saint-Étienne (36 km.), destinée à former la seconde section du même chemin. Au mois de janvier 1869, le conseil général de la Loire avait concédé cette ligne, à titre d'intérêt local, à une Compagnie qui s'engageait à l'exécuter à ses risques et périls et offrait des abaissements considérables de tarifs. Le Conseil général des ponts et chaussées, le comité consultatif des chemins de fer, enfin le Conseil d'État, saisis successivement de l'affaire, s'étaient accordés pour déclarer qu'il n'y avait pas lieu de concéder, comme chemin d'intérêt local, une ligne suivant pas à pas celle du réseau de Paris-Lyon-Méditerranée et nécessairement affectée aux mêmes transports, mais qu'il convenait de prendre acte des engagements contractés par la Compagnie de Paris-Lyon-Méditerranée, en vue de donner satisfaction, dans une mesure convenable, aux intérêts dont s'était préoccupé le Conseil général. Il ne sera pas inutile de reproduire la substance de l'avis du Conseil d'État, eu égard au caractère de généralité de la question. Suivant cette assemblée « si, aux termes du cahier « des charges, le Gouvernement s'était réservé le droit de « concéder d'autres chemins de fer dans la même contrée, « ce droit ne pouvait être appliqué qu'avec équité, en tenant « compte des avantages sur lesquels les Compagnies avaient « pu asseoir leurs prévisions et en pondérant, dans une « juste mesure, les intérêts généraux en même temps que « ceux des localités qui réclamaient de nouvelles con- « cessions ; dans tous les cas, les chemins nouveaux pouvant « faire une concurrence directe à des lignes existantes ne « devaient être concédés que s'il était bien constaté que les « intérêts des localités réclamant ces chemins avaient une « sérieuse importance et n'étaient pas desservis ou l'étaient « d'une manière insuffisante. Dans l'espèce, le chemin pro-

« jeté était accolé à la section la plus productive de la ligne
« de Roanne à Lyon; son établissement devait donc enlever
« à la Compagnie la meilleure part des revenus de cette
« ligne, et ce préjudice n'était nullement justifié par une in-
« suffisance réelle des moyens de transport offerts aux in-
« dustries des localités échelonnées entre Saint-Étienne et
« Givors. Le chemin existant n'avait pas atteint la limite de
« sa puissance de transport. D'ailleurs, la promesse de la
« Compagnie de Paris-Lyon-Méditerranée d'exécuter un
« second chemin ou de doubler ses voies, dès que le déve-
« loppement du trafic rendrait cette mesure nécessaire, et
« de délivrer des billets d'aller et retour entre Lyon et
« Saint-Étienne était de nature à assurer au département
« de la Loire une satisfaction suffisante. » Le Gouvernement
avait adopté cet avis. Le projet de loi de 1874 avait pour
objet de pourvoir à la réalisation de la promesse de la Compagnie. Toutefois, comme la ligne de Lyon à Saint-Étienne
était encore en déficit, il était stipulé que la Compagnie exécuterait le nouveau chemin dans un délai de six ans, à partir
du 1ᵉʳ janvier qui suivrait l'année dans laquelle le nombre
des trains aurait dépassé 80 par jour. En attendant, la Compagnie devait : 1° créer, au départ de Saint-Étienne, pour
les voyageurs de toute classe à destination de Lyon-Per-
rache ou des stations intermédiaires, des billets d'aller et
retour, avec réduction de 30 % sur les tarifs du cahier des
charges ; 2° faciliter l'exportation des houilles vers la Méditerranée, notamment au moyen de tarifs de 0 fr. 05, au
plus, par tonne et par kilomètre.

Ligne de Sérézin à Montluel (38 km.), destinée à ouvrir
entre les chemins de Lyon à Avignon et de Lyon à Genève
une jonction indépendante de la traversée, toujours difficile,
des gares de Lyon.

Ligne de Dijon à Saint-Amour (100 km.), ayant pour

objet d'ouvrir à la vallée du Rhône une issue nouvelle vers l'Est et le Nord de la France et devant faire partie de la ligne directe de Paris à Genève et au mont Cenis.

Lignes de Virieu-le-Grand à Saint-André-le-Gaz (43 km.) et de Saint-André-le-Gaz à Chambéry (40 km.), reliant Belley au chemin de Lyon à Genève et à celui de la vallée de l'Isère, mettant Chambéry en communication directe avec Lyon, et doublant le chemin de Bourg à Chambéry et à l'Italie.

Lignes de Roanne à Paray-le-Monial (55 km.) et de Gilly-sur-Loire à Cercy-la-Tour (44 km.) destinées à ouvrir à la riche contrée industrielle, dont Saint-Étienne était le centre, un nouveau débouché sur Paris et à la mettre en relation avec Dijon, Langres et l'Est de la France.

Ligne d'Avallon à Dracy-Saint-Loup (69 km.), formant un raccourci de 30 kilomètres pour le trajet de Paris à Lyon.

Ligne de Briarres, près Montargis, à ou près Nemours (20 km.), ouvrant à la ville d'Orléans et à la Basse-Loire un nouveau débouché vers la Haute-Seine et l'Yonne.

Ligne de Gap à Briançon et à la frontière italienne (100 km.). Cette ligne internationale avait été comprise, en 1857, au nombre des chemins concédés éventuellement à la Compagnie ; mais son exécution avait été subordonnée au succès des négociations à engager avec le Gouvernement italien pour la raccorder à la ligne de Bardonnèche à Turin. Malheureusement ces négociations n'avaient pas encore abouti en 1874 et il devenait indispensable de ne pas retarder davantage la jonction de la place de Briançon à notre réseau de voies ferrées. Le projet de loi portait donc concession ferme de la ligne jusqu'à Briançon et subordonnait seulement l'exécution du tronçon de 20 kilomètres, compris entre Briançon et la frontière, à la clause d'éta-

blissement, par le Gouvernement italien, d'un raccordement
avec le chemin de Turin à Bardonnèche.

Le délai d'exécution des chemins de fer sucessivement
concédés aux grandes Compagnies avait été, jusqu'alors,
compté à partir du 1ᵉʳ janvier qui suivait la loi applicative
de la concession. D'accord avec la Compagnie, le Ministre
considérant que ce mode de fixation de l'origine du délai
imparti au concessionnaire négligeait un élément important, à savoir le temps qui s'écoulait entre la production par
la Compagnie des projets définitifs et leur approbation par
l'administration, modifia la rédaction antérieurement admise et stipula :

1° Que le délai d'exécution partirait de la date de l'approbation par l'administration de l'ensemble des projets
définitifs ;

2° Que les projets devraient être présentés dans un délai
de deux ans, au maximum ;

3° Que, faute par la Compagnie d'avoir fourni les projets
avant le terme de deux ans, le délai d'exécution commencerait à courir trois mois après l'expiration de ce terme (le
temps nécessaire à l'examen et à l'approbation des projets
étant évaluée à trois mois).

Tous les chemins ci-dessus mentionnés, sauf celui de
Gap à Briançon, étaient concédés sans subvention et rattachés à l'ancien réseau.

Quant au chemin de Gap à Briançon, il restait classé
dans le réseau garanti et bénéficiait en outre d'une subvention de 20 millions, représentant le montant des dépenses
d'infrastructure et payable en seize termes semestriels égaux
à partir du 1ᵉʳ janvier 1878, avec faculté de conversion en
soixante-dix-neuf annuités au taux de 4 1/2 % et de retour au versement en capital, dans les conditions déter-

minées par la convention de 1868. Toutefois, les termes
ou les annuités restant dus sur cette subvention devaient
être réduits des deux cinquièmes, au cas où le chemin
serait prolongé jusqu'à la ligne de Turin à Bardonnèche.

Les nouvelles lignes étaient soumises au cahier des
charges général du réseau de Paris-Lyon-Méditerranée,
sauf addition des clauses admises par le législateur, le
23 mars 1874, pour les chemins d'embranchement et l'évaluation, en cas de rachat, des lignes concédées depuis moins
de quinze ans.

Le maximum du capital garanti, fixé à 630 millions par
la convention du 12 juillet 1868, était ramené à 617 millions, et, par suite, réduit de 13 millions, savoir :

| | |
|---|---|
| Dépenses du tronçon de Briançon à la frontière. | 23 000 000 fr. |
| A déduire, pour augmentation constatée sur les dépenses de construction du nouveau réseau . . . . | 10 000 000 |
| DIFFÉRENCE PAREILLE . . . | 13 000 000 fr. |

En cas de prolongement du chemin de Briançon jusqu'à
la frontière, le chiffre de 617 millions devait être majoré
de 23 millions.

Le maximum des dépenses complémentaires à exécuter
dans la période décennale sur le nouveau réseau était porté
de 7 à 37 millions; l'origine de la période décennale était
reportée au 1er janvier 1875, pour les lignes ouvertes antérieurement à cette date.

Le revenu kilométrique réservé à l'ancien réseau avant
déversement sur le nouveau était, d'après la loi du 23 mars
1874, de 31 800 fr. pour 4 368 kilomètres.

Le projet de loi devant avoir pour effet de porter la
longueur de l'ancien réseau à 5 123 kilomètres, et augmenter
les dépenses de premier établissement de 248 millions, il y

avait lieu d'élever le revenu réservé total à 153 162 400 fr., savoir :

Revenu réservé par la loi du 23 mars 1874 . . . 138 902 400 fr.
Intérêt et amortissement à 5,75 % de 248 millions . . . . . . . . . . . . . . . . . . . . . . 14 260 000

TOTAL PAREIL. . . . . 153 162 400 fr.

chiffre qui correspondait à un revenu kilométrique de 29 900 fr.

Le maximum des dépenses complémentaires de l'ancien réseau était porté de 96 à 283 millions ; chaque million donnait lieu à un accroissement de 11 fr. 50 sur le revenu kilométrique réservé.

Le projet de loi disposait, en outre, que pareille augmentation serait accordée pour chaque million de dépenses de premier établissement de l'ancien réseau, au-dessus du chiffre prévu de 2 274 millions, sans que cette augmentation pût s'appliquer à un capital de plus de 58 millions.

Pour tenir compte de la dépréciation des obligations à émettre pour la construction des nouvelles lignes, de la plus faible durée de leur amortissement, des charges dont elles étaient grevées par suite des nouvelles taxes sur les valeurs mobilières, le revenu avant partage, pour ces nouvelles lignes, au lieu d'être limité à 6 % comme précédemment, était fixé à 6,50 %.

Les conventions antérieures stipulaient l'imputation au compte de premier établissement des insuffisances afférentes aux sections successivement livrées à la circulation, pendant des délais déterminés, de manière à ne pas les faire entrer dans le compte d'exploitation avant qu'elles fussent en possession de leur trafic normal. Cette disposition avait pour but principal de ne pas surcharger les avances du Trésor au titre de la garantie d'intérêt. La Compagnie de Paris-Lyon-Méditer-

ranée, ne recourant pas à la garantie, n'avait pas appliqué la
clause ; elle avait préféré réduire le dividende de ses actionnaires et ne pas accroître ses charges pour l'avenir. Cette
dérogation aux contrats n'ayant, dans l'espèce, aucun inconvénient pour le Trésor, et devant même contribuer à hâter
la participation de l'État au partage des bénéfices, l'administration n'avait pas eu à y mettre obstacle.

Prévoyant qu'il pourrait encore en être de même dans
l'avenir, la convention de 1875 portait que « pour les sec-
« tions livrées à l'exploitation avant l'achèvement de la ligne
« entière, si la Compagnie n'usait pas de la faculté de porter
« au compte de premier établissement les charges afférentes
« à ses sections, les dépenses faites sur lesdites sections en-
« treraient dans le compte du partage ».

Enfin, le maximum du capital garanti pour dépenses
complémentaires, sur le chemin du Rhône au mont Cenis,
était élevé de 25 à 45 millions, en vue de l'établissement
d'une deuxième voie entre Saint-Michel et la frontière, ainsi
qu'entre Chambéry et Aiguebelle, et de l'augmentation du
matériel roulant.

II. — RAPPORT DE M. CÉZANNE. — M. Cézanne déposa le
23 février 1875 son rapport sur le projet de loi dont nous
venons de faire connaître les dispositions principales [J. O.,
21, 22, 23 et 24 mars 1875].

Il commençait par repousser les prétentions d'un certain nombre d'intéressés, qui avaient obtenu des départements la concession de chemins de fer d'intérêt local rendus
inutiles par le projet de loi ou incorporés au réseau d'intérêt
général, et qui réclamaient de ce fait une indemnité, bien
que la concession n'eût pas été ratifiée, en alléguant que le
Gouvernement n'avait pas annulé les délibérations des conseils généraux dans les délais fixés par la loi du 10 août 1871

(art. 47) et que, dès lors, ces délibérations avaient acquis une validité irrévocable. Il y avait là une erreur manifeste, résultant d'une confusion entre les pouvoirs respectifs de l'État et des départements. La loi du 10 août 1871 n'avait porté aucune atteinte à la loi de 1865 ; le Gouvernement n'avait pas à annuler, dans les délais fixés par l'article 47 de la première de ces deux lois, les délibérations des assemblées départementales concernant la concession des chemins d'intérêt local ; son intervention et son mode d'action restaient déterminés par la loi de 1865. D'ailleurs, le droit de l'État de prononcer à un instant quelconque l'incorporation d'un chemin d'intérêt local au réseau d'intérêt général et la doctrine du Conseil d'État étaient formels sur cette double question, et les documents préparatoires de la loi de 1871 ne laissaient aucun doute sur l'inanité de la thèse soutenue par les pétitionnaires. Toutefois, M. Cézanne recommandait au Gouvernement de faire en sorte que la Compagnie de Paris-Lyon-Méditerranée fût mise en possession des études faites par eux et leur tînt un compte équitable de leurs dépenses utiles.

Passant à l'examen des diverses lignes comprises au projet de loi, il formulait les observations suivantes.

— Ligne de Lyon à Givors et de Givors à Saint-Étienne. — Il convenait de lier le sort de la ligne de Lyon à Givors à celui de la ligne de Givors à Saint-Étienne : sans la seconde, la première n'avait qu'un intérêt très secondaire ; il était imprudent d'adopter d'ores et déjà, pour le chemin de Lyon à Givors, considéré isolément, un tracé aboutissant à la gare si encombrée de Perrache, alors que peut-être un autre tracé s'imposerait, lorsque la section de Lyon à Saint-Étienne serait reconnue nécessaire. D'un autre côté, divers intéressés de la région située à l'ouest de Lyon s'étaient groupés pour réclamer la construction d'une ligne de Givors à Paray-le-Monïal, c'est-à-dire du Rhône au canal du Centre; c'était un motif de plus pour ne pas engager immédiatement la section de Lyon à Givors. M. Cézanne concluait donc à confondre les deux lignes sous la dénomination commune de deuxième ligne de Lyon à Saint-Étienne, par Givors. Il repoussait aussi la stipulation du projet de loi, concernant l'époque à laquelle le Gouvernement pourrait exiger la création de cette nouvelle voie: dans son opinion, cette clause était trop peu précise ; elle avait l'inconvénient de porter sur une moyenne annuelle et de faire abstraction, des inégalités de répartition du trafic pendant les diverses saisons. Il proposait de la remplacer par une disposition, aux termes de laquelle la Compagnie serait tenue d'exécuter la seconde ligne de Lyon à Saint-Étienne, lorsque la nécessité en aurait été reconnue par un décret délibéré en Conseil d'État, la Compagnie entendue, et de réduire en outre le délai de construction à quatre années.

D'autre part, M. Cézanne reprochait au tracé étudié par la Compagnie de passer à un niveau trop élevé au-dessus des usines de la vallée du Gier et estimait qu'il était indispensable d'inscrire dans la loi l'obligation, pour la Compagnie, de s'arrêter à un tracé « desservant aussi directement que possible ces usines ».

Enfin, il demandait que les billets d'aller et retour fussent étendus à toutes les stations et maintenus après la construction de la deuxième ligne.

— Ligne de Dijon à Saint-Amour.— Il considérait comme conforme à l'intérêt public et à l'intérêt de la Compagnie de rapprocher de Saint-Jean-de-Losne le tracé de ce chemin et de stipuler que la Compagnie serait tenue de le raccorder en ce point avec le port fluvial.

— Ligne de Roanne à Paray-le-Monial. — Tout en reconnaissant que le tracé par la rive droite de la Loire donnait

un raccourci notable vers la Bourgogne, il demandait l'étude
d'un tracé par la rive gauche, plus favorable au point de
vue des relations avec Orléans et Paris ; le choix définitif
entre ces deux tracés était réservé à un décret rendu en
Conseil d'État.

En ce qui touchait les délais d'exécution, il admettait le
système général du projet de loi, en apportant toutefois
à l'ordre de priorité d'achèvement quelques modifications,
et en faisant courir les délais, non point du 1ᵉʳ janvier qui
suivait la loi approbative de la convention, mais de la date
même de cette loi.

A cette occasion il constatait que sur l'ancien et le nouveau
réseau, 375 kilomètres étaient en retard et il émettait le
vœu que le Ministre des travaux publics recherchât les
moyens de régulariser et d'accélérer la procédure administrative à laquelle étaient soumis les projets des Compagnies
de chemins de fer ; il proposait en outre d'introduire dans
la convention une clause pénale ainsi conçue : « Dans le cas
« où, par le fait de la Compagnie, les délais d'exécution
« seraient dépassés pour une ou plusieurs lignes, il serait
« déduit du compte de premier établissement et, pour
« chaque année de retard, une somme égale aux intérêts
« d'une année, calculés sur le tiers de la dépense totale de
« construction attribuée auxdites lignes par la convention. »

Examinant les dispositions financières, il rappelait le
mécanisme de la garantie d'intérêt et, cherchant à se rendre
un compte exact des avantages que pourrait offrir pour l'État
le classement des nouvelles lignes dans l'ancien réseau, il
présentait des considérations très intéressantes, dont nous
extrayons ce qui suit : « Dans le système de la garantie
« d'intérêt et du déversoir, un groupe de nouvelles lignes
« incorporées à l'ancien réseau peut, suivant les cas, exercer
« une influence très directe sur la garantie d'intérêt accordée

« au nouveau réseau. Si l'exploitation de ces nouvelles
« lignes, considérées comme un groupe spécial, donne un
« produit net supérieur aux charges dont leur construction
« a grevé l'ancien réseau, le nouveau réseau n'en sera pas
« affecté ; mais si, au contraire, elles se soldent par une
« insuffisance, cette insuffisance réduira les ressources dis-
« ponibles pour le déversoir et pourra appauvrir assez
« l'ancien réseau pour qu'il ne soit plus en état de pourvoir
« au déficit du nouveau et pour que la garantie d'intérêt
« soit ainsi amenée à fonctionner. Il n'en est pas moins
« préférable que les lignes nouvelles soient incorporées à
« l'ancien réseau : car s'il arrivait que ce réseau vît tomber
« son revenu au-dessous du déversoir, les actionnaires
« supporteraient la charge correspondante, tandis que le
« classement dans le nouveau réseau ferait peser cette
« charge sur la garantie d'intérêt. »

Sortant d'ailleurs du domaine des généralités pour entrer dans le domaine des faits, M. Cézanne se livrait à des
calculs détaillés, supputait la situation financière probable
de la Compagnie de Paris-Lyon-Méditerranée à l'époque où
elle aurait dépensé tout son capital de premier établissement, et en déduisait que la garantie ne serait pas mise en
jeu.

Il évaluait, en passant, les revenus directs que les chemins nouveaux procureraient à l'État, et les portait à
6 000 fr. par kilomètre pour les recettes et à 2 500 fr. par
kilomètre pour les économies sur les services publics.

Conformément à l'avis du Conseil d'État, il proposait :

1° De n'admettre, en fait d'augmentations, sur les prévisions de 1868, que les dépenses résultant des prescriptions de l'administration, soit 5 millions pour le nouveau réseau, dont le capital maximum était fixé ainsi à 612 millions,
au lieu de 617.

2° De ne prévoir, sur l'ancien réseau, que 40 millions d'augmentation au lieu de 58 ;

3° D'adopter, comme limite des dépenses complémentaires de premier établissement, 14 millions, au lieu de 37, pour le nouveau réseau, et 192 millions, au lieu de 283, pour l'ancien réseau ;

4° Enfin, de modifier la rédaction de la clause relative à l'imputation des insuffisances des sections successivement mises en exploitation, de manière à ne pas consacrer la doctrine que l'inscription de ces insuffisances au compte de premier établissement était purement facultative pour la Compagnie et à ne pas admettre un mode de procéder qui aurait pu préjudicier aux intérêts du Trésor, pour les réseaux recourant à la garantie d'intérêt.

L'origine de la période décennale était fixée au 1er janvier 1876, au lieu du 1er janvier 1875.

M. Cézanne complétait, en outre, le cahier des charges par a clause précédemment admise pour la construction éventuelle de passages pour voie charretière ou pour piétons latéralement aux ponts du chemin de fer.

En terminant, il relatait divers amendements, dont le seul important émanait de MM. le général Chareton, Malens, Chevandier, Bérenger, Clerc et Madier de Montjau, et tendait à la concession éventuelle d'un chemin de Crest vers la ligne de Gap à Grenoble. Il constatait qu'à défaut d'études la Commission ne pouvait pas prendre de parti à cet égard ; mais il ajoutait que les lacunes énormes de notre réseau, dans la région comprise entre le Rhône et les Alpes, devaient conduire à poser le principe d'une ligne éventuelle reliant le Rhône au chemin de Sisteron à Grenoble, le plus près possible d'Aspres. En conséquence, il concluait à inscrire, dans le contrat avec la Compagnie de Paris-Lyon-Méditerranée, l'obligation, pour cette société, de faire la superstructure de cette ligne et de l'exploiter, au cas où l'État en déciderait la création et en ferait l'infrastructure; si cette éventualité se réalisait, le capital garanti devait être augmenté d'une somme égale aux dépenses mises à la charge de la Compagnie par l'application de la loi de 1842, et le revenu réservé à l'ancien réseau devait être augmenté de 1,10 % de cette somme.

Dans un rapport supplémentaire du 19 mars [J. O., 26 mai 1875], M. Cézanne prit acte des modifications apportées à la convention, en conformité des précédentes indications de la Commission.

III. — PREMIÈRE DÉLIBÉRATION DE L'ASSEMBLÉE [J. O., 21, 22, 25, 28, 29 et 30 mai 1875]. — La première délibération commença le 20 mai.

M. Caillaux, Ministre des travaux publics, ouvrit la discussion par un exposé général de la situation des chemins de fer au 1er janvier 1875; il énuméra les compléments que le Gouvernement proposait d'ajouter au réseau national; il insista sur les conditions favorables dans lesquelles se présentait le projet de loi relatif à la Compagnie de Paris-Lyon-Méditerranée, attendu que ce projet avait été préparé suivant les indications données par la Commission du régime général des chemins de fer, puis remanié conformément à sa demande, et qu'il ne devait entraîner aucune charge nouvelle pour le Trésor.

M. Clapier dirigea ensuite une attaque des plus vives contre les propositions du Gouvernement et de la Commission. Selon lui, le projet de loi n'avait d'autre but que d'empêcher le développement du réseau. La Compagnie de Paris-Lyon-Méditerranée, la plus puissante et la plus riche, non seulement de la France, mais de l'univers, puisqu'elle possédait 6 125 kilomètres de voies ferrées, qu'elle étendait

son influence sur une population de 7 500 000 habitants,
qu'elle avait un budget annuel de 225 millions, qu'elle
avait en émission près de 2 milliards, que la plupart de ses
actionnaires recevaient un dividende de 27 à 28 °/₀, n'avait
certes aucun besoin d'étendre encore son domaine. Si elle
recherchait la concession des lignes dénommées au projet
de loi, c'était pour porter obstacle à la construction des
chemins départementaux ; pour ouvrir ces lignes le plus
tard possible ; pour employer tous les moyens d'ajourner la
réalisation de ses engagements. La mesure soumise à la
sanction de l'Assemblée était tout simplement l'abrogation
indirecte de la loi de 1865, de laquelle le Gouvernement
cherchait depuis longtemps à se dégager, en refusant la
déclaration d'utilité publique à tous les chemins susceptibles de faire une concurrence plus ou moins éloignée aux
grands réseaux, et en classant d'intérêt général des sections
de toutes les voies ferrées dont les départements auraient
pu poursuivre l'exécution avec quelque chance de succès. Il
était impossible de ne pas tenir plus de compte des mani-
festations réitérées de l'opinion publique contre le monopole des chemins de fer : la grande enquête de 1870 avait
fourni la preuve éclatante que ce monopole était l'obstacle
principal au développement de notre industrie ; la Commis-
mission parlementaire de la marine marchande avait affirmé hautement, de son côté, que la cherté des transports
par terre paralysait notre navigation maritime ; les chambres
de commerce avaient été unanimes à signaler le danger
qu'il y avait à laisser aux Compagnies le rôle de régula-
teurs tout-puissants du mouvement commercial intérieur et
international ; les conseils généraux avaient exprimé un avis
analogue. C'est qu'en effet les plus graves abus militaient
contre le maintien du système actuel. L'élévation des tarifs ;
leur caractère arbitraire ; le sans-gêne avec lequel les Com-

pagnies les abaissaient pour tuer les concurrences, sauf à
relever ensuite leurs taxes et employaient ainsi à détruire la
circulation les ressources que le Trésor avait mises à leur
disposition pour féconder, activer et développer le mouvement des transports; les délais excessifs dont elles bénéficiaient ; la faculté, qui leur était accordée, de subordonner
leurs tarifs spéciaux à un allongement pour ainsi dire indéfini de ces délais; le dédain avec lequel étaient traités les
voyageurs de 3ᵉ classe, soit au point de vue du confort,
soit au point de vue de la vitesse; la persistance des Compagnies à refuser de suivre l'exemple de l'Angleterre, qui
avait admis les voyageurs de 3ᵉ classe dans les trains rapides; tout nécessitait l'institution d'un nouvel état de
choses. Vainement invoquait-on, pour justifier la protection
excessive accordée aux grandes Compagnies, la solidarité
et l'association des intérêts de l'État et de ceux de ces sociétés; l'opportunité de ne pas augmenter la garantie d'intérêt, de ne pas compromettre le partage éventuel des bénéfices, de ne pas porter atteinte à une propriété qui devait
faire retour à l'État. Les nouvelles lignes pouvaient parfaitement vivre, sans préjudicier aux réseaux existants; la plus-
value incessante des recettes devait dissiper toute crainte
à ce sujet: le retour plus ou moins problématique des chemins de fer entre les mains de l'État ne devait pas avoir
pour conséquence de maintenir le pays sous le régime de
tarifs et de cahier des charges écrasants; du reste, l'État
avait à faire, non seulement son compte de caisse, mais
encore son compte moral. Vainement aussi faisait-on valoir
l'insolvabilité des petites Compagnies : les faits ne donnaient
pas raison à cette accusation et, d'un autre côté, il ne fallait
pas oublier que, si les grandes Compagnies avaient pu croître
et grandir, c'était grâce à l'appui incessant des finances publiques. Vainement, enfin, alléguait-on l'opinion de l'étran-

ger sur notre ligne de conduite en matière de chemins de fer : si cette ligne de conduite inspirait de l'admiration aux actionnaires, elle ne provoquait, en revanche, que la répulsion des industriels. M. Clapier suppliait l'Assemblée de ne pas voter une loi qui, à ses yeux, était la confirmation, la glorification de tout un passé si lourd pour le pays.

M. Cézanne répondit à M. Clapier par un discours plein d'esprit et d'humour, véritable chef-d'œuvre oratoire. Après avoir convié l'Assemblée à donner au débat toute l'ampleur possible, de manière à faire éclater la lumière et la vérité, il rappela les conditions dans lesquelles avait été constitué la Commission parlementaire du régime des chemins de fer. Les commissaires nommés au milieu d'une crise effroyable croyaient, pour la plupart, que les clameurs venant de l'extérieur étaient fondées, et qu'il y avait des réformes radicales à opérer. Mais quelques mois d'études et de réflexion avaient profondément modifié leur opinion première ; ils avaient reconnu que, loin de détruire l'édifice, il importait de le conserver, sauf à l'améliorer. C'est qu'en effet il suffisait d'examiner de sang-froid les griefs formulés contre les chemins de fer et de ne pas se payer de mots, pour constater le peu de fondement de ces griefs. Pouvait-on, raisonnablement, soutenir que les voies ferrées n'eussent procuré ni le bas prix, ni la vitesse des transports, alors qu'elles avaient mis en mouvement des millions de tonnes, qui dormaient depuis des siècles, quand elles s'étaient réveillées à l'appel de la locomotive? Pouvait-on soutenir cette accusation, dirigée contre les Compagnies, d'avoir tué les transports par la destruction des concurrences? Si les concurrences étaient mortes, c'était le fait de la substitution d'un instrument nouveau à un instrument ancien et moins parfait.

D'ailleurs, quel système voulait-on inaugurer ? Un sys-

tème qui avait déjà été essayé et qui n'avait pu résister à
l'épreuve de l'expérience. L'histoire des chemins de fer, en
France, présentait trois phases distinctes. Pendant la première, de 1823 à 1842, le Gouvernement avait pris une attitude expectante, l'attitude anglaise; il avait attendu les
demandes en concession et avait accordé ces concessions à
perpétuité, avec des cahiers des charges très rudimentaires,
une liberté très grande pour les Compagnies; en dix-neuf
années, il n'avait ainsi doté le pays que de 566 kilomètres de
chemins de fer et pourtant ce n'étaient, ni la locomotive,
ni les ingénieurs qui manquaient; l'Angleterre était là pour
éclairer la France sur les bienfaits des voies ferrées; mais
l'organisation et le crédit faisaient défaut.

En 1842, un changement important de politique s'était
produit, sous l'énergique et intelligente impulsion de M. Du-
faure, à qui revenait, pour la plus large part, l'honneur de
la grande loi de 1842, pierre angulaire de notre système de
chemins de fer. En dix ans, de 1842 à 1851, cette loi avait
amené la mise en exploitation de 2 983 kilomètres, sans
compter beaucoup de lignes ouvertes dans les années suivantes. Mais ces chemins étaient répartis entre un nombre
considérable de Compagnies, qui s'étaient trouvées dans
l'impossibilité de résister à la bourrasque de 1848.

Telle était la situation en 1852. On avait exagéré le mérite du Gouvernement de cette époque, qui avait récolté surtout ce que d'autres avaient semé; toutefois on ne pouvait
nier qu'il eût habilement mis à profit l'expérience du passé;
il avait eu la sagesse d'en venir au système des grands réseaux, des réseaux composés de lignes fusionnées entre
elles, ayant de la surface et de la vie et pouvant soutenir
leurs parties faibles par leurs parties fortes. C'est alors
qu'étaient intervenues les fusions de la période de 1852 à
1857. Enfin, on avait encore amélioré la situation par la

fameuse loi de 1859, qui n'était pas le résultat d'un caprice, l'œuvre d'un homme ou d'un régime politique, mais qui était le fruit d'une longue série d'épreuves. L'œuvre ainsi accomplie était, quoi qu'en eût dit M. Clapier, très favorablement appréciée à l'étranger : dans un discours récent, M. Malou, Ministre belge, avait fait ressortir toutes les qualités d'un système qui avait permis d'emprunter et d'employer chaque jour un million, pour former une nouvelle maille du réseau.

Fallait-il se résoudre à un retour aux petites Compagnies, leur concéder des lignes considérables, sous le prétexte qu'elles construisaient à bien meilleur marché et qu'elles transporteraient à des prix moins élevés ? Non, il y avait encore, dans cette double allégation, une erreur manifeste.

On n'était pas plus fondé à comparer, au point de vue des frais de premier établissement, des instruments profondément différents, comme les chemins de fer d'intérêt général et les chemins de fer d'intérêt local, qu'on ne l'eût été à établir un parallèle entre les omnibus et les fiacres par exemple. Quant aux tarifs, d'après les statistiques officielles, ils étaient en moyenne de 0 fr. 05 à 0 fr. 06 pour les marchandises, sur les grands réseaux, tandis qu'ils atteignaient au moins 0 fr. 10 sur les petits réseaux. Il ne pouvait en être autrement : avant d'avoir parcouru 1 kilomètre, une tonne de marchandise était déjà grevée de frais suffisants pour absorber la taxe de 50 kilomètres, de telle sorte qu'avec un tarif de 0 fr. 15 une petite Compagnie, transportant à faible distance, était exposée à se ruiner là où une une grande Compagnie, à longs parcours, bénéficierait largement sur un tarif trois fois moindre.

Mais les Compagnies n'étaient pas seulement des machines à exploiter, c'étaient aussi des instruments de crédit. A cet

égard, les petits réseaux étaient dans une infériorité notoire.
Tandis que les grandes Compagnies pouvaient se procurer
leurs ressources sans intermédiaire, sans frais de publicité,
et vendre leurs obligations à plus de 300 fr., les petites
Compagnies, obligées de recourir à des manieurs d'argent,
ne les émettaient qu'à un taux souvent très inférieur à
200 fr. Il en résultait que les grandes Compagnies, toutes
choses égales d'ailleurs, loin de construire plus chèrement,
devaient dépenser beaucoup moins que les Compagnies secondaires.

On avait aussi imputé aux grandes Compagnies des retards volontaires dans la réalisation de leurs engagements.
Cette imputation ne devait être acceptée que sous bénéfice
d'inventaire; en étudiant consciencieusement les faits, il
était facile de se convaincre que, dans la plupart des cas,
les retards provenaient, soit de l'intervention des intéressés,
qui réclamaient des modifications dans les projets, soit de
l'intervention du département de la guerre. Néanmoins la
Commission, soucieuse de couper court aux lenteurs des
concessionnaires, avait réclamé et obtenu l'insertion dans
la convention d'une clause pénale rigoureuse.

S'expliquant ensuite sur les critiques dirigées contre la
prolongation des concessions consenties en 1852, M. Cézanne
déclarait qu'à son sens on avait beaucoup trop sévèrement
jugé cette mesure, qui avait trouvé sa compensation dans
l'exécution de nombreux chemins peu productifs et dans la
consolidation du crédit des Compagnies.

Appréciant également la loi de 1865, il estimait qu'elle
avait été, dans son origine, dans son principe, dans son
intention, un acte de progrès; toutefois il ajoutait que cette
loi portait en elle un germe fatal, à savoir la délégation
donnée au pouvoir législatif, pour prononcer la déclaration
d'utilité publique de chemins d'intérêt local, quelle qu'en

fût l'étendue, et pour prendre ainsi des décisions susceptibles
d'engager profondément les finances de l'État et de jeter le
trouble dans l'économie et l'harmonie du réseau d'intérêt
général. La loi de 1867 sur les sociétés était en outre
venue fausser l'application de la loi de 1865 ; elle faisait
éclore des promoteurs, des lanceurs d'affaires qui substi-
tuaient leur initiative à celle des départements, qui recherchaient les concessions bonnes ou mauvaises, qui les accep-
taient sans subvention, qui offraient même parfois des primes
pour les obtenir et qui les abandonnaient, dès qu'ils avaient
pu réaliser des bénéfices. La loi de 1871 sur l'administration
déparmentale avait encore aggravé la situation, en permettant aux conseils généraux de se concerter et de créer des
lignes embrassant plusieurs départements, de véritables
lignes d'intérêt général : car elle avait ainsi agrandi le champ
de la spéculation. Le danger était d'autant plus redoutable
que le contrôle, se trouvant divisé entre plusieurs préfets,
cessait d'être effectif et que certaines sociétés étaient parvenues, par suite de cet émiettement de la surveillance, à
émettre des obligations pour une somme infiniment supérieure au montant de leurs travaux. Fallait-il, pour cela,
abroger complètement la législation de 1865 ? Non, mais il
était nécessaire de rentrer dans les vrais principes, de
rendre au Parlement la déclaration d'utilité publique,
d'exiger le concours sérieux des départements et des
communes.

En résumé, M. Cézanne, passant en revue les trois principaux systèmes susceptibles d'être préconisés pour la
constitution et l'exploitation du réseau, celui du monopole
de l'État, celui de la liberté absolue et celui de l'association
des Compagnies et de l'État, exprimait l'avis qu'il était
impossible d'appliquer le premier en France, de confier à
l'État la nomination de 150 000 agents, de soumettre tous

les détails de l'exploitation aux influences parlementaires : qu'il serait également inopportun de recourir au second, qui supprimait tout contrôle et se prêtait aux crises les plus violentes ; et que la sagesse commandait de s'en tenir au troisième, c'est-à-dire au système français. La plupart des États l'avaient d'ailleurs adopté ou cherchaient à s'en rapprocher. Il importait, au plus haut point, d'éviter la création de Compagnies nouvelles, sous peine d'engendrer la désorganisation et l'anarchie économique du pays et, si les circonstances comportaient des dérogations à ce principe, l'État avait le devoir de donner, dès le premier jour, aux sociétés spéciales ainsi constituées les moyens d'échapper à une existence précaire et misérable.

Quant aux Compagnies secondaires préexistantes, elles étaient, comme les grandes Compagnies, les filles légitimes de l'État ; elles avaient droit à la même protection, au même concours de la part des pouvoirs publics ; il fallait venir à leur aide, soit en leur accordant des concessions nouvelles, soit en les soutenant dans une mesure équitable, lorsqu'elles étaient en conflit avec les grandes Compagnies.

M. Cézanne terminait, en rappelant que, si les grandes Compagnies devaient être maintenues et même développées, elles avaient en revanche l'obligation étroite d'accepter les charges de cette situation et de poursuivre les améliorations et les perfectionnements auxquelles pouvait prétendre légitimement le public.

M. Tolain répliqua à M. Cézanne. Il ne se refusait pas à reconnaître qu'il fallait compter avec les faits acquis et éviter de créer une concurrence inutile et coûteuse au monopole des grandes Compagnies. Toutefois, de là à présenter ce monopole comme indispensable, à le présenter comme la source de la prospérité du pays, il y avait un abîme. Ce qui avait développé la richesse de la France, c'était, non point le monopole, mais bien l'œuvre des chemins de fer. L'orateur signalait de graves erreurs dans le régime de nos voies ferrées. Tout d'abord, au point de vue financier, par suite de la faible proportion du capital-obligations au capital-actions et du nombre considérable d'actions qu'il fallait posséder pour être admis à participer aux assemblées générales des actionnaires, l'administration des Compagnies était en fait placée entre les mains d'un nombre restreint de gros capitalistes, dont la plupart étaient engagés dans des entreprises similaires, même à l'étranger : telle était la cause des résistances à l'établissement d'une seconde ligne aboutissant à Marseille. Les agents et particulièrement les mécaniciens et les chauffeurs étaient traités avec une rigueur excessive ; les Compagnies s'étaient concertées pour refuser tout emploi aux agents congédiés par l'une d'elles ; des révocations imméritées avaient été prononcées contre des signataires d'une pétition régulièrement adressée au Ministre des travaux publics.

Malgré les affirmations de M. Cézanne, les Compagnies avaient tué la concurrence de la navigation, non pas seulement parce que leur outil était plus parfait, mais parce qu'elles avaient mis en jeu des combinaisons de tarifs ruineuses pour la batellerie et même parce qu'elles avaient su s'emparer de certaines voies navigables ; ainsi, la Compagnie du Midi avait eu l'habileté de mettre la main sur le canal du Midi et la conséquence de cette manœuvre, pour le public, avait été le relèvement des prix de transport d'un grand nombre de marchandises. Les pouvoirs publics n'auraient cependant pas dû oublier que la prospérité de notre marine marchande était liée à celle de la navigation intérieure. La preuve que les Compagnies avaient, de propos délibéré, entamé une guerre de tarifs contre les canaux et les rivières, c'est qu'elles avaient fait insérer dans leurs cahiers des charges un article prévoyant le relèvement des taxes antérieurement abaissées : cet article devait disparaître des contrats.

On trouvait un autre abus dans les traités de faveur consentis secrètement à tel ou tel industriel ; le fait ne pouvait être nié, car il avait donné lieu en 1868 à une condamnation, prononcée par le tribunal civil de la Seine, contre les Compagnies de l'Est, de l'Ouest, et du Nord.

Les grandes Compagnies ne cessaient de rançonner les petites Compagnies, toutes les fois qu'elles les rencontraient dans les gares communes ; de détourner le trafic qui leur était naturellement acquis ; de les combattre ainsi, à la faveur de la garantie d'intérêt ; et de les réduire à solliciter leur rachat.

Vainement avait-on agité le spectre de la concurrence des petites lignes contre les grandes ; dans la plupart des cas, les chemins secondaires étaient des affluents des chemins concédés aux grandes Compagnies, et, quand par hasard ils leur étaient parallèles, ils desservaient des points auxquels ces derniers n'auraient pu toucher, par suite de la rigidité de leur tracé et des nécessités de leur exploitation.

Le reproche adressé aux conseils généraux, d'agir avec légèreté, était immérité et, d'ailleurs, l'inertie des Compagnies et du Gouvernement avait été pour beaucoup dans la façon assez large dont certains départements avaient entendu la loi. L'exemple de la ligne de Nîmes au Teil était probant à cet égard ; il avait fallu la demande de concession d'un chemin direct de Calais à Marseille et les concessions accordées par le conseil général du Gard, pour faire échec à cette inertie et pour déterminer la Compagnie de Paris-Lyon-Méditerranée à solliciter un chemin désiré, depuis si longtemps, par les populations. M. Tolain relevait, au passage, la formule « sans subvention ni garantie d'intérêt », qui, suivant lui, était un pur mirage, le classement dans l'ancien réseau pouvant tout au plus avoir pour effet d'imposer aux actionnaires une charge au comptant au lieu d'une charge à terme et avec intérêts.

Un point inadmissible, à relever dans le projet de loi, c'était l'ajournement de la deuxième ligne de Lyon à Saint-Étienne, dont la Commission du régime des chemins de fer avait elle-même reconnu la nécessité.

Ce projet de loi avait l'inconvénient de venir rouvrir l'ère des travaux de premier établissement, au moment où l'État allait entrer en partage des bénéfices, de la prolonger pour une durée excessive, de porter en lui-même la preuve du prix de revient tout à fait exagéré des travaux et de l'exploitation de la Compagnie. Pour ces motifs, M. Tolain concluait au rejet des propositions du Gouvernement.

M. Caillaux, Ministre des travaux publics, monta alors à la tribune et prononça un long discours en réponse à celui du précédent orateur. Il rappela que M. Cézanne, loin de présenter le monopole des grandes Compagnies comme indispensable, avait au contraire invité l'administration à se préoccuper des améliorations à apporter dans les différentes branches de leur service. Mais c'était aller contre le but et, par suite, contre l'intérêt public, que de rendre ces améliorations impossibles par la création de concurrences, comme le voulaient les adversaires de la convention. On avait d'ailleurs beaucoup abusé du mot de « monopole » : on avait égaré l'opinion, en lui faisant croire à l'existence, à côté de l'État, d'une puissance avec laquelle les pouvoirs publics étaient obligés de compter. Non, il n'y avait pas à proprement parler de monopole industriel; il n'y avait qu'une délégation du monopole de l'État, une forme spéciale d'administration appliquée à l'un des grands services publics. Les critiques contre l'organisation financière des Compa-

gnies, contre les risques et les inconvénients que pouvait
engendrer, pour les obligataires, la concentration de l'administration entre un petit nombre de mains, étaient plus
spécieuses que motivées ; la meilleure garantie des porteurs
d'obligations était le gage fourni par le produit des réseaux
et par la garantie d'intérêt de l'État. Il en était de même de
l'accusation tirée du prétendu caractère international des
conseils d'administration ; pour en faire justice, il suffisait
de se reporter à la liste de ces conseils et d'y voir les noms
des administrateurs honorables qui avaient entrepris avec
courage l'œuvre des chemins de fer, à une époque où leur
succès était révoqué en doute, qui y avaient engagé et même
compromis leur fortune, et qui avaient si puissamment contribué au développement de la propriété nationale.

Après avoir fait ses réserves sur la question des rapports
entre les Compagnies et leurs agents, question qui devait
être ultérieurement débattue devant l'Assemblée, le Ministre
passait aux faits concernant la concurrence des chemins de
fer et des canaux. C'était à tort, suivant lui, que M. Tolain
avait fait valoir la suppression de la navigation du Rhône :
ce fleuve transportait encore 350 000 tonnes et l'État y
faisait exécuter des travaux considérables ; c'était à tort aussi
qu'il avait invoqué le relèvement des tarifs des canaux du
Midi, s'il avait entendu parler des taxes ordinaires perçues
sur ces canaux avant la période très courte et tout à fait anormale de la lutte engagée par eux contre les voies ferrées ;
c'était à tort, également, qu'il avait allégué de prétendus
relèvements opérés par les Compagnies, après un abaissement momentané de leurs taxes : les recherches minutieuses,
opérées dans les bureaux de l'administration centrale,
n'avaient révélé à cet égard que des faits très rares et sans
aucune importance.

Il fallait fermer les yeux à la vérité pour ne pas recon-

naître qu'au contraire les Compagnies n'avaient cessé d'a-
baisser leurs taxes, soit sous l'action du Gouvernement qui,
en 1857 et en 1863 notamment, avait apporté des améliorations sérieuses à la tarification du cahier des charges, soit
de leur propre initiative. En résultait-il qu'il fût opportun
de prendre désormais, comme taxes maxima, les taxes actuelles et s'interdire tout relèvement? Non, car on ne pouvait répondre de l'avenir, en présence de l'avilissement
incessant de la valeur de l'or et du renchérissement qui en
était le corollaire dans le prix des matériaux et de la main-
d'œuvre. M. Caillaux faisait connaître, à ce sujet, d'après des
indications de M. Laur, ingénieur des mines fort compétent
en la matière, que l'extraction annuelle de l'or dans le monde
entier représentait une somme de 250 millions environ, soit
1 % de la valeur totale du numéraire en circulation; il en
déduisait que le prix de toutes choses devait s'accroître,
chaque année, dans la même proportion.

Selon l'orateur, M. Tolain avait dépassé la mesure en
concluant d'un délit unique, réprimé par la juridiction compétente, que les traités secrets étaient pratiqués par les
Compagnies, malgré les prescriptions des actes organiques
des chemins de fer. Il avait aussi commis une erreur économique, en reprochant aux grandes Compagnies de chercher à conserver le trafic sur leurs rails, au détriment des
Compagnies secondaires : en agissant ainsi, les Compagnies
ne sortaient pas de leur rôle naturel, pourvu qu'elles ne
s'exposassent pas à perdre et à faire retomber cette perte
sur le compte de l'État.

Loin d'opprimer les petites Compagnies, lorsqu'elles
étaient constituées par une saine application de la loi de 1865,
les grandes Compagnies leur étaient venues en aide : il suffisait, pour le prouver, de rappeler l'offre spontanée faite
par la Compagnie de l'Est, d'exploiter à prix coûtant les

chemins d'intérêt local de la région, et le concours donné par la Compagnie du Nord à diverses Compagnies locales, sous forme de prêt à faible intérêt.

Mais il devait naturellement ne plus en être de même, lorsqu'elles se trouvaient en présence de la conception d'un véritable réseau de concurrence, comme celui autour duquel il se faisait tant de bruit et d'agitation depuis quelques mois.

Après ces considérations générales, le Ministre revenait à la convention. Il repoussait le reproche relatif à la deuxième ligne de Lyon à Saint-Étienne, en faisant observer que, si la ville de Saint-Étienne avait réclamé cette ligne, c'était pour obtenir des taxes réduites, et que le projet de loi lui donnait une satisfaction partielle. Il fournissait des indications détaillées sur la situation financière de la Compagnie, sur les charges probables que les lignes nouvelles pourraient lui imposer; il en déduisait que le dividende des actionnaires serait exposé à être atteint, mais, suivant toute apparence, dans une mesure insuffisante pour engager la garantie de l'État, et que, dès lors, il avait pu à juste titre présenter la concession proposée, comme consentie sans subvention, ni garantie d'intérêt. Le système soumis à la sanction de l'Assemblée n'était que la continuation du système si fécond qui avait été appliqué jusqu'alors et qui avait permis de développer progressivement le réseau national et de le nourrir par les excédents de produits d'un petit nombre d'artères maîtresses. A la fin de 1872, la somme totale consacrée à combler les insuffisances du nouveau réseau n'avait pas été de moins de 669 millions, dont 297 millions fournis par l'État à tire de garantie d'intérêt et 372 pour les Compagnies elles-mêmes, sur les bénéfices de leur ancien réseau: de 1864 à 1875, le Trésor avait eu à avancer en moyenne 33 millions par an, tandis que les Compagnies avaient dé-

3                                                            13

versé 41 millions. Aucune combinaison ne pouvait être plus satisfaisante et offrir plus de chances de succès. Les tentatives faites jusqu'alors, pour concéder des lignes secondaires, sans subvention ni garantie, à des Compagnies indépendantes, en faisaient foi. Les avantages de la concession aux grandes Compagnies s'expliquaient du reste, non seulement par le déversement des produits de l'ancien réseau, mais encore par la supériorité du crédit des grandes Compagnies.

On avait beaucoup attaqué la durée excessive des concessions ; il convenait cependant d'observer, d'une part, que les départements admettaient eux-mêmes le terme de quatre-vingt-dix-neuf ans, et d'autre part, qu'il ne restait plus à courir que quatre-vingts ans sur le bail de la Compagnie de Paris-Lyon-Méditerranée.

On avait encore invoqué l'étendue du réseau de cette Compagnie ; mais il n'y avait là qu'une difficulté d'organisation facile à résoudre et, au surplus, il s'agissait exclusivement de combler des lacunes, de fermer des mailles discontinues.

On avait aussi allégué les difficultés financières auxquelles serait exposée la Compagnie ; les craintes à ce sujet étaient chimériques : car cette Compagnie avait pu, depuis cinq ans, emprunter 87 millions par année, et elle n'aurait pas à dépasser ce chiffre ; elle avait pu, de 1869 à 1874, ouvrir annuellement 175 kilomètres à l'exploitation, et elle n'aurait pas de peine à livrer 1 905 kilomètres en huit années.

Revenant aux considérations générales, M. Caillaux niait que la constitution de nos grandes Compagnies eût créé une sorte de féodalité dans l'état. Nulle part les Compagnies n'étaient dans une dépendance plus étroite vis-à-vis des pouvoirs publics. A quel moment, d'ailleurs, poursuivait-on le changement d'un état de choses qui avait produit de si utiles

résultats ? C'était alors que la Suisse marchait dans la voie
de la centralisation, en reprenant aux cantons le pouvoir de
concéder des chemins de fer ; alors que l'Angleterre allait
vers le même but par la fusion des sociétés et la constitution d'une Commission centrale ; alors que l'Amérique se
préoccupait des inconvénients de la liberté illimitée ; alors
qu'en Belgique, en Allemagne, en Russie, le régime de la
concentration avait définitivement prévalu ; alors que partout la concurrence avait lamentablement échoué et provoqué
des crises redoutables ; alors que les services rendus par
nos Compagnies, pendant la dernière guerre, avaient attesté
la puissance de leur organisation.

M. Caillaux insistait sur l'intérêt qu'avait l'État à ne faire
de concession qu'au profit de Compagnies douées de la vitalité nécessaire, afin de ne pas compromettre sa responsabilité
morale vis-à-vis du public et des porteurs d'obligations.

Il terminait par un coup d'œil sur la situation générale
des chemins de fer. Sur 16 579 kilomètres de lignes des
grands réseaux en exploitation au 1er janvier 1874, un tiers
environ avait rapporté moins de 2 °/₀ ; un second tiers avait
rapporté de 2 à 5 1/2 °/₀; le dernier tiers, seulement, avait
rapporté plus de 5 1/2 °/₀. C'était ce tiers qui avait pourvu
aux insuffisances du surplus des concessions et qui aurait encore à y pourvoir longtemps dans l'avenir, attendu que, à
l'inverse des recettes de l'ancien réseau, celles du nouveau
réseau progressaient très lentement.

Le développement des lignes d'intérêt général, non en-
globées dans les grands réseaux, devait s'élever à 2 000 kilomètres à la fin de 1875 ; elles avaient coûté en moyenne
200 000 fr. par kilomètre, dont 80 000 fr. de subvention et
120 000 fr. empruntés par les Compagnies, au taux de
7 1/2 °/₀, au minimum ; la perte kilométrique annuelle pouvait être évaluée à 6 000 fr.

Quant aux chemins d'intérêt local, 2 000 kilomètres environ devaient être en exploitation au 31 décembre 1875; leur prix de revient pouvait être estimé à 135 000 fr., en moyenne, par kilomètre; sur ce chiffre, 100 000 fr. avaient été empruntés au taux de 7 1/2 %, au moins ; la perte kilométrique annuelle était de 7 500 fr.

Ainsi, les insuffisances des lignes non concédées aux grandes Compagnies atteignaient 27 millions par an et devaient être portées à 50 millions, après l'achèvement des chemins en construction. Il y avait là un enseignement précieux, dont il fallait profiter pour ne pas se lancer à la légère dans la constitution de Compagnies nouvelles, pour ne pas détourner les chemins d'intérêt local de leur véritable destination.

Il importait d'autant plus de résister aux entraînements, que la France n'était pas dans la situation d'infériorité si souvent signalée à propos de ses voies de communication ; on avait eu le tort de comparer des pays qui n'étaient pas comparables, de ne pas tenir compte de son réseau de voies de terre et de navigation.

M. Pascal Duprat, qui succéda à M. Caillaux à la tribune de l'Assemblée, contesta au Ministre et à la Chambre le droit de disposer de lignes antérieurement concédées, alors qu'il ne restait qu'à en prononcer la déclaration d'utilité publique et que cette utilité était proclamée par le projet de loi lui-même. Il y voyait la violation des lois de 1865 et de 1871, violation d'autant plus fâcheuse pour les régions intéressées qu'elle devait avoir pour conséquence directe un allongement des délais d'exécution et que cet allongement restait même absolument vague et indéterminé, grâce à la clause du projet de loi concernant les difficultés éventuelles d'émission des obligations.

La convention était en outre mauvaise pour le Trésor :

car elle impliquait la construction de lignes secondaires, à
un prix notoirement trop élevé, et elle pouvait affecter indirectement la garantie du Trésor, par la réduction des disponibilités de l'ancien réseau susceptibles d'être déversées
sur le nouveau. A ce sujet, l'orateur soulevait la question
des comptes de premier établissement, qui lui paraissaient
absolument fantaisistes et que les Compagnies ne cessaient
de surcharger. Était-on aussi certain qu'on l'avait paru, de
ne pas mettre en jeu la garantie de l'État par les nouvelles
concessions qui faisaient l'objet du projet de loi? Était-on
sûr de la progression des recettes du réseau?

La convention devait être également funeste à la Compagnie qu'elle tendait à surcharger encore, au moment où
sa tâche était déjà trop lourde.

Elle devait enfin compromettre notre transit, alors qu'au
point de vue géographique, comme au point de vue des
tarifs, nous étions dans une situation défavorable par rapport aux pays voisins; le véritable remède à cette infériorité
se trouvait dans la multiplicité des chemins de fer, dans
l'amélioration et le développement de notre navigation.

Après une courte réplique de M. Cézanne, qui invoqua
l'inefficacité des Compagnies secondaires pour combattre la
concurrence étrangère au point de vue du transit, M. Germain vint donner au projet de loi l'appui de sa parole et de
son autorité. A cette occasion, il établit que les entreprises
nouvelles de voies ferrées ne donnaient pas plus de 1 1/2 %
de produit net et que dès lors, pour imprimer à l'œuvre des
chemins de fer la rapidité voulue, il fallait se préoccuper de
l'insuffisance de cette rémunération et régler la situation
des obligataires des Compagnies secondaires; il demanda la
généralisation à toutes les Compagnies du système adopté
pour celle de Paris-Lyon-Méditerranée.

M. Cézanne crut devoir répondre à M. Germain, pour

dégager la responsabilité de l'État et celle des départements, au regard des obligataires des Compagnies secondaires d'intérêt général et des Compagnies d'intérêt local. Puis, réfutant un passage du discours de M. Pascal Duprat, il donna des renseignements circonstanciés sur le travail d'unification et de concentration du réseau allemand, d'abord extrêmement divisé ; il montra également les Compagnies autrichiennes se réunissant et se syndiquant pour obéir à la loi naturelle qui avait entraîné la France et à laquelle on tenterait en vain de se soustraire ; il rectifia les allégations relatives à la prétendue infériorité des tarifs allemands sur les tarifs français.

M. Clapier revint à la charge ; tout en affirmant qu'il n'était nullement l'adversaire d'institutions réunissant une grande partie de la fortune publique, il soutint de nouveau que le moment était venu de mettre un terme à la puissance excessive sous laquelle les grandes Compagnies étaient sur le point de crouler. Il combattit l'argumentation du Ministre, en ce qui touchait à la nature du monopole des chemins de fer. Suivant lui, on se trouvait bien en présence d'un monopole industriel et non d'un monopole de l'État. En procédant à la déclaration d'utilité publique, en contrôlant la construction et l'exploitation, le Gouvernement ne faisait qu'exercer son droit souverain sur le domaine public, et rien, dans ces actes, ne permettait aux Compagnies de venir s'abriter sous l'aile de l'État, pour réclamer une inviolabilité à laquelle elles n'avaient nullement droit. La convention soumise à l'Assemblée était incontestablement dangereuse pour le Trésor ; elle permettait en effet à la Compagnie de Paris-Lyon-Méditerranée de prendre dans le fonds destiné à décharger la garantie d'intérêt ; elle engageait une solution que l'on serait plus tard obligé de subir pour des réseaux moins florissants ; toute son économie reposait sur une progression de recettes dont il était impossible de répondre. Vouloir proscrire dès aujourd'hui toutes les petites Compagnies, c'était aller beaucoup trop loin : leur reprocher d'avoir fait concurrence aux grands réseaux, c'était se mettre en contradiction avec la réalité ; leur faire un crime de l'insuffisance de leurs revenus, c'était se laisser égarer par des moyennes et par une confusion entre les chemins productifs et les chemins stériles ; invoquer l'élévation de leurs taxes, c'était méconnaître les offres fermes faites par divers demandeurs en concession ; leur imputer la responsabilité des difficultés de leurs émissions, c'était oublier qu'on ne leur avait pas accordé la même protection qu'aux grandes Compagnies, et même qu'on les avait plus d'une fois discréditées à la tribune. Si, à l'origine des chemins de fer, on s'était laissé aller aux mêmes critiques, aux mêmes craintes, jamais notre réseau ne se serait constitué.

A la suite d'une protestation de M. Cherpin contre la prétendue responsabilité morale des départements, en cas d'insuccès d'une entreprise de chemin d'intérêt local, M. Raudot vint à son tour adhérer au projet de loi, mais en formulant quelques réserves. Suivant lui, les partisans trop zélés des grandes Compagnies leur avaient rendu un mauvais service, quand ils leur avaient conseillé l'accaparement de toutes les lignes de leur région, quand ils les avaient poussées ainsi dans la voie de la construction de chemins peu productifs où elles devaient inévitablement conserver leurs procédés coûteux d'établissement et d'exploitation. Les Compagnies secondaires, auxquelles on avait tant reproché l'insuffisance de leurs recettes, étaient conduites, par cette insuffisance même, à construire et à exploiter économiquement. C'était chose grave de saper comme on l'avait fait, non seulement les Compagnies départementales, mais encore des Compagnies secondaires d'intérêt général, qui avaient obtenu de l'État des concessions déjà nombreuses; c'était préparer leur ruine. M. Raudot repoussait, pour cette éventualité, la responsabilité de l'État ou des départements. Il ne pouvait non plus admettre sans conteste tout ce qui avait été avancé sur les prétendues tendances de l'Angleterre et de l'Amérique à imiter le système français : ce système avait des défauts que n'ignorait pas l'étranger et dont le principal était de ne pas se prêter à un développement assez rapide de nos voies ferrées, et cela au grand détriment de l'industrie, du commerce, de la production nationale et des intérêts de la défense. Avant tout, il ne fallait pas livrer le pays à une Compagnie, quelle qu'elle fût, si cette Compagnie n'était pas en mesure de satisfaire aux besoins publics.

M. Tolain crut devoir insister de nouveau pour le rejet de la convention qui constituait, à ses yeux, un véritable acte de réaction contre les lois de 1865 et de 1871. Puis la première délibération fut close et l'Assemblée décida qu'elle passerait ultérieurement à la seconde.

IV. — DEUXIÈME DÉLIBÉRATION [J. O., 24, 25, 27, 29, 30 juin; 1er, 2, 3 et 4 juillet 1875]. — Lors de la deuxième délibération, un grand nombre d'amendements furent mis en discussion. Nous les relatons, en n'insistant que sur ceux qui soulevaient des questions d'ordre général.

— Amendement de MM. Rouvier et autres, tendant à jeter un pont sur le Rhône à Avignon, de manière à constituer entre Lyon et Marseille, grâce aux chemins de Nîmes au Teil et à Lyon et d'Avignon à Pertuis, Aix et Marseille, deux lignes indépendantes pouvant, en cas de disette, faire face aux transports des céréales importées par le port de Marseille. Ce pont, évalué à 5 ou 6 millions, était aussi utile à la Compagnie qu'au public : car, en évitant le retour des encombrements, il ferait tomber la plupart des attaques dirigées contre elle.

M. Cézanne et le Ministre obtinrent le rejet de la proposition, en faisant valoir que les ponts d'Arles et de Tarascon remplissaient déjà le but visé par M. Rouvier et qu'en outre l'administration faisait étudier une nouvelle traversée du Rhône à Orange.

— Amendement de M. Destremx, ayant pour objet de substituer à la ligne de Vézenobres à Quissac, une ligne d'Alais à Quissac, afin d'éviter pour la grande artère de Cette vers Lyon et Paris, par l'Ardèche, le détour du passage par Vézenobres. — Cet amendement, combattu par M. Cézanne à raison des difficultés du tracé direct réclamé par M. Destremx, fut repoussé.

— Amendement de M. le vicomte de Rodez-Bénavent tendant : 1° à supprimer du projet de loi le chemin de Sommières aux Mazes, qui n'avait qu'un intérêt purement local et que la Compagnie de Paris-Lyon-Méditerranée réclamait pour elle, dans le but exclusif d'empêcher la création du second réseau départemental de l'Hérault ; 2° à concéder à la Compagnie un chemin de Montpellier à Quissac, de manière à fournir, d'une part un exutoire plus direct vers le nord au trafic de l'Hérault et en particulier de Cette, et d'autre part de faciliter l'accès des houilles dans ce port.— M. Cézanne combattit la proposition, en faisant remarquer que la concession du chemin de Sommières aux Mazes remplissait le double but de satisfaire aux intérêts locaux, tout en dédoublant la ligne de Montpellier à Nîmes et en offrant un raccourci notable entre Cette et Alais. Malgré ses efforts et ceux du Ministre, la partie de l'amendement relatif à la ligne de Quissac à Montpellier fut adoptée ; la partie relative à la ligne de Sommières aux Mazes fut au contraire repoussée.

—Amendement de M. Malartre, tendant à substituer à la seconde ligne de Lyon à Saint-Étienne par la vallée du Gier un chemin de Firminy à Annonay, et à exécuter, dans le système de loi de 1842, un chemin nouveau, dont la création aurait déchargé la section de Saint-Étienne à Lyon du trafic considérable de Firminy et des localités voisines, desservi des industries et des gisements jusqu'alors déshérités, et constitué, en même temps, un tronçon d'une grande artère orientée de l'est à l'ouest. — M. Cézanne provoqua le rejet de l'amendement, en établissant que le chemin de Firminy à Annonay ne remplirait pas le rôle de la seconde ligne de Saint-Étienne à Lyon et, en outre, que ce chemin donnerait lieu à une dépense exagérée.

— Amendement de MM. Thurel et autres, pour la substitution d'une ligne de Dijon à Lons-le-Saulnier à celle de Dijon à Saint-Amour. — Cette substitution devait avoir l'avantage de réduire la longueur à construire, de relier deux chefs-lieux de département, de rapprocher Lons-le-Saulnier de la sous-préfecture de Dôle, d'éviter pour l'un des chemins de la Compagnie des Dombes une concurrence désastreuse. La proposition fut attaquée par M. le général Guillemaut, au point de vue de l'intérêt local, au point de vue stratégique, et aussi au point de vue de l'intérêt général du commerce qui exigeait l'établissement d'une seconde ligne directe de Dijon à Lyon ; elle fut, au contraire, défendue par M. Tamisier et par M. Jules Grévy. Mais, sur les observations de M. Cézanne et du Ministre, qui s'abritèrent derrière l'avis du département de la guerre pour ce qui touchait à l'intérêt militaire, et qui insistèrent, au point de vue civil, sur l'utilité d'une seconde communication entre Dijon et Lyon et d'un raccourci sur la ligne de Paris à Genève, l'amendement fut rejeté.

— Amendement de M. Lucien Brun, ayant pour objet la

substitution d'une ligne de Dijon à Saint-Trivier (chemin de
Chalon à Bourg, concédé à la Compagnie des Dombes), à la
ligne de Dijon à Saint-Amour, ou, subsidiairement, la déclaration d'utilité publique d'un embranchement de Louhans
à Saint-Trivier. — Le Ministre soutint que cet embranchement
avait un caractère exclusif d'intérêt local et prit l'engagement d'en provoquer la déclaration d'utilité publique, à ce
titre, si le département le concédait, et l'amendement
fut repoussé à une forte majorité.

— Amendement de MM. Duréault et autres, tendant à modifier le libellé adopté pour la désignation de la ligne
reliant le chemin Roanne à Saint-Germain-des-Fossés et
Paray-le-Monial à Gilly-sur-Loire, et à fixer Roanne et
Paray-le-Monial comme points extrêmes, ainsi que l'avait
fait le Gouvernement dans son projet de loi ; amendement
de MM. Martenot et autres, tendant au contraire à décider
que la ligne serait tracée de Roanne à Cercy-la-Tour, par la
rive gauche de la Loire. — C'était la lutte entre le département de Saône-et-Loire et le département de l'Allier. L'Assemblée se rallia à la proposition du Gouvernement, qui avait
le grand avantage de mettre les mines de la Loire en communication directe avec le grand établissement du Creusot
et la Bourgogne, et de doubler, sur une partie de son parcours, le chemin de Paris à Marseille.

— Observations de M. Tolain sur la concurrence que la
ligne de Malesherbes à Bourron ferait à la ligne d'Orléans
à Châlons. — M. Cézanne répondit que la situation de la Compagnie d'Orléans à Châlons ne serait pas modifiée, que
d'ailleurs cette Compagnie n'avait pas réclamé, enfin que
la section dont il s'agissait était vivement désirée par le ministère de la guerre, pour les mouvements de troupes vers
l'Est.

— Amendement de M. Lepère, tendant à faire aboutir la

ligne précitée à Nemours, comme l'avait d'abord indiqué le Gouvernement d'accord avec la Compagnie, de manière à desservir les relations de Nemours et de Pithiviers. — Cette proposition, contraire aux conclusions de la commission d'enquête, du conseil général des ponts et chaussées et du Ministre de la guerre, fut repoussée, après quelques explications du rapporteur.

— Amendement de M. Jean Brunet, ayant pour objet de remplacer la ligne de Gap à Briançon et à la frontière par un chemin de Montélimar vers Embrun, Briançon et la frontière d'Italie, et, subsidiairement, à décider l'établissement d'un embranchement se détachant de ce chemin, en aval d'Embrun, pour pénétrer, par la vallée de Barcelonnette, jusqu'à la frontière. — Cet amendement ne fut pas pris en considération.

— Amendement de MM. Vinay et autres, ayant pour but la déclaration d'utilité publique d'un chemin du Puy à Mende, par ou près Langogne, retiré sur la promesse du Ministre de faire poursuivre les études entreprises à cet égard.

— Amendement de M. Mercier, tendant à la déclaration d'utilité publique de la ligne de la Cluse à Bellegarde et à l'exécution de cette ligne, dans le système de la loi de 1842, retiré par son auteur, en raison d'une promesse antérieure du Ministre de présenter un projet de loi spécial.

— Amendement de M. Jean Brunet, tendant à faire concéder toutes les lignes énumérées au projet de loi comme chemins d'intérêt local, en autorisant les départements à se syndiquer pour constituer une Compagnie régionale contrôlée par l'État. — M. Brunet justifiait sa proposition, en invoquant le monopole excessif de la Compagnie de Paris-Lyon-Méditerranée, l'exagération du réseau concédé à cette Compagnie, la subordination trop grande dans laquelle elle plaçait les intérêts locaux relativement à ses intérêts financiers, le

danger qu'il y avait à la surcharger de chemins peu productifs et susceptibles d'empêcher les améliorations et les
abaissements de tarif sur les autres lignes, la nécessité de
ranimer l'esprit d'initiative et de ne plus l'étouffer sous une
centralisation poussée à l'extrême. — L'amendement fut rejeté pour ainsi dire sans discussion.

— Amendement de M. Pascal Duprat, ayant pour objet :
1° de faire attribuer, à l'intérêt général, aux Compagnies
concessionnaires, les lignes qui avaient déjà été concédées par
les départements, mais en réservant à l'État la faculté de
racheter ces lignes, moyennant remboursement du prix de
revient augmenté des intérêts pendant la construction et des
insuffisances des produits, sans que l'indemnité de rachat
pût excéder l'évaluation du projet de loi réduite de 20 % :
2° de faire des autres chemins une concession distincte, soit
qu'elle fussent concédées à la Compagnie de Paris-Lyon-
Méditerranée, soit qu'elles fussent mises en adjudication.

M. Pascal Duprat reprochait au projet de loi de faire
table rase des lois de 1865 et de 1871, de considérer comme
nulles et non avenues des concessions régulièrement consenties par les conseils généraux, d'accorder des délais
beaucoup trop allongés pour l'exécution, d'exposer le Trésor à des avances au titre de la garantie d'intérêt, et, par
suite, de ne fournir qu'une solution insuffisante et pleine de
périls. Au contraire, le système esquissé dans l'amendement
respectait les lois de 1865 et de 1871 ; il ne désarmait pas
l'État, puisqu'il lui conférait la faculté de rachat, au cas où
les effets de la concurrence nécessiteraient cette mesure:
il permettait de détruire la solidarité entre les concessions
nouvelles et les concessions antérieures, de ne pas grever
indirectement ces dernières, de ne pas décourager l'initiative individuelle, de ne pas consolider un monopole qui

nous avait placés au-dessous des pays voisins, au point de vue du développement de nos voies ferrées.

M. Caillaux n'eut pas de peine à faire ressortir la contradiction qui existait entre le classement des lignes dans le réseau d'intérêt général et l'abandon aux assemblées départementales du soin de régler les conditions des contrats, et cela sans aucun contrôle supérieur. Il insista sur l'anomalie qu'il y aurait, non seulement à dessaisir l'Assemblée nationale de l'une de ses prérogatives les plus importantes, mais même à ne pas s'entourer des garanties tutélaires déterminées par la loi de 1865 pour les chemins d'intérêt local. Le système de M. Pascal Duprat aboutirait inévitablement à un ajournement indéfini des travaux; il aurait pour conséquence un allongement de la durée des concessions; il placerait les nouvelles lignes entre les mains de concessionnaires inconnus, prêts à faire toutes les promesses, sauf à ne pas les tenir, d'entrepreneurs n'ayant d'autre désir que de construire les chemins pour les revendre ensuite à la faveur de la clause de rachat; il conduirait incontestablement à un prix de revient plus élevé, en raison de l'infériorité du crédit des petites Compagnies; il mettrait à la charge du Trésor des insuffisances de produits que la Compagnie de Paris-Lyon-Méditerranée offrait de prendre à son compte. La limitation indiquée par M. Pascal Duprat pour l'indemnité de rachat n'était qu'un trompe-l'œil : car, pour se servir d'une expression vulgaire, on n'en aurait jamais que pour son argent et l'on se trouverait en présence de lignes incapables de satisfaire aux exigences d'un grand trafic, grevées de frais d'exploitation considérables, et ne répondant nullement au but du projet de loi. L'intérêt public exigeait que les tarifs fussent aussi abaissés que possible; seules les grandes Compagnies pouvaient réaliser cet abaissement. Comment, d'ailleurs, retirer à la Compagnie de Paris-Lyon-

Méditerranée les chemins les plus fructueux, les seuls qui fussent recherchés par des Compagnies indépendantes, pour ne lui laisser que les plus mauvais? En vain faisait-on miroiter la fécondité de l'initiative individuelle. Derrière cette initiative, il y avait des intérêts financiers qui surgissaient à la faveur de la loi de 1867 et qui poursuivaient, avant tout, l'exploitation du titre « obligation de chemins de fer ». Les grandes Compagnies avaient, à leur début, versé un capital-actions considérable et n'étaient entrées dans la voie des emprunts que lorsqu'elles avaient pu fournir à leurs prêteurs le gage de ce capital et de ses produits. Les chercheurs d'affaires voulaient, sans courir les mêmes risques, sans verser le montant de leurs actions, profiter de la faveur acquise ainsi par les obligations aux yeux du public. Les faits étaient là pour montrer comment les fondateurs de certaines Compagnies secondaires savaient échapper à l'obligation légale du paiement d'un quart de leur souscription ou le recouvrer par des majorations sur les marchés. Voilà quel était l'écueil auquel exposerait l'amendement de M. Pascal Duprat et qu'il importait d'éviter. La Compagnie de Paris-Lyon-Méditerranée, revenant sur des résistances antérieures, comprenait que son intérêt bien entendu était d'aider au développement du réseau dans les régions mal desservies ; il ne fallait pas la repousser, précisément alors qu'elle consentait à se conformer à des vœux si souvent exprimés.

M. Pouyer-Quertier vint reprocher vivement à M. Caillaux d'avoir ainsi attaqué, du haut de la tribune, les Compagnies secondaires, d'avoir jeté sur elles le discrédit ; d'avoir fait le procès des lois de 1865 et de 1871, alors qu'il lui appartenait d'en proposer l'abrogation ou la modification, s'il le jugeait utile ; d'avoir méconnu les services rendus par les petites Compagnies, qui étaient arrivées à livrer, pendant les neuf dernières années, autant de kilomètres que les grandes Compagnies, durant le même délai, à l'origine de leur existence ; d'avoir oublié tous les sacrifices faits successivement en faveur des Compagnies principales, pour relever leur crédit et les sauver de la ruine ; d'avoir allégué l'insuffisance du capital-actions des Compagnies secondaires, alors que la proportion légale de ce capital au capital-obligations était plus élevée que dans les grandes Compagnies et que le Ministre avait la mission de faire respecter la loi. Il ne fallait pas perdre de vue les circonstances qui avaient engendré la loi de 1865 ; elle était née des exigences des grandes Compagnies et de la nécessité où l'on s'était trouvé de remédier à la prépondérance de ces sociétés ; elle avait eu pour cause occasionnelle le refus de la Compagnie du Nord d'exécuter des chemins, dont elle s'était ensuite empressée de reprendre l'exploitation des mains des concessionnaires. Cette loi existait : les pouvoirs publics avaient le devoir étroit de s'y conformer ; de ne pas accorder à la Compagnie de Paris-Lyon-Méditerranée des lignes d'intérêt véritablement local ; de ne pas adhérer à une combinaison qui pouvait mettre en jeu la garantie de l'État ; de ne pas perdre de vue que la Compagnie de Lyon était celle qui exploitait le plus chèrement ; de ne pas persévérer dans le système des conventions successives faites au profit des grandes Compagnies, sans aucune amélioration de leurs cahiers des charges surannés et surtout de leurs tarifs ; de ne pas soutenir les Compagnies principales dans leur guerre à outrance contre les Compagnies secondaires, qui pourtant, bien loin de leur faire concurrence, leur apportaient le trafic et la richesse ; de ne pas se prêter à la tactique des grands réseaux, pour maintenir indéfiniment ouvert leur compte de premier établissement et retarder le partage des bénéfices ; de ne pas encourager des entreprises

qui, par des taxes abusives, s'appliquaient à détruire toute
navigation intérieure et, par contre-coup, toute communication maritime entre la France et l'étranger ; enfin, de ne
pas sanctionner une combinaison qui se traduirait par un
accroissement énorme du prix de revient des lignes nouvelles et de leur délai d'exécution, et dont le seul but était
d'arracher aux petites Compagnies des concessions qui leur
étaient légitimement acquises.

M. Cézanne répondit à M. Pouyer-Quertier par un très
long discours. Il proclama tout d'abord le droit absolu de
l'État, de dessaisir les départements, lorsque, se méprenant
sur le caractère de certaines lignes, ils croyaient pouvoir les
concéder à titre d'intérêt local et que les pouvoirs publics
attribuaient, au contraire, à ces lignes, un intérêt général.
Les concessionnaires départementaux se trouvaient alors
évincées *ipso facto* et il appartenait à l'État, et à l'État seul,
de choisir son concessionnaire, à l'exclusion de toute intervention des conseils généraux. Ce principe posé et mis
hors de conteste, était-il opportun, dans l'espèce, de recourir à des Compagnies secondaires ? Sans doute, il existait des Compagnies de cette catégorie qui offraient toutes
les garanties voulues d'honorabilité. Mais encore fallait-il
ne pas accorder *a priori* sa confiance à des sociétés absolument inconnues, qui n'étaient même pas formées ; ne point
oublier que des personnalités dangereuses et des combinaisons désastreuses pouvaient se cacher derrière les concessionnaires départementaux visés par l'amendement de
M. Pascal Duprat ; ne pas s'exposer au renouvellement du
fait scandaleux de concessionnaires qui étaient en même
temps entrepreneurs généraux et banquiers de leurs Compagnies ; ne pas livrer le domaine public à des spéculations
fatales, alors surtout que pas une voix ne s'était élevée,
dans les départements intéressés, pour réclamer une solu-

3                                           14

tion si dangereuse ; ne pas repousser la convention la plus favorable qu'eût jamais présentée le Gouvernement, et cela pour se jeter entre les bras de sociétés qui appliqueraient nécessairement des tarifs plus élevés. Le doute sur ce dernier point n'était pas possible, puisque les Compagnies secondaires n'avaient pas, comme les Compagnies principales, des disponibilités provenant de l'ancien réseau et susceptibles d'être déversées sur le nouveau. Le morcellement du réseau privait d'ailleurs le public du bénéfice des tarifs différentiels qu'aurait comportés la continuité du parcours sur les rails d'une Compagnie unique ; la division des responsabilités aggravait les difficultés inhérentes aux litiges entre les expéditeurs ou les destinataires et les administrations de chemins de fer.

Suivant l'orateur, les attaques incessantes de M. Pouyer-Quertier contre les grandes Compagnies et, en particulier, contre la Compagnie de Paris-Lyon-Méditerranée, étaient véritablement imméritées, surtout au regard de cette dernière Compagnie qui n'avait jamais eu recours à la garantie d'intérêt ; si les nouvelles concessions, que le Gouvernement proposait d'attribuer à cette société, devaient avoir pour effet de retarder de quelques années le partage des bénéfices, le sacrifice consenti de ce chef était bien minime et devait être largement couvert par les profits de toute sorte que l'État et le pays étaient appelés à retirer de la construction de 855 kilomètres de voies ferrées. Le reproche adressé au réseau de Paris-Lyon-Méditerranée, d'être exploité chèrement, tombait devant les documents statistiques puisés aux sources officielles ; le prétendu arbitraire qui présiderait à la répartition des dépenses et des recettes était absolument chimérique, eu égard au soin minutieux avec lequel les comptes étaient vérifiés par les commissions instituées *ad hoc*.

Reprenant ensuite la question des tarifs des grandes Compagnies, M. Cézanne rappelait les efforts inutiles tentés par la commission parlementaire du régime des chemins de fer, pour dégager quelques conclusions précises et pratiques des dépositions versées au dossier de son enquête ; l'abaissement progressif des taxes, malgré l'avilissement général des métaux monétaires ; la fixité assurée à ces taxes, alors qu'autrefois celles du roulage et de la navigation étaient essentiellement variables : leur publicité ; le contrôle de chaque jour auquel était soumis leur application. Quelle réforme radicale pouvait-on réclamer de bonne foi? Voulait-on s'enfermer dans des formules géométriques, proportionnér par exemple le prix à la distance? Mais c'était une règle inadmissible au point de vue commercial : car elle avait pour effet d'accroître les bénéfices pour la Compagnie au fur et à mesure que la distance de transport augmentait, alors que les destinataires les plus éloignés étaient ceux qui avaient besoin des tarifs les plus bas. Voulait-on la règle des cascades, qu'avait indiquée antérieurement M. Pouyer-Quertier? Mais cette formule n'avait même pas été reproduite, depuis le jour où elle était éclose. Voulait-on la règle du prix unique indépendant de la distance de transport, donnée par M. Tolain comme un desideratum de l'avenir. Mais cette règle, séduisante par sa simplicité, n'était pas pratique. La vérité était que l'on critiquait un état de choses éprouvé par l'expérience, sans savoir ce qu'il serait possible de lui substituer.

M. Cézanne repoussait enfin les allégations relatives à l'influence néfaste, que la participation des administrateurs de la Compagnie de Paris-Lyon-Méditerranée à la gestion des Compagnies étrangères aurait exercée sur le port de Marseille, il montrait les progrès incessants de ce port progrès dont le mérite revenait, pour une large part, à la Compagnie.

M. Pouyer-Quertier répliqua, en insistant spécialement sur les avantages faits à l'étranger par les tarifs de transit, sur le concours considérable prêté par l'État aux grandes Compagnies sous forme de subvention ou de garantie d'intérêt, sur l'atteinte profonde que le monopole avait portée aux intérêts de la navigation, sur le retard que ce monopole avait fait subir à l'extension de notre réseau, sur la nécessité de respecter la loi de 1865 et de ne pas porter à l'initiative individuelle un coup dont elle ne se relèverait plus, sur l'impossibilité de maintenir le cahier des charges de 1842 sans modification et sans réforme, et sur les réductions que les perfectionnements de l'exploitation devaient permettre d'apporter dans la tarification.

M. Wilson demanda ensuite le renvoi de l'article à la commission. Mais cette proposition, combattue par M. Raudot, fut repoussée; l'amendement de M. Pascal Duprat fut également rejeté par 480 voix contre 118.

—Amendement de M. Clapier, modifiant le projet de loi, pour stipuler que, si les concessions faites par les départements ne sortaient pas à effet dans le délai d'un an à partir du décret déclaratif d'utilité publique, les concessions pourraient être transférées à la Compagnie de Paris-Lyon-Méditerranée.

Pour justifier sa proposition, M. Clapier s'efforça de démontrer que Marseille, dont la situation était déjà compromise par le percement de l'isthme de Suez, étouffait faute de voies de communication vers l'intérieur; que la ligne unique reliant cette ville à Lyon et à Paris n'avait pas une capacité de transport de plus de 3 000 tonnes par jour, soit de 1 million de tonnes par an, chiffre absolument insuffisant; que les tarifs, notamment pour les charbons, étaient d'une exagération manifeste; que cette exagération rendait impossible l'exportation de nos combustibles minéraux, pri-

vait notre marine marchande d'un élément de fret fort
important et l'empêchait, par suite, de se développer ; que
le département du Gard était dans un état analogue ; qu'il
en était de même de l'Hérault et particulièrement du port
de Cette et de la ville de Montpellier ; que les expéditions
de vins de la région ne trouvaient qu'un débouché tout à fait
insuffisant et rencontraient les plus grands obstacles sur
leur chemin, soit à Nîmes, soit à Tarascon. La ligne d'Aix à
Marseille ne pouvait être considérée comme doublant utilement la ligne principale, si ce n'est en cas d'accident au
souterrain de la Nerthe ; sa longueur et les conditions de
son tracé l'empêchaient de jouer ce rôle. C'était pour remédier à un mal intolérable que les départements avaient
concédé des réseaux locaux, susceptibles de suppléer à l'insuffisance des moyens d'action de la Compagnie de Paris-
Lyon-Méditerranée ; ils avaient fait cette concession à des
hommes honorables, qui avaient fourni des cautionnements
considérables et consenti d'importantes réductions de tarifs,
et sur lesquels il était souverainement injuste de déverser
par avance le blâme et le discrédit. Le projet de convention
détruisait toute l'économie des contrats préparés par les
conseils généraux, supprimait les chemins les plus utiles,
impartissait des délais excessifs pour l'exécution des travaux, faisait table rase des engagements moraux pris vis-à-
vis des concessionnaires et des dépenses consacrées par eux
aux études. La combinaison proposée par l'orateur avait,
au contraire, l'avantage de tenir un compte équitable des
faits acquis, de mettre la Compagnie locale en situation de
tenter l'épreuve ; elle ne devait pas entraîner de retard dans
la construction des nouvelles lignes, étant donnés les ater-
moiements auxquels il fallait s'attendre de la part de la
Compagnie de Paris-Lyon-Méditerranée ; on ne pouvait pas
non plus lui reprocher de faire tomber la convention conclue

avec cette Compagnie : car l'Assemblée nationale ne se trouvait qu'en présence d'un projet de convention auquel manquait l'approbation, fort douteuse, des actionnaires. M. Clapier terminait son discours par un exposé général de la situation commerciale de Marseille, pour bien faire sentir les dangers dont cette place était menacée. Son amendement fut néanmoins rejeté presque sans discussion.

— Amendements de MM. de Larcy et autres, de M. Moreau, de MM. Destremx et autres, de MM. Parent et Carquel, portant modification du classement des lignes, au point de vue des délais de construction. — Rejetés

— Amendement de MM. Schœlcher, Rouvier, de Lacretelle et de Mahy, stipulant que les voitures de toutes classes seraient chauffées en hiver.

M. Caillaux, Ministre des travaux publics, fournit des explications sur les systèmes de chauffage employés dans les divers pays, sur leurs qualités et leurs défauts, sur les raisons qui empêchaient de les adapter au matériel français, sur la nécessité où se trouvaient nos Compagnies de continuer l'usage des bouillottes et sur l'impossibilité de mettre en œuvre un nombre suffisant d'appareils de ce genre, pour le chauffage des voitures de toutes classes. Il contracta, pour le cas où un procédé pratique serait découvert, l'engagement de le faire appliquer. Sous le bénéfice de cette promesse, l'amendement fut retiré. Mais il fut repris ultérieurement avec cette modification, que la mesure serait appliquée à partir du 15 novembre 1876 et, sur le rapport de la Commission qui s'était assurée au préalable de l'adhésion du Gouvernement et de la Compagnie Paris-Lyon-Méditerranée, l'Assemblée vota l'addition à la convention d'un article par lequel cette Compagnie s'engageait : 1° à chauffer les compartiments des dames seules dans les trois classes ; 2° pour le cas où l'une des cinq autres Compagnies principales appliquerait aux voitures des trois classes. sur l'ensemble de son réseau, un système de chauffage agréé par le Ministre des travaux publics, à mettre en pratique ce système ou tout autre jugé préférable.

— Amendement de MM. Jules Brame, Clapier et le baron de Janzé, portant : 1° que, dorénavant, toute modification de tarif serait annoncée à l'avance par des affiches et par l'insertion au *Journal des travaux publics* et soumise à l'examen d'une commission formée d'un inspecteur général des chemins de fer président, de deux ingénieurs des ponts et chaussées, de deux inspecteurs généraux de l'agriculture et du commerce nommés par le Ministre dont ils relevaient, de deux inspecteurs des finances désignés dans les mêmes conditions ; 2° que cette commission devrait, avant de se prononcer, prendre l'avis des chambres de commerce intéressées.

M. Jules Brame défendit l'amendement, en alléguant que les tarifs étaient à l'absolue discrétion de deux ingénieurs, celui de la Compagnie et celui du contrôle ; qu'il y avait là une responsabilité à répudier par l'administration elle-même ; qu'il était impossible de laisser ainsi à la disposition d'un fonctionnaire et d'un Ministre des taxes, pesant sur le pays d'un poids bien plus lourd que la plupart des impôts ; que, d'ailleurs, la proposition était conforme à l'esprit de l'ordonnance de 1846.

M. Tolain appuya M. Brame, en invoquant les nombreux abus de la trafication, notamment au point de vue du transit.

M. Cézanne et le Ministre répondirent, en faisant observer qu'il s'agissait là de mesures ne pouvant trouver place dans une convention et que du reste l'homologation de tarifs était déjà entourée des garanties les plus sérieuses. M. Caillaux, notamment, exposa le mécanisme des formalités qui précédaient cette homologation : affichage pen-

dant un mois, en conformité de l'article 49 de l'ordonnance de 1846 ; consultation des chambres de commerce,
instruction par les inspecteurs de l'exploitation commerciale et par le directeur du contrôle ; et, en cas de difficulté,
examen par la commission centrale des chemins de fer,
composée des fonctionnaires les plus élevés du ministère des
travaux publics, d'un délégué du ministère de l'intérieur,
de deux délégués du ministère de la guerre, d'un délégué
du ministère de l'agriculture et du commerce, de trois
délégués du ministère des finances, d'un membre de la
chambre de commerce de Paris, de deux inspecteurs généraux des ponts et chaussées et d'un inspecteur général des
mines. Il ajouta que l'homologation était toujours provisoire,
de manière à pouvoir être rapportée si la nécessité en était
constatée. Il s'efforça de réduire l'importance des plaintes
relatives au transit, en constatant que cet élément du trafic
représentait seulement $1/2 \%$ du trafic total (250 à 300 000
tonnes sur 58 000 000 de tonnes. Enfin, il fit observer qu'il
importait de marcher avec prudence dans la voie des abaissements de tarifs, sous peine de compromettre gravement
les finances du pays.

L'amendement fut repoussé.

— Amendement de MM. Raoul Duval et Ganivet, astrei-
gnant la Compagnie de Paris-Lyon-Méditerranée : 1° à mettre,
dans les gares communes, à la disposition des Compagnies
d'embranchement qui le demanderaient, un bureau pour la
délivrance des billets et l'enregistrement des marchandises ;
2° à délivrer des billets directs pour les gares concédées aux
Compagnies qui accepteraient la réciprocité.

MM. Duval et Ganivet justifièrent leur proposition par
les difficultés que les voyageurs éprouvaient à obtenir des
agents des grandes Compagnies, dans les gares communes,
des billets pour des itinéraires empruntant les rails des

Compagnies d'embranchement, toutes les fois que le lieu de destination était desservi par les deux réseaux ; par les difficultés de même ordre que comportait la transmission des marchandises ; par les embarras et les pertes de temps auxquels donnait naissance l'obligation de changer de billet et de procéder à un réenregistrement à chaque changement de Compagnie.

Le rapporteur et le Ministre rappelèrent que, aux termes d'un article introduit en 1874 dans le cahier des charges, l'administration supérieure avait le pouvoir de trancher tous les différends relatifs aux gares communes et, par suite, de satisfaire dans la mesure du possible aux desiderata formulés par les auteurs des amendements. Ils ajoutèrent qu'il était matériellement inadmissible de régler législativement des détails d'exploitation rentrant, par leur essence et leur nature, dans la compétence du pouvoir exécutif. Ils donnèrent des détails pratiques, destinés à faire comprendre à l'Assemblée dans quel dédale on placerait les employés des gares, si on les obligeait à distribuer des billets ou à enregistrer des bagages pour 3 000 autres stations du territoire ; dans quelle complication de calculs et d'imprimés on ferait tomber les administrations de chemins de fer, étant donnée la nécessité absolue de laisser entre les mains de chaque Compagnie une trace matérielle de ses transports. Ils montrèrent les inconvénients que présentaient des comptes communs trop étendus, au point de vue des responsabilités précuniaires des grandes Compagnies, nécessairement créancières de sommes considérables. Ils signalèrent les dangers, au point de vue de la sécurité, des échanges trop fréquents de matériel entre les Compagnies principales et les Compagnies secondaires, souvent empêchées, par leur situation financière, d'entretenir convenablement leurs wagons. L'un et l'autre reconnurent néanmoins la nécessité d'une inter-

vention énergique, efficace, active de l'administration, pour
mettre fin à des difficultés trop fréquentes et trop mani-
festes. Le premier amendement fut rejeté ; le second fut
retiré.

—Amendement de M. Wilson, tendant à comprendre les
lignes nouvelles, à l'exception de celle de Gap à Briançon
et à la frontière d'Italie, dans un réseau distinct de l'ancien et du nouveau réseau de la Compagnie de Paris-Lyon-
Méditerranée, en maintenant toutefois la clause du partage
des bénéfices au-dessus de 6 1/2 °/₀.

M. Wilson exposa à l'Assemblée les calculs auxquels il
s'était livré sur l'avenir financier de la Compagnie de Paris-
Lyon-Méditerranée, et desquels il résultait que la mise en
exploitation des nouvelles lignes exigerait, de la part du
Trésor, une avance annuelle de 15 millions, au titre de la
garantie d'intérêt ; il en conclut que son amendement s'imposait, pour réaliser effectivement la concession sans subvention ni garantie. Ce n'était au surplus que la reproduction
d'un système adopté en 1872 pour la Compagnie du Nord.
L'orateur ajouta qu'à son avis le but principal poursuivi par
la Compagnie de Paris-Lyon-Méditerranée était d'obtenir
l'autorisation de porter au compte de premier établissement
des dépenses complémentaires, s'élevant à un chiffre très
élevé, et d'éviter l'imputation des charges afférentes à ces dépenses sur son revenu réservé.

M. Caillaux répliqua : 1° que, même en admettant l'é-
valuation de M. Wilson pour l'avance à faire par le Trésor
à titre de garantie, pendant la première année d'exploita-
tation des lignes nouvelles, la progression des recettes du
réseau assurerait la réduction rapide de cette avance et le
remboursement de l'État à brève échéance ; 2° que les travaux complémentaires, répondant à des nécessités provo-
quées par le développement du trafic, c'est-à-dire à un

accroissement de recettes ne constituaient pas en fait une charge pour la Compagnie.

L'amendement fut rejeté.

—Amendement de M. Grange, tendant à classer dans le nouveau réseau la ligne du Rhône au mont Cenis.

L'Assemblée refusa de prendre en considération cet amendement, dont l'objet était de mettre fin à la situation provisoire créée par la convention de 1867, de réaliser une solution prévue par cette convention et de provoquer des abaissements de tarif, que l'accroissement considérable du trafic justifiait aux yeux de M. Grange.

—Amendement de M. Krantz, en vue de l'exécution à une voie d'une partie des lignes visées par le projet de loi.

Tout en déclarant ne pas insister pour le vote de cet amendement, s'il devait en résulter des difficultés, M. Krantz présenta des observations détaillées sur l'intérêt qu'il y aurait à établir à une voie les lignes du Gard, dont le trafic devait être relativement restreint. Il exposa que les chemins à voie unique n'étaient point inférieurs aux chemins à double voie, au point de vue de la sécurité ; que leur capacité moyenne de trafic pouvait être évaluée à 40 ou 50 000 fr. par an et par kilomètre, sauf, bien entendu, le cas où les trains qui y circulaient comportaient des vitesses de marche très différentes et celui où le profil en long était accidenté ; que l'on avait pu faire face aux exigences d'une fréquentation considérable sur certaines lignes à voie unique, comme celle de Bordeaux à Bayonne par exemple ; qu'en supprimant la seconde voie, on réaliserait de sérieuses économies, profitables tout à la fois à la Compagnie intéressée à augmenter son dividende, à l'État intéressé à voir diminuer les chances de mise en jeu de la garantie, et enfin au public intéressé à la plus stricte économie dans l'emploi de son épargne. M. Krantz cita, sur ce dernier point, l'expérience de divers chemins, notamment de ceux que M. Varroy avait construits dans le département de Meurthe-et-Moselle, et dont le prix de revient n'avait pas dépassé 85 000 fr. par kilomètre. Il appela toute la sollicitude du Ministre sur cette question.

M. Cézanne répondit qu'en principe il était d'accord avec M. Krantz sur un certain nombre de points de son discours, mais qu'en revanche il devait faire ses réserves sur d'autres points. Ainsi, il lui était impossible de considérer un chemin à voie unique comme équivalent à un chemin à double voie, en ce qui touchait à la sécurité et à la régularité de l'exploitation. L'économie à réaliser n'était pas aussi sérieuse que M. Krantz l'avait supposé : car la plate-forme des lignes du Gard devait être établie pour une seule voie ; seuls, les terrains devaient être acquis pour deux voies ; le débat ne portait, par suite, que sur l'achat d'une zone supplémentaire de peu d'importance et de peu de valeur, étant admis, comme un fait d'expérience, que la dépense d'acquisition avait pour principal élément l'indemnité de morcellement, et, d'autre part, que les gares exigeaient une étendue plus considérable sur les chemins à voie unique. L'éventualité de la pose d'une deuxième voie était à prévoir, attendu que, dans une région vinicole comme celle du Midi, le trafic prenait à certaines époques de l'année une intensité extrême, et ce serait faire une mauvaise opération que d'ajourner une faible dépense, pour être contraint d'acheter au bout de peu de temps, à gros deniers, des terrains mis en valeur par l'établissement même du chemin de fer.

M. Caillaux fournit quelques explications dans le même sens.

—Amendement de MM. des Rotours et de Janzé, portant que la Compagnie devrait s'engager à assurer aux employés blessés et aux veuves et enfants des employés tués, dans l'exercice de leurs fonctions, des pensions égales au traitement dont ces employés jouissaient quand ils étaient en activité.

M. des Rotours justifia cette proposition par le dévouement du personnel des Compagnies, par les difficultés qu'euxmêmes ou leurs familles rencontraient pour se faire rendre justice, par la jurisprudence qui n'engageait la responsabilité de la Compagnie que si l'accident était le résultat de la faute d'un autre agent. Mais, sur l'observation de M. Cézanne, que la question échappait à la compétence de l'Assemblée, l'amendement fut rejeté.

— Amendement de M. Parent, tendant à faire rentrer la ligne du Rhône au mont Cenis sous le régime du droit commun, au point de vue des tarifs, et par suite à supprimer les surtaxes de cette ligne, ainsi que le tarif exceptionnel, laissé à la discrétion du Ministre, pour la section de SaintJean-de-Maurienne à Suse. — Suivant l'auteur de la proposition, il y avait là un acte de justice à l'égard des populations savoisiennes et un acte d'utilité générale, pour lutter contre la concurrence imminente du Saint-Gothard. M. Caillaux objecta que le sacrifice demandé par M. Parent retomberait entièrement à la charge du Trésor, que le tarif exceptionnel de la section de Saint-Jean-de-Maurienne à Suse était la conséquence du prix de revient de la ligne dans cette région, que la situation serait d'ailleurs la même au Saint-Gothard. L'Assemblée repoussa l'amendement.

— Article additionnel, proposé par M. Destremx, pour stipuler une réduction des taxes au profit des engrais insecticides destinés à combattre le phylloxéra. — Repoussé.

— Article additionnel, proposé par M. de Tillancourt, pour interdire à la Compagnie d'appliquer, les dimanches et jours fériés, un tarif supérieur à celui des autres jours, et faciliter ainsi les voyages de la classe peu aisée. — Rejeté.

Un débat très vif s'engagea ensuite, entre MM. Arrazat,

de Rodez-Bénavent et de Gavardie d'une part, le rapporteur
et le Ministre d'autre part, sur la portée du vote émis par
l'Assemblée, dans l'une de ses précédentes séances, pour la
déclaration d'utilité publique du chemin de Quissac à Montpellier. M. Arrazat et ses deux collègues interprétaient ce
vote comme entraînant, pour la Compagnie de Paris-Lyon-
Méditerranée, l'obligation d'accepter la concession du
chemin; MM. Cézanne et Caillaux, au contraire, l'interprétaient comme ne liant nullement la Compagnie, qui refusait
de modifier sa convention sur ce point; M. Caillaux prenait,
d'ailleurs, l'engagement de présenter ultérieurement un
projet de loi spécial, pour assurer l'exécution de la ligne de
Quissac à Montpellier.

L'Assemblée se rangea à l'avis du Ministre.

Elle repoussa aussi un amendement de M. Arrazat, portant que l'article 39 du cahier des charges de 1857, conférant
à l'administration le droit d'exécuter d'office les travaux aux
risques et périls de la Compagnie, dans le cas où cette dernière ne les exécuterait pas, serait applicable aux concessions nouvelles.[1]

Puis elle vota le 3 juillet l'ensemble du projet de loi,
après rectification d'une erreur matérielle et réduction, de
11 fr. 50 à 11 fr. 25, de la somme à ajouter au revenu kilométrique réservé pour chaque million de travaux complémentaires [B. L., 2° sem. 1875, n° 266, p. 265].

La ligne de Nîmes au Teil fut livrée à l'exploitation en
1880; celle de Remoulins à Uzès, en 1880; la section de
Saint-Julien au Martinet, en 1880; celle de Virieu-le-Grand
à Saint-André-le-Gaz, jusqu'à Bellay, (14 km.) en 1880; la
ligne de Vezénobres à Quissac, avec embranchement sur Anduze, en 1881; celle de Fila y à Bourron, en 1881; celles de
Nîmes à Sommières, de Sommières aux Mazes, d'Aubenas

à Prades, de Roanne à Paray-le-Monial, d'Avallon à Dracy-Saint-Loup et de Dijon à Saint-Amour jusqu'à Seurre (36 km.), en 1882.

439. — **Concession à la Compagnie de l'Ouest d'un embranchement de Chemazé à Craon.** — Un décret du 6 juillet 1875 [B. L., 2ᵉ sem. 1875, nº 267, p. 331] déclara d'utilité publique l'établissement d'un embranchement de Chemazé à Craon (15 km.), destiné à compléter la ligne de Sablé à Châteaubriant et décida que cet embranchement serait exécuté par la Compagnie de l'Ouest, comme faisant partie intégrante de la ligne précitée.

La mise en exploitation eut lieu en 1878.

440. — **Convention avec la Compagnie de Picardie et Flandres.**

I. — PROJET DE LOI. — Dans sa session de 1871, le conseil général du Nord avait concédé, sans subvention ni garantie d'intérêt, à la Compagnie de Picardie et Flandres, la ligne de Cambrai à Douai et celle d'Aubigny-au-Bac à Somain, avec embranchement sur Abscon.

Mais le Conseil d'État, saisi de l'affaire, avait fait observer que ces deux lignes étaient trop importantes pour ne pas être retenues dans le réseau d'intérêt général. Conformément à son avis, le Gouvernement s'était refusé à sanctionner la concession.

Peu de temps après, la Compagnie du Nord, invoquant le raccourci considérable que le chemin de Cambrai à Douai allait constituer, pour les relations entre ces deux villes, avait vivement sollicité cette concession et obtenu du Ministre la signature d'une convention.

Le conseil général du département du Nord s'éleva vive-

ment contre cette solution ; il rappela l'initiative prise
dès 1870 par la Compagnie de Picardie et Flandres, le si-
lence gardé jusqu'au dernier moment par la Compagnie du
Nord, la nécessité de maintenir la ligne dont il s'agissait
entre les mains de la Compagnie de Picardie et Flandres,
pour lui permettre de vivre.

MM. Plichon, Jules Brame et vingt-quatre autres députés déposèrent même, le 24 novembre 1873, une proposition de loi dans ce sens. A l'appui de cette proposition,
ils faisaient valoir l'intérêt d'honneur du département, de
voir assurer les chemins qu'il avait classés aux Compagnies
auxquelles, dans son droit, il les avait concédés ; l'intérêt
positif qu'il avait à la constitution de Compagnies solides,
autres que la Compagnie du Nord, pour hâter le développement du réseau dans la région ; les résistances incessantes que la Compagnie du Nord avait opposées à ce développement. Ils concluaient à concéder les chemins de
Cambrai à Douai et d'Aubigny-au-Bac à Somain, avec embranchement sur Abscon, à la Compagnie de Picardie et
Flandres, et le chemin d'Orchies à Douai conjointement à
cette Compagnie et à celle de Lille à Valenciennes.

Le Ministre des travaux publics, cédant aux observations
qui lui étaient présentées, déposa de son côté, le 27 janvier
1874, sur le bureau de l'Assemblée, un projet de loi aux
termes duquel les chemins de Cambrai à Douai (26 km.)
et d'Aubigny-au-Bac à Sonain, avec embranchement
sur Abscon (17 km.), étaient concédés, sans subvention ni
garantie d'intérêt, à la Compagnie de Picardie et Flandres
[J. O., 9 février 1874]. La concession comprenait en outre
le chemin de Douai à Orchies (19 km.), qui avait été également concédé en 1873 par le département du Nord et que
le Conseil d'État s'était refusé à considérer comme un chemin d'intérêt local. Le cahier des charges était conforme

au type le plus récent, et comprenait notamment les dispositions nouvelles concernant les chemins de fer d'embranchement. L'État se réservait le quart de la recette brute,
au-dessus d'un rendement kilométrique moyen de 26 000 fr.;
c'était, en admettant un coefficient d'exploitation de 0,50,
une règle de partage identique à celle qui figurait dans la
convention avec la Compagnie du Nord, pour les chemins
de Monsoult à Amiens et de Cambrai vers Dour. Les émissions d'obligations devaient être limitées au montant du
capital-actions; aucune émission ne devait être autorisée
avant que la moitié du capital-actions eût été versée et
employée en achats de terrains, travaux, approvisionnements sur place ou dépôt de cautionnement.

II. — RAPPORT A L'ASSEMBLÉE. — Ce projet de loi provoqua, de la part des départements de la Somme et du Pas-
de-Calais, des objections inverses de celles qu'avait antérieurement formulées le département du Nord. Suivant eux,
l'intérêt public exigeait que les lignes nouvelles fussent
concédées à la Compagnie du Nord.

La commission de l'Assemblée, qui fut saisie de l'affaire,
estima que, à raison de son caractère international et de
son rôle au point de vue stratégique, le chemin de Douai à
Orchies (destiné à être prolongé vers Tournay) devait entrer
dans le réseau de la Compagnie du Nord ; qu'au contraire le
chemin de Cambrai à Douai, devant être surtout alimenté
par le trafic en provenance ou à destination du réseau concédé à la Compagnie de Picardie et Flandres, devait être
attribué à cette Compagnie ; qu'il en était de même du chemin d'Aubigny-au-Bac à Somain. Elle conclut, en conséquence [J. O., 24 et 26 janvier 1875], par l'organe de son
rapporteur, M. Krantz, à retrancher la ligne de Douai à
Orchies de la convention et à maintenir, pour le surplus, cette

3                                               15

convention, mais en modifiant le cahier des charges, de manière : 1° à imposer à la Compagnie de Picardie et Flandres l'obligation de se servir des stations existantes de Cambrai et de Douai ou de s'y rattacher, et de raccorder la voie ferrée et le canal de la Sensée à Aubigny-au-Bac; 2° à autoriser la construction, à une seule voie, du chemin d'Aubigny à Somain et Abscon. Répondant à des préoccupations qui s'étaient manifestées sur les combinaisons compromettantes pour les intérêts de la Compagnie du Nord et pour ceux du Trésor, susceptibles de naître par l'alliance des Compagnies secondaires de la région, M. Krantz faisait remarquer que l'État était armé, pour y couper court, du droit général d'interdire toute fusion ou tout affermage, et de la faculté de rachat. Il considérait comme impossible de décider, ainsi qu'on l'avait proposé, que l'État userait de cette dernière faculté sur la demande de la Compagnie du Nord; mais il admettait, le cas échéant, un engagement de l'État de rétrocéder les lignes nouvelles à cette Compagnie, s'il les rachetait.

Le 3 mars, M. Krantz déposa un premier rapport supplémentaire, ayant pour objet de ramener la durée de la concession à faire à la Compagnie de Picardie et Flandres au délai qui restait à courir sur la concession du réseau du Nord [J. O., 8 mars 1875].

Le 28 mai 1875, M. Krantz présenta un deuxième rapport supplémentaire [J. O., 8 juin 1875], dont l'objet était de mettre sous les yeux de l'Assemblée une correspondance échangée entre le Ministre des finances et la Commission. Dans cette correspondance, M. Mathieu-Bodet exprimait les craintes les plus sérieuses sur la réduction que la concession, proposée en faveur de la Compagnie de Picardie et Flandres, pourrait apporter aux recettes de la Compagnie du Nord, et, par suite, sur les charges auxquelles elle exposerait le Trésor.

Il y voyait un chaînon nouveau, ajouté à tous ceux qui re-
liaient déjà entre elles les lignes de Picardie et Flandres,
du Nord-Est et de Lille à Valenciennes, et qui allaient en
faire un réseau complet, en concurrence avec celui du Nord.
Il fondait d'ailleurs ses craintes sur la diminution que les
produits nets du réseau du Nord avaient déjà subie depuis
plusieurs années.

La Commission déclarait, au contraire, que les chemins
nouveaux n'altéreraient pas sensiblement la situation respective des Compagnies; que, si la concession en était accordée à la Compagnie du Nord, ils seraient classés dans un
réseau indépendant et pourraient porter une atteinte beaucoup plus grave aux intérêts de l'État, au double point de
vue de la garantie et du partage des bénéfices, par les détournements éventuels du trafic; que, tout en dérivant
certains courants commerciaux, ils en créeraient d'autres,
qui viendraient affluer sur le réseau du Nord. Elle ajoutait
que la diminution des recettes nettes de ce dernier réseau,
signalée par le Ministre des finances, pouvait être attribuée
à des causes absolument étrangères à la concurrence des
Compagnies secondaires et, notamment, à l'augmentation
des frais d'exploitation et au développement du nouveau
réseau.

III. — DISCUSSION. — La discussion fut ouverte le 29 mai
1875, mais ajournée par suite de la crise ministérielle [J. O.,
30 mai 1875].

Reprise le 3 juillet 1875 [J. O., 4, 6 et 7 juillet 1875],
elle débuta par un grand discours, dans lequel M. Krantz
exposa tous les précédents de l'affaire et s'attacha, surtout,
à démontrer que la Compagnie du Nord s'alarmait à tort de
l'influence des lignes nouvelles sur son trafic. Traitant ensuite la question des intérêts de l'État et des départements

qui avaient protesté contre la concession à la Çompagnie de Picardie et Flandres, il fonda son appréciation sur les offres qu'avait faites la Compagnie du Nord, pour obtenir cette concession, savoir :

1° Abandon de toute répétition pour dommages de guerre ;

2° Anticipation des avances de fonds pour la construction des lignes d'Arras à Étaples et de Béthune à Abbeville ;

3° Engagement de prendre la concession du chemin d'Abbeville à Eu et à Tréport.

De ces trois offres la première était sans valeur : car la Compagnie du Nord n'avait droit qu'à un dédommagement et non à une indemnité, et, si elle renonçait à sa part dans la répartition du fonds commun de 246 millions, cette part devait être attribuée aux autres victimes de la guerre, sans qu'il en résultât aucun bénéfice pour le Trésor.

La seconde était dictée par un calcul de la part de la Compagnie, qui, en provoquant l'ouverture anticipée des lignes d'Arras à Étaples et de Béthune à Abbeville, devait augmenter la durée de l'exploitation de ces lignes à son profit et réduire, en même temps, les charges d'intérêt de ses capitaux, pendant la période de construction.

Quant à la troisième, elle ne pouvait donner aucun titre à la Compagnie, qui, depuis longtemps, sollicitait la concession de la ligne d'Abbeville à Eu et au Tréport, sans subvention ni garantie d'intérêt.

Pour le surplus, il reprit et développa les considérations consignées dans ses rapports.

Un débat très vif s'engagea alors entre les partisans de la solution proposée par la Commission et les représentants de la Somme et du Pas-de-Calais, qui avaient déposé et qui défendirent un contre-projet, portant concession, au profit de la Compagnie du Nord, des lignes de Douai à Cambrai,

de Douai à Orchies, d'Aubigny-au-Bac à Somain avec embranchement sur Abscon, et d'Abbeville à Eu et au Tréport.

Nous ne donnerons que des indications très sommaires
sur ce débat, qui n'occupa pas moins de deux séances et
qui fut l'un des incidents les plus curieux de la lutte entre
les Compagnies scondaires et les grandes Compagnies.

M. Paris (du Pas-de-Calais) insista longuement sur les
conditions dans lesquelles étaient nées les Compagnies de
Picardie et Flandres, du Nord-Est et de Lille à Valenciennes;
sur les visées ambitieuses de ces Compagnies et les liens qui
les unissaient; sur l'hostilité que la Compagnie du Nord
avait rencontrée au sein du conseil général du département
du Nord; sur les raisons qui avaient amené cette Compagnie
à ne pas se rendre concessionnaire de diverses lignes, pour
lesquelles on lui reprochait aujourd'hui son abstention; sur
l'interprétation abusive que le département du Nord avait
faite de la loi de 1865; sur l'impossibilité de dépouiller la
Compagnie d'un trafic qui lui était légitimement acquis, en
concédant à d'autres sociétés des chemins formant des raccourcis de quelques kilomètres; sur l'intérêt des départements de la Somme et du Pas-de-Calais, de voir agréer les
offres de cette Compagnie, pour l'exécution de la ligne d'Abbeville à Eu et au Tréport et pour l'anticipation des avances
afférentes aux lignes d'Arras à Étaples et de Béthune à Abbeville.

M. Plichon (du Nord) défendit, au contraire, la concession à la Compagnie de Picardie et Flandres, en invoquant
l'inertie prolongée de la Compagnie du Nord, l'initiative
prise par la première de ces sociétés, ses études, ses dépenses, et en faisant valoir la nécessité de ne pas décourager
les petites Compagnies qui, seules, pouvaient porter un obstacle aux abus des grandes Compagnies. Il soutint que le
trafic du Nord n'était nullement menacé et qu'li n'y avait

point de traité de fusion entre les Compagnies de Picardie et
Flandres et du Nord-Est ; il expliqua que l'intérêt du département du Nord commandait la solution proposée par la
Commission, sous peine de ne pas assurer un trafic suffisant
à la Compagnie du Nord-Est, dont le réseau était garanti,
tant par ce département que par l'État.

M. Courbet-Poulard lut ensuite un très long discours
en faveur de la Compagnie du Nord ; il reprit, sous une autre
forme, l'argumentation de M. Paris et montra le danger de
créer de nouveaux réseaux, en concurrence avec ceux des
grandes Compagnies, et de porter atteinte à l'instrument
de travail si péniblement et si habilement préparé par les
précédentes générations ; il excipa de la supériorité incontestable de la Compagnie du Nord, au point de vue de la
construction et de l'exploitation.

Après quelques mots de M. de Larcy, qui avait présenté
le projet de loi comme Ministre des travaux publics, son
successeur, M. Caillaux, vint appuyer l'amendement de la
députation de la Somme et du Pas-de-Calais. Suivant l'orateur, il était impossible d'hésiter entre les deux Compagnies,
puisque celle du Nord, tout en sollicitant la concession aux
mêmes conditions que la Compagnie de Picardie et Flandres,
offrait en même temps : 1° de renoncer à une créance légitime, pour dommages de guerre, créance qui, malgré les
assertions de M. Krantz, avait une valeur incontestable ;
2° de hâter l'exécution de chemins dans le Pas-de-Calais et
dans Seine-et-Oise, au grand avantage de ces départements ;
3° de construire, sans subvention ni garantie d'intérêt, la
ligne d'Abbeville à Eu et au Tréport, depuis si longtemps
réclamée par le département de la Somme. L'hésitation
était d'autant moins justifiée que la Compagnie du Nord
construirait mieux et appliquerait des tarifs moins élevés.
Convenait-il à l'intérêt bien entendu du pays de créer ainsi,

par des voies détournées, de nouveaux réseaux d'intérêt général ; d'aider au développement d'une Compagnie dont l'intention était de donner la main à celles du Nord-Est, de Lille à Valenciennes, d'Orléans à Rouen et de la Vendée ; d'encourager les combinaisons périlleuses, dont les journaux et la Bourse retentissaient depuis quelque temps, et cela pour aider le département du Nord à imposer à la Compagnie du Nord la reprise du réseau du Nord-Est et à se dégager de sa garantie pour ce réseau ?

M. Krantz répliqua ; il s'attacha à prouver que les recettes de la Compagnie du Nord n'étaient nullement menacées ; que, d'ailleurs, les petites Compagnies étaient dignes, comme les grandes Compagnies, de toute la sollicitude de l'État ; qu'elles avaient même besoin d'une protection particulière ; qu'elles enrichissaient le pays et les grandes Compagnies elles-mêmes ; que le projet de loi soumis à la sanction de l'Assemblée avait l'avantage précieux de déférer au vœu du département directement intéressé ; que l'argument tiré, par M. Caillaux, de l'infériorité des taxes, en cas de concession à la Compagnie du Nord, était de peu de valeur ; que cette Compagnie servirait la région avec moins de soin et de diligence ; que, d'un autre côté, il importait de ne pas tarir la source féconde de l'initiative privée et de ne pas compromettre ainsi la construction des nouveaux chemins à ajouter à notre réseau.

Après cette réplique, le projet de la Commission fut voté le 6 juillet [B. L., 2ᵉ sem. 1875, n° 266, p. 271].

La ligne de Cambrai à Douai fut ouverte en 1881 ; celle d'Aubigny-au-Bac à Somain le fut en 1882.

## 441. — Concession du chemin sous-marin entre la France et l'Angleterre.

I. — EXPOSÉ ET PROJET DE LOI. — Depuis longtemps

déjà, l'opinion publique se préoccupait, en France comme
en Angleterre, de la recherche des moyens propres à mettre
à l'abri de tout danger et de toute incertitude les communications entre les deux pays. Diverses combinaisons avaient
été imaginées, pour le passage d'une voie ferrée à travers
le Pas-de-Calais ; elles consistaient, soit dans l'établissement d'une tube métallique étanche immergé sur le lit
même du détroit, soit dans l'exécution d'un grand viaduc
assez élevé pour ne pas gêner le passage des navires, soit
encore dans l'emploi de bacs flottants portant les trains de
chemins de fer, soit enfin dans le percement d'un tunnel
sous-marin. Ce dernier système, dont l'idée première appartenait à un ingénieur français, M. Thomé de Gamond, avait
été étudié par un des ingénieurs les plus éminents de l'Angleterre, sir John Hawkshaw, et présenté par un comité
international, dont la présidence avait été attribuée, pour
l'Angleterre, à lord Richard Grosvenor, membre du Parlement, et, pour la France, à M. Michel Chevalier, membre
de l'Institut.

D'après le projet ainsi élaboré, le chemin de fer devait
se détacher des lignes de « Chatham and Dover » et du
« South Eastern », partir de la côte anglaise, près de la
baie Sainte-Marguerite et de South Foreland, à l'est de
Douvres, et aboutir, sur la côte de France, à l'ouest de
Calais, où il se raccorderait avec la ligne de Boulogne à
Calais.

Le tunnel devait se composer de trois parties, savoir :
une partie centrale de 26 kilomètres de longueur et deux
rampes d'accès de 11 kilomètres chacune, ayant une pente
comprise entre 0 m. 0125 et 0 m. 0135 par mètre. La partie
centrale était légèrement arquée et se décomposait en deux
portions égales, inclinées chacune à 0 m. 00378 par mètre, de
manière à diriger leurs eaux vers l'origine des rampes

d'accès, d'où partait, de chaque côté. une galerie à section réduite : ces galeries avaient 4 kilom. 5 de longueur et amenaient les eaux de la partie centrale et des rampes d'accès au fond de puits creusés sur les deux côtes de l'Angleterre et de la France et munis de machines d'épuisement.

La dépense était évaluée à 250 millions.

Après une enquête dont les résultats avaient été favorables, l'affaire fut soumise à une commission d'inspecteurs généraux des ponts et chaussées et des mines, auxquels étaient adjoints M. le contre-amiral Fisquet, M. de la Roche-Poncié, ingénieur hydrographe en chef, et M. de Lapparent, ingénieur des mines, rapporteur.

Dans un remarquable rapport, présenté par cet ingénieur au nom de la Commission, il était rendu compte des études persévérantes faites, depuis 1838, par M. Thomé de Gamond. Ces études avaient permis de reconnaître que la profondeur de la mer, dans le Pas-de-Calais, était inférieure à 60 mètres, la largeur du détroit étant, d'ailleurs, de 28 kilomètres. D'autre part, l'examen géologique du sol portait à croire que l'on rencontrerait une couche continue de terrains suffisamment tendres pour se laisser facilement percer, suffisamment consistants pour écarter le danger des éboulements, et suffisamment compactes pour qu'on y fût à l'abri des eaux de mer. En effet, les falaises entre Folkestone et Douvres montraient exactement les mêmes affleurements que celle du cap Blanc-Nez ; sur les deux rives, on voyait la craie blanche à silex reposer sur une assise épaisse de craie grise ou marneuse un peu mélangée d'argile, régulière dans ses allures, exempte de fissures, remplissant les conditions ci-dessus indiquées ; tout faisait supposer que cette assise ne devait avoir subi aucun bouleversement au travers du détroit du Pas-de-Calais, et que ce détroit était le produit d'une simple érosion résultant peut-être d'un changement dans le régime des mers voisines. Le plongement de la couche étant déterminé par l'observation des falaises et par les puits ouverts à Calais et Douvres ; il était facile de fixer l'alignement à suivre, pour que le tunnel s'y maintînt à une profondeur donnée, tout en laissant au-dessus de la voûte un massif protecteur d'une épaisseur uniforme de 40 mètres. Pour le surplus, les moyens d'exécution ne soulevaient que des problèmes accessibles à l'industrie moderne.

La Commission et le conseil général des ponts et chaussées émirent donc un avis favorable ; toutefois, comme le tarif n'avait pas été mis à l'enquête, comme d'autre part le caractère international de l'œuvre nécessitait un accord préalable entre les Gouvernements intéressés, ils conclurent à n'accorder provisoirement qu'une concession éventuelle, sauf à rendre ultérieurement cette concession définitive.

Cette conclusion souleva de vives protestations de la part des demandeurs en concession, qui ne croyaient pouvoir engager, dans ces conditions, la dépense de 25 millions nécessaire pour l'ouverture des puits et des galeries d'essai.

Le Gouvernement jugea fondées les observations de la Compagnie ; il pensa que rien n'empêcherait de procéder à l'enquête sur le tarif, pendant l'instruction de l'affaire au sein de la commission de l'Assemblée ; le Ministre des travaux publics s'assura, en conséquence, de l'adhésion des départements de la guerre et de la marine et de l'assentiment du Gouvernement anglais, et présenta, le 18 janvier, un projet de loi tendant à approuver une convention dont les clauses étaient les suivantes [J. O., 30 et 31 janvier 1875].

L'article 1er de cette convention accordait à M. Michel Chevalier, en sa qualité de représentant de la Société, la concession, sans subvention ni garantie d'intérêt, « d'un « chemin de fer partant d'un point à déterminer de la ligne « de Boulogne à Calais, pénétrant sous la mer et se diri-

« geant vers l'Angleterre, à la rencontre d'un pareil chemin
« parti de la côte anglaise, dans la direction du littoral
« français ».

L'article 2 obligeait les concessionnaires à exécuter,
suivant un programme arrêté par le Ministre des travaux
publics, la Compagnie entendue, tous les travaux préparatoires tels que puits, galeries, sondages, etc., nécessaires
pour élucider les conditions techniques de l'opération et la
possibilité d'en assurer le succès, et ce jusqu'à concurrence
de 2 millions au moins. Il les astreignait, en outre, à se
mettre en rapport avec une société anglaise munie des pouvoirs nécessaires pour entreprendre le chemin sous-marin,
du côté de la Grande-Bretagne, et à conclure avec elle une
entente pour la construction et l'exploitation du chemin
sous-marin.

Aux termes de l'article 3, ils avaient la faculté de renoncer à la concession dans un délai de cinq ans, en cas
d'insuccès des travaux d'essai ou en cas d'impossibilité d'un
accord avec une société anglaise ; ce délai pouvait être prolongé de trois ans par le Gouvernement, si la nécessité en
était reconnue. En cas de renonciation, il devait être procédé, conformément aux dispositions du cahier des charges
relatives à la déchéance.

D'après l'article 4, si la concession était maintenue, un
délai maximum de vingt ans était accordé pour l'achèvement des travaux, à partir de la date de la déclaration de
la Compagnie relative à ce maintien.

L'article 5 fixait la durée de la concession à quatre-
vingt-dix-neuf ans, à partir de la mise en exploitation ; le
Gouvernement s'engageait à ne concéder, pendant un délai
de trente ans à compter de la même époque, aucun autre
chemin sous-marin reliant les deux pays.

L'article 6 conférait aux concessionnaires le pouvoir de

renoncer à la concession, pendant l'exécution des travaux, au cas où l'impossibilité de continuer ces travaux serait dûment constatée ; dans ce cas, la déchéance était prononcée de droit.

Le Gouvernement se réservait enfin, aux termes de l'article 7, de suspendre l'exploitation, en cas de guerre imminente, sauf à proroger, pour un délai égal à celui de la suspension, les délais de quatre-vingt-dix-neuf et de trente ans ci-dessus indiqués : ce droit d'interdiction du service était inséré dans la convention, sur la demande du Gouvernement anglais.

Le projet de loi édictait, pour les émissions d'obligations, les règles admises en 1874 par le législateur.

Le cahier des charges différait peu du type. Le tarif était :

Pour les voyageurs des trois classes, de 0 fr. 50, 0 fr. 375 et 0 fr. 275 par kilomètre ;

Pour les marchandises en grande vitesse, de 1 fr. 80 par tonne et par kilomètre ;

Pour les marchandises en petite vitesse des quatre classes, de 0 fr. 80, 0 fr. 70, 0 fr. 50 et 0 fr. 40 par tonne et par kilomètre.

Notons enfin que la Compagnie était dispensée de l'obligation de laisser passer des trains autres que ceux formés par elle.

II. — RAPPORT A L'ASSEMBLÉE ET VOTE DE LA LOI. — Le rapport sur l'affaire fut présenté par M. Krantz, le 7 juillet 1875 [J. O., 2, 6 et 7 août 1875].

Après avoir rappelé les précédents, décrit les dispositions du projet, exposé les chances de succès, sans dissimuler d'ailleurs l'aléa de l'opération, et indiqué les diverses phases de l'instruction administrative, il constata la sympathie générale qu'avait provoquée le projet. Puis il examina s'il y avait lieu d'investir de la déclaration d'utilité publique un concessionnaire éventuel, qui ne pourrait, avant plusieurs années, se livrer qu'à des compléments d'études et qui n'avait pas besoin de recourir, pour ces études, à la loi sur l'expropriation ; il se prononça, comme le Gouvernement, pour l'affirmative, eu égard à l'utilité d'affermir la situation de la Compagnie et de la protéger contre les compétitions. Il conclut à l'adoption du projet de loi : 1° en faisant observer qu'il serait prudent de n'engager le capital-obligations que lorsque la nécessité de l'entreprise serait devenue, sinon certaine, du moins extrêmement probable ; 2° en ajoutant à la convention, suivant l'avis du Conseil d'État, un article obligeant les concessionnaires à se soumettre à la convention internationale à intervenir « pour la juridiction, « la police et l'exploitation » ; 3° en restreignant au tunnel sous-marin proprement dit la dispense d'embranchements. Tout en jugeant le tarif très élevé, il émit l'opinion que l'aléa de l'opération était trop considérable pour permettre d'imposer à la Compagnie l'obligation de baisser ce tarif. Enfin, examinant sommairement les questions de domanialité que pourrait soulever le travail, il exprima l'avis que le tunnel, devant traverser sous la mer un terrain du domaine général, les pouvoirs résultant, pour les deux pays, de la première occupation ne paraissaient devoir donner lieu, ni en droit public, ni en fait, à aucune objection sérieuse. Il justifia du reste la division de la Compagnie primitive en deux groupes distincts par la différence entre les législations française et anglaise, en matière de travaux publics.

Le 20 juillet 1875 [J. O., 15 août 1875], M. Krantz déposait un second rapport, ayant pour objet à peu près exclusif de prendre acte du remplacement de la société en formation par une Compagnie constituée, que représentaient MM. Chevalier, Fernand et Raoul Duval, et Alexandre Lavalley.

La loi fut votée sans discussion le 2 août 1875 [J. O.,
3 et 6 août 1875 et 30 janvier 1876. — B. L., 2° sem. 1875,
n° 266, p. 290].

442. — **Concession du chemin de Douai à Orchies à
la Compagnie du Nord.** — A la suite du vote émis le 6 juillet par l'Assemblée, au sujet de la concession des chemins
de Cambrai à Douai et d'Aubigny-au- Bac à Somain, au profit
de la Compagnie de Picardie et Flandres, le Ministre des
travaux publics conclut avec la Compagnie du Nord une
convention, qui concédait à cette société, sans subvention ni
garantie d'intérêt, les lignes de Douai à Orchies (19 km.) et
d'Orchies à la frontière (9 km.). Ces deux lignes formaient
un tronçon d'une grande voie internationale d'Anvers à
Douai. Elles étaient classées dans le réseau spécial constitué, comme nous l'avons vu, le 15 juin 1872, à l'occasion de
la concession des lignes de Montsoult à Amiens et de Cambrai à la frontière belge vers Dour ; leur comptabilité
restait donc distincte de l'ancien et du nouveau réseau ;
elles étaient solidarisées, au point de vue du partage des
bénéfices, avec le surplus du réseau spécial. Elles étaient
soumises au cahier des charges général de la Compagnie
du Nord et, de plus, à la disposition que nous avons déjà
rencontrée plusieurs fois pour l'établissement de passages
affectés aux voitures ou aux piétons, latéralement aux ponts
du chemin de fer. Enfin la convention étendait à la Compagnie du Nord la stipulation récemment admise pour la
Compagnie de Paris-Lyon-Méditerranée, en ce qui concernait le chauffage des voitures.

L'Assemblée fut saisie le 21 juillet d'un projet de loi
tendant à l'approbation des dispositions que nous venons d'a-
nalyser sommairement [J. O., 18 août 1875]; elle le vota
sans discussion, le 3 août 1875, sur le rapport de M. Krantz

.J. O., 4 et 21 août 1875. — B. L., 2ᵉ sem. 1875, n° 266, p. 305]. La ligne de Douai à Orchies fut ouverte à l'exploitation en 1880.

## 443. — Concession du chemin de Grande-Ceinture.

ɪ. — Projet de loi. — Les cinq grands réseaux aboutissant à Paris étaient reliés : 1° par le chemin de ceinture de Paris; 2° à une distance moyenne de 200 kilomètres environ de la capitale, par un autre chemin circulaire formé de diverses sections appartenant à ces réseaux et passant par Tours, le Mans, Alençon, Rouen, Amiens, Laon, Châlons-sur-Marne, Chaumont, Gray, Dijon, Nevers et Bourges; 3° par un autre chemin formé de sections d'intérêt général et de sections d'intérêt local, et dont les principaux points de passage étaient Chartres, Dreux, Gisors, Senlis, Soissons, Reims et Châlons-sur-Marne.

Toutefois, ces lignes transversales ne répondaient pas suffisamment aux besoins journaliers du commerce et de l'industrie, auxquels le transit obligé par Paris, des marchandises dirigées d'un réseau sur un autre, imposait des sujétions gênantes et coûteuses.

Aussi l'administration avait-elle reconnu, dès 1864, la nécessité de créer, en dehors de l'enceinte de Paris, à proximité de cette ville, un chemin de grande ceinture évitant au transit le passage par les gares intérieures.

Une série d'avant-projets furent successivement étudiés dans ce but, soit par des ingénieurs de l'État, soit par des demandeurs en concession et notamment par un syndicat formé des Compagnies du Nord, de l'Est, d'Orléans et de Paris-Lyon-Méditerranée.

Le conseil général des ponts et chaussées, consulté, reconnut : 1° que le chemin de Grande-Ceinture offrait, au plus haut degré, le caractère d'intérêt général et qu'à ce titre il devait être concédé au nom de l'État; 2° qu'aucun des projets présentés ne remplissait suffisamment les conditions voulues pour la facilité des communications; 3° qu'en attendant le résultat de nouvelles études, il était prudent de surseoir à toute autorisation de chemins d'intérêt local, dans la zone sur laquelle la nouvelle ligne était appelée à se développer.

Malgré cet avis, le conseil général de Seine-et-Oise concéda un chemin de circonvallation, par Versailles, Pontoise, Ecouen, Gonesse, Villiers-sur-Marne, Villeneuve-Saint-Georges et Juvisy, tout d'abord à M. Passedoit et à une Compagnie, dite de l'Anglo-Austrian-Bank, puis à un groupe constitué par la Banque française-italienne, la Banque franco-autrichienne-hongroise et la Banque des travaux publics belges.

Le conseil général des ponts et chaussées, persistant dans son opinion primitive, émit l'avis qu'il n'y avait pas de suite à donner à cette concession et qu'il convenait de mettre à l'enquête un avant-projet récemment dressé par l'ingénieur en chef du département de Seine-et-Oise.

Avant d'adopter les conclusions du conseil, le Ministre crut devoir soumettre la question du caractère à attribuer au chemin de Grande-Ceinture à la commission parlementaire du régime des chemins de fer. Cette Commission partagea absolument l'appréciation du conseil général des ponts et chaussées.

Une enquête fut, dès lors, ouverte sur l'avant-projet de l'ingénieur en chef de Seine-et-Oise.

A la suite de cette enquête, le conseil général des ponts et chaussées estima qu'il y avait lieu: 1° de déclarer d'utilité publique un chemin se détachant de la ligne de Paris à Brest, à la gare de Versailles-Matelots; passant par ou près Saint-Germain, Poissy, Pontoise, Épinay, Dugny; Nogent-sur-Marne, Villeneuve-Saint-Georges et Palaiseau; rejoignant la ligne de Bretagne, à la gare de Versailles-Chantiers; et longeant cette ligne jusqu'à la gare des Matelots;

2° De décider que ce chemin serait formé d'un circuit non interrompu de voies spéciales, indépendantes des lignes du réseau rayonnant et ne se confondant avec elles sur aucun point de son périmètre, et qu'il se raccorderait, soit directement, soit par embranchements, avec les lignes de Paris à Brest, à Rouen, au Nord par Pontoise et Creil, à Soissons, à Avricourt, à Lyon et à Orléans;

3° De l'établir à deux voies, avec des rayons de 400 mètres, au minimum, et des déclivités de 0 m. 15, au maximum;

4° De le concéder, sans subvention ni garantie d'intérêt, au syndicat des Compagnies du Nord, de l'Est, de Lyon et d'Orléans.

Cet avis servit de base à un projet de loi qui fut soumis au Conseil d'État. Le Gouvernement considéra en effet que l'argument tiré par le conseil général de Seine-et-Oise de la non-annulation de sa délibération relative à la concession était sans valeur, en présence des termes formels de la loi de 1865, et qu'en outre l'administration ayant, depuis de longues années, pris l'initiative des études, avait absolument conservé à ce sujet toute sa liberté et son indépendance. Le projet de loi ne s'écartait des conclusions du conseil général des ponts et chaussées qu'en ce qui touchait au mode de concession, pour lequel il prévoyait une adjudication.

Le Conseil d'État, après avoir longuement discuté les prétentions du conseil général de Seine-et-Oise, proclama hautement le droit absolu de l'État et le caractère incontestable d'intérêt général du chemin de Grande-Ceinture; il adopta le projet loi, en faisant toutefois observer que, dans l'espèce, la nouvelle ligne avait des rapports trop, étroits avec les grands réseaux, pour ne pas être considérée comme leur complément naturel et pour ne pas être concédée aux Compagnies en possession de ces réseaux ; il conclut donc à la concession au syndicat des Compagnies d'Orléans, du Nord, de l'Est et de Paris-Lyon-Méditerranée, en réservant à la Compagnie de l'Ouest la faculté d'entrer dans ce syndicat.

Le Gouvernement signa, avec les quatre Compagnies ci-dessus désignées, une convention dont les dispositions principales étaient les suivantes.

· Le tracé de ce chemin devait, aux termes de ce contrat, passer par ou près Saint-Germain-en-Laye, Poissy, Argenteuil, Dugny, Nogent-sur-Marne, Villeneuve-Saint-Georges, Épinay-sur-Orge, Palaiseau, et rejoindre la ligne de l'Ouest à la gare des Chantiers, à Versailles ; il comportait, en outre, des raccordements sur les lignes principales, ainsi qu'une branche d'Épinay-sur-Seine à Noisy-le-Sec, par les gares de triage de la plaine de Saint-Denis et de Pantin, pour faciliter les échanges entre les réseaux de l'Est et du Nord. Sa longueur était de 124 kilomètres, dont 52 empruntés aux chemins existants, savoir : de la gare des Chantiers à la gare des Matelots, à Versailles, et de Poissy au Pont-de-Maisons, sur le réseau de l'Ouest ; d'Épinay-sur-Seine à la gare de la plaine Saint-Denis, sur le réseau du Nord ; de Pantin à Nogent-sur-Marne et de Champigny à Sucy-en-Brie, sur le réseau de l'Est ; de Villeneuve Saint-Georges à Juvisy, sur le réseau de Paris-Lyon-Méditerranée ; et de Juvisy à Épinay-sur-Orge, sur le réseau d'Orléans. La dépense correspondante était de 52 millions. Comme on pouvait craindre que l'usage commun des diverses sections empruntées aux grands réseaux vînt à compromettre la régularité et la sécurité de l'exploitation, il était stipulé que le doublement des voies de tout ou partie de ces sections pourrait être prescrit par décrets délibérés en Conseil d'État, lorsque l'administration aurait reconnu leur insuffisance, après enquête.

Le délai d'exécution était fixé à trois ans, à partir de l'approbation des projets définitifs, lesquels devaient être produits dans le délai d'un an.

Le chemin était régi par le cahier des charges de la Compagnie d'Orléans ; la concession devait prendre fin au terme le plus reculé des concessions faites aux quatre Compagnies syndiquées, c'est-à-dire au 31 décembre 1958.

Les comptes des recettes et des dépenses, ainsi que les charges du capital de premier établissement, étaient répartis également entre les Compagnies syndiquées et rattachés à ceux des anciens réseaux dans lesquels figurait déjà le chemin de Petite-Ceinture.

En cas de rachat d'un réseau, l'État était tenu de racheter également la part correspondante du chemin de Grande-Ceinture ; au fur et à mesure de l'expiration de leur concession, la Compagnie qui avait la vie la moins longue devait recevoir, jusqu'au terme de la concession du chemin de Grande-Ceinture, une annuité réglée comme en cas de rachat. L'État se substituait d'ailleurs aux droits et aux obligations des Compagnies évincées.

Les traités à passer par les Compagnies syndiquées, soit entre elles, soit avec d'autres Compagnies, devaient être approuvés par décrets délibérés en Conseil d'État.

La Compagnie de l'Ouest recevait la faculté d'entrer dans le syndicat, à charge d'user de cette faculté avant dix-huit mois.

Le 11 mars 1875, l'Assemblée nationale fut saisie d'un projet de loi portant ratification de cette convention. Dans

l'exposé des motifs, le Ministre faisait remarquer que l'exécution du chemin de Grande-Ceinture préparerait la transformation du chemin de Petite-Ceinture en un chemin
exclusivement métropolitain, et permettait, en le dégageant
d'un trafic considérable, d'y multiplier les trains de voyageurs et d'y souder des raccordements avec les usines et des
embranchements pénétrant dans l'intérieur de Paris [J. O.,
21 et 22 mai 1875].

II. — RAPPORT A L'ASSEMBLÉE. — Ce fut M. Ricot qui
fut chargé de la rédaction du rapport. Il conclut à l'adoption du projet de loi, sauf des modifications de détail, dont
la seule à mentionner était la réduction à une année du délai
accordé à la Compagnie de l'Ouest, pour son entrée dans le
syndicat. Il s'attacha à démontrer, d'une part, que l'emprunt de certaines sections des grands réseaux serait sans
inconvénient, surtout avec le droit réservé au Gouvernement de faire doubler ces sections, et d'autre part, que
l'importance et l'urgence des travaux était trop grande pour
se prêter à l'aléa d'une adjudication publique ou d'entreprises de construction à forfait [J. O., 2 août 1875].

III. — DISCUSSION. — La discussion [J. O., 4 et 5 août
1875] s'ouvrit le 3 août 1875. Après le rejet d'une proposition tendant à remettre le débat à la session suivante,
M. Caillaux, Ministre des travaux publics, demanda de modifier l'indication du tracé en réservant, pour une loi ultérieure, la détermination de la direction à suivre entre
Villeneuve-Saint-Georges et Palaiseau, et en se ménageant
ainsi le délai nécessaire pour étudier plus complètement la
question, au point de vue militaire.

M. Jean Brunet répondit par un amendement qui tendait
au maintien du texte primitif, afin de ne pas laisser plus

longtemps en suspens une œuvre urgente, qui avait fait l'objet d'un examen assez approfondi. Mais, sur les observations du Ministre et du général Pellissier, cet amendement fut rejeté.

Puis l'Assemblée passa à la discussion d'un autre amendement, qui émanait de M. Pascal Duprat et dont le but était de rendre le chemin de Grande-Ceinture absolument indépendant des autres lignes, et d'en autoriser la concession directe ou par voie d'adjudication, après l'approbation des projets rectifiés, par le conseil général des ponts et chaussées et le Conseil d'État.

M. Duprat défendit sa proposition, en s'appuyant sur l'avis très catégorique émis par le conseil général des ponts et chaussées, par M. de Franqueville, directeur général des ponts et chaussées, et par M. de Bourenille, secrétaire général du ministère des travaux publics, contre toute solidarité entre la ligne nouvelle et les autres chemins, ainsi que sur la supériorité du prix de revient, d'après le projet du syndicat des Compagnies, sur le prix de revient, d'après d'autres projets.

M. Caillaux répondit que les études étaient assez complètes pour permettre à l'Assemblée de statuer immédiatement sur la concession ; que la continuité et la sécurité du service seraient assurées par les dispositions proposées ; que, d'ailleurs, le Gouvernement était armé du droit de faire doubler les sections empruntées ; que la plupart de ces sections étaient peu chargées de trafic ; que la combinaison réalisée par le projet de loi hâterait la construction du chemin ; que l'exploitation était arrivée à un degré de perfection augmentant notablement la capacité de transport des voies ferrées et, en outre, qu'en temps de guerre la suppression des services commerciaux permettrait de donner aux transports militaires une activité suffisante, pour faire face à tous les besoins. Réfutant ensuite des critiques dirigées contre l'incorporation du chemin à l'ancien réseau des grandes Compagnies, le Ministre fit observer que la situation respective de l'État et des Compagnies du Nord et de Lyon ne serait pas modifiée, eu égard aux excédents de bénéfices sur le revenu réservé, et que, pour les autres Compagnies, tout se bornerait à quelques avances complémentaires ou au retard du remboursement des avances antérieures. Il invoqua, en outre, la solidarité entre le chemin de Grande-Ceinture et le chemin de Petite-Ceinture.

M. le général de Cissey, Ministre de la guerre, et M. Krantz appuyèrent les observations du Ministre des Travaux publics et, malgré l'intervention de M. Jules Favre, l'amendement fut rejeté.

L'assemblée vota ensuite (4 août 1875) le projet de loi, après l'avoir complété, sur la proposition du Ministre, par un article qui faisait tomber un amendement de MM. Rameau et autres, et qui prévoyait l'allocation à la Compagnie du chemin de fer de circonvallation, d'une indemnité à fixer par le Conseil d'État, à raison des dépenses faites par cette Société pour les études dudit chemin de fer [B. L., 2e sem. 1875, n° 266, p. 308]. Cette indemnité fut réglée à 60 000 fr. par décret du 20 février 1877 [B. L., 1er sem. 1877, n° 334, p. 112].

L'ouverture à l'exploitation a eu lieu en 1882 et 1883.

444. — **Constitution du syndicat de Grande-Ceinture.** — Le 23 septembre 1875, les Compagnies du Nord, de l'Est, de Paris-Lyon-Méditerranée et d'Orléans conclurent une convention, aux termes de laquelle elles se constituaient en syndicat pour la concession du chemin de Grande-Ceinture. Aux termes de cette convention, le capital nécessaire à la construction devait être fourni par l'émission d'obliga-

tions spéciales émises avec la garantie solidaire des Compagnies syndiquées; les trains de voyageurs et de marchandises pouvaient desservir les stations des sections empruntées aux autres réseaux, mais le syndicat devait tenir compte aux Compagnies concessionnaires de ces sections de la moitié des taxes réellement perçues par lui ; un droit réciproque de circulation aux mêmes conditions, sur les sections nouvelles, était ouvert au profit des Compagnies syndiquées; en cas de tarif commun, pour un transport empruntant le réseau d'une des parties contractantes et le chemin de Grande-Ceinture, une part proportionnelle de la taxe était attribuée à ce dernier, sans qu'elle pût descendre au-dessous de 0 fr. 06 par tonne kilométrique; les gares communes, établies ou à établir sur les divers réseaux, restaient la propriété des Compagnies concessionnaires de ces réseaux, mais les charges étaient réparties au prorata du nombre des trains reçus ou expédiés, défalcation faite des trains qui ne s'arrêtaient pas ; le loyer était, d'ailleurs, fixé à 6 %; les recettes et dépenses étaient réparties également entre les Compagnies syndiquées.

Le syndicat était géré par huit administrateurs pris, par groupes de deux, dans les conseils d'administration des quatre Compagnies syndiquées. Il y avait en outre une assemblée générale composée des huit syndics et de seize administrateurs des quatre Compagnies.

Cette convention fut approuvée par décret du 3 décembre 1875 [B. L., 2ᵉ sem. 1876, nᵒ 291, p. 41].

445. — **Concession à la Compagnie de l'Ouest d'un chemin de Conflans à la ligne de Paris à Dieppe par Pontoise.** — Le 17 août 1875 intervint un décret [B. L., 2ᵉ sem. 1875, nᵒ 271, p. 529], qui déclarait d'utilité publique un embranchement de 12 kilomètres reliant la gare

de Conflans, sur la ligne de Paris au Havre, à Pontoise, sur la ligne de Paris à Dieppe, et décidant que ce chemin serait exécuté par la Compagnie de l'Ouest, sous réserve du règlement ultérieur des conditions financières de la concession, par une loi. Nous n'insisterons pas, pour le moment, sur ce chemin que nous retrouverons dans la convention du 31 décembre 1875.

446. — **Concession du chemin d'Haubourdin à Lille-Saint-André à la Compagnie de Lille à Valenciennes.**— Le département du Nord poursuivait l'établissement d'un chemin d'intérêt local d'Haubourdin à Lille (7 km.); mais ce chemin reliant des lignes d'intérêt général (Lille à Béthune et Lille au littoral), le Gouvernement crut devoir le retenir au même titre et le concéder, le 17 août 1875, à la Compagnie de Lille à Valenciennes. Aux termes de la convention annexée au décret [B. L., 2ᵉ sem. 1875, n° 275, p. 710], le quart du produit brut de l'exploitation, au-dessus d'une recette kilométrique brute de 25 000 fr., était attribuée à l'État. A cette occasion, le cahier des charges général du réseau était complété par l'addition de la clause des ponts pour voitures et piétons accolés aux ponts du chemin de fer et par celle des gares communes et du péage des Compagnies d'embranchement.

447. — **Concession du chemin d'Angoulême à Marmande.**

I. — Projet de loi. — La vaste région comprise, d'une part, entre les deux chemins d'Angoulême à Limoges et de Bordeaux à Agen, et d'autre part, entre les chemins de Limoges à Agen et d'Angoulême à Bordeaux, n'était desservie que par deux lignes transversales, celles de Coutras à Périgueux et de Libourne à Bergerac. Dès 1869, l'admi-

nistration s'était préoccupée de cette situation et avait mis
à l'étude un chemin de Montmoreau sur Bergerac, par
Ribérac et Mussidan. Les résultats de cette étude étaient
soumis au Ministre, lorsqu'en 1873 M. de Montour, agissant au nom d'une Compagnie en formation, sollicita la
concession pour quatre-vingt-dix-neuf ans, moyennant une
subvention de 11 millions et une garantie d'intérêt de 4 °/₀,
d'un chemin partant de Montmoreau, sur la ligne d'Angou-
lème à Bordeaux, et aboutissant à Houeillès, en passant
par ou près Ribérac, Mussidan, Bergerac, Eymet, Sauvetat,
Marmande et Casteljaloux, et, éventuellement, la concession du prolongement de ce chemin jusqu'à Mont-de-Marsan, avec embranchement sur Eauze, ainsi que d'un autre
embranchement de Barbezieux à Montmoreau.

Après une instruction approfondie, le Gouvernement
crut devoir souscrire à la concession, au profit de la Compagnie, de la section de Montmoreau à Marmande (158 km.)
et ajourner le surplus, jusqu'à ce que des études plus complètes eussent été faites.

Le Ministre des travaux publics conclut en conséquence,
avec MM. de Montour et consorts, une convention qui leur
accordait cette concession, sans garantie d'intérêt, avec
une subvention de 12 750 000 fr., payable en seize termes
semestriels égaux, à partir du 16 janvier 1877, l'État se réservant la faculté de transformer cette subvention en trente
termes semestriels égaux, sauf addition d'un sixième. Le
cahier des charges était conforme au type du 23 mars
1874 ; les clauses financières étaient également celles que
le législateur avait consacrées à cette date [J. O., 7 août
1874].

II. — RAPPORT A L'ASSEMBLÉE. — M. Léopold Faye présenta le 28 juin 1875 son rapport sur cette affaire [J. O.,

26 et 27 juillet 1875]. Ce rapport concluait à l'adoption
sous les réserves suivantes :

1° Substitution d'Angoulême à Montmoreau comme
point de départ de la ligne. Malgré l'allongement de 25 kilomètres qui en résultait, la Compagnie acceptait cette substitution, sans supplément de subvention ;

2° Réduction de la durée de la concession, de manière à
lui assigner le même terme qu'à la concession du réseau
d'Orléans.

III. — DISCUSSION. — La première délibération eut lieu
le 16 novembre 1875 [J. O., 17 novembre 1875]. Elle ne
souleva qu'une question de M. le marquis de Maleville,
concernant la ligne du Buisson à Saint-Denis. M. Caillaux,
Ministre des travaux publics, répondit en promettant de
déposer, à bref délai, un projet de loi portant déclaration
d'utilité publique d'un certain nombre de chemins, parmi
lesquels celui du Buisson à Saint-Denis.

Lors de la seconde délibération, le 2 décembre [J. O.,
3 décembre 1875], l'urgence fut déclarée, malgré les efforts
de M. Tolain et ceux de M. Wilson, qui demandait l'ajournement, jusqu'à l'examen du projet de loi relatif au réseau
des Charentes, auquel il conviendrait peut-être, selon lui,
de rattacher la nouvelle ligne.

M. Varroy développa ensuite un amendement obligeant
la Compagnie à indiquer le prix de la place sur les billets
délivrés aux voyageurs. M. Caillaux y adhéra, en faisant ses
réserves au sujet de la généralisation éventuelle de cette
disposition, en raison des difficultés matérielles qui en résulteraient et du peu d'intérêt de la mesure pour le public.
Après de nouvelles observations de M. Varroy, qui s'appuyait sur l'exemple de l'Allemagne, de l'Italie, de la Suisse,
l'amendement fut adopté.

M. Varroy proposa également d'étendre aux carrières et aux établissements commerciaux le bénéfice de la clause du cahier des charges, concernant les embranchements industriels, ainsi que l'Assemblée l'avait fait pour les chemins de Tours à Montluçon et de Besançon à Morteau. M. Caillaux déclara admettre cette proposition pour les carrières, mais la repousser pour les établissements commerciaux, afin de ne pas multiplier les aiguilles et de ne pas prêter à une concurrence abusive, de la part d'entreprises de transport ; il fit d'ailleurs valoir qu'en pratique jamais les Compagnies ne faisaient de difficultés pour les raccordements vraiment utiles. M. Faye répondit au Ministre qu'il était toujours juge des nécessités de la sécurité ; M. Varroy, de son côté, consentit à exclure des établissements commerciaux ceux des entreprises de transport. L'amendement fut voté pour les carrières et rejeté quant au surplus.

Puis l'ensemble de la loi fut voté [B. L., 2ᵉ sem. 1875, nᵒ 285, p. 1237].

448. — **Concession du chemin d'Alais au Rhône.** — Le 26 décembre 1872, M. Fourcand avait formulé une demande tendant à obtenir la concession, sans subvention ni garantie d'intérêt, d'un chemin d'Alais au Rhône et à Orange, destiné à faciliter l'exploitation des nombreuses forêts et des mines de lignite, ainsi que l'écoulement des houilles du Gard. Ce chemin devait avoir une longueur de 67 kilomètres et comportait un grand ouvrage, pour la traversée du Rhône. Après une instruction administrative complète et la justification par M. Stephen Marc, successeur de M. Fourcand, des moyens d'action nécessaires, le Ministre conclut, avec cet industriel, une convention qui lui concédait :

1ᵒ A titre définitif, un chemin d'Alais au Rhône, au lieu dit Port-l'Ardoise (57 km., évaluation 14 700 000 fr.) ;

2° A titre éventuel, une section de Port-l'Ardoise à Orange et un raccordement avec la ligne en projet sur la rive droite du Rhône.

La concession de la section de Port-l'Ardoise à Orange ne pouvait être rendue définitive qu'après la mise en exploitation du chemin d'Alais au Rhône ; quant à celle du raccordement avec la ligne de la rive droite du Rhône, elle pouvait l'être après l'accomplissement des formalités règlementaires.

Les clauses financières de la convention étaient semblables à celles qui avaient été insérées dans la loi du 23 mars 1874 ; le cahier des charges était conforme au type.

Le 31 juillet 1875, l'Assemblée fut saisie d'un projet de loi portant approbation du contrat [J. O., 8 et 12 novembre 1875].

Le 23 novembre 1875, M. le duc de Crussol d'Uzès déposa un rapport favorable, dans lequel il s'attacha à faire ressortir surtout l'importance du chemin, dans ses relations avec le Rhône, pour le transport des charbons du bassin d'Alais [J. O., 30 et 31 décembre 1875 et 3 janvier 1876].

La loi fut votée sans discussion, le 4 décembre 1875 [J. O., 5 décembre 1875. — B. L., 2ᵉ sem. 1875, n° 285, p. 1256]. La ligne d'Alais à Port-l'Ardoise fut ouverte en 1882.

## 449. — Convention avec la Compagnie du Midi.

I. — PROJET DE LOI. — L'ancien réseau de la Compagnie du Midi, d'une longueur de 798 kilomètres, était depuis longtemps livré à l'exploitation ; quant à son nouveau réseau, d'un développement de 1 792 kilomètres, il ne comportait plus que 630 kilomètres à achever. Le Gouvernement pensa donc que le moment était venu de concéder à cette Compagnie de nouvelles lignes, à savoir :

Ligne de Cette à Montbazin (13 km.), destinée à relier la ville de Cette au chemin de Rodez à Montpellier ;

Lignes de Moux à Caunes (26 km.) et de Marcorignan à Bize (13 km.), destinées à assurer au transport des vins de l'Aude des facilités en rapport avec l'importance de la production du pays ;

Ligne de Mont-de-Marsan à Roquefort (22 km.) et de Roquefort à Marmande (81 km.), destinées à relier plus directement Mont-de-Marsan et les Landes avec la vallée de la Garonne et les départements de Lot-et-Garonne et de la Dordogne ;

Ligne de Condom à Riscle (78 km.), destinée à desservir l'Armagnac, où la production des vins et des eaux-de-vie avait une intensité remarquable ;

Lignes de Montauban à Saint-Sulpice (41 km.) et de Saint-Sulpice à Castres (47 km.), destinées à réduire notablement la distance entre Castres, d'une part, Toulouse et Montauban, d'autre part ;

Ligne de Puyoo à Saint-Palais (30 km.), appelée à desservir une partie de l'arrondissement de Mauléon et à pénétrer au centre du pays basque, pour le rattacher à Bordeaux et Bayonne ;

Ligne de Tarascon-sur-Ariège à Ax (25 km.), destinée à ouvrir un débouché aux riches mines de fer de cette partie des Pyrénées.

Toutes ces lignes étaient concédées à titre ferme, sauf celle de Roquefort à Marmande, qui ne l'était qu'à titre éventuel, pour ne pas trop surcharger le Trésor.

Leur longueur totale était de 295 kilomètres ; leur évaluation, de 84 900 000 fr., ou 296 800 fr. par kilomètre.

Celles de Cette à Montbazin, Moux à Caunes, Marcorignan à Bize et Mont-de-Marsan à Roquefort (75 km), se rattachant à l'ancien réseau, y étaient classées; elles étaient concédées sans subvention. Toutefois, l'État se chargeait d'exécuter l'infrastructure, au moyen de fonds versés par la Compagnie dans les caisses du Trésor, jusqu'à concurrence de la somme de 8 300 000 fr. à laquelle étaient évalués les travaux.

Les autres lignes étaient au contraire rattachées au nouveau réseau; l'État exécutait à ses frais la plate-forme, moyennant des avances évaluées à 36 400 000 fr., à faire au Trésor par la Compagnie du Midi, en seize termes semestriels égaux à partir du 1er novembre 1876, et remboursables à partir du 1er mai 1877 en quatre-vingts annuités comprenant l'intérêt et l'amortissement au taux de 4,75 %. Ce taux, légèrement supérieur à celui de 4 1/2, qui avait été admis en 1874 dans la loi dont M. de Montgolfier avait été le rapporteur, se justifiait, aux yeux du Gouvernement, par la durée plus faible de l'amortissement.

Les chemins qui faisaient l'objet de la convention étaient soumis au cahier des charges général de la Compagnie du Midi, sauf addition des clauses adoptées en 1874 pour les gares communes et l'évaluation de l'indemnité afférente aux lignes concédées depuis moins de quinze ans, en cas de rachat.

Le terme de la clôture du compte définitif de premier établissement était reporté au 31 décembre 1877.

Le maximum du capital garanti, fixé à 456 000 000 fr. en 1868, était porté à 511 800 000 fr., savoir :

Évaluation de 1868. . . . . . . . . . . . . . . 456 000 000 fr.
Dépenses afférentes aux lignes faisant l'objet d'une concession définitive et classées dans le nouveau réseau . . . . . . . . . . . . . . . . . . . . . 36 400 000
Dépense éventuelle pour la ligne de Montgon à Arvant. . . . . . . . . . . . . . . . . . . . . . . . . 6 000 000

*A reporter.* . . . . . . 498 400 000

|                                                                                   |              |
|-----------------------------------------------------------------------------------|--------------|
| *Report.* . . . . .                                                               | 498 400 000  |
| Dépense éventuelle pour la ligne de Roquefort à Marmande . . . . . . . . . . . . . . . . . . | 13 400 000 |
| TOTAL PAREIL. . . . . .                                                            | 511 800 000 fr. |

Il était en outre prévu des dépenses complémentaires, pour une somme de 83 000 000 fr., ladite somme décomposée explicitement dans la convention en 60 000 000 fr. pour pose de secondes voies et 23 000 000 fr. pour tous autres travaux. On prévoyait en effet que la voie devrait être doublée, sur 460 kilomètres environ ; sur cette longueur, 276 kilomètres avaient été exécutés dans les conditions de la loi de 1842 et l'État avait à y pourvoir à l'infrastructure de la deuxième voie ; la Compagnie s'engageait à faire au Trésor les avances nécessaires, jusqu'à concurrence d'une somme de 15 000 000 fr., sauf remboursement, dans des conditions analogues à celles que nous avons indiquées ci-dessus.

Le revenu kilométrique réservé à l'ancien réseau, tel qu'il résultait des lois de 1868 et de 1874, était de 28 010 fr.. ce qui correspondait à un chiffre total de.          22 351 980 fr.

Il y avait lieu d'ajouter à ce dernier chiffre :

L'intérêt et l'amortissement à 5,90 % (taux substitué à celui de 5,75 % antérieurement admis, en raison de l'avilissement du cours des obligations, de la création de l'impôt de 3 % sur le revenu et de la réduction de la durée de l'amortissement) pour la dépense de 21 500 000 fr., à laquelle étaient évaluées les lignes rattachées à l'ancien réseau, ci . . . . . .          1 268 500

La différence entre le taux précité de 5,90 % et celui de 4,65 % auquel s'élevait la garantie de l'État, pour les dépenses afférentes aux lignes rattachées au nouveau réseau, soit 1, 25 %, sur 36 400 000 fr. . .          455 000

ce qui donnait un total de. . . . . . . . .          24 075 480 fr.

pour 873 kilomètres, c'est-à-dire un chiffre kilométrique de 27 600 fr.

Ce chiffre devait être augmenté : 1° de 67 fr., pour chaque million de travaux complémentaires exécutés sur l'ancien réseau, dans la limite d'un maximum de 57 millions; 2° de 14 fr. 50, pour chaque million de travaux analogues exécutés sur le nouveau réseau, dans la limite précitée de 83 millions; 3° de 77 fr., en cas d'exécution de la ligne de Montgon à Arvant, et de 192 fr., en cas d'exécution de la ligne de Roquefort à Marmande. De ces derniers chiffres, le premier représentait 1,10 % (taux prévu en 1868) et le second 1,25 % de la dépense correspondante.

Quant au partage des bénéfices, il ne subissait aucune modification pour les concessions antérieures, et il était prévu, pour les lignes nouvelles, au delà d'un produit net de 6 1/2 %, limite déjà admise pour la Compagnie de Paris-Lyon-Méditerranée.

Le projet de loi portant ratification de cette convention fut présenté le 15 février 1873 [J. O., 21 mars 1875].

II. — RAPPORT A L'ASSEMBLÉE. — M. Aclocque déposa son rapport le 13 juillet 1875 [J. O., 12 et 13 août 1875]. Ainsi que le constatait ce rapport, la Commission, examinant successivement les diverses lignes énumérées au projet de convention, avait dû, pour le chemin de Cette à Montbazin, repousser une demande de la Compagnie des chemins d'intérêt local de l'Hérault, sollicitant la concession de ce chemin ou tout au moins d'une ligne de Montbazin à Pignan, qui aurait, avec d'autres lignes départementales, établi une voie continue parallèle à l'une des artères du réseau du Midi;

Pour les chemins de Moux à Caunes et de Marcorignan à Bize, elle avait repoussé également la concession d'une ligne de Carcassonne à Narbonne, sur la rive gauche de

l'Aude, faite à MM. de Mieulle et C$^{ie}$, par le département de
l'Aude ; cette ligne n'eût en effet desservi qu'une région déjà
traversée par le canal du Midi et placée dans la sphère
d'action du chemin de Bordeaux à Cette ; son trafic eût été
relativement minime et l'exécution n'en eût été possible
qu'à la faveur de l'établissement d'une grande ligne méri-
ridienne, qui devait aller de Dunkerque à Paris et en Espagne, en se constituant, par un étrange abus de la loi de
1865, au moyen d'une série de concessions départementales.

Pour les chemins de Mont-de-Marsan à Roquefort et de
Roquefort à Marmande, la Commission avait résisté aux demandes faites près d'elle, dans le but d'obtenir la concession ferme du second chemin comme du premier, ou, tout
au moins, l'attribution de la priorité à la section de Casteljaloux à Marmande ; mais elle avait exprimé le vœu que
cette section fût déclarée d'utilité publique avant un délai
de deux ans.

Pour le chemin de Condom à Riscle, elle avait eu à
examiner une variante, qui substituait Aire à Riscle comme
point terminus ; mais elle avait rejeté cette variante, préjudiciable aux relations importantes du Gers avec les Hautes et
les Basses-Pyrénées ; elle avait, du reste, constaté que la
jonction ultérieure de l'Armagnac avec Pau était également
sauvegardée par les deux solutions, et s'était bornée à appeler l'attention du Gouvernement sur l'utilité de relier,
aussitôt que possible, Vic-en-Bigorre et Pau.

Passant aux clauses financières de la convention, la Commission justifiait, d'après le cours des obligations et la durée
de l'amortissement, le taux effectif de 5,85 %, sur lequel
était basé le calcul des annuités à servir à la Compagnie du
Midi, en remboursement de ses avances, et celui de 5,90
admis pour les emprunts non remboursables de la Compagnie. Toutefois, pour donner satisfaction aux observations

3                                                    17

présentées, à cet égard, par le Ministre des finances et le conseil d'État, il stipulait que les annuités de remboursement seraient calculées provisoirement au taux de 5,75 %, jusqu'au jour où la Compagnie aurait fait à l'État l'intégralité de ses avances ; qu'ensuite elles seraient rectifiées, d'après le taux effectif moyen des émissions pendant la période sur laquelle se seraient étendues ces avances, les excédents et les insuffisances accusés par ce calcul rectificatif devant porter intérêt à 5 % au profit de l'une ou l'autre des parties ; enfin qu'il serait procédé, suivant les mêmes principes, pour les diverses augmentations du revenu réservé, à raison de l'exécution des lignes nouvelles et des travaux complémentaires de premier établissement.

La Commission ajoutait au cahier des charges une clause concernant l'établissement éventuel de passages pour voitures ou pour piétons, latéralement aux ponts du chemin de fer.

Elle proposait, pour le surplus, l'adoption du projet de loi.

III. — PREMIÈRE DÉLIBÉRATION. — La première délibération eut lieu le 16 novembre 1875 [J. O., 17 novembre 1875]; elle ne souleva aucun incident méritant d'être signalé.

IV. — DEUXIÈME DÉLIBÉRATION. — Lors de la deuxième délibération, le 2 décembre 1875 [J. O., 3 décembre 1875], M. Clapier demanda l'ajournement de la discussion ; il invoqua la nécessité d'attendre les résultats de l'enquête parlementaire sur les tarifs de transport, afin d'introduire dans le cahier des charges les modifications nécessaires à cet égard. Les concessions nouvelles devaient avoir, suivant l'orateur, le grave inconvénient de clore l'ère des chemins de fer départementaux ; de créer des difficultés nouvelles

pour le rachat, au cas où on serait conduit à y procéder ;
d'accumuler trop de travaux sur une même période et d'en
exagérer ainsi la dépense ; de convertir trop rapidement le
capital circulant du pays en capital fixe ; d'introduire, dans
le réseau d'intérêt général, des lignes qui n'avaient qu'un
caractère d'intérêt local ; d'engager l'avenir par l'attribution
éventuelle de chemins non encore étudiés ; de maintenir des
contrats onéreux et d'en étendre l'application ; de recourir,
pour les travaux à la charge de l'État, au crédit de la Compagnie, nécessairement inférieur à celui du Trésor ; de laisser
planer une incertitude absolue sur le taux dont il y aurait
lieu de tenir compte, dans le règlement des annuités ; de
comporter également des charges très lourdes pour des
travaux complémentaires importants, livrés à l'arbitraire
des Compagnies. Il ne fallait pas du reste, à la veille d'élec-
tions générales, se prêter à une décision hâtive qui pourrait
être interprétée comme une manœuvre électorale.

M. Aclocque, rapporteur, répondit que les concessions
éventuelles engageaient la Compagnie seule et qu'il y avait
intérêt à garantir aux populations la réalisation de leurs
vœux, dans un délai déterminé. Il donna des explications
détaillées sur les travaux complémentaires ; sur la nécessité
de les imputer au compte de premier établissement, auquel
ils se rattachaient étroitement ; sur l'impossibilité d'en porter la dépense au compte d'exploitation, sous peine, d'une
part, de faire peser injustement sur un exercice des charges
profitables aux exercices ultérieurs, et d'autre part, d'altérer les bases du règlement de l'indemnité en cas de rachat ;
sur le contrôle étroit auquel ils étaient soumis, soit
avant leur approbation, soit pendant et après leur exécution.
Il fit ressortir l'ajournement excessif que subirait le projet
de loi, si on attendait, pour y donner suite, la fin des études
de la Commission sur le régime des transports.

Après quelques mots de M. Victor Lefranc, dans le même sens, la proposition de M. Clapier fut repoussée.

M. Tolain présenta ensuite une observation sur une erreur de 45 fr., qui avait été commise au profit de la Compagnie, en 1868, dans le calcul du revenu kilométrique réservé avant déversement. Il demanda en outre quelles étaient les raisons qui avaient déterminé la Commission à renoncer au système du forfait, pour le taux de négociation des obligations, et, si ce système prévalait, quelles précautions seraient prises pour éviter des émissions onéreuses pour l'État; il ajouta qu'il lui paraissait anormal de ne pas continuer l'application du taux du 5,75 %, qui pouvait être un peu faible dans l'état actuel du crédit, mais sur lequel les Compagnies avaient bénéficié jusqu'alors.

M. Aclocque et M. Caillaux répondirent, sur le premier point, que le chiffre fixé en 1868 pour le revenu kilométrique réservé avait constitué un forfait et que d'ailleurs ce chiffre n'était plus en discussion. Sur le second point, ils ajoutèrent que, en raison des nouveaux impôts et de la réduction de la période d'amortissement, le taux de 5,75 % était manifestement insuffisant; que la Commission avait reconnu la nécessité de l'élever à 8,55 % et même 5,90 %; mais que, devant les observations du Ministre des finances et de M. de Soubeyran, elle avait jugé plus sage de renoncer au forfait et de lui substituer la réalité des faits; et que d'ailleurs, les émissions d'obligations étant subordonnées à l'autorisation du Ministre des travaux publics, les préoccupations de M. Tolain, sur l'éventualité d'emprunts inopportuns, étaient dénuées de fondement.

Puis l'Assemblée eut à se prononcer sur les amendements suivants :

1° Amendement de M. Lambert-Sainte-Croix et plusieurs de ses collègues, tendant à substituer aux lignes de

Moux à Caunes et de Marcorignan à Bize une ligne dite du Minervois, reliant Carcassonne à Narbonne, par Caunes, Azille, Olonzac, Ourcillac et Cuxac.

Cet amendement fut rejeté, à la suite de longs discours de M. Aclocque et du Ministre, dont nous ne donnerons point l'analyse, en raison de leur caractère absolument spécial. et dans lesquels étaient développées les raisons que nous avons indiquées sommairement, à propos du rapport sur le projet de loi.

2° Amendement de M. Loustalot, tendant à substituer la désignation de « Mont-de-Marsan à Roquefort » à la dénomination de « Mont-de-Marsan à ou près Roquefort ».— Rejeté.

3° Amendement de MM. Léopold Faye, comte de Bastard, etc., tendant à concéder à titre ferme et non éventuellement,la section de Casteljaloux à Marmande.—Adopté, d'accord avec le Ministre.

4° Amendement de M. Arrazat et deux de ses collègues, tendant à la concession d'un chemin du Bousquet-d'Orb à Lodève, avec embranchement sur Clermont-l'Hérault et Saint-André, pour donner satisfaction à des populations qui avaient été déçues dans leur espoir d'être desservies par la ligne de Montpellier à Rodez.— Rejeté.

TROISIÈME DÉLIBÉRATION. — Le projet de loi fut examiné le 14 décembre 1875 en troisième délibération [J. O., 15 décembre 1875].

MM. Bonnel et Marcou présentèrent un amendement, dont le but était de substituer aux chemins de Moux à Caunes et Marcorignan à Bize deux lignes de Carcassonne à Caunes et de Narbonne à Bize, c'est-à-dire deux amorces du chemin du Minervois, qui avait été repoussé en deuxième délibération.

La substitution fut admise, d'accord avec le Ministre, pour la ligne de Narbonne à Bize, eu égard aux difficultés techniques du raccordement à Marcorignan et à l'importance de la ville de Narbonne ; mais elle fut rejetée, pour la seconde ligne.

M. Arrazat reproduisit ensuite son amendement relatif à la concession du chemin du Bousquet-d'Orb à Lodève, avec embranchement sur Clermont-l'Hérault et Saint-André ; il échoua, comme la première fois.

Puis la loi fut votée dans son ensemble, le 14 décembre [B. L., 2° sem. 1875, n° 285, p. 1276].

La section de Condom à Riscle fut ouverte en 1880 ; celle de Mont-de-Marsan à Roquefort, en 1882.

**450. — Concession du chemin de Constantine à Sétif.** — Le 30 novembre 1875, le Ministre de l'intérieur déposa un projet de loi portant déclaration d'utilité publique et concession, au profit de M. Joret, d'un chemin de Constantine à Sétif, destiné à former, avec celui de Constantine à Philippeville, une ceinture autour de la Kabylie, à assurer ainsi la sécurité du pays et à en faire valoir les ressources.

Aux termes de la convention, le gouverneur général garantissait, pendant toute la durée de la concession, un revenu annuel net de 7 350 fr. par kilomètre, sans que cette garantie pût s'appliquer à une longueur de plus de 155 kilomètres. Les frais d'exploitation étaient établis à forfait, suivant le barème que voici :

| | |
|---|---|
| Au-dessous de 11 000 fr. de recette brute .......... | 7 000 fr. |
| De 11 000 à 12 000 fr. ............................. | 64 %. |
| De 12 000 à 13 000 fr. ............................. | 62 %. |
| De 13 000 à 14 000 fr. ............................. | 60 %. |
| De 14 000 à 15 000 fr. ............................. | 58 %. |

De 15 000 à 16 000 fr............................. 56 %.
De 16 000 à 20 000 fr............................. 55 %.
Au delà de 20 000 fr............................. 52 %.

Au-dessus de 18 000 fr. de recette brute kilométrique, le tiers de l'excédent était porté au compte de l'État, jusqu'au remboursement intégral de ses avances.

Le gouverneur général se réservait de faire exécuter la plate-forme par les ingénieurs de l'État, pour le compte et aux frais de la Compagnie.

A partir du moment où un revenu net de 9 000 fr. serait constaté, pendant dix années consécutives, les excédents de ce revenu net, déduction faite des impôts sur les transports et des sommes affectées au remboursement de l'État, devaient être affectés, par privilège, à la construction et à l'exploitation d'un embranchement d'El-Guerrah à Batna, jusqu'à concurrence d'un produit net de 7 350 fr. sur cet embranchement, et pour une longueur totale ne pouvant dépasser 80 kilomètres.

La Compagnie s'engageait d'ailleurs à établir cet embranchement, sans subvention ni garantie, dans un délai de trois ans, à partir du moment où le revenu de 9 000 fr., constaté comme il est dit à l'article précédent, aurait été atteint; elle s'engageait également à l'exécuter, sur la réquisition de l'État, dans un délai de trois ans, à partir de l'ouverture de la section de Constantine à El-Guerrah.

Les clauses financières du projet de loi [J. O., 10 janvier 1875] étaient les clauses usuelles ; le cahier des charges était conforme au type algérien.

M. Ricot présenta le 8 décembre 1875 un rapport favorable aux propositions du Gouvernement [J. O., 22 janvier 1875]; il montra que le trafic de la ligne de Philippeville à Constantine n'avait cessé de s'accroître rapidement depuis 1870 et que, dès lors, la ligne de Constantine à Sétif et à Batna, qui en constituerait le prolongement naturel, aurait des éléments certains de vitalité ; il fit valoir l'utilité du projet, au point de vue du transport des céréales. La seule modification qu'il fut d'avis d'apporter à la convention portait sur le barême des frais d'exploitation ; elle consistait à déterminer, pour chaque échelon, un maximum, de manière à faire disparaître l'anomalie résultant de ce que, à la limite commune à deux échelons successifs, la formule de ces deux échelons conduisait à deux chiffres différents.

Les maxima ainsi arrêtés étaient de 7 440 fr., pour des recettes comprises entre 11 et 12 000 fr., et de 7 800 fr., 8 120 fr., 8 400 fr., 8 640 fr. et 10 400 fr. pour les échelons suivants.

La loi fut votée sans discussion, le 15 décembre 1875 [J. O., 16 décembre 1875. — B. L., 1er sem. 1876, n° 297, p. 229], et l'ouverture à l'exploitation eut lieu en 1879.

### 451. — Déclaration d'utilité publique de divers chemins dans la région de l'Ouest.

I. — PROJET DE LOI. — Il n'existait encore, dans la région de l'ouest de la France, aucune ligne d'intérêt général, suivant le courant commercial qui se dirigeait du Sud-Est vers le Nord-Ouest. Le Gouvernement déposa le 18 novembre 1875 un projet de loi [J. O., 29 novembre 1875], destiné à combler cette lacune par la constitution d'un nouveau réseau baptisé de la dénomination de réseau « d'Orléans à la mer » par les intéressés qui en réclamaient depuis longtemps la création [J. O., 8 novembre 1875].

Les lignes qu'il s'agissait d'établir étaient les suivantes :

Ligne d'Alençon au chemin de Caen à Laval, par ou près Domfront (66 km.) ;

Embranchement de ce chemin sur la ligne de Briouze à la Ferté-Macé (14 km.);

Ligne de Prez-en-Pail à Mayenne (37 km.);

Ligne de Mayenne au chemin de Vitré au Mont-Saint-Michel, à ou près Fougères (53 km.), destinée à fournir, avec les précédentes, une communication entre Orléans et les ports de la Manche;

Ligne de Mamers à Mortagne (30 km.), appelée à contribuer au développement de la richesse agricole;

Ligne de Mortagne à Mézidon (98 km.), destinée à desservir les vallées de la Dives et de la Toucques, et à créer une nouvelle communication entre le centre de la France, d'une part, et les ports de Caen et de Dives, d'autre part;

Embranchement de la ligne précédente sur le chemin de Paris à Granville, à ou près Laigle (17 km.);

Embranchement de Dozulé, sur le chemin de Mézidon à Dives, à Deauville (25 km.);

Ligne de Gacé à Bernay (45 km.), destinée à desservir la vallée de la Charentonne et à renouer les relations séculaires établies, par cette vallée, entre Rouen et le centre de la France;

Embranchement de la ligne précédente sur Orbec (11 km.), destiné à mettre en valeur la ligne de Lisieux.

L'ensemble de ces lignes avait un développement de 396 kilomètres. La dépense en était évaluée à 70 millions, dont 36 millions pour l'infrastructure.

L'article 1er du projet de loi en prononçait la déclaration d'utilité publique.

L'article 2 autorisait le Ministre des travaux publics à en entreprendre les travaux, sans que les dépenses pussent excéder les limites fixées par la loi de 1842.

L'article 3 laissait à la loi annuelle de finances le soin de déterminer les ressources affectées à l'exécution de ces travaux et stipulait qu'un décret répartirait ces ressources entre les divers chemins, en tenant compte de l'importance relative des subventions offertes par les intéressées.

L'article 4 portait qu'il serait statué, par une loi spéciale, sur les clauses qui seraient ultérieurement stipulées pour la concession.

II. — RAPPORT A L'ASSEMBLÉE. — M. Christophle présenta le 9 décembre 1875 un rapport développé sur le projet de loi [J. O., 25 janvier 1876].

Examinant tout d'abord les questions de tracé, il faisait connaître que M. Amédée Lefèvre-Pontalis avait, au nom du département d'Eure-et-Loir, réclamé l'addition d'une ligne allant d'Orléans à Patay, Châteaudun et Nogent-le-Rotrou et aboutissant au chemin d'Alençon à Condé; mais que le Ministre des travaux publics avait objecté les difficultés résultant de la concession, sans clause de rétrocession, du chemin d'Orléans à Patay à la Compagnie d'Orléans à Rouen et de la concession à la même Compagnie, par le département d'Eure-et-Loir, du tronçon de Patay à Nogent-le-Rotrou; qu'il y avait là, en fait, des obstacles à aplanir et que, tout en souhaitant une entente à bref délai, il était impossible de statuer immédiatement, suivant le vœu de M. Lefèvre-Pontalis. Il acceptait, d'accord avec le Ministre, la fixation à Mortagne de l'origine de la ligne destinée à relier le chemin de Mortagne à Mézidon avec Laigle; il ajoutait aussi, de concert avec l'administration, à la liste des chemins à déclarer d'utilité publique une ligne de Caen à Dozulé, réclamée par M. Bertauld, au nom des intérêts du port de Caen. Il exprimait le regret que le nouveau réseau du Nord-Ouest fût coupé par la ligne d'intérêt local d'Alençon à Condé, au grand détriment des facilités d'exploitation; mais il constatait que le Ministre avait jugé impossible de procéder immédiatement au rachat de cette ligne et avait promis de prendre, quand le moment en serait venu, les mesures nécessaires pour atténuer les inconvénients signalés par la Commission ; il concluait donc à ajourner la solution, jusqu'au moment où on procèderait à la concession des nouveaux chemins. Il formulait un avis identique. pour la ligne d'intérêt local de Briouze à la Ferté-Macé. Enfin, il écartait un amendement de M. de la Sicotière, tendant à la substitution d'un chemin de Mamers à Alençon au chemin de Mamers à la Hutte, attendu que cet amendement touchait à la convention conclue avec la Compagnie de l'Ouest et échappait à la compétence de la Commission.

. Sur les délais et les conditions d'exécution, M. Christophle considérait comme indispensable d'engager plus sérieusement l'État dans la voie de la construction ; pour atteindre ce but, il insérait dans le projet de loi, d'accord avec le Ministre, l'indication explicite que des ressources seraient affectées aux travaux dans les lois de finances, à partir de l'exercice 1876 ; il y ajoutait une clause portant ouverture de crédit en 1875. Il stipulait aussi que tout le réseau devrait être concédé simultanément à une ou plusieurs Compagnies.

Enfin, passant aux conditions ultérieures de concession et d'exploitation, il discutait la possibilité et l'opportunité: 1° de substituer au système du Gouvernement celui d'une concession immédiate, avec subvention correspondant à la dépense de l'infrastructure ; 2° ou, tout au moins de concéder, d'ores et déjà, l'exploitation. Sur le premier point, il reconnaissait que l'ajournement s'imposait par l'incertitude des offres de subventions locales et par la nécessité de ne pas engager les travaux, avant d'avoir réglé la question avec les départements intéressés ; il reconnaissait également que la construction directe de la plate-forme par l'État

pourrait avoir des avantages, au point de vue de l'économie
et de la bonne exécution. Sur le second point, malgré les
offres sérieuses d'une Compagnie, dont les représentants
étaient MM. Donon et de Bussières, il admettait l'utilité de
remettre la concession de la superstructure et de l'exploitation à l'époque à laquelle on pourrait être fixé sur les délais d'exécution.

En résumé, sa conclusion était d'adopter le projet de
loi, sous le bénéfice des observations que nous venons de
résumer et avec addition du chemin de Caen à Dozulé.

III. — VOTE DE LA LOI. — La loi fut votée, sans discussion, le 16 décembre 1875 [J. O., 17 décembre 1875. —
B. L., 2ᵉ sem. 1875, n° 285, p. 1281].

Les lignes d'Alençon à Domfront et de Mortagne à Mézidon furent ouvertes en 1880-1881 ; celles de Couterne à la
Ferté-Macé, de Prez-en-Pail à Mayenne, de Mayenne à Fougères, de Mamers à Mortagne, de Mortagne à Laigle, d'É-
chauffour à Bernay et de Caen à Dozulé. en 1881 ; l'embranchement sur Orbec et les sections de Dives à Beuzeval
et de Villers à Deauville, en 1882.

## 452. — Convention avec la Compagnie du Nord.

I. — PROJET DE LOI. — Le 23 novembre 1875, M. Caillaux déposa un projet de loi portant ratification d'une convention conclue avec la Compagnie du Nord, pour la concession définitive des lignes d'Amiens à la vallée de l'Ourcq
par Montdidier et Compiègne. de Valenciennes au Cateau,
d'Abbeville à Eu et au Tréport, et de Lens à Don (185 km.),
et pour la concession éventuelle de la ligne de Don à Armentières (20 km.) [J. O., 10 décembre 1875].

La ligne d'Amiens à la vallée de l'Ourcq formait la première section de la grande ligne d'Amiens à Dijon, dont un projet de loi du 13 février 1874 avait proposé la concession à MM. Beaurepaire et Calvet-Rogniat, mais qu'il avait depuis paru préférable de répartir entre les Compagnies du Nord et de l'Est, en raison des emprunts considérables faits aux grands réeaux et des modifications onéreuses sollicitées par les premiers demandeurs en concession. Le projet de loi contenait d'ailleurs une clause analogue à celle que nous avons déjà vue, à propos du chemin de fer de Grande-Ceinture, pour l'allocation éventuelle à MM. Beaurepaire et Calvet-Rogniat d'une indemnité à régler par décret en Conseil d'État.

Le chemin d'Abbeville à Eu et au Tréport était destiné à former une nouvelle communication entre Lille et le littoral.

Celui de Valenciennes au Cateau reliait directement à Valenciennes et au pays des charbonnages la riche et populeuse vallée de la Selle.

Celui de Lens à Armentières formait le dernier tronçon de la communication directe entre Paris et la Flandre occidentale et permettait à nos charbons d'arriver sur le marché belge avec des parcours très réduits.

Les nouvelles lignes étaient soumises au cahier des charges général du Nord, ainsi qu'aux dispositions additionnelles résultant des conventions du 15 juin 1872 et du 3 août 1875. La convention contenait, pour le chauffage des voitures, une clause identique à celle du projet de loi relatif au réseau de l'Ouest.

La Compagnie s'engageait à anticiper les avances afférentes à la ligne d'Arras à Étaples avec embranchement sur Béthune et sur Abbeville et à celle d'Épinay à Luzarches, et en outre, à faire une nouvelle avance de 4 millions, pour la première de ces lignes et pour son embranchement ; le remboursement de cette avance devait être effectué en soixante-quatorze annuités, calculées d'après le taux effectif des émissions. La faculté de conversion en capital des annuités de remboursement restant dues à la Compagnie était prorogée jusqu'au 1ᵉʳ mai 1881.

Une subvention de 7 650 000 fr. (soit 75 000 fr. par kilomètre) était accordée à la Compagnie pour la ligne d'Amiens à la vallée de l'Ourcq ; elle était payable en seize termes semestriels égaux, à partir du 1ᵉʳ mai 1877, avec faculté pour l'État de convertir chacun de ces termes en annuités, dont la dernière échéant le 1ᵉʳ novembre 1950. Ces annuités devaient être calculées provisoirement au taux de 5,75 % et définitivement d'après le taux moyen des négociations de l'ensemble des obligations émises par la Compagnie, du 1ᵉʳ mai 1877 au 1ᵉʳ novembre 1884. L'État pouvait d'ailleurs, au 1ᵉʳ mai 1881 ou à une date antérieure, après avoir opté pour le paiement par annuités, revenir au paiement en capital.

La Compagnie s'engageait à doubler la voie des lignes faisant l'objet de la convention, dès qu'elle en serait requise par le Ministre ; mais elle devait recevoir l'annuité représentative de la dépense, jusqu'au moment où la recette brute kilométrique atteindrait 35 000 fr.

La convention supprimait le réseau spécial qu'avaient constitué les lois du 15 juin 1872 et du 3 août 1875 et qui entraînait, dans les comptes, des complications et des difficultés regrettables. Elle rattachait : 1° à l'ancien réseau les lignes de Montsoult à Amiens, de Cambrai à la frontière belge vers Dour, de Douai à Orchies, d'Orchies vers Tournay, des docks de Saint-Ouen au chemin de Ceinture et à la gare de la plaine Saint-Denis; 2° au nouveau réseau les lignes d'Amiens à la vallée de l'Ourcq, de Valenciennes au Cateau, d'Abbeville à Eu et au Tréport, de Lens à Don et à Armentières.

Le délai de clôture du compte de premier établissement était réglé comme dans les conventions récentes avec les autres Compagnies ; le maximum du capital garanti était fixé à 240 000 000 fr.

Les dispositions de la convention de 1869, relatives à la fixation du revenu réservé, restaient en vigueur, sauf addition des charges effectives imposées à la Compagnie par l'exécution des chemins que le projet de loi tendait à concéder, c'est-à-dire : 1° de l'intérêt et de l'amortissement des sommes dépensées pour ceux de ces chemins qui étaient rattachés à l'ancien réseau, jusqu'à concurrence d'un maximum de 66 000 000 fr. ; 2° de la différence entre l'intérêt et l'amortissement effectifs des obligations émises par la Compagnie et le taux garanti par l'État pour les chemins rattachés au nouveau réseau, jusqu'à concurrence d'une dépense maximum de 40 000 000 fr. ; 3° des charges effectives des travaux complémentaires exécutés sur l'ancien réseau, pendant un délai de dix ans, jusqu'à concurrence d'un maximum de 140 000 000 fr., en sus des 60 000 000 fr. prévus par la convention de 1869.

Les règles antérieures, concernant le partage des bénéfices, étaient également maintenues, sous la condition qu'un revenu kilométrique de 13 000 fr. serait réservé aux lignes d'Abbeville à Eu et au Tréport, de Lens à Don et de Don à Armentières ; qu'un revenu proportionnel de 6,50 % serait réservé aux lignes d'Abbeville à Eu et au Tréport, de Lens à Don, de Don à Armentières ; qu'un revenu proportionnel de 6,50 serait réservé aux lignes des docks de Saint-Ouen, d'Amiens à la vallée de l'Ourcq et de Valenciennes au Cateau ; et qu'un revenu de 6 %, serait attribué aux travaux complémentaires.

II. — Rapport a l'assemblée. — Le rapport fut présenté
le 14 décembre 1875 par M. de Montgolfier [J. O., 9 janvier
1876].

Après avoir examiné attentivement les précédents concernant la ligne d'Amiens à Dijon, la Commission avait considéré les propositions nouvelles du Ministre comme absolument justifiées par les changements que les soumissionnaires
primitifs avaient apporté à leurs offres.

Elle avait repoussé un amendement de MM. Courbet-
Poulard et autres, tendant à la construction d'un embran-
chement de la ligne d'Abbeville à Eu vers Saint-Valéry-sur-
Somme.

Elle avait eu à statuer sur une réclamation très vive du
département du Nord, concernant les lignes de Valenciennes
au Cateau et de Lens à Armentières ; ces deux lignes
avaient été en effet concédées en 1871 par le conseil général, avec toute une série d'autres chemins moins productifs ;
leur maintien entre les mains de la Compagnie de Lille à
Valenciennes paraissait donc nécessaire à l'existence du réseau départemental, à moins que la totalité de ce réseau
ne fût attribuée à la Compagnie du Nord. En présence de
cette difficulté, la Commission avait, d'accord avec le Ministre et la Compagnie, retranché de la convention les chemins en litige, afin d'ajourner la solution, jusqu'au moment
où le conseil général serait saisi de la rétrocession du réseau de Lille-Valenciennes à la Compagnie du Nord ; le
capital garanti avait, en conséquence, été ramené de
240 000 000 fr. à 223 500 000 fr.

Relativement aux délais, la Commission avait pris acte
de l'engagement de la Compagnie, de hâter l'exécution des
lignes dont elle se rendait concessionnaire, pourvu qu'il lui
fût tenu compte des charges de ses capitaux, pendant le
temps qu'elle gagnerait sur les délais réglementaires.

III. — DISCUSSION. — Après un débat très vif, auquel prirent part le Ministre, d'une part, MM. Wilson et Jules Brame, de l'autre, l'urgence fut déclarée [J. O., 31 décembre 1875].

M. Krantz attaqua la convention avec son talent ordinaire. Ses critiques portèrent notamment sur la garantie d'intérêt accordée au chemin d'Abbeville à Eu et au Tréport, que la Compagnie offrait, peu de temps auparavant, de recevoir sans subvention ni garantie ; sur la concurrence que ce chemin ferait inévitablement aux deux petites lignes aboutissant au Tréport, l'une par Frévent et Gamache et l'autre par Abancourt ; sur l'anomalie qu'il y avait à assurer à la Compagnie du Nord l'appoint du concours financier de l'État, dans cette lutte contre les Compagnies locales ; sur la discordance que présentaient l'attribution d'un caractère stratégique à la ligne d'Amiens à Villers-Cotterets et les délais excessifs accordés à la Compagnie pour l'étude et l'exécution de cette ligne, qu'il eût été si facile de faire construire rapidement par les ingénieurs de l'État ; sur la partie du rapport où il était pris acte de l'engagement de la Compagnie de hâter les travaux, moyennant allocation de l'intérêt et de l'amortissement de ses capitaux, pendant le temps gagné sur les délais inscrits au contrat ; sur les inconvénients de l'abandon du réseau spécial constitué en 1872 et 1875, pour revenir aux anciennes combinaisons de l'ancien et du nouveau réseau, avec toutes leurs difficultés financières dans les rapports de la Compagnie et de l'État, et surtout pour augmenter notablement le revenu réservé à l'ancien réseau. M. Krantz signala aussi le défaut de justifications à l'appui du chiffre de 140 millions admis pour travaux complémentaires.

M. Caillaux répondit à M. Krantz. Il rappela que, si la Compagnie du Nord avait proposé antérieurement de se rendre concessionnaire du chemin d'Abbeville à Eu et au Tréport, sans subvention ni garantie d'intérêt, c'était à une époque où elle demandait en même temps d'autres concessions, accordées depuis à la Compagnie de Picardie et Flandres. La garantie d'intérêt paraissait d'ailleurs ne devoir jamais être mise en jeu ; si, contre toute attente, elle venait à fonctionner, ce serait pour un temps très court et l'État ne tarderait pas à être remboursé de ses avances. Le Ministre justifia les délais stipulés au cahier des charges, spécialement pour l'étude des projets définitifs, par les formalités nombreuses à remplir ; il repoussa les critiques dirigées contre la suppression du réseau spécial par les complications de la comptabilité de ce réseau, enchevêtré au milieu des deux autres. Enfin il fit valoir, relativement aux travaux complémentaires, que le chiffre de 140 millions était un maximum, que personne ne pouvait nier la nécessité des travaux de cette nature aussi bien en France qu'à l'étranger, et que leur exécution et l'imputation des dépenses auxquelles ils donnaient lieu étaient entourées des garanties les plus sérieuses.

M. de Clercq avait déposé un amendement, dont le but était de faire rétablir dans la convention les chemins de Lens à Don et de Don à Armentières ; mais il le retira, sur la promesse du Ministre de présenter un projet de loi spécial, quand la question de la fusion du Nord avec les Compagnies du Nord-Est, de Lille à Valenciennes et de Lille à Béthume serait résolue.

Pour donner satisfaction à M. Waddington, l'Assemblée décida, sur l'initiative du Ministre, que le chemin d'Amiens à la vallée de l'Ourcq passerait par ou près Montdidier, Compiègne et Villers-Cotterets.

Puis elle rejeta deux amendements de M. Tolain tendant, l'un à faire construire par l'État dans les conditions de la loi de 1842, les diverses sections de la ligne d'Amiens à Dijon, et l'autre à réduire le délai de présentation des projets de cette ligne à un an et celui d'exécution à quatre ans.

᛬ Un autre amendement de M. Waddington, portant seulement réduction à quatre ans du délai d'exécution du chemin d'Amiens à la vallée de l'Ourcq, fut adopté, d'accord avec le Ministre, qui s'était assuré de l'adhésion de la Compagnie du Nord.

Enfin, l'ensemble de la loi fut voté le 30 décembre 1875 [B. L., 2ᵉ sem. 1875, n° 285, p. 1283].

La section d'Estrées à Compiègne et du Rû-de-Berne fut ouverte en 1880-81 et la ligne d'Abbeville à Eu et au Tréport, en 1882.

453. — **Déclaration d'utilité publique d'un certain nombre de lignes.**

I. — Projet de loi. — M. Caillaux, Ministre des travaux publics, déposa le 18 novembre un projet de loi [J. O., 29 novembre 1875] tendant à la déclaration d'utilité publique de vingt lignes nouvelles, savoir :

Ligne de Compiègne à Soissons (40 km.; infrastructure évaluée à 3 600 000 fr.), destinée à relier entre elles les deux grandes voies de Paris sur la Belgique.

Ligne de Gondrecourt à Neufchâteau (33 km.; infrastructure, 3 000 000 fr.), appelée à établir une communication directe entre les Vosges, l'Argonne et la Champagne, et à diminuer le parcours entre les Vosges et l'Ouest de la France.

Ligne de Vendôme à Blois (35 km.; infrastructure, 2 800 000 fr.), destinée à réunir les deux lignes aboutissant à Tours, l'une par Orléans, l'autre par Vendôme, à faciliter l'importation des produits de la Beauce dans le centre de la France et à desservir en outre un trafic local assez important.

Ligne de Romorantin à Blois (50 km.; infrastructure, 3 750 000 fr.), destinée à relier Blois à l'un de ses chefs-lieux d'arrondissement.

Ligne de Vendôme à Pont-de-Braye (34 km.; infrastructure, 4 250 000 fr.), appelée à établir une communication directe entre Vendôme, la Flèche et tout l'ouest de la France, et à traverser un pays riche, peuplé et couvert de vignobles.

Ligne de Cholet à Clisson (40 km.; infrastructure, 5 500 000 fr.), destinée à relier directement Nantes et le centre de la France et à rattacher, par une transversale, les deux chemins parallèles de Nantes à la Roche-sur-Yon et d'Angers à Niort.

Ligne de Questembert à Ploërmel (31 km.; infrastructure, 4 000 000 fr.), destinée à réunir Ploërmel au réseau des voies ferrées et à mettre en valeur une contrée susceptible d'une plus-value importante, au point de vue agricole.

Ligne de Fontenay-le-Comte à Benet (20 km.; infrastructure, 2 000 000 fr.), destinée à desservir Fontenay, centre important de productions agricoles et industrielles.

Ligne de Vielleville à Bourganeuf (17 km.; infrastructure, 2 750 000 fr.), appelée à transporter les amendements calcaires nécessaires à la contrée, à faciliter l'exploitation des carrières de granite du Compeix et celles du bassin houiller de Bostmorenc.

Ligne de Limoges à Eymoutiers (45 km.; infrastructure, 5 000 000 fr.), dotée d'une subvention départementale de 40 000 fr. par kilomètre et destinée à établir, par Limoges et le département de la Haute-Vienne, une communication de l'ouest à l'est de la France.

Ligne d'Eymoutiers à Ussel (60 km. ; infrastructure, 10 000 000 fr.), appelée à faciliter les relations entre le sud-ouest et le sud-est de la France et à mettre Limoges en communication avec le bassin houiller de Champagnac.

Ligne de Nexon à Saillat, par Rochechouart, (45 km. ; infrastructure, 5 500 000 fr.), offrant une réduction notable de parcours, pour les relations commerciales des départements du sud-est de la France avec les départements de l'Ouest et les ports de l'Océan et de la Manche.

Ligne de Limoges au Dorat, par Bellac, (52 km. ; infrastructure, 5 200 000 fr.), destinée à desservir une sous-préfecture et deux chefs-lieux de canton et à abréger de 24 kilomètres la distance de Limoges à Poitiers.

Ligne de Saint-Denis-lez-Martel au Buisson (70 km. ; infrastructure, 12 000 000 fr), formant le trait d'union entre les lignes de Libourne au Buisson et d'Aurillac à Saint-Denis.

Ligne de Groslejac à Gourdon (14 km. ; infrastructure 2 800 000 fr.), destinée à relier à la ligne précédente le chef-lieu d'arrondissement de Gourdon.

Ligne de Montmoreau à Périgueux (55 km. ; infrastructure, 7 000 000 fr.), rattachant Périgueux et Ribérac à la grande artère de Paris à Bordeaux.

Ligne d'Avallon à Nuits-sous-Ravières (39 kil. ; infrastructure, 4 750 000 fr.), et ligne de Sermizelles à ou près Châtel-Censoir (15 km. ; infrastructure, 2 000 000 fr.), destinées à compléter une communication nouvelle entre le centre et l'est de la France.

Ligne de Triguères à Clamecy (80 km. ; infrastructure, 7 200 000 fr.), mettant en relation directe le Morvan, connu pour sa production considérable de bestiaux, avec Montargis et avec Paris par le Bourbonnais; augmentant ainsi les facilités d'approvisionnements de la capitale : et reliant Montargis et Auxerre.

Ligne de Firminy à Annonay, destinée à desservir les vallées industrielles de la Sumène, de la Drôme et de la Dunière. Le tracé de cette ligne devait être ultérieurement déterminé par un décret en Conseil d'État.

Le développement de ces vingt chemins était de 840 kilomètres et la dépense totale d'infrastructure, de 103 000 000 fr.

Le projet de loi prescrivait également l'achèvement des études et l'accomplissement des formalités d'enquête, pour dix-neuf autres chemins d'une longueur totale de 1 060 kilomètres, savoir : Amagne à Hirson; Mirecourt à Jussey; Châteaubriant à Rennes; embranchement de Vitré; Ploërmel à Caulnes; Savenay à Châteaubriant; Port-de-Piles à Port-Boulet; Angers à la limite de la Sarthe vers la Flèche; Poitiers au Blanc; Civray au Blanc; Confolens au chemin précédent; Cahors à Capdenac; Nontron à Périgueux; Mende au Puy; Albi au Vigan; Carmaux à Rodez; du chemin de Pau à Oloron à Laruns; Perpignan à Arles-sur-Tech.

Il tendait à autoriser le Ministre à entreprendre l'infrastructure des chemins d'Auxerre à Gien et d'Aurillac à Saint-Denis, les seuls du classement de 1868 qui ne fussent pas concédés ou exécutés par l'État.

Les autres dispositions du projet de loi étaient conformes à celles que nous avons vues dans le projet de loi analogue pour la région du Nord-Ouest.

II. — RAPPORT A L'ASSEMBLÉE. — Le rapport fut présenté, le 10 décembre 1875, par M. Cochery [J. O., 23 janvier 1876].

1° *Lignes à déclarer d'utilité publique.* — Comme le faisait connaître ce rapport, la Commission avait admis, sur les instances de MM. Bozérian et Tassin et malgré les résistances du Ministre, la substitution d'un chemin unique de

Vendôme à Romorantin, par ou près Blois, aux deux chemins de Vendôme à Blois et de Blois à Romorantin, afin
d'éviter la discontinuité à laquelle aurait pu prêter la rédaction du Gouvernement, au passage de la Loire, près de
Blois.

Elle avait repoussé un amendement de MM. Mathieu-
Bodet et autres, tendant à ajouter à la liste des lignes déclarées d'utilité publique un chemin de Ruffec à la ligne
d'Angoulême à Limoges, chemin qui jamais n'avait fait
l'objet d'aucune étude, au point de vue de l'intérêt général.

Pour réserver le tracé à assigner définitivement à la
ligne d'Eymoutiers au chemin de Clermont à Tulle, que le
Gouvernement faisait aboutir à Ussel, mais que MM. Latrade et Tallon voulaient voir arriver, l'un à Meymac, l'autre
à Eygurande, elle stipulait simplement que le terminus
serait placé entre Meymac et Eygurande.

Elle modifiait aussi la désignation de la ligne de Saillat à
Nexon par Rochechouart, et lui substituait celle de « ligne
« de Saillat à un point à déterminer de Nexon à Bus-
« sière-Galant ».

Elle rejetait un amendement de M. le marquis de Maleville, tendant à l'établissement d'un embranchement de
Sarlat aux Eyzies, attendu que ces deux localités seraient
reliées par Le Buisson.

Elle remplaçait la désignation de la ligne de Triguères
à Clamecy par celle de « Triguères à un point à déterminer
« entre Coulanges et Clamecy », et repoussait un amendement de M. le comte d'Harcourt, tendant à la substitution à
cette ligne d'un chemin de Clamecy à un point à déterminer
entre Triguères et Nogent-sur-Vernisson, chemin qui n'avait
point été étudié et qui d'ailleurs était l'expression exclusive
d'une idée personnelle.

Elle n'acceptait pas davantage une proposition de

MM. Rouveure et le comte Rampon, pour le remplacement de la ligne de Firminy à Annonay par un chemin de Saint-Étienne à Annonay, qui aurait donné lieu à de sérieuses difficultés d'exécution et fait double emploi avec des lignes du réseau de Paris à Lyon et à la Méditerranée. Mais elle concluait à déclarer d'utilité publique un embranchement du Pertuiset à Saint-Just, qui était appelé à donner satisfaction à de grands intérêts.

Elle ajoutait aux chemins à déclarer d'utilité publique celui d'Aubusson à Felletin (15 km.), mais rejetait un certain nombre d'amendements ayant pour objet l'exécution immédiate des lignes suivantes :

Poitiers à Bourges et Bourges à Saint-Dizier (MM. Gallicher et autres). Comprise, pour partie, dans le projet de loi du Gouvernement ; concédée, pour une autre partie, à titre d'intérêt local ; et insuffisamment étudiée pour le surplus.

Bourges à Aurillac (MM. Gallicher, Bastid, Durieu, etc.). Non étudiée.

Angoulême à Nevers (MM. Gallicher et Delille). Insuffisamment étudiée.

Port-de-Piles à Preuilly (MM. Houssard, Gouin, Guinot et Nioche). Comprise dans la nomenclature des chemins dont le projet de loi proposait l'étude complète.

Nontron à Périgueux (MM. l'amiral Fourichon, de Fourtou et Daussel). Même observation.

Surgères à Coutras (MM. Eschasseriaux, Vast-Vimeux, Boffinton et Roy de Loulay). Concédée comme ligne d'intérêt local, mais non étudiée au point de vue de l'intérêt général.

Mortagne à Laigle (M. Beau). Non étudiée.

Châteaubriant à Saint-Nazaire (MM. Fidèle Simon et autres). Comprise dans le projet de loi du Gouvernement parmi les lignes dont les études étaient à achever.

Aubusson à Ussel (MM. L'Ébraly et autres). Non étudiée.

Millau au Vigan (MM. de Bonald, Chabaud-Latour, Decazes, etc.). Non étudiée.

2° *Lignes à étudier.* — La Commission avait été frappée, tout d'abord, de ce qu'il y avait d'insolite à prescrire législativement des études qui rentraient dans les attributions ministérielles. Toutefois elle s'était rendue aux observations de M. Caillaux, qui invoquait l'utilité de prévenir ainsi les départements disposés à concéder, à titre d'intérêt local, des chemins qu'ils devaient obtenir plus tard, à titre d'intérêt général.

Elle rejetait un grand nombre d'amendements, qu'il nous paraît inutile de mentionner et qui avaient pour objet l'inscription au projet de loi de chemins qui n'avaient encore donné lieu à aucune étude sérieuse. Elle ajoutait toutefois à la nomenclature du projet du Gouvernement : 1° sur la demande de MM. Latrad, Billot et autres, un chemin de Montauban à Cahors, Gourdon et Terrasson; 2° sur la demande de MM. Bastid, Gallicher, Guinot, etc., un chemin de Vendes à Aurillac; 3° sur la proposition du Ministre, un chemin de Port-d'Isigny à la ligne de Caen à Cherbourg.

3° *Lignes antérieurement déclarées d'utilité publique.* — A propos de ces lignes, MM. de Rodez-Bénavent, Dupin et Viennet avaient demandé que l'Assemblée prescrivît également l'exécution du chemin de Quissac à Montpellier; mais les conditions dans lesquelles ce chemin avait été déclaré d'utilité publique et le défaut d'accomplissement des formalités nécessaires empêcha la Commission d'accueillir cette proposition.

4° *Ressources.* — La Commission introduisait dans le projet de loi une clause portant ouverture d'un crédit de 4 000 000 fr., pour l'exercice 1876. Quant au surplus elle adoptait ce projet.

III. — DISCUSSION. — Lors de la première délibération, le 16 décembre [J. O., 17 décembre 1875], l'Assemblée décida sans débat qu'elle passerait à la deuxième délibération.

La deuxième et dernière délibération eut lieu le 31 décembre 1875 [J. O., 1ᵉʳ janvier 1876]. La plupart des amendements antérieurement formulés furent retirés, sur la promesse du Ministre d'y avoir égard dans la direction et l'inpulsion à donner aux études; nous ne mentionnerons donc que ceux qui furent maintenus, savoir :

Amendement de MM. Roger-Marvaise et autres, tendant à la déclaration d'utilité publique immédiate du chemin de Châteaubriant à Rennes et de l'embranchement de Vitré sur ce chemin. Rejeté pour les motifs donnés dans le rapport de la Commission.

Amendement de MM. Gailly, Philippoteaux, etc., tendant à modifier la dénomination de la ligne d'Amagne à Hirson et à la désigner sous le titre de « ligne d'Hirson à un point à déterminer du chemin de Reims à Mézières, entre Réthel et Amagne ». Adopté d'accord avec le Ministre.

Amendement de M. de Lamberterie, portant substitution de la désignation de « Cahors à Capdenac ou près Figeac » à celle de « Cahors à Capdenac ». Adopté dans les mêmes conditions.

Amendement de M. le général Billot, tendant à substituer Thénon à Terrasson, comme limite de la section de Brives à Périgueux à laquelle devait aboutir la ligne de Cahors à ce chemin. Adopté de concert avec le Ministre.

Puis l'ensemble de la loi fut voté, le 31 décembre [B. L., 2ᵉ sem. 1875, nᵒ 285, p. 1288].

Les lignes de Gondrecourt à Neufchâteau, de Limoges à Eymoutiers et de Saillat à Bussière-Galant furent ouvertes en 1880; celle de Limoges au Dorat, en 1880-1881; celles de

Compiègne à Soissons, de Questembert à Ploërmel, de Fontenay-le-Comte à Benet, de Vendôme à Blois, de Vendôme à Pont-de-Braye, ainsi que la section de Ribérac à Périgueux, en 1881 ; celles de Clisson à Cholet, d'Aubusson à Felletin ainsi que la section de Sarlat au Buisson, en 1882.

## 454. — Convention avec la Compagnie de l'Est.

I. — Projet de loi. — Le 23 novembre 1875, l'Assemblée était saisie d'un autre projet de loi portant concession définitive, au profit de la Compagnie de l'Est, des lignes suivantes :

Ligne de Revigny à Vouziers (76 km., 18 000 000 fr.), destinée à relier les houillères du Nord, de Mons et de Charleroi au groupe industriel des Ardennes et à rattacher entre eux les groupes de Bar-le-Duc, de la vallée de la Saulx, de Saint-Dizier et de toute la Haute-Marne.

Ligne de la Vallée de l'Ourcq à Esternay (80 km., 26 500 000 fr.), d'Esternay à Romilly (32 km., 7 700 000 fr.), de Châtillon-sur-Seine à Is-sur-Tille (71 km., 17 200 000 francs), formant, avec celle d'Amiens à la vallée de l'Ourcq, la grande artère d'Amiens à Dijon.

Ligne de Recey à Langres (49 km., 11 500 000 fr.), commandée par un intérêt militaire.

Ligne d'Is-sur-Tille à Gray (38 km., 9 100 000 fr.), raccourcissant le trajet de Troyes à Gray.

La Compagnie recevait en outre la concession éventuelle d'un chemin d'Eclaron à Jessains (58 km., 13 millions), destinée à réduire le parcours de Troyes à Saint-Dizier, et d'un autre chemin de la Ferté-Gaucher à Sézanne (40 km., 9 millions), coupant au milieu de sa largeur le riche plateau de la Brie.

La convention lui accordait des subventions montant à

34 millions, pour les lignes concédées à titre définitif, et à 9 millions, pour les lignes concédées à titre éventuel. Le mode de paiement de ces subventions était celui qu'avait adopté la commission de l'Assemblée pour le réseau du Midi.

Les lignes nouvelles étaient soumises au cahier des charges général du réseau de l'Est, à la clause concernant les voies charretières ou les voies de piétons à accoler aux ponts du chemin de fer et à la disposition introduite dans la convention avec la Compagnie de l'Ouest, pour le chauffage des voitures.

Elles étaient rattachées au nouveau réseau ; le capital garanti était limité au maximum de 56 millions, pour les concessions définitives, et de 13 millions pour les concessions éventuelles. Par dérogation aux errements antérieurs et en considération des pertes, que la mutilation de son réseau avait infligées à la Compagnie de l'Est, la garantie d'intérêt affectée aux chemins nouveaux, au lieu de prendre fin au terme général fixé pour les autres lignes, devait courir pendant cinquante années pleines à partir du 1er janvier 1885.

Le revenu réservé à l'ancien réseau était augmenté, comme nous l'avons vu pour les autres réseaux, de la différence entre les charges effectives des capitaux consacrés aux lignes nouvelles et le réseau garanti.

La Compagnie s'engageait à faire exécuter les voies de raccordement nécessaires pour relier les lignes de Paris à Avricourt et de Paris à Vincennes avec le chemin de Ceinture, la dépense étant imputée au compte des travaux complémentaires de l'ancien réseau.

Une clause analogue à celle que nous avons signalée, pour le réseau du Nord, était inscrite dans la convention avec la Compagnie de l'Est, pour le doublement éventuel de la voie de l'une quelconque des lignes du réseau ; elle stipulait d'ailleurs que la dépense serait ajoutée au capital garanti, jusqu'à concurrence d'un maximum de 100 000 fr. par kilomètre, quand la recette brute kilométrique atteindrait 35 000 fr.

La rétrocession de la ligne d'Is-sur-Tille à Chalindrey par la Compagnie de Paris-Lyon-Méditerranée à la Compagnie de l'Est était ratifiée : cette ligne se rattachait en effet plus naturellement au réseau de l'Est.

Un revenu proportionnel de 6,5 °/₀ sur la dépense de premier établissement, faite en exécution de la convention, était réservé à la Compagnie avant partage des bénéfices avec l'État.

Le chemin d'Is-sur-Tille à Chalindrey ; celui de Vézelise à Mirecourt, qui avait été rétrocédé à la Compagnie de l'Est, sous réserve du classement de la ligne de Mirecourt à la frontière vers Château-Salins dans le réseau d'intérêt général ; ceux de Nancy à Vézelise, de Nancy à Château-Salins et d'Épernay à Romilly, dont l'exploitation avait été rétrocédée à la Compagnie, étaient considérés, au point de vue du règlement des comptes, comme rattachés à l'ancien réseau, eu égard à leur solidarité avec ce réseau, et soumis aux clauses du cahier des charges général de la Compagnie, pour les transports militaires et les services de la poste. Au cas où ces chemins seraient classés dans le réseau, d'intérêt général, ils devaient être soumis à l'intégralité des dispositions de ce cahier des charges. En fin de concession, ils faisaient retour à l'État, qui se trouvait substitué à la Compagnie au regard des concessionnaires primitifs.

Enfin, la convention définissait les dépenses et les recettes susceptibles d'être portées au compte d'exploitation, et y comprenait les travaux accessoires à exécuter successivement dans les gares et dont l'imputation sur ce compte aurait été autorisée par le Ministre des travaux publics, les dépenses et les recettes des correspondances par voie de terre, par voie de fer ou par voie d'eau, autorisées par décision ministérielle (1).

A cette convention étaient annexés deux traités de la Compagnie de l'Est avec les concessionnaires de la ligne de Vézelise à Mirecourt et avec la Compagnie de Paris-Lyon-Méditerranée, pour la ligne d'Is-sur-Tille à Chalindrey.

Aux termes du premier de ces traités, la Compagnie de l'Est se substituait purement et simplement aux concessionnaires, en leur remboursant leurs dépenses.

Aux termes du second, la Compagnie de l'Est se substituait également à la Compagnie de Paris à Lyon et à la Méditerranée ; il était stipulé que la gare d'échanges serait installée par les soins de la Compagnie à Is-sur-Tille, les charges d'intérêt et les dépenses annuelles de toute nature afférentes à cette gare étant réparties entre les deux Compagnies, proportionnellement au nombre des branches appartenant à chacune d'elles.

II. — RAPPORT A L'ASSEMBLÉE. — M. Ricot présenta le 14 décembre son rapport sur le projet de loi [J. O., 7 et 25 janvier 1876].

Examinant les tracés, la Commission avait écarté un amendement de M. Peltereau-Villeneuve et autres, tendant à substituer au chemin de Revigny à Vouziers un chemin de Saint-Dizier à Vouziers par Sainte-Menehould ; cette substitution avait été en effet combattue par le Ministre de la guerre, qui considérait le point de passage de Revigny comme imposé par des nécessités stratégiques et comme se prêtant beaucoup mieux à l'établissement d'une grande

____

(1) Voir infra (page 295), la convention de 1875 avec la Compagnie de l'Ouest.

ligne reliant Mézières, Réthel, Bar-le-Duc, Neufchâteau et Épinal. Elle avait dû : 1° pour le même motif, repousser une proposition de MM. Perrier et Picard, ayant pour objet le retour à un ancien tracé de Givry à Blesmes ; 2° pour défaut d'études, rejeter un autre amendement de la députation de la Haute-Marne, visant le prolongement, jusqu'à Saint-Dizier, de la ligne de Vouziers à Romilly.

Après avoir entendu M. de Beaurepaire, représentant de la Compagnie soumissionnaire de la ligne d'Amiens à Dijon, elle avait maintenu, comme bien fondées, les dispositions du projet de loi du Gouvernement ; mais elle avait cru devoir modifier l'article relatif au règlement de l'indemnité à allouer à cette société, de manière à faire porter le dédommagement sur toutes les dépenses utiles.

Saisie d'une demande de MM. Leblond et autres, dans le but de faire réduire les délais d'exécution, elle n'avait pas cru devoir imposer cette réduction, qui, le cas échéant, pouvait rendre trop lourdes les charges annuelles de la Compagnie ; mais elle exprimait néanmoins le désir que la Compagnie hâtât, autant que possible, la construction des nouvelles lignes.

M. Varroy et sept de ses collègues, craignant de voir les intérêts du département de Meurthe-et-Moselle compromis, avaient demandé que l'Assemblée subordonnât au classement de la ligne entière de Mirecourt à la frontière vers Château-Salins dans le réseau d'intérêt général, avec l'adhésion des conseils généraux, l'imputation au compte d'exploitation de l'ancien réseau de la Compagnie de l'Est des charges et des recettes de cette ligne. La Commission, considérant les droits du département comme absolument réservés, n'avait pas adhéré à l'amendement.

Enfin la Commission, appelée à se prononcer sur un autre amendement relatif au chemin de Gondrecourt à

Neufchâteau, faisait remarquer que ce chemin était au nombre de ceux dont le Gouvernement demandait la déclaration d'utilité publique et l'exécution par un projet de loi distinct.

Notons d'ailleurs que, pour les motifs indiqués ci-après à propos de la convention avec la Compagnie de l'Ouest, la Commission subordonnait à une autorisation délibérée en Conseil d'État l'inscription au compte d'exploitation des recettes et des dépenses afférentes aux correspondances par voie de fer.

III. — DISCUSSION. — Lors de l'ouverture de la discussion, le 31 décembre 1875, [J. O., 1ᵉʳ janvier 1876], le Ministre obtint la déclaration d'urgence, malgré l'opposition de M. Wilson qui invoquait particulièrement la nécessité d'examiner de très près la clause portant allocation d'une garantie d'intérêt au profit des lignes nouvelles, pour un délai de beaucoup supérieur au délai normal.

M. le baron de Jouvenel formula des critiques générales contre la convention, en raison des charges considérables qu'elle allait faire peser sur l'État ; de la gravité de l'incorporation, au réseau d'intérêt général, de lignes auxquelles on avait jusqu'alors reconnu le caractère d'intérêt local ; de l'anomalie du vote sollicité en faveur d'un contrat, dont certaines parties exigeaient la ratification ultérieure d'assemblées départementales ; de la durée excessive accordée à la garantie d'intérêt, pour les lignes nouvelles.

Après une réponse très sommaire de M. Ricot, MM. Margaine et Perrier développèrent, sans réussir à le faire adopter, leur amendement en vue de la substitution d'une ligne de Vouziers à Saint-Dizier à la ligne de Vouziers à Revigny : le Ministre fit valoir, pour obtenir le rejet de cette proposition, les avantages du choix de Revigny comme point de raccordement, notamment au point de vue de la constitution d'une ligne de Mézières à Vouziers, Nançois, Gondrecourt, Neufchâteau ; il promit d'ailleurs l'étude d'un raccordement de Revigny à Saint-Dizier.

M. Bompard développa également l'amendement qu'il avait présenté pour faire englober dans la convention la ligne de Gondrecourt à Neufchâteau ; mais il le retira, sur la promesse du Ministre d'étudier la concession, soit à la Compagnie de l'Est, soit à la Compagnie de Nançois à Gondrecourt.

Puis, après un échange d'explications entre MM. Caillaux, Waddington et de Tillancourt sur le tracé de la ligne de la vallée de l'Ourcq à Esternay, l'Assemblée rejeta un amendement de M. le vicomte d'Haussonville, tendant au remplacement du chemin de la Ferté-Gaucher à Sézanne par un chemin de Provins à Sézanne. Suivant l'orateur, ce chemin devait constituer la voie la plus courte entre Orléans et Reims, et, si la Compagnie de l'Est se refusait à le faire, c'était dans la crainte de voir réduire les distances de transport et par suite les recettes sur son réseau.

Appelé à s'expliquer sur divers amendements, dont l'objet était de réduire de six ans à quatre ans le délai d'exécution, le Ministre annonça qu'il s'était mis d'accord avec la Compagnie sur le terme moyen de cinq ans et détermina ainsi le retrait de ces amendements.

L'Assemblée repoussa une autre proposition de M. Margaine, tendant à augmenter de 500 000 fr. la subvention afférente à la ligne de Revigny à Vouziers, afin de ne laisser planer aucun doute sur le refus du département de la Haute-Marne de maintenir, pour cette ligne, le concours auquel elle avait consenti pour celle de Revigny à Saint-Dizier.

Ainsi que le faisait observer le Ministre, l'État était désintéressé, puisque les subventions locales étaient attribuées à la Compagnie.

3                                                                          19

La discussion se termina par le seul amendement que M. Varroy maintînt, celui qui avait pour objet de subordonner l'admission des dépenses et des recettes afférentes aux chemins de Vézelise à Mirecourt, de Nancy à Vézelise, de Nancy à Château-Salins et d'Épernay à Romilly, dans les comptes annuels de l'ancien réseau, au classement de ces chemins comme lignes d'intérêt général, après l'adhésion des conseils généraux intéressés. M. Varroy exposa que le département de Meurthe-et-Moselle avait été profondément ému de voir l'État traiter, sans même le pressentir sur ses intentions, de chemins qu'il avait construits en vertu de la loi de 1865, dans les conditions les plus loyales et par une initiative pleinement couronnée de succès. Le devoir de l'orateur était de faire les réserves les plus expresses, en faveur des droits et des intérêts de ce département. Le but de la clause contestée était d'éviter aux actionnaires de la Compagnie de l'Est la perte résultant de la faute que cette Compagnie avait commise, en refusant en 1866 et 1867 la concession du réseau d'intérêt local de Meurthe-et-Moselle et en la rachetant ensuite à beaux deniers; il y avait là une question digne du plus sérieux examen et l'amendement avait le double avantage, tout en sauvegardant les droits du département, de renvoyer à une autre Assemblée la décision sur cette question. M. Caillaux, Ministre des travaux publics, répondit que l'imputation des charges et des recettes de la ligne de Mirecourt à la frontière, au compte de l'ancien réseau, n'intéressait nullement le département de Meurthe-et-Moselle; que cette ligne avait pris, par suite des événements, un caractère bien marqué d'intérêt général; que d'ailleurs son classement dans le réseau d'intérêt général était expressément subordonné par le projet de loi à l'adhésion du conseil général; que, si cette assemblée soulevait des difficultés, ce serait dans le but exclusif d'obtenir des com-

pensations auxquelles elle n'aurait pas droit ; que l'incorporation du chemin de Mirecourt à la frontière parmi les chemins d'intérêt général aurait, pour la région, le grand
avantage de provoquer un abaissement des taxes ; enfin que
la clause critiquée par M. Varroy trouvait sa contre-partie
dans d'autres dispositions évidemment favorables à l'État,
telles que celles du doublement des voies, qui pouvait, le cas
échéant, imposer un surcroît de charges d'entretien à la
Compagnie. L'amendement fut rejeté et l'ensemble de la loi,
voté le 31 décembre [B. L., 2ᵉ sem. 1875, n° 286, p. 1301].

La ligne de Châtillon à Is-sur-Tille fut ouverte en 1882.

## 455. — Convention avec la Compagnie de l'Ouest.

I. — PROJET DE LOI. — Le 2 août 1875, le Ministre des
travaux publics déposa un projet de loi [J. O., 8 novembre
1875] tendant à la ratification d'une convention avec la Compagnie de l'Ouest, pour la concession des lignes suivantes :

1° *Concessions définitives* (277 *km.*). — Ligne d'Harfleur
à Montivilliers (4 km., 1 500 000 fr.), destinée à desservir
la ville industrielle de Montivilliers.

Raccordement des chemins de Paris à Rouen et de
Rouen à Amiens (2 km., 1 200 000 fr.), pour faciliter les
échanges entre ces deux chemins, à Rouen.

Ligne de Beuzeville à Lillebonne par Bolbec, avec prolongement sur Port-Jérôme (21 km., 6 800 000 fr.), appelée
à desservir Bolbec et Lillebonne.

Ligne de Motteville à Saint-Valery-en-Caux (32 km.,
7 200 000 fr.), destinée à couper un quadrilatère étendu,
qui avait jusqu'alors été privé de voies rapides de communication.

Raccordement des chemins de Paris à Rouen et à Saint-

Germain avec ceux d'Argenteuil et de Versailles (rive droite) vers Courbevoie (3 km., 2 000 000 fr.), appelé à éviter, pour les échanges entre ces deux chemins, le transit par Paris.

Ligne du pont de l'Alma aux Moulineaux (6 km. 500, 3 000 000 fr.), destinée à desservir les populations de la vallée de la Seine, entre les ponts de l'Alma et Neuilly ; à permettre aux voyageurs d'arriver, soit à la gare Saint-Lazare, soit à celle de l'Alma, soit à une station quelconque du chemin de Ceinture par Grenelle ; à donner une satisfaction complète aux établissements industriels du V° et du XV° arrondissement de Paris, en les rattachant au réseau de l'Ouest et du Nord ; et enfin à relier au réseau ferré les établissements militaires groupés autour du Champ-de-Mars.

Ligne de la gare d'Auteuil à la porte de Boulogne (1 km. 3, 900 000 fr.), destinée à desservir Boulogne et le champ de courses de Longchamps.

Ligne de Sillé-le-Guillaume à la Hutte par Fresnay-sur-Sarthe (24 km., 7 200 000 fr.), réclamée dès 1863, pour éviter le détour imposé aux communications entre Sillé et Alençon, et appelée à dégager la gare du Mans.

Ligne de la Hutte à Mamers (22 km., 5 500 000 fr.), devant compléter les communications transversales au chemin du Mans à Mézidon, établies à l'ouest de cette ville par le chemin de Sillé à la Hutte.

Ligne de Châteaubriant à Redon (44 km., 12 000 000 fr.), demandée dès 1868, pour vivifier une partie importante de la Bretagne et former la voie la plus courte de Paris à Vannes, à Lorient et au littoral.

Ligne de Conflans à Pontoise (12 km., 4 900 000 fr.), destinée à faciliter les échanges entre les chemins de Paris à Rouen, Paris à Dieppe, et Creil sur Soissons, Tergnier, Amiens et Beauvais, ainsi que les transbordements entre les

voies ferrées et les voies navigables, grâce à l'installation
d'une gare fluviale au confluent de la Seine et de l'Oise.

Ligne de Sottevast à Coutances (70 km., 20 000 000 fr.),
classée en 1868 et utile à la défense du pays.

Ligne de Motteville à Clères (19 km., 4 800 000 fr.),
nécessaire aux relations du Havre avec le nord-est et l'est
de la France.

Ligne de Chemazé à Craon (15 km. 3 000 000 fr.) destinée au transport des amendements calcaires, dans le,
Craonnais.

2° *Concessions éventuelles* (53 *km.*). — Ligne des Moulineaux à Courbevoie; (10 km. 5 700 000 fr.), prolongeant
celle de l'Alma aux Moulineaux et répondant au même
objet.

Ligne de Plouaret à Lannion (16 km., 5 000 000 fr.),
appelée à desservir le chef-lieu d'arrondissement et le port
de Lannion.

Ligne de Barentin à Duclair, avec embranchement sur
Caudebec, (36 km., 8 500 000 fr.), destinée à compléter le
réseau de l'Ouest, dans le département de la Seine-In-
férieure, en rattachant au chemin de Rouen au Havre les
centres importants laissés en dehors et sur la gauche de ce
chemin.

Le cahier des charges était celui de l'ensemble des concessions faites à la Compagnie de l'Ouest, sauf addition :
1° des clauses concernant les gares d'embranchement; l'é-
valuation des chemins concédés depuis moins de quinze ans,
en cas de rachat; l'établissement de ponts pour voitures et
piétons, latéralement aux ponts de la voie ferrée; 2° d'une
disposition portant que, si la ligne de Conflans à Pontoise
était empruntée par les voyageurs ou les marchandises en
destination ou en provenance de Dieppe ou de Paris, par le
chemin de Pontoise à Dieppe, la taxe ne pourrait être supé-

rieure à celle de l'itinéraire par la ligne de Paris à Argenteuil.

Sur les quatorze lignes concédées à titre définitif, dix, d'une longueur totale de 110 kilomètres, évaluées à 38 500 000 fr., restaient à la charge exclusive de la Compagnie ; les quatre autres, celles de Beuzeville à Lillebonne et Port-Jérôme, de Motteville à Saint-Valery-en-Caux, de Châteaubriant à Redon et de Sottevast à Coutances, ayant ensemble une longueur de 167 kilomètres et évaluées à 46 000 000 fr., comportaient une subvention de 25 000 000 fr. Cette subvention était payable en seize termes semestriels à partir du 1er janvier 1877, avec faculté de conversion en annuités, dans le système admis pour la Compagnie du Midi.

Une subvention éventuelle de 5 000 000 fr. était prévue pour les lignes de Plouaret à Lannion et de Barentin à Duclair.

Il était fait abandon au chemin de Paris à Rennes, des terrains domaniaux occupés par la gare des Matelots, à Versailles.

Toutes les lignes nouvelles étaient incorporées au nouveau réseau ; le capital garanti, fixé en 1868 à 719 000 000 fr., non compris 124 000 000 fr. pour travaux complémentaires, était porté à 794 000 000 fr. dont 20 500 000 fr. pour les concessions éventuelles.

Le délai de clôture des comptes de premier établissement était prorogé à dix ans, comme pour la Compagnie de Paris-Lyon-Méditerranée.

Le revenu réservé de l'ancien réseau devait être augmenté de la différence correspondant à l'écart entre le taux effectif des emprunts contractés pour la construction des lignes nouvelles et le taux garanti de 4,65 %.

Le bénéfice attribué aux nouveaux chemins, avant partage, étant fixé à 6,5 °/₀, tant pour leur exécution proprement dite que pour leurs travaux complémentaires.

La convention donnait l'énumération des éléments du compte d'exploitation et y comprenait les travaux accessoires à exécuter successivement dans les gares ou sur les quais des ports, ainsi que les dépenses et les recettes des correspondances par voie de terre, voie de fer ou voie maritime faisant suite aux lignes de la Compagnie et organisées avec l'approbation du Ministre des travaux publics. Elle formulait, au sujet du chauffage des voitures, la clause que nous avons déjà signalée pour d'autres Compagnies, mais avec une restriction, justifiée par le grand nombre des trains de banlieue, et portant que cette clause ne serait applicable qu'aux convois ayant plus de deux heures de trajet.

Le 11 décembre 1875, le Gouvernement présenta une annexe au projet de loi, pour faire comprendre dans les concessions à accorder à la Compagnie de l'Ouest un chemin reliant la ligne de Paris à Versailles, près la gare de cette dernière ville, avec la rue de la Bibliothèque, près de l'entrée de la cour du palais de Versailles, en vue de desservir les Assemblées législatives, ledit embranchement devant emprunter l'avenue de Sceaux et la place d'Armes et être établi, sans clôtures et sans saillie des rails sur la voie publique.

II. — RAPPORT A L'ASSEMBLÉE. — Le projet de loi, complété par cette disposition additionnelle, fit l'objet d'un long rapport déposé le 15 décembre par M. Savoye [J. O., 24 janvier 1876].

Ainsi que l'indiquait ce rapport, la Commission avait, pour tenir compte des études faites depuis le dépôt du projet de loi, substitué à l'embranchement de Caudebec le prolongement de la ligne de Barentin à Duclair jusqu'à cette ville. Elle avait repoussé, comme contraire aux intentions du département et comme devant entraîner un allongement de parcours de 8 kilomètres dans le trajet de la ligne de Saint-Valery vers Rouen et Paris, un amendement de M. Anisson-Duperron, qui substituait Yvetot à Motteville, comme point de raccordement de la ligne de Saint-Valery ; elle demandait que la gare de cette dernière localité fût aussi rapprochée que possible du port. Elle reconnaissait la grande utilité du chemin de l'Alma aux Moulineaux et à Courbevoie et croyait devoir, comme le Ministre, en proposer immédiatement la déclaration d'utilité publique, malgré les objections du conseil général de la Seine, qui voyait dans ce chemin un obstacle à l'exécution d'une ligne circulaire reliant les communes suburbaines de Paris, avec branches rayonnant vers le cœur même de la capitale, et malgré les réserves du conseil général des ponts et chaussées, qui réclamait au préalable des études complémentaires, pour mettre le chemin en état de satisfaire aux exigences d'un bon service, non seulement de marchandises, mais encore de voyageurs. Elle émettait, pour la gare de Lannion, le même vœu que pour celle de Saint-Valery ; elle rejetait un amendement de MM. Roger-Marvaise, Jouin et René Brice, tendant à ajouter aux chemins concédés à titre ferme deux lignes de Rennes à Châteaubriant et de Vitré à Martigné-Ferchaud, attendu que la procédure préalable à la déclaration d'utilité publique n'était pas terminée et que, d'ailleurs, ces deux lignes étaient au nombre de celles dont le Ministre demandait, par un autre projet de loi, d'achever les études.

Elle discutait ensuite minutieusement une proposition de M. Babin-Chevaye et de trente-six autres députés, ayant pour objet d'attribuer à la Compagnie de l'Ouest la concession ferme d'une ligne de Nantes à Segré et d'autoriser

l'imputation de la dépense de construction sur le compte de
124 000 000 fr. affecté aux travaux complémentaires. Le
but de cette proposition était de diminuer le parcours entre
Nantes et Paris ; de donner à la Compagnie de l'Ouest un
accès à Nantes ; de lui éviter le passage forcé par le réseau
d'Orléans, pour ses relations avec ce port ; de la mettre à
même de reprendre, au grand profit de la région et du port
de Nantes, le trafic des marchandises vers Paris, trafic
qu'elle avait dû s'interdire en l'état, par suite de conventions
avec la Compagnie d'Orléans, aux termes desquelles elle
avait exclusivement le service de grande vitesse ; de permettre au commerce de Nantes de faire usage de deux gares
à Paris ; et enfin de rendre à cette ville les avantages naturels de sa situation, relativement à Saint-Nazaire, que la
Compagnie d'Orléans faisait bénéficier de tarifs de faveur. Le
Ministre s'opposait à l'amendement, auquel la prochaine ouverture du chemin de Châteaubriant à Nantes semblait enlever une grande partie de sa portée ; il invoquait, en outre, la
nécessité de ne pas provoquer une concurrence trop vive entre
deux Compagnies appelées à faire appel à la garantie d'intérêt
de l'État. La Commission partageait l'avis du Ministre sur
l'inutilité de la ligne de Nantes à Segré, à côté de celle de
Nantes à Châteaubriant ; mais elle recommandait à l'administration de négocier, le cas échéant, la rétrocession de
cette dernière ligne à la Compagnie de l'Ouest.

D'accord avec le Ministre, elle proposait de rendre immédiatement définitive la concession des lignes de Barentin
à Caudebec, des Moulineaux à Courbevoie et de Plouaret à
Lannion.

Elle rejetait un amendement, stipulant la concession
éventuelle d'un chemin d'Isigny à la ligne de Caen à Cherbourg ; ce chemin n'était pas encore suffisamment étudié.

Le rapport traitait, avec beaucoup de détails, de toutes

les dispositions de la convention. Nous n'y relèverons, comme présentant un intérêt particulier, que les points suivants :

1° Adhésion à une clause que proposait le Gouvernement, pour faire comprendre dans le compte annuel de l'exploitation, le fonds d'amortissement des actions, indiqué par les statuts comme pouvant être prélevé sur le fonds de réserve constitué en vue de pourvoir aux dépenses imprévues. Cette clause, destinée à dégrever le revenu réservé, avait donné lieu à certaines objections de la part du Conseil d'État; mais la Commission la considérait comme justifiée par la situation particulière de la Compagnie.

2° Adoption de la disposition qui classait parmi les dépenses d'exploitation celles des travaux accessoires des gares ou des quais des ports. Le Conseil d'État avait fait observer que cette disposition engendrerait une confusion regrettable entre les comptes de premier établissement et d'exploitation et que l'application en serait très laborieuse ; il avait ajouté que le motif tiré, par la Compagnie de l'Ouest, de l'impossibilité de porter au compte de construction de nombreuses dépenses faites dans les gares, mais n'ayant qu'un caractère provisoire, n'était pas susceptible d'être pris en considération, les travaux provisoires n'étant jamais imputés définitivement au compte de premier établissement. La Commission, considérant que l'intervention des commissions de contrôle et du Ministre aplanirait les difficultés d'interprétation de la clause proposée par le Gouvernement, croyait devoir s'y rallier.

3° Disposition relative aux correspondances par voie de terre, de fer ou d'eau. Le Conseil d'État, admettant le principe de cette disposition, avait exprimé l'avis qu'il convenait de subordonner les autorisations relatives aux correspondances par voie de fer ou voie maritime à un décret délibéré en Conseil d'État. Mais la Commission estimait que cette garantie devait être réservée exclusivement pour les correspondances par voie de fer, seules susceptibles de soulever des questions délicates.

III. — DISCUSSION. — La délibération de l'Assemblée eut lieu le 31 décembre 1875 [J. O., 1er janvier 1876].

MM. Krantz, Tirard et autres soutinrent un amendement, qui tendait à l'ajournement de la ligne du pont de l'Alma aux Moulineaux et à Courbevoie, en raison des objections très graves suscitées par le projet au sein du conseil général de la Seine, de la chambre de commerce de Paris et du conseil général des ponts et chaussées, et de la véritable main-mise qu'il s'agissait d'accorder à la Compagnie de l'Ouest sur toute la région ouest de Paris, en lui concédant une troisième entrée dans la capitale. Le Ministre combattit cette motion, en invoquant l'intérêt considérable de la ligne pour les usines de Puteaux et de Suresnes, pour la manufacture des tabacs et pour l'école militaire ; le rôle qu'elle jouerait pour l'approvisionnement de toute l'industrie locale en charbons et autres matières premières ; l'impossibilité d'adhérer au projet, mal conçu et mal étudié, du conseil général de la Seine, et d'admettre la concession de chemins d'intérêt local dans le département de la Seine. Le chemin, tel qu'il était proposé par le Gouvernement, devait constituer un véritable tramway à vapeur, principalement affecté au service des marchandises et destiné à rendre les plus grands services. Incidemment, M. Caillaux exprimait l'avis que Paris n'était pas dans les conditions voulues pour avoir un chemin métropolitain intérieur et que, pour remédier à cet inconvénient, il était nécessaire de relier les quartiers intérieurs de Paris au chemin de Ceinture par des embranchements rayonnants. De son côté, le rapporteur, M. Savoye, expliqua que les objections avaient surtout porté sur la section de l'Alma aux Moulineaux, quand il n'était pas encore question de la prolonger, mais que ces objections étaient tombées, pour la plupart, après l'adjonction de la section des Moulineaux à Courbevoie. L'ajournement fut repoussé.

M. Babin-Chevaye développa ensuite un amendement sur l'établissement d'une ligne de Nantes à Segré, par les soins de la Compagnie de l'Ouest, et fit valoir les raisons que nous avons indiquées sommairement à propos du rapport. Sur l'observation que Nantes allait déjà bénéficier d'une seconde communication vers la région située au Nord de la Loire, par la ligne de Nantes à Châteaubriant, l'amendement fut rejeté.

Enfin, un débat assez vif s'éleva au sujet du chemin de fer parlementaire de Versailles; la Commission, effrayée des objections de la ville de Versailles, n'avait pas fait de rapport sur la proposition additionnelle du Gouvernement. M. le général Loysel, appuyé par le Ministre, reprit cette proposition, à titre d'amendement, et en obtint l'adoption, malgré les efforts de M. Rameau, qui invoquait le défaut d'accomplissement des formalités d'enquête.

Puis la loi fut votée dans son ensemble le 31 décembre.

La ligne d'Harfleur à Montivilliers fut ouverte en 1878; la section de Beuzeville à Lillebonne, en 1881-82; la ligne de Motteville à Saint-Valery-en-Caux, en 1880; le raccordement de Colombes à Courbevoie, en 1881; les lignes de Sillé-le-Guillaume à la Hutte, de la Hutte à Mamers et de Châteaubriant à Redon, en 1881; celle de Conflans à Pontoise, en 1877; celle de Motteville à Clère, en 1876; celle de Chemazé à Craon, en 1878; celle de Plouaret à Lannion, en 1881; et celle de Barentin à Duclair et à Caudebec, en 1881-82.

456.— **Proposition de M. de Plœuc sur l'exclusion des étrangers des conseils d'administration des Compagnies.** — Le 8 mars 1875, M. le marquis de Plœuc présenta une proposition portant qu'à l'avenir nul ne pourrait remplir les fonctions de président, ni de membre d'un conseil d'administration d'un chemin de fer français, s'il n'était Français, à moins de l'agrément des Ministres des travaux publics et de la guerre (J. O., 7 et 18 mars 1875).

Il motivait cette proposition par le rôle considérable que les voies ferrées étaient appelées à jouer au point de vue militaire et par la nécessité de ne pas compromettre notre sécurité, en laissant passer un ou plusieurs de nos chemins de fer entre les mains de l'étranger.

Le rapport sur l'affaire ne fut pas présenté et la proposition devint caduque, par suite du renouvellement de l'Assemblée.

457. — **Projet de loi relatif aux chemins de fer routiers à traction de locomotives.**

I. — PROJET DE LOI. — Il nous reste, pour clore l'année 1875, à signaler divers projets de loi ou propositions, qui ne purent être discutés en temps utile avant la séparation de l'Assemblée.

Les principales artères de notre réseau de chemins de fer avaient été établies avec une grande perfection; elles étaient à double voie; leurs courbes étaient à grand rayon; leurs pentes et leurs rampes étaient extrêmement faibles. On avait, avec raison, proportionné la puisssance de l'outil à l'importance des services qu'il devait rendre et préparé une exploitation économique par des dépenses relativement élevées de premier établissement.

Lorsqu'on avait dû ensuite créer la première série d'affluents, on avait compris que ces affluents ne réclamaient pas les mêmes conditions de construction et qu'ils pouvaient comporter des courbures et des inclinaisons plus prononcées. On avait adouci, dans ce sens, la rigueur des cahiers des charges.

Ces deux réseaux, ainsi créés, ne suffisaient pas encore, pour la mise en valeur des richesses naturelles du sol et le développement normal de notre commerce et de notre industrie. Il fallait le compléter par un troisième réseau, par des affluents secondaires d'une simplicité plus grande. Tels avaient été l'origine et le but de la loi de 1865.

Malheureusement, l'esprit de cette loi avait été souvent méconnu. On n'avait pas toujours entrepris les chemins d'intérêt local, dans des conditions assez économiques pour s'harmoniser avec la modestie du rôle que les pouvoirs publics avaient entendu leur attribuer ; on les avait parfois détournés de leur destination, en les transformant en de véritables lignes de concurrence contre les grands réseaux, au grand détriment de l'intérêt général du pays et de l'intérêt financier de l'État, lié aux grandes Compagnies par la garantie d'intérêt et le partage des bénéfices.

Frappé de cette situation, M. Caillaux, Ministre des travaux publics, présenta le 17 mars 1875 un projet de loi, dont le but était de permettre de notables économies, en autorisant, aussi bien pour les chemins créés en vertu de la loi du 27 juillet 1870 que pour les chemins établis en vertu de la loi du 6 juillet 1865, l'emprunt du sol des routes nationales, ainsi que des autres voies publiques, sauf adhésion du département et des communes pour ces dernières voies. [J. O., 16 et 20 mai 1875].

Sans inscrire de disposition spéciale à ce sujet, dans le projet de loi, le Ministre signalait l'utilité de recourir fréquemment à la voie étroite d'un mètre, qui comportait plus de flexibilité et qui permettait de réduire, dans une forte proportion, le poids mort transporté. L'exemple de l'étranger nous montrait le parti qu'il était possible d'en tirer. Il importait, d'ailleurs, de ne pas s'exagérer les inconvénients du transbordement, dont la dépense était inférieure à ce que l'on supposait généralement et qui s'imposait, en fait, pour la plupart des marchandises, en raison de l'impossibilité, pour les Compagnies secondaires, de laisser leur matériel s'égarer sur les grands réseaux.

Aux termes·de l'article 2 du projet de loi, les chemins de fer à traction de locomotives, établis sur le sol des voies publiques, étaient placés sous le régime de la grande voirie et soumis aux prescriptions de la loi du 15 juillet 1845, sauf en ce qui concernait les clôtures et les barrières, et les servitudes imposées aux propriétés riveraines.

Le projet de loi était suivi d'un projet de règlement d'administration publique, déterminant les conditions auxquelles ces chemins devaient satisfaire, tant pour leur construction que pour leur exploitation.

Il était également suivi d'une note statistique sur les chemins d'intérêt local, au 1er janvier 1875. Nous extrayons de cette note les renseignements suivants :

Nombre de départements dans l'étendue desquels des chemins d'intérêt local avaient été déclarés d'utilité publique. . . . . . 89

Longueur totale correspondante. . . . . . . . . . . . 4 288 km.

Longueur livrée à l'exploitation. . . . . . . . . . . 1 498 —

Longueur restant à construire. . . . . . . . . . . . 2 790 —

Subvention de l'État, par kilomètre. . . . . . . . . . 9 840 fr.

Subvention kilométrique des départements, des communes et des intéressés. . . . . . . . . . . . . . . . . 24 486 —

II. — RAPPORT A L'ASSEMBLÉE NATIONALE. — M. Varroy présenta, le 30 juillet 1875, son rapport sur l'affaire [J. O., 15 novembre 1875]. Comme l'expose ce rapport, la presque

unanimité des bureaux et la plupart des membres de la
Commission avaient protesté contre la tendance qui se manifestait, sinon dans le dispositif, du moins dans l'exposé des
motifs du projet de loi, de porter atteinte au système libéral
et fécond de la loi de 1865 et de pousser les conseils généraux à suivre, dans la construction de leur réseau départemental, des systèmes contestables et fort contestés. La loi
de 1865 avait à peine dix années d'existence ; son application s'était poursuivie au milieu d'une crise effroyable ; on
n'était pas fondé à la condamner d'ores et déjà, dans ses
traits essentiels, c'est-à-dire dans les droits et l'initiative
qu'elle attribuait aux pouvoirs locaux, parce qu'elle avait
provoqué des prétentions abusives contre lesquelles le pouvoir central était armé, parce qu'elle pouvait donner lieu
à quelques déceptions financières et parce que les excès de
la spéculation avaient trouvé un encouragement dans les facilités périlleuses de la loi de 1867 sur les sociétés anonymes.
Au contraire, il ne fallait pas perdre de vue les fruits que
cette loi avait déjà portés, en déterminant l'établissement
de chemins modestes, convenablement subventionnés, sou-
tenus par les capitaux de la région intéressée, économiquement et rapidement construits et sagement administrés ;
il ne fallait pas oublier, non plus, que l'un des mobiles du
législateur de 1865 avait été de faire concourir plus largement les départements et les communes à l'œuvre des
chemins de fer, et que ce but avait été convenablement atteint. Il importait d'en respecter l'esprit et, tout en veillant
à ce que l'équilibre de nos grands réseaux ne fût pas
rompu par une concurrence abusive, de ne point interdire
aux départements de compléter leurs réseaux secondaires,
lors même qu'il devrait en résulter quelque détournement
de trafic, au détriment des lignes d'intérêt général préexistantes. Les chemins routiers à voie étroite pouvaient être

des cas particuliers des chemins d'intérêt local; mais, tant
que le réseau général comporterait les nombreuses lacunes
que les grandes Compagnies mettaient tant de lenteur à
combler, les départements continueraient à établir la plupart
de ces lignes, dans les conditions admises pour les chemins
d'intérêt général de dernier ordre, et ne commettraient
pas la faute de les isoler de la circulation générale du réseau. Les avantages considérables, attribués par l'exposé
des motifs à la réduction de la largeur de la voie, étaient, du
reste, très controversés par beaucoup d'ingénieurs, qui
cherchaient plutôt la solution du problème dans l'emploi
d'un matériel plus léger, de moyens de traction mieux appropriés au peu d'importance du trafic, de règles moins sévères dans l'exploitation, et qui invoquaient, à l'appui de
leur opinion, la détermination prise par les concessionnaires de tramways, d'adopter la voie de 1 m. 44. La campagne engagée en faveur de la voie étroite était, sinon inspirée,
du moins encouragée par les grandes Compagnies, qui comptaient se mettre ainsi à l'abri de toute rivalité, et le devoir
du Gouvernement était, non pas de donner son appui moral
à cette campagne, mais bien plutôt de se préoccuper des
inconvénients de la variété des types, qui avait produit de
si désastreux effets sur les voies de navigation intérieure.
Au surplus le Ministre des travaux publics avait fourni, à
cet égard, les explications les plus satisfaisantes devant la
Commission et avait établi que le projet de loi était né d'un
scrupule du Conseil d'État, en présence de l'insuffisance de
la législation en matière de chemins de fer routiers. Ces réserves faites, la Commission donnait son adhésion au principe du projet de loi. L'expérience prouvait, en effet, que
la circulation des trains à locomotive pouvait être admise
sur nos routes, comme en Belgique.

Conformément aux propositions du Gouvernement et

3                                          20

contrairement à un avis formulé par le Conseil d'État, la Commission admit l'établissement des chemins de fer routiers sur toutes les voies publiques ; elle repoussa, en outre, une modification qu'avait indiquée ce Conseil et qui tendait à placer exclusivement le droit de concession entre les mains de l'État. Elle maintint la nécessité du consentement des départements, pour l'utilisation des routes départementales, mais supprima l'obligation de l'adhésion des communes pour les chemins vicinaux et communaux, et lui substitua celle des conseils généraux, les communes entendues. Elle ajouta à la rédaction primitive un paragraphe, qui conférait à l'administration le pouvoir de faire enlever les couvertures en chaume et les amas de combustible, dans une zone de 10 mètres à partir du rail extérieur, au cas où la sécurité publique l'exigerait, sauf règlement de l'indemnité en conformité des lois des 28 pluviose an VIII et 16 septembre 1807. Elle s'abstint de se prononcer sur le projet de règlement d'administration publique, dont l'examen eût été, en effet, prématuré.

L'affaire ne fut pas discutée en séance publique.

**458. — Proposition de MM. Cazot et autres, sur les rapports entre les Compagnies et leurs mécaniciens et chauffeurs.**

I.— Proposition.— Le 3 août 1874, MM. Cazot, Tolain, Gambetta, Rouvier, Tirard, Goblet et quelques-uns de leurs collègues déposèrent une proposition sur les rapports entre les Compagnies de chemins de fer et leurs mécaniciens et chauffeurs [J. O., 28 août 1874].

Après avoir rappelé la haute mission de contrôle et de surveillance que l'État s'était réservée, en concédant le monopole des voies ferrées, et le devoir qui s'était toujours im-

posé et qui s'imposait, plus que jamais, aux pouvoirs publics,
d'exercer cette mission, en ce qui concernait la sécurité
publique et, par suite, en ce qui touchait la situation des mécaniciens et des chauffeurs chargés d'une des plus lourdes
responsabilités de l'exploitation, les auteurs de la proposition
examinaient quelle était la nature du contrat liant ces agents
aux Compagnies et quelles étaient les juridictions compétentes, pour connaître des contestations dérivées de ce contrat.

La jurisprudence des cours d'appel avait appliqué les
règles afférentes au louage de service à durée indéterminée
et reconnu, par suite, aux Compagnies le droit de congé-
dier *ad libitum* les mécaniciens et les chauffeurs. Cependant
quelle assimilation pouvait-on faire entre ces agents et des
domestiques ou ouvriers? A l'inverse des ouvriers et des
domestiques, qui recevaient l'intégralité de leur salaire, les
mécaniciens et les chauffeurs étaient astreints à des retenues pour la caisse des retraites; ils étaient soumis à des pu-
nitions disciplinaires très sévères, qui formaient un véritable code pénal. Il y avait là une situation spéciale, qui
comportait une règlementation particulière.

Quant à la juridiction, tantôt on avait reconnu la compétence des conseils de prud'hommes, tantôt, au contraire,
on avait proclamé la compétence exclusive des tribunaux
ordinaires : cette dernière doctrine était celle de la Cour de
cassation. Il importait d'asseoir définitivement la compétence
des conseils de prud'hommes, devant lesquels la procédure
était plus sommaire et beaucoup moins coûteuse, sauf à les
multiplier, afin de les rapprocher des justiciables et de faire
tomber les objections formulées, à ce sujet, en 1872.

M. Cazot et ses collègues proposaient, en conséquence,
les dispositions suivantes.

Désormais, les mécaniciens et chauffeurs ne pourraient

plus être congédiés qu'en vertu de causes déterminées par un règlement d'administration publique à édicter, les parties intéressées entendues.

Les contestations entre ces agents et les Compagnies seraient jugées par la section des métaux du conseil de prud'hommes du dépôt auquel ils appartiendraient ou, à défaut, du dépôt le plus voisin : une section des métaux serait créée dans le sein des conseils de prud'hommes qui en seraient dépourvus.

II. — RAPPORT SOMMAIRE A L'ASSEMBLÉE NATIONALE. — M. Jouin déposa le 26 novembre 1875, sur le bureau de l'Assemblée, un rapport sommaire sur cette proposition, au nom de la commission d'initiative parlementaire [J. O., 13 décembre 1875].

Ce rapport constatait que la Cour de cassation avait admis, à diverses reprises, l'impossibilité de condamner les Compagnies de chemins de fer, soit à indemniser les agents commissionnés renvoyés par elle, pour des motifs dont elle avait la souveraine appréciation, soit à leur restituer le montant de leurs versements à la caisse des retraites. Sans méconnaître l'impérieuse nécessité d'une organisation presque militaire, pour le personnel des chemins de fer, on ne pouvait nier, d'autre part, l'opportunité de ne point laisser la classe si intéressante des mécaniciens et des chauffeurs dans une situation, dont ces agents se plaignaient vivement. La surveillance et la vigilance du Ministre des travaux publics ne suffisaient pas à empêcher les abus. La Commission pensait que la question était digne de toute la sollicitude de l'Assemblée et concluait, en conséquence, à la prise en considération.

L'affaire ne fut pas discutée par l'Assemblée.

459. — **Proposition de MM. de Janzé et autres, pour la révision de la loi du 30 juillet 1870**.

I. — PROPOSITION. — La loi du 30 juillet 1870, en restituant au pouvoir législatif la déclaration d'utilité publique des grands travaux de l'État , avait excepté de la règle les chemins de fer d'embranchement de moins de 20 kilomètres de longueur.

M. le baron de Janzé et six de ses collègues déposèrent, le 14 juin 1875, une proposition, tendant à l'abrogation de cette exception [J. O., 15 juin 1875].

II. — RAPPORT A L'ASSEMBLÉE. — Le 29 juillet 1875, M. Krantz présenta un rapport détaillé sur cette proposition [J. O., 22 août 1875]. Après avoir fait un historique de la législation en matière de déclaration d'utilité publique et d'expropriation, il mit en relief les anomalies de la loi de 1870, qui, tout en rétablissant pour les travaux de l'État le régime de la loi de 1841, avait laissé au pouvoir exécutif le droit de déclarer d'utilité publique les travaux départementaux et communaux, quelle que fût leur importance, et, en particulier, d'autoriser les chemins de fer d'intérêt local, sans limite de longueur. Suivant lui, il importait d'en revenir au principe de l'intervention du législateur pour les ouvrages de toute nature: en effet, l'atteinte portée à la propriété privée était la même, dans tous les cas ; l'intérêt de la sécurité et de la défense du territoire pouvait être également mis en jeu ; quel que fût le classement des travaux , une loi était nécessaire pour les emprunts des départements et des communes et cette action du législateur ne se conciliait pas avec une autorisation préalable d'un autre pouvoir ; une décision législative avait, d'ailleurs, une autorité supérieure à celle d'un décret ; enfin, il importait de soustraire l'administration à des responsabilités trop lourdes pour elle et d'éviter le contre-coup des variations du pouvoir exécutif.

Ce principe admis, il y avait lieu d'y apporter quelque tempérament, notamment pour ne pas laisser en souffrance, pendant les longues prorogations de l'Assemblée, des affaires urgentes d'une importance secondaire. La mesure la plus sage, à cet égard, consistait à un retour pur et simple aux dispositions de la loi de 1841, non qu'elles se justifiassent mieux que d'autres systèmes, mais parce que, en fait, elles avaient été en vigueur pendant plus de vingt ans, sans donner lieu à aucune difficulté sérieuse.

M. Krantz proposait donc, au nom de la Commission, de décider que tous les grands travaux publics entrepris par l'État, les départements, les communes ou les Compagnies particulières, avec ou sans péage, avec ou sans subsides du Trésor, avec ou sans aliénation du domaine public, ne pourraient être exécutés qu'en vertu d'une loi rendue après enquête administrative, mais que, toutefois, un décret suffirait pour autoriser l'exécution des routes départementales, canaux et chemins de fer d'embranchement de moins de 20 kilomètres de longueur, des ponts et de tous autres travaux de moindre importance.

A cette occasion, il demandait aussi que chaque année, à l'ouverture de sa première session, l'Assemblée reçût un tableau indiquant, par département, l'état des chemins d'intérêt local construits ou en construction et celui des chemins concédés par les conseils généraux, mais non encore déclarés d'utilité publique et autorisés, ce dernier état devant faire mention de la date des concessions données par les départements.

III. — PREMIÈRE DÉLIBÉRATION. — Après une escarmouche dans laquelle l'avantage resta au Ministre [J. O., 2 décembre

1875], la déclaration d'urgence, en faveur de la proposition, fut retirée, et le débat s'ouvrit le 2 décembre 1875 [J. O., 3 décembre 1875].

M. le baron de Janzé, tout en considérant le projet de la Commission comme un véritable progrès, se prononça néanmoins contre l'exception accordée aux chemins d'embranchement de moins de 20 kilomères de longueur. Pour justifier son opinion, il invoqua certains abus résultant du régime des décrets, notamment la menace de M. Caillaux, de faire déclarer d'utilité publique divers tronçons du chemin de fer de Grande-Ceinture, par simple décret, pour éluder une loi et exercer une pression sur l'Assemblée, et l'illégalité flagrante commise dans l'exécution du chemin parlementaire de Versailles ; il fit valoir également la nécessité de ne pas trop armer le Ministre, dans la lutte entre les petites et les grandes Compagnies.

M. Krantz prit ensuite la parole pour un exposé général de la question et un historique de la législation. Avant 1807, l'utilité publique se reconnaissait exclusivement par le fait de l'approbation des projets et de l'ordre d'exécution. En 1807 était intervenue une loi du 16 septembre, fort peu explicite, fort confuse, qui, dès 1810, avait fait place à une autre loi, plaçant les acquisitions de terrains sous l'autorité de la justice et donnant ainsi une sérieuse garantie aux intérêts privés. Puis, une ordonnance du 10 mai 1829 avait exigé une enquête préalable. Les principes étaient, dès lors, créés ; il suffisait de les codifier ; c'est ce que fit la loi de 1833, à laquelle se substitua en 1841 un nouveau texte peu différent au fond, mais plus parfait dans la forme. Cette loi, excellente à tous égards, avait duré jusqu'en 1852, époque à laquelle le Gouvernement s'était arrogé le droit absolu de déclaration d'utilité publique. En 1865, un premier retour vers le passé s'était imposé au législateur ; il avait été décidé

que les décrets, autorisant l'exécution de chemins de fer
d'intérêt local, seraient précédés d'un avis du Conseil d'État;
en 1870, force avait été de faire encore un pas de plus en
arrière et de revenir au régime de 1841 pour les travaux
d'intérêt général. Le moment était venu de renouer, par-
dessus l'Empire, les traditions du Gouvernement constitu-
tionnel et de remettre en vigueur la loi de 1841, pour les
travaux départementaux et communaux. Le droit de déclarer l'utilité publique était en effet, par essence, un droit
régalien et ne pouvait appartenir qu'à celui qui faisait la loi :
telle était, d'ailleurs, la règle en Angleterre, où il fallait
toujours un bill du Parlement. Toutefois, l'exception admise
par le législateur de 1841 et consacrée par l'expérience, au
profit des chemins de moins de 20 kilomètres, se justifiait par
le peu d'importance des ouvrages auxquels elle s'appliquait,
et par la nécessité de satisfaire en temps utile à certaines exigences de l'intérêt public. M. Krantz admettait du
reste, avec le Ministre, que les décrets fussent rendus dans
la forme des règlements d'administration publique et que
l'examen des projets des chemins des fer d'intérêt local
ayant moins de 20 kilomètres, mais sortant des limites
d'un département, fût réservé au pouvoir législatif.

M. Caillaux, Ministre des travaux publics, vint ensuite
combattre, comme inutile, la disposition de loi proposée
par la Commission, pour exiger la production annuelle de
tableaux relatifs aux chemins d'intérêt local, tableaux qui
n'avaient jamais été refusés et ne le seraient jamais. Il
fournit en outre des explications sur les abus qui lui avaient
été reprochés par M. de Janzé.

IV. — DEUXIÈME DÉLIBÉRATION. — Lors de la deuxième
délibération, le 14 décembre 1875 [J. O., 15 décembre 1875],
M. de Janzé développa un amendement, qui interdisait

toute exception à la règle de l'intervention du législateur. Cet amendement fut repoussé.

La fin de la législature empêcha de procéder à la troisième délibération et la proposition devint ainsi caduque.

### 460. — Projet de loi relatif à la statistique des chemins de fer.

— En présence du développement de l'industrie des chemins de fer et de son influence sur la fortune publique, le Gouvernement présenta le 18 décembre 1875 un projet de loi destiné à mettre l'administration en mesure de se procurer les renseignements nécessaires pour sa statistique [J. O., 19 janvier 1876]. Il ne faisait, d'ailleurs, que suivre l'exemple du Gouvernement suisse et du Gouvernement anglais.

Aux termes de l'article 1er de ce projet de loi, toute Compagnie et tout concessionnaire de chemin de fer devait fournir, au plus tard le 15 avril de chaque année, au Ministre des travaux publics, trois états conformes à des modèles annexés à ce projet de loi et donnant des renseignements sur le compte d'exploitation et sur divers faits intéressants.

L'article 2 stipulait la production, dans les quinze premiers jours de chaque trimestre, d'un état sommaire des résultats de l'exploitation, pendant le trimestre précédent, pour être inséré au *Journal officiel*.

L'article 3 conférait aux agents du contrôle, désignés par le Ministre, le pouvoir de procéder aux vérifications de ces états, au moyen des écritures des Compagnies.

L'article 4 donnait pour sanction, aux prescriptions des articles 1 et 2, une amende de 100 fr. par jour de retard et une amende de 500 à 10 000 fr. en cas d'inexactitude.

Ce projet de loi ne fut pas rapporté.

461. — Projet de loi tendant à la concession d'un
chemin de Champagnac à Saint-Denis-lez-Martel.

I. — PROJET DE LOI. — La Société des houillères de
Champagnac avait sollicité, le 15 janvier 1873, la concession d'un chemin à voie de 1 mètre de Champagnac à Saint-
Denis-lez-Martel, ayant pour principal objet l'exploitation
du riche bassin houiller récemment reconnu dans cette
région ; la longueur de ce chemin était de 114 kilomètres ;
la largeur de la plate-forme était fixée à 2 m. 50 , le
rayon minimum des courbes, à 100 mètres et la déclivité
maximum, à 0,02. Cette demande souleva de vives protestations de la part de la Compagnie de Clermont à Tulle,
dont les houillères de Champagnac devaient alimenter le
trafic, par l'embranchement de Vendes, et qui redoutait de
voir lui échapper une de ses sources principales de recettes.
Mais le Gouvernement jugea, d'accord avec le conseil général des ponts et chaussées, que la ligne nouvelle était appelée à répondre à une situation, sur laquelle la Compagnie
de Clermont à Tulle n'avait pu asseoir ses prévisions, et
qu'il n'y avait pas lieu de s'arrêter aux revendications de
cette Compagnie. Il conclut donc, avec la Société des houillères de Champagnac, une convention portant concession
du chemin de Champagnac à Saint-Denis-lez-Martel, avec
allocation d'une subvention de 20 000 fr. par kilomètre, soit
de 2 140 000 fr. au maximum, payable en seize termes semestriels égaux, à partir du 1er septembre 1877. Il saisit
d'ailleurs, le 15 janvier 1875, l'Assemblée nationale d'un
projet de loi ratifiant cette convention [J. O., 19 mars 1875].
Les conditions imposées pour la constitution financière de la
Compagnie étaient semblables à celles que le législateur
avait adoptées le 23 mars 1874, sauf addition d'une clause,
aux termes de laquelle tout porteur d'obligations était in-

vesti du droit de prendre communication, au siège social,
quinze jours au moins avant la réunion de l'assemblée générale des actionnaires, de l'inventaire, de la liste des actionnaires et du rapport des commissaires.

II. — RAPPORT A L'ASSEMBLÉE NATIONALE. — M. Sadi
Carnot présenta le 20 décembre 1875 un rapport extrêmement détaillé sur ce projet de loi [J. O., 10 janvier 1876].
A la suite d'une enquête approfondie, la Commission, dont
il était l'organe, avait reconnu que le chemin à voie étroite,
projeté dans la vallée de la Dordogne, ne répondait pas à
un intérêt général et que la direction. dans laquelle il porterait les houilles du bassin de la Haute-Dordogne, n'était
pas celle où elles étaient appelées par la loi économique
et par les besoins de l'industrie. Cette ligne ne pouvait,
d'ailleurs, donner à une région longtemps déshéritée la satisfaction légitime qui lui était due ; sa construction était de
nature à compromettre, dans son développement ultérieur,
le réseau du centre de la France ; l'adoption de la voie
étroite, pour un chemin de plus de 100 kilomètres de longueur, porterait une atteinte regrettable à l'unité du réseau
national. Le grand intérêt de l'expansion de nos richesses
houillères appelait le prompt achèvement de la ligne de
Clermont à Tulle et de son embranchement sur Vendes.
et la construction de lignes annexes rayonnant autour
d'Eygurande. Il importait, notamment, d'ouvrir sans délai
une voie ferrée à grande section, entre Vendes et les lignes
du Midi, pour rendre la vie industrielle et agricole à une
région que dépeuplait l'émigration et qui avait été, jusqu'alors, privée du bienfait des voies ferrées, malgré sa participation aux sacrifices faits pour doter le pays de ces voies
rapides de communication.

Le rapport concluait donc à la déclaration d'utilité publique d'un chemin, à voie normale, de Vendes à la ligne d'Aurillac à Saint-Denis-lez-Martel, et à l'exécution par l'État de l'infrastructure de ce chemin, les clauses à stipuler pour une concession ultérieure étant réservées.

La dissolution de l'Assemblée empêcha de donner suite à l'affaire.

### 462. — Projet de convention avec la Compagnie des Charentes.

I. — Projet de loi. — La Compagnie des Charentes était concessionnaire de 727 kilomètres, pour lesquels elle avait reçu une subvention moyenne de 80 000 fr. par kilomètre. Sur cette longueur, 498 kilomètres étaient en exploitation; il restait donc à construire 229 kilomètres. Les dépenses faites ou restant à faire, pour le parachèvement des lignes exploitées, s'élevaient, déduction faite du concours de l'État, à 109 000 000 fr. dont 20 500 000 fr. réalisés sur le capital-actions et le surplus, par l'émission d'obligations ou de bons à court terme. Les chemins à construire exigeaient une dépense de 40 000 000 fr.

Inquiète des premiers résultats de son exploitation, la Compagnie avait adressé, dès 1870, au Ministre des travaux publics une demande en concession de nouveaux chemins, qui la missent en relation directe avec le réseau du Midi et avec ceux de l'Ouest et de Paris-Lyon-Méditerranée. Cette demande, à laquelle les événements n'avaient pas permis de donner suite, fut renouvelée en 1873 et 1874. La Compagnie avisa, en même temps, l'administration qu'elle avait racheté le chemin d'intérêt local de Bordeaux à la Sauve; elle précisa ses desiderata, en sollicitant, soit en 1874, soit en 1875 : 1° la concession d'un chemin de Libourne à la ligne de Bordeaux à la Sauve et d'un autre chemin de Niort à

Thouars et Montreuil-Bellay, avec embranchement sur Moncontour ; 2° l'allocation d'une garantie d'intérêt, pour une partie de son réseau.

Malgré l'avis contraire de la commission centrale des chemins de fer, malgré quelques erreurs dans la gestion de la Compagnie, le Gouvernement estima qu'il était indispensable de venir en aide à cette société, en considération de la loyauté de son administration et des conditions dans lesquelles elle s'était constituée. La combinaison, qu'eût préférée le Ministre et qui consistait en une fusion avec la Compagnie d'Orléans, ayant soulevé des objections, aussi bien de la part du commerce que de la part des administrateurs des Charentes, il n'y avait d'autre parti à prendre que d'accueillir les vœux ci-dessus indiqués.

M. Caillaux, Ministre des travaux publics, conclut donc avec la Compagnie une convention, qui lui concédait un chemin de Libourne à la ligne de Bordeaux à la Sauve ; un chemin de Moncontour à Niort, destiné à ouvrir au réseau un débouché vers la vallée de la Loire ; enfin un embranchement de Velluire à Fontenay-le-Comte, appelé à desservir ce chef-lieu d'arrondissement. La concession du chemin de Libourne vers Bordeaux avait provoqué des réclamations de la part de la Compagnie d'Orléans ; mais cette Compagnie s'était exagéré la portée du préjudice qu'elle pourrait avoir à subir.

Le rachat de la ligne de Bordeaux à la Sauve était approuvé et l'incorporation de cette ligne au réseau d'intérêt général était prononcée, sous réserve de l'adhésion du conseil général de la Gironde.

Les nouveaux chemins étaient soumis au cahier des charges général de la Compagnie, ainsi qu'aux dispositions additionnelles introduites par l'Assemblée, dans les lois les plus récentes.

Il était alloué à la Compagnie une subvention de 14 000 000 fr., soit 108 000 fr. par kilomètre, payable en seize termes semestriels égaux, à partir du 5 janvier 1877, avec faculté, pour l'État, de substituer au paiement en espèces de tout ou partie de cette subvention la livraison de la plate-forme.

L'ensemble des lignes concédées à la Compagnie des Charentes était divisé en deux réseaux, à savoir : un ancien réseau formé des chemins en exploitation (525 km.) et un nouveau réseau garanti, formé des lignes non exploitées (347 km.). Les dépenses à la charge de la Compagnie étaient de 120 millions, pour l'ancien réseau, et de 65 millions, pour le nouveau. La garantie afférente au second réseau était de 5 %; ce taux se justifiait par les conditions onéreuses dans lesquelles la Compagnie avait émis ses emprunts. La durée de cette garantie était de cinquante ans, à partir du 1er janvier 1880.

Les insuffisances du produit de l'ancien réseau pouvaient être imputées, jusqu'au 31 décembre 1882, sur le compte de premier établissement ; toutefois, il était stipulé que les actionnaires ne recevraient ni dividende, ni intérêt, pendant cette période, si ce n'est 2 1/2 %, pour chacun des deux exercices 1876 et 1877.

Le revenu réservé à l'ancien réseau comprenait l'intérêt et l'amortissement des obligations émises pour son exploitation, l'intérêt à 5 % des actions, enfin la différence entre le taux de négociation des obligations affectées au nouveau réseau et l'intérêt garanti par l'État. En attendant le règlement définitif des comptes de négociation, le calcul devait se faire au taux provisoire de 5,75 %.

La moitié des bénéfices, au delà de 6 1/2 %, était attribuée à l'État.

Enfin la convention reproduisait la clause, déjà introduite dans le contrat de 1875 avec la Compagnie de Paris-Lyon-Méditerranée, pour le chauffage des voitures.

L'Assemblée nationale fut saisie le 18 novembre de ces dispositions [J. O., 6 décembre 1875].

II. — RAPPORT A L'ASSEMBLÉE NATIONALE. — Le rapport sur ce projet de loi fut présenté le 23 décembre 1875 par M. Fourcand [J. O., 10 janvier 1876]. Après avoir rappelé les origines du réseau des Charentes, cet honorable rapporteur constatait que ce réseau avait été tenu en dehors du concert des grandes Compagnies, pour les tarifs communs; qu'il était, par ce fait, comme par sa structure géographique, absolument sous la dépendance de la Compagnie d'Orléans; qu'il importait de l'émanciper, pour le mettre à même de remplir son rôle vis-à-vis de la région du Sud-Ouest. Ce ne serait, d'ailleurs, que tenir les engagements du législateur de 1861, dont l'intention bien arrêtée était de créer une grande ligne autonome, de Bordeaux à Nantes. La Commission donnait donc une adhésion chaleureuse aux propositions du Gouvernement, pour la concession des chemins nouveaux énumérés au projet de loi et la dotation de ces chemins de subventions équitables. Mais elle demandait à l'Assemblée de ne pas adopter immédiatement et de réserver toute la partie de la convention, qui avait trait à la division du réseau des Charentes en ancien et nouveau réseau et aux clauses financières découlant de cette division : il y avait là, suivant le rapport, des questions dont l'examen n'était pas opportun, en l'état; le Gouvernement et la Compagnie consentaient, au reste, à les éliminer jusqu'à nouvel ordre.

La Commission signalait au Ministre :

1° Une demande de plusieurs députés de la Charente-Inférieure, tendant à la construction de quatre lignes de

Surgères à Coutras; de Saujon au chemin de Tonnay-
Charente à la pointe du Chapus; de Taillebourg à Saujon;
de Saint-Ciers-Lalande à Royan;

2° L'utilité de concéder à la Compagnie des Charentes
deux chemins de Ruffec à Confolens et de Limoges à Eygurande, qui constituaient des lacunes dans la ligne de Nantes
à Clermont-Ferrand.

Enfin elle prenait acte de l'engagement de la Compagnie
de raccorder la gare de Luçon au port de Luçon.

L'affaire ne reçut pas d'autre suite.

463. — **Observations sur les conventions de 1875 et
sur la situation à la fin de cette année.** — Avant de passer
à l'année 1876, il ne sera pas sans intérêt de jeter un coup
d'œil rétrospectif sur la période de 1870 à 1875.

Les faits principaux de cette période sont le démembrement du réseau de l'Est, par suite de la perte de l'Alsace-
Lorraine; les débats provoqués par ce démembrement et par
la crise des transports, au sujet des questions relatives au
régime général des voies ferrées; l'institution d'une Commission d'enquête, au sein de l'Assemblée nationale; les remarquables travaux de cette Commission et, notamment, de
MM. Cézanne et Krantz; les conventions intervenues en 1874
et 1875 avec les grandes Compagnies; les attaques très vives
dirigées contre ces sociétés, à l'occasion de la discussion de
ces conventions; le triomphe définitif des principes qui
avaient dicté les contrats de 1859, 1863 et 1868.

Au 31 décembre 1875 le développement du réseau était
le suivant :

| DÉSIGNATION des catégories de chemins. | LONGUEURS. | | |
|---|---|---|---|
| | en exploitation. | en construction ou à construire. | TOTAUX. |
| Chemins d'intérêt général { concédés { définitivement.. | 19 747 km. | 6 628 km. | 26 375 km. |
| { concédés { éventuellement. | 240 | » | 240 |
| non concédés..... | 1 467 | » | 1 467 |
| Chemins industriels et divers............ | 218 | 107 | 325 |
| Chemins d'intérêt local................. | 1 798 | 2 546 | 4 344 |
| TOTAUX...... | 23 470 km. | 9 281 km. | 32 751 km. |

Nous allons maintenant entrer dans une nouvelle phase de l'histoire des chemins de fer. Cette phase est caractérisée par le rachat d'un grand nombre de lignes secondaires, dont les concessionnaires étaient incapables de tenir leurs engagements, par l'adoption d'un vaste programme de nouveaux chemins de fer, et par la résistance que la Chambre des députés a opposée aux conventions conclues entre l'État et les grandes Compagnies.

# DEUXIÈME PARTIE

---

## PÉRIODE
## DU 1er JANVIER 1876 AU 18 JUILLET 1879

---

CONSTITUTION DU RÉSEAU D'ÉTAT — ADOPTION DU GRAND PROGRAMME
DE TRAVAUX PUBLICS

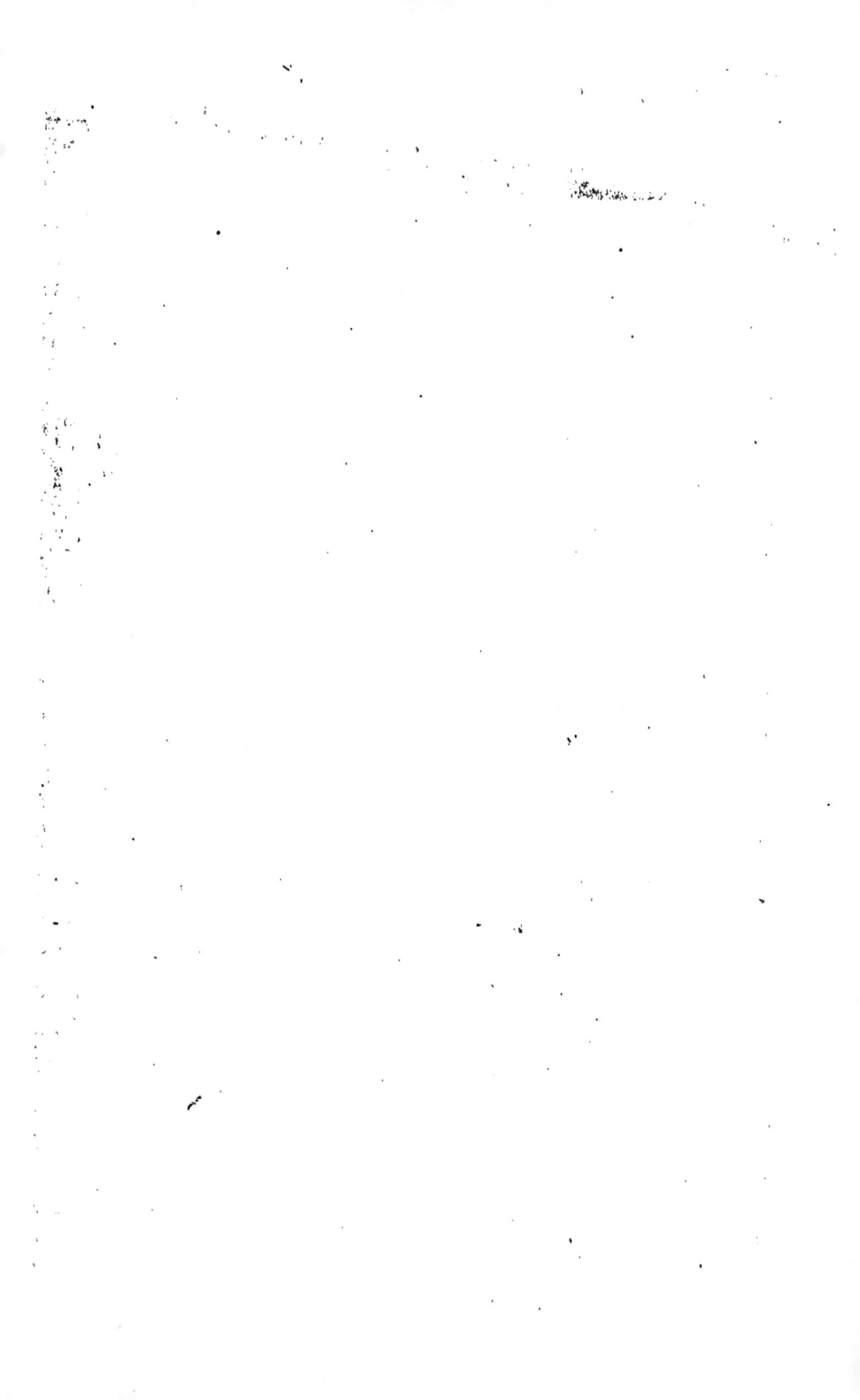

# PÉRIODE du 1ᵉʳ JANVIER 1876 au 18 JUILLET 1879

## CONSTITUTION DU RÉSEAU D'ÉTAT. — ADOPTION DU GRAND PROGRAMME DE TRAVAUX PUBLICS

## CHAPITRE Iᵉʳ. — ANNÉE 1876

**464. — Concession de la section de Moidrey au canal du Couësnon.** — Le premier acte de l'année 1876 est un décret du 17 janvier déclarant d'utilité publique le prolongement du chemin de fer de Vitré à Fougères et à la baie du Mont-Saint-Michel, depuis la gare de Moidrey jusqu'au lieu dit de la Caserne, à l'extrémité du canal du Couësnon (5 km.), et autorisant la Compagnie de Vitré à Fougères à construire et à exploiter ledit prolongement à ses frais, risques et périls [B. L., 1ᵉʳ sem. 1876, nº 290, p. 25].

Le retrait de cette concession fut prononcé en 1880.

**465. — Concessions de chemins industriels.** — Nous avons ensuite à mentionner un certain nombre de décrets concernant des chemins industriels :

1º Décret du 23 janvier 1876 [B. L., 1ᵉʳ sem. 1876, nº 292, p. 72], concédant à la Compagnie des mines de houille de Réty, Ferques et Hardinghen un embranchement reliant ces mines à la ligne de Boulogne à Calais (5 km.). La concession était faite pour une durée égale au délai restant à courir sur la concession du réseau Nord; le cahier des charges n'offrait aucune particularité à signaler; le chemin pouvait être provisoirement affecté au service exclusif des mines, le Gouvernement se réservant le droit d'imposer ultérieurement l'établissement d'un service public de voyageurs ou de marchandises.

2° Décret du 12 février 1876 [B. L., 1ᵉʳ sem. 1876, n° 294, p. 136], approuvant une convention passée entre la Société des mines de Portes et Sénéchas et la Compagnie des minerais de fer magnétique de Mokta-el-Hadid, concessionnaire des mines de houille de Trébian, pour rendre commun entre elles, sur une étendue de 2 700 mètres, le chemin d'embranchement des mines de Portes à la ligne de Brioude à Alais, concédé en 1864 à la première de ces Compagnies.

3° Décret du 26 octobre 1876 [B. L., 2ᵉ sem. 1876, p. 770], déclarant d'utilité publique un chemin de fer d'embranchement, destiné à relier les mines du Val-de-Fer au canal de l'Est et à l'usine de Neuves-Maisons et le concédant à la Société métallurgique de la Haute-Moselle, pour une durée égale au délai restant à courir sur la concession de la ligne de Nancy à Vézelise. Ce chemin, de 4 kilomètres de longueur, était provisoirement affecté au service exclusif des mines du Val-de-Fer. Les taxes prévues éventuellement étaient de 0 fr. 12 et 0 fr. 07, pour les deux classes de voyageurs; de 0 fr. 26, 0 fr. 20, 0 fr. 19 et 0 fr. 18, pour les quatre classes de marchandises en petite vitesse, sans conditions de tonnage; et de 0 fr. 21, 0 fr. 165, 0 fr. 155 et 0 fr. 145, pour ces quatre classes, par wagon complet.

4° Décret du 4 décembre 1876 [B. L., 2ᵉ sem. 1876, n° 328, p. 781], déclarant d'utilité publique le prolongement, jusqu'à la mine des Bourdignats (9 km.) du chemin industriel de

Commentry au canal du Berry et à Montluçon, aux conditions du cahier des charges de 1844.

466. — **Concessions de chemins d'intérêt local.** — Les
principaux éléments des concessions de chemins d'intérêt
local, faites en 1876, sont les suivantes :

| DÉSIGNATION des départements. | DÉSIGNATION des lignes. | DATE des décrets. | NUMÉRO du Bulletin des lois. | DÉSIGNATION des concessionnaires. | SUBVENTIONS accordées aux concessionnaires. | PART de l'État dans ces subventions. | TARIFS | | ÉPOQUES d'ouverture. | OBSERVATIONS. |
|---|---|---|---|---|---|---|---|---|---|---|
| | | | | | | | Voyageurs. | Marchandises en petite vitesse. | | |
| | | | | | | | cent. | cent. | | |
| Pas-de-Calais. | Bully-Grenay à Brias (30 km.). | 24 fév. | 1er sem. 1876, n° 301, p. 427. | Cie du Nord. | Néant. | » | 12 9 6 | 18 14 12 | 1878 | Concession expirant en même temps que celle du réseau du Nord. |
| Id. | Anvin à Calais (94 km.). | 1er mars. | 1er sem. 1876, n° 303, p. 594. | Level. | 4 000 000 fr. | 250 000 fr. | 10 8 6 | 25 20 16 12 | 1882 | Voie de 1 mètre. |
| Gironde. | St-Symphorien vers Sore (8 km.). | 10 mars. | 1er sem. 1876, n° 299, p. 422. | Faugère et Bernard. | 172 000 fr. et les terrains. | 47 000 | 10 7,5 5,5 | 24 18 14 10 5 | 1876 | 5e classe de marchandises en petite vitesse, pour les matériaux de chaussées transportés par wagons complets. |
| Landes. | Sore vers St-Symphorien (6 km.). | Id. | 1er sem. 1876, n° 302, p. 551. | Faugère et Bernard. | 150 000 fr. et les terrains. | 79 000 | 12 10 7,5 | 24 18 14 10 5 | 1876 | |
| Ain. | Marlieux à Châtillon (11 km.). | 6 avril. | 2e sem. 1876, n° 311, p. 66. | Desormes et Raclet. | 363 357 fr. 75 | 121 119 fr. 25 | 12 10 6,5 | 25 20 16 12 | 1879 | Voie de 1 mètre. |
| Manche. | Chérencé-le-Roussel vers Montsecret (12 km.). | 5 mai. | 1er sem. 1876, n° 305, p. 646. | Lion. | Terrains et 31 750 fr. p. km. | 90 000 | 10 7,5 5,5 | 16 14 10 8 | » | Concession expirant en même temps que celle du réseau de l'Ouest. |

| DÉSIGNATION des départements. | DÉSIGNATION des lignes. | DATES des décrets. | NUMÉRO du Bulletin des lois. | DÉSIGNATION des concessionnaires. | SUBVENTIONS accordées aux concessionnaires. | PART de l'État dans ces subventions. | TARIFS | | ÉPOQUES d'ouverture. | OBSERVATIONS. |
|---|---|---|---|---|---|---|---|---|---|---|
| | | | | | | | Voyageurs. | Marchandises en petite vitesse. | | |
| | | | | | | | cent. | cent. | | |
| Orne. | Monsecret vers Chérencé (16 km.). | 5 mai. | 2e sem. 1876, n° 310, p. 35. | Lion. | 190 000 fr. | 80 000 fr. | 10<br>7,5<br>5,5 | 16<br>14<br>10<br>8 | » | Concession expirant en même temps que celle du réseau de l'Ouest. |
| Pas-de-Calais. | Avesnes-le-Comte à Savy-Berlette (10 km.). | 3 juin. | 1er sem. 1876, n° 308, p. 783. | Level. | Néant. | » | 10<br>8<br>6 | 25<br>20<br>16<br>12 | » | Voie de 1 mètre. |
| Nord. | Marcoing à Masnières (2 km.). | 10 septembre. | 2e sem. 1876, n° 325, p. 786. | Cie de Picardie et Flandres. | 24 000 fr. | » | 10<br>7,5<br>5,5 | 16<br>14<br>10<br>8-5-4 | 1880 | Attribution au département du 1/4 du produit brut au-dessus de 4 000 fr. |
| Somme. | Vélu-Bertincourt à St-Quentin (27 km.). | 22 septembre. | 2e sem. 1876, n° 319, p. 425. | Bellet, Coste et Mauduit de Fay. | 135 000 | » | 10<br>8<br>6 | 16<br>14<br>12<br>10 | 1879 | Attribution au département du 1/4 de la recette brute, au-dessus de 15 000 fr. jusqu'à remboursement de la subvention. |
| Pas-de-Calais. | St-Quentin à Vélu-Bertincourt (5 km.). | 22 septembre. | 2e sem. 1876, n° 324, p. 548. | Bellet, Coste et Mauduit de Fay. | 60 000 | » | Id. | Id. | 1880 | Id. |
| Aisne. | St-Quentin à Vélu-Bertincourt (5 km.). | 22 septembre. | 2e sem. 1876, n° 330, p. 843. | Bellet, Coste et Mauduit de Fay. | 411 000 | » | Id. | Id. | 1879 1880 | Id. |

Nous avons en outre à noter un décret du 5 mai [B. L., 1ᵉʳ sem. 1876, nº 303, p. 616] approuvant la résiliation de la concession, consentie en 1872, de la ligne de Caen à Aulnay et stipulant que la délaration d'utilité publique de cette ligne serait anulée, s'il n'était pas procédé, avant deux ans, à une nouvelle concession.

467. — **Concession du raccordement du port de Neuves-Maisons avec le chemin de Nancy à Vézelise.** — Un décret du 5 mai 1876 [B. L., 2ᵉ sem. 1876, nº 312, p. 129] concéda à la Société métallurgique de la Haute-Moselle le raccordement du port de Neuves-Maisons avec le chemin de Nancy à Vézelise, pour une durée de quatre-vingt-dix-sept ans. Ce chemin était exclusivement affecté au transport des marchandises en petite vitesse ; les taxes étaient fixées à 0 fr. 16, 0 fr. 14, 0 fr. 10 et 0 fr. 08, pour les quatre classes.

468. — **Reprise par la Compagnie du Nord de l'exploitation des lignes concédées aux Compagnies de Lille à Valenciennes, du Nord-Est et de Lille à Béthune.** — La Compagnie du Nord conclut, le 17 décembre 1875 avec la Compagnie du Nord-Est, le 31 décembre 1875 avec celle de Lille à Valenciennes, et le 2 février 1876 avec celle de Lille à Béthune, des traités pour l'exploitation des lignes suivantes : Lille à Comines, Tourcoing à Menin, Gravelines à Watten, Boulogne à Saint-Omer, Saint-Omer à Berguette, Berguette à Armentières, Dunkerque à Calais par Gravelines, Somain à Roubaix et Tourcoing par Orchies et Cysoing, Jeumont à Anor, Chauny à Anisy, prolongement sur le territoire belge des lignes de Lille à Comines et de Tourcoing à Menin, Lille à Valenciennes avec raccordement sur Bruay, Saint-Amand à Blanc-Misseron, Saint-Amand.

vers Tournai, Don à Hénin-Liétard et à Armentières, Valenciennes à Douzies par Bavai, Lille à Béthume.

Un décret du 20 mai 1876 [B. L., 1ᵉʳ sem. 1876, n° 303, p. 624] autorisa la mise en vigueur de ces traités, sous la double condition :

1° Que la Compagnie du Nord ne réclamerait pas l'application de la garantie stipulée par l'État, au profit de la Compagnie du Nord-Est, par la convention du 22 mai 1869, jusqu'à ce qu'il eût été statué par une loi sur les questions financières qui naîtraient desdits traités ;

2° Qu'il serait fait par la Compagnie du Nord un compte à part des résultats de l'exploitation des chemins ci-dessus énumérés, en distinguant ceux qui formaient la concession du Nord-Est.

Aux termes des traités relatifs au Nord-Est et au réseau de Lille à Valenciennes, la Compagnie du Nord paie :

1° A la Compagnie du Nord-Est, 8 700 fr. de redevance kilométrique ;

2° A la Compagnie de Lille à Valenciennes : (a) pour les chemins dont celle-ci est concessionnaire, 8 700 fr., pendant les cinq premières années ; 9 500 fr. pendant les cinq années suivantes ; 10 500 fr., pendant les dix années suivantes ; 11 500 fr., pendant le surplus de la concession ; (b) pour les chemins du Nord-Est dont elle avait l'exploitation, la différence entre les chiffres de ce barême et 8 700 fr. Elle a, d'ailleurs, repris le matériel roulant.

D'après le traité avec la Compagnie de Lille à Valenciennes et la Société des mines de Béthune, la Compagnie a abandonné à cette dernière société l'exploitation de la section de Violaines à Bully-Grenay, moyennant une rente annuelle de 87 000 fr. et a consenti à certains avantages pour les transports des mines de Béthune.

**469. — Constitution au Sénat d'une commission d'enquête sur les chemins de fer.** — Il ne nous reste, pour clore l'année 1876, qu'à noter divers incidents survenus, à la Chambre des députés et au Sénat, pendant le cours de cette année.

Le 29 mars 1876, M. Claude déposa, sur le bureau du Sénat, une proposition [J. O., 14 avril 1876], tendant à la constitution d'une commission de dix-huit membres chargée: 1° d'étudier les voies et moyens nécessaires pour achever le réseau des chemins de fer d'intérêt général; 2° de rechercher les moyens d'unifier les tarifs, tout en respectant les droits acquis des Compagnies existantes.

Cette proposition fut adoptée, le 4 août 1876.

**470. — Rejet des dispositions introduites dans le projet de loi de finances de 1877, dans le but de faire exécuter par l'État la superstructure des chemins déclarés d'utilité publique en 1875 et pour rendre le concours des localités obligatoire.**

I. — Proposition de la commission du budget a la chambre des députés. — La Commission du budget de 1877, de la Chambre des députés, saisie des propositions du Gouvernement, au sujet des voies et moyens d'exécution des lignes déclarées d'utilité publique par les lois des 16 et 31 décembre 1875 et non encore concédées, conclut : 1° à créer des obligations trentenaires; 2° à autoriser le Ministre des travaux publics à entreprendre, non seulement l'infrastructure, mais encore la superstructure; 3° à décider que les travaux ne seraient commencés que lorsque le Ministre aurait reçu des départements, des communes et des propriétaires intéressés, des offres de concours jugées par lui suffisantes.

Il ne sera pas sans intérêt de reproduire ici un extrait

du remarquable rapport de M. Sadi Carnot [J. O., 30 juillet 1876] : « Votre Commission a été amenée à comparer « les systèmes de l'exécution directe par l'État et de la « concession, dans les termes de la loi de 1859 et des con-« ventions de 1863, et elle a dû se rendre compte des con-« séquences de leur application aux lignes nouvelles à « construire.

« Elle s'est d'abord préoccupée de la durée de l'exécu-« tion..... Il faudra aux Compagnies plusieurs années pour « liquider leur arriéré et les lignes nouvelles ne pourraient « être entreprises actuellement, si les Compagnies en étaient « chargées.

« L'État, au contraire, dispose d'un nombreux person-« nel d'ingénieurs et de conducteurs, dans les trente dé-« partements où sont tracés les chemins de fer décrétés; « et ce personnel est prêt à redoubler d'activité, pour ac-« complir l'œuvre projetée, sans que l'État ait à s'imposer « de trop lourds sacrifices. Guidés par des instructions mi-« nistérielles précises, qui leur recommandent d'étudier le « tracé et de diriger la construction en vue de réduire, autant « que possible, les dépenses, les ingénieurs pourraient ap-« porter de sérieuses économies sur les prévisions de 1875.

« L'État trouvera encore, dans le système des adjudi-« cations publiques, dans le recours éventuel à la juridic-« tion administrative, des conditions avantageuses, et pourra « construire à moins de frais que des Compagnies aux-« quelles il garantirait d'avance l'intérêt des sommes à « dépenser.

« Votre Commission a donc vu, dans le mode de cons-« truction directe, sans l'intermédiaire de Compagnies « concessionnaires, le double profit d'une réalisation plus « rapide et moins onéreuse de l'œuvre décrétée.

« Mais ces considérations ne sont pas les seules.....

« Le compte ouvert entre l'État et les Compagnies de
« chemins de fer atteint un chiffre très élevé…. Si, aujour-
« d'hui, on peut prévoir approximativement le jour où l'État
« cessera de payer des garanties et commencera à en être
« remboursé, toutes ces prévisions seraient bouleversées
« par l'introduction de 1 240 kilomètres de lignes nouvelles
« dans le réseau des Compagnies.

« Votre Commission est loin de contester les services
« qu'a rendus, à une autre époque, le système de la loi
« de 1859, qui a largement contribué au développement de
« notre réseau ferré. Elle sait que, si l'État a versé aux
« Compagnies, pour insuffisance de recettes depuis 1863,
« la somme de 415 000 000 fr., l'ancien réseau a, de son
« côté, déversé, sur le nouveau, dans la même période,
« 336 000 000 fr. et pris sa part des charges qu'impose
« l'exploitation d'un réseau peu rémunérateur.

« Le système de 1859 a aussi pour conséquence de créer,
« au profit de l'État, une puissante réserve qu'il utilisera à
« l'époque où il reprendra possession des chemins de fer. Les
« garanties d'intérêt ne sont qu'un prêt fait aux Compagnies
« au taux de 4 %, et viendront en déduction du matériel
« roulant ….. Ces avantages n'ont pu déterminer votre
« Commission à vous proposer d'étendre l'application du
« mécanisme aux lignes nouvelles décrétées en 1875.

« Elle croit sage de ne pas grossir encore le compte de
« l'État avec les Compagnies, compte si compliqué que les
« commissions de contrôle ne peuvent l'arrêter qu'avec un
« retard de cinq ou six ans. Elle redoute les difficultés que,
« dans des circonstances malheureuses, où toutes les pré-
« visions de recettes se trouvent déjouées, peut faire naître,
« pour le Trésor public, la garantie appliquée à un capital
« de quatre milliards et demi.

« Elle souhaite vous voir inaugurer, pour des chemins

« dont le rendement ne saurait être considérable, un système
« dans lequel le contrôle de l'État soit facile ; où l'adminis-
« tration puisse exercer une action efficace, pour réaliser
« de sérieuses économies, de construction ; où, ensuite, elle
« soit maîtresse de régler un mode d'exploitation qui inté-
« resse l'exploitant lui-même à bien exploiter et qui fasse
« cesser des détournements de trafic dont le Trésor public
« paye très souvent les frais. »

II. — DISCUSSION A LA CHAMBRE DES DÉPUTÉS. — Lors de
la discussion, M. Raymond Bastid et M. Oudoul présentèrent
un amendement portant « qu'il n'était rien innové aux lois
des 16 et 31 décembre 1875, en ce qui touchait le concours
éventuel des départements, des communes et des propriétaires intéressés ».

M. Bastid soutint cet amendement par les considérations
suivantes. Le principe de l'obligation du concours des localités avait été posé, une première fois, dans la loi du
11 juin 1842 ; mais cette mesure, condamnée dès l'origine
par les difficultés de son application, était tombée presque
immédiatement en désuétude et avait été abrogée officiellement par le législateur en 1845. Depuis cette époque, la
tradition constante avait été de n'attribuer aux subventions
locales qu'un caractère purement facultatif ; de ne pas taxer
l'intérêt de tel ou tel département, de telle ou telle commune ;
de laisser, au contraire, aux localités le soin d'apprécier
elles-mêmes les sacrifices qu'elles pouvaient s'imposer pour
hâter la construction des voies ferrées, pour faire prévaloir
un tracé, pour obtenir l'adjonction d'une voie charretière
ou d'une voie de piétons, aux ponts de chemins de fer, etc.
Depuis 1842, alors que l'État et les Compagnies consacraient
plus de 10 milliards à la création de notre réseau, les localités n'avaient pas fourni plus de 42 millions ; le rap-

prochement dé ces deux chiffres prouvait que les départements riches avaient été dotés, presque sans bourse délier, de leurs chemins de fer ; la justice, l'équité commandaient de ne pas faire subir un traitement plus défavorable aux départements pauvres qui, non seulement, avaient contribué, comme les autres, par le paiement de l'impôt, à la construction des lignes existantes, mais qui avaient en outre été déshérités jusqu'alors du bienfait des voies rapides de communication. D'ailleurs, quel serait le criterium du Ministre, pour apprécier si les offres de concours étaient suffisantes ? Comment pourrait-il user du pouvoir déposé entre ses mains ? Le retour aux errements antérieurs s'imposait absolument, à quelque point de vue que la question fût envisagée. C'était, au surplus, le seul moyen de maintenir la coexistence des chemins de fer d'intérêt général et des chemins de fer d'intérêt local, dont la distinction n'aurait plus de raison d'être, du jour où l'association de l'État et des localités deviendrait obligatoire, pour les uns comme pour les autres.

Le Ministre des travaux publics répondit à M. Bastid. Il fit valoir la dépense énorme que nécessitait le développement du réseau et l'obligation qui s'imposait à l'État, d'intervenir très largement dans la construction des nouvelles lignes, après l'expérience malheureuse des Compagnies secondaires, et, par suite, de chercher à réduire un peu son fardeau, par le concours des localités. Sans doute, les lois de 1875 n'avaient assigné à ce concours qu'un caractère facultatif ; mais elles ne prévoyaient pas que l'État exécuterait la superstructure, et les circonstances actuelles, en élargissant le champ d'action du Gouvernement, devaient entraîner une modification dans les voies et moyens. De tout temps, d'ailleurs, les travaux publics les plus importants avaient été considérés comme ayant, à la fois, une utilité

générale et une utilité locale, et comme pouvant motiver
l'obligation d'une contribution des intéressés : la loi de 1843
n'avait fait qu'appliquer ce principe, auquel il était naturel
de revenir pour des chemins ayant un intérêt départemental
bien caractérisé. Les départements ne seraient pas fondés à
s'en plaindre, car ils seraient ainsi dotés de chemins qui
auraient pu rester dans le domaine de la loi de 1865 et
exiger, de leur part, des sacrifices autrement considérables.
La mesure proposée par la Commission du budget et ap-
puyée par le Ministre était, en outre, indispensable pour
empêcher le retrait des offres obtenues récemment de
divers départements ; quant à son application, quoique délicate, elle ne présenterait pas de difficultés insurmontables,
si l'on avait soin d'avoir égard, dans la fixation du concours
des localités, aux dépenses de construction, au rendement
probable des chemins, à l'état du budget départemental, et
à la relation entre l'utilité générale et l'utilité locale de
l'œuvre ; elle constituerait, enfin, une arme précieuse, pour
combattre les entraînements susceptibles de jeter le désordre
dans nos finances.

M. Oudoul vint ensuite appuyer l'argumentation de
M. Bastid. La règle introduite par la Commission du budget
était, à ses yeux, contraire à tous les précédents, contraire
aussi à l'équité, puisqu'elle frappait les départements
pauvres, alors que les départements riches avaient obtenu
toutes les satisfactions désirables, sans être astreints à un
concours pécuniaire. La distinction que l'on cherchait à
établir, au point de vue du degré d'utilité générale des chemins de fer, était sans valeur, eu égard à la solidarité intime
du réseau, dont toutes les mailles étaient tributaires les
unes des autres et se transmettaient réciproquement la
fécondité et la vie. L'orateur insistait, en outre, sur la proportion minime dans laquelle l'État soulagerait son budget,

tout en grevant les départements, et sur les dangers du pouvoir arbitraire, discrétionnaire, délégué, à l'administration.

M. Sadi Carnot, rapporteur pour le budget des travaux publics, défendit le travail de la Commission. Il montra, à coté des dangers signalés à la fin du discours de M. Oudoul, le correctif résultant de la responsabilité du Ministre devant les Chambres. Il fit observer, d'autre part, que les nouvelles lignes devaient desservir, non seulement des départements pauvres, mais encore des départements riches. Il invoqua l'effort considérable qu'allait faire l'État, en assumant, outre la charge de l'infrastructure, celle de la superstructure ; les avantages qu'en retireraient les départements, au point de vue de la rapidité de la conctruction; l'opportunité de demander aux localités un léger sacrifice, en échange de ces avantages.

M. Rouher, tout en approuvant l'exécution des travaux par l'État, jugeait qu'il était prématuré de s'occuper de la superstructure et que, dès lors, il y avait lieu d'écarter l'argument tiré du chef de cette partie des travaux; il considérait la mesure comme contraire aux principes d'une bonne justice distributive et comme susceptible de susciter au Ministre lui-même les plus graves tribulations.

Après un discours de M. Germain, en faveur des conclusions de la Commission, M. Malartre plaida la cause du maintien des errements antérieurs, c'est-à-dire de la construction aux frais communs de la communauté française; les départements riches, qui avaient profité du denier des départements pauvres, aideraient ainsi, à leur tour, ces derniers, dans l'accomplissement d'une œuvre qui intéressait l'ensemble du territoire.

M. Wilson combattit également le projet de loi, en faisant ressortir ce qu'il y aurait d'anormal à se mettre en contradiction avec les votes législatifs intervenus en 1875, pour l'exécution d'un grand nombre de voies ferrées, sans subventions locales.

M. Gambetta, au contraire, défendit l'œuvre de la Commission, en mettant en relief le bénéfice des départements soustraits à l'application, pénible et onéreuse pour eux, de la loi de 1865.

A la suite d'une réplique de M. de Sonnier, l'amendement fut rejeté par 241 voix contre 221.

III. — DISCUSSION AU SÉNAT. — Le débat reprit naissance au Sénat, non seulement sur l'obligation du concours des départements, mais encore sur l'exécution de la superstructure des chemins non concédés [J. O., 27 décembre 1876]. La Commission des finances de la Chambre haute ayant supprimé les clauses introduites, à cet égard, par la Chambre des députés, le Ministre des travaux publics ouvrit la discussion, le 26 décembre 1876, par un discours portant seulement sur le second point. Il s'efforça de prouver que la Commission du budget de la Chambre des députés n'avait pas excédé sa compétence ; qu'elle n'avait pas stipulé de dispositions législatives, de nature à motiver une loi spéciale ; qu'elle n'avait stipulé que des dispositions financières ; qu'elle s'était bornée à augmenter la dotation consacrée aux chemins compris dans les lois des 16 et 31 décembre 1875 ; que, malgré les idées développées dans son sein, elle avait eu soin de laisser intacte la question du régime sous lequel seraient placés ultérieurement ces chemins. Il ajouta que les travaux seraient exécutés plus économiquement par l'État, dont le crédit était supérieur à celui des Compagnies, et que, dès lors, la solution proposée à la ratification du Sénat était absolument justifiée.

M. Jules Brame lui répondit, mais en s'attaquant surtout à la clause concernant le concours des localités. Cette clause était, suivant lui, injuste pour les départements pauvres et contraire même aux intérêts des départements riches, qui avaient besoin d'être rattachés aux régions moins favorisées, pour y déverser leurs produits ou y puiser leurs matières premières; elle constituerait, pour le Parlement, une véritable abdication au profit du Ministre, qui serait investi du droit exclusif d'entreprendre ou de ne pas entreprendre les nouvelles lignes.

M. Caillaux se prononça dans le même sens. Il soutint que l'exécution de la superstructure par l'État tendait à engager un nouveau système d'exploitation; qu'il était inadmissible de trancher incidemment une question si grave; que, d'ailleurs, les travaux de superstructure ne devant pas être entrepris en 1877, les pouvoirs publics avaient tout le temps de débattre à fond le régime sous lequel il convenait de placer les nouveaux chemins; que, d'un autre côté, il y avait une contradiction flagrante entre les dispositions du projet de loi de finances et celles de la convention avec la Compagnie d'Orléans, qui avait été présentée à la Chambre des députés, qui comprenait plus de la moitié des lignes classées en 1875, et qui mettait exclusivement l'infrastructure à la charge du Trésor. Il combattit la clause relative au concours des localités, pour des motifs analogues à ceux que nous avons déjà relatés. Il fit en outre valoir que, toujours, le législateur s'était réservé de fixer lui-même les subventions à réclamer des intéressés, quand il jugeait ces subventions nécessaires, et qu'il y avait là une attribution impossible à déléguer, soit au Ministre, soit même au Conseil d'État.

Après quelques explications complémentaires du Ministre et quelques paroles de MM. Ernest Picard et de-Parieu, en faveur des conclusions de la Commission des finances, ces conclusions furent adoptées.

Le budget ainsi modifié fut adopté, sans discussion, le 28 décembre 1876, par la Chambre des députés.

471. — **Interpellation de M. Pascal Duprat sur la situation des Compagnies secondaires.** — Le 30 décembre 1876, M. Pascal Duprat interpella le Ministre des travaux publics sur les mesures qu'il comptait prendre pour assurer provisoirement l'existence des Compagnies secondaires de chemins de fer, en attendant la décision définitive à intervenir sur le sort de ces sociétés [J. O., 31 décembre 1876].

Après avoir rappelé le projet de loi déposé sur le bureau de la Chambre des députés le 1er août 1876, le Ministre fit connaître qu'il avait successivement examiné les diverses mesures susceptibles d'être prises, pour entrer dans les vues exprimées par M. Pascal Duprat. La première eût consisté à placer les lignes sous séquestre : mais elle eût été contraire aux termes des cahiers des charges, qui ne prévoyaient le séquestre que dans des cas déterminés ; elle eût, d'ailleurs, provoqué inévitablement des faillites. La seconde eût été un prêt de l'État ; mais il eût fallu une loi, qui n'aurait pu être votée en temps utile. Enfin, la dernière eût comporté l'exploitation provisoire des réseaux secondaires par la Compagnie d'Orléans et même des avances de cette Compagnie, avec le matériel roulant pour gage ; mais elle eût été de nature à éveiller les susceptibilités du Parlement, en engageant une question soumise à son examen, et à compromettre les intérêts de la Compagnie d'Orléans. Le seul remède était de statuer, le plus tôt possible, sur le projet de loi du 1er août 1876.

M. Cochery, président de la Commission, à laquelle ce projet de loi avait été renvoyé justifia le délai consacré par cette Commission à l'examen de l'affaire.

Après quelques observations de M. Pascal Duprat, qui voulait voir prêter aux petites Compagnies le secours et l'aide apportés aux grandes Compagnies, à leur origine, le débat fut clos par un ordre du jour pur et simple.

472. — **Question sur le relèvement de certaines taxes, les dimanches et jours fériés.** — M. Martin Nadaud, député, posa le 25 juillet au Ministre des travaux publics une question concernant l'augmentation du prix des places, les dimanches et jours fériés, sur certaines lignes des réseaux de l'Ouest et de l'Est [J. O., 26 juillet 1876].

M. Christophle répondit, en justifiant cette augmentation par le prix de revient considérable des lignes auxquelles M. Nadaud faisait allusion et par les frais énormes auxquels donnait lieu l'organisation de trains spéciaux faisant un voyage à vide, les jours fériés. Il chiffra à 600 000 fr. la moins-value que subiraient les recettes, si les taxes étaient unifiées sur la base des jours ouvrables; et que le fonctionnement de la garantie ferait peser sur le Trésor. Il offrit à titre de transaction, d'étudier une unification combinée avec un léger relèvement du tarif normal; il rappela, d'ailleurs, que l'abaissement des taxes, pendant la semaine, avait été consenti précisément dans l'intérêt de la classe ouvrière.

M. Nadaud persista dans ses critiques; il refusa la transaction proposée par le Ministre et invoqua la nécessité de favoriser les excursions du dimanche, pour les ouvriers et les petits employés.

Après une réplique de M. Christophle, l'incident fut clos.

473. — **Question sur l'obstacle apporté par les Compagnies à l'exercice de la profession des commissionnaires**

en douane. — Nous avons à mentionner aussi une question posée le 3 août 1876, par M. d'Ariste, sur les obstacles apportés par les Compagnies à l'exercice de la profession des commissionnaires en douane [J. O., 4 août 1876].

M. Christophle, Ministre des travaux publics, répondit en expliquant que les plaintes relatives au fait signalé par M. d'Ariste étaient très peu nombreuses ; qu'elles émanaient, à peu près exclusivement, des commissionnaires ; que les Compagnies n'excluaient point ces intermédiaires ; mais qu'elles accordaient des avantages aux expéditeurs, qui ne recouraient point à ces agents gênants pour elles ; que les opérations en douane constituaient, du reste, un accessoire du transport, et que l'on ne pouvait raisonnablement reprocher aux Compagnies d'abuser de leur monopole, en cherchant à retenir ces opérations.

474. — Question sur le maintien des mesures prises en 1874, au sujet du délai d'enlèvement des marchandises et des droits de magasinage dans les gares. — A la suite de la guerre de 1870, une crise très vive s'était produite dans les transports. Le Ministre avait pris un arrêté réduisant à vingt-quatre heures le délai d'enlèvement des marchandises par les destinataires et élevant de 5 à 10 fr. le droit de magasinage par wagon.

Les circonstances s'étant modifiées, M. Wilson demanda, le 12 août 1876, le retour aux anciennes règles [J. O., 13 août 1876].

M. Christophle répondit qu'il était absolument d'accord avec M. Wilson, sur l'opportunité de rétablir les anciens délais d'enlèvement des marchandises, mais qu'il était obligé d'attendre l'expiration de l'année, conformément à l'ordonnance de 1846. Sur le second point, il invoqua la tendance de certains commerçants à transformer les gares en magasins; les encombrements qui en résultaient; les instances des Compagnies pour le maintien d'une taxe constituant une véritable pénalité, de nature à obvier à l'impuissance légale où elles se trouvaient de procéder au camionnage d'office, et la nécessité de poursuivre, sur cette délicate question, une instruction commencée depuis quelques mois.

475. — **Proposition de suppression de l'impôt sur les transports en petite vitesse.** — Le 20 juillet 1876, MM. Lecesne, Allain-Targé et autres déposèrent, sur le bureau de la Chambre des députés, une proposition de loi tendant à réduire de 150 à 120 millions le remboursement annuel des soldes dus à la banque de France et à affecter la différence, d'une part, à la suppression de la taxe de 5 % sur les transports par petite vitesse, et d'autre part, à celle des droits à l'importation sur les houilles [J. O., 19 août 1876].

Nous ne retiendrons de cette proposition que la partie relative aux transports en petite vitesse.

M. Lecesne et ses collègues rappelaient les sacrifices considérables faits par le pays, pour l'exécution de son réseau de voies ferrées; l'importance des transports, qui se chiffraient par 60 millions de tonnes; tous les défauts de notre tarification compliquée, arbitraire et onéreuse pour le public. Ils faisaient valoir la nécessité de demander compte aux Compagnies de l'abus de leur monopole et le devoir qui s'imposait à l'État de reconquérir, à cet effet, son autorité morale, en cessant de donner l'exemple d'une fiscalité inintelligente : il fallait supprimer un impôt qui pesait lourdement sur le commerce, qui plaçait la production française dans une situation regrettable d'infériorité vis-à-vis de la production étrangère, et qui portait l'atteinte la plus grave à notre transit international.

Conformément aux conclusions de la commission d'initiative, la proposition de M. Lecesne et de ses collègues fut renvoyée à la Commission du budget de 1877.

Les nécessités budgétaires n'ayant par permis de donner suite à cette proposition, M. Aclocque et deux de ses collègues en déposèrent, le 15 décembre 1876, une nouvelle, ayant pour objet de substituer à l'impôt proportionnel des droits fixes, dont le taux était extrêmement réduit pour les classes inférieures et dont devaient, d'ailleurs, être exempts le transit et l'exportation [J. O., 27 décembre 1876].

Cette proposition n'aboutit pas. Du reste, comme nous le verrons par la suite, l'impôt de 5 °/₀ sur les transports en petite vitesse fut supprimé à partir du 1ᵉʳ janvier 1878.

# CHAPITRE II. — ANNÉE 1877

476. — **Concession d'un embranchement de Salindres à la ligne d'Alais au Rhône.** — Le premier acte de 1877 est un décret du 11 janvier, concédant, sans subvention ni garantie, à M. Stéphen Marc, déjà concessionnaire de la ligne d'Alais au Rhône, un embranchement destiné à relier à cette ligne l'usine de produits chimiques de Salindres [B. L., 1er sem. 1877, n° 332, p. 20].

477. — **Concessions diverses de chemins de fer d'intérêt local.** — Nous avons ensuite à signaler les concessions suivantes de chemins de fer d'intérêt local :

| DÉSIGNATION des départements. | DÉSIGNATION des lignes. | DATES des décrets. | NUMÉRO du Bulletin des lois. | DÉSIGNATION des concessionnaires. | SUBVENTIONS accordées aux concessionnaires. | PART DE L'ÉTAT dans les subventions. | TARIFS | | ÉPOQUE d'ouverture. | OBSERVATIONS. |
|---|---|---|---|---|---|---|---|---|---|---|
| | | | | | | | Voyageurs. | Marchand. à petite vitesse. | | |
| | | | | | | | cent. | cent. | | |
| Gironde. | Chemin du Blayais, (50 km.). | 25 janv. | 1er sem. 1877, n° 332, p. 27. | Bouquié et Courtines. | 2 300 000 fr. | 575 000 fr. | 10 7,5 5,5 | 24 18 15 16 5 | 1878 à 1881 | |
| Aisne. | Crécy à la Fère (21 km.). | 6 février. | 1er sem. 1877, n° 337, p. 315. | Tarquin et consorts. | 456 000 | 95 000 | 10 8 6 | 17 15 13 11 | 1878 et 1879 | Attribution au département du quart des recettes brutes au-dessus de 16 000 fr. par km., sauf partage entre l'État et le département au prorata de leurs subventions. Réduction des taxes de marchandises à 16 c., 14 c., 12 c., 10 c., dès que le produit kilométrique atteindra 12 000 fr. |
| Meuse. | Haironville à Triancourt (61 km.). | Id. | 1er sem. 1877, n° 339, p. 365. | Sonlié. | 1 312 667 | 404 667 | 15 10 | 20 et 12 par wagon complet. | 1878 à 1880 | Voie étroite. Droit de préférence réservé aux concessionnaires pour d'autres lignes. Concession de 99 ans. |
| Vosges. | Remiremont à Cornimont (21 km.). | 24 fév. | 1er sem. 1877, n° 343, p. 478. | Géliot. | 1 418 369 70 | 472 789 50 | 10 7,5 5,5 | 18 15 12 10 » | 1879 | |

| DÉSIGNATION des départements. | DÉSIGNATION des lignes. | DATES des décrets. | NUMÉRO du Bulletin des lois. | DÉSIGNATION des concessionnaires. | SUBVENTIONS accordées aux concessionnaires. | PART DE L'ÉTAT dans les subventions. | TARIFS | | ÉPOQUE d'ouverture. | OBSERVATIONS. |
|---|---|---|---|---|---|---|---|---|---|---|
| | | | | | | | Voyageurs. cent. | Marchand. et pet. vitesse. cent. | | |
| Loire-Inférieure. | Nantes vers Cholet (35 km.). | 6 avril. | 2e sem. 1877, n° 346, p. 48. | De Contades. | » | » | 12 9 6 | 18 14 10 | » | Garantie d'une recette brute kilométrique de 11 000 fr. jusqu'à concurrence d'un versement de 15 000 fr. à titre de subvention, faculté de rachat de cette subvention après 10 ans, sans que l'indemnité pût dépasser 15 000 fr. par kilomètre. |
| Vendée. | Commequiers à St-Gilles. | 27 avril. | 1er sem. 1877, n° 341, p. 376. | Cie des chemins de fer nantais. | » | » | 10 8 6 | 16 14 10 8 | 1881 | Concours de 50 000 fr. de la Compagnie pour les travaux du pont de Saint-Gilles. |
| Seine-et-Oise. | Beaumont vers Hermes (2 km.). | 14 juillet. | 2e sem. 1877, n° 351, p. 340. | Société du chemin de Beaumont à Hermes. | » | » | 12 10 7 | 24 21 15 12 | 1879 1880 | Voie étroite. Concession de 90 ans. |
| Oise. | Beaumont vers Hermes (29 km.). | Id. | 2e sem. 1877, n° 351, p. 312. | | 200 000 fr. | 100 000 fr. | Id. | Id. | | |
| Manche. | Valognes vers Barfleur et embranch¹ (44 km.). | 14 août. | 2e sem. 1877, n° 353, p. 382. | Dubus et Debains. | Terrains 31 750 fr. p. km. 358 000 fr. | 150 000 | 10 7,5 5,5 | 16 14 10 8 | » | |

| DÉSIGNATION des départements | DÉSIGNATION des lignes. | DATES des décrets. | NUMÉRO du Bulletin des lois. | DÉSIGNATION des concessionnaires. | SUBVENTIONS accordées aux concessionnaires. | PART DE L'ÉTAT dans les subventions. | TARIFS | | ÉPOQUE d'ouverture. | OBSERVATIONS. |
|---|---|---|---|---|---|---|---|---|---|---|
| | | | | | | | Voyageurs. | Marchand. à pet. vitesse. | | |
| | | | | | | | cent. | cent. | | |
| Rhône. | Lyon à St-Genix-d'Aoste (7 km.). | 14 août. | 2ᵉ sem. 1877, nᵒ 355, p. 445. | Bachelier. | » | » | 10 7,5 5,5 | 16 14 10 8-5-4 | 1881 | |
| Isère. | Lyon à St-Genix-d'Aoste (65 km.). | 14 août. | 2ᵉ sem. 1877, nᵒ 363, p. 817. | Id. | 500 000 fr. | 150 000 fr. | Id. | Id. | | |
| Gironde. | Lesparre à St-Symphorien. Lacanau à Bordeaux. Bosteus à Beautiran (217 km.). | 4 octobre. | 2ᵉ sem. 1877, nᵒ 368, p. 103. | Perron. | Terrains et 1 766 666 fr. | 466 666 | Id. | 24 18 14 10 3 | » | |
| Oise. | Ricecourt à Ormoy-Villers (22 km.). Estrées St-Denis à Verberie (14 km.). Compiègne , vers Roye (26 km.). | 12 décembre. | 2ᵉ sem. 1877, nᵒ 367, p. 1313. | Compagnie du Nord. | » | » | 10 7,5 5,5 | 16 14 10 8-5-4 | 1881 | Engagement de la Cᵉ du Nord de solliciter la concession d'un chemin d'intérêt général de Compiègne à Soissons. Reprise de l'exploitation des lignes de Gisors à Beauvais, de la rue Saint-Pierre à Clermont et de Clermont à Estrées. Assentiment du département au classement éventuel des chemins indiqués ci-contre et ci-dessus dans le réseau d'intérêt général. |

| DÉSIGNATION des départements. | DÉSIGNATION des lignes. | DATES des décrets. | NUMÉRO du Bulletin des lois. | DÉSIGNATION des concessionnaires. | SUBVENTIONS accordées aux concessionnaires. | PART DE L'ÉTAT dans les subventions. | TARIFS Voyageurs. | TARIFS Marchand. pet. vitesse. | ÉPOQUE d'ouverture. | OBSERVATIONS. |
|---|---|---|---|---|---|---|---|---|---|---|
| | | | | | | | cent. | cent. | | Garantie de 6 °/, sur un capital forfaitaire de 3 800 000 fr. **BARÈME** des frais d'exploitation. RECETTES BRUTES / FRAIS D'EXPLOIT. Au-dessous de 11 000 f. : 7 000 fr. De 11 000 à 12 000 fr. 64 °/, sans excéder 7 440 fr. De 12 000 à 13 000 fr. 62 °/, sans excéder 7 800 fr. De 13 000 à 14 000 fr. 60 °/, sans excéder 8 120 fr. De 14 000 à 15 000 fr. 58 °/, sans excéder 8 400 fr. De 15 000 à 16 000 fr. 56 °/, sans excéder 8 640 fr. De 16 000 à 20 000 fr. 55 °/, sans excéder 10 400 fr. Au-dessus de 20 000 fr. 51 °/. Remboursement sans intérêt des avances par la moitié des excédents de produit au-dessus de 8 °/,. Faculté pour l'État du classement dans le réseau d'intérêt général, moyennant remboursement des avances du département. |
| Algérie. . . | Maison-Carrée à l'Alma. | 20 déc. | 1er sem. 1878, n° 389, p. 533. | Foret. | » | » | 16 12 8 | 22 13 | 1879 | |

478. — Concession du chemin de La Cluse à Belle-garde à la Compagnie des Dombes.

I. — PROJET DE LOI. — Depuis longtemps, le conseil gé-néral de l'Ain réclamait une communication plus directe entre la ligne de Lyon et la Suisse. Le chemin d'intérêt local de Bourg à La Cluse, concédé à MM. Mangini et en cours d'exécution, constituait la première section de la nouvelle voie ; mais il restait une lacune importante à combler, entre La Cluse et Bellegarde (28 km.).

A la suite d'une enquête sur un avant-projet de MM. Mangini, qui comportait un tracé de 28 kilomètres de longueur et une dépense de 6 millions, le conseil général de l'Ain offrit : 1° de livrer les terrains nécessaires à l'assiette de la ligne ; 2° d'abandonner à l'État le chemin de Bourg à La Cluse, pour être classé dans le réseau d'intérêt général.

Les auteurs de cet avant-projet sollicitèrent, de leur côté, la concession de la nouvelle section moyennant une subvention de 4 millions de l'État.

Diverses objections furent faites par le conseil général des ponts et chaussées et le Conseil d'État. Le conseil gé-néral des ponts et chaussées considérait comme désirable de concéder le chemin de Bourg à Bellegarde à la Compagnie de Paris-Lyon-Méditerranée dans le réseau de laquelle il se trouvait enclavé : mais cette objection tomba devant le refus de la Compagnie de Lyon. De son côté, le Conseil d'État estimait que le concours réclamé de l'État était excessif, eu égard à l'intérêt restreint de la ligne, au point de vue général ; mais le Gouvernement pensa que la subvention du département, qui se chiffrait à 3 250 000 fr. pour l'ensemble des deux sections de Bourg à La Cluse et de La Cluse à Bellegarde, soit à 50 000 fr. par kilomètre, était suffisante, et que celle du Trésor, qui, rapportée à la longueur totale de ces deux sections, ne dépassait pas 100 000 fr. par kilomètre, n'avait rien d'exagéré et pouvait être attribuée, sans inconvénient, au concessionnaire.

Le Ministre conclut donc avec la Compagnie des Dombes et du Sud-Est, représentée par M. Mangini, une convention qui lui accordait la concession du chemin de La Cluse à Bellegarde et dotait ce chemin d'une subvention de 4 millions, payable en seize termes semestriels, à partir du 15 janvier 1878.

Le cahier des charges était celui de la ligne de Sathonay à Bourg, avec addition des dispositions introduites dans les conventions les plus récentes pour les voies d'embranchement, les gares communes, le rachat de la concession et l'adjonction de voies charretières ou de passerelles pour piétons aux ponts à établir par la Compagnie.

La Chambre des députés fut saisie le 27 juillet 1876 d'un projet de loi portant ratification du contrat [J. O., 27 août 1876, 24 mars 1877].

Ce projet de loi contenait, au point de vue financier, les clauses usuelles ; il prenait acte des engagements du conseil général de l'Ain ; il portait en outre, conformément à divers précédents, « qu'il serait pourvu au paiement « de la sub-« vention, au moyen d'annuités dont l'intérêt et l'amortis-« sement seraient réglés par le Ministre des finances, aux « conditions qui concilieraient le mieux les intérêts du Trésor « avec les facilités de l'opération, sans toutefois que les enga-« gements du Trésor pussent être étendus au delà de l'année » 1917 ». Cette clause permettait à l'État de conserver une certaine liberté d'action dans le choix de son mode de libération.

II. — RAPPORT A LA CHAMBRE DES DÉPUTÉS. — Le rapport sur l'affaire fut présenté le 22 janvier 1877 par M. Mercier [J. O., 31 janvier 1877]. Après avoir fait l'historique de la question, M. Mercier discuta l'opportunité de l'exécution complète des travaux par la Compagnie, au lieu de l'exécution partielle par l'État, qui, dans diverses circonstances récentes, avait été jugée plus conforme à l'intérêt public. Mais il se rallia aux propositions du Ministre, en raison de l'habileté et de l'économie déployées jusqu'alors par la Compagnie des Dombes, dans ses constructions ; de la solidité du crédit de cette société ; et de la solidarité entre la section de la Cluse à Bellegarde avec celle de Bourg à la Cluse. Il émit l'avis que la subvention n'était pas exagérée, eu égard au faible trafic de la ligne, et que les stipulations financières du projet de loi et de la convention étaient susceptibles d'être sanctionnées par le Parlement. Il conclut donc à un vote favorable.

De son côté, la Commission du budget exprima, le 5 février 1877, l'opinion qu'il n'y avait pas d'obstacle à la création des charges financières devant résulter de l'adoption de la loi, mais qu'il convenait d'assigner aux obligations du Trésor à émettre, pour le paiement des termes de la subvention, la même échéance qu'aux titres à instituer en vertu de la loi de finances de l'exercice 1877, c'est-à-dire de fixer l'année 1907 comme terme de l'amortissement [J. O., 9 février 1877].

III. — VOTE PAR LA CHAMBRE DES DÉPUTÉS. — La loi fut votée d'urgence, sans discussion, le 6 février [J. O., 7 février 1877].

IV. — ADOPTION, AVEC MODIFICATION, PAR LE SÉNAT ET VOTE DÉFINITIF PAR LA CHAMBRE DES DÉPUTÉS. — Transmise au Sénat le 15 février [J. O., 28 février 1877], elle fit l'objet, le 6 mars, d'un rapport favorable de M. Bonnet [J. O., 10 et 23 mars 1877]. Lorsque s'ouvrit la délibération, les 10 et

3                                                              23

16 mars 1877 [J. O., 11 et 17 mars 1877], M. Caillaux et le rapporteur demandèrent, d'un commun accord, et obtinrent deux rectifications, consistant :. 1° l'une, à rendre le régime des lignes d'intérêt général applicable au chemin de Bourg à la Cluse et de ramener de 1974 à 1968, terme assigné à la concession de la ligne la Cluse à Bellegarde, l'expiration de la concession de ce chemin ; 2° l'autre à bien stipuler la gratuité de l'abandon des droits du département de l'Ain sur la ligne de Bourg à la Cluse ; ces rectifications, auxquelles MM. Mangini avaient consenti, furent adoptées par le Sénat.

La Chambre des députés donna, le 20 mars, son adhésion définitive à la loi ainsi modifiée [J. O., 21 mars 1877]. Cette loi fut rendue exécutoire le 24 mars 1877 [B. L., 1er sem. 1878, n° 373, p. 169].

La ligne fut ouverte en 1882.

**479. — Projet de fusion de la Compagnie d'Orléans avec les Compagnies secondaires des Charentes, de la Vendée et autres.**

I. — PROJET DE LOI. — Nous avons rendu compte du projet de loi que le Gouvernement avait soumis à l'Assemblée nationale en 1875, pour consolider la Compagnie des Charentes ; nous avons également fait connaître que la Commission saisie de ce projet de loi avait conclu à accorder les concessions nouvelles proposées par le Ministre, mais à ajourner la combinaison financière étudiée par l'administration, en vue d'organiser le réseau sur le modèle adopté pour les grandes Compagnies, et que l'Assemblée s'était séparée sans délibérer sur l'affaire.

La situation de la Compagnie des Charentes devenait de

plus en plus critique ; l'insuffisance annuelle des produits de l'exploitation atteignait 4 à 5 millions, pour une longueur de 500 kilomètres livrés à la circulation, et l'on ne pouvait raisonnablement espérer que ce déficit fût couvert avant une longue période de temps ; le crédit de la Société en était, d'ailleurs, profondément affecté ; elle se trouvait dans l'impossibilité pratique de négocier les emprunts nécessaires à la continuation de son œuvre.

Le Gouvernement considérant, comme ceux qui l'avaient précédé, que l'on ne pouvait, sans injustice, assimiler à une simple entreprise privée l'exécution d'un travail d'utilité générale, accompli par une société particulière avec délégation de l'autorité publique, et qu'il importait de ne pas porter atteinte à la confiance inspirée par le titre « obligations », en refusant l'appui de l'État à des Compagnies dont la gestion avait été irréprochable, crut devoir rechercher, de nouveau, une solution de nature à sauver la Compagnie des Charentes de la mort dont elle était menacée.

Il ne jugea toutefois pas à propos de revenir à la combinaison soumise en 1875 à la sanction du Parlement. Cette combinaison avait en effet, à ses yeux, comme à ceux du Conseil d'État, le grave inconvénient de doubler certaines lignes importantes de la Compagnie d'Orléans ; de provoquer ainsi une diminution du trafic de cette Compagnie ; d'accroître, par contre-coup, les charges du Trésor ; d'appliquer le régime des grandes Compagnies à un réseau qui se trouvait dans une situation absolument différente, puisqu'il ne possédait pas de lignes très productives, susceptibles de déverser sur les autres un excédent de recettes ; et enfin de ne pas apporter un remède efficace et sûr à la situation de la Compagnie des Charentes.

Le Gouvernement pensa, avec la section des travaux publics du Conseil d'État, que la seule mesure véritable-

ment utile consistait dans la fusion de la Compagnie des'
Charentes avec celle d'Orléans, conformément à un traité
passé entre ces deux Compagnies. Aux termes de ce traité,
la Compagnie d'Orléans reprenait, sous la réserve de l'adhésion des conseils généraux des départements intéressés, en
ce qui touchait les chemins de fer d'intérêt local, les quinze
lignes concédées à titre définitif à la Compagnie des Charentes, savoir :

| LIGNES EN EXPLOITATION | | LIGNES EN CONSTRUCTION OU A CONSTRUIRE | |
|---|---|---|---|
| La Roche-sur-Yon à la Rochelle. | 103 km. | Nontron à la ligne d'Angoulême | |
| Rochefort à Saintes | 43 | à Limoges | 35 km. |
| Saintes à Coutras | 99 | Libourne à Marcenais | 19 |
| Saintes à Angoulême | 74 | Taillebourg à St-Jean-d'Angély. | 18 |
| Angoulême à Limoges | 126 | Saint-Jean-d'Angély à Niort | 49 |
| Blaye à la ligne de Saintes à | | Tonnay-Charente à Marennes et | |
| Coutras | 25 | au Chapus | 31 |
| La Rochelle à Rochefort | 30 | Niort à Ruffec | 76 |
| Bordeaux à la Sauve (intérêt | | Confolens à Exideuil (intérêt | |
| local) | 27 | local) | 17 |
| TOTAL | 527 km. | TOTAL | 245 km. |

772 kilomètres.

L'indemnité de rachat devait être calculée, conformément aux principes posés par la loi du 23 mars 1874, sur la
base du remboursement des dépenses utiles, savoir :

Valeur de 43 722 actions libérées à 500 fr., sauf déduction des non-
valeurs comprises dans l'actif de la Compagnie .... 19 366 177 fr.
Capital correspondant aux charges des obliga-
tions et des bons de délégation, en admettant le taux
de capitalisation de 5,75 % de la Compagnie d'Orléans, mais en déduisant la moins-value résultant de
la plus longue durée de l'amortissement .......... 102 636 928
Valeur des obligations afférentes au chemin d'intérêt local de Bordeaux à la Sauve .............. 2 488 505

TOTAL........ 124 491 610 fr.

La Compagnie d'Orléans s'acquittait de cette indemnité par le paiement d'une somme de 16 096 898 fr. et par la remise de 370 245 obligations; elle prenait, en outre, à sa charge, les dettes afférentes à la construction, à l'entretien et à l'exploitation des lignes cédées; elle s'engageait à reprendre, pour son compte, les marchés et traités faits pour le même objet, ainsi que pour l'exploitation du chemin de Barbezieux à Châteauneuf, et à pourvoir aux charges des actions et des obligations de la Compagnie cédante, pendant un délai déterminé.

La même solution s'imposait pour les Compagnies suivantes :

*Compagnie de la Vendée.* — Le réseau de cette Compagnie comprenait les lignes de :

| | |
|---|---:|
| La Roche-sur-Yon à Bressuire..................... | 84 km. |
| La Roche-sur-Yon aux Sables-d'Olonne.............. | 26 |
| Bressuire à Tours................................ | 120 |
| Tours à Montluçon et embranchement.............. | 254 |
| TOTAL........ | 494 km. |

dont 247 kilomètres en exploitation, entre les Sables-d'Olonne, Joué et Tours.

Le prix de cession était de 125 000 fr. par kilomètre exploité ou remis prêt à être exploité, non compris le matériel roulant, à reprendre à dire d'experts, et une indemnité de 2 500 000 fr. pour les intérêts, pendant l'année 1876, du prix d'acquisition de la ligne de Tours aux Sables-d'Olonne et de celle de Poitiers à Saumur, dont nous aurons à parler par la suite.

*Compagnie de Saint-Nazaire au Croisic.* — La ligne de Saint-Nazaire au Croisic, avec embranchement sur Guérande (33 km.), devait être achevée par cette Compagnie et remise à celle d'Orléans, au prix de 125 000 fr. par kilomètre, sans matériel roulant.

*Compagnie de Bressuire à Poitiers.* — La ligne de Bressuire à Poitiers (83 km.) était soumise au même traitement.

*Compagnie d'intérêt local d'Orléans à Rouen.* — Le réseau d'Eure-et-Loir, du Loiret et de Loir-et-Cher, cédé à la Compagnie d'Orléans, se composait des chemins :

| | |
|---|---|
| D'Orléans à Chartres | 72 km. |
| De Chartres à Auneau | 22 |
| De Chartres à Brou | 36 |
| De Brou vers Saint-Calais | 50 |
| TOTAL | 180 km. |

Ces chemins étaient également payés à raison de 125 000 fr., livrés en bon état d'entretien.

*Compagnie d'intérêt local de Poitiers à Saumur.* — Il en était de même de ce chemin, de 86 kilomètres de longueur.

En résumé le réseau d'Orléans devait ainsi s'accroître de près de 1 650 kilomètres.

L'article 1er de la convention conclue entre l'État et la Compagnie d'Orléans ratifiait le rachat du réseau des Charentes, sous la réserve de l'adhésion des conseils généraux, pour les deux chemins d'intérêt local, et attribuait à la Compagnie le solde des subventions dues par l'État.

L'article 2 ratifiait de même le rachat des autres réseaux, mais en laissant aux anciennes Compagnies le bénéfice des subventions, à charge par elle de terminer les travaux.

L'article 3 annexait à la concession de la Compagnie d'Orléans, comme lignes d'intérêt général et sauf adhésion du conseil général du département de la Sarthe, les chemins d'intérêt local, que ce département avait concédés à ladite Compagnie et qui présentaient une solidarité intime avec le surplus du réseau, savoir :

| | |
|---|---|
| De la limite de Maine-et-Loire, vers Baugé et la Flèche. } | 33 km. |
| De la Flèche au Mans | |
| *A reporter.* | 33 km. |

| | |
|---|---|
| *Report.* . . . . . | 33 km. |
| De la Flèche à Sablé. . . . . . . . . . . . . . . . | 23 |
| De la limite de Loir-et-Cher, vers Vendôme, à Châ-teau-du-Loir . . . . . . . . . . . . . . . . . . . . . | 25 |
| De Pont-de-Braye à Saint-Calais . . . . . . . . . . . | 20 |
| De la Flèche vers Angers. . . . . . . . . . . . . . | 9 |
| TOTAL. . . . . | 110 km. |

L'article 4 concédait à la Compagnie les quinze lignes suivantes qui, pour la plupart, avaient été déclarées d'utilité publique par la loi du 31 décembre 1875 :

| | |
|---|---|
| De Vendôme à Montoire et Pont-de-Braye. . . . . . . . | 34 km. |
| De la limite de la Sarthe (Saint-Calais) vers Brou . . . . | 10 |
| De Vendôme à Blois . . . . . . . . . . . . . . . . . | 30 |
| Raccordement des chemins de Poitiers à Saumur et de Tours à Nantes . . . . . . . . . . . . . . . . . . . . | 3 |
| D'Angers à Durtal et à la limite de la Sarthe vers la Flèche. . . . . . . . . . . . . . . . . . . . . . . . | 36 |
| De Cholet à Clisson . . . . . . . . . . . . . . . . . | 40 |
| De Questembert à Ploërmel. . . . . . . . . . . . . | 31 |
| De Benet à Fontenay-le-Comte . . . . . . . . . . . . | 20 |
| De Fontenay-le-Comte à Velluire . . . . . . . . . . . | 11 |
| De Libourne à la ligne de Bordeaux à la Sauve. . . . . | 20 |
| De Montmoreau à Périgueux. . . . . . . . . . . . . | 55 |
| De Limoges à Eymoutiers . . . . . . . . . . . . . . . | 45 |
| De Saillat vers Bussière-Galant . . . . . . . . . . . . | 45 |
| De Limoges au Dorat . . . . . . . . . . . . . . . . . | 55 |
| De Vieilleville à Bourganeuf . . . . . . . . . . . . . | 19 |
| D'Aubusson à Felletin. . . . . . . . . . . . . . . . | 10 |
| TOTAL. . . . . . | 464 km. |

L'État prenait l'engagement de construire et de livrer l'infrastructure de ces chemins, évaluée à 57 720 000 fr. De plus, pour entrer dans les vues de la Commission du budget de 1877, qui avait recommandé d'étendre autant que possible l'exécution directe par l'État, en raison de la supériorité de son crédit sur celui des Compagnies, la convention réservait à l'administration la faculté de faire les travaux de superstructure, sauf réduction de 65 000 fr. par kilomètre sur le montant du capital garanti. Les subventions locales restaient d'ailleurs acquises au Trésor et, à cette occasion, l'exposé des motifs faisait un puissant appel aux départements, en insistant sur le caractère spécial des lignes ci-dessus énumérées et sur l'utilité considérable qu'elles présentaient pour les territoires traversés par leur tracé.

L'article 5 concédait éventuellement à la Compagnie les chemins :

D'Eymoutiers à Meymac. Déclaré d'utilité publique en 1875, mais soulevant des difficultés de tracé.

De Port-de-Piles à Argenton par le Blanc. Prévu en 1875, comme devant être prochainement exécuté.

D'Azay-le-Rideau à Port-de-Piles. Destiné à desservir le camp du Ruchard.

De Blois à Romorantin. Déclaré d'utilité publique en 1875, mais soulevant des difficultés de tracé.

De Cholet à Chantonnay. Destiné à relier Angers aux Sables et à la Rochelle.

De Montauban à Caussade. Formant l'amorce d'une ligne de Montauban à Cahors.

Ces chemins avaient une longueur totale de 315 kilomètres. L'État devait livrer la plate-forme ; un délai de huit ans était imparti, pour transformer la concession [éventuelle en concession ferme.

L'article 6 soumettait l'ensemble du réseau de la Compagnie d'Orléans aux cahiers des charges de 1857 et de 1863, complétés par les clauses de la loi du 23 mars 1874, concernant les chemins d'embranchement, les gares communes et le rachat.

L'article 7 classait les lignes nouvelles dans le nouveau

réseau de la Compagnie et fixait à 6 1/2 %, le revenu réservé
avant partage sur les dépenses afférentes à ces lignes, ainsi
qu'aux travaux complémentaires de l'ancien et du nouveau
réseau, en sus des prévisions des conventions antérieures.

L'article 8 stipulait que le compte de premier établissement du nouveau réseau ne serait clos qu'après l'épuisement
du maximum du capital garanti : cette modification aux
errements antérieurs avait pour objet de permettre à la
Compagnie de ne pas précipiter l'exécution de travaux complémentaires, dont l'urgente nécessité ne serait pas dé-
montrée.

L'article 9 révisait le chiffre maximum du capital garanti, qui avait été fixé en 1868 à 854 millions, y compris
22 millions affectés aux travaux complémentaires, et y
ajoutait :

| | |
|---|---|
| Pour le réseau des Charentes | 183 329 110 fr. |
| Pour le réseau de la Vendée et les autres | 147 825 500 |
| Pour les chemins de la Sarthe | 24 000 000 |
| Pour les lignes concédées à titre définitif | 76 560 000 |
| Pour les lignes concédées à titre éventuel | 51 975 000 |
| Pour travaux complémentaires sur le nouveau réseau | 38 000 000 |
| TOTAL | 521 689 610 fr. |

Soit 521 690 000 fr.

L'article 10 portait que le revenu réservé à l'ancien
réseau serait successivement augmenté :

1° De la différence entre l'intérêt et l'amortissement
garantis, pour les 521 690 000 fr. ajoutés au capital du nouveau
réseau, et les charges effectives de cette somme calculées au
taux forfaitaire de 5,75 % ;

2° De l'intérêt et de l'amortissement, au même taux, des
dépenses pour travaux complémentaires à exécuter sur l'ancien réseau, jusqu'à concurrence d'un chiffre de 105 000 fr.,

sans qu'aucune imputation pût être faite sur ce compte avant épuisement d'une somme de 19 500 000 fr., reconnue disponible sur l'évaluation primitive de 514 000 000 fr. admise pour l'ancien réseau :

L'article 11 donnait la nomenclature des dépenses susceptibles d'être portées au compte d'exploitation, conformément aux dispositions des conventions de 1875 avec les Compagnies de l'Est et de l'Ouest ; il y ajoutait l'intérêt et l'amortissement des capitaux employés à l'achat des approvisionnements des divers services de l'exploitation et à l'avance des sommes dues par l'État pour chaque exercice, à titre de garantie d'intérêt, après déduction des fonds disponibles applicables à l'exploitation.

L'article 12 portait que les dépenses d'établissement et d'exploitation des gares communes aux deux réseaux seraient partagées au prorata du nombre des branches. Il prévoyait en outre la réunion éventuelle, dans une gare unique, des services répartis entre deux gares appartenant, l'une à la Compagnie d'Orléans, l'autre aux Compagnies cédantes ; cette réunion ne pouvait être accomplie qu'en vertu d'un décret délibéré en Conseil d'État, après enquête.

L'article 13 conférait à l'État le droit d'exiger la pose de la seconde voie, sur tout ou partie des lignes composant l'ancien ou le nouveau réseau, sauf à servir l'intérêt et l'amortissement de la dépense au taux de 5,75 %, jusqu'au moment où la recette brute kilométrique atteindrait 35 000 fr. ; à partir de ce moment, les dépenses de doublement du nouveau réseau seraient ajoutés au capital garanti et donneraient lieu à une augmentation de 1,10 % de leur valeur sur le revenu réservé de l'ancien réseau ; quant aux dépenses de doublement de l'ancien réseau, leurs charges, calculées également à 5,75 %, seraient ajoutées au revenu réservé.

L'article 14 obligeait la Compagnie à chauffer : 1° immé-

diatement les compartiments de dames seules; 2° à partir du
1er janvier 1878, les voitures de toutes classes, dans ceux de
ses trains qui auraient un parcours de plus d'une heure.

Pour faire tomber des préoccupations qui s'étaient manifestées, la Compagnie s'engageait, aux termes de l'article 15,
à n'apporter avant le 1er janvier 1879, aux tarifs en vigueur
sur le réseau des Charentes, aucune modification impliquant
l'augmentation de ces tarifs.

L'article 16 donnait explicitement au Ministre des travaux
publics le droit de désigner, sur la proposition de la Compagnie, les trains directs devant contenir des voitures de
toutes classes; il prescrivait l'indication du prix des places
sur les billets, sauf les exceptions autorisées par le Ministre.

L'article 17 imposait à la Compagnie l'obligation de
transmettre, par ses fils et appareils, les télégrammes offi-
ciels et privés, dans toutes celles de ses gares qui seraient
désignées par les Ministres des travaux publics et de l'intérieur.

Enfin, comme l'extension des deux réseaux de la Compagnie devait avoir pour effet de rendre la somme attribuée
annuellement aux employés, conformément à l'article 54
des statuts, insuffisante pour assurer leur retraite, la Compagnie était autorisée, par l'article 18, à compléter cette
somme, sans que l'imputation au compte d'exploitation pût
dépasser 16 °/₀ du traitement du personnel.

M. Christophle, Ministre des travaux publics, déposa,
le 1er août 1876, un projet de loi, portant approbation de la
convention et prononçant la déclaration d'utilité publique
des chemins de Saint-Calais vers Brou; d'Angers à Durtal
et à la limite de la Sarthe, vers la Flèche; de Velluire à
Fontenay-le-Comte; de Libourne à la ligne de Bordeaux à
la Sauve, ainsi que du raccordement des chemins de Poi-

tiers à Saumur et de Tours à Nantes [J. O., 11, 12, 13 septembre et 6 novembre 1876].

Le réseau d'Orléans devait avoir, par suite, sa longueur portée de 4 355 kilomètres à 6 861 kilomètres.

La mise à l'ordre du jour des bureaux de ce projet de loi donna lieu, le 20 novembre 1876, à un débat entre MM. Wilson et Cochery, d'une part, qui demandaient l'examen par une Commission unique de trente-trois membres dudit projet et de celui du Nord, et le Ministre d'autre part, qui redoutait la reconstitution d'un véritable comité des chemins de fer, tel que celui de l'Assemblée nationale.

L'Assemblée décida que les deux projets seraient renvoyés à une Commissiom unique de vingt-deux membres.

II. — RAPPORT DE M. RICHARD WADDINGTON A LA CHAMBRE DES DÉPUTÉS. — Le projet de loi relatif à la fusion de la Compagnie d'Orléans avec les Compagnies secondaires de la région donna lieu à un rapport fort étendu et fort intéressant de M. Richard Waddington [J. O., 28 février et 1er mars 1877].

Suivant la Commission, dont cet honorable député était le rapporteur, deux idées dominantes se dégageaient de l'ensemble du projet et des déclarations faites par le Ministre, au sein de la Commission, à savoir : 1° l'absorption des réseaux appartenant aux Compagnies secondaires et aux Compagnies d'intérêt local dans les concessions des grandes Compagnies; 2° l'application à ce réseau du système inauguré en 1859 par M. de Franqueville. Il fallait examiner, à ce double point de vue, quelles pouvaient être les conséquences de la combinaison proposée par le Gouvernement.

Mais, avant tout, il importait de ne pas oublier, en procédant à cet examen, que la situation des petites Compagnies était beaucoup moins favorable que celle des grandes Compagnies; alors, en effet, que ces dernières comblaient le déficit de leur exploitation, au moyen de la garantie d'intérêt, les premières étaient, au contraire, abandonnées à elles-mêmes, malgré les services qu'elles avaient rendus, en créant depuis 1871 un grand nombre de lignes qui n'auraient pas été entreprises sans leur initiative; elles étaient, en outre, exposées à des détournements ruineux de la part des Compagnies principales.

Ces prémisses posées, le rapport formulait les observations suivantes :

(A). *Prix de rachat.* — Tout en déclarant prendre ¦pour bases des évaluations celles qui avaient été adoptées par le législateur en 1874, le Gouvernement s'en était notablement écarté; car il avait substitué au « prix réel de premier établissement » les « dépenses utilement faites », dépenses dans lesquelles il avait compris des intérêts pendant de longues années. Il était ainsi arrivé à un prix tout à fait excessif, de 310 000 fr. par kilomètre, pour le réseau des Charentes; pour le réseau de la Vendée et les autres réseaux, il avait admis une dépense kilométrique de 125 000 fr. qui, sans être exagérée en elle-même, constituait, néanmoins, un prix forfaitaire ne concordant pas avec la réalité des faits.

(B). *Concessions nouvelles.* — Les estimations des lignes nouvelles étaient trop élevées, eu égard au faible trafic que ces lignes étaient appelées à desservir.

(C). *Chemins de la Sarthe.* — Sans méconnaître les inconvénients du maintien d'un réseau spécial à côté du réseau garanti, on ne pouvait que constater l'appoint que le classement des chemins de la Sarthe, dans ce dernier réseau, viendrait encore ajouter aux avances faites par l'État, au titre de la garantie d'intérêt.

(D). *Travaux complémentaires.* — L'ouverture, pour ainsi

dire illimitée, du compte de premier établissement constituait une innovation avantageuse pour la Compagnie, mais
dangereuse pour l'État; le Conseil d'État avait sainement
jugé, en proposant de renoncer à cette innovation et de
revenir à la période décennale stipulée dans les conventions
de 1875.

A cette occasion, la Commission critiquait l'abandon,
fait à la Compagnie, d'une somme de 14 millions sur le capital
de premier établissement de l'ancien réseau : il y avait là
une faveur similaire à celle qui avait été accordée, en 1875,
à la Compagnie de l'Ouest.

(E). *Modifications des règles relatives au compte d'exploitation.* — La nouvelle nomenclature des dépenses susceptibles
d'être portées au compte d'exploitation pouvait prêter à des
abus, au point de vue des subventions attribuées par la Compagnie d'Orléans à d'autres entreprises de transport, malgré
les garanties apportées par l'intervention du Conseil d'État.
Elle comprenait d'ailleurs, à tort, les charges afférentes aux
sommes dues par le Trésor, au titre de la garantie d'intérêt :
ces charges devaient en être éliminées, comme l'avait proposé
le Conseil d'État. C'était à bon droit aussi, que cette assemblée avait repoussé, comme trop favorable à l'ancien réseau,
la règle indiquée pour la ventilation des dépenses des gares
communes aux deux réseaux; il était inadmissible que les
branches du nouveau réseau, n'ayant qu'un faible trafic et
souvent une faible longueur, fussent aussi chargées que celles
de l'ancien réseau.

(F). *Taux de la garantie.* — Le taux forfaitaire de 5,75 %,
adopté pour l'intérêt et l'amortissement des capitaux engagés par la Compagnie, était excessif; le taux effectif avait
été, en effet, sensiblement inférieur à ce chiffre depuis 1859,
sauf pendant les années 1872, 1873 et 1874.

M. Waddington terminait cette première série d'obser-

vations par les considérations suivantes : « Les conditions
« du rachat proposées s'écartent d'une façon sensible de la
« base fournie par la loi de 1874, telle qu'elle a été inter-
« prétée par le Conseil d'État; les nouvelles concessions
« entraînent une dépense considérable, qui nécessitera, de
« la part du Trésor, des sacrifices importants pour la ga-
« rantie d'intérêt; la Compagnie d'Orléans profite de l'an-
« nexion au nouveau réseau de ses lignes de la Sarthe, dont
« elle aurait eu à prélever les insuffisances sur son réseau
« réservé; elle obtient des conditions avantageuses et une
« liberté absolue, pour l'exécution des travaux complémen-
« taires; elle fait porter aux frais d'exploitation, par consé-
« quent en défalcation du déversoir, des dépenses de plu-
« sieurs natures, restées jusqu'alors à la charge du revenu;
« enfin elle obtient le maintien des avantages si marqués,
« que lui a procurés la fixation à forfait du taux de 5,75 %.
« pour le calcul des intérêts et amortissement de ses obli-
« gations..... Le projet consacre le principe de l'absorption
« des Compagnies secondaires et d'intérêt local par les
« grandes Compagnies, de l'extension à l'infini des réseaux
« de celles-ci, et de la confirmation du monopole, contre
« lequel protestent presque tous les représentants des in-
« térêts locaux et commerciaux du pays. »

Le rapporteur examinait ensuite si une mesure aussi
grave pouvait se justifier par les intérêts du Trésor et si
elle était de nature à assurer la construction des nombreuses
lignes justement réclamées par les populations, à favoriser
la production agricole et industrielle, à amener le développement du mouvement commercial.

1° INTÉRÊTS DU TRÉSOR. — M. Waddington recherchait
quelle était l'époque à laquelle pourrait commencer le
remboursement des avances de l'État, d'une part dans
l'hypothèse du maintien du réseau, tel qu'il était constitué

et, d'autre part, dans l'hypothèse de l'adjonction des réseaux secondaires et des concessions nouvelles. Par des calculs minutieux, il arrivait à des résultats redoutables pour le Trésor, surtout en tenant compte de ce que l'adoption du projet de convention entraînerait, à brève échéance, des mesures analogues pour l'annexion d'autres Compagnies secondaires de la région et pour la construction de lignes supplémentaires réclamées, à juste titre, par les populations. Il ne chiffrait pas à moins de 5 000 kilomètres la longueur des chemins qui viendraient grossir le réseau d'Orléans; c'était, pour la Compagnie, un fardeau au-dessus de ses forces; sans repousser absolument l'idée de toute concession nouvelle à la Compagnie d'Orléans, il était impossible de se lancer dans une voie si périlleuse.

2° EXPLOITATION. — Ce défaut capital du projet de loi ne trouvait pas sa compensation dans les avantages de l'exploitation; il était, en effet, incontestable que le coefficient d'exploitation du nouveau réseau de la Compagnie d'Orléans était extrêmement élevé. Ce coefficient était, en moyenne, de 63 %, et dépassait de beaucoup ce chiffre pour certaines lignes, alors que, sur des réseaux secondaires voisins, les résultats étaient bien plus satisfaisants. Le fait s'expliquait, au moins dans une large mesure, par la distinction entre l'ancien et le nouveau réseau; par l'application à ce dernier réseau de traditions et de procédés appropriés à des chemins productifs, mais mauvais pour des chemins improductifs; par les difficultés qu'éprouvait l'État à exercer un contrôle efficace, malgré sa situation d'associé commanditaire.

3° INTÉRÊTS LOCAUX. — Quoique plus dispendieuse, l'administration du nouveau réseau de la Compagnie d'Orléans ne donnait pas aux intérêts locaux une plus large satisfaction que celle des Compagnies secondaires. Du reste, les préférences de la région n'étaient pas douteuses ; M. Caillaux, alors Ministre des travaux publics, n'avait pas hésité à le reconnaître, dans l'exposé des motifs du projet de loi qu'il avait présenté à l'Assemblée nationale en 1875, pour améliorer la position de la Compagnie des Charentes, et, depuis, les conseils généraux avaient renouvelé leurs protestations contre la fusion.

Pour ces divers motifs, la Commission concluait au rejet de la convention. Toutefois, comme elle ne voulait pas se borner à une solution négative, elle indiquait les résultats des études auxquelles elle s'était livrée sur les mesures à prendre ; ces indications peuvent se résumer comme il suit :

Moyens d'assurer l'existence indépendante des Compagnies. — La solution qui paraissait, de prime abord, la plus naturelle était le maintien ou la reconstitution des Compagnies secondaires. Les représentants de la Compagnie des Charentes avaient, dans cet ordre d'idées, exprimé l'espoir que leur société pourrait vivre, si elle recevait, entièrement construits par l'État, 420 kilomètres de chemins nouveaux, débouchant sur les réseaux de l'Ouest et du Midi, et si elle était autorisée à porter au compte de premier établissement les insuffisances jusqu'en 1885.

De son côté, M. Caillaux avait proposé en 1875 une combinaison qui, sans être aussi avantageuse pour la Compagnie des Charentes que la convention en discussion, était beaucoup plus favorable à l'État, puisqu'elle se bornait, notamment, à accorder une garantie de 5 °/₀ sur 65 millions, au lieu d'une garantie de 5,75 °/₀ sur 183 millions. Toutefois, sans s'arrêter à l'objection formulée par le conseil d'État contre l'application du système de 1859 à des Compagnies n'ayant pas un ancien réseau productif, on ne pouvait méconnaître la valeur des objections tirées des inconvénients généraux de

3                                                    24

la garantie d'intérêt et du danger de donner une plus-value
notable à des titres émis à un taux très bas.

Deux autres combinaisons avaient été soumises à la Commission. L'une d'elles consistait à garantir, non plus les
charges des capitaux, mais un revenu net kilométrique,
variable avec la recette brute, et à exiger des porteurs d'obligations le versement d'une soulte ; l'autre consistait à mettre
au compte de l'État le service des obligations émises,
moyennant une soulte, et à prélever, au-dessus d'un certain
chiffre de recette brute, une part à titre de remboursement
ou d'atténuation des avances du Trésor et une autre part
à titre de participation aux bénéfices.

Mais toutes ces combinaisons ne fourniraient peut-être
pas encore une solution certaine, eu égard à la position désastreuse de plusieurs Compagnies.

**Rachat par l'État.** — Aussi la Commission était-elle con-
vaincue que le rachat était préférable, mais à la condition
d'y procéder directement, sans intermédiaire, et dans les
conditions prévues par le cahier des charges et par la loi
Montgolfier. Ce ne serait point une opération aventureuse :
on pouvait être rassuré par l'exemple de la Belgique et de
la Hollande, du grand-duché de Bade, du royaume de
Wurtemberg, de la Bavière, de l'Allemagne du Nord, de
l'Autriche, de la Hongrie et de l'Italie.

**Construction par l'État.** — Le rachat par l'État, en le
constituant propriétaire de certains réseaux, devait entraîner nécessairement, pour lui, l'obligation de construire les
nouvelles lignes se rattachant à ces réseaux. L'administration
y appliquerait utilement ses puissantes ressources en personnel ; elle trouverait des avantages précieux dans les adjudications publiques, dans la compétence de la juridiction
administrative ; elle payerait moins cher les terrains ; elle
pourrait rompre avec les traditions des grandes Compagnies.

construire plus simplement des lignes appelées à n'avoir
qu'un faible trafic et réaliser d'importantes économies.

**Exploitation par l'État.** — Bien qu'à l'étranger on trouvât
de nombreux réseaux exploités par l'État, ce système ne
paraissait pas devoir prévaloir. L'administration avait peu
d'aptitude pour une gestion commerciale et industrielle ;
elle n'avait pas les qualités, que l'initiative et l'intérêt sont
seuls susceptibles de donner ; il importait, d'ailleurs, de ne
pas la laisser en butte aux exigences du public. Autant son
intervention, comme juge et comme arbitre, s'imposait
d'elle-même, autant un intermédiaire était nécessaire pour
recevoir les réclamations du public et y résister, dans la
mesure des intérêts légitimes de l'exploitant. L'exploitation
directe pouvait, d'ailleurs, être dangereuse dans l'ordre
politique, en mettant à la disposition des partis qui se succédaient au pouvoir la distribution de milliers d'emplois ;
en faisant de l'État le plus grand industriel du pays ; en
l'obligeant à prendre position, en cette qualité, dans les
questions si vivement débattues des rapports entre le capital
et le travail.

**Exploitation par les Compagnies fermières.** — Ces inconvénients n'existaient pas avec le système mixte adopté en
Hollande et sur le point de l'être en Italie. Dans cette combinaison, la Compagnie chargée de l'exploitation devenait
un entrepreneur de roulage au service de l'État.

« A l'État appartenait le droit de fixer les conditions
« de transport, de réviser les tarifs, d'intervenir chaque
« fois que l'intérêt de la collectivité l'exigeait ; la Compa-
« gnie restait chargée de la gestion financière et adminis-
« trative ; elle pourvoyait, moyennant un prix fixé à l'a-
« vance, aux dépenses du personnel, aux frais de traction,
« au renouvellement de la voie ; elle s'emparait de ces mille
« détails intérieurs pour lesquels la surveillance de l'État

« était impropre. Le traité à intervenir devait, tout en ré-
« servant le rôle absolument prépondérant de l'État en
« matière de tarifs, assurer à la Compagnie une rémunéra-
« tion suffisante pour les capitaux engagés, qui représen-
« taient la valeur du matériel roulant et du mobilier des
« stations, soit un total minimum de 20 000 fr. par kilo-
« mètre. Cette rémunération devait être établie de manière
« à ce que la Compagnie fût intéressée, à la fois, à exploiter
« le plus économiquement possible et à développer le mou-
« vement commercial de la région desservie. »

Le système des grandes Compagnies françaises avait
tous les inconvénients d'une exploitation purement privée,
au point de vue des tendances à subordonner l'intérêt public
à leur intérêt privé, et tous ceux de l'administration de
l'État, au point de vue de la routine et des lenteurs administratives, sans avoir les qualités de l'une ou l'autre de ces
combinaisons.

L'intervention des Compagnies fermières aurait cet
avantage que l'État serait conduit à les défendre contre les
attaques de voisins, dont il ne tenait qu'à lui de surveiller
les procédés; que les baux seraient de courte durée; que
l'État pourrait, par suite, réviser périodiquement les cahiers
des charges et obtenir de son fermier les modifications désirables pour le développement du commerce et de l'industrie.

C'était, au surplus, des Compagnies de cette nature que
le législateur de 1842 avait eu l'intention d'instituer.

**Nécessité d'assurer la construction des lignes reconnues in-
dispensables.** — Un des principaux griefs contre les grandes
Compagnies était tiré de la résistance qu'elles avaient apportée à l'addition de nouvelles lignes à leur réseau. Cette
résistance s'expliquait par le peu de productivité de ces chemins et par l'intérêt qu'avaient, en outre, les Compagnies à

ne pas exagérer l'importance de leurs émissions, pour ne pas réduire leur bénéfice sur l'écart entre le taux effectif de ces émissions et le revenu garanti de 5,75 %.

Or, il ne fallait pas perdre de vue que la France occupait seulement le sixième rang parmi les nations, au point de vue du rapport entre l'étendue de son réseau et la superficie ou la population de son territoire. Tandis que l'Allemagne ouvrait chaque année près de 2 000 kilomètres, c'était à peine si nous en ouvrions 900. Il y avait là d'immenses besoins à satisfaire et des résolutions vigoureuses à prendre à cet effet.

**Tarifs. Leur confusion. Tarifs communs et spéciaux. Délais de livraison. Tarifs de concurrence.** — La question des tarifs préoccupait depuis longtemps les esprits; à plusieurs reprises, au Corps législatif, à l'Assemblée nationale, des orateurs avaient porté à la tribune les plaintes les plus vives et les plus fondées. En dehors des tarifs maxima qui n'étaient plus appliqués, il existait des tarifs généraux, spéciaux, d'exportation, de transit, communs, internationaux; la sérification était variable avec les Compagnies; le recueil Chaix constituait un véritable dédale, où se perdaient les intéressés, et le fait était d'autant plus préjudiciable au public que, pour jouir d'une réduction de transport, il fallait la réclamer d'une façon expresse. Le moment était venu d'adopter une classification uniforme et simple, telle par exemple que celle de l'État belge; de mettre fin aux abus que commettaient les Compagnies, en créant des tarifs communs avec certains réseaux et en les refusant à d'autres; d'abréger les délais de livraison fixés par l'arrêté ministériel du 12 juin 1866, qui n'étaient plus en harmonie avec les besoins pressants du commerce; d'assurer, ainsi, une meilleure utilisation du matériel roulant; d'examiner s'il ne conviendrait pas d'instituer un « Clearing House » suppri-

mant les écritures multiples de transmission, sur lesquelles
on se fondait pour refuser les billets ou les lettres de voitures directes de réseau à réseau ; d'interdire les tarifs de
concurrence établis, dans le but évident de ruiner la batellerie ou d'autres Compagnies ; de faire respecter le principe
de la voie la plus directe.

Contrôle de l'État. — L'administration n'avait pas toujours compris son rôle de surveillance ; son droit d'homologation avait été trop souvent envisagé par elle comme un
simple droit d'enregistrement ; elle avait fréquemment
oublié qu'elle avait le devoir de protéger la navigation,
d'empêcher les inégalités artificielles entre les centres de
production, les ports d'exportation.

Il était indispensable que désormais l'État revendiquât
le pouvoir, naguère affirmé, mais bien vite oublié, de réviser les tarifs à des époques fixes ; qu'il se réservât une
initiative intelligente ; qu'il appliquât le seul principe équitable en matière de transports, celui de la ligne la plus
courte ; que, si les tarifs communs devaient être maintenus,
il en exigeât l'application à toutes les Compagnies, sans distinction ; qu'il simplifiât les relations et les transmissions
entre les réseaux.

Comme consécration et comme conclusion de ses études,
la Commission proposait un projet de résolution ainsi conçu :
« Le Ministre des travaux publics est invité à déposer, dans
« le plus bref délai, un projet de loi ayant pour objet d'as-
« surer le service des lignes comprises dans la convention
« et de celles qui les complètent, soit par la constitution
« de réseaux distincts et indépendants, soit au moyen du
« rachat par l'État et de l'exploitation par des Compagnies
« fermières, en appliquant, comme bases du rachat, les dis-
« positions de l'article 12 de la loi du 23 mars 1874, con-
« formément à l'avis adopté par le Conseil d'État, dans ses

« séances des 20 et 21 décembre 1876. Le Ministre tiendra
« compte du double devoir qui incombe à l'État d'assurer,
« à l'avenir, la construction et l'exploitation des lignes re-
« connues nécessaires et de faire disparaître les inégalités
« et l'arbitraire des tarifs. »

Au rapport de M. Waddington étaient jointes plusieurs
annexes et, notamment, un état des amendements relatifs à
la déclaration d'utilité publique et à la concession de nouvelles lignes de chemins de fer, et une appréciation de ces
amendements ainsi que des dispositions à prendre pour
hâter l'achèvement du réseau.

1° Lignes déclarées d'utilité publique par des lois antérieures.

La Commission recommandait la prompte exécution des
chemins d'Aurillac à Saint-Denis et de Saint-Denis au Buisson (MM. Bastid et Durieu) ; d'Auxerre à Gien et de Triguères à Clamecy (M. Cochery) ; de Vendôme à Romorantin,
sans lacune au passage de la Loire, à Blois (MM. Dufay,
Tassin, de Sonnier et Lesguillon) ; d'Eymoutiers à Meymac.

2° Lignes classées par la loi du 31 décembre 1875. La
convention avec la Compagnie d'Orléans ne comprenait
qu'une très faible fraction des lignes de la région, classées
le 31 décembre 1875. On pouvait, notamment, signaler
comme regrettable l'ajournement d'une partie du chemin
de Montauban vers Brives, de la ligne de Port-Boulet à Port-
de-Piles et à Preuilly (MM. Guinot, Wilson et autres) ; du
chemin de Nontron à Périgueux (M. Montagut) ; de celui de
Vendes à Aurillac (MM. Bastid et Durieu).

3° Lignes nouvelles demandées par amendement.

Ces lignes, dont quelques-unes étaient chaudement re-
commandées par la Commission, étaient les suivantes :

Libourne à la ligne de Bordeaux à la Sauve ;
Niort à Moncontour ;

Embranchement sur Montreuil-Bellay;

Velluire à Fontenay-le-Comte;

Fontenay-le-Comte à Cholet;

Confolens à Ruffec;

Barbezieux à Montendre;

La Sauve à Sauveterre et Duras;

Gourdon à Souillac;

Terrasson à Limoges;

Terrasson à Nontron;

Argenton à Guéret;

Tournon à Loudun par Châtellerault;

Montluçon à Eygurande;

Bort à Neussargues;

Aurillac à la ligne de Rodez à Milhau;

Saumur à la limite du département, vers la Flèche;

Saumur à Cholet;

Chalonne à la ligne d'Angers à Segré;

Baugé par Noyant à la limite du département de Maine-et-Loire;

Embranchement de la ligne de Chalonne à Beaupréeau sur Montjean;

Noyant à Savigny, avec embranchement sur Tours;

Vendôme à Savigny;

Étampes à la limite d'Eure-et-Loir, vers Chartres;

Pontivy sur Carhaix, Roscoff et Concarneau;

Quimper à Douarnenez;

Cognac à Coutras;

Taillebourg à Saujon;

Saujon à la ligne de Tonnay-Charente au Chapus;

Saint-Ciers-la-Lande à Royan;

La Châtre à Nevers, par Châteaumeillant et Saint-Amand;

Angoulême à Nevers par ou près Confolens, Bellac, le Dorat, Argenton, la Châtre et Saint-Amand;

Nantes vers Beaupréau;

Raccordement à Nantes;

Nantes à Segré;

Bourges à Auxerre, Troyes à Saint-Dizier;

Tulle à Limoges avec embranchements;

Tulle à Aurillac ;
Felletin à Ussel ;
Bourges à Issoudun.

L'ensemble de ces lignes présentait un développement
de 2 275 kilomètres.

III. — DISCUSSION A LA CHAMBRE DES DÉPUTÉS. — La discussion [J. O., 13, 14, 16, 18, 20, 21 et 23 mars 1877] s'ouvrit,
le 12 mars 1877, par une déclaration du rapporteur, qui
retira le projet de résolution de la Commission et ne maintint
de ses conclusions que celles qui tendaient au rejet pur et
simple du projet de loi.

M. Allain-Targé prit ensuite la parole et prononça un
long et important discours. Après avoir insisté sur l'importance
du projet de loi, qui devait avoir pour conséquence l'adjonction de 3 000 kilomètres au réseau d'Orléans et qui était
évidemment appelé à être suivi d'une série de mesures semblables pour les autres régions de la France, il examina s'il
était possible de ratifier, dans les conditions où elle était
présentée, une convention par laquelle la Compagnie d'Orléans
allait être délivrée de toute concurrence et placée, seul,
sans rivale, vis-à-vis du public ; si, en élargissant le cadre
et l'application de la loi de 1859, le Gouvernement avait
pris, en échange, les garanties nécessaires. Suivant l'orateur,
il n'en était rien. L'intérêt public avait été véritablement
sacrifié, aussi bien vis-à-vis de la Compagnie d'Orléans, que
vis à-vis des actionnaires du réseau Philippart, auxquels on
avait fait un pont d'or pour traiter avec eux.

Tout d'abord, en effet, le prix du rachat était excessif
et il ne fallait pas s'en étonner : car c'était, en réalité, l'État
qui payait, et la Compagnie d'Orléans avait, jusqu'à un certain
point, intérêt à voir forcer le montant de l'indemnité, puisque
la prime dont elle bénéficierait sur la différence entre

le taux garanti et le taux effectif de ses émissions devait
s'accroître d'autant. C'est ainsi qu'on avait consenti, au
profit des actionnaires et des obligataires de la Compagnie
des Charentes, une plus-value considérable de leurs titres
et qu'on avait faussé les règles, si nettes, de l'article 37 du
cahier des charges et de la loi de 1874. Si l'État ne devait
pas s'enrichir de la ruine d'autrui, il ne lui était pas non plus
loisible de faire, avec l'argent des contribuables, des largesses
aux capitalistes victimes de leurs illusions et souvent même
d'une gestion défectueuse.

Envisagée sous un autre aspect, la partie du rachat relative au réseau Philippart était inacceptable, en ce sens
qu'elle négligeait complètement les intérêts des obligataires.
M. Allain-Targé donnait, à cette occasion, des renseignements curieux sur les agissements du spéculateur qui,
pendant quelques mois, avait rempli la France du bruit de
ses opérations financières. Il le montrait fondant la Banque
franco-hollandaise ; se faisant concéder, par les départements, des lignes d'intérêt local; cherchant à relier ces
lignes entre elles, pour créer des embarras à l'État et aux
grandes Compagnies et pour faire racheter à beaux deniers
ses concessions ; se rendant maître des assemblées d'actionnaires de la plupart des petites Compagnies ; accaparant, par
exemple, les actions de la Compagnie de la Vendée, en les
payant au moyen d'une émission d'obligations dont il s'était
chargé pour le compte de cette société ; détournant ainsi de
leur destination les emprunts destinés à pourvoir aux travaux;
détournant également les subventions de l'État ; mettant en
gage ou vendant même le matériel roulant des lignes, dont son
groupe avait l'administration ; escomptant enfin le prix éventuel des cessions sur lesquelles il comptait. Il était inadmissible que l'État laissât en de telles mains la répartition de l'indemnité de rachat entre les actionnaires et les obligataires.

D'un autre côté, abstraction faite des raisons précédentes, il en existait de plus puissantes encore pour repousser le projet de loi, qui n'apportait aucun remède aux abus des grandes Compagnies.

La grandeur du pays, l'intérêt général du commerce, la sécurité de la patrie, tout exigeait le prompt achèvement de notre réseau de chemins de fer ; or, on ne pouvait méconnaître la résistance et le mauvais vouloir obstinés que les Compagnies principales avaient opposés, jusqu'alors, à la création des lignes nouvelles. C'est à cette résistance et à ce mauvais vouloir qu'étaient dues la loi de 1865 et la constitution des Compagnies secondaires. Il était facile, d'ailleurs, de s'expliquer que les grandes Compagnies cherchassent à éviter ou à retarder la construction de chemins nécessairement improductifs, alors que sur 17 200 kilomètres environ, exploités par elles en 1874, il y en avait déjà 12 300 ne pouvant pas couvrir leurs charges de construction et d'exploitation ; alors que le revenu net des capitaux engagés, dans les deux réseaux d'Orléans, par exemple, n'avait pas dépassé 4,41 % en 1874. Leur inertie était le résultat de la faute que l'on avait commise en leur livrant les lignes à grand trafic, au lieu de maintenir l'État en possession de l'instrument de développement du réseau, suivant les conseils si sages donnés en 1850 par M. Grévy. Il eût fallu, à cet égard, prendre des garanties pour l'avenir.

La tarification avait aussi soulevé les plaintes les plus vives de la part de l'industrie et du commerce ; il était impossible de continuer à l'abandonner à des intérêts privés, à des intérêts de dividende, sous peine de sacrifier les droits de l'État, de ne pas remplir les devoirs de l'État ; il était impossible de livrer les 3 000 kilomètres, auxquels avait trait le projet de convention, sans restituer à l'État sa situation naturelle de souverain arbitre des tarifs, sans mettre un terme à la multiplicité et à la confusion des taxes, sans prendre les dispositions nécessaires pour empêcher les Compagnies d'user de ces taxes dans leur intérêt privé, de pratiquer des détournements et de faire la guerre aux petites Compagnies et à la navigation, de provoquer de véritables révolutions dans la distribution de la richesse publique, et même, si l'on en croyait certaines allégations, de ne pas défendre suffisamment les intérêts français contre les intérêts étrangers, de détenir absolument le sort de nos ports, de nos industries, de nos entrepôts, de laisser échapper un transit considérable par l'exagération de leurs tarifs.

Les desiderata du public avaient été très nettement formulés dans le rapport présenté, en 1875, par M. Dietz-Monnin, au nom de la Commission « du régime des chemins de fer » de l'Assemblée nationale. Une convention avec la Compagnie d'Orléans ne pouvait être acceptée que si elle satisfaisait à ces desiderata. Voilà pourquoi le rejet des propositions du Gouvernement s'imposait à la Chambre.

L'orateur passait ensuite à l'étude des solutions qu'il y avait lieu de recommander au Ministre des travaux publics. M. Waddington en avait indiqué trois, à savoir : la résurrection des Compagnies secondaires, la création d'un septième réseau indépendant, la constitution de sociétés fermières. Ces trois systèmes avaient pour point de départ commun une idée fausse, chimérique, celle de la concurrence. Les petites Compagnies pouvaient, incontestablement, avoir leur rôle et leur utilité, en construisant à bon marché des chemins secondaires à faible trafic; mais c'était une illusion que de les considérer comme pouvant, impunément, jouer un rôle plus étendu et moins modeste : car, si elles grandissaient, si elles attaquaient le monopole des grandes Compagnies, c'était uniquement pour arriver à le partager;

si elles voulaient lutter contre les grands réseaux, elles
étaient conduites à construire chèrement et ne tardaient pas
à succomber, après avoir inutilement tenté d'échapper à la
ruine, en battant le papier-monnaie des obligations. L'expérience n'était-elle pas là pour nous éclairer sur les funestes
résultats de la concurrence en matière de voies ferrées ?
Avait-on perdu le souvenir de ce qui s'était passé en France,
avant 1859, et des fusions par lesquelles s'était terminée la
lutte ? Ne savait-on pas qu'en Angleterre la concurrence
avait abouti également à la réunion d'un grand nombre de
Compagnies et à un relèvement des tarifs? Ignorait-on qu'en
Amérique cent quatre-vingt-seize Compagnies avaient été
mises en faillite, de 1871 à 1874, engloutissant avec elles un
capital de 4 milliards, et qu'il s'était ensuite produit une
véritable absorption au profit de quelques sociétés plus
puissantes ? En ne se payant pas de mots, on était contraint
de reconnaître que la concurrence, c'était le partage du
monopole, le partage du Trésor public. Il y avait à l'échec
des Compagnies secondaires des causes irrémédiables,
contre lesquelles il ne fallait pas lutter et s'entêter, sous
peine de lancer l'épargne du pays dans les aventures les
plus graves et les plus périlleuses : parmi ces causes, la plus
importante était l'insuffisance de la rémunération des chemins du nouveau réseau. Pour s'en convaincre, il suffisait
de constater le faible rendement du second réseau des
grandes Compagnies (3,50 % pour le Nord, 2,75 % pour
l'Est, 1,72 % pour l'Ouest, 1,44 % pour l'Orléans, 0,78 %
pour le Lyon). Engager dans de telles entreprises l'initiative privée, les capitaux des obligataires, des actionnaires
sérieux, était chose inacceptable. Aussi toutes les combinaisons aboutissaient-elles, fatalement, à la garantie de
l'État, pour faire la concurrence à la Compagnie d'Orléans,
à une Compagnie jouissant elle-même de la garantie, c'est-à-

dire pour faire la guerre aux dépens du Trésor. Il ne fallait
donc pas s'arrêter à la résurrection de la Compagnie des
Charentes et du réseau Philippart.

Le réseau indépendant n'était pas plus viable ; son enche-
vêtrement au milieu du réseau d'Orléans conduirait inévitablement aux mêmes résultats, et, du reste, comprendrait-
on que, au moment où l'on se plaignait tant du monopole
des six grandes Compagnies, on en constituât un au profit
d'une septième Compagnie?

Quant au système des Compagnies fermières, on ne pouvait l'admettre que dans les conditions indiquées au Parlement italien par M. Sella, l'État fournissant la ligne et son
matériel roulant, restant maître des tarifs et de la réglementation, et ne recourant à un régisseur intéressé que
pour les opérations matérielles de l'exploitation. Mais la
combinaison hollandaise, ce ne pouvait être qu'un expédient pour faire vivre de petites Compagnies aux frais de
l'État.

La véritable solution était ailleurs et, si on ne l'avait
pas trouvée, c'est parce qu'on avait persisté à regarder
l'État comme un roi fainéant qui, ayant de grands vassaux
oppresseurs de son peuple, devait avoir recours à de petits
vassaux pour le protéger ; parce qu'on avait voulu continuer à appliquer l'adage « nulle terre sans seigneur ». Il
fallait la chercher dans l'action et l'autorité permanente de
l'État. Les peuples voisins avaient reconnu cette nécessité,
et il était difficile de comprendre que, seule, la France ne
voulût pas recourir à l'exploitation par l'État, unique
moyen de faire capituler les grandes Compagnies.

Quelle était la valeur des objections faites à l'intervention de l'État? On lui avait reproché de construire plus
chèrement : les faits donnaient à cette allégation le dé-
menti le plus formel. On lui avait aussi reproché d'être

incapable d'exploiter au même prix : mais les monopoles exercés par l'État étaient-ils moins bien administrés
que les autres? On avait soutenu qu'il ne saurait pas gérer
commercialement les chemins de fer. La Belgique n'admi-
nistrait-elle pas commercialement, quand elle abaissait ses
tarifs, quand elle donnait satisfaction aux voyageurs, quand
elle faisait la fortune d'Anvers, de ses centres industriels?
L'administration n'aurait-elle pas l'aiguillon de la responsabilité politique? Les renseignements statistiques empruntés
aux adversaires de l'exploitation par l'État ne prouvaient-ils
pas par eux-mêmes que, partout où les deux systèmes de
la gestion par les Compagnies et de la gestion par l'État
avaient fonctionné côte à côte, le second s'était montré supérieur au premier. On avait encore exprimé des craintes
au sujet de l'accroissement du fonctionnarisme : l'armée
des employés de chemins de fer n'était-elle pas aussi dangereuse entre les mains des Compagnies et, d'ailleurs, pouvait-on sérieusement redouter que des fonctionnaires, des
agents, des ouvriers n'ayant aucun rôle politique, perdis-
sent leur indépendance et pussent devenir des instruments
de corruption électorale?

Le but idéal serait le rachat par l'État de tous les réseaux. Toutefois, comme l'opinion n'était pas préparée, M.
Allain-Targé consentait à s'en écarter pour des raisons d'opportunité. Il admettait donc qu'on y renonçât, mais à la
condition expresse que les Compagnies et, en particulier,
celle d'Orléans, transigeassent sur les bases formulées par
M. Dietz-Monnin dans son rapport de 1875, sauf à leur donner
les garanties nécessaires pour que leurs capitaux ne fussent
pas compromis, et pour que l'État ne fût pas accusé d'avoir
porté la main sur les 10 milliards du capital-obligations et
du capital-actions.

M. Allain-Targé avait, du reste, déposé un projet de

résolution ainsi libellé : « Renvoi à la Commission du projet,
« pour être étudié et remanié sur les bases suivantes :

« 1° Application au rachat des lignes qui cesseraient
« d'être exploitées par leurs premiers concessionnaires, des
« dispositions de la loi du 23 mars 1874, c'est-à-dire ra-
« chat au prix réel, déduction faite des subventions primiti-
« vement accordées par la construction ;

« 2° Concentration de toutes les lignes à grand trafic d'une
« même région, sous une même administration, de telle
« sorte qu'il ne puisse s'établir aux dépens de l'État une
« concurrence ruineuse pour le Trésor public, pour les
« exploitants et, bientôt, pour les populations elles-mêmes,
« entre des lignes subventionnées par l'État ;

« 3° Établissement de garanties sérieuses et de règle-
« ments qui assurent à l'État l'exercice permanent de son
« autorité sur les tarifs et sur le trafic, et qui offrent aux
« intérêts les moyens de faire parvenir officiellement à
« l'administration leurs réclamations ;

« 4° Réserve absolue du droit de l'État d'ordonner, à
« toute époque et sans atteindre la situation financière ré-
« servée par les contrats, la construction des lignes nouvelles
« qu'il jugerait nécessaire de joindre au réseau de la ré-
« gion ;

« 5° Pour le cas où la Compagnie d'Orléans se refuserait
« à traiter sur les bases qui viennent d'être indiquées, cons-
« titution d'un grand réseau de l'Ouest ou du Sud-Ouest
« exploité par l'État. »

M. Laisant succéda à M. Allain-Targé à la tribune et
vint conclure, comme lui, au rejet de la convention, mais
en soutenant, sur certains points, des idées différentes.
Tout en affirmant qu'il n'était nullement disposé à faire table
rase des grandes Compagnies, il discutait l'opportunité de
consolider leur monopole et protestait contre cette conso-

lidation d'un système dont les abus. n'étaient pas contestables, contre l'extension des pouvoirs de la féodalité financière cosmopolite et internationale qui opprimait le pays.

Passant à la recherche des solutions à adopter pour l'achèvement de notre réseau et l'exploitation des nouvelles lignes, il formulait les réserves les plus expresses sur les théories exposées par M. Allain-Targé en matière de concurrence. Il n'admettait, sans restriction, ces théories que s'il s'agissait d'établir des chemins ne desservant pas des besoins nouveaux, et il les repoussait, au contraire, pour les chemins destinés à former des raccourcis notables, à parcourir des régions insuffisamment desservies.

Il rappelait, à cette occasion, comment s'était formé le réseau français, quelle en était la distribution, quelles en étaient les lacunes. Il montrait les premières concessions comprenant des lignes rayonnantes à grand trafic et constituant des sections, dont chacune était considérée comme l'apanage d'une grande Compagnie; puis, les concessions ultérieures venant y ajouter des lignes transversales, mais sans liaison suffisante entre les divers secteurs, par suite de la tendance des Compagnies à établir aussi peu de communications que possible entre elles, pour conserver sur leurs rails un trafic qui leur aurait partiellement échappé. Il mettait en relief la nécessité de créer des relations plus étroites entre les différents réseaux, de mieux doter les régions jusqu'alors déshéritées. L'État avait eu, suivant l'orateur, le tort grave de ne pas pourvoir plus tôt au complément de l'œuvre des chemins de fer et surtout d'invoquer, à cet effet, la solidarité de ses intérêts avec ceux des Compagnies : rien ne prouvait, en effet, qu'il y eût éprouvé une perte et. au surplus, les pouvoirs publics avaient à envisager, non seulement les intérêts directs du Trésor, mais encore leurs devoirs vis-à-vis des citoyens et le développement de richesse que provoquait, inévitablement, l'ouverture de nou-velles voies de transport. La meilleure preuve en était dans la proportion énorme de l'accroissement du trafic, depuis une trentaine d'années; le nombre des voyageurs s'était, en effet, décuplé, et le tonnage des marchandises avait augmenté dans le rapport de 1 à 19. Les pouvoirs publics avaient également à compter avec la crise du travail national, avec la nécessité d'alimenter les nombreux chantiers organisés sur toute la surface du territoire; ils ne pouvaient oublier que la France était devancée en Europe par cinq autres puissances, au point de vue de la longueur de son réseau de voies ferrées rapportée à la superficie du pays et au chiffre de la population et que, de l'aveu même du Ministre des travaux publics, il importait d'ouvrir, dans un délai relativement rapproché, 20 000 kilomètres de chemins nouveaux.

M. Laisant exprimait l'avis que, pour assurer, au moins en partie, la réalisation de ce programme, il convenait de recourir à une large et saine application de la loi de 1865, qui pouvait donner les résultats les plus féconds, si, au lieu de continuer à entraver les départements, en éliminant de leur classement tous les éléments productifs, le Gouvernement revenait à une ligne de conduite plus conforme à l'équité.

Pour le surplus, l'orateur ne croyait pas qu'il fût possible de recourir exclusivement aux grandes Compagnies, sous peine de leur imposer une tâche hors de proportion avec leurs ressources et de donner à leur réseau une extension tout à fait excessive : c'était, à ses yeux, la plus détestable de toutes les solutions.

Quant au système de la construction par l'administration, combiné avec un rachat partiel et avec l'exploitation ultérieure par l'État, elle prêtait aux critiques les plus fondées. Si l'on voulait constituer un réseau d'État, il fallait prendre un champ d'expériences plus favorable, plus complet, plus homogène, racheter, par exemple, le réseau d'Orléans tout entier.

L'exécution des travaux par les ingénieurs des ponts et chaussées ne paraissait pas d'ailleurs, quoi qu'on en eût dit, présenter beaucoup plus de garanties que l'intervention des grandes Compagnies; des deux côtés, les procédés étaient similaires, et, de plus, l'administration était loin d'avoir un personnel numériquement suffisant, aux divers degrés de la hiérarchie.

La combinaison mixte de la construction par l'État et de l'exploitation par des Compagnies fermières ne pouvait pas non plus comporter une application intégrale en France : on lui reprochait, avec raison, de placer entre des mains différentes l'exécution et l'usage des voies ferrées, c'est-à-dire deux éléments inséparables.

M. Laisant déduisait de ces considérations qu'il était impossible de trouver un système unique, une panacée universelle, et que la sagesse commandait de s'arrêter exclusivement à des solutions d'espèce.

Mais, avant de donner des conclusions plus complètes à ce sujet, il se livrait à un examen de la question des tarifs. Il reproduisait, avec des exemples à l'appui de son argumentation, les critiques déjà dirigées contre la tarification en vigueur ; contre les bouleversements géographiques et industriels qu'elle avait engendrés ; contre les facilités abusives qu'elle avait données à l'importation ; contre le préjudice qu'elle avait causé à notre commerce, à nos grands ports, à notre navigation intérieure ; contre la faiblesse dont les Ministres des travaux publics avaient fait preuve dans l'exercice de leur droit d'homologation ; et contre les fautes qu'ils avaient commises, en ne faisant pas respecter la loi de la plus courte distance.

Revenant aux mesures à adopter, il pensait qu'on agirait avec prudence et clairvoyance, en faisant vivre des Compagnies secondaires et particulièrement celle des Charentes, à laquelle on n'avait pas voulu laisser jouer le rôle qui lui était assigné, dès 1861, lors de sa création ; en donnant à cette société des communications avec l'Ouest et le Midi ; en en faisant le pivot d'un nouveau réseau indépendant. A côté de cette Compagnie, pourraient venir se grouper d'autres petits réseaux ; enfin, certaines lignes appartenant au système rayonnant seraient incorporées aux concessions des grandes Compagnies.

M. Laisant terminait son discours, en affirmant qu'il ne faisait point acte d'hostilité envers le Ministre.

Après M. Laisant, M. Lecesne prononça un discours, qui eut un grand retentissement et qui tendait au rachat général des chemins de fer par l'État, la seule mesure qui eût, suivant lui, le caractère absolu et définitif que tout le monde devait désirer. Ce rachat s'imposait, à ses yeux, au triple point de vue de l'achèvement du réseau, des intérêts financiers de l'État, et des nécessités commerciales et économiques.

En effet, malgré les sacrifices considérables du Trésor, soit à titre de subventions, soit à titre de garantie d'intérêt, le régime inauguré en 1859 n'avait eu d'autre effet que de reléguer la France au sixième rang et de réduire sa production annuelle à 500 kilomètres, alors que l'Allemagne progressait à raison de plus de 1 000 kilomètres par an, que les États-Unis livraient annuellement plus de 5 000 kilomètres. Ce régime avait été impuissant et stérile. L'infériorité qu'il constatait ne ferait que s'accentuer : car les Compagnies, condamnées à voir toute ligne nouvelle appauvrir leur réseau principal, se cantonneraient, de plus en plus, dans leur inertie et leur résistance.

Au point de vue financier, l'exploitation par les Compagnies, dans le système de 1859, était essentiellement onéreuse pour l'État, puisqu'on leur assurait un revenu fixe, indépendant de leurs mérites et de leurs erreurs, puisqu'on les désintéressait complètement et qu'on les déterminait ainsi à appliquer à des chemins secondaires les habitudes et les traditions des chemins à grand trafic. La construction par leur intermédiaire n'était pas moins ruineuse pour les finances publiques, attendu que les Compagnies, empruntant à un taux notablement inférieur au taux garanti, avaient tout avantage à accroître le chiffre des dépenses.

Enfin, en ce qui touchait au côté économique de la question, la France pouvait-elle se soustraire à cette grande évolution qui s'était révélée chez les peuples voisins? La Belgique, l'Allemagne, l'Italie étaient ou se rendaient maîtresses de leurs voies ferrées; elles pouvaient ainsi, grâce à quelques sacrifices sur les grands courants commerciaux, drainer le trafic de transit, l'attirer chez elles et déterminer ce fait considérable, d'un développement extraordinaire de leurs ports au détriment des nôtres. Le seul remède à un mal si profond consistait à s'affranchir de toute ingérence égoïste et personnelle, dans la gestion livrée à merci à des personnalités ayant le plus souvent leurs intérêts à Turin, à Vienne, à Berlin. La prétendue autorité du Ministre sur les tarifs, en vertu du droit d'homologation, était absolument illusoire et devait l'être, en présence des termes du cahier des charges, qui permettait aux Compagnies de revenir à leurs taxes maxima, en cas de refus de la part de l'administration d'autoriser la mise en vigueur des taxes réduites proposées par elles. Il était inadmissible que la France restât plus longtemps dans un statu quo fatal, qui disparaissait partout autour de nous; qu'elle continuât à se prêter aux abus signalés de toutes parts; qu'elle tardât davantage à reprendre le rôle de régulateur, que sa situation géographique lui impartissait en matière de transport, relativement aux autres nations du continent.

La proposition finale de M. Allain-Targé, qui, après avoir attaqué violemment les grandes Compagnies, n'avait pas hésité à souscrire, sous certaines conditions, à l'accroissement de leur monopole, devait être repoussée *de plano* ; la soumission apparente de ces puissantes sociétés ne serait qu'un leurre, et il suffisait d'avoir observé leur attitude passée, pour être convaincu qu'elles ne manqueraient pas de se relever plus présomptueuses et plus envahissantes que jamais.

La solution préconisée par M. Laisant n'en était point une ; les réseaux indépendants que cet honorable député voulait voir constituer auraient les mêmes besoins, les mêmes convoitises, les mêmes appétits que leurs devanciers ; le commerce entier de la France ne cesserait pas d'être livré aux abus d'une exploitation conduite dans des vues d'intérêt privé.

Il fallait savoir regarder la difficulté en face, montrer la même virilité que les autres nations, ne pas s'effrayer d'une opération, dont les difficultés étaient minimes, en comparaison de celles du paiement de notre rançon, après la guerre de 1870. Le mouvement de capitaux, auquel cette opération donnerait lieu, serait peu considérable, attendu que, sur 10 milliards consacrés à l'établissement de notre réseau, 8, au moins, étaient représentés par des obligations, et que, pour ces titres, l'État se bornerait à échanger sa qualité de gérant contre celle de débiteur. Les conditions du règlement de l'indemnité étaient d'ailleurs nettement définies par les contrats et ne pouvaient susciter de litiges sérieux.

Une fois le rachat décidé, on aviserait au moyen d'assurer l'exploitation au mieux des intérêts du Trésor.

Absolument libre dans ses allures, l'État pourrait utiliser
l'épargne du pays, donner à cette épargne un emploi que la
somnolence des Compagnies était impuissante à lui offrir,
dépenser ainsi de 4 à 500 millions par an, et retenir en
France des capitaux qui en étaient réduits à fuir vers des
entreprises aventureuses, à l'étranger.

L'heure était propice : il importait de ne pas la laisser
passer.

M. Léon Say, Ministre des finances, crut devoir pro-
tester immédiatement contre les doctrines de M. Lecesne,
qu'il jugeait souverainement dangereuses pour le crédit
public. Il rectifia diverses erreurs, commises par ce député
dans l'interprétation des conventions de 1859 ; il fit des réserves formelles sur la protection que son contradicteur
voulait créer, au profit de certaines industries nationales,
en rendant à l'État la libre disposition des tarifs dans leurs
rapports avec notre commerce maritime, et en n'envisageant
que l'un des côtés d'un problème essentiellement complexe.
Au point de vue financier, on ferait courir à la France les
plus graves périls, en plaçant entre les mains de l'État,
outre le grand-livre de la Dette publique, celui des obligations
de chemins de fer, qui viendrait, en quelque sorte, se confondre avec le premier et que les pouvoirs publics seraient
portés à rouvrir chaque jour. Certes, il fallait compléter
l'outillage national, mais en n'engageant les dépenses qu'au
fur et à mesure de leur nécessité ; en s'imposant un frein ;
en s'imposant, par avance, un programme bien défini, un
cadre bien limité ; et en s'assurant que les charges ne dé-
passeraient pas les ressources. Pouvait-on, d'ailleurs, traiter
de la question du rachat des voies ferrées, sans être fixé sur
celle de l'exploitation, la plus importante de toutes? Pouvait-on s'en remettre aveuglément aux chances aléatoires du
lendemain? Pouvait-on espérer que l'on trouverait de nou-

veaux preneurs, consentant à d'importantes réductions de
tarifs, sans perte pour l'État ? L'illusion n'était pas permise :
le rachat par l'État devait avoir pour conséquence inexorable
l'exploitation par l'État, c'est-à-dire une solution à laquelle
il convenait de ne pas se rallier par entraînement, sur le
simple exemple de pays différents du nôtre, et sans une
étude et une discussion approfondies ; une solution qui trans-
formerait les tarifs en impôts soumis aux discussions du
Parlement et qui, jointe à celle de la construction, pour
ainsi dire indéfinie, par l'État, pouvait conduire bientôt à
ne plus avoir de finances.

M. Lecesne répliqua à M. Léon Say. Il s'efforça de justifier les faits qu'il avait avancés, au sujet des clauses financières des conventions de 1859 ; il se défendit d'avoir voulu
ouvrir sans limite le grand livre des obligations des chemins
de fer de l'État ; il soutint que, sagement limités par le législateur, les emprunts de l'État ne seraient, ni plus difficiles, ni plus dangereux pour lles finances que ceux des
Compagnies, dont les émissions n'étaient soumises à aucun
contrôle sérieux et efficace. Quant à l'exploitation du réseau
après son rachat, elle ne soulevait que des problèmes dont
la solution se présenterait d'elle-même. N'aurait-on pas sous
la main un personnel qui se bornerait à changer de maître ?
Ne verrait-on pas les Compagnies actuelles venir elles-mêmes
solliciter des concessions que l'État pourrait leur accorder,
mais en leur faisant la loi et en leur appliquant le principe
« sic volo, sic jubeo » ? Cet abaissement général des tarifs,
qui avait paru tant effrayer le Ministre des finances, n'était
nullement dans les intentions de M. Lecesne : ce qu'il voulait, c'était la faculté, pour l'État, de décider certains abaissements intelligents ; de faire, au profit de la collectivité des
intérêts nationaux, certains sacrifices partiels et circons-
crits ; de soutenir, le cas échéant, des industries en souf-

france. L'autorité de l'État sur les tarifs n'avait pas porté, à l'étranger, les fruits amers que craignait M. Léon Say. Pourquoi notre génie national nous empêcherait-il de réussir comme nos voisins et nos rivaux? Les critiques formulées par le Ministre des finances, contre la nécessité d'unifier la dette pour l'application du système défendu par l'orateur, tombaient devant les faits : n'existait-il pas déjà, à côté de la dette perpétuelle, une dette temporaire, une dette flottante? Les objections faites à l'approbation des tarifs par le Parlement pouvaient-elles se soutenir, en présence de ce qui se passait pour les droits de douane? M. Lecesne adjurait le Gouvernement de ne pas s'aveugler sur les menaces dirigées contre la France, sur les efforts de l'étranger pour tuer notre productivité, pour nous ravir la puissance qui, seule, nous avait permis de nous relever après les funestes événements de 1870-1871 et de survivre à nos désastres. Pour nous défendre, nous devions savoir saisir et manier, d'une main ferme, l'arme dont nous disposions.

M. Richard Waddington vint ensuite défendre longuement l'œuvre de la Commission, et présenter, en outre, quelques conclusions personnelles. Il rappela les divers arguments invoqués dans son rapport, pour justifier le rejet du projet de convention : exagération de l'indemnité attribuée aux Compagnies secondaires ; insuffisance des lignes nouvelles dont les départements intéressés allaient être dotés ; élévation excessive du crédit ouvert à la Compagnie d'Orléans, pour la construction ou l'achèvement des nouveaux chemins, et, particulièrement, pour les travaux complémentaires, qui n'étaient pas évalués à moins de 80 000 fr. par kilomètre (1) ; renouvellement de la faute que les pou-

_____

(1) M. Waddington constatait que, d'après les renseignements fournis par la Compagnie elle-même, une augmentation de 1 000 fr. dans la recette brute kilométrique n'exigeait que 2 500 fr. de dépenses complémentaires.

voirs publics avaient commise antérieurement, en admettant
des estimations trop fortes et en dotant ainsi les actionnaires de
primes, qu'il ne pouvait être dans les intentions de la Chambre
de leur donner ; charge imposée à l'État par l'incorporation
des chemins de la Sarthe dans le réseau d'intérêt général ;
ouverture indéfinie du compte de premier établissement ;
défaut de stipulations pour l'emploi des économies réalisées
sur le nouveau réseau ; addition aux frais d'exploitation,
d'éléments qui en avaient été jusqu'alors éliminés ; préjudice causé au Trésor par l'adoption du taux de 6 1/2 %,
comme limite du partage, et de celui de 5,75 % comme taux
de garantie des obligations ; faveur faite à la Compagnie
par l'imputation de l'amortissement des actions au revenu
réservé. S'expliquant sur les diverses solutions qui avaient
été étudiées et défendues au sein de la Commission, mais
dont aucune n'avait pu réunir l'unanimité des suffrages, il
fournissait des renseignements détaillés sur la situation
financière de la Compagnie, sur son avenir, et exprimait
l'avis que la convention proposée par le Ministre aurait
pour effet de reporter de 1890 à 1915 l'origine de la période de remboursement des avances du Trésor, au titre
de la garantie d'intérêt ; cette situation, qui rendrait inévitable une prorogation du délai de garantie, serait encore
aggravée par la nécessité qui s'imposerait d'ajouter de
nouvelles lignes au réseau, qui ferait certainement de la
Compagnie la débitrice insolvable de l'État, et qui achève-
rait de la désintéresser complètement d'une bonne exploitation. Il était donc avéré que le système de 1859 n'avait
pas l'élasticité voulue pour assurer, dans des conditions
acceptables, la continuation du développement normal du
réseau, et qu'il fallait s'arrêter à une autre combinaison.
Cette combinaison était, suivant l'orateur, celle de l'affermage, mais à l'exclusion de la Compagnie d'Orléans, dont

le domaine serait bien trop vaste et dont la gestion était entachée d'un vice originel, par suite de l'action prépondérante attribuée au capital-actions. Elle devait, d'ailleurs, être étudiée de manière à donner au public, au point de vue des tarifs, des garanties beaucoup plus sérieuses que celles qui résulteraient du projet de résolution présenté par M. Allain-Targé; à conférer à l'État un droit d'initiative et de révision périodique du cahier des charges; à donner à la tarification l'uniformité et la simplicité, impérieusement réclamées par les intéressés; à imiter, par exemple, le régime des chemins d'Alsace-Lorraine; à comporter une meilleure utilisation du matériel roulant; à ne plus aliéner pour soixante-quinze ans une partie importante du domaine national. On avait deux excellents modèles, celui que M. Sella avait fait adopter en Italie et qui transformait les Compagnies en de simples entrepreneurs de roulage, et celui que la Hollande avait mis en pratique. Le corollaire de l'affermage serait la construction complète par l'État, que la supériorité du crédit public sur celui des Compagnies suffisait amplement à justifier.

Il n'y avait pas lieu de s'arrêter à l'objection tirée de ce que l'État allait être conduit à se charger des lignes peu avantageuses : ce serait un premier pas vers le rachat général qui s'imposerait tôt ou tard, et tout d'abord pour les réseaux du Nord et de l'Est. Il ne fallait pas davantage s'effrayer de la concurrence des grandes Compagnies contre les sociétés fermières : l'administration serait armée pour soutenir ces sociétés et saurait les défendre.

Subsidiairement, M. Waddington déclarait que, si la Chambre reculait devant le rachat, il souscrirait à une réorganisation sérieuse de la Compagnie des Charentes, avec une garantie d'intérêt et la faculté d'ajouter ses insuffisances au compte de premier établissement.

M. Paul Bethmont vint, à son tour, condamner le projet
de convention. Sans méconnaître les résultats produits par
la combinaison de 1859, il en proclama, comme plusieurs des
orateurs qui l'avaient précédé à la tribune, l'inefficacité pour
l'avenir. La proposition du Gouvernement, en consommant
l'anéantissement des Compagnies secondaires, qui s'étaient
constituées par suite de l'inertie des grandes Compagnies
et sur la foi des assurances de l'État, lui paraissait de nature
à tuer, à jamais, l'initiative privée et à empêcher la création
de Compagnies nouvelles. Il recommandait, soit le rachat
général des chemins de fer, comme l'avait fait M. Lecesne,
soit le concours de l'État pour soutenir et relever les petites
Compagnies, seules capables de construire et d'exploiter
économiquement.

Nous l'avons vu, pas un membre de la Chambre n'avait
défendu le projet de loi. Le Ministre avait à faire connaître
si, dans cette situation, il retirait sa proposition ou si, au
contraire, il entendait la maintenir. M. Christophle se tira
très habilement de la difficulté. Il commença par affirmer
que sa conviction du début n'était pas changée, qu'elle s'était
même confirmée par l'étude attentive du passé et des nécessités de l'heure présente et par les contradictions qui s'é-
taient manifestées entre les adversaires du projet. Dès l'origine, la convention avait rencontré une majorité hostile au
sein de la Commission; mais, lorsqu'il avait fallu lui opposer une autre combinaison, on avait vu surgir les systèmes
les plus divers et la majorité primitive n'avait pu se maintenir; on avait vu le rapporteur, lui-même, obligé de venir
déclarer, au commencement de la discussion, qu'il retirait la
plus grande partie des conclusions de son rapport. Parmi
toutes les idées qui avaient été émises, celles que M. Allain-
Targé avait exprimées dans son amendement et qui, tout en
reproduisant la pensée essentielle du projet, c'est-à-dire la

concentration sous une direction unique de toutes les lignes dont il s'agissait d'opérer la fusion, stipulait certaines conditions et certaines garanties, étaient les seules auxquelles le Ministre pût se rallier. C'était donc, en définitive, en face de cet amendement que la Chambre était placée; c'était l'adoption de cet amendement que M. Christophle allait défendre.

La situation à laquelle il s'agissait de pourvoir était grave et douloureuse ; il importait, au point de vue financier et politique, d'y mettre un terme. On avait reproché au Ministre d'avoir traité trop largement les Compagnies secondaires ; mais la plus importante de ces Compagnies, celle des Charentes, était entre les mains d'hommes honorables ; elle avait été fondée dans le pays même, avec les capitaux de la région : n'était-il pas naturel de faire preuve de bienveillance à son égard? L'administration l'avait pensé et, tout en réglant l'indemnité à un chiffre notablement inférieur au montant de la demande, elle n'avait pas cru devoir s'en tenir au remboursement rigoureux des dépenses proprement dites de construction. Néanmoins, le Ministre était disposé à entrer dans les vues de M. Allain-Targé et à faire l'application pure et simple de l'article 12 de la loi du 23 mars 1874.

Mais il ne suffisait pas de racheter les réseaux secondaires, il était indispensable de savoir l'usage que l'on en ferait. L'administration avait, à cet effet, scruté soigneusement les causes qui avaient provoqué la ruine des Compagnies secondaires et, notamment, de celle des Charentes ; elle avait trouvé ces causes dans l'origine du réseau. La conception elle-même avait été, en effet, des plus malheureuses et il suffisait d'examiner attentivement la carte pour reconnaître que l'œuvre n'était pas viable, qu'elle manquait absolument d'éléments de trafic et, par suite, de recettes. Si la Compagnie des Charentes n'avait pas disparu plus tôt, c'est parce que. à la faveur de concessions nouvelles, elle avait pu maintenir ouvert son compte de premier établissement et y imputer les insuffisances des produits de son exploitation. Le projet de loi de 1874 n'était qu'un expédient temporaire, de nature à retarder la catastrophe ; mais son adoption n'eût eu d'autre effet que de laisser substituer une apparence de vie et de crédit, là où il n'y avait plus qu'une existence absolument précaire.

Les causes du désastre ainsi dégagées, le Ministre s'était demandé s'il y avait lieu de chercher à reconstituer une ou plusieurs Compagnies nouvelles dotées d'une garantie d'intérêt. Mais il avait reculé devant la concurrence, qui se serait fatalement produite entre ces Compagnies et celle d'Orléans, et devant les conséquences funestes qui en seraient résultées pour le Trésor. Il avait calculé que, à l'expiration de la période de garantie, la dette des Compagnies nouvelles ne s'élèverait pas à moins d'un milliard, chiffre absolument hors de proportion avec le gage de 50 à 60 millions fourni par le matériel roulant.

Il avait également étudié la combinaison consistant à consolider la situation des réseaux secondaires par des concessions nouvelles ; il l'avait repoussée comme la précédente, parce qu'elle aboutissait à la réouverture des comptes de premier établissement, et à un échec final inévitable.

Le système des Compagnies fermières ne pouvait pas non plus donner une solution satisfaisante. La Hollande, dont on ou avait si souvent invoqué l'exemple, n'avait point recouru de son plein gré à ce système ; elle ne l'avait appliqué que contrainte et forcée. Au lieu d'imiter la France, elle avait concédé, sans condition, ses lignes maîtresses à des Compagnies qui s'étaient, plus tard, refusées obstinément à toute concession nouvelle : l'État s'était ainsi trouvé dans l'obli-

gation absolue de construire son second réseau et de chercher des fermiers; l'expérience avait, d'ailleurs, fort peu
réussi, aussi bien pour le Gouvernement dont la rémunération était minime, que pour les Compagnies qui n'avaient
pu prospérer, malgré les facilités de l'exploitation en pays
plat, et qui avaient dû solliciter une révision de leurs traités.

Tous ces systèmes, procédant de l'idée de la concurrence,
avaient été successivement abandonnés par le Ministre, qui
était resté convaincu de la préférence à donner à l'unification des réseaux, au point de vue politique, au point de vue
financier, au point de vue commercial, au point de vue de la
facilité des communications, affranchies ainsi des transbordements et des soudures onéreuses de tarifs.

Il ne restait à choisir qu'entre le rachat par l'État ou
une application nouvelle du système de 1859. Le rachat
pouvait, au premier abord, avoir un aspect séduisant; mais
il devait, malheureusement, se traduire par une perte considérable pour le Trésor; car, indépendamment du paiement
d'une annuité équivalente au produit net des lignes concédées depuis plus de quinze ans, il comportait le paiement
des sommes dépensées pour la construction des autres chemins, généralement très peu productifs, et le remboursement du matériel roulant et des objets mobiliers : de ce
chef, la charge pour l'ensemble du réseau français serait
de 2 milliards et demi environ; en déduisant de cette
somme la créance de l'État, au titre de la garantie d'intérêt, il restait encore 2 milliards environ en capital, ou
une annuité de 130 millions, venant grever la nouvelle exploitation. D'autre part, devait-on espérer une compensation dans la plus-value annuelle des recettes? Cette progression se maintiendrait-elle, lorsque l'État, propriétaire des
chemins de fer, les exploiterait par lui-même ou par des
Compagnies fermières? L'État saurait-il défendre ses tarifs

comme les Compagnies? Pourrait-il, au moins, ajourner l'abaissement des taxes, jusqu'au moment où il aurait fait disparaître les impôts sur les transports? Il y avait, sur tous ces points, un aléa redoutable, qui enlevait à la mesure toute opportunité, surtout alors que l'on commençait agiter la question de la conversion.

Le Ministre avait été, par conséquent, amené rationnellement au système qu'il avait soumis à la sanction de la Chambre, c'est-à-dire à la fusion avec la Compagnie d'Orléans. Sa conviction profonde était que la combinaison de 1859 pouvait seule donner une solution sage et satisfaisante. On avait attaqué, à tort, cette combinaison, au point de vue des prétendus bénéfices qu'elle avait procurés aux actionnaires : il suffisait, pour s'en convaincre, de constater que, de 1859 à 1875, le dividende était tombé, pour l'Est de 38 fr. 75 à 33 fr., pour l'Ouest de 37 fr. 50 à 35 fr., pour le Paris-Lyon-Méditerranée de 63 fr. 50 à 55 fr. ; qu'il n'avait augmenté, pendant la même période, que de 0 fr. 50 pour le Nord ; et enfin, qu'il était resté stationnaire pour l'Orléans, de 1865 (époque du dédoublement des actions) à 1875. Sans doute, les Compagnies avaient pu réaliser quelques profits sur le taux de la garantie ; mais c'était là un côté accessoire de la question et il était, du reste, facile d'y remédier. On avait aussi critiqué très vivement la garantie d'intérêt, en raison des charges qu'elle imposait au Trésor et qui pesaient sur lui d'un poids excessif, précisément pendant les années difficiles ; la réponse à cette objection se trouvait dans les faits de 1870-1871 : grâce à leur propre crédit, les Compagnies avaient pu décharger l'État du paiement immédiat de ses avances et accepter des annuités, au lieu de réclamer le capital. On avait d'ailleurs le tort d'oublier, trop souvent, que la garantie d'intérêt n'était qu'un prêt remboursable avec intérêt à 4 %, et que

ce remboursement commencerait en 1882 et serait terminé
en 1892, si, comme il y avait tout lieu de le supposer, la plus-
value annuelle de 2 1/2 % sur les recettes se maintenait.
L'effet de la convention avec la Compagnie d'Orléans serait
naturellement de retarder un peu la restitution des avances
de l'État, d'en reporter l'origine à 1901 et la fin à 1914 ;
mais il ne pouvait en résulter d'inconvénient sérieux, étant
donné la solidité du gage formé par le matériel roulant.
Quant au déversoir, que l'on avait considéré comme chimérique, il n'avait pas fourni moins de 600 millions, prélevés
sur le revenu des actionnaires et consacrés au développement du réseau : c'est ainsi que la vallée de la Loire avait
fait les chemins de la Bretagne, que celle du Rhône avait
fait les chemins des Alpes, que celle de la Seine avait fait
les chemins de la Mayenne, de l'Orne et des autres départements moins favorisés, au grand profit des populations,
du commerce et de l'industrie. Les critiques adressées au
régime créé par les conventions de 1859 étaient donc injustes : il y avait eu dans ces conventions une pensée profonde et leurs auteurs avaient acquis des titres légitimes à
la reconnaissance publique.

Sans doute, il avait été commis des fautes de divers
ordres. Les Compagnies avaient, souvent, trop résisté pour
donner au pays les satisfactions auxquelles il avait droit,
soit au point de vue de la construction des chemins nouveaux, soit au point de vue de l'exploitation ; mais la faute
la plus grave avait été commise par le Gouvernement, qui
n'aurait jamais dû provoquer la loi de 1865 et qui aurait
fait preuve de beaucoup plus de clairvoyance, en faisant
poursuivre l'œuvre de construction du réseau par les grandes
Compagnies, sauf à leur allouer des subventions élevées
pour les chemins improductifs, et en conservant entre ses
mains la totalité de ces instruments de richesse nationale

3                                                    26

qui rentraient par leur nature dans sa sphère exclusive d'action. Il eût évité ainsi le trouble profond qu'avait engendré l'usage abusif de la législation sur les chemins de fer d'intérêt local ; il eût évité l'intervention regrettable à laquelle il avait été contraint, pour empêcher les départements de concéder des lignes en concurrence avec celles des grands réseaux ; il eût évité de se dessaisir de son droit supérieur de contrôle et de son autorité légitime sur une partie de nos voies ferrées.

Non seulement une nouvelle application du système de 1859 s'imposait d'elle-même ; mais elle devait permettre la continuation et l'achèvement normal du réseau, si on savait se maintenir dans de sages limites et ne pas tomber dans l'exagération. On pouvait évaluer à 38 000 kilomètres l'étendue totale que devait comporter le réseau national : sur ce chiffre, 31 000 étaient déjà exploités ou entrepris par les grandes Compagnies, les Compagnies secondaires d'intérêt général et les Compagnies d'intérêt local ; il ne restait donc que 7 000 kilomètres à entreprendre ; en forçant même cette longueur, en la portant à 12 000 ou 15 000 kilomètres, il n'y avait rien là qui fût au-dessus des forces des grandes Compagnies, pourvu qu'avant tout, les pouvoirs publics eussent liquidé le passé et mis un terme au désarroi dans lequel on se débattait.

Passant à la question des tarifs, le Ministre rappelait qu'il fallait distinguer le tarif maximum inscrit au cahier des charges ou tarif légal, le tarif général et les tarifs spéciaux.

Il n'y avait pas à insister sur le tarif légal, qui n'était plus appliqué. Le tarif général ne donnait lieu qu'à des plaintes peu nombreuses : il était, du reste, plus faible en France que dans les pays voisins. Quant aux tarifs spéciaux, on leur avait imputé les défauts les plus graves et M. Dietz-

Monnin s'était fait l'organe de ces griefs, dans un rapport à
l'Assemblée nationale ; mais ce rapport avait eu le tort d'être
le compte rendu d'une enquête, sans caractère contradic-
toire, et de contenir un certain nombre d'erreurs de faits ;
on ne s'était pas assez rappelé que les Compagnies n'avaient
cessé d'abaisser leurs taxes, que le tarif moyen des marchandises était descendu de 7 c. 65 à 6 c. pendant la période
de 1855 à 1876, que cette réduction avait procuré au commerce une économie de 130 millions. La prétendue complication du recueil Chaix n'était qu'apparente et n'existait
pas pour les intéressés, qui arrivaient bien vite à se reconnaître dans ce labyrinthe. L'unification, tant vantée comme
le but à atteindre, se traduirait par une diminution de 125
millions sur les recettes brutes, et de 70 à 72 millions sur les
recettes nettes annuelles et, du reste, l'exemple de l'Alsace-
Lorraine, que l'on avait indiqué comme topique, était loin
de l'être, puisque le régime introduit dans cette province
n'avait pu vivre que par l'adjonction regrettable de l'industrie du groupage. Les tarifs différentiels, dont l'on avait
tant médit, c'est-à-dire les tarifs à base décroissante au fur
et à mesure qu'augmentait la distance de transport, étaient
des tarifs rationnels, utiles, nécessaires ; ils permettaient
seuls la diffusion des produits à grande distance, seuls ils
pouvaient parer aux effets désastreux d'une mauvaise récolte.
Les tarifs de transit avaient aussi soulevé bien des colères,
et pourtant ils étaient indispensables à la grandeur du pays.
En définitive, les défectuosités des tarifs étaient de celles qui
pouvaient être corrigées ; il suffirait, pour cela, de la volonté
énergique de l'État.

M. Christophle donnait, à cette occasion, des développements sur les sources et l'étendue de son droit d'homologation. S'appuyant sur les termes de l'article 49 de l'ordonnance de 1846, il soutenait que ce droit impliquait, pour le

Ministre saisi d'une proposition de tarif, la faculté incontestable de modifier, d'office et de son autorité propre, le tarif proposé. Il ajoutait que, depuis longtemps déjà, les autorisations n'étaient plus données qu'à titre provisoire et qu'ainsi elles pouvaient toujours être retirées, en cas de réclamations légitimes et fondées. Fallait-il aller plus loin et conférer au Ministre le pouvoir de prendre lui-même l'initiative de ces révisions? Non, car c'eût été le renversement, la destruction des contrats. L'orateur citait un grand nombre de cas dans lesquels l'administration avait fait un usage ferme et sévère de son autorité en matière de tarifs. Il était prêt, néanmoins, à augmenter encore les garanties données au public, en souscrivant à la formation d'un comité consultatif des chemins de fer dans lequel le Parlement aurait un certain nombre de ses membres.

Sous le bénéfice de ces observations, le Ministre terminait son discours par une adhésion au projet de résolution de M. Allain-Targé.

A la séance suivante, M. Wilson répliqua à M. Christophle. Reconnaissant, comme son contradicteur, que l'application du système de 1859 ou le rachat par l'État étaient les seules solutions susceptibles d'être opposées l'une à l'autre, il se prononçait catégoriquement pour la seconde

Suivant l'orateur, l'opération du rachat général serait bien moins onéreuse que ne l'avait indiqué le Ministre, dont les calculs lui paraissaient entachés d'un certain nombre d'erreurs, à savoir : omission du produit net des chemins concédés depuis moins de quinze ans ; évaluation insuffisante de la dette des Compagnies, en capital et intérêts ; oubli de ce fait, que, si les réseaux des grandes Compagnies donnaient lieu à des insuffisances, ces insuffisances étaient purement apparentes et tenaient exclusivement au revenu excessif des actions et que, dès lors, le Trésor réaliserait un bénéfice équivalent à ses versements annuels au titre de la garantie d'intérêt. La charge propre résultant du rachat ne dépasserait pas 33 millions par an ; elle ne figurerait au budget que pour un petit nombre d'années, grâce à la progression constante des recettes.

L'opération deviendrait, d'ailleurs, d'autant plus lourde, que l'on tarderait davantage à la réaliser : chaque année, en effet, le domaine des Compagnies s'accroîtrait de lignes nouvelles, construites au moyen de capitaux empruntés au taux de 5,75 %, alors que, en retenant ces lignes, l'État pourrait les établir à l'aide de fonds empruntés à moins de 5 % ; d'un autre côté, les Compagnies ne manqueraient pas d'accroître artificiellement le montant de leur indemnité, en reportant sur les lignes concédées depuis plus de quinze ans, de manière à en forcer les recettes, le trafic légitimement acquis aux chemins concédés depuis moins de quinze ans.

On ne pouvait que regretter la faute commise en 1848, lors du rejet de la proposition de rachat présentée par la commission exécutive. La seule aliénation du chemin de Paris à Avignon, consentie en 1850, avait causé à l'État un préjudice énorme ; car la recette nette de ce chemin, qui était évaluée à 16 ou 17 millions seulement, lors de la concession, avait atteint 85 millions en 1874.

Le régime qui avait prévalu n'avait été qu'une suite de largesses et de libéralités au profit des grandes Compagnies : prolongation des concessions en 1852 ; garanties données contre toute concurrence ; augmentation excessive du dividende réservé, qui s'élevait, pour le Nord, à 10,22 %, et du dividende avant partage qui atteignait 17 % sur le même réseau ; avances de plus en plus considérables, au titre de la garantie d'intérêt ; ouverture de crédits pour travaux complémentaires, etc.

En traitant de la garantie d'intérêt, le Ministre avait, suivant l'orateur, avancé certaines assertions peu exactes, en faisant l'éloge du crédit propre des Compagnies et de la facilité avec laquelle elles avaient pu se prêter à l'allègement des charges du Trésor, pour les années 1870 et 1871 ; il avait perdu de vue que ces sociétés avaient reçu de la Banque de France ce qu'elles ne recevaient pas de l'État ; en affirmant que le remboursement serait consommé en 1892, il s'était certainement trompé ; car, même sans tenir compte des concessions de 1875, des calculs précis prouvaient qu'en 1890 la dette serait encore d'un milliard.

En attribuant au déversoir la paternité des lignes du second réseau, M. Christophle avait aussi cédé à une illusion : c'était, en définitive, le Trésor qui, par ses avances, avait permis la création de ce réseau.

Le système des conventions de 1859 ne pouvait assurer l'achèvement du réseau, parce que, en 1859, on avait donné aux grandes Compagnies tous les avantages du monopole sans leur en donner les charges, par ce qu'on avait notamment négligé de leur imposer les obligations indispensables pour le réseau complémentaire. Jamais on n'avait rien obtenu des grandes Compagnies, sans leur concéder des avantages nouveaux ; n'était-ce pas leur opiniâtreté qui avait engendré la loi de 1865 et la constitution des Compagnies secondaires d'intérêt général ?

Pour le réseau d'Orléans, en particulier, comment admettre que l'application des principes de 1859 fût de nature à fournir une solution satisfaisante ? Comment supposer que ce réseau pût absorber, outre les 2 527 kilomètres visés par le projet de loi, les 2 400 kilomètres appartenant à d'autres Compagnies secondaires, dont la liquidation s'imposerait fatalement, et tout ou partie des chemins réclamés par des amendements.

À propos des tarifs, tout en appuyant à la doctrine du Ministre, sur l'interprétation du droit d'homologation, il pensait que, si ce droit était absolu, entier, incontestable, il ne se traduisait que par une faculté d'approbation ou de refus d'approbation, mais sans substitution possible d'une taxe nouvelle à celle du projet de tarif présenté par la Compagnie. Il n'y avait pas, dans l'exercice de cette faculté, des garanties suffisantes pour l'intérêt public : et, cependant, la tarification présentait les abus les plus criants. En justifiant cette tarification, dans ses traits généraux, le Ministre n'avait pas envisagé tous les côtés de la question ; il avait, par exemple, oublié que, si les tarifs moyens, en France, étaient inférieurs aux tarifs moyens en Angleterre, cette infériorité devait résulter inévitablement de la supériorité de la distance moyenne de transport, et que, tout compte fait, en ayant égard à la différence des parcours et des délais de livraison, notre pays était bien en arrière de la Grande-Bretagne ; il avait oublié encore que, en Belgique, en Hollande, en Angleterre même, par suite de la concurrence des canaux, les voies ferrées transportaient bien moins de marchandises pondéreuses, et qu'il y avait encore, de ce chef, une cause de relèvement de la taxe moyenne. Après la faiblesse dont l'administration avait fait preuve à diverses époques, il n'y avait d'autre garantie sérieuse que celle d'une révision du cahier des charges.

Si la Chambre ne pouvait faire, ex abrupto, une loi sur le rachat général des chemins de fer, du moins elle avait le devoir de ne pas venir ajouter 2 500 kilomètres au réseau d'Orléans et, par conséquent, de racheter les réseaux secondaires pour le compte de l'État. Elle aviserait, ensuite, à l'exploitation par l'État ou par des Compagnies fermières, assujetties à l'autorité absolue du Gouvernement en matière de tarifs et astreintes à exploiter les lignes nouvelles de la région.

La discussion générale se termina par un discours de
M. Laroche-Joubert en faveur d'un large développement de
nos voies ferrées et de l'exploitation par l'État qui, seule,
pouvait se prêter à certains sacrifices au profit « de l'enri-
chissement national ».

Après quelques mots de M. de Gasté, qui réclamait le
maintien de la loi de 1865, mais seulement pour les chemins
à voie étroite ayant un caractère exclusif d'intérêt local, le
président de la Chambre fit connaître le texte des deux demandes de renvoi formulées, l'une par M. Allain-Targé, et
l'autre par MM. Bethmont, Lecesne, Richard Waddington
et Wilson. Nous avons déjà relaté la première. La seconde
était ainsi conçue :

« Les députés soussignés, considérant : 1° qu'en présence
« de la situation faite au commerce et à l'industrie par les
« tarifs de chemins de fer, il y a lieu de mettre, dès à pré-
« sent, à l'étude un projet de rachat général de toutes les
« voies ferrées de France ; 2° qu'en présence de la situation
« critique des lignes secondaires, il y a lieu d'opérer, dès
« maintenant, le rachat par l'État, sauf à lui à exploiter di-
« rectement ou par l'intermédiaire de Compagnies fer-
« mières ; 3° qu'en présence des réclamations légitimes du
« pays, demandant l'achèvement de notre réseau ferré, il y
« a lieu d'entreprendre la construction de ces lignes nou-
« velles, sans avoir recours aux procédés de concession,
« jusqu'ici employés en faveur des grandes Compagnies,
« Demandent le renvoi du projet à la Commission. »

Répondant à une question de M. Pascal Duprat, le Ministre déclara qu'il ne renonçait pas au principe de la convention, mais qu'il était prêt à étudier, de concert avec la
Commission, les améliorations à y apporter dans les vues
exprimées par l'amendement de M. Allain-Targé.

M. Bethmont et M. Gambetta combattirent ce dernier

amendement, comme entraînant la consolidation du monopole de la Compagnie d'Orléans. M. Allain-Targé, de son
côté, attaqua le projet de résolution de MM. Wilson, Bethmont, Lecesne et Richard Waddington, comme aboutissant
à un ajournement pur et simple.

La proposition de M. Wilson, allégée de son premier
considérant, fut ensuite repoussée par 235 voix contre 195 ;
il en fut de même d'une proposition de renvoi pur et simple,
introduite incidemment ; enfin, le projet de résolution de
M. Allain-Targé triompha par 231 voix contre 192 (22 mars
1877).

## 480. — Concession des chemins algériens de Duvivier à Souk-Arrhas et Sidi-el-Hemessi et de Guelma au Kroubs.

I. — PROJET DE LOI. — Le 11 janvier 1877, le gouverneur général de l'Algérie conclut, avec la Société de construction des Batignolles remplacée depuis par la Compagnie
de Bône à Guelma, une convention par laquelle cette Société obtenait, pour quatre-vingt-dix-neuf ans, la concession : 1° d'un chemin de Duvivier à Souk-Arrhas, avec prolongement sur Sidi-el-Hemessi; 2° d'un chemin de Guelma
à la ligne de Constantine à Sétif, aux abords du Kroubs.

De ces deux chemins, le premier était destiné à établir
une communication entre les vallées de la Seybouse et de la
Medjerdah, et à relier fortement la Tunisie à l'Algérie ; le
second était appelé à rattacher Constantine au port de
Bône.

Aux termes de la convention, le gouverneur général
garantissait à la Compagnie, pendant la durée de la concession, un revenu net de 6 %, sur un capital de premier
établissement fixé à forfait. Le montant de ce forfait était
arrêté, en nombre rond, à 21 000 000 fr., pour la ligne de

Duvivier à Souk-Arrhas (62 km.) ; à 4 000 000 fr., pour la
section de Guelma à Hammam-Meskoutine (20 km.); et à
19 000 000 fr., pour la section d'Hammam-Meskoutine aux
abords du Kroubs (95 km.). Il devait l'être ultérieurement,
d'accord entre les parties, pour la section de Souk-Arrhas
à Sidi-el-Hemessi.

Les frais d'exploitation étaient établis à forfait, d'après
le barême suivant :

Au-dessous de 11 000 fr. de recette brute..............    7 700 fr.
De 11 000 à 12 000 fr. de recette brute, 70 % sans excéder   8 040
De 12 000 à 13 000 fr. de recette brute, 67 % sans excéder   8 320
De 13 000 à 14 000 fr. de recette brute, 64 % sans excéder   8 540
De 14 000 à 15 000 fr. de recette brute, 61 % sans excéder   8 700
De 15 000 à 16 000 fr. de recette brute, 58 % sans excéder   8 800
De 16 000 à 20 000 fr. de recette brute, 55 % sans excéder 10 400
Au-dessus de 20 000 fr. de recette brute, 52 %.

Les sommes versées par l'État, pour former le revenu
annuel de 6 %, constituaient des avances sans intérêts et
devaient être remboursées, au moyen de la portion des
recettes qui excéderait 8 %; la moitié de la différence
entre 6 et 8 % était affectée à la création d'un fonds de
réserve, jusqu'à concurrence de 10 millions.

Il intervint, le 8 mars 1877, une convention additionnelle qui, prenant acte de la substitution de la Compagnie
de Bône à Guelma à celle des chemins de fer de la Medjerdah, étendait, à ce dernier chemin, les tipulatio ns
financières ci-dessus relatées et fixait à 10 122 fr., par kilomètre exploité, le revenu net annuel garanti, sans que le
nombre de kilomètres jouissant de cette garantie pût être
supérieur à 220.

La Compagnie de Bône-Guelma ne pouvait, sans l'autorisation du Gouvernement, céder ladite garantie qui devait,

d'ailleurs, prendre fin, en cas de rachat de la ligne de la Medjerdah.

Le cahier des charges annexé à ces conventions prévoyait deux classes de voyageurs, taxées à 0 fr. 12 et 0 fr. 08, et trois classes de marchandises, taxées à 0 fr. 24, 0 fr. 20 et 0 fr. 13. Il présentait la plus grande similitude avec les cahiers des charges antérieurs relatifs au réseau algérien.

Le 12 mars 1877, le Ministre des travaux publics déposa, sur le bureau de la Chambre des députés, un projet de loi [J. O., 22 mars 1877], portant ratification des deux conventions et incorporation du chemin d'intérêt local de Bône à Guelma dans le réseau d'intérêt général, conformément aux dispositions du décret du 7 mai 1874, qui avait approuvé la concession de ce chemin (1). Le capital-actions

(1) Depuis le décret du 7 mai 1874, deux conventions additionnelles (non insérées au *Bulletin des lois*) avaient été signées entre le préfet de Constantine, agissant tant au nom du département qu'au nom des communes de Bône et de Guelma, et la Compagnie du chemin de fer de Bône à Guelma.

Aux termes de la première de ces conventions (10 mars 1875), le capital d'établissement, fixé primitivement au chiffre forfaitaire de 11 500 000 fr. était porté à 12 000 000 fr. et garanti concurremment par le département et les deux communes de Bône et de Guelma. Cette augmentation était consentie, à charge par la Compagnie de modifier les conditions d'établissement de la ligne, au double point de vue du maximum des déclivités et du minimum de rayon des courbes.

La seconde convention, en date du 26 octobre 1876, modifiait l'article 4 de la convention primitive du 13 septembre 1872 et, aux dépenses réelles de l'exploitation, substituait, pour le règlement du compte de la garantie, des allocations kilométriques fixées à forfait conformément au barème suivant :

| | |
|---|---|
| Au-dessous de 11 000 fr. de recette brute............................ | 7 000 fr. fixe. |
| De 11 000 à 12 000 fr. de recette brute, 64 % de cette recette, sans excéder.. | 7 440 |
| De 12 000 à 13 000 fr. de recette brute, 62 % de cette recette, sans excéder.. | 7 800 |
| De 13 000 à 14 000 fr. de recette brute, 60 % de cette recette, sans excéder.. | 8 120 |
| De 14 000 à 15 000 fr. de recette brute, 58 % de cette recette, sans excéder.. | 8 400 |
| De 15 000 à 16 000 fr. de recette brute, 56 % de cette recette, sans excéder.. | 8 640 |
| De 16 000 à 20 000 fr. de recette brute, 55 % de cette recette, sans excéder.. | 10 400 |
| Au delà de 20 000 fr. de recette brute, 52 %.. | |

La même convention ajoutait que la Compagnie ne pourrait être tenue d'établir dans chaque direction un service journalier de plus de deux trains de voyageurs, qu'au cas où les trains existants produiraient une recette brute de 10 fr. par kilomètre.

de la Compagnie de Bône à Guelma devait être élevé de 12 millions à 30 millions ; les émissions d'obligations étaient subordonnées à des autorisations données par le Ministre des travaux publics, après avis du Ministre des finances et sur la proposition du gouverneur général civil de l'Algérie ; elles ne pouvaient dépasser le double du capital-actions et ne devaient avoir lieu qu'après le versement des deux tiers du capital-actions. Il était stipulé que les sommes à en provenir seraient employées en bons du Trésor, à cinq ans d'échéance, et que ces bons seraient déposés à la caisse des dépôts et consignations, pour n'être remis à la Compagnie que sur autorisation du Ministre des travaux publics et du Ministre des finances, après certaines modifications déterminées.

Dans son exposé des motifs, le Ministre exprimait l'espoir que la garantie serait plus nominale qu'effective ; il s'attachait à motiver particulièrement l'extension de cette garantie aux chemins de la Medjerdah, par la solidarité de ces chemins avec ceux de la colonie.

II. — RAPPORT ET VOTE A LA CHAMBRE DES DÉPUTÉS. — M. Sadi Carnot présenta, le 17 mars 1877, sur ce projet de loi, un rapport absolument favorable [J. O., 26 mars 1877]. Suivant l'honorable rapporteur, le taux de la garantie se justifiait par les précédents ; il y avait, du reste, tout lieu d'espérer que la ligne de Bône à Guelma donnerait un trafic rémunérateur et déverserait sur les autres sections ; elle était, en effet, comparable à celle de Philippeville à Constantine, qui rendait déjà plus de 15 000 fr. net, par kilomètre et par an. La clause admise par le Gouvernement, au profit des chemins de la Medjerdah, était la reproduction d'une disposition analogue adoptée en 1874 pour un chemin secondaire aboutissant au réseau du Midi. M. Carnot donnait son entière adhésion au système de l'évaluation forfai-

laire, pour les dépenses de construction et les frais
d'exploitation des nouveaux chemins ; il y voyait l'avantage
d'éviter les difficultés d'un contrôle permanent, presque
irréalisable en Algérie ; il louait, également, la disposition
concernant l'affectation d'une part des bénéfices à un fonds
de réserve, de manière à parer ultérieurement aux éventualités de l'exploitation et à préparer le renouvellement
des voies ainsi que l'extension des gares. Il concluait à la
ratification du projet de loi, mais en modifiant la convention,
d'accord avec la Compagnie, pour stipuler : 1° que les
avances du Trésor, au titre de la garantie d'intérêt, porte-
raient intérêt à 4 %.; 2° que, après leur remboursement
intégral, la moitié de l'excédent du produit net au-dessus
de 8 % serait attribuée à l'État.

La Chambre des députés déclara l'urgence et vota
sans débat, le 19 mars, les conclusions de la Commission
[J. O., 20 mars 1877].

III. — RAPPORT ET VOTE AU SÉNAT. — Transmis au Sénat
le même jour, le projet de loi fit, le 24 mars, l'objet d'un
rapport favorable de M. l'amiral baron de la Roncière Le
Noury [J. O., 18 mai 1877] et reçut, à la même date, la
consécration du Sénat, malgré les efforts de M. Labiche
(Émile) pour combattre l'urgence, en raison de la gravité des
questions soulevées par le projet de loi : chiffre élevé de la
dépense, taux excessif de la garantie, système du forfait pour
l'estimation des frais de construction, incertitude sur la longueur et le prix de revient de la section de Souk-Arrhas à Sidi-
el-Hemessi, allocation de la garantie à une ligne tunisienne
probablement peu productive [J. O., 25 mars 1877].

La loi fut rendue exécutoire le 26 mars 1877 [B. L.,
1er sem. 1877, n° 345, p. 585 et 1er sem. 1879. n° 435, p. 432].

La section de Duvivier à Souk-Arrhas fut ouverte en 1881 et la ligne de Guelma au Kroubs, en 1878-1879.

481. — **Séquestre du réseau de la Vendée.** — Les chemins de la Vendée furent mis sous séquestre, par décret du 9 juin [B. L., 1ᵉʳ sem. 1877, n° 343, p. 526]; le Ministre dut solliciter un crédit de 750 000 fr., sur les fonds de l'exercice 1877, pour pourvoir à leur exploitation ainsi qu'à la continuation des travaux de la ligne de Tours à Montluçon.

482. — **Déchéance de la Compagnie d'Épinac à Velars.** — La Compagnie concessionnaire du chemin d'Épinac à Velars n'ayant pu tenir ses engagements, sa déchéance fut prononcée, par arrêté ministériel du 9 juin.

483. — **Concession d'un chemin colonial à l'île de la Réunion.** — Nous mentionnons, pour mémoire, la loi du 23 juin [B. L., 2ᵉ sem. 1877, n° 352, p. 357], concédant à MM. Lavalley et Pallu de la Barrière un chemin de fer de la pointe des Galets à Saint-Benoît (132 km.) dans l'île de la Réunion, pour relier le port de la pointe des Galets à l'intérieur des terres. Ce chemin fut livré à l'exploitation en 1882.

484. — **Concession du chemin industriel d'Allevard au Cheylas.** — Un décret du 24 juillet 1877 [B. L., 2ᵉ sem. 1877, n° 357, p. 549] concéda aux sieurs Charrière et Cⁱᵉ un chemin industriel, destiné à relier les forges d'Allevard à la station du Cheylas, sur la ligne de Grenoble à Montmélian (3 km.). Ce chemin était provisoirement affecté au service exclusif des forges; la durée de la concession était égale au temps restant à courir sur la concession du réseau de Paris-Lyon-Méditerranée. Les tarifs étaient de

0 fr. 10, 0 fr. 075 et 0 fr. 055, pour les voyageurs, et de
0 fr. 20, 0 fr. 18, 0 fr. 16 et 0 fr. 14, pour les marchandises.
L'ouverture à l'exploitation eut lieu en 1880.

485. — **Concession du chemin de Fréjus aux mines de
Reyran et des Vaux.** — Un autre décret, du 25 septembre
1877 [B. L., 2ᵉ sem. 1877, nᵒ 365, p. 877], concéda à la
Compagnie du chemin de fer et du bassin houiller du Var
une ligne destinée à relier à la station de Fréjus les mines
de Reyran et celle des Vaux (17 km.). Le tarif était celui
des chemins d'intérêt général.

486. — **Déclaration d'utilité publique du raccordement
entre la ligne de Paris à Vincennes et le chemin de ceinture intérieur de Paris.** — Le raccordement à exécuter par
la Compagnie de l'Est, entre la ligne de Paris à Vincennes
et le chemin de fer de ceinture intérieur de Paris, fut déclaré d'utilité publique par décret du 11 décembre 1877
[B. L., 1ʳᵉ sem. 1878, nᵒ 380, p. 287].

487. — **Projet de convention avec la Compagnie du
Nord.**

I. — Projet de loi. — L'Assemblée nationale avait,
nous l'avons vu, éliminé, de concert avec le Ministre des
travaux publics, de la convention conclue en 1875 avec la
Compagnie du Nord, les lignes de Lens à Don et à Armentières et de Valenciennes au Cateau, afin de réserver la
question jusqu'au jour où le conseil général du Nord se
serait prononcé sur le traité de rétrocession à cette Compagnie du réseau de Lille à Valenciennes.

Les difficultés qui existaient, à cet égard, ayant été levées
en janvier 1876, par l'adhésion de l'Assemblée départe-

mentale au principe de la rétrocession précitée, le Ministre
conclut avec la Compagnie du Nord et soumit, le 11 août, à
la Chambre des députés, une convention [J. O., 9 novembre
1876] dont les principales dispositions étaient les suivantes.

La Compagnie du Nord obtenait la concession des chemins de Lens à Don et Armentières (33 km., 8 250 000 fr.)
et de Valenciennes°au Cateau (33 km., 9 250 000 fr.); la
ligne d'intérêt local d'Ermont à Méry-sur-Oise (15 km.),
qui lui avait été concédée par le département de Seine-et-
Oise, était incorporée à son réseau d'intérêt général, sous
réserve de l'adhésion du conseil général de ce département.

Ces trois chemins étaient rattachés au nouveau réseau,
en raison des communications qu'ils devaient établir et des
intérêts qu'ils étaient appelés à desservir ; le maximum du
capital garanti était, en conséquence, porté de 223 500 000 fr.
à 246 000 000 fr. Le revenu réservé avant déversement était
augmenté de la différence entre la charge effective des emprunts et l'annuité garantie par l'État, l'intérêt et l'amortissement des obligations à émettre étant provisoirement
fixés à 5,75 %. Le revenu net attribué à la Compagnie,
avant partage des bénéfices, était de 6 1/2 %.

Le projet de loi prévoyait, d'ailleurs, l'imputation au
budget des travaux publics, jusqu'à concurrence d'une somme
d'un million, de la dépense afférente aux travaux défensifs
nécessités par l'établissement de la ligne de Valenciennes
au Cateau, sauf déduction de la somme à fournir, à titre
de concours, par le département du Nord.

II. — RAPPORT A LA CHAMBRE DES DÉPUTÉS. — Le rapport
à la Chambre des députés fut présenté par M. Louis Legrand,
le 19 mars 1877 [J. O., 7 mai 1877].

Ainsi que l'indique ce rapport, la Commission avait reçu
un amendement de M. Wilson, tendant à la construction

complète par l'État des deux chemins de Lens à Don et de
Don à Armentières et de six autres lignes : d'Hazebrouck à
Templeuve ; d'Artres à Denain : de Lourches au chemin
d'Artres à Denain ; de Maubeuge à Solre-le-Château, par
Sars-Poteries ; de Carvin à Orchies ; d'Armentières à Tourcoing et de Denain à Saint-Amand. Mais elle avait repoussé
cet amendement, pour les raisons suivantes. Il lui avait paru,
tout d'abord, fâcheux de grever le budget d'une charge considérable, alors que la Compagnie du Nord consentait à
exécuter les lignes de Lens à Don et de Don à Armentières,
sans subvention. Cette mesure lui avait paru d'autant plus
inopportune que, à l'inverse de la Compagnie d'Orléans, la
Compagnie du Nord avait un réseau relativement peu développé ; qu'elle ne recourait pas à la garantie d'intérêt ;
qu'elle était déjà soumise à la concurrence de la navigation
intérieure ; que la disparition des Compagnies secondaires
rendait impossible toute organisation sérieuse de concurrence par voie ferrée ; et enfin, que les chemins nouveaux,
réclamés par M. Wilson, n'avaient pas encore donné lieu à
une instruction complète et ne pouvaient être introduits
dans la loi, sans imposer un retard regrettable aux chemins, si vivement attendus, de Lens à Don et à Armentières.
D'ailleurs, la région du Nord allait bientôt obtenir le réseau
complémentaire qu'elle désirait : un accord s'était, en effet,
établi entre le Ministre des travaux publics et le département du Nord, qui avait offert 40 000 fr. par kilomètre.

La Commission recommandait à la bienveillante attention du Gouvernement deux lignes, du Cateau à Saint-Erme
et d'Arras à Laon, qui avaient fait l'objet d'amendements
émanant, pour la première, des députés de l'Aisne et, pour
la seconde, de M. Deusy.

Elle adoptait le projet de convention et le projet de loi,
mais en réduisant, d'accord avec la Compagnie du Nord, de

3                                                          27

huit ans à quatre ans, le délai d'exécution ; à titre de compensation de cette abréviation, les intérêts à 5 %, pendant deux ans, des dépenses de premier établissement étaient ajoutés au capital garanti, dont le maximum était ainsi porté à 247 925 000 fr. ; le bénéfice net réservé avant partage, sur les nouvelles lignes, était réduit de 6 1/2 % à 6 %.

Examinant les protestations du département du Nord contre le concours qu'il s'agissait de lui réclamer pour l'exécution des ouvrages défensifs, elle maintenait le principe de ce concours, mais en stipulant que la Compagnie du Nord y subviendrait pour une part, comme substituée à la Compagnie de Lille à Valenciennes, qui avait même consenti autrefois à prendre à sa charge la totalité de la somme d'un million réclamée par le Ministre de la guerre.

Elle adhérait pleinement au classement du chemin d'intérêt local d'Ermont à Valmondois dans le réseau d'intérêt général, de manière à faire disparaître la clause aux termes de laquelle ce chemin, quoique constituant un raccourci notable sur certaines lignes du Nord, était interdit au transit.

III. — Discussion a la chambre des députés. — L'affaire donna lieu les 17 mai, 22 et 23 juin 1877 [J. O., 18 mai, 23 et 24 juin 1877], à un débat très ardent, où se reflétaient toutes les colères de la majorité républicaine contre le ministère du 16 mai.

M. Paris, Ministre des travaux publics, défendit le projet de loi, en faisant connaître que la Compagnie du Nord venait d'accepter la réduction, de 6 1/2 à 6 %, du revenu réservé avant partage ; il proposa, toutefois, de supprimer la disposition relative aux voies et moyens d'exécution du fort d'arrêt, que le génie militaire jugeait indispensable, et d'ajourner la question, qui ferait l'objet d'un examen ultérieur.

Il combatit la contre-proposition de M. Wilson, comme préjudiciable aux intérêts du Trésor sur lesquels l'amendement ferait peser une charge considérable.

M. Wilson insista sur l'impossibilité d'engager ainsi de nouvelles concessions, au profit de la Compagnie du Nord, sans examiner simultanément les traités de fusion conclus entre cette Compagnie et les Compagnies secondaires.

M. Louis Legrand répondit à M. Wilson, en demandant instamment le vote d'une loi tenue en suspens si longtemps; il développa, devant la Chambre, la plupart des arguments qu'il avait déjà produits dans son rapport; il y ajouta que la discussion des traités de fusion trouverait naturellement sa place, lors de l'examen de la convention à intervenir pour les lignes nouvelles, réclamées dans la région du Nord.

Finalement, l'ajournement fut décidé.

488. — **Proposition, à la Chambre des députés, de MM. Germain Casse et autres, sur les rapports entre les Compagnies et leurs mécaniciens et chauffeurs.** — Le 23 mars 1876, M. Germain Casse et sept de ses collègues déposèrent, sur le bureau de la Chambre des députés, une proposition qui reproduisait exactement celle du 3 août 1874, de MM. Cazot et autres, sur les rapports des Compagnies avec leurs mécaniciens et chauffeurs [J. O., 6 avril 1877].

M. Andrieux présenta, le 22 juillet 1876 [J. O., 15 août 1876], un rapport sur cette proposition, au nom de la Commission d'initiative, à laquelle elle avait été renvoyée. Après avoir rappelé les précédents de la question, il énuméra les objections nombreuses, auxquelles les dispositions indiquées par M. Germain Casse et ses collègues pouvaient donner lieu : situation privilégiée faite aux mécaniciens et aux

chauffeurs, relativement aux autres agents commissionnés
des chemins de fer ; atteinte portée à l'autorité des Compagnies et, par contre-coup, à la sécurité et à la régularité
de l'exploitation ; opposition avec les principes en vigueur,
sur le contrat de louage à durée indéterminée ; difficulté
de définir avec précision les motifs légitimes de congé ; in-
compétence des conseils de prud'hommes et, en particulier,
de leur section des métaux, pour connaître des contestations de la nature de celles qui pouvaient naître entre les
Compagnies et les mécaniciens ; altération d'une juridiction
instituée pour juger des justiciables représentés dans son
sein ; extension de ses pouvoirs à des localités souvent fort
éloignées ; inconvénient de faire une réglementation spéciale, pour certaines catégories de citoyens, alors que se
posait la question de la réforme judiciaire. Néanmoins,
M. Andrieux reconnaissait que la situation des mécaniciens
et des chauffeurs était particulièrement intéressante, et concluait, à ce point de vue, à la prise en considération de la
proposition.

La Chambre des députés ratifia sans débat cette conclusion, le 11 janvier 1877 [J. O., 12 janvier 1877] ; mais la dissolution de l'Assemblée empêcha l'affaire d'aboutir.

**489. — Proposition relative à l'abrogation de la loi du
31 décembre 1875 (réseau de l'Ouest), en ce qui concernait le chemin parlementaire de Versailles. —** La loi du
31 décembre 1875, portant concession de divers chemins
de fer à la Compagnie de l'Ouest, comprenait un chemin dit
parlementaire, desservant le palais de Versailles et empruntant certaines rues de la ville.

La municipalité de Versailles n'avait cessé de faire
une opposition très vive à l'exécution de cet embranchement.

Le 18 novembre 1876, M. Rameau, maire et député, déposa sur le bureau de la Chambre une proposition tendant à rapporter celles des dispositions de la loi du 31 décembre 1875 qui avaient trait à ladite ligne [J. O., 1, 2, 4 et 5 décembre 1876]. Pour motiver cette proposition, il faisait un long historique de l'affaire ; il montrait les irrégularités de l'instruction administrative et parlementaire à laquelle elle avait donné lieu ; il rappelait les conflits qu'elle avait provoqués et les décisions judiciaires qui étaient intervenues ; enfin, il faisait valoir que la ville avait obtenu l'établissement de tramways remplissant le but voulu et rendant absolument inutile le chemin d'intérêt général voté, en 1875, par l'Assemblée nationale.

Par un rapport du 29 janvier 1877 [J. O., 3 février 1877], M. Albert Joly conclut à prendre la proposition en considération, eu égard à l'émotion que la loi du 31 décembre 1875 avait causée dans la ville de Versailles et aux conditions dans lesquelles elle avait été votée, sans rapport préalable et contrairement à l'avis du président de la Commission. Cette conclusion fut adoptée sans discussion, le 5 février [J. O., 6 février 1877].

L'affaire ne reçut pas d'autre suite.

400. — **Proposition de M. Adam au Sénat, pour l'abrogation de la loi de 1865, sur les chemins d'intérêt local.**

I. — PROPOSITION. — M. Adam, sénateur de Seine-et-Marne, préoccupé des entraves qui avaient été apportées à l'exécution de la loi de 1865 sur les chemins de fer d'intérêt local ; des difficultés auxquelles avait donné lieu l'interprétation de la loi du 10 août 1871, au point de vue de l'étendue des pouvoirs des conseils généraux ; enfin des obstacles nés, à diverses reprises, de l'intervention du Ministre

de la guerre, déposa, le 26 juin 1876, un projet de loi [J. O.,
6 juillet 1876] aux termes duquel :

1° La déclaration d'utilité publique des chemins départementaux de moins de 20 kilomètres de longueur devait
nécessairement intervenir, sans avis du Conseil d'État, dans
un délai de deux mois, à compter du jour de clôture de la
session, dans le cours de laquelle le conseil général aurait
statué définitivement. L'intervention du pouvoir central était
même supprimée, lorsqu'il n'y avait pas d'expropriation à
réaliser ;

2° L'autorisation et la déclaration d'utilité publique des
chemins de plus de 20 kilomètres étaient déférées au pouvoir
législatif; le projet de loi devait être présenté dans un délai
de six mois, à compter de la date précitée ;

3° Les chemins de moins de 20 kilomètres, situés en
dehors de la zone des forts, ne pouvaient être l'objet d'aucune opposition du Ministre de la guerre;

4° La loi de 1865 était abrogée.

II. — RAPPORT AU SÉNAT. — Cette proposition, ayant été
prise en considération, fit l'objet d'un rapport de M. Vétillart,
en date du 9 février [J. O., 23 février 1877]. Après avoir
retracé l'historique des règles qui avaient régi les déclarations d'utilité publique, ainsi que des origines de la loi de
1865, M. Vétillart rappela les hésitations premières des départements, pour l'application de cette dernière loi; puis les
entraînements auxquels les conseils généraux avaient cédé,
sous l'influence de spéculateurs cherchant à battre monnaie
à l'aide des concessions et à constituer de grandes lignes
faisant concurrence aux chemins d'intérêt général; les résistances du Gouvernement à ces entraînements, susceptibles
de compromettre les intérêts des grands réseaux et ceux
de l'État; les conflits qui étaient nés de ces résistances et

l'irritation qui en était résultée. Puis, examinant les divers articles de la proposition de M. Adam, il repoussait l'abrogation de la loi de 1865, qui constituait le code des chemins de fer d'intérêt local et qui, d'ailleurs, avait rendu de réels services, tant par elle-même que par la force qu'elle avait mise entre les mains de l'administration, pour faire accepter, par les grandes Compagnies, la concession d'un certain nombre de chemins de fer. Il repoussait, également, les dispositions, par lesquelles M. Adam voulait soustraire à la discussion du Conseil d'État toute une catégorie de chemins de fer d'intérêt local et priver ainsi les départements eux-mêmes d'une garantie tutélaire. Il concluait au rejet de la clause qui tendait à restreindre le contrôle de l'autorité militaire, et de celle qui fixait certains délais, souvent incompatibles avec les nécessités de l'instruction. Il s'élevait contre l'attribution d'un pouvoir absolu et définitif aux conseils généraux, pour certaines concessions ; à cette occasion, il rappelait que, lors de la discussion de la loi du 10 août 1871 sur les conseils généraux, M. Waddington, rapporteur, et M. de Montgolfier avaient échangé des observations, mettant nettement en lumière l'intention du législateur de ne rien changer aux règles édictées par la loi de 1865, en matière de concessions de chemins d'intérêt local. Il ne retenait, de la proposition de M. Adam, que le principe de l'intervention du pouvoir législatif, pour les chemins de plus de 20 kilomètres ou les chemins d'une longueur moindre, sortant des limites d'un même département, les autres lignes pouvant être déclarées d'utilité publique par un décret rendu dans la forme des règlements d'administration publique. Il exprimait, d'ailleurs, l'avis qu'il y avait lieu, non pas de faire une loi distincte, mais de tenir compte des études de la Commission dont il avait été l'organe, dans l'examen du projet de loi plus général, voté par la Chambre des députés, sur les grands travaux publics, dans sa séance du 16 janvier 1877.

III. — DISCUSSION AU SÉNAT. — Lorsque la délibération s'ouvrit en séance publique, le 23 février 1877 [J. O., 24 février 1877], M. Adam prononça un long discours, dans lequel il développa sa proposition et s'efforça de la justifier. Nous croyons inutile d'analyser ce discours, l'orateur s'étant finalement désisté, après une réponse de M. Vétillart.

491. — **Interpellation de M. Lafond de Saint-Mur au Sénat, sur les dangers résultant de l'isolement des voyageurs.** — Le 27 février 1877, M. Lafond de Saint-Mur, sénateur, interpella le Ministre des travaux publics, sur les dangers résultant de l'isolement des voyageurs [J. O., 28 février 1877]; il rappela les attentats favorisés par cet isolement et les accidents qui auraient pu être conjurés, si des communications avaient existé entre les différents compartiments. La seule mesure efficace prise, jusqu'à ce jour, consistait dans l'institution de compartiments réservés aux dames seules. Il fallait absolument arracher les Compagnies à leur inertie, leur imposer, par exemple, l'emploi progressif du matériel américain ou le remplacement partiel des cloisons par des vitrages susceptibles d'être masqués par de l'étoffe, au gré des voyageurs, mais faciles à rabattre ou à briser.

M. Christophle combattit la proposition de M. Lafond de Saint-Mur, en faisant remarquer, d'une part, que le matériel américain n'était pas conforme aux tendances d'isolement des voyageurs français et, d'autre part, que les vitrages placés au-dessus des sièges créeraient eux-mêmes une source de danger sérieux au moindre choc. Il rappela les études nombreuses et successives auxquelles la question avait

donné lieu, les expériences faites sur l'appareil Prudhomme,
sur la corde anglaise, sur les regards fermés par des glaces
et adaptés aux cloisons des compartiments, sur les mar-
chepieds établis le long des trains, sur le système acous-
tique ; il affirma que les recherches et les études con-.
tinuaient.

L'incident fut clos par un ordre du jour pur et simple.

492. — Question au sujet des traités passés entre la
Compagnie du Nord et les Compagnies secondaires de la
région. — Le 12 mars [J. O., 13 mars 1877], M. Wilson
posa au Ministre des travaux publics une question sur les
traités de fusion conclus entre la Compagnie du Nord et les
Compagnies secondaires de la région. Dans les développements qu'il fournit à la Chambre, à l'appui de sa question, il
rappela l'origine des petites Compagnies du Nord-Est, de
Lille à Valenciennes et de Lille à Béthune, nées des résistances de la Compagnie du Nord à doter le pays des voies
ferrées qui lui étaient indispensables ; les traités conclus, pour
la cession de l'exploitation des réseaux secondaires, au
profit de la Compagnie du Nord, par le groupe financier
qui était devenu propriétaire de ces réseaux ; l'adhésion du
conseil général du département du Nord à ces traités et
l'autorisation provisoire donnée par décret du 20 mai 1876.
Invoquant ce qui s'était passé, depuis une année, l'orateur
exprimait la crainte que, pour retarder le partage des bénéfices, la Compagnie du Nord reportât, sur les petits
réseaux, une partie du trafic des lignes principales et que,
par suite, les intérêts de l'État fussent compromis. Il formula le regret que des mesures de précaution n'eussent pas
été prises à cet égard, comme dans d'autres cas analogues.
Il allégua, d'ailleurs, que les intérêts légitimes des créanciers, des obligataires des Compagnies secondaires, avaient

-été sacrifiés au profit de banquiers et de spéculateurs, entre
les mains desquels se trouvait l'administration de ces Compagnies, et que ces financiers s'étaient, notamment, fait remettre 7 500 000 fr., comme prix du matériel roulant, et
. avaient obtenu de la Compagnie du Nord un escompte de
.2 500 000 fr. sur leurs obligations. Le Gouvernement n'avait
pu remplir le rôle de protection qui lui était dévolu, vis-à-vis
des obligataires, et, pour remédier au mal, il importait que
la Chambre fût saisie des traités par le Ministre et mise
ainsi à même de les discuter.

M. Christophle répondit à M. Wilson. Après un court
historique des phases, par lesquelles étaient passés les réseaux secondaires de la région du Nord, et un exposé sommaire des causes de leurs embarras, il discuta les questions
de procédure et de compétence soulevées par les traités
-conclus entre les concessionnaires de ces réseaux et la Compagnie du Nord. Suivant le Ministre, la doctrine était la
-suivante. Toutes les fois qu'une Compagnie, ayant une solidarité d'intérêts financiers avec l'État, voulait adjoindre
des lignes nouvelles à son réseau, soit par voie de rétrocession, soit par voie de simple traité d'exploitation, elle devait
être pourvue d'une autorisation; il appartenait exclusivement au pouvoir législatif de délivrer cette autorisation, en
cas de cession proprement dite ; mais, lorsqu'il s'agissait d'un
.simple traité d'exploitation, quand la Compagnie cédante
continuait à vivre et conservait, après le contrat, sa responsabilité vis-à-vis de l'État, un décret et même une décision
ministérielle devaient suffire. M. Christophle donna ensuite
des indications circonstanciées sur les précautions prises,
non seulement pour sauvegarder, mais encore pour améliorer la situation des obligataires; il fit ressortir les avantages dont les traités devaient faire bénéficier le Trésor,
comme les départements du Nord, de l'Aisne et du Pas-de-

Calais, en les déchargeant de la garantie d'intérêt consentie au profit de la Compagnie du Nord-Est; il soutint que les craintes de M. Wilson, relativement aux détournements du trafic du réseau du Nord, ne pouvaient subsister devant la vérification étroite à laquelle seraient soumis les comptes de la Compagnie. Il termina, en annonçant son intention de ne pas se dérober au contrôle du Parlement et, par suite, de déférer les traités à la Chambre, lorsque l'occasion se présenterait de lui soumettre une nouvelle convention avec la Compagnie du Nord.

Après un échange d'observations nouvelles entre MM. Wilson et Christophle, l'incident fut clos.

493. — **Proposition tendant à la constitution d'un conseil supérieur des chemins de fer.** — MM. Lebaudy, Lecesne, députés, et quatre de leurs collègues, désirant fortifier le contrôle des grandes Compagnies et placer à côté d'elles une autorité, qui empruntât aux grands corps de l'État leur influence et qui montrât le pouvoir législatif prêt à intervenir dès que l'intérêt public l'exigerait, présentèrent, le 12 mars 1877 [J. O., 13 mars 1877], une proposition tendant à l'institution, près des Ministres des travaux publics, des finances et de l'agriculture et du commerce, d'un conseil composé de vingt-cinq membres, dont cinq sénateurs, cinq députés et dix représentants, au moins, des chambres de commerce. Les membres du Sénat et de la Chambre des députés devaient être désignés par ces assemblées. La durée des fonctions était d'une année. Le conseil devait tenir quatre sessions annuelles, dont il fixait l'époque; il était convoqué de droit, sur la demande de trois de ses membres. Il étudiait les questions se rattachant : 1° à la direction des lignes de chemins de fer projetées; 2° à l'application des tarifs; 3° à l'établissement et à l'exploita-

tion des voies ferrées et aux rapports des Compagnies entre elles. Il recevait, par l'intermédiaire des Ministres compétents, communication des avis et des décisions émanant des diverses Commissions appelées à délibérer sur les chemins de fer, les visait et les faisait suivre, s'il y avait lieu, de son propre avis.

Le 1er mars une proposition identique avait été déposée sur le bureau du Sénat par MM. Ernest Picard, Gouin et Émile Labiche [J. O., 14 mars 1877] ; mais elle fut retirée le 7 mai 1878, à la suite de l'institution, par M. de Freycinet, du conseil supérieur des voies de communication.

**494. — Proposition de loi tendant à accorder, sous forme de garantie, aux chemins départementaux, les subventions autorisées par la loi de 1865.** — MM. Ernest Picard, Gouin, Cordier et Labiche, désireux d'éviter les spéculations auxquelles avaient donné lieu les subventions en capital accordées par l'État, en exécution de la loi de 1865, et, en même temps, d'imprimer une sérieuse activité à l'œuvre des chemins de fer d'intérêt local, présentèrent, le 19 mars 1877, au Sénat une proposition de loi, portant qu'à l'avenir ces subventions pourraient être accordées sous forme de garantie d'intérêt et élevées jusqu'à 3 % du capital affecté à la construction [J. O., 17 juin 1877].

Cette proposition fut retirée, le 7 mai 1878, à la suite du dépôt, par M. de Freycinet, d'un projet de loi sur les chemins de fer d'intérêt local.

**495. — Proposition de loi sur les chemins de fer routiers à traction de locomotives.**

I. — PROPOSITION. — M. Caillaux, alors Ministre des tra-

vaux publics, avait présenté, le 17 mars 1875, à l'Assemblée
nationale un projet de loi concernant les chemins de fer
routiers à traction de locomotives. Nous avons fait connaître
les dispositions de ce projet de loi et celles que la Commission
avait proposées, par l'organe de M. Varroy, d'y substituer
(tome III, page 301). La séparation de l'Assemblée nationale
n'avait pas permis de discuter les conclusions du rapport.

MM. Aclocque et Ricot reprirent le texte du projet, tel
que l'avait libellé la Commission, et le transformèrent en
une proposition qu'ils déposèrent, le 12 juin 1876, sur le
bureau de la Chambre des députés [J. O., 22 juin 1876].

II. — PRISE EN CONSIDÉRATION. — Par un rapport déposé
le 8 août 1876, M. Jean Casimir-Périer conclut à la prise en
considération de cette proposition [J. O., 6 novembre 1876].

L'avis de la Commission d'initiative fut adopté, le 23 janvier 1877, par la Chambre des députés [J. O., 24 janvier 1877].

III. — RAPPORT A LA CHAMBRE DES DÉPUTÉS. — Le
23 mars 1877, M. Aclocque, nommé rapporteur de la Commission qui avait été chargée de l'étude de la question, déposa son rapport sur le bureau de la Chambre [J. O., 10 et
12 mai 1877].

Il rappelait les origines de la loi de 1865 ; le but que
s'était proposé le législateur, en créant les chemins de fer
d'intérêt local, et qui était de donner aux grandes artères
des affluents destinés à leur apporter des éléments nouveaux
de trafic ; la faute que certains départements et certains
concessionnaires avaient commise, en méconnaissant l'idée
première de la loi, en établissant les lignes nouvelles dans
des conditions absolument hors de proportion avec les besoins auxquels elles avaient à satisfaire.

Il citait, à l'appui de cette appréciation, quelquese xtraits d'un travail de M. Le Chatelier, qui recommandait la plus grande simplicité d'installation et d'exploitation ; l'utilisation de l'accotement des routes, l'adoption de la voie étroite, seule susceptible de se prêter à un tracé un peu tourmenté ; l'établissement de garages nombreux ; l'emploi de voitures à voyageurs à classe unique et de wagons à marchandises à faible contenance ; la mise en marche d'un seul train par jour, avec un personnel ambulant composé exclusivement d'un mécanicien et d'un conducteur ; la réduction de la vitesse à 15 ou 20 kilomètres. Il citait également une étude de M. Ernest Chabrier.

M. Aclocque faisait ensuite l'exposé sommaire du projet de loi présenté par M. Caillaux, des investigations auxquelles ce projet de loi avait donné lieu de la part de la Commission et, enfin, de l'avis émis par le conseil d'État.

Après une étude complémentaire, la commission ·de la Chambre des députés, dont M. Aclocque était l'organe, avait cru devoir apporter un certain nombre de modifications aux conclusions de M. Varroy.

Les dispositions, auxquelles elle s'était arrêtée, étaient les suivantes :

L'article 1er de sa proposition de loi portait « qu'il pour- « rait être établi des tramways à vapeur ou à traction de « chevaux sur les routes nationales ou toutes autres voies « publiques, quelle que fût la largeur de ces voies, pour le « transport des marchandises seules ou pour le transport « combiné des marchandises et des voyageurs ». Ce libellé comportait la désignation nouvelle de *tramways*, afin d'é- viter toute confusion entre les chemins de fer sur routes et les chemins de fer ordinaires, qui constituaient, aux yeux de la Commission, des voies absolument différentes ; il sup- primait toute limitation de largeur pour les voies publiques

susceptibles d'être empruntées par les tramways ; il faisait
bénéficier de la proposition de loi, non seulement les lignes
à service mixte, mais encore les lignes industrielles, sans
service à voyageurs, même éventuel.

L'article 2 remettait aux conseils généraux le pouvoir
d'arrêter, après instruction préalable par le préfet et les
communes entendues, la direction des tramways, le mode
et les conditions de leur construction, ainsi que les traités
et les dispositions nécessaires pour en assurer l'exploitation.

L'article 3 réservait la déclaration d'utilité publique
à un décret rendu en Conseil d'État, quand le tramway devait être assis sur une route nationale, mais l'abandonnait
au Préfet dans les autres cas ; il rendait applicable aux chemins de fer sur routes les dispositions des articles 15 à 20
inclus de la loi du 21 mai 1836, sur les chemins vicinaux.
(Ces dispositions ont trait principalement aux expropria-
tions.)

L'article 4 donnait la nomenclature des articles de la
loi du 15 juillet 1845 et de l'ordonnance du 15 novembre
1846 applicables aux tramways établis sur le sol des voies
publiques. Cette nomenclature excluait : 1° en ce qui concernait la loi de 1845, les clauses plaçant le chemin de fer
sous le régime de la grande voirie, clauses inutiles pour des
voies incorporées à d'autres voies publiques ; les dispositions relatives aux clôtures, aux barrières, aux servitudes
des propriétés riveraines ; 2° en ce qui concernait l'ordonnance de 1846, les articles relatifs aux passages à niveau ;
à l'éclairage des stations ; aux conditions spéciales imposées
aux locomotives, à leurs essieux et à leurs roues ; à l'obligation de munir les trains de voitures de diverses classes ; aux
pouvoirs du Ministre, en matière de marche des convois ;
aux signaux ; à la perception des taxes (à l'exception des
prescriptions portant interdiction des tours de faveur dans

le transport des marchandises) ; à la surveillance spéciale édictée par le titre VI ; à quelques autres détails réglés par le titre VII.

L'article 5 de la proposition de loi portait que la vitesse des trains ne dépasserait pas 20 kilomètres à l'heure et serait réduite, à l'approche des lieux habités ou en cas d'encombrement de la route.

L'article 6 interdisait tout dépôt sur l'accotement occupé par la voie de fer.

L'article 7 interdisait la révocation des concessions, avant le terme fixé par le cahier des charges, si ce n'est en cas d'inexécution des clauses du contrat ; cette mesure devait, d'ailleurs, être prise dans les formes de la concession elle-même.

L'article 8 était peu important.

L'article 9 conférait à l'administration supérieure des pouvoirs d'arbitrage, pour le raccordement des tramways avec les chemins de fer et pour les relations entre ces deux catégories de voies de communication.

Enfin, l'article 10 portait qu'un décret délibéré en Conseil d'État pourrait doter d'une subvention les tramways présentant un caractère d'intérêt public.

Comme on le voit, cette proposition ne contenait point d'indication sur la largeur de la voie ; c'est qu'en effet deux courants contraires s'étaient manifestés au sein de la Commission. La voie étroite y avait trouvé des partisans chaleureux, qui voyaient dans son adoption un gage sérieux donné aux Compagnies de chemins de fer contre toute concurrence, une garantie pour le maintien sur place du matériel roulant, ainsi qu'une économie sérieuse de construction.

En revanche, ses adversaires avaient invoqué les inconvénients de la variété des types et les embarras inhérents aux transbordements. La Commission avait pensé que le parti le plus sage était de laisser aux conseils généraux, à cet égard, une liberté et une indépendance complètes.

Au rapport de la Commission était annexée l'analyse de divers mémoires, émanant, notamment, de M. Larmanjat et de M. Chabrier.

Le travail de M. Larmanjat portait plus spécialement sur l'emploi de locomotives à roues dentées, opérant sur des voies munies de crémaillères dans les sections en rampe. Cet ingénieur estimait le prix de revient kilométrique de la voie, en rails de 12 kilogrammes, à 20 000 fr. ; il y ajoutait 10 à 15 000 fr. de matériel roulant ; il considérait un tramway à vapeur comme exploitable, dès que sa recette brute atteignait 3 000 fr. par kilomètre.

M. Chabrier s'attachait à démontrer que les voies ferrées sur routes devaient différer absolument des chemins de fer, aussi bien au point de vue de la construction qu'au point de vue de l'exploitation ; qu'elles devaient purement et simplement se substituer aux entreprises de roulage ; qu'elles ne pouvaient comporter de règlement absolu, ni pour les départs, ni pour les parcours : qu'il y avait lieu d'y faire la recette en marche, d'en tolérer les arrêts sur signal en un point quelconque de la ligne, d'utiliser complètement la puissance de traction des machines sauf à dédoubler les trains pour la montée des rampes, d'intéresser le personnel aux recettes, de ne pourvoir les convois que d'un mécanicien et d'un conducteur, d'employer des rails légers de 12 kilog. 50 par mètre courant, d'admettre, pour les voyageurs, une taxe kilométrique de 0 fr. 075 et, pour les marchandises, un tarif relativement élevé de 0 fr. 25, laissant encore une économie notable sur le prix de transport ordinaire. M. Chabrier évaluait à 20 000 fr. la dépense kilométrique de construction de la voie et à 5 000 fr., seulement, celle du matériel, pourvu que la longueur de la ligne fût de 30 kilomètres au moins. Les charges correspondant à cette double dépense et aux frais d'exploitation montaient, suivant lui, à 210 fr. par jour ; il suffisait, pour y faire face, d'un mouvement de 18 voyageurs et de 20 tonnes de marchandises faisant, en moyenne, par jour, la moitié du parcours dans chaque sens.

Les conclusions de ce rapport ne furent pas discutées.

**496. — Proposition à la Chambre des députés, au sujet d'un abonnement pour la circulation des membres du Parlement, sur les chemins de fer. —** M. Destremx et treize autres membres de la Chambre des députés formulèrent, le 6 juin 1876, une proposition ayant pour objet de négocier avec les Compagnies les conditions d'un abonnement, qui permît aux sénateurs et aux députés de circuler librement entre Versailles et leur département et de se tenir ainsi en communication suivie avec leurs électeurs [J. O., 16 juillet 1876].

À la suite de la présentation de cette proposition, des pourparlers furent engagés avec les Compagnies par la Commission à laquelle elle avait été renvoyée. Le premier résultat de ces négociations fut une offre de la Compagnie de l'Ouest, de recevoir les députés dans tous les trains entre Paris et Versailles, moyennant un abonnement de 100 000 fr.

Par un rapport du 22 mars, M. Destremx conclut à accepter cette offre [J. O., 25 mars 1877].

Combattues très vivement par plusieurs membres de la Chambre, les conclusions de la Commission furent repoussées par 286 voix contre 79, le 24 mars 1877 [J. O., 25 mars 1877].

497. — **Proposition à la Chambre des députés pour
faciliter l'exécution des chemins d'intérêt local.** —
MM. Boysset, Logerotte, Sarrien, Margue, députés, et
quelques-uns de leurs collègues, préoccupés de faciliter
l'extension du réseau des chemins de fer d'intérêt local,
présentèrent le 6 mars 1877 une proposition de loi [J. O.,
13 mars 1877], dont l'adoption devait, suivant eux, donner
une vive et décisive impulsion à la construction de ce réseau,
sans exiger de l'État, ni subventions directes, ni sacrifices
effectifs, et qui consistait à abandonner aux départements,
pendant les quinze premières années d'exploitation, le produit de l'impôt sur les voyageurs et les marchandises à
grande vitesse, pour tous les chemins de fer d'intérêt local
mis en service après le 1er janvier 1878. Les auteurs de la
proposition évaluaient ce produit à près de 900 fr. par kilomètre. Tout chemin, pour lequel la mesure précitée aurait
été appliquée, devait être considéré comme subventionné
par l'État et pouvait, par suite, être assujetti aux obligations
prévues, au profit des services publics, par la loi de 1865.
Le Trésor devait, tant par les immunités accordées à ces
services, que par les impôts de toute nature, profiter largement des facilités ainsi données aux entreprises départementales.

M. Logerotte, au nom de la Commission d'initiative,
conclut, le 11 mai, à la prise en considération de la proposition [J. O., 22 mai 1877].

Il ne fut pas donné d'autre suite à l'affaire.


498. — **Proposition tendant à l'abrogation du décret
du 27 mars 1852, sur le personnel des chemins de fer.** —
Un décret dictatorial du 27 mars 1852 avait donné à l'administration, dans un intérêt d'ordre et de sécurité, le droit
de requérir la révocation des agents des Compagnies de

chemins de fer. M. de la Porte et un assez grand nombre de
ses collègues, considérant les intérêts de la sécurité comme
suffisamment sauvegardés par l'ordonnance de 1846 et par
la responsabilité du personnel, et jugeant, d'autre part,
d'après des faits survenus, pendant la période du 16 mai,
que le décret de 1852 pouvait devenir, aux époques troublées.
une arme dangereuse entre les mains du Gouvernement, déposèrent le 30 novembre 1877, sur le bureau de la Chambre
des députés, une proposition tendant à l'abrogation de ce
décret [J. O., 1er décembre 1877].

Cette proposition resta sans suite.

499. — **Proposition de M. Bethmont concernant la liquidation des Compagnies secondaires des Charentes et
autres.** — A la suite du vote du 22 mai 1877 de la Chambre
des députés, sur le projet de loi relatif à la fusion d'un certain
nombre de Compagnies secondaires avec la Compagnie
d'Orléans, le Ministre avait fait connaître à ces Compagnies
son intention de racheter les lignes, dont elles étaient concessionnaires, et signé avec elles des conventions, aux
termes desquelles l'évaluation de l'indemnité de rachat
devait être faite, conformément aux dispositions de la loi du
23 mars 1874, par une Commission arbitrale composée de
MM. Reynaud, inspecteur général des ponts et chaussées en
retraite, désigné par l'administration; Varroy, sénateur,
désigné par les Compagnies; et de Maisonneuve, inspecteur
général des finances, choisi d'accord par les parties. Cette
Commission ayant rendu la plupart de ses sentences avant
la fin de 1877, M. Bethmont déposa, le 4 décembre, une
proposition [J. O., 16 décembre 1877] tendant : 1° à approuver ces sentences; 2° à allouer aux Compagnies, à partir
de la date de ces décisions, les intérêts des indemnités fixées
par les arbitres. à moins qu'une date antérieure eût été sti-

pulée par les sentences; 3° à accorder une allocation de treize mois de traitement aux agents qui ne seraient pas conservés dans leur emploi.

M. Bethmont faisait valoir, à l'appui de sa proposition, la nécessité de ne pas prolonger la crise dans les étreintes de laquelle se débattaient les Compagnies secondaires. Il invoquait l'opinion indubitable de la Chambre, en faveur d'une liquidation et d'un rachat de ces sociétés; le soin avec lequel les évaluations arbitrales avaient été préparées; l'avantage considérable que le rachat par l'État, tel qu'il était proposé, réalisait sur les charges résultant de la convention avec la Compagnie d'Orléans, antérieurement repoussée par la Chambre : l'engagement, pris par les petites Compagnies, de continuer l'exploitation jusqu'à ce qu'il eût été statué définitivement, en tenant compte au Trésor du produit net et en n'élevant aucune réclamation, à raison des insuffisances éventuelles du produit brut.

Le même jour, la Chambre renvoya d'urgence la proposition de M. Bethmont à la Commission du budget.

Dès le 12 janvier 1878, le Gouvernement présenta lui-même un projet de loi que nous aurons à examiner par la suite; M. Bethmont retira, en conséquence, sa proposition à la même date.

500. — **Constitution d'une commission d'enquête à la Chambre des députés.** — Le 5 avril 1876, MM. Cochery, Wilson, Rouvier, Tirard, Lepère, députés et quelques uns de leurs collègues, déposèrent une proposition, tendant à l'institution d'une commission de vingt-deux membres, à l'effet de procéder à une enquête sur le régime général des chemins de fer et des autres voies de communication, en France.

La commission d'initiative parlementaire conclut, le

29 juillet 1876, à la prise en considération de cette proposition [J. O., 2 septembre 1876]. Dans son rapport, M. Bastid rappelait les enquêtes administratives et parlementaires auxquelles il avait déjà été procédé ; il exprimait l'avis qu'il convenait de ne pas s'arrêter, dans cette voie de recherches et de progrès, et de dégager de l'enquête de l'Assemblée nationale les conclusions pratiques que le pays en attendait ; il ajoutait, toutefois, qu'il y aurait lieu de délimiter le champ d'action de la Commission, afin de ne pas la transformer en un véritable comité des travaux publics, élaborant des projets, proposant des concessions de chemins de fer, poursuivant la réalisation de ses idées jusque dans le domaine du pouvoir exécutif.

Les conclusions de la Commission d'initiative furent adoptées sans discussion le 4 août 1876.

M. Morel, rapporteur de la Commission spéciale à laquelle fut, par suite, renvoyée l'affaire, présenta son rapport le 19 février 1877 [J. O., 27 février 1877]. Après avoir fait un historique sommaire du développement de notre réseau, il mit en relief l'infériorité de la France, qui s'était laissé devancer par la Belgique, le Royaume-Uni, l'Allemagne, la Suisse et les Pays-Bas, et la nécessité de doter es régions agricoles, jusqu'alors déshéritées au profit des régions industrielles. Il énuméra les nombreuses questions que soulevait l'achèvement de nos voies ferrées : préparation d'un programme d'ensemble, pour la distribution des lignes nouvelles ; détermination de leur régime, notamment dans ses rapports avec les finances de l'État; fixation des règles qui pouvaient le plus avantageusement favoriser l'extension du réseau ; étude approfondie des tarifs et de l'autorité à maintenir, à cet égard, entre les mains des pouvoirs publics; examen des services rendus par les Compagnies et des améliorations à leur demander, avec ou sans modification de

leurs contrats; recherches sur les relations à établir entre
les chemins de fer et les voies navigables. Il formula un
projet de résolution, qui comportait l'institution d'une commission de vingt-deux membres, avec mission « d'étudier et
« de proposer : 1° les bases sur lesquelles il y avait lieu de
« compléter l'assiette du réseau des chemins de fer d'intérêt
« général; 2° les voies et moyens les plus propres à en as-
« surer la prompte exécution; 3° les modifications à intro-
« duire dans le cahier des charges, et, notamment, les
« simplifications et améliorations possibles dans le régime
« des tarifs. » La Commission devait procéder à une étude
analogue pour les voies de navigation. Son mandat était
limité à une année.

L'avis de la Commission spéciale fut ratifié le 1er mars
1877, sans discussion.

La Commission parlementaire avait commencé ses travaux, lorsque survint la dissolution. M. Savary et plusieurs
de ses collègues présentèrent, le 29 novembre 1877, une
proposition tendant à sa reconstitution [J. O., 10 décembre
1877].

La Chambre prononça l'urgence le 29 du même mois;
le 7 décembre, M. Savary déposa un rapport conforme
[J. O., 20 décembre 1877], en concluant toutefois à porter à
trente-trois le nombre des membres de la Commission, eu
égard à l'importance de sa tâche; cette conclusion fut
adoptée sans discussion, le 15 décembre.

**501. — Proposition pour la révision de la loi du
27 juillet 1870, sur les grands travaux publics.** — Le
20 juin 1876 [J. O., 30 juin 1876], M. Wilson et quatre de
ses collègues reproduisirent la proposition qui avait été
adoptée, le 14 décembre 1875, en deuxième délibération,
par l'Assemblée nationale, mais qui n'avait pu être votée

définitivement avant la séparation de cette Assemblée, et qui portait révision de la loi du 27 juillet 1870 sur les grands travaux publics. Ils modifièrent toutefois, après coup, cette proposition, de manière à rendre complètement au pouvoir législatif la déclaration d'utilité publique des chemins de fer d'intérêt général et d'intérêt local, quelle qu'en fût la longueur.

M. Wilson présenta, le 11 août 1876, un rapport [J. O., 5 novembre 1876] tendant à l'adoption de la proposition ainsi modifiée ; il montra tout ce qu'il y avait d'anormal à faire varier les garanties accordées aux propriétaires, suivant le classement des chemins de fer ; il rappela que le régime des décrets avait permis au Gouvernement de faire bénéficier de la déclaration d'utilité publique des lignes d'une importance contestable et de refuser, au contraire, d'en faire profiter d'autres lignes manifestement utiles. Répondant à l'objection qui avait été tirée de la nécessité de ne pas ajourner la déclaration d'utilité publique des lignes secondaires, pendant les vacances ou la prorogation des Chambres, il fit valoir les lenteurs de la procédure administrative et ajouta qu'il dépendait du Gouvernement et des représentants des régions intéressées de faire le nécessaire, pour que les projets de loi fussent soumis, en temps utile, au Parlement.

La première délibération s'ouvrit le 22 décembre 1876 [J. O., 23 décembre 1876] ; elle ne donna lieu à aucun débat.

La deuxième délibération eut lieu le 12 janvier 1877 [J. O., 13 janvier 1877]. M. Wilson, rapporteur, défendit la proposition, en insistant particulièrement sur la nécessité de renoncer à la distinction que le projet de loi, voté par l'Assemblée nationale en première et deuxième délibérations, avait faite entre les chemins de plus de 20 kilomètres et les chemins de moins de 20 kilomètres de longueur. Il invoqua l'utilité de prévenir, par une discussion à la tribune, des abus souvent aussi dangereux pour des lignes d'une faible étendue que pour des lignes d'une longueur considérable.

La Chambre des députés émit un vote favorable et la proposition de loi fut transmise au Sénat le 31 janvier [J. O., 5 février 1877].

M. Brunet, sénateur, présenta le 14 mai 1877 un rapport [J. O., 22 mai 1877], dans lequel, se référant principalement aux travaux antérieurs de MM. Krantz et Vétillart, il conclut à l'adoption de la proposition, sous réserve : 1° que, en tous cas, le Ministre de la guerre serait entendu et le Conseil d'État consulté; 2° qu'un décret, rendu en la forme des règlements d'administration publique, suffirait pour les « travaux d'établissement ou d'extension des gares ou sta- « tions sur des chemins de fer déjà existants ».

Cette conclusion fut adoptée sans discussion en première délibération, le 18 juin [J. O., 19 juin 1877]. Mais l'affaire ne reçut pas d'autre suite.

## 502. — Enquête de la commission centrale des chemins de fer sur les tarifs.

1. — QUESTIONNAIRE. — En même temps que le Parlement procédait à une enquête sur les tarifs, la commission centrale des chemins de fer, au ministère des travaux publics, en poursuivait une de son côté, sous la présidence de M. Aucoc, président de section au Conseil d'État. Les vœux, sur lesquels portaient principalement les informations de cette Commission, étaient les suivants :

1° Simplification des tarifs généraux, par la diminution du nombre des séries;

2° Établissement d'une classification uniforme des marchandises pour les divers réseaux;

3° Application du même tarif kilométrique général sur les différents réseaux ;

4° Abréviation des délais de transport ;

5° Généralisation de l'emploi des tarifs de moyenne vitesse ;

6° Abréviation des délais accordés, pour la transmission des marchandises d'un réseau à un autre, et réduction des droits perçus à cette occasion ;

7° Diminution du nombre des tarifs spéciaux ; révision de ces tarifs, en vue de les classer méthodiquement et de faire disparaître les contradictions et les anomalies qui auraient été signalées ;

8° Obligation, pour les Compagnies, d'appliquer les tarifs les plus réduits, lorsque l'expéditeur le demanderait, sans qu'il eût besoin d'indiquer expressément un tarif spécial ;

9° Multiplication des billets d'aller et retour.

II. — Réponses des directeurs de Compagnies. — Les réponses des directeurs des grandes Compagnies furent les suivantes :

*Questions n°s 1, 2 et 3.* — Suivant les représentants des Compagnies, la variété des sérifications sur les divers réseaux avait été le corollaire rationnel de la variété des éléments du trafic ; ils ne se refusaient pas, néanmoins, à poursuivre l'uniformisation de la classification des marchandises ; mais cette uniformisation aurait l'inconvénient de provoquer certains relèvements, qu'il importait de ne pas exagérer en cherchant à réduire, outre mesure, le nombre des séries. Quant à l'unité des tarifs généraux, les directeurs des grandes Compagnies la repoussaient, comme incompatible avec la situation respective des différents réseaux et, par suite, comme irréalisable. Ils entrèrent, à cet égard,

dans des développements intéressants, sur le régime appliqué
par l'Allemagne aux lignes de l'Alsace-Lorraine ; le Gouvernement allemand avait cru devoir supprimer toute classification et ne faire intervenir, comme élément de taxe, que
le poids de la marchandise à transporter, en distinguant
l'emploi des wagons clos et celui des wagons ouverts. Ce
système, dit « *système naturel* », avait produit des résultats
désastreux au point de vue des recettes ; il avait fait perdre
aux administrations de chemins de fer la clientèle du commerce de détail, à laquelle s'étaient substitués des grou-
peurs réalisant des bénéfices considérables ; néanmoins, le
Gouvernement avait cru pouvoir l'étendre, en 1873, à toutes
les lignes de l'Empire, en autorisant, du même coup, un relèvement sensible des taxes ; l'opinion unanime des hommes
compétents était que la mesure présenterait les plus graves
inconvénients.

*Question n° 4. — Abréviation des délais de transport.* — Le
cahier des charges stipulait « que le maximum de durée du
trajet serait fixé par l'administration, sur la proposition de
la Compagnie, sans que ce maximum pût excéder vingt-quatre
heures par fraction indivisible de 125 kilomètres ». En fait,
l'administration avait porté le minimum de la distance à
parcourir en vingt-quatre heures à 200 kilomètres, pour
les directions principales et pour certaines directions transversales, en ce qui touchait les marchandises d'un fort tonnage. Les directeurs des grandes Compagnies exprimaient
l'avis qu'il était impossible d'aller au delà : ils faisaient valoir
les difficultés et les pertes de temps auxquelles donnaient lieu
le passage des trains de marchandises aux bifurcations, les
opérations de triage au droit de ces bifurcations, les changements de lignes et même de réseaux. Répondant aux critiques tirées de l'exemple de l'Angleterre, ils invoquaient
l'élévation des tarifs de la Grande-Bretagne.

*Question n° 5.*—*Généralisation des tarifs de moyenne vitesse.*
— Les essais de tarifs à moyenne vitesse avaient été infruc-
tueux ; les transports, à une vitesse intermédiaire entre celle
des trains de voyageurs et celle des trains de marchandises,
ne pouvaient, d'ailleurs, se réaliser que par des combinaisons de trains de ces deux catégories et donnaient, dès lors,
lieu à des complications et à des difficultés de service très
réelles.

*Question n° 6.* — *Abréviation des délais de transmission et
réduction des taxes correspondantes.* — Les représentants des
Compagnies soutinrent que, non seulement, il était impossible de réaliser une réduction des taxes de transmission,
mais encore qu'il était indispensable d'autoriser le relèvement général des frais accessoires de toute nature, relèvement justifié, suivant eux, par le développement des gares,
le renchérissement de la main-d'œuvre, les transmissions
des lignes principales aux embranchements d'un même réseau. Les Compagnies subissaient de ce chef une perte
annuelle considérable. En Allemagne, les taxes accessoires
étaient beaucoup plus élevées ; on y percevait 5 fr., par tonne
pour les marchandises transportées en grande vitesse, 2 fr. 50
pour les marchandises transportées en petite vitesse autrement que par wagon complet, 1 fr. 50 pour les marchandises
transportées en petite vitesse par wagon complet; encore
les opérations de manutention, au départ et à l'arrivée, res-
taient-elles, dans ce dernier cas, à la charge du public.
Quant aux délais de transmission d'un réseau à l'autre, ils
s'imposaient par les vérifications longues et laborieuses
qu'exigeaient les responsabilités respectives des Compagnies;
on ne devait pas oublier, d'ailleurs, que les concessionnaires
de chemins de fer avaient bénévolement étendu le cadre de
leur mission, en se chargeant eux-mêmes des transmissions
dont ils auraient pu décliner le soin et les embarras.

A cette occasion, les directeurs des Compagnies insistaient vivement sur les difficultés que provoquait, pour leur exploitation, la lenteur apportée par les destinataires à l'enlèvement de leurs marchandises, et sur l'opportunité d'adopter un régime analogue à celui de l'Angleterre, c'est-à-dire d'autoriser le camionnage d'office à domicile ou dans des entrepôts. Cette mesure serait d'autant plus légitime qu'en France les wagons appartenaient presque tous aux Compagnies, tandis que, dans la Grande-Bretagne, une partie du matériel appartenait aux industriels, intéressés ainsi à procéder rapidement au déchargement.

*Question n° 7. — Révision et simplification des tarifs spéciaux.* —Les Compagnies contestaient que la diminution des tarifs répondît au vœu général du commerce ; elles émirent l'opinion qu'il ne serait possible de procéder qu'à une révision limitée ayant, notamment, pour objet la suppression des taxes devenues inutiles.

*Question n° 8. — Obligation pour les Compagnies d'appliquer les tarifs les plus réduits, quand l'expéditeur le demandait, sans qu'il eût à indiquer expressément un tarif spécial.* — En interrogeant, à cet égard, les représentants des Compagnies, M. Aucoc leur fit observer que la Cour de cassation avait fait tomber leur principale objection, en décidant, par un arrêt du 9 avril 1877, que, par le fait de la demande du tarif le plus réduit, l'expéditeur acceptait implicitement les conditions d'application de ce tarif. Mais ils répondirent que, malgré cet arrêt, il leur paraissait indispensable d'établir un contrat net et précis entre la Compagnie et l'expéditeur. afin d'éviter les difficultés sur le choix entre les divers itinéraires et même entre les combinaisons, souvent très multiples, de tarifs auxquelles on pouvait arriver, notamment par les soudures de taxes ; ils ajoutèrent qu'il leur était impossible, dans certains cas. d'admettre purement et simplement le tarif le plus réduit, si ce tarif devait les obliger à transmettre les marchandises à des Compagnies insolvables ou n'ayant pas de comptes communs avec les grandes Compagnies voisines.

M. Jacqmin, directeur du réseau de l'Est, fournit des renseignements intéressants sur les tarifs de soudure.

*Question n° 9.* — *Billets d'aller et retour.* — Les réponses sur ce point furent très courtes et peu précises.

III. — MÉMOIRES DES COMPAGNIES. — Les diverses Compagnies remirent, en outre, à la commission centrale des chemins de fer une critique des rapports de M. Dietz-Monnin à l'Assemblée nationale.

1° *Mémoire de la Compagnie de l'Est.* — Nous ne retiendrons de ce mémoire, comme des suivants, que les passages saq plus saillants, ceux qui ne reproduisaient pas des dires déjà consignés dans les réponses à la commission centrale.

M. Jacqmin, directeur de la Compagnie, faisait porter ses observations, successivement sur le rapport principal du 14 mars 1874 et sur le rapport supplémentaire du 2 août 1875.

(A). OBSERVATIONS SUR LE RAPPORT PRINCIPAL. — Parmi ces observations nous relèverons les suivantes.

M. Jacqmin évaluait à 128 kilom. 7 le parcours moyen des marchandises sur les six grands réseaux, en 1876. Il s'élevait contre la suppression des tarifs spéciaux, dont la presque totalité avait été créée sur la demande même des intéressés. Il protestait contre les reproches adressés aux Compagnies, en raison de la concurrence faite par les voies ferrées aux autres voies de communication, les chemins de fer étant construits précisément pour enlever aux routes et aux voies navigables une part de leur trafic et le pu-

blic bénéficiant des abaissements de taxes résultant de
cette concurrence. Les plaintes n'eussent été fondées que
si les Compagnies eussent relevé leurs tarifs, après avoir
détruit les entreprises rivales, ce qui ne s'était point réalisé
en fait : la fréquentation des voies navigables de la région
de l'Est avait, au contraire, suivi une marche constamment
ascendante. M. Jacqmin défendait les tarifs de transit, en
montrant que ces tarifs étaient exclusivement déterminés
par la concurrence des chemins de fer étrangers et que leur
suppression entraînerait une perte sèche pour les Compagnies françaises, sans profit pour notre commerce. Il défendait également les tarifs d'exportation, essentiellement
favorables à l'expansion des produits nationaux; mais il
faisait ressortir les difficultés auxquelles donnait lieu la
clause des stations non dénommées, qui entraînait, pour les
Compagnies, des sacrifices considérables. Il repoussait vi-
goureusement les allégations relatives aux faveurs, que les
Compagnies françaises auraient accordées aux ports étrangers, et produisait des documents statistiques, très intéressants, sur le trafic des ports d'Anvers et du Havre. Il combattait les tendances à l'unification des tarifs, en faisant
valoir combien il serait illogique d'attribuer, par exemple,
le même traitement aux houilles transportées sur des chemins établis pour le trafic spécial de cette nature de marchandises et sur des lignes où il en passerait à peine quelques
tonnes. Il s'attachait à établir tout ce qu'il y avait d'irra-
tionnel dans d'autres systèmes de tarification, basés, soit sur
la valeur, soit sur le volume occupé par la marchandise,
soit sur les risques imposés au transporteur. Il luttait contre
ce principe, que les tarifs ne devaient pas bouleverser les
situations géographiques; il y voyait une erreur économique des plus graves, une contradiction avec le but même
des voies ferrées. Il soutenait la combinaison des tarifs de

saison destinés à uniformiser la répartition du trafic, à améliorer ainsi l'utilisation du matériel, et à supprimer ou à atténuer les crises de transports. Il faisait ressortir tous les avantages que comporterait l'emploi de wagons appartenant à l'industrie.

(B). OBSERVATIONS SUR LE RAPPORT SUPPLÉMENTAIRE. — M. Jacqmin donnait son appréciation sur les desiderata formulés par M. Dietz-Monnin.

1° Révision et uniformisation des tarifs. — Il considérait cette unification comme illégale, antiéconomique et contraire, aussi bien aux intérêts des Compagnies qu'à ceux du public et du Trésor.

2° Remaniement des tarifs internationaux. — Il défendait ces tarifs et se référait aux observations ci-dessus relatées.

3° Obligation pour les Compagnies de toujours diriger les marchandises suivant l'itinéraire le plus court, ou, tout au moins, de leur appliquer les prix les plus réduits, sans que l'expéditeur eût à en faire la demande. — Pour les raisons précédemment indiquées, M. Jacqmin insistait sur la nécessité d'un contrat régulier entre l'expéditeur et la Compagnie.

4° Renseignements à consigner sur les récépissés. — Il faisait remarquer que le modèle prescrit par l'administration comportait ces renseignements.

5° Restitution du délai de quarante-huit heures pour l'enlèvement des marchandises adressées en gare. — Il mettait en relief l'intérêt du désencombrement des gares.

6° Abaissement des tarifs, en vue [de produire une augmentation de trafic. — Il soutenait qu'aucun fait précis n'avait été apporté à l'appui des assertions relatives à l'accroissement de trafic, auquel donneraient naissance les abaissements de tarifs.

7° Interdiction, pour les Compagnies, d'abaisser les tarifs, pour détruire une concurrence, ou de les relever après un abaissement de cette nature. — Cette interdiction lui paraissait contraire à la lettre et à l'esprit des contrats; il prévoyait l'éventualité d'un relèvement ultérieur des taxes, par suite du renchérissement des salaires et des objets de consommation.

8° Organisation d'une vitesse accélérée pour les marchandises. — Il reproduisait les raisons que nous avons fait connaître antérieurement, pour démontrer les difficultés et l'inutilité de cette organisation.

9° Facilités à accorder aux grandes usines qui fourniraient leur matériel de transport. — Il citait les efforts faits, dans ce sens, par la Compagnie de l'Est.

10° Encouragements à donner à la création de grandes agences de transports. — Cette proposition, qui tendait à développer les intermédiaires, était, à ses yeux, contraire aux intérêts bien entendus du public.

11° Transport à 0 fr. 02 de certaines catégories de marchandises. — Il repoussait ce desideratum, comme entraînant une dérogation au cahier des charges et comme irréalisable.

12° Création de lignes concurrentielles. — Sans contester la possibilité légale de la construction de chemins concurrentiels, il rappelait que l'établissement de deux lignes, là où une seule était suffisante, avait toujours eu pour conséquence un relèvement des taxes, pour rémunérer les capitaux engagés dans les deux entreprises; il invoquait, en outre, les intérêts financiers communs à l'État et aux Compagnies.

Il combattait la division de l'administration des chemins de fer entre plusieurs départements ministériels, en montrant la solidarité de toutes les questions concernant, soit la cons-

3                                                    29

truction, soit l'exploitation de ces voies de communication.

Dans ses conclusions, il s'attachait de nouveau à réfuter
les doctrines relatives à l'unification des tarifs et s'exprimait ainsi : « Nous disons qu'il n'y a pas de formule et qu'il
« ne peut pas y en avoir. On isolera bien quelques éléments
« du problème; on se rendra compte de l'influence des
« courbes et des déclivités; on appréciera des détails
« techniques; on saura dire quel est le produit net à réali-
« ser, pour couvrir l'intérêt et l'amortissement du capital
« engagé dans la construction. Mais on ne fera jamais en-
« trer dans une formule mathématique les conditions en
« quelque sorte morales, telles que la nature du trafic d'une
« région; la concurrence des voies navigables ou des voies
« parallèles; le rapport de l'offre à la demande; la valeur
« de la marchandise comparée à celle du transport; le
« rapport entre la production possible d'un pays et la ca-
« pacité des instruments de transport qu'il possède. Tout
« cela échappe et échappera toujours à l'analyse, aux cal-
« culs, à la formule. »

2° *Mémoire de la Compagnie de l'Ouest.* — Les mémoires
des Compagnies autres que la Compagnie de l'Est étaient,
sur la plupart des points, conformes à celui de M. Jacqmin,
dont nous venons de donner l'analyse sommaire. Nous ne
relèverons, dans celui de la Compagnie de l'Ouest, que les
observations suivantes :

Indication du caractère spécial du trafic, qui était principalement fourni par la production agricole et que l'on ne
pouvait, dès lors, développer sensiblement par un abaissement général des taxes;

Affirmation des efforts de la Compagnie, pour accroître
la prospérité du port du Havre, qui, malheureusement, se

trouvait, à beaucoup d'égards, dans une situation d'infériorité marquée, vis-à-vis du port d'Anvers;

Observation sur ce fait, que la clause des stations non dénommées, imposée aux Compagnies de chemins de fer, avait pour conséquence l'égalité, si souvent reprochée à ces Compagnies, des taxes applicables à des distances très différentes;

Réfutation de la doctrine favorable à l'institution des Compagnies fermières, qui, à raison de la modicité de leur capital, auraient un crédit mal assis;

Réserves formelles, au sujet de la prétendue insuffisance du personnel, du matériel et des gares;

Argumentation en faveur du camionnage d'office à domicile ou dans des entrepôts;

Indication de ce fait, que l'excessive étendue des gares françaises y rendait à peu près impossible l'emploi des engins mécaniques de manutention;

Observation sur les difficultés pratiques de la circulation des trains des petites Compagnies sur les réseaux des grandes Compagnies, eu égard aux responsabilités en cas d'accident.

3° *Mémoire de la Compagnie du Midi*. — La Compagnie du Midi discutait, une à une, toutes les critiques consignées dans le rapport de M. Dietz-Monnin; elle s'efforçait de démontrer qu'il était absolument impossible d'appliquer des tarifs uniformes à des transports, dont l'importance et la distance étaient essentiellement différentes; elle affirmait que, dans l'établissement de leurs taxes de transit, les Compagnies avaient exclusivement en vue de favoriser nos voies de communication, nos ports et les industries qui s'y rattachaient. Elle entrait dans de longs développements, pour prouver qu'elle n'avait point porté obstacle à la navigation sur les

canaux du Midi ; que cette navigation avait conservé presque toute son activité ; que, si elle n'avait pas prospéré,
comme sur d'autres canaux, il fallait l'attribuer à la valeur élevée des marchandises composant le trafic de la
région. La Compagnie ajoutait qu'elle avait apporté à l'exploitation et à l'entretien des canaux tous les soins nécessaires ; que le service du contrôle et la Société concessionnaire du canal du Midi pouvaient lui rendre justice à
cet égard ; qu'elle n'avait point compromis les intérêts de la
batellerie par une multiplication excessive des prises d'eau
d'irrigation ou d'usines, ces prises d'eau étant loin d'absorber le volume d'eau disponible et étant, d'ailleurs, subordonnées à des décrets du chef du pouvoir. Elle soutenait que
la mise en pratique des propositions contenues dans le rapport supplémentaire de M. Dietz-Monnin aboutirait à la
ruine de tous les chemins de fer français.

4° *Mémoires des Compagnies du Nord et d'Orléans.* — Ces
mémoires ne contenaient pas d'observations nouvelles d'un
caractère assez général pour être mentionnées.

5° *Mémoire de la Compagnie de Paris-Lyon-Méditerranée.* —
Les seules observations à relever particulièrement, dans ce
mémoire, sont : 1° d'une part, une affirmation énergique de
la nécessité d'adapter les prix aux conditions de tracé et
au trafic des diverses lignes, d'avoir égard aux concurrences
et, par conséquent, de renoncer à poursuivre l'uniformisation des taxes ; 2° d'autre part, une argumentation en faveur
du camionnage d'office à domicile ou dans des entrepôts.

# CHAPITRE III. — ANNÉE 1878

503. — **Institution du conseil supérieur des voies de communication. Rétablissement du comité consultatif des chemins de fer.**— Lorsque M. de Freycinet prit le portefeuille des travaux publics, il pensa que la commission centrale des chemins de fer ne répondait pas complètement aux nécessités de son département. En effet, si cette Commission avait une compétence indéniable sur les questions techniques et administratives, elle n'était point à même d'éclairer le Ministre sur les vœux de l'opinion publique, sur la direction à donner aux efforts de l'administration pour satisfaire aux justes demandes du pays; d'un autre côté, sa mission ne s'étendait qu'à une fraction de l'industrie des transports. Par un rapport du 31 janvier 1878 au Président de la République, [J. O., 1er février 1878,] M. de Freycinet proposa, en conséquence :

1° D'instituer un conseil supérieur des voies de communication, auquel seraient déférées non seulement les questions relatives à l'exploitation des chemins de fer, mais toutes les grandes questions concernant les diverses voies de communication et les ports de commerce ;

2° De rétablir un comité consultatif permanent des chemins de fer, pour l'examen des affaires courantes relatives aux chemins de fer et aux tramways à vapeur.

Le conseil supérieur des voies de communication devait comprendre quarante-huit membres, dont seize pris en nombre égal dans les deux Chambres, seize représentant l'administration et seize représentant l'industrie, le commerce et l'agriculture. Les Ministres, les sous-secrétaires d'État, le vice-président du Conseil d'État, le gouverneur de la Banque de France, le secrétaire général du ministère des travaux publics et celui du ministère de l'agriculture et du commerce, les directeurs des chemins de fer et de la navigation faisaient partie de droit de ce conseil. Il se réunissait, sur la convocation du Ministre des travaux publics, et procédait, avec son assentiment, à des enquêtes dont les résultats étaient publiés avec les procès-verbaux des séances.

Quant au comité consultatif, il comprenait douze membres, au moins, et quinze, au plus, nommés par décret et choisis, notamment, dans le Conseil d'État et les corps des ponts et chaussées et des mines. Les Ministres des finances, de l'agriculture et du commerce y étaient représentés. Le secrétaire général du ministère des travaux publics, le directeur des chemins de fer et le directeur des mines en faisaient partie de droit.

Deux décrets conformes intervinrent le 31 janvier 1878 [B. L., 1ᵉʳ sem. 1878, n° 372, p. 149 et 150).

504. — **Concessions de chemins de fer d'intérêt local.** — Les principaux éléments des concessions de chemins de fer d'intérêt local, intervenues en 1878, sont réunies dans le tableau suivant :

| DÉSIGNATION des départements. | DÉSIGNATION des lignes. | DATES des décrets. | NUMÉRO du Bulletin des lois. | DÉSIGNATION des concessionnaires. | SUBVENTIONS accordées aux concessionnaires. | PART DE L'ÉTAT dans les subventions. | TARIFS | | ÉPOQUE d'ouverture. | OBSERVATIONS. |
|---|---|---|---|---|---|---|---|---|---|---|
| | | | | | | | Voyageurs. cent. | Marchandises et petite vitesse. cent. | | |
| Cher. | La Guerche à Château-meillant (97 km.). | 8 février. | 1er sem. 1878, n° 387, p. 449. | De Mienlle. | Néant. | » | 10 7,5 5,5 | 10 14 10 8-5-4 | » | Concession expirant le 19 juin 1977. |
| Cher. | Henrichemont à Sancerre (32 km.). | Id. | 1er sem. 1878, n° 392, p. 632. | Id | » | » | Id. | Id. | » | Concession expirant le 19 juin 1977. Faculté pour l'État de racheter le chemin en partie ou en totalité, moyennant remboursement des dépenses de premier établissement, plus les intérêts pendant un an. |
| Algérie. | L'Alma à Ménerville (15 km.). | 3 décembre. | 1er sem. 1879, n° 428, p. 31. | Juvet. | » | » | 16 12 8 | 22 13 | 1881 | Faculté pour l'État de se substituer ultérieurement au département moyennant remboursement des sommes versées à titre de garantie d'intérêt. Autres conditions également semblables à celles du chemin de la Maison Carrée à l'Alma (Voir 1878). |

Nous avons aussi à noter trois décrets du 15 avril 1878, approuvant la rétrocession de trois chemins de fer d'intérêt local, savoir : 1° du chemin de Mézidon à Dives (Calvados), par le sieur Benoist, à la Société « des chemins de fer économiques de la vallée d'Auge » [B. L., 1er sem. 1878, n° 388, p. 515] ; 2° du chemin de Bayonne à Biarritz (Basses-Pyrénées), par le sieur Ardoin, à la Compagnie « du chemin de fer de Bayonne à Biarritz » [B. L., 1er sem. 1878, n° 388, p. 516] ; 3° du chemin de la Teste à l'étang de Cazaux (Gironde), par le sieur Codar, à la Compagnie du chemin de fer de la Teste à l'étang de Cazaux, de navigation et d'exploitation des bois des Landes » [B. L., 1er sem. 1878, n° 388, p. 518].

505.—**Réglementation des conditions de nomination et d'avancement des inspecteurs de l'exploitation commerciale et des commissaires de surveillance administrative.** — Le 10 février 1878, le Ministre des travaux publics prit un arrêté réglementant les conditions de nomination et d'avancement des inspecteurs de l'exploitation commerciale et des commissaires de surveillance administrative [J. O., 11 février 1878].

Aux termes de cet arrêté, les inspecteurs principaux étaient recrutés exclusivement parmi les inspecteurs particuliers ayant au moins trois années de service. La moitié des places d'inspecteurs particuliers était réservée aux commissaires de surveillance de 1re classe, comptant au moins trois ans de service dans cette classe ; l'autre moitié était donnée au concours. Les deux tiers des emplois attribués à la suite de ce concours étaient réservés aux anciens officiers. Les examens portaient sur la rédaction des rapports, l'arithmétique et la comptabilité commerciale, la géographie de la France, la législation des chemins de fer, les notions de droit commercial, les notions d'exploitation commerciale.

Les commissaires de surveillance étaient tous nommés après un concours portant sur la rédaction des procès-verbaux et des rapports, l'arithmétique, la géographie de la France, la législation des chemins de fer, les notions de droit pénal et d'instruction criminelle, les deux tiers des places étaient réservés aux anciens officiers.

Il était stipulé que les dispositions prévues par le Ministre avaient un caractère provisoire et seraient ultérieurement remplacées par un règlement d'administration publique.

Des arrêtés ultérieurs du 1er mars déterminèrent les conditions de détail des examens [J. O., 2 et 3 mars 1878].

**506.—Suppression de l'impôt de 5 % sur les transports en petite vitesse.** — Dans son projet de budget pour l'exercice 1878, le Gouvernement avait proposé de réduire progressivement de 1 % par an l'impôt de 5 %, dont étaient frappés les transports en petite vitesse ; mais le Parlement décida la suppression complète de cet impôt (Loi du 26 mars 1878).

**507. — Convention avec la Belgique pour le raccordement de divers chemins de fer.** — Nous mentionnons, pour ordre, trois lois du 21 mars, approuvant des conventions conclues avec la Belgique, pour l'établissement des chemins de Cambrai à Dour, Gorcy à Signeux et Saint-Amand à Antoing [B. L., 1er sem, 1878, n° 384, p. 358, 349, et 353].

Ces conventions furent promulguées le 28 mars [B. L., 1er sem. 1878, n° 384, p. 358, 350 et 354].

**508. — Déclaration d'utilité publique du chemin de Châteaubriant à Rennes avec embranchement sur Vitré.**

I. — Projet de loi. — La loi du 31 décembre 1875 avait

prescrit l'achèvement des études et l'instruction nécessaire pour la déclaration d'utilité publique du chemin de Château-briant à Rennes, avec embranchement sur Vitré. Les formalités voulues ayant été accomplies, le Ministre des travaux publics déposa, le 18 janvier 1878, un projet de loi prononçant cette déclaration d'utilité publique [J. O., 31 janvier 1878]. La ligne principale devait avoir 61 kilomètres et était estimée à 10 753 000 fr., y compris la superstructure ; l'embranchement devait avoir 36 kilomètres et était évalué à 6 190 000 fr. Aux termes du projet de loi, le Ministre était autorisé à exécuter l'infrastructure, à l'aide de ressources à créer par les lois annuelles de finances ; il était pris acte de l'offre du conseil général d'Ille-et-Vilaine de concourir à la dépense par une subvention kilométrique de 40 000 fr.; enfin, il devait être statué par une loi spéciale sur les mesures à prendre ultérieurement, s'il y avait lieu, pour la construction du chemin et de son embranchement.

II. — RAPPORT A LA CHAMBRE DES DÉPUTÉS. — M. Roger Marvaise présenta, le 12 février 1878, un rapport favorable [J. O., 20 février 1878], en signalant à l'attention du Gouvernement : 1° un amendement ayant pour objet le prolongement du chemin de Vitré à Fougères jusqu'à Saint-Hilaire-du-Harcouët ; 2° les différentes propositions dont la Commission avait été saisie, touchant la concession de la ligne de Châteaubriant à Rennes et de son embranchement.

Par un rapport supplémentaire du 19 février [J. O., 1er mars 1878], il fit connaître que la Commission avait repoussé un amendement de MM. René Brice et Fidèle Simon, qui tendait à apporter au tracé des modifications absolument préjudiciables au département d'Ille-et-Vilaine et à faire créer une ligne véritablement différente ; il appelait toutefois l'attention du Ministre sur l'opportunité d'établir un chemin de Châteaubriant à Ploërmel, Pontivy et Roscoff.

III. — DISCUSSION A LA CHAMBRE DES DÉPUTÉS. — Le 23 février 1878, quand la discussion s'ouvrit devant la Chambre, M. Haentjens critiqua le chiffre de la dépense, qui lui paraissait hors de proportion avec le trafic à espérer ; il y avait là, suivant lui, le symptôme d'une tendance à laquelle il importait de couper court, surtout au moment où le Ministre élaborait un grand programme de travaux publics. M. Haentjens formula un amendement, ayant pour objet de restreindre les acquisitions de terrains à une voie et de porter le maximum des rampes à 0. 020, sur la ligne principale, et à 0. 025 sur l'embranchement.

M. de Freycinet, Ministre des travaux publics, lui répondit, en invoquant l'importance du chemin, au point de vue stratégique. Le rapporteur et le président de la Commission appuyèrent les observations de M. de Freycinet et le projet de loi fut voté par la Chambre.

IV. — VOTE AU SÉNAT. — Transmis au Sénat le 1er mars 1878 [J. O., 13 mars 1878], ce projet de loi donna lieu à un rapport favorable de M. Grivart, en date du 24 mars [J. O., 1er avril 1878] et fut adopté, le 28 mars, sans discussion [J. O., 29 mars 1878].

La loi fut rendue exécutoire le 1er avril 1878 [B. L., 1er sem. 1878, n° 386, p. 406].

509. — **Classement du chemin de Belleville à Beaujeu dans l'ancien réseau de la Compagnie de Paris-Lyon-Méditerranée.**

I. — PROJET DE LOI. — Un décret du 11 octobre 1868 avait autorisé l'établissement du chemin de fer d'intérêt local de Belleville à Beaujeu, dans le département du Rhône. La Compagnie concessionnaire, ayant été impuissante à continuer son exploitation, avait conclu avec la Compagnie de Paris-Lyon-Méditerranée un traité, aux termes duquel cette Compagnie rachetait la ligne moyennant une indemnité de 1 040 000 fr., soit 80 000 fr. par kilomètre. Le conseil général du Rhône avait donné son adhésion à ce traité, sous la réserve, acceptée par la Compagnie de Paris-Lyon-Méditerranée, que les tarifs appliqués sur le chemin seraient désormais ceux du réseau d'intérêt général, et sous la condition acceptée par la Compagnie d'intérêt local, que les agents congédiés recevraient une allocation équivalente à treize mois d'appointements.

Le Ministre signa, en conséquence, avec la Compagnie de Paris-Lyon-Méditerranée, une convention qui portait ratification du traité, incorporation du chemin dans le réseau d'intérêt général et classement de ce chemin dans l'ancien réseau de la Compagnie, conformément au précédent de 1875 pour la Compagnie de l'Est. Il profitait, d'ailleurs, de l'occasion pour stipuler, au profit de l'État, le droit d'exiger la pose de la deuxième voie sur tout ou partie des lignes à une voie du réseau de Lyon, sauf à supporter les charges de ce travail, jusqu'à ce que le revenu brut kilométrique atteignît 35 000 fr., époque à laquelle la dépense serait portée au compte ouvert pour travaux complémentaires de l'ancien ou du nouveau réseau.

Le 18 janvier 1878, la Chambre des députés fut saisie de cette convention [J. O., 31 janvier 1878].

II. — RAPPORT ET VOTE A LA CHAMBRE DES DÉPUTÉS. — M. Andrieux, rapporteur, conclut le 19 février [J. O., 1er mars 1878] à l'adoption du projet de loi, en enregistrant la promesse de la Compagnie de Paris-Lyon-Méditerranée

de prendre en sérieuse considération le vœu formulé par
la commission départementale du Rhône, sur le nombre
des trains et la délivrance des billets d'aller et retour.

Le projet de loi fut voté sans débat par la Chambre, le
23 février [J. O., 24 février 1878].

III. — VOTE AU SÉNAT. — Il fut transmis le 1er mars au
Sénat [J. O., 12 mars 1878]. Il y fit l'objet d'un rapport favorable de M. le baron de Ravignan, en date du 15 mars
[J. O., 30 mars 1878], et fut adopté le 30 mars, après quelques observations de M. Caillaux, qui appuya la proposition
du Gouvernement et fit ressortir l'écart entre le prix de rachat (80 000 fr. par kilomètre) et la dépense de premier
établissement (170 000 fr. par kilomètre) [J. O., 31 mars. —
Loi du 4 avril 1878. — B. L., 1er sem. 1878, n° 388,
p. 482].

510. — **Rétrocession à la Compagnie du Nord-Est,
par la Compagnie houillère de la Lys supérieure, d'une
partie de l'embranchement de Fléchinelle.** — Les 27 janvier et 13 octobre 1877, la Société houillère de la Lys supérieure avait rétrocédé à la Compagnie du Nord-Est la
partie de l'embranchement des mines de Fléchinelle, comprise entre le point de rencontre de cet embranchement
avec la ligne de Saint-Omer à Berguette et l'extrémité dudit
embranchement dans la gare de Berguette (Aire).

Un décret du 4 avril 1878 ratifia cette rétrocession
[B. L., 1er sem. 1878, n° 389, p. 565].

511. — **Mise sous séquestre du chemin de Bondy à
Aulnay-lez-Bondy.** — La Compagnie concessionnaire du
chemin de Bondy à Aulnay-lez-Bondy étant dans l'impossibilité de continuer son exploitation, ce chemin fut mis sous

séquestre, par décret du 29 avril 1878 [B. L., 1er sem. 1878, n° 391, p. 622].

## 512. — Constitution du réseau d'État.

I. — PRÉLIMINAIRES DE LA LOI. — Ainsi que nous l'avons dit au sujet de la proposition de M. Bethmont, (page 436), le Ministre des travaux publics, se conformant à la résolution votée le 22 mars 1877 par la Chambre des députés, était entré en négociations avec diverses Compagnies secondaires, pour le rachat, par l'État, de leurs concessions. Il avait conclu avec les six Compagnies d'intérêt général des Charentes, de la Vendée, de Bressuire à Poitiers, de Saint-Nazaire au Croisic, d'Orléans à Châlons, de Clermont à Tulle, et avec les quatre Compagnies d'intérêt local de Poitiers à Saumur, des chemins de fer Nantais, de Maine-et-Loire et Nantes, et d'Orléans à Rouen, des conventions portant rachat de tout ou partie des lignes dont elles étaient concessionnaires; l'opération portait sur un total de 2 615 kilomètres.

Aux termes de ces conventions, l'indemnité devait être calculée d'après les bases fixées par la loi du 23 mars 1874, c'est-à-dire d'après le prix réel, déduction faite des subventions primitivement accordées pour la construction. Une commission arbitrale composée de MM. Reynaud, inspecteur général des ponts et chaussées; Varroy, sénateur, ingénieur des ponts et chaussées; et de Maisonneuve, inspecteur général des finances, était appelée à déterminer, définitivement et sans appel, le montant de l'indemnité. Il était stipulé que le paiement de la somme ainsi fixée serait effectué par l'État ou par la Compagnie à laquelle il rétrocéderait ultérieurement ses droits, dans un délai qui n'excéderait pas deux ans à partir de la loi approbative à inter-

venir et au moyen de huit termes trimestriels égaux, avec
intérêt simple à 5 %, à compter de la même époque; le
contrat serait d'ailleurs nul et non avenu, s'il n'était approuvé définitivement par le législateur, dans le délai d'un an.

Quelques-unes des conventions contenaient en outre certaines dispositions spéciales, au sujet de l'achèvement de
travaux déterminés et au sujet du sort réservé aux employés
des Compagnies.

Nous récapitulons, dans le tableau suivant, les principaux éléments des sentences arbitrales intervenues en conformité des conventions précitées.

| DÉSIGNATION des Compagnies. | DÉSIGNATION DES LIGNES | | LONGUEUR par Compagnie. | ALLOCATIONS. | OBSERVATIONS. |
|---|---|---|---|---|---|
| | En exploitation. | En construction. | | | |
| Charentes. | La Roche-sur-Yon à la Rochelle.<br>Rochefort à Saintes.<br>Saintes à Coutras.<br>Saintes à Angoulême.<br>Angoulême à Limoges.<br>Blaye à Saint-Mariens.<br>La Rochelle à Rochefort.<br>Bordeaux à la Sauve (a). | Nontron à la ligne d'Angoulême à Limoges.<br>Libourne à Marcenais.<br>Taillebourg à Saint-Jean-d'Angély.<br>Saint-Jean-d'Angély à Niort<br>Tonnay à Marennes et au Chapus.<br>Niort à Ruffec.<br>Confolens à Exideuil (a). | 777 km. | 113 505 391 fr. 32 | (a) Intérêt local.<br>A ajouter à la somme ci-contre :<br>1° Après justification du paiement, le montant des dépenses régulièrement faites, mais non liquidées, au 30 juin 1877 ;<br>2° Les dépenses de premier établissement faites ou à faire avec l'autorisation du Ministre des travaux publics, du 1er juillet 1877 à l'époque de la prise de possession par l'État ;<br>3° Une mensualité de 40 000 fr. représentative des intérêts des capitaux dépensés, plus une bonification de 7 °/o sur ces mensualités et sur les dépenses spécifiées au § 2, sauf déduction des subventions reçues après le 1er juillet 1877 ;<br>4° La valeur des approvisionnements. |
| Vendée. | Sables-d'Olonne à Tours. | Joué à Montluçon et Urcières à Lavaud-Franche. | 495 km. | 36 380 898 fr. 63 | A ajouter :<br>1° Le prix d'établissement des sections de Joué à Loches et de Loches à Châteauroux, à raison de 145 500 fr. par kilomètre ;<br>2° Les dépenses de parachèvement faites ou à faire avec l'approbation du Ministre, du 15 juin 1877 à la prise de possession, sur les lignes exploitées ;<br>3° La valeur des approvisionnements ;<br>A déduire :<br>Les subventions touchées après le 15 juin 1877. |
| Bressuire à Poitiers. | Neuville à Poitiers. | Bressuire à Neuville. | 83 km. | 1 728 004 fr. 29 | A ajouter : les dépenses de premier établissement faites ou à faire après le 30 juin 1877, avec l'approbation du Ministre. |

| DÉSIGNATION des Compagnies. | DÉSIGNATION DES LIGNES | | LONGUEUR par Compagnie. | ALLOCATIONS. | OBSERVATIONS. |
|---|---|---|---|---|---|
| | En exploitation. | En construction. | | | |
| St-Nazaire au Croisic. | » | Saint-Nazaire au Croisic. | 33 km. | 5 119 427 fr. 64 | Somme à porter au crédit de la Compagnie, partie de suite, partie mensuellement après exécution des travaux et avec bonification de 7 %. l'an, mais sans que le prix total pût excéder le prix porté ci-contre. |
| Orléans à Châlons. | Orléans à Châlons. | » | 293 km | 47 324 881 fr. 19 | A ajouter : 1° Les dépenses du 1er semestre 1877 liquidées, mais non payées au 30 juin ; 2° Les dépenses de construction ou de parachèvement faites avec l'approbation du Ministre après le 30 juin 1877, les déficits d'exploitation à partir de la même date, ainsi qu'une mensualité de 285 000 fr., le tout bonifié d'intérêts à raison de 7 %. l'an ; 3° La valeur des approvisionnements, autres que ceux qui étaient portés à l'inventaire remis à la Commission. Renvoi au Ministre d'une demande de 106 197 fr. 72 pour frais d'études et de liquidation. |
| Tulle à Clermont. | » | Clermont à Tulle. Eygurande à Vendes. | 221 km. | 11 043 914 fr. 77 | A ajouter : 1° En capital, pour dépenses d'achèvement, à partir du 1er juillet 1877, 22 945 455 fr. 23 ; 2° Une mensualité de 55 000 fr. depuis le 1er juillet 1877 jusqu'au jour de la promulgation de la loi approbative. A déduire : les subventions perçues après le 30 juin 1877, majorées des intérêts à 6 %. |

| DÉSIGNATION des Compagnies. | DÉSIGNATION DES LIGNES | | LONGUEUR par Compagnie. | ALLOCATIONS. | OBSERVATIONS. |
|---|---|---|---|---|---|
| | En exploitation. | En construction. | | | |
| Orléans à Rouen. | Orléans à Chartres (a). Chartres à Saint-Georges (a). Chartres à Auneau (a). Chartres à Brou (a). | Patay à Nogent-le-Rotrou (a). Brou à Savigny (a). Limite de l'Eure à Rouen (a). Evreux-Ville à Evreux-Na-varre (a). | 354 km. | 27 780 638 fr. 01 | (a) Intérêt local. A ajouter : 1° La valeur des approvisionnements ; 2° Les dépenses de parachèvement faites avec l'approbation du Ministre, après le 22 mars 1877 ; 3° Les dépenses d'établissement faites sur les lignes en construction, à régler ultérieurement ; A déduire : Les subventions perçues après le 22 mars 1877. Réserve faite au profit de l'État des sommes à verser par le département d'Eure-et-Loir et la ville de Chartres. |
| Poitiers à Saumur. | Neuville à Saumur (a). | » | 86 km. | 10 949 535 fr. 96 | A ajouter les dépenses imputables au compte de premier établissement, autorisées par le Ministre et postérieures au 30 juin 1877. Renvoi au Ministre de diverses réclamations. |

| DÉSIGNATION des Compagnies. | DÉSIGNATION DES LIGNES | | LONGUEUR par Compagnie. | ALLOCATIONS. | OBSERVATIONS. |
|---|---|---|---|---|---|
| | En exploitation. | En construction. | | | |
| Maine-et-Loire et Nantes. | Montreuil-Bellay à Angers (*a*). | Thouarcé à Chalonnes (*a*). | 91 km. | 10 793 827 fr. 39 | (*a*) Intérêt local. A ajouter : 1° Une mensualité de 65 000 fr. du 1er juillet 1877 à la prise de possession par l'État, sauf déduction des subventions et addition ou déduction des déficits ou des excédents des recettes d'exploitation ; 2° Les dépenses de parachèvement faites après le 30 juin, avec l'approbation du Ministre ; 3° Une bonification de 7 °/° l'an sur ces dépenses et sur les mensualités ; 4° Les dépenses de construction de la section de Thouarcé à Chalonnes, réglées à 153 000 fr. par kilomètre. |
| Nantais. | Nantes à Paimbœuf (*a*). Nantes à Pornic (*a*). Nantes à Machecoul (*a*). | Machecoul à la Roche-sur-Yon (*a*). Embranchement de Croix-de-Vic (*a*). La Prairie-au-Duc à Nantes (*a*). | 185 km. | 13 337 136 fr. 24 | A ajouter : 1° 450 000 fr. pour charges et travaux du 2e semestre 1877 ; 2° Les dépenses de parachèvement postérieures au 31 décembre 1877 ; 3° La valeur des approvisionnements ; 4° La dépense de construction de la ligne de Machecoul à la Roche-sur-Yon et de son embranchement, à raison de 124 500 fr. par kilomètre. A déduire, avec intérêts à 6 °/° les subventions touchées après le 30 juin 1877. |

D'autre part, l'administration évaluait comme il suit les dépenses à faire pour mettre les lignes, ci-dessus énumérées, en état d'exploitation :

| DÉSIGNATION des réseaux. | DÉPENSES A FAIRE | | | OBSERVATIONS |
|---|---|---|---|---|
| | Par les Compagnies rachetées et à solder en dehors du prix de rachat. | Directement par l'État. | Ensemble. | |
| | fr.    c. | fr.    c. | fr.    c. | |
| Charentes......... | » | 59 130 000   » | 59 130 000   » | (ª) Suivant sentence. |
| Vendée.......... | 16 150 500   »(ª) | 31 749 000   »(ª) | 47 899 500   » | |
| Bressuire à Poitiers. | » | 14 668 000   , | 14 668 000   » | |
| Saint - Nazaire au Croisic......... | 5 119 427 64(ª) | 759 000   » | 5 878 427 64 | |
| Clermont à Tulle.. | 22 945 455 23(ª) | 23 868 000   » | 46 813 455 23 | |
| Orléans à Rouen... | » | 31 860 000   » | 31 860 000   » | |
| Maine-et-Loire et Nantes.......... | 3 825 000   »(ª) | 575 000   » | 4 400 000   » | |
| Nantais.......... | 10 582 500   »(ª) | 4 171 000   » | 14 753 500   » | |
| Totaux. . . | 58 642 882 87 | 166 780 000   » | 225 402 882 87 | |

Il y avait lieu : 1° de déduire de ce chiffre total de 225 402 882 fr. 87. une somme de 5 417 517 fr. comprise dans le prix de rachat du réseau de la Vendée ; 2° d'en déduire également 5 119 427 fr. 64 afférents à la ligne de Saint-Nazaire au Croisic ; 3° d'y ajouter environ 7 000 000 fr., pour allocations mensuelles et intérêts.

Le sacrifice total de l'État s'élevait, en somme, à 500 000 000 fr., matériel compris, soit à 200 000 fr. en nombre rond par kilomètre.

II. — PROJET DE LOI. — Le 12 janvier 1878, le Ministre des travaux publics déposa sur le bureau de la Chambre des députés un projet de loi [J. O., 24, 25, 26 et 27 janvier, 13 et 19 février 1878], portant incorporation, au réseau général, des chemins d'intérêt local compris dans le premier des deux tableaux qui précèdent, ratifiant les conventions inter-

venues entre l'État et les Compagnies, remettant à une loi
de finances la création des ressources nécessaires, et conte-
nant en outre les deux articles suivants : « Art. 4. — En
« attendant qu'il soit statué sur les bases définitives du régime
« auquel seront soumis les chemins de fer repris par l'État,
« le Ministre des travaux publics est autorisé à assurer
« l'exploitation provisoire de ces lignes, à l'aide de tels
« moyens qu'il jugera le moins onéreux pour le Trésor.....
    « Art. 5. — Les concessionnaires actuels continueront
« l'exploitation de ces mêmes lignes jusqu'au jour où le
« Ministre des travaux publics sera en mesure, par les
« moyens prévus à l'article ci-dessus, de les décharger de
« cette obligation, sans que cet état transitoire puisse être
« prolongé plus de six mois après la promulgation de la
« présente loi. »

Comme on le voit, le Ministre, arrêté par les questions
complexes que soulevait le régime définitif à attribuer aux
lignes rachetées, sollicitait l'autorisation d'assurer, à titre
provisoire, l'exploitation de celles de ces lignes qui étaient
ou seraient livrées à la circulation ; il s'engageait, d'ailleurs,
à hâter, le plus possible, le moment où une solution définitive pourrait être soumise aux délibérations de la
Chambre.

III. — RAPPORT A LA CHAMBRE DES DÉPUTÉS. — M. Sadi
Carnot déposa, le 19 février 1878, un rapport très intéressant
et très développé sur le projet de loi, au nom de la Commission du budget [J. O., 6, 7 et 8 mars 1878]. Après avoir
rappelé, à grands traits, les précédents de l'affaire, il faisait
le rapprochement des dispositions proposées par le Gouvernement avec celles qui avaient été discutées, en 1877, par
la Chambre des députés.

. Le projet de loi de 1877 comportait l'incorporation de

2 527 kilomètres de chemins de fer à la concession de la
Compagnie d'Orléans; leur classement dans le nouveau
réseau, moyennant une augmentation de 522 millions environ sur le capital garanti; le relèvement du déversoir,
d'une somme correspondante de près de 30 millions;
l'exécution, par l'État, de l'infrastructure d'une partie des
lignes nouvelles et la prise en charge, par le Trésor, d'une
somme de près de 102 millions de ce chef; l'attribution aux
Compagnies rachetées des termes restant à échoir sur les
subventions, dont près de 60 millions au compte du Trésor.
Il comprenait, d'ailleurs, les subventions encaissées dans
le capital de premier établissement des lignes rétrocédées,
ce qui faisait porter la garantie sur près de 90 millions
fournis par l'État. Il pouvait donc se résumer ainsi : annexion
de 2 527 kilomètres au réseau d'Orléans, moyennant une
subvention de 160 millions en argent et en travaux, et une
garantie portant sur un capital de 522 millions. Il devait
peser lourdement sur les finances publiques.

Le nouveau projet de loi, plus avantageux pour l'État,
embrassait 2 615 kilomètres; 981 kilomètres, non visés par
le projet de loi de 1877, étaient venus se substituer aux
892 kilomètres, dont la rétrocession ou la concession était
prévue par la convention de 1876.

L'interprétation de la résolution de la Chambre des députés, sur le mode de liquidation de l'indemnité de rachat,
avait donné lieu à des controverses. On avait soutenu que
cette indemnité devait être réglée d'après le capital réalisé
par les Compagnies; que, en tous cas, le paiement devait
être fait en annuités, de manière à couvrir l'intérêt et l'a-
mortissement des dépenses; qu'il convenait de porter le
montant des insuffisances d'exploitation au compte de premier établissement, jusqu'à la date du rachat ou, au moins,
de compter des intérêts au capital-actions, jusqu'à la substi-

lution de l'État aux concessionnaires. On avait contesté la distinction entre les frais d'établissement et les charges résultant de l'achat des capitaux ; on avait réclamé un dédommagement, pour les détournements de trafic autorisés par l'État. Dans un sens absolument inverse, on avait nié l'opportunité de racheter, au prix de premier établissement, des chemins dont le revenu était nul ou minime ; de faire payer, par la généralité des contribuables, les fautes de quelques-uns ; d'adopter une base autre que celle de la valeur commerciale des lignes rachetées.

La Commission du budget avait cru devoir repousser ces doctrines opposées. L'État ne pouvait assumer le rôle d'assureur général, mais ne pouvait pas, non plus, oublier que, en mainte occasion, il était intervenu pour atténuer des crises dans lesquelles l'intérêt du pays entier était engagé ; il avait fait, en cela, un acte de générosité qu'il avait considéré comme dicté par les intérêts généraux. Les pouvoirs publics donneraient une preuve nouvelle de leur équité, de leur bienveillance pour les populations au sein desquelles s'étaient répandus les titres des Compagnies défaillantes, en appliquant le principe de la loi de 1874, comme l'avait, d'ailleurs, décidé la Chambre, sur la proposition de M. Allain-Targé.

Quant aux sentences intervenues en exécution de ce principe, la Commission considérait leurs conclusions comme hors de débat et proposait de les adopter dans leur teneur ; elle constatait, d'ailleurs, que les estimations des arbitres laissaient, en général, une très faible part à attribuer au capital-actions et que, même pour les Compagnies atteintes par la faillite, les obligations ne seraient que partiellement remboursées.

Après ces considérations générales, M. Sadi Carnot examinait les diverses clauses du projet de loi, auxquelles il

adhérail, sous réserve des modifications suivantes, concertées avec le Ministre des travaux publics :

1° Addition d'une disposition aux termes de laquelle il
devait être statué, par décret rendu en Conseil d'État, sur
l'indemnité ou sur les dédommagements qui pourraient être
dus aux départements.

Cette disposition était conforme à un avis du Conseil
d'État qui, tout en proclamant le droit absolu de l'État
d'incorporer, dans le réseau d'intérêt général, des chemins
antérieurement concédés par les départements, constatait
l'obligation pour lui de désintéresser, le cas échéant, ces
départements du préjudice dont ils pouvaient être atteints.

2° Addition d'une clause portant que « des décrets, ren-
« dus sur la proposition des Ministres des travaux publics et
« des finances, détermineraient les conditions dans lesquelles
« s'effectueraient les recettes et les dépenses de l'exploita-
« tion provisoire, ainsi que le mode suivant lequel elles
« seraient justifiées ».

3° Insertion d'une réserve subordonnant la reprise des
lignes par l'État à la ratification définitive des conventions·
et des sentences par les assemblées générales des actionnaires ou par les syndics de faillite dûment autorisés.

La Commission s'était préoccupée des insuffisances éventuelles de produits, prévues par le projet de loi; tout en reconnaissant que, sur les 1 510 kilomètres livrés à la circulation, il y avait eu, en 1876, un produit brut de 13 000 000 fr
et un produit net de 1 500 000 fr., et, d'autre part, que
l'État pourrait assurer son réseau contre les détournements
de trafic, elle avait jugé prudent de maintenir néanmoins
les prévisions du Gouvernement.

Elle avait eu aussi à discuter trois amendements, savoir:

1° Amendement de MM. Dupouy, Lalanne, de Lur-
Saluces. Roudier et Simiot, tendant à imposer à l'État

l'obligation de remplir tous les engagements de la Compagnie des Charentes vis-à-vis du département de la Gironde et, notamment, d'exécuter la ligne de la Sauve vers Duras.

Satisfaction pourrait être donnée, s'il y avait lieu, au département de la Gironde, lors du règlement de l'indemnité à allouer aux départements; il n'était donc pas nécessaire de statuer d'ores et déjà, suivant le vœu des auteurs de cet amendement.

2° Amendement de MM. Papon, Develle, Lepouzé et d'Osmoy, ayant pour objet de faire comprendre toutes les lignes départementales de l'Eure dans le rachat.

L'étude de cette question devait être réservée, pour le travail général de classement en élaboration.

3° Amendement de M. Duclaud (1), tendant à faire comprendre la ligne de Barbezieux à Châteauneuf dans le rachat. Cette proposition comportait la même observation que la précédente.

En résumé et sous le bénéfice des additions ci-dessus indiquées, la Commission concluait à l'adoption du projet de loi.

IV. — DISCUSSION A LA CHAMBRE DES DÉPUTÉS. — [J. O., 8, 9, 10, 15 et 16 mars 1878]. — M. René Brice ouvrit cette discussion par un discours très étudié. Il fit l'historique des Compagnies à racheter et, notamment, de la Compaguie des Charentes; il rappela que ces Compagnies secondaires avaient couru à leur perte, en voulant sortir de leur rôle et se transformer en grandes Compagnies, en construisant à des prix très élevés, en étendant outre mesure le cercle de leurs concessions. Il récapitula les diverses combinaisons qui

____

(1) M. Duclaud avait déposé, le 13 février 1878, une proposition de loi à cet égard.

avaient été mises en avant, soit pour leur rendre la vie, soit pour assurer, après leur rachat, l'exploitation de leurs réseaux. Il fit, à cette occasion, le procès des Compagnies fermières hollandaises, auxquelles le Gouvernement des Pays-Bas avait eu recours, faute de mieux, et dont les opérations étaient peu fructueuses, ainsi que des sociétés conçues dans le système de M. Sella, qui constituait une exploitation déguisée par l'État. Il remit sous les yeux de la Chambre le texte des deux projets de résolution, qui avaient été présentés eu 1877, d'un côté, par MM. Bethmont, Lecesne, Richard Waddington et Wilson, et, d'un autre côté, par M. Allain-Targé. Il dégagea de la dernière de ces résolutions, c'est-à-dire de celle qui avait été votée par l'Assemblée, les trois principes suivants : 1° rachat des Compagnies secondaires, dans les conditions de la loi du 23 mars 1874 ; 2° concentration, dans les mêmes mains, de toutes les lignes à grand trafic de la même région ; 3° autorité absolue de l'État sur les tarifs et garanties pour l'exploitation des chemins à construire ultérieurement. Après cet historique, il discuta les questions suivantes :

(A). *Y-avait-il réellement lieu d'opérer le rachat des petites lignes en souffrance ?* — Les adversaires de ce rachat avaient soutenu que les chemins de fer étaient des entreprises industrielles ; que, dès lors, les actionnaires et les obligataires devaient subir les risques de ces entreprises; que, d'ailleurs, la plupart des titres étaient entre les mains de spéculateurs peu dignes d'intérêt. M. Brice ne partageait pas cet avis. Considérant que les titres étaient, pour une large part, répandus dans la région; que les chemins de fer constituaient, avant tout, l'un des principaux éléments de la richesse publique ; qu'il importait de ne pas priver du bénéfice de ces voies de communication des populations qui y avaient consacré leurs épargnes, il admettait la nécessité du rachat.

(B). *Fallait-il appliquer les bases de la loi de 1874 ?* —
Suivant l'orateur, la loi de 1874 n'avait pas été faite pour le
cas où l'on se trouvait placé ; elle supposait le rachat de
lignes suffisamment prospères, effectué dans l'intérêt de
l'État et non dans l'intérêt de sociétés en faillite ou à la
veille de l'être. Il était incontestable que, en attribuant aux
Compagnies en cause le bénéfice des dispositions de cette
loi, on faisait un acte de bienveillance, de générosité, peut-
être excessif.

(C). *Ces bases avaient-elles été appliquées justement par les*
*commissions arbitrales?* — M. Brice estimait que les commissions avaient fait preuve d'une libéralité exagérée à
l'égard des petites Compagnies.

(D). *Quel était le sacrifice auquel conduirait l'adoption des*
*propositions du Ministre ?* — La dépense afférente au rachat
et à l'achèvement des réseaux secondaires était évaluée à
500 000 000 fr.. à réaliser au moyen d'émissions de rente
amortissable 3 °/. ; l'annuité correspondante serait de
25 000 000 fr. et, à ce point de vue, le projet de convention
de 1876 avec la Compagnie d'Orléans était préférable,
attendu :

1° Que les charges annuelles dont il grevait le Trésor, au
titre de la garantie d'intérêt, constituaient seulement des
avances remboursables avec intérêts, au taux de 4 °/. ;

2° Que ces avances devaient, nécessairement, cesser, au
plus tard, en 1909, terme de la période cinquantenaire assignée à la garantie de l'État.

N'allait-on pas s'engager dans une voie funeste, dans.
une série d'opérations analogues, ouvrir une porte qu'il ne
serait plus possible de refermer ?

(E). *Que ferait-on des réseaux secondaires, après les avoir*
*rachetés ?* — Il était impossible de consommer la reprise
des réseaux secondaires, sans savoir quel parti on en tirerait

ultérieurement ; or, ce que sollicitait le Ministre, c'était un blanc-seing, un bill anticipé d'indemnité pour toutes les mesures qu'il jugerait à propos de prendre. Cette demande s'expliquait d'autant moins que les Compagnies rachetées devaient poursuivre l'exploitation pendant un certain délai et que, dès lors, les pouvoirs publics avaient le temps nécessaire pour rechercher une solution définitive. Le régime qui allait être inauguré, à titre provisoire, n'était autre chose, il ne fallait pas se le dissimuler, que l'exploitation par l'État ; or cette exploitation, tentée dans d'autres pays, avait donné des résultats fort peu satisfaisants ; M. Waddington lui-même en avait reconnu les dangers dans son rapport. Il y avait d'autant plus lieu de la redouter, qu'elle allait porter sur des lignes improductives, qu'elle se traduirait inévitablement par des pertes, et qu'elle conduirait fatalement à poursuivre le rachat de chemins plus rémunérateurs.

M. René Brice concluait donc au rejet de l'article portant autorisation au Ministre d'organiser une exploitation provisoire.

M. Ganivet exprima, comme le précédent orateur, le regret que la Chambre de 1876 ne se fût pas arrêtée aux propositions de M. Christophle, qui étaient de nature à donner pleine satisfaction aux intérêts de l'État, des populations et des capitalistes intéressés dans l'œuvre des réseaux secondaires. Toutefois, il s'inclinait devant la décision de 1877. Mais le principe du rachat étant admis, les conditions dans lesquelles il s'agissait de l'appliquer lui paraissaient iniques pour les actionnaires, qui étaient exposés à perdre la totalité de leur mise de fond. Il y avait là une mesure très grave, surtout en raison de l'extrême division des actions, dans le pays traversé par les lignes sur lesquelles portait le projet de loi. On oubliait trop que les Compagnies de chemins de fer étaient de véritables mandataires de l'État, au nom duquel elles géraient un monopole; que l'évaluation du trafic, faite avant la concession, était émanée des ingénieurs de l'État; que les émissions d'obligations avaient été autorisées par l'administration ; que jamais le Gouvernement n'avait arrêté les petites Compagnies du Sud-Ouest, dans la voie de l'imputation des insuffisances sur le compte de premier établissement; qu'il n'avait pas hésité à autoriser la création de gares distinctes, là où, avec des visées moins ambitieuses, les Compagnies auraient pu se contenter de la communauté avec les gares de l'Orléans; qu'il avait donné son adhésion à l'institution de bons de délégation, gagés sur les subventions du Trésor, et avait laissé les souscripteurs se considérer comme des créanciers privilégiés de l'État, sans se préoccuper, ensuite, des garanties à ménager au profit des porteurs de ces titres. La responsabilité, sinon effective, du moins morale, de l'État était engagée, par suite de ces diverses circonstances, et le devoir de l'Assemblée était de ne pas se montrer trop parcimonieuse, de comprendre dans l'estimation de l'indemnité la totalité des insuffisances portées au compte de premier établissement, au lieu de se limiter, comme les arbitres, aux insuffisances antérieures à l'ouverture des diverses lignes.

M. Sadi Carnot, rapporteur, répondit tout à la fois à M. René Brice et à M. Ganivet. Les reproches inverses adressées à la Commission du budget, par ces deux honorables députés, prouvaient que cette Commission avait su rester dans une juste mesure. Prenant spécialement corps à corps le rapprochement fait par M. René Brice, entre le projet de convention de 1876 avec la Compagnie d'Orléans et le projet de rachat de 1878, M. Carnot présentait les observations suivantes. M. Brice avait omis de rappeler que la convention de 1876 relevait le déversoir de l'ancien sur le nouveau

réseau d'une somme de 6 000 000 fr., représentant l'intérêt
et l'amortissement de 105 000 000 fr. de travaux complémentaires ; qu'elle attribuait à la Compagnie un bénéfice de
6 1/2 %, avant tout partage, sur cette dépense et sur celle
de premier établissement des lignes ajoutées à sa concession ; qu'elle abandonnait à cette société les subventions,
déjà versées par l'État ou par les localités, et les faisait entrer dans le capital de construction ; qu'elle laissait au
compte du Trésor plus de 100 000 000 fr. pour l'infrastructure de 779 kilomètres de chemins concédés à titre ferme
ou éventuel ; qu'elle livrait à la Compagnie d'Orléans le
matériel roulant des Compagnies secondaires. L'annuité
totale à mettre en regard de celle de 25 000 000 fr., prévue
par le projet de rachat, était ainsi de 44 000 000 fr., dans le
système de 1876. Il importait, d'ailleurs, de ne pas s'illu-
sionner sur l'époque à laquelle la Compagnie d'Orléans
commencerait à rembourser les avances de l'État au titre
de la garantie d'intérêt, de ne pas oublier que l'on pourrait
être conduit à racheter le réseau de cette Compagnie, et
que le gage fourni par le matériel roulant pourrait être de
beaucoup inférieur au montant de la créance. Tout compte
fait, il était indubitable que la solution soumise à la Chambre
était préférable à celle de 1876.

M. Keller examina, ensuite, les conséquences que pourrait
avoir, pour la situation financière du pays, le grand programme de travaux publics, dont le rachat des réseaux
secondaires du Sud-Ouest constituait la préface et dont
l'estimation n'était pas de moins de 4 milliards. Il était
imprudent, suivant l'orateur, d'escompter ainsi la prospérité publique, sans avoir égard aux menaces que faisaient
peser sur elle le phylloxéra, la guerre d'Orient, le développement de l'industrie en Allemagne et aux États-Unis ; à
la stagnation incontestable des recettes ; à l'impossibilité de

créer de nouveaux impôts. Il était imprudent de contracter
des emprunts, alors que le tableau des engagements du
Trésor était déjà si chargé ; il était imprudent de ne pas se
ménager des réserves, en vue des éventualités qu'un grand
peuple devait toujours prévoir. Déjà les conventions de 1859
et celles qui leur avaient fait suite avaient grevé lourdement
le budget, par le jeu de la garantie d'intérêt ; cette charge
était d'autant plus redoutable qu'elle augmentait inévitablement pendant les périodes de malaise du pays, qu'elle
liait étroitement les intérêts du Trésor à ceux des Compagnies et qu'elle faisait ainsi obstacle à l'abaissement des
tarifs. Il fallait savoir s'arrêter dans une voie si dangereuse.
Sans repousser le rachat des petits réseaux, que l'État avait
eu le tort d'encourager, malgré l'insuffisance de leurs
éléments de vitalité, il importait : de séparer ce rachat des
travaux que l'on voulait y greffer ; d'exiger la renonciation
pure et simple des départements à toute indemnité ; de recourir aux voies et moyens du budget ordinaire, pour faire face
aux dépenses ; de renoncer définitivement à l'exploitation par
l'État ; de s'entendre avec les grandes Compagnies, pour leur
remettre les lignes rachetées ; de ne pas poursuivre, simultanément, la réduction générale des tarifs. M. Keller concluait au renvoi du projet de loi à une Commission spéciale.

M. Léon Say, Ministre des finances, appelé à s'expliquer
sur la situation financière, fit observer que M. Keller avait
par trop élargi le cadre du débat ; qu'il s'agissait, pour
l'heure, non point d'engager 4 milliards de dépenses,
mais de consommer une dépense de 500 000 000 fr. et d'inscrire au budget une annuité de 25 000 000 fr. Tout en reconnaissant la nécessité de faire face à quelques dégrè-
vements et d'augmenter certains crédits du budget, le
Ministre constatait la possibilité du prélèvement de ces
25 000 000 fr.

M. des Rotours s'éleva contre l'abus que la Chambre allait faire des clauses du rachat; ces clauses avaient été stipulées, non point pour racheter des lignes improductives, mais, au contraire, pour réaliser des opérations profitables à l'État. L'intérêt des populations était hors de cause : car la faillite des Compagnies secondaires entraînerait nécessairement leur déchéance. Il s'agissait donc, purement et simplement, d'employer l'argent des contribuables à faire une libéralité qui aurait pu se justifier, dans une certaine mesure, vis-à-vis des souscripteurs primitifs, mais qui était injustifiable vis-à-vis des détenteurs actuels des titres, dont la plupart étaient des spéculateurs. La prodigalité, que conseillait la Commission du budget, était d'autant moins admissible que personne ne contestait la nécessité de chercher à réduire certains impôts et d'accroître la dotation de certains services, et qu'après avoir racheté les Compagnies secondaires en cause dans le projet de loi, on serait inévitablement conduit à prendre des mesures analogues sur d'autres points du territoire. M. des Rotours demandait donc le renvoi à la Commission du budget ou à une Commission spéciale, pour qu'il fût procédé à une étude complémentaire de l'affaire, en ayant égard aux considérations précédentes.

M. Allain-Targé reprit le débat dans le champ exclusif du projet de loi ; il rappela la résolution votée par la Chambre en 1877, à la suite d'une discussion approfondie ; il montra que les propositions du Gouvernement étaient absolument conformes à la première partie de cette résolution. C'était, d'ailleurs, à juste titre que le Ministre avait réservé les autres problèmes, sur lesquels les esprits étaient si divisés et qui avaient trait à l'exploitation et au régime des lignes rachetées. Le projet de loi soumis à la sanction de la Chambre était loin d'être trop onéreux, comme on l'avait prétendu. M. Allain-Targé reproduisait le parallèle, qui avait déjà été fait, entre la combinaison en discussion et la convention de 1876 avec la Compagnie d'Orléans ; il chiffrait à 200 millions l'avantage que la nouvelle solution devait procurer au Trésor : il faisait valoir l'augmentation inévitable du produit des réseaux secondaires, par suite du développement progressif du trafic, et les bénéfices qu'en retirerait ultérieurement l'État. Le procédé consistant à laisser les Compagnies tomber en faillite et à les racheter à vil prix, d'après la valeur commerciale actuelle, serait indigne des pouvoirs publics. Il importait de sanctionner, le plus tôt possible, les propositions du Ministre et de la Commission du budget, pour mettre un terme à une situation, qui ne pouvait pas se prolonger davantage. On aviserait, ensuite, au meilleur régime à attribuer aux chemins qui auraient ainsi fait retour à l'État. M. Allain-Targé admettait, d'ailleurs, qu'on cherchât à traiter avec la Compagnie d'Orléans, mais sur des bases absolument différentes de celles de 1876, en prenant toutes les garanties voulues pour la construction ultérieure de lignes nouvelles et en maintenant entre les mains de l'État une autorité absolue sur les tarifs.

Puis, M. Cherpin demanda l'ajournement, jusqu'à ce que le Ministre des travaux publics eût présenté le grand programme de travaux, qu'il avait annoncé et qu'il faisait actuellement élaborer par des commissions régionales. L'orateur se refusait à engager par le petit côté la grande question des chemins de fer et à préjuger les solutions à donner à cette question, sans une étude complète de tous les problèmes qu'elle soulevait. Si les travaux des commissions régionales démontraient l'utilité des lignes dont le Gouvernement proposait le rachat, s'il était ainsi prouvé que les Compagnies secondaires se fussent bornées à devancer l'heure de l'exécution de chemins incontestablement utiles à l'inté-

3

31

rêt public., la Chambre pourrait souscrire, sans arrière-
pensée, à l'acte de bienfaisance sollicité de sa générosité.
M. Cherpin signalait, d'un autre côté, le caractère anormal
de la clause du projet de loi, qui remettait à un décret,
c'est-à-dire à un acte du Gouvernement, le règlement de
l'indemnité due, le cas échéant, aux départements, pour la
dépossession de leurs chemins d'intérêt local. Il insistait
sur ce fait, que l'État, enserré dans le réseau d'Orléans, ne
pourrait réaliser l'œuvre d'amélioration des tarifs, préconisée par M. Allain-Targé, et serait, par suite, entraîné à
poursuivre le rachat des grands réseaux ou, tout au moins,
de celui d'Orléans. L'exploitation directe par le Gouvernement était, du reste, une mesure trop grave pour être introduite incidemment.

M. Laroche-Joubert combattit la motion de M. Cherpin,
qui ne pouvait se concilier avec les nécessités pressantes de
la situation; d'ailleurs, il fallait, dans l'intérêt même de
l'étude d'ensemble réclamée par le précédent orateur, saisir
l'occasion de faire.l'essai, dans des proportions modestes,.
d'un rachat et d'une exploitation par l'État. Les charges qui
devaient en résulter pour les contribuables étaient absolument minimes : car, en supposant même qu'il n'y eût pas de
recette nette, il s'agissait seulement d'annuités, de 25 à
30 millions c'est-à-dire de 1/2 % sur les 6 milliards, que
les contribuables versaient chaque année au Trésor ou aux
caisses départementales et communales. On avait à tort
reproché aux actionnaires d'avoir été coupables ou, tout au
moins, imprudents ; ils avaient été trompés par les chiffres
que l'État lui-même avait fait miroiter à leurs yeux. On
avait, également à tort, négligé les bénéfices indirects que
les Compagnies secondaires avaient procurés au pays et
qui devaient leur valoir toute la bienveillance des pouvoirs.
publics. En n'entrant pas dans la voie que traçait le projet

de loi, la Chambre commettrait la même faute qu'un chef
d'industrie, qui, voyant un moyen certain de réaliser des
bénéfices considérables, par une légère augmentation de
son capital, reculerait devant l'accroissement correspondant
de ses charges en intérêts et amortissement. En laissant en
souffrance les intérêts des Compagnies, l'État compromettrait
ses propres intérêts. M. Laroche-Joubert affirmait, à cette
occasion, ses sympathies pour l'exploitation directe par
l'État, seul capable de se charger des lignes ne donnant pas
un bénéfice direct suffisant pour rémunérer une entreprise
particulière, mais néanmoins productives, par leur influence
sur la richesse nationale et sur le rendement des impôts. En
résumé, M. Laroche-Joubert appuyait le projet de loi, mais
en demandant que la Commission du budget examinât s'il
ne serait pas possible de traiter un peu plus largement les
Compagnies rachetées , et en recommandant l'essai d'un
système de coopération, pour l'exploitation du nouveau
réseau d'État.

M. Rouher succéda à la tribune à M. Laroche-Joubert
et prononça un long et important discours. Après avoir donné,
en principe, son adhésion au grand programme de travaux
publics étudié par M. de Freycinet, sous la réserve que la
réalisation n'en serait pas poussée avec trop de précipitation,
il discuta le projet de loi, tant en lui-même qu'au point de vue
de la tendance dont il était l'indice vers le rachat général des
chemins de fer et l'exploitation par l'État. Non seulement
ce projet de loi était présenté, par erreur, comme l'exécution
d'une résolution définitive votée, en 1877, par la Chambre ;
mais il s'écartait même du sens de cette résolution. En effet,
l'Assemblée avait entendu, non point donner une consécration
irrévocable aux idées émises par M. Allain-Targé, mais en
recommander l'étude à la Commission ; et, d'autre part,
cet honorable député avait entendu que des négociations

nouvelles seraient engagées avec la Compagnie d'Orléans
et que l'échec de ces négociations pourrait seul justifier la
constitution d'un réseau distinct exploité par l'État. Le règlement des indemnités, au lieu d'être surbordonné aux
résultats de ces pourparlers, avait été entrepris immédiatement ; au lieu d'être confié à une juridiction instituée par le
législateur, conformément au précédent du rachat des actions de jouissance des canaux, il l'avait été à un tribunal
arbitral, créé en vertu de simples conventions entre le Ministre et les Compagnies secondaires. L'opération portait
sur des chemins que ne visaient point les propositions du
Ministre, en 1876. La liquidation, au lieu d'être opérée dans
les conditions fixées par le cahier des charges, l'était en
violation flagrante de la loi, et cela au profit de sociétés, dont
plusieurs avaient contrevenu aux stipulations de leur contrat, en faisant des marchés d'entreprise générale pour l'exécution de leurs travaux. Le Gouvernement avait ainsi, sans le
vouloir, provoqué de regrettables spéculations à la Bourse
sur les titres des Compagnies rachetées. On pouvait lui reprocher aussi, en admettant même le principe de l'application de la loi de 1874, de ne pas s'y conformer, en ce sens
qu'il proposait de payer les indemnités en capital, alors
que, d'après les termes du rapport de M. de Montgolfier, le
législateur avait entendu les acquitter sous forme d'annuités.

D'autre part, et quoiqu'on en eût dit, le projet de loi
soulevait la grande question du rachat et de l'exploitation
par l'État ; il faisait entrer les pouvoirs publics dans un
engrenage, auquel ils ne pourraient échapper. Or, l'opportunité d'une solution de cette nature avait été déjà discutée
à diverses reprises ; elle avait, notamment, donné lieu à un
débat solennel en 1838, c'est-à-dire à une époque où la
carrière était absolument libre, et le Gouvernement d'alors,
qui était partisan de l'action directe de l'État, avait succombé

sous le coup des réfutations vigoureuses d'adversaires tels que MM. Arago et Berryer. Vainement invoquait-on l'exemple de certains pays voisins : la Belgique souffrait encore des conditions onéreuses dans lesquelles elle avait repris les concessions de M. Philippart ; l'Allemagne, la Bavière et la Saxe avaient été contraintes, par l'insuffisance de leur richesse mobilière, à entreprendre directement la tâche que l'industrie privée était impuissante à accomplir ; la Prusse avait d'ailleurs suivi, à cet égard, l'impulsion de son génie, absolument différent du génie français.

Quant aux tarifs, leur assimilation avec les tarifs de douane était une véritable hérésie économique ; tandis que ces droits avaient exclusivement le caractère d'impôts, les taxes de chemins de fer étaient, au contraire, la représentation d'un service rendu. Les abus à redouter du maintien des tarifs entre les mains des Compagnies avaient pour correctif l'intérêt manifeste de ces sociétés à abaisser leurs taxes, pour augmenter leur trafic et leurs recettes, et, d'autre part, le droit d'homologation du Ministre ; ce droit d'homologation était une arme puissante à la disposition de l'administration, surtout avec le caractère provisoire attribué, en pratique, à toutes les autorisations. Il fallait encore y ajouter, en fait : 1° l'action incontestable et incontestée du Ministre qui, avec de la fermeté, pouvait obtenir des concessionnaires toutes les satisfactions légitimes réclamées par l'intérêt public ; 2° les pénalités sévères prévues par les lois et règlements contre les Compagnies qui appliqueraient des tarifs non homologués, qui souscriraient des traités particuliers, qui accorderaient des détaxes illicites. Vouloir donner à l'État la faculté de manier les tarifs à son gré, c'était évidemment fermer la porte à l'industrie privée, c'était tuer l'esprit d'association qui avait tant contribué à la richesse du pays, c'était substituer à l'exploitation com-

merciale une exploitation administrative et développer à
outrance le fonctionnarisme, c'était exposer le Gouvernement à l'impopularité ou à des entraînements funestes pour
les finances publiques.

Le parti le plus sage à prendre consisterait à revenir à
l'application du système de 1859, en répartissant convenablement les lignes nouvelles entre les diverses Compagnies,
en ne donnant à chacune d'elles que ce qu'elle pourrait
prendre sans fermer l'horizon de sa libération et sans transformer sa gestion en une régie impuissante.

M. de Freycinet, Ministre des travaux publics, prit ensuite la parole pour défendre le projet de loi, avec son éloquence lucide et persuasive. Après avoir fait observer que
la question du régime définitif des lignes à racheter, celle
de l'exploitation par l'État, et surtout celle du rachat général des Compagnies de chemins de fer, étaient absolument réservées, il examina successivement les divers points
sur lesquels avait porté la discussion.

1° NÉCESSITÉ DU RACHAT. — La nécessité du rachat avait été
proclamée, en 1877, et le projet de loi n'était que l'expression de la pensée qui avait animé la Chambre à cette époque,
et qui avait même recueilli l'unanimité des suffrages, attendu qu'elle était commune aux deux propositions Bethmont
et Allain-Targé. Le vote de l'Assemblée avait, d'ailleurs, eu
pour objet de renvoyer l'amendement Allain-Targé à la
Commission non point pour en faire une étude nouvelle,
mais bien pour en assurer l'exécution : il suffisait, pour s'en
convaincre, de se reporter aux débats. C'est ainsi que l'a-
vait compris la Commission ; c'est ainsi que l'avaient également compris les Ministres des travaux publics qui s'é-
taient succédé depuis le mois de mars 1877. Du reste aucune voix ne s'était élevée contre cette interprétation, ni
contre les actes accomplis au grand jour par le Gouverne-

ment. Le vote du 22 mars avait une valeur morale trop considérable pour que la Chambre se déjugeât, sans motifs plausibles : or ces motifs n'existaient pas ; la raison d'État, qui seule avait déterminé ce vote, subsistait, au contraire, aussi puissante que jamais. Pouvait-on raisonnablement faire table rase du passé et oublier que, sur la foi de la résolution de 1877, les Compagnies en détresse avaient dû renoncer à rechercher toute combinaison d'un autre genre ?

2° PRIX DU RACHAT. — Le prix du rachat n'avait rien d'excessif ; en effet il ne faisait ressortir la dépense kilométrique des lignes en exploitation qu'à un taux sensiblement égal à celui des évaluations des ingénieurs, pour la construction d'autres chemins de la région. Le règlement de l'indemnité avait été confié à des hommes, dont la haute compétence était incontestable et dont l'intervention avait ramené à 500 000 000 fr. l'estimation de 700 000 000 fr., faite en 1877. Pour un seul chemin, celui d'Orléans à Châlons, l'indemnité pouvait être considérée comme comportant une majoration de 25 à 30 000 fr. par kilomètre ; mais cette majoration résultait de ce que la Compagnie n'avait pu encore obtenir l'autorisation de pousser ses travaux jusqu'à Orléans et s'était trouvée ainsi empêchée d'entrer, à proprement parler, dans la période d'exploitation, et de ce qu'il avait fallu par suite imputer au compte de premier établissement les intérêts et les insuffisances de produits pendant trois années. Ce qui attestait la modicité du prix de rachat, c'est que les lignes du second réseau des grandes Compagnies avaient coûté en moyenne 366 000 fr. et imposaient, au taux de 5,75 %, une charge annuelle de 21 000 fr. pour une recette brute de 6 000 fr., tandis que les chemins à racheter ne reviendraient pas à plus de 191 000 fr., somme correspondant à une annuité de 9 500 fr., abstraction faite des produits nets sur lesquels on devait légitimement compter.

M. de Freycinet exprimait son étonnement d'avoir entendu articuler les mots de « valeur commerciale », à propos des chemins de fer, dans leurs rapports avec l'intérêt de l'État. Pour le pays, pour la communauté, le véritable revenu d'un chemin de fer, c'était l'économie réalisée sur le transport ; or, les voies ferrées réduisaient de 0 fr. 30 à 0 fr. 06 le prix du transport kilométrique ; elles faisaient, par suite, bénéficier la communauté d'un profit égal à quatre fois la recette brute et ajoutaient au produit brut de 850 millions du réseau français un bénéfice indirect annuel de 3 milliards et demi.

On avait préconisé un système, consistant à laisser tomber les Compagnies en déchéance ; mais jamais les pouvoirs publics n'avaient souscrit à une combinaison de cette nature, qui eût été fatale à l'œuvre du développement du réseau. L'histoire était là pour en faire foi ; en 1852, notamment, le Gouvernement n'avait pas hésité à faire des sacrifices considérables pour relever l'industrie des chemins de fer de la crise au milieu de laquelle elle se débattait ; la genèse de la Compagnie de Paris-Lyon-Méditerranée montrait l'État venant, à diverses reprises, lui tendre une main secourable dès ses débuts.

On avait aussi allégué que l'intervention de l'État devait être justifiée par la moralité de l'entreprise. Était-il possible que l'État se fît l'appréciateur de cette moralité? Avait-il assumé ce rôle, lors du rachat du chemin de Graissessac à Béziers et, plus tard, lors de la fusion du Grand-Central avec les Compagnies voisines?

3° DANGER DU PRÉCÉDENT A CRÉER VIS-A-VIS DES AUTRES COMPAGNIES SECONDAIRES. — Quelques membres de la Chambre avaient exprimé la crainte que le rachat proposé à la sanction de l'Assemblée constituât un précédent fâcheux au regard des autres Compagnies secondaires. Cette préoccupation devait être écartée : car, avant de solliciter le rachat de leurs concessions, ces Compagnies auraient à faire la preuve de l'intérêt général des chemins placés entre leurs mains.

4° QUESTION DU RÉGIME D'EXPLOITATION. — On s'était inquiété de ce que le projet de loi restait muet sur le régime définitif à adopter pour l'exploitation des lignes rachetées. Mais il ne pouvait en être autrement. Pour se conformer à la résolution de 1877, le Ministre avait engagé des pourparlers avec la Compagnie d'Orléans, en ayant soin de ne pas surcharger le réseau de cette Compagnie dans une proportion qui la désintéressât d'une bonne gestion. Les négociations n'étaient pas encore terminées. En attendant, il fallait bien pourvoir aux nécessités du service et organiser un régime provisoire. L'organisation serait d'ailleurs étudiée, de manière à ne pas engager l'avenir et à réserver toutes les solutions.

En terminant, M. de Freycinet signalait les conséquences funestes d'un nouvel ajournement, au point de vue de la situation des Compagnies recondaires, de la continuation des travaux et de l'effet produit sur l'opinion publique, qui considérait le projet de loi comme la préface du grand programme de travaux publics.

A la suite de quelques observations de M. Clapier, qui persistait à réclamer l'ajournement, en raison même de la solidarité entre le projet de loi et le grand programme de travaux publics, M. Rouher répliqua à M. de Freycinet. Il soutint que, si la raison d'État, invoquée par le Ministre, existait pour l'exécution et le maintien de l'exploitation des chemins de fer, elle ne commandait nullement le rachat dans des conditions absolument opposées à la loi ; il invoqua la tradition constante de l'administration des travaux publics, dans ses rapports avec les entrepreneurs auxquels les indemnités gracieuses étaient toujours refusées ; il fit valoir les termes précis et formels des cahiers des charges, l'en-

couragement que les pouvoirs publics allaient donner à la
spéculation, s'ils votaient le projet de loi. En face du concessionnaire qui n'avait pas exécuté son contrat, il ne pouvait être question que de la liquidation d'une opération
commerciale, quels que fussent les avantages indirects
procurés au pays. Avant de mettre au compte des finances
publiques un rachat si onéreux, le Gouvernement avait-il
accompli complètement son devoir, qui était de s'efforcer
de traiter avec la Compagnie d'Orléans ? Il était permis d'en
douter. Passant au montant des indemnités, il relevait une
erreur que M. de Freycinet avait commise, suivant lui, en
négligeant dans ses calculs un élément important, les subventions antérieurement accordées aux Compagnies secondaires. Il critiquait la conduite de la Commission du budget,
qui avait cru devoir se borner à enregistrer les sentences
arbitrales, sans les discuter. Répondant aux arguments
tirés, par M. de Freycinet, des précédents de 1852 et de
1857, il justifiait le premier par le cas de force majeure de
la révolution de 1848 et le second par la concentration des
réseaux, que poursuivait alors le Gouvernement. Il repoussait, d'ailleurs, le reproche d'avoir prêté la main à un
acte de générosité excessif, lors du rachat du Grand-
Central, attendu que ce rachat avait valu à l'État la construction d'un certain nombre de lignes nouvelles, sans subvention, ni garantie d'intérêt, et le versement par les deux
Compagnies de Lyon et d'Orléans d'une somme de 24 millions, à titre de fonds de concours pour l'exécution d'autres
chemins d'une utilité publique incontestée. M. Rouher concluait, en insistant pour que la Chambre se bornât à instituer un séquestre provisoire et pour que le Gouvernement
fût invité à poursuivre ses négociations avec la Compagnie
d'Orléans et à présenter, dans un délai de six mois, un
projet de loi fixant le régime définitif des lignes rachetées.

L'Assemblée rejeta ensuite la proposition d'ajournement de M. Cherpin et décida qu'elle passerait à la discussion des articles.

Elle fut saisie des amendements suivants :

(*a*). Amendement de M. Cunéo d'Ornano, portant « invitation au Ministre des travaux publics de reprendre le projet de loi du 1er août 1876 et de proposer d'urgence, sur les bases de ce premier projet, un nouveau projet de loi à l'approbation des pouvoirs publics ». — M. Cunéo d'Ornano défendit son amendement, en faisant valoir qu'il ne voulait, à aucun prix, s'engager dans la voie de l'exploitation par l'État et que le seul moyen de l'éviter lui paraissait être de reprendre la convention de 1876 avec la Compagnie d'Orléans, sauf à l'améliorer dans le sens des indications de M. Allain-Targé et à donner une satisfaction un peu plus complète aux intérêts des Compagnies secondaires. La proposition fut rejetée.

(*b*). Amendement de M. Sourigues, tendant à fixer, pour le règlement des indemnités de rachat, de nouvelles bases beaucoup plus rigoureuses pour les Compagnies. — Cet amendement fut retiré par son auteur, sur la déclaration du rapporteur que le Ministre considérait les lignes rachetées comme indispensables au réseau d'intérêt général et qu'il en aurait provoqué l'exécution, au cas où elles n'eussent pas existé.

(*c*). Contre-projet de M. Laroche-Joubert, ayant pour objet d'ajouter à l'indemnité de rachat du réseau des Charentes divers éléments écartés par les arbitres.

(*d*). Amendement de M. Robert Mitchell, portant incorporation dans le réseau d'intérêt général, non seulement de la ligne de Bordeaux à la Sauve, mais encore de son prolongement jusqu'à la limite du département de la Gironde, que la Compagnie des Charentes était tenue d'exécuter et dont la construction était compromise par le rachat. — Cet amendement ne fut pas pris en considération.

(e). Amendement analogue de M. Dupouy. — Cet honorable député retira sa proposition, après avoir proclamé le droit du département de la Gironde d'obtenir des compensations, pour la dépossession de la ligne de Bordeaux à la Sauve. Repris par M. Robert Mitchell, l'amendement fut vivement combattu par M. Raymond Bastid, qui considérait l'État comme n'ayant d'autre devoir à remplir, vis-à-vis des départements, que d'assurer la continuation du service des lignes d'intérêt local incorporées au réseau d'intérêt général, et qui repoussait même la clause du dédommagement éventuel, introduite par la Commission dans le projet de loi. A la suite d'explications fournies, d'une part, par M. Wilson, qui reconnaissait le droit de propriété des départements sur leurs chemins d'intérêt local et, par suite, leur droit éventuel à une indemnité, et, d'un autre côté, par le Ministre, qui exprimait une opinion favorable au prolongement du chemin de Bordeaux à la Sauve, l'amendement fut définitivement retiré.

(f). Amendement de M. Duclaud, tendant à l'incorporation du chemin de Barbezieux à Châteauneuf, qui, bien que concédé à une Compagnie spéciale, n'en était pas moins, en fait, une annexe du réseau des Charentes. — Cet amendement fut rejeté.

(g). Amendement de MM. Papon, Develle, Lepouzé et comte d'Osmoy, ayant pour objet le rachat de tout le réseau départemental de l'Eure. — M. Papon justifia cette proposition, en faisant valoir ce qu'il y avait d'anormal, d'une part, à racheter la ligne d'Orléans à Rouen sur tout son parcours, à l'exception de la traversée du département de l'Eure, et, d'autre part, à incorporer au réseau d'intérêt général le tronçon isolé d'Évreux-Ville à Évreux-Navarre, qui formait comme le nœud du réseau départemental. Puis, il retira son amendement, en prenant acte d'une promesse du Ministre de rechercher les moyens de pourvoir à une situation si irrationnelle.

(h). Amendement de M. Keller, tendant à subordonner le rachat des chemins d'intérêt local à une renonciation formelle des départements à toute indemnité. — M. Keller fit valoir, à l'appui de sa proposition, que le rachat était motivé par l'état de détresse des Compagnies et que, dès lors, loin d'être préjudiciable aux départements. il leur était extrêmement avantageux.

M. Wilson combattit l'amendement, en s'appuyant sur un avis du Conseil d'État et en faisant remarquer que, les départements propriétaires des chemins n'étant pas parties aux contrats, il était matériellement impossible de les déposséder, sans formuler au moins la réserve de leurs droits à une indemnité ou à des dédommagements. Il ajouta, d'ailleurs, que l'adoption de la proposition de M. Keller équivaudrait à un ajournement et irait à l'encontre d'un vote antérieur de la Chambre. M. Raymond Bastid, au contraire, appuya l'amendement qui fut néanmoins repoussé.

(i). Amendement de M. Cunéo d'Ornano, ayant pour objet la révision. dans un sens favorable à la Compagnie, de la sentence arbitrale concernant les chemins de Maine-et-Loire, en tenant compte de la totalité de la dépense justifiée par les comptes de la Compagnie. — La Chambre refusa d'adopter cet amendement.

(j). Disposition additionnelle proposée par MM. Louis Legrand et Jametel et tendant à une nouvelle vérification de la valeur des lignes rachetées. — M. Louis Legrand soutint que les indemnités avaient été fixées à des chiffres trop élevés, non point par la faute des arbitres, mais par le caractère défectueux de la base qui leur avait été imposée.

Les arbitres avaient, d'ailleurs, jugé sur le simple examen des écritures des Compagnies, sans procéder à des constatations sur place. La révision de leurs évaluations était d'autant plus nécessaire que l'expérience avait montré le peu de soin apporté à la construction du réseau Philippart et que les sentences arbitrales avaient elles-mêmes relevé, dans divers cas, des marchés frauduleux.

L'amendement ne fut pas pris en considération.

(k). Proposition de M. Mestreau, ayant pour objet de faire courir les intérêts des indemnités de la date des sentences arbitrales, au cas où une date antérieure n'aurait pas été stipulée, et d'allouer treize mois de traitement aux agents congédiés.

Cette proposition fut rejetée et l'ensemble de la loi fut voté, le 15 mars, par 338 voix contre 84.

V. — RAPPORT AU SÉNAT. — Le projet de loi fut déposé au Sénat le 18 mars.

Il provoqua de nombreuses objections de la part de la minorité de la Commission, au point de vue : 1° de l'opportunité du rachat, au moins pour une partie des lignes ; 2° des dangers du précédent, que le Gouvernement proposait de créer et qui ne manquerait pas d'être invoqué par un grand nombre de Compagnies d'intérêt local ; 3° de l'anomalie que présenterait la ratification des conventions par le Parlement, alors que plusieurs d'entre elles n'avaient pas encore été sanctionnées par les actionnaires ; 4° du montant des indemnités ; 5° de l'organisation, même provisoire, d'une exploitation par l'État.

Mais la majorité de la Commission ne crut pas devoir adhérer à ces objections. Elle jugea que la situation des réseaux dont le rachat était proposé rendait cette mesure indispensable, sous peine de porter une funeste atteinte aux

intérêts de vingt-cinq départements ; suivant elle, l'opération ne constituerait pas un précédent dangereux, si le
Ministre et les Chambres examinaient avec fermeté les
demandes de rachat dont ils seraient saisis ultérieurement.
Il n'y avait pas lieu, non plus, de s'arrêter aux critiques
tirées du défaut d'approbation des conventions relatives aux
réseaux des Charentes et de Maine-et-Loire par les assemblées générales des actionnaires : cette approbation ne pouvait être douteuse et, dans diverses circonstances, le
Parlement avait ratifié des conventions, avant leur adoption
par les actionnaires. Quant au prix du rachat, il avait été
fixé par une commission dont la compétence ne pouvait être
révoquée en doute ; il laisserait peser sur les porteurs d'actions une perte considérable et ne fournirait point, par suite,
un encouragement aux spéculateurs, qui seraient tentés de
se lancer trop légèrement dans de nouvelles entreprises de
voies ferrées. En ce qui touchait l'organisation de l'exploitation, la majorité de la Commission, tout en se montrant,
à l'unanimité, hostile à une exploitation définitive par
l'État, considérait les dispositions prévues par le projet de
loi comme s'imposant par la force des choses ; elle estimait
que les pouvoirs publics auraient à choisir, pour régler définitivement la situation des lignes rachetées, entre la rétrocession à une Compagnie particulière nouvelle, l'affermage
à une ou plusieurs sociétés et la rétrocession à la Compagnie d'Orléans ou à la Compagnie de l'Ouest.

La Commission avait, d'ailleurs, examiné et repoussé
des amendements de MM. Caillaux et de Montgolfier tendant :

1° A subordonner le rachat à la cession gratuite par les
départements de tous leurs droits ;

2° A remettre la gestion des lignes reprises par l'État
à un séquestre administratif ; à verser le montant des indemnités entre les mains d'un liquidateur judiciaire ; à faire

courir les intérêts de ces sommes de la date de la prise de
possession, en ne les calculant qu'au taux de 4 °/₀ ; à faire
achever par l'État les travaux restant à exécuter, afin
d'éviter les mécomptes que produirait inévitablement leur
exécution par des Compagnies désintéressées dans l'entretien et l'exploitation ;

3° A effectuer le paiement en cinquante annuités, calculées au taux de 4,65 °/₀, amortissement compris, de
manière à réduire les chiffres excessifs auxquels les arbitres
avaient fixé les indemnités ;

4° A inviter le Gouvernement à présenter, avant le
1ᵉʳ janvier 1879, un projet fixant les bases définitives du
régime auquel seraient soumis les chemins de fer rachetés.

De ces quatre amendements, le premier était contraire
au droit incontestable des départements. Le second comportait l'institution d'un séquestre, qui ne se comprenait pas
pour des lignes rachetées par l'État ; il entraînait une
réduction inadmissible dans le taux des intérêts, tel que
l'avaient déterminé les arbitres ; il était de nature à créer
des embarras sérieux, en enlevant aux Compagnies l'achèvement de travaux dont l'estimation ne pouvait être facilement divisée. Le troisième allait à l'encontre des sentences,
qui avaient stipulé le paiement en quatre termes semestriels.
Le dernier avait le grave inconvénient d'enlever au Gouvernement la liberté d'allures et la force dont il avait besoin,
dans ses négociations avec les Compagnies.

La Commission avait également repoussé un amendement de M. Dufournel, qui consistait à garantir aux actionnaires un intérêt de 4 °/₀, pendant la durée de la concession,
et le remboursement de leurs titres au double de leur taux
d'émission, au moyen des bénéfices : cette proposition pouvait imposer aux finances de l'État une charge, dont il était
impossible de prévoir l'étendue et la durée.

La Commission concluait donc, en définitive, à l'adoption du projet de loi. Ses appréciations firent l'objet d'un rapport de M. Féray, en date du 2 mai [J. O., 13 mai 1878].

VI. — DISCUSSION AU SÉNAT [J. O., 8, 9, 10 et 11 mai 1878]. — La discussion au Sénat s'ouvrit par un long et habile discours de M. Buffet. Après avoir constaté que le rachat des Compagnies secondaires du Sud-Ouest nécessiterait l'inscription au budget d'une annuité de 25 000 000 fr. pendant soixante-quinze ans, l'orateur examinait s'il était prudent d'accepter cette lourde charge et d'escompter ainsi la disponibilité de 170 000 000 fr. dont devaient bénéficier nos finances en 1889, après la libération de l'État vis à vis de la Banque de France et l'amortissement des 1 500 000 000 fr. du compte de liquidation. Il éprouvait, à cet égard, des doutes d'autant plus sérieux qu'il y voyait l'amorce de charges beaucoup plus lourdes. L'incorporation de 754 kilomètres de chemins d'intérêt local dans le réseau d'intérêt général et l'admission du principe d'une indemnité, au profit des départements, ne manquerait pas d'exciter les convoitises les plus ardentes ; le frein, que M. de Freycinet croyait trouver dans l'obligation de justifier de l'utilité générale des lignes départementales, avant d'en solliciter le rachat par l'État, se briserait entre ses mains : car il n'existait pas de criterium pour distinguer les chemins d'intérêt local des chemins d'intérêt général. D'ailleurs, le Ministre avait lui-même reconnu, dans un rapport récent au Président de la République, qu'il faudrait racheter 2 100 kilomètres de chemins départementaux ; ce serait une dépense nouvelle de 300 000 000 fr. D'autre part, le pays allait être convié à la réalisation d'un grand programme, qui devait être accompli en dix ou douze années et mettre pendant soixante-quinze

3                                                          32

ans, à la charge du Trésor, une annuité de 215 000 000 fr.;
le projet de loi soumis au Sénat n'était que la préface de ce
programme et présentait avec lui une connexité reconnue
par le Ministre lui-même. Les lignes qu'on allait ajouter au
réseau, par la réalisation de ce plan gigantesque de travaux
publics, seraient tout à la fois très coûteuses et très peu
productives ; en outre, l'État, devant les construire lui-
même, ne pourrait plus s'abriter, comme par le passé, derrière les résistances salutaires des grandes Compagnies, pour
ne pas dépasser la mesure. A ce sujet, M. Buffet contestait
l'argumentation produite, devant la Chambre des députés,
par M. de Freycinet, pour mettre en relief le bénéfice que
les populations retiraient des chemins de fer. Suivant l'orateur, le Ministre avait eu le tort de prendre, pour point de
départ, le taux du tarif, au lieu du prix réel de revient qui,
sur les chemins à faible trafic, était notablement supérieur.
Il avait oublié que, au montant de la perception, il fallait,
sur ces chemins, ajouter un appoint considérable pour couvrir l'intérêt et l'amortissement du capital de construction,
ainsi que les dépenses d'exploitation ; que cet appoint était
payé par les contribuables ; et que, dès lors, l'avantage,
loin de se chiffrer par 0 fr. 24 par tonne, pouvait fort
bien disparaître complètement dans beaucoup de cas. Le
système d'emprunt à jet continu, la planche aux obligations
remise au Gouvernement, allait encore aggraver la situation,
en créant des facilités redoutables pour entreprendre imprudemment des dépenses excessives. Enfin, à ces causes
de mécomptes viendrait s'adjoindre l'exploitation par l'État;
car, il ne fallait pas se faire d'illusions, jamais les Compagnies n'accepteraient de concessions aux conditions qu'avait
votées la Chambre des députés, en 1877, sur la proposition
de M. Allain-Targé, et, au surplus, la tendance de la
Chambre avait été très nettement dirigée vers le rachat gé-

néral des chemins de fer. Le Ministre des travaux publics avait, à la vérité, indiqué devant la Commission une autre combinaison, qui consistait à faire exploiter les chemins du troisième réseau par les Compagnies, à titre de régisseurs intéressés. Mais cette solution serait à la fois onéreuse pour le Trésor et inefficace, au point de vue de l'action sur les grandes Compagnies ; elle ne prévaudrait donc pas contre l'exploitation par l'État, c'est-à-dire contre un système immoral, dans son application à des lignes enchevêtrées au milieu des réseaux concédés, puisque l'administration pourrait arriver à détourner ses pouvoirs, en matière d'homologation des tarifs de la Compagnie. pour développer le trafic de son propre réseau, et à faire baisser, par la concurrence, les recettes de ces Compagnies, pour les racheter ensuite à un prix moins élevé. M. Buffet concluait, non point à repousser le rachat des réseaux secondaires du Sud-Ouest, mais à le lier à la rétrocession de ces réseaux. Il terminait en adjurant le Gouvernement d'agir avec réserve et sagesse, dans l'étude de son programme ; de ne pas escompter imprudemment les plus-values des impôts, de ne pas perdre de vue que le budget s'alimentait surtout par les contributions indirectes, c'est-à-dire par un élément particulièrement sensible aux atteintes des grandes crises; de ne pas absorber toute l'épargne du pays et d'en laisser une part pour le développement de l'industrie, du commerce et de l'agriculture; de ne pas provoquer un renchérissement exagéré de la main-d'œuvre ; de ne pas détruire l'élasticité budgétaire indispensable pour sauvegarder, le cas échéant, notre sécurité et notre honneur.

M. Hubert-Delisle, président de la Commission, répondit à M. Buffet. Il rappela que, après avoir soutenu une guerre des plus ruineuses, après avoir versé une somme de 5 milliards, le pays allait être prochainement libéré d'un emprunt d'un milliard et demi à la Banque de France et d'un compte de liquidation de pareille somme, et qu'il ne fallait pas, en présence de tels résultats, voir l'avenir sous des couleurs trop sombres. Les dépenses que l'État allait faire, loin d'appauvrir la France, créeraient des richesses appelées à fournir des plus-values certaines sur le rendement des impôts; elles élèveraient l'outillage national à une puissance de production qui assurerait, à jamais, la prospérité de notre commerce et de nos finances. N'était-ce pas la constitution de notre réseau de voies ferrées qui nous avait permis, pour une large part, de nous relever de nos désastres de 1870? Reprenant les arguments développés par M. Buffet, l'orateur estimait que le véritable frein contre les entraînements devait être cherché, non point dans l'intervention des grandes Compagnies, mais dans l'action vigilante des pouvoirs publics. Personne ne pouvait avoir l'intention d'établir des chemins sans trafic; sans doute, parmi les lignes nouvelles, il s'en trouverait qui ne donneraient que des produits directs insuffisants pour rémunérer le capital de premier établissement, mais elles n'en seraient pas moins profitables au Trésor et au pays par leurs produits indirects de toute nature. Quant à l'exploitation définitive par l'État, elle serait répudiée par le Parlement, comme elle l'avait été à diverses reprises et, notamment, sous le Gouvernement de Juillet. Elle le serait d'autant plus, que les quelques essais tentés dans cette voie avaient donné les résultats les plus fâcheux; que l'administration avait toujours échoué, quand elle avait voulu assumer un rôle industriel; qu'elle avait été contrainte, par exemple, de renoncer à son service postal de la Méditerranée, pour le livrer à la Société des Messageries maritimes: qu'elle ne pouvait détenir, dans un pays mobile comme le nôtre, un instrument d'influence et de règne, aussi puissant que celui des transports. M. Hubert-

Delisle insistait vivement pour l'adoption pure et simple du projet de loi. Il invoquait l'importance stratégique d'une partie des lignes à racheter; la réduction de 200 millions qu'avaient subie les revendications primitives des Compagnies; la bienveillance avec laquelle les pouvoirs publics avaient toujours secouru les entreprises de chemins de fer; l'intérêt qu'il y avait à utiliser l'épargne du pays au développement de notre outillage, au lieu de le laisser se perdre à l'étranger; la persistance avec laquelle l'industrie réclamait l'extension de nos voies de communication.

M. Caillaux succéda à la tribune à M. Hubert-Delisle; il déclara accepter le principe du projet de loi, sans se dissimuler que l'adoption des propositions du Gouvernement aurait pour conséquence inévitable le rachat d'autres lignes et un sacrifice nouveau de 500 000 000 fr., et qu'il était fâcheux de ne pas laisser aux départements la responsabilité de leurs concessions aventureuses. Mais, tout en admettant le principe de la loi, l'orateur considérait comme nécessaire d'y apporter certaines modifications. Il lui adressait les reproches suivants :

1° Elle ne limitait pas suffisamment le sacrifice de l'État. Elle laissait, en effet, dans l'incertitude le montant des indemnités à payer éventuellement aux départements; elle prévoyait des règlements supplémentaires, que les arbitres avaient cru devoir réserver.

2° Les sommes allouées par les commissions arbitrales étaient, au moins pour certaines lignes, manifestement exagérées. La ligne d'Orléans à Châlons, par exemple, coûterait 255 000 fr. par kilomètre, non compris diverses sommes restant à fixer, alors que le prix de premier établissement proprement dit n'avait pas dépassé 162 000 fr.; cette différence tenait à ce que les arbitres avaient porté en compte des intérêts à un taux très élevé et des insuffisances considérables de recettes d'exploitation. La ligne dè Poitiers à Saumur était dans le même cas.

Il fallait absolument réduire les indemnités, et on pouvait le faire, sans craindre de suspendre, par suite des retards apportés à la solution de l'affaire, le service sur les lignes livrées à la circulation et même les travaux sur les lignes en construction. Les intérèts, dont on se préoccupait à cet égard, seraient sauvegardés, le cas échéant, par l'application pure et simple du cahier des charges, c'est-à-dire par la mise sous séquestre. D'ailleurs, les Compagnies secondaires étaient entièrement à la discrétion de l'administration et il n'y avait pas à redouter sérieusement, de leur part, un refus d'acquiescement aux réductions qui seraient apportées aux chiffres déterminés par les sentences arbitrales.

On avait à tort allégué que ces sentences liaient irrévocablement les parties. Le Ministre n'avait pu engager ainsi l'État, sans y être autorisé explicitement par une loi; il n'avait pas pu constituer, à proprement parler, des arbitres et, de leur côté, les membres des conseils d'administration, qui avaient traité au nom des Compagnies, n'avaient pu le faire, à titre définitif, dans la situation financière de ces sociétés.

3° Les arbitres ne s'étaient pas conformés et avaient été dans l'impossibilité de se conformer à la loi du 23 mars 1874. Les dispositions de cette loi avaient été édictées exclusivement pour les grandes Compagnies, qui ne pouvaient engager de dépenses sans approbation de leurs travaux et dont la gestion était soumise à un contrôle permanent. Les Compagnies secondaires, au contraire, ne bénéficiant pas de la garantie d'intérêt, ne subissaient qu'un contrôle beaucoup plus restreint. Aussi les arbitres avaient-ils, dès l'abord, constaté, dans les comptes de plusieurs Compagnies, des majorations particulièrement regrettables; ils s'étaient vus forcés d'opérer par voie d'appréciation et de s'écarter ainsi des termes de la loi de 1874.

D'autre part, les arbitres ne s'étaient pas bornés à évaluer des travaux faits ; ils avaient estimé aussi des travaux à faire. M. Caillaux contestait la convenance de confier le soin de poursuivre ces travaux à des Compagnies qui s'étaient montrées incapables de les exécuter.

La base véritable à admettre pour l'évaluation des indemnités, c'était le remboursement des dépenses auxquelles auraient été conduits l'État ou une Compagnie honnête, loyale, jouissant d'un crédit solidement assis.

4° L'adoption du projet de loi assurerait aux obligataires des Compagnies secondaires des avantages supérieurs à ceux dont jouissaient les obligataires des grandes Compagnies, puisque, à la restitution intégrale de leurs capitaux, viendrait s'ajouter le profit des intérêts élevés servis depuis l'origine.

M. Caillaux insistait donc pour la révision des indemnités ; cette révision, telle qu'il la comprenait, en élaguant les allocations excessives pour intérêts, les insuffisances d'exploitation, les pertes inhérentes aux entreprises sans valeur et sans portée, ne réduirait les chiffres des arbitres que dans une proportion relativement modique. Cette réduction n'aurait rien d'exagéré, pour des Compagnies qui avaient commis la faute de se constituer avec un capital-actions beaucoup trop faible.

L'orateur faisait observer, en terminant, que les grandes Compagnies n'étaient nullement intéressées à combattre le projet de loi et que, même, elles le seraient plutôt à voir l'État assumer la charge de l'achèvement de réseaux improductifs.

M. Féray, rapporteur, répondit à M. Caillaux. Après avoir retracé l'historique des Compagnies secondaires, et particulièrement de celle des Charentes, il s'attacha à démontrer le peu de fondement des craintes exprimées par le précédent orateur, relativement aux rachats complémentaires auxquels l'État pourrait être entraîné ; il fit valoir, dans ce but, que ces opérations relevaient exclusivement de la volonté des pouvoirs publics. L'argument tiré du défaut d'acceptation des conventions par les assemblées générales d'actionnaires lui paraissait également devoir être écarté : la Compagnie des Charentes était, en effet, la seule dont les actionnaires n'eussent pas encore fourni les ratifications voulues, et leur adhésion n'était pas douteuse. Il serait, d'ailleurs, absolument injuste de ne pas sauver les autres Compagnies de la faillite. Quant aux sentences arbitrales, elles avaient été attaquées bien à tort par M. Caillaux ; il avait, en effet, toujours été admis que les dépenses de premier établissement devaient comprendre les intérêts servis aux actionnaires et aux obligataires jusqu'au jour de l'ouverture ; M. Caillaux l'avait reconnu lui-même, dans l'exposé des motifs du projet de loi qu'il avait présenté, en novembre 1875, pour concéder de nouvelles lignes à la Compagnie des Charentes ; il avait, en outre, dans ce projet de loi, évalué les chemins à construire à un chiffre supérieur à celui qui ressortait de la sentence arbitrale. Il n'y avait pas lieu, non plus, de s'arrêter à la proposition tendant à effectuer le paiement des indemnités en cinquante annuités, calculées au taux de 4.65 %, amortissement compris : car c'eût été une réduction injustifiée des sommes allouées par les arbitres. L'orateur repoussait aussi les allégations de M. Caillaux, concernant le taux usuraire des intérêts dont auraient bénéficié les obligataires : le relevé des taux d'émission des titres suffisait pour faire justice de ces allégations. M. Féray terminait son discours, en faisant remarquer que, prises dans leur ensemble, les propositions du Gouvernement offraient pour le Trésor des avantages bien supérieurs à ceux du projet de convention de novembre 1875 et en affirmant les tendances de la Commission contre l'exploitation par l'État.

M. de Ventavon, membre de la minorité de la Commission, vint ensuite demander le rejet pur et simple du projet de loi. Il énuméra les fautes successives de la Compagnie des Charentes et les pertes qu'elle avait subies dès l'origine; il soutint que le Ministre, en signant les conventions qu'il avait conclues avec les Compagnies secondaires, avait mal interprété l'amendement adopté par la Chambre des députés en 1877. L'État n'était nullement tenu d'opérer le rachat; il n'y avait même aucun intérêt : car le seul but qu'il eût à poursuivre était la conservation de la voie et la régularité de l'exploitation; or, la faillite ne pouvait rien compromettre à cet égard; son seul effet serait de substituer les syndics aux Compagnies, dans leurs obligations vis-à-vis de l'État et du public. Les cahiers des charges indiquaient nettement les mesures à prendre le cas échéant : mise sous séquestre, adjudications successives et, en cas d'insuccès de ces adjudications, reprise pure et simple par l'État. Du reste, on pouvait être assuré de trouver des adjudicataires, puisque les réseaux en cause donnaient un produit net. Le projet de loi ne tendait à rien moins qu'à faire indûment une libéralité, au profit d'obligataires et d'actionnaires peu intéressants : les uns et les autres étaient des spéculateurs, qui avaient attaché leur sort à celui des réseaux secondaires et qui devaient suivre ce sort jusqu'au bout. Le rejet des propositions du Gouvernement s'imposait d'autant plus que la libéralité sollicitée du Parlement serait le premier anneau d'une chaîne, dont on ne verrait pas la fin. Il était impossible de ruiner ainsi les finances publiques déjà si obérées.

M. de Ventavon reproduisait, en outre, les arguments développés antérieurement par M. Buffet, sur les inconvénients de l'exploitation générale par l'État, à laquelle on serait fatalement entraîné, si les Chambres ne coupaient court, immédiatement, à toute tentative dans ce but.

M. de Freycinet, Ministre des travaux publics, succéda à la tribune à M. de Ventavon et prononça un discours empreint de l'éloquence la plus élevée. Dès l'avènement du Cabinet au pouvoir, il avait compris que, après sept années de dissensions intestines, de discordes politiques, le pays avait un immense besoin de se reposer dans le travail, et que le devoir du Gouvernement était de se mettre à la tête du mouvement, pour le régler, pour le diriger. C'est ainsi qu'était né le grand programme critiqué par M. Buffet. Ce programme ne méritait pas les reproches qui lui avaient été adressés : car un peuple, qui travaillait et employait sainement ses économies à des œuvres utiles, n'avait jamais à s'en repentir. La dépense annuelle à engager, pendant une période de dix années, ne dépasserait pas 400 000 000 fr. en travaux de toute nature, alors que, de 1855 à 1865, on avait dépensé 430 000 000 fr. par an, pour les chemins de fer seulement ; à la vérité, on avait allégué que les nouvelles lignes seraient improductives, mais n'en avait-on pas dit tout autant, lors de la création du second réseau, et pourtant l'État avait-il hésité, à cette époque, à s'engager pour 6 milliards ? Avait-on commis une imprudence en contractant cet engagement, bien que le produit net kilométrique des chemins du deuxième réseau ne fût que de 6 000 fr., pour une charge annuelle de 23 000 fr. ? Non : en effet, à côté du déficit apparent de 17 000 fr., il y avait ce mouvement immense qui s'était développé dans le pays et qui y avait répandu à profusion la prospérité. Il fallait suivre résolument cet exemple ; toutefois, au lieu de procéder par propositions successives et isolées, le Gouvernement avait jugé préférable,

au point de vue des garanties d'ordre, de méthode, de contrôle, d'arrêter et de soumettre au Parlement un plan d'ensemble, mûrement étudié par des commissions compétentes
et par le conseil général des ponts et chaussées, de manière
à bien éclairer le pays sur les charges auxquelles il aurait à
faire face. sauf à proportionner, chaque année, les dépenses
aux ressources.

Au moment où le Gouvernement avait formulé ce programme, il s'était trouvé en présence d'une question qui lui
avait été léguée par les Cabinets précédents et qu'il ne pouvait
point ne pas résoudre, sous peine de commettre une iniquité
vis-à-vis des vingt-cinq départements desservis par les Compagnies secondaires. Le projet de loi, à présenter à cet effet,
devait être nécessairement conforme au vote émis par la
Chambre des députés, en 1877 : tout autre mode de procéder eût exposé le Ministre à un échec presque certain et
porté atteinte à l'œuvre de régénération que les pouvoirs
publics poursuivaient d'un commun accord. Mieux valait
une solution imparfaite que de nouvelles solutions stériles
et qu'un nouvel ajournement.

La résolution de la Chambre des députés avait été, quoi
qu'on en eût dit, sainement interprétée : car le législateur
de 1874 avait entendu, et il ne pouvait en être autrement,
que, en cas de rachat au prix du premier établissement,
l'indemnité serait liquidée, non point d'après une évaluation
plus ou moins fantaisiste, mais d'après les dépenses réelles,
sauf déduction des prodigalités, des dilapidations, des dépenses fictives. Les arbitres avaient dû, d'ailleurs, comprendre dans le relevé de ces dépenses, les intérêts pendant la construction et les insuffisances de l'exploitation
jusqu'à l'ouverture; c'était la règle commune aux grandes
comme aux petites Compagnies. En outre, il ne fallait pas
perdre de vue que. dans l'application de la loi de 1874 aux

Compagnies secondaires on avait déduit du prix de premier établissement le montant des subventions, alors qu'en opérant le rachat des grandes Compagnies, d'après leurs contrats, on serait tenu de faire entrer en ligne de compte, dans le calcul de l'annuité, le produit net intégral, sans en rien retrancher pour les subventions et la garantie d'intérêt.

Après tous les avantages faits à diverses reprises aux grandes Compagnies, il eût été injuste de laisser tomber les Compagnies secondaires. Il y avait là un devoir impérieux, devant lequel on ne pouvait reculer et qui résultait des erreurs commises, depuis 1862, dans l'institution de réseaux secondaires condamnés par avance à périr et dans la concession, au titre d'intérêt local, de lignes présentant incontestablement un caractère d'intérêt général.

Les orateurs, qui avaient attaqué le projet de loi, avaient singulièrement grossi le montant des sacrifices à faire ultérieurement, pour le rachat d'autres Compagnies placées dans une situation analogue. Les relevés minutieux du Ministre établissaient que les lignes, dont le rachat ou l'incorporation dans les grands réseaux pourrait devenir indispensable, n'auraient pas plus de 3 200 kilomètres de longueur et que, eu égard à l'état des travaux, la dépense incombant au budget n'excéderait pas 150 à 180 000 000 fr.

Quant à l'exploitation, jamais le Gouvernement n'avait eu la pensée de racheter ou d'exploiter lui-même les grands réseaux. La solution qu'il proposait, pour les lignes rachetées, n'avait elle-même qu'un caractère provisoire et temporaire et cesserait à la volonté du Parlement. Était-il possible d'agir autrement et de rétrocéder, par exemple, les réseaux secondaires à la Compagnie d'Orléans, après l'échec de la convention soumise à la Chambre en 1876, après les protestations réitérées des populations ? Pouvait-on improviser un septième réseau, dont la constitution exigeait le remaniement des concessions de l'Ouest et d'Orléans? Pouvait-on laisser les Compagnies secondaires tomber en déconfiture et organiser un séquestre, au risque de compromettre les services pendant l'agonie de ces Compagnies?

Le projet de loi était, en résumé, un acte d'exécution de la résolution votée, à une grande majorité, par la Chambre des députés en 1877 ; il répondait aux aspirations de l'opinion publique ; le rejet de ce projet de loi laisserait sans remède une situation troublée et inquiétante ; paralyserait l'initiative du Gouvernement, ruinerait son crédit vis-à-vis du pays, ferait échec au grand programme et causerait dans le public une déception profonde.

La discussion générale fut close par une réplique de M. Buffet. L'orateur reproduisit, en insistant, une partie des arguments qu'il avait développés au sujet de la situation de nos finances. Il s'efforça de démontrer que l'on avait pu dépenser plus de 400 millions par an, de 1855 à 1865, pour l'exécution des chemins, sans grever le budget autant que le ferait pareille dépense de 1879 à 1890 : on avait, en effet, à cette époque, 10 milliards de dette de moins et un milliard de moins d'impôts. D'ailleurs, les travaux avaient été exécutés par les Compagnies et non par l'État, et, grâce au mécanisme des conventions de 1859 et au déversement de l'ancien sur le nouveau réseau, le Trésor n'avait eu à supporter qu'une charge réduite, qu'à faire des avances remboursables avec intérêts. Sans doute, le système de 1859 n'offrait pas une élasticité indéfinie ; mais, tant que la limite de son efficacité n'était pas atteinte, il fallait continuer à y recourir. Malheureusement l'échec récent, devant la Chambre des députés, d'une convention avec la Compagnie du Nord, semblait révéler un parti pris contre de nouvelles concessions aux grandes Compagnies, dans les conditions déterminées par les contrats de 1859. Il importait de résister à cette tendance ; il importait, surtout, ne ne pas s'engager dans la voie de l'exploitation par l'État, et, par conséquent, de ne pas racheter de lignes, sans savoir s'il serait possible de les rétrocéder ; il importait de résister à la pression de certains intérêts locaux, qui, mal éclairés, poursuivaient la main mise de l'État sur les tarifs et le paiement par la masse des contribuables d'une partie de la dépense réelle de transport.

Le Sénat passa ensuite à la discussion des articles et eut ainsi à statuer sur les amendements de MM. Caillaux et de Montgolfier, que nous avons relatés précédemment.

1° *Amendement tendant à subordonner le rachat des chemins d'intérêt local énumérés au projet de loi à leur concession à titre gratuit et sans conditions par les départements, avant l'expira-tion des trois mois qui suivraient la promulgation de la loi.*

A l'appui de cet amendement, M. Caillaux faisait valoir qu'il ne pourrait résulter de son adoption aucun danger pour la continuation des travaux et de l'exploitation. Il suffirait, pour y pourvoir, de mettre les lignes sous séquestre et de substituer l'action du Gouvernement à l'inaction des Compagnies. Suivant l'orateur, il était véritablement excessif de ne pas se borner à exonérer les départements d'une charge accablante pour beaucoup d'entre eux, mais de leur reconnaître encore explicitement un droit à indemnité et de s'écarter ainsi de la prudente réserve qu'avaient su garder, et M. Christophle, en 1876, et M. de Freycinet lui-même, dans son projet de loi. Sans doute, les chemins d'intérêt local constituaient, sinon d'après les termes mêmes, du moins d'après l'esprit de la loi de 1865, une propriété départementale, et l'on comprenait que, à défaut de l'adhésion des conseils généraux, l'État ne pût s'en emparer, sans accorder un dédommagement aux départements, si leurs chemins étaient productifs. Mais cette dernière éventualité ne se réaliserait pour ainsi dire jamais ; car l'État n'avait pas d'intérêt à reprendre des lignes fructueuses et bien exploitées ; d'ailleurs, au cas particulier, on se trouvait en présence de chemins sans vitalité. Le danger de la clause introduite par la Chambre des députés, dans le projet de loi, était d'autant plus grave que la majeure partie des chemins départementaux devaient être rachetés. Examinant les chiffres que M. de Freycinet avait indiqués dans ses discours, pour évaluer les sacrifices à prévoir de ce chef, M. Caillaux maintenait ses estimations primitives ; il faisait observer qu'il serait injuste de faire payer, par l'ensemble des départements, une opération dont bénéficieraient seulement un certain nombre d'entre eux, et précisément les plus riches. Il ajoutait que, tout en présentant le projet de loi comme l'expression des intentions de la Chambre, le Ministre y avait compris un certain nombre de chemins d'intérêt local non visés dans le projet de loi de M. Christophe, ni, par suite, dans le projet de résolution de M. Allain-Targé. Il invoquait les précédents et, notamment celui du chemin de Belleville à Beaujeu, dont l'incorporation au réseau d'intérêt général avait été subordonnée à la renonciation du département du Rhône à tous droits à une indemnité.

M. Hubert-Delisle répondit au précédent orateur, en faisant valoir que les amendements mis en discussion détruiraient absolument le projet de loi ; que la mise sous séquestre serait la ruine des lignes à racheter ; qu'il était impossible d'ériger en principe la spoliation, sans indemnité, des départements en possession de chemins productifs.

À la suite d'une réplique de M. Caillaux, qui représenta comme exorbitant le droit conféré au Gouvernement, non seulement de régler par décret les indemnités dues éventuellement aux départements, mais encore d'accorder des dédommagements et, par suite, de promettre des lignes dont la déclaration d'utilité publique appartenait exclusivement au pouvoir législatif, M. de Freycinet défendit le projet de loi. Il affirma la nécessité de ne pas l'obliger à des négociations inextricables et d'instituer, d'ores et déjà, un arbitre chargé de départager les intérêts de l'État et ceux des départements. Il ajouta que cette nécessité avait été très nettement indiquée par le Conseil d'État, très peu de temps après le dépôt du projet de loi, et que l'insertion de la clause critiquée par M. Caillaux avait été concertée entre la Commission du budget et le Gouvernement ; toutefois il exprima l'espoir que, dans l'espèce, le Conseil d'État, prenant en considération l'avantage fait aux départements, ne leur allouerait pas d'indemnités.

L'amendement ne fut pas adopté par le Sénat.

2° *Amendement tendant à n'approuver les conventions que sous certaines réserves, dont nous avons donné la teneur en analysant le rapport au Sénat sur le projet de loi.*

M. Caillaux ne fit qu'indiquer la première réserve, qui tendait à remettre la gestion des lignes rachetées à un agent administratif, désigné par le Ministre des travaux publics et le Ministre des finances, et qu'il considérait comme conforme à tous les précédents.

A l'appui de la seconde, dont l'objet était de prescrire le paiement des indemnités entre les mains d'un liquidateur judiciaire chargé de les répartir entre les ayants droit, il invoqua la nécessité d'empêcher les conseils d'administration d'enlever les fonds à leur véritable destination, ainsi que cela s'était vu pour la Compagnie de Lille à Valenciennes.

Sur la troisième réserve, ayant pour but de réduire à 4 % le taux de l'intérêt à servir à compter de la prise de

possession, il ajourna ses explications, pour les produire lors
de la discussion du troisième amendement.

Enfin, à propos de la quatrième réserve, tendant à ne
confier en aucun cas l'achèvement des travaux aux Compagnies, il soutint que, en portant en compte des dépenses à
faire ultérieurement par ces Compagnies, les arbitres avaient
mal interprété et mal appliqué la loi du 23 mars 1874,
dont les dispositions visaient exclusivement des travaux déjà
exécutés. Il fit ressortir l'anomalie qu'il y avait, par exemple, suivant lui, à confier à la Compagnie de la Vendée qui
était en faillite des ouvrages évalués à plus de 16 000 000 fr.
Le mode de procéder que le Sénat était convié à homologuer
était, d'ailleurs, contraire aux règles protectrices de nos
finances ; il admettait des marchés à forfait, alors que le
principe était l'adjudication publique ; il confiait une tâche
extrêmement lourde à des sociétés qui s'étaient montrées,
par avance, incapable de la remplir ; il exposait l'État aux
plus graves déboires, au cas où les dépenses excéderaient
le prévisions du forfait.

A cette occasion, M. Caillaux critiquait très vivement les
sentences ; les évaluations des arbitres imposaient au Trésor
des charges excessives; elles faisaient ressortir à 41 000 000 fr.
la dépense d'infrastructure du chemin de Clermont à Tulle,
qui avait été adjugé moyennant 28 000 000 fr., superstructure comprise ; elles portaient à 240 000 fr. le prix kilométrique moyen, si on tenait compte des 100 000 000 fr. de
subventions déjà payés aux Compagnies; elles attribuaient
à la Compagnie d'Orléans à Châlons une somme de 255 000 fr.
par kilomètre, alors que le prix réel de premier établissement ne dépassait pas 162 000 fr., et à la Compagnie de
Poitiers à Saumur une somme de 141 000 fr. par kilomètre,
alors que le prix réel de premier établissement était de
82 000 fr. seulement. Toutes ces allocations étaient incon-

3                                                        33

testablement exagérées, surtout si l'on avait égard aux conditions techniques dans lesquelles les lignes étaient construites et si l'on prenait pour terme de comparaison des chemins analogues. Vainement invoquerait-on le prix de revient plus élevé du deuxième réseau des grandes Compagnies; ces Compagnies avaient dû, conformément aux conventions de 1859, porter au compte de premier établissement des intérêts et des insuffisances d'exploitation pendant de longues années, jusqu'à l'origine du fonctionnement de la garantie. M. Caillaux relevait encore, pour le chemin d'Orléans à Châlons, la prise en charge complète de la subvention de 24 370 000 fr. accordée par l'État, bien que cette subvention eût été escomptée moyennant une perte de plus de 5 000 000 fr. pour la Compagnie. Selon l'orateur, l'erreur des arbitres tenait à ce que, au lieu de se borner aux dépenses utiles et nécessaires, ils avaient admis les dépenses réelles.

M. de Freycinet, Ministre des travaux publics, répondit: 1° sur la première réserve, qu'il était d'accord avec M. Caillaux pour remettre la gestion des lignes à un agent administratif; 2° sur la seconde réserve, que, en obligeant les Compagnies à entrer en liquidation, l'État excéderait ses droits, et que son rôle devait être, exclusivement, de verser les indemnités, soit aux syndics de faillite, soit à la caisse des dépôts et consignations, s'il n'avait pas devant lui des personnes habiles à recevoir; 3° sur le troisième point, qu'il fournirait les explications nécessaires, à propos de l'amendement suivant; 4° enfin, sur le dernier point, que les arbitres, rencontrant des marchés conclus par les Compagnies pour l'exécution de travaux considérables, n'avaient pas cru devoir provoquer la résiliation de ces marchés et les réclamations qui en eussent été la conséquence, et que, du reste, l'administration saurait sauvegarder les droits de l'État, en subordonnant le paiement des dépenses à la réception des travaux et en tenant la main à une bonne et prompte exécution.

M. Varroy, qui avait fait partie des commissions arbitrales, justifia ensuite les opérations de ces commissions. Les arbitres avaient dû nécessairement se considérer comme des juges et non comme des experts; une expertise eût conduit à des rapports distincts et eût ainsi empêché l'affaire d'aboutir. Les dépenses de premier établissement avaient été classées en trois catégories, à savoir : 1° frais préliminaires de constitution des sociétés; 2° dépenses techniques faites par les Compagnies; 3° charges d'intérêts, frais généraux et d'administration et autres, à imputer au compte capital. Pour la première catégorie, les allocations avaient été très minimes. Pour la seconde, les arbitres avaient basé leurs estimations : soit sur la comptabilité des Compagnies, dûment vérifiée par des inspecteurs des finances, défalcation faite des dépenses frustratoires, lorsque les travaux avaient été exécutés par des entrepreneurs indépendants; soit sur des évaluations faites, d'un côté par les ingénieurs du contrôle et d'un autre côté par les Compagnies, en appelant la contradiction sur les points litigieux, lorsque les travaux avaient fait l'objet de marchés généraux à forfait. Pour la troisième catégorie, les commissions s'étaient livrées à un examen scrupuleux, avec le concours de l'inspection des finances, et avaient écarté les dépenses abusives. M. Caillaux avait exagéré outre mesure le taux des intérêts portés en compte : il était facile de vérifier que les allocations de ce chef n'étaient pas de beaucoup supérieures à celles qui eusssent pesé sur les grandes Compagnies, si elles eussent été chargées des travaux. M. Varroy rectifia les assertions de son contradicteur, sur le prix de revient réel du chemin d'Orléans à Châlons et de Poitiers à Saumur. Il justifia le fait qui avait été critiqué, relativement à la subvention afférente au premier de ces chemins, en expliquant que la dotation accordée par l'État, étant échelonnée sur un grand nombre d'années, n'avait pas, en réalité, une valeur immédiate de 24 millions ; que la Compagnie avait été contrainte de l'escompter, et que cet escompte avait été opéré au taux très admissible de 5,80 %. Il rappela les circonstances malheureuses qui étaient venues peser sur les Compagnies secondaires, telles que la guerre, la hausse du prix de l'argent et des fers. Il termina, en rappellant les services que ces Compagnies avaient rendus pour le développement du réseau national.

L'amendement fut rejeté.

3° *Amendement tendant à effectuer le paiement des indemnités, en cinquante annuités, calculées aux taux de 4,65 %, amortissement compris.*

M. Caillaux attribuait à cette proposition l'avantage : 1° de réserver complètement le système financier à adopter, pour faire face aux dépenses du grand programme de travaux publics ; 2° d'éviter l'ouverture d'une section nouvelle au grand-livre et la création de titres nouveaux, puisqu'il suffirait de faire estampiller les titres existants ; 3° de réaliser sur la combinaison du Gouvernement une économie qui, ramenée à la valeur du jour, représentait 35 500 000 fr. environ, soit plus de 13 % ; (placée à 4 1/4 %, cette somme produirait 285 000 000 fr., au terme de la période de cinquante ans, assignée par l'orateur à l'amortissement, et 807 000 000 francs, après l'expiration de la période de soixante-quinze ans admise par le Gouvernement) ; 4° d'être conforme au · système de la garantie d'intérêt des grandes Compagnies, quant au taux et à la durée ; 5° de tenir compte, dans une juste mesure, de l'abaissement que subirait évidemment le taux de l'argent pendant le délai d'amortissement.

M. Léon Say, Ministre des finances, demanda le rejet de

l'amendement. Il fit observer que la question de l'emprunt à réaliser était étrangère au débat et serait discutée ultérieurement ; que, pour l'heure, il s'agissait de décider si l'État se libérerait en argent comptant ou, au contraire, en papier. De ces deux modes de procéder, le second aurait les plus graves inconvénients ; il placerait, en effet, l'État dans l'alternative, soit de laisser vivre des sociétés uniquement pour gérer des annuités, soit de vérifier et d'estampiller directement les titres, c'est-à-dire d'assumer une tâche inextricable et une responsabilité des plus lourdes. La proposition de M. Caillaux aurait, d'ailleurs, pour effet de réduire le montant des allocations à accorder aux Compagnies et de porter une atteinte sérieuse aux conventions.

Le Sénat repoussa l'amendement.

4° *Amendement tendant à impartir au Ministre un délai de six mois, pour présenter un projet de loi fixant les bases définitives du régime auquel devaient être soumis les chemins repris par l'État, et à stipuler que l'exploitation provisoire aurait lieu sous forme d'un séquestre administratif.*

Après le rejet d'une motion de M. Buffet, qui sollicitait le renvoi du projet de loi à la Commission, pour qu'il pût être statué sur le mode définitif d'exploitation des lignes comprises dans les conventions, M. Caillaux prit la parole pour défendre son amendement. En ce qui touchait le premier point, il fit valoir que la fixation d'un délai n'entraverait pas l'action du Ministre dans ses négociations avec les grandes Compagnies ; si, en effet, le Gouvernement n'était pas prêt à l'expiration de ce délai, il en serait quitte pour demander au Parlement la continuation de l'exploitation provisoire. D'ailleurs, les Compagnies étaient disposées à tenter tous les essais qui leur seraient réclamés, à la condition de ne pas compromettre le gage de leurs obligataires ; elles l'avaient prouvé par les améliorations successives apportées à leur service, telles que : abaissement progressif des taxes; chauffage des voitures de toutes classes ; accélération des trains express: introduction de voitures de deuxième et de troisième classe dans ces trains ; augmentation du nombre des convois ; établissement de communications directes entre Lyon et Bordeaux, Rouen, Caen et Bordeaux, etc. En ce qui concernait le second point, il jugeait impossible d'accorder un blanc-seing au Ministre ; il considérait comme indispensable de soumettre l'exploitation provisoire à toutes les règles stipulées par la loi de 1845, l'ordonnance de 1846 et le cahier des charges, pour l'assiette des taxes et leur perception, pour la juridiction appelée à connaître des litiges avec le public, pour le contrôle et la surveillance.

M. Béraldi combattit l'amendement. Après avoir affirmé qu'il n'était pas partisan de l'exploitation des chemins de fer par l'État, non point à cause de l'incapacité de l'administration, mais en raison des responsabilités déjà trop lourdes qui pesaient sur elle, il fit ressortir l'impossibilité d'arriver promptement, soit à la constitution d'un septième réseau, qui exigeait l'agrégation des lignes rachetées, soit à la rétrocession aux grandes Compagnies, qui ne pouvait se réaliser sans des négociations longues et laborieuses. Dans ces conditions, la fixation d'un délai serait illusoire ; elle porterait une atteinte indéniable à l'indépendance du Ministre, dans ses pourparlers avec les Compagnies ; le Parlement devait se contenter du droit d'interpellation, pour presser le Gouvernement, au cas où il ne serait pas saisi assez rapidement de propositions définitives. Quant à la forme du séquestre que M. Caillaux voulait faire prescrire législativement, M. Béraldi estimait qu'elle ne répondait, dans l'espèce, à aucune disposition des lois ou des règlements, et que, dès lors, elle devait être repoussée ; elle avait l'inconvénient

de laisser préjuger que le Ministre serait contraint de conserver le personnel des Compagnies, malgré les responsabilités qui allaient lui incomber. Les raisons invoquées par
le précédent orateur, pour justifier sa proposition, étaient,
d'ailleurs, sans valeur : car il était évident que l'État ne
pourrait se soustraire, ni à la loi de 1845, ni à l'ordonnance
de 1846.

M. Bocher vint, à son tour, appuyer les propositions de
M. Caillaux. Suivant l'orateur, il n'y avait pas d'autre solution définitive que la fusion des réseaux rachetés avec ceux
des grandes Compagnies, ou l'exploitation définitive par
l'État : car il fallait écarter l'idée des Compagnies fermières,
autres que les Compagnies principales, et celle de la constitution d'une nouvelle Compagnie indépendante, dont l'organisation présenterait les plus grandes difficultés et qui,
d'ailleurs, ferait nécessairement concurrence à la Compagnie
d'Orléans garantie par l'État, c'est-à-dire à l'État lui-même.
Or, ni le Sénat, ni le Gouvernement, ni la majorité de la
Chambre des députés, ne voulaient de l'exploitation par
l'État ; et cependant, adopter le projet de loi, avec la mise
en jeu de l'appareil administratif et de l'innovation financière qu'il comportait, c'était inévitablement préjuger la
question dans un sens favorable à cette exploitation. L'administration ne pourrait, en effet, échapper au maintien du
régime provisoire, s'il réussissait, ou au rachat de la Compagnie d'Orléans et, par voie de conséquence, des autres
grands réseaux, s'il éprouvait un échec que l'on ne manquerait pas d'attribuer à la concurrence de la Compagnie
d'Orléans.

Ce rachat aurait les conséquences les plus funestes pour le
Trésor, par suite des abaissements que l'État serait obligé
de consentir sur ses tarifs et sur ses produits nets. La prudence et la sagesse commandaient donc d'accéder à l'ajour-

nement sollicité par M. Caillaux, l'intérêt des populations n'aurait pas à en souffrir et, au surplus, M. de Freycinet saurait bien, en quelques jours, conclure avec les grandes Compagnies un arrangement raisonnable, équitable, donnant une juste satisfaction aux revendications et aux vœux légitimes de l'État et du public. M. Bocher terminait, en cherchant à démontrer que, loin de faciliter l'exécution du grand programme, l'adoption du projet de loi serait de nature à compromettre ce programme, et en appelant l'attention du Ministre sur le danger de se lancer dans des dépenses exagérées, au moment ou les désastres de la guerre pesaient encore si lourdement sur le pays.

M. de Freycinet insista pour l'adoption du projet de loi. Après avoir écarté la pensée du rachat général des chemins de fer, auquel le Gouvernement n'avait jamais songé, il montra toutes les difficultés d'un arrangement avec les grandes Compagnies et, en particuler, avec la Compagnie d'Orléans, pour la rétrocession des réseaux rachetés ; les protestations des populations intéressées et l'opinion publique étaient là pour l'attester. Il y avait, du reste, de la part de la Chambre des députés, un préjugé dont il était impossible de faire abstraction. Dans cette situation, le Ministre ne pouvait admettre, ni le mode d'exploitation que préconisait M. Caillaux et qui porterait obstacle à toute amélioretion sérieuse du service, ni le délai dans lequel l'auteur de l'amendement voulait l'enfermer, délai qui lui ferait perdre son indépendance et son autorité vis-à-vis des Compagnies et qui était absolument inutile, étant donné le droit permanent de contrôle et d'interpellation du Parlement. Le Ministre ajoutait que, jamais, il n'avait pu avoir l'intention de se soustraire à la légalité, c'est-à-dire à l'application de la loi de 1845 et de l'ordonnance de 1846, et en outre, qu'il assurerait l'exploitation, non point conformément aux an-

ciens cahiers des charges dont plusieurs devenaient caducs,
par suite de l'incorporation des lignes d'intérêt local dans le
réseau d'intérêt général, mais conformément au cahier des
charges type des grandes Compagnies.

La proposition de MM. Caillaux et de Montgolfier fut
rejetée. L'ensemble de la loi fut voté, le 10 mai 1878, par
189 voix contre 76 [Loi du 18 mai 1878. — B. L., 1ᵉʳ sem.
1878, n° 395, p. 801].

VII. — ORGANISATION ADMINISTRATIVE ET FINANCIÈRE DU
RÉSEAU D'ÉTAT. — Deux décrets, en date du 25 mai 1878
[B. L., 2ᵉ sem. 1878, n° 398, p. 27 et 31] intervinrent pour
régler l'organisation administrative et l'organisation financière du nouveau réseau d'État. On en trouvera le texte
dans les documents annexes. Nous ne croyons pouvoir mieux
faire. pour en indiquer l'esprit, que de reproduire textuellement le rapport adressé au Président de la République
par M. de Freycinet.

. . . . . . . . . . . . . . . . . . . . . . . . .

« Le point de vue auquel nous nous sommes placés,
« mon collègue des finances et moi, a été de créer un état
« provisoire qui pût prendre fin ou durer, à la volonté du
« Parlement, sans apporter aucune perturbation, ni dans
« l'ensemble des services, ni dans l'intérieur même du ser-
« vice à constituer. En un mot, il fallait que ce service par-
« ticulier formât une sorte d'annexe à nos administrations,
« qui pût fonctionner à côté d'elles, d'une manière indé-
« pendante et sans autre lien que celui d'un contrôle
« exact et rigoureux. Mais il fallait que l'autonomie du
« service particulier fût respectée, de telle sorte qu'à un
« moment donné, sa disparition, par suite de son retour à
« l'industrie privée, n'entraînât aucun remaniement, ni au-
« cun déplacement de personnel et d'attributions. Dès lors,

« toute idée de personnel d'État affecté à l'exploitation des
« lignes devait être écartée, comme aussi toute confusion
« entre les recettes et les dépenses de cette exploitation
« avec le buget général de l'État. Par la combinaison que
« nous avons adoptée, et qui se trouve développée dans les dé-
« crets, nous croyons avoir évité tout inconvénient de ce
« genre et rendu possible, à chaque instant, la transforma-
« tion que le législateur a entendu réserver.

« En même temps, nous avons rencontré un autre avan-
« tage, qui est d'éviter les complications auxquelles ont
« souvent donné lieu les tentatives d'exploitation par l'État.
« C'est avec raison, en effet, qu'on a fait ressortir les len-
« teurs et la gêne excessive qui résultent de l'ingérence di-
« recte de l'État dans les mille détails d'une opération en
« grande partie commerciale. La création d'un conseil
« d'administration, investi d'attributions analogues à celles
« des conseils d'administration des Compagnies, permettra à
« l'État de se tenir, en quelque sorte, en dehors d'une sphère
« qui ne paraît pas faite pour lui. Il n'interviendra, ainsi
« qu'il le fait, du reste, vis-à-vis des chemins de fer concé-
« dés, que pour contrôler, approuver les marches des trains,
« homologuer les tarifs, assurer l'application des lois et
« règlements. Pour bien marquer cette dernière partie de
« son rôle, nous avons tenu à laisser subsister, dans toute
« son intégrité, l'organisation du service du contrôle, tel
« qu'il fonctionne sur les autres réseaux. Le public trouvera
« donc, sur les lignes provisoirement exploitées par l'État,
« les mêmes garanties et la même protection, à l'égard du
« personnel exploitant, que si ces lignes n'avaient pas changé
« de mains. Il pourra, en toutes circonstances, recourir à
« la même autorité et défendre ses droits dans les mêmes
« formes et suivant les mêmes règles que sur l'universalité
« du réseau français.

« Nous espérons avoir ainsi résolu le problème de rendre
« insensible, pour le public, la transmission qui va s'opérer
« dans les lignes rachetées, comme celle qui s'opérera plus
« tard quand elles feront retour à l'industrie privée. Il n'y
« aura de changé que quelques fonctionnaires placés à la
« tête de la direction, mais tout l'ensemble du personnel et
« de l'organisation resteront absolument les mêmes.

    « Il y a peu de choses à ajouter sur le décret financier.
« Ses dispositions éminemment techniques et fort détaillées
« s'expliquent d'elles-mêmes. Les nécessités de la compta-
« bilité publique obligent, en certains cas, à libeller les
« prescriptions pour des périodes annuelles. Mais ce n'est
« là qu'une forme qui n'entraîne à rien, quant à la durée
« réelle du système.

    « En attendant que les bases d'un régime définitif soient
« fixées, il importe de ne pas écarter le concours, même
« transitoire, de l'industrie privée. En conséquence, le dé-
« cret d'organisation dispose que le conseil d'administration
« pourra, avec l'assentiment du Ministre des travaux
« publics, passer des traités pour l'exploitation partielle ou
« totale des lignes. Il est entendu que ces traités seront
« provisoires, de manière à ne pas engager la volonté du
« Parlement, quand il sera appelé à se prononcer sur la
« solution finale à intervenir.

« . . . . . . . . . . . . . . . . . . . . »

    Aux termes du décret sur l'organisation administrative,
la gestion du réseau provisoire était confiée, sous l'autorité
du Ministre des travaux publics, à un conseil d'administration de neuf membres nommés par décret. Les travaux
d'infrastructure restaient dans les attributions de l'administration centrale des travaux publics, qui était chargée d'en
poursuivre l'exécution. Le conseil d'administration était
investi de fonctions analogues à celles des conseils des

Compagnies. Il avait, notamment, le pouvoir de nommer et
de révoquer les agents et employés ; de fixer les tarifs, sous
réserve de l'homologation ministérielle ; d'approuver les
règlements d'exploitation ; d'approuver les marchés ; de
passer, avec l'autorisation du Ministre des travaux publics,
après avis du comité consultatif des chemins de fer, des
traités d'exploitation pour tout ou partie du réseau. La
direction des services administratifs et techniques était confiée à un directeur, relevant du conseil, et nommé par
décret, sur la proposition du Ministre des travaux publics,
après avis de ce conseil. Ce fonctionnaire était choisi parmi
les membres des corps des ponts et chaussées ou des mines ;
il avait sous ses ordres un chef de l'exploitation, un ingénieur en chef du matériel et de la traction, un ingénieur
en chef de la voie et des bâtiments, nommés par le Ministre,
après avis du conseil d'administration. L'exploitation était
régie par le cahier des charges des chemins de fer d'intérêt
général annexé à la loi du 4 décembre 1875. Des arrêtés
du Ministre devaient déterminer le montant des traitements
alloués aux fonctionnaires et agents, le chiffre de leurs indemnités, ainsi que la quotité des primes de gestion ou
d'économie à distribuer, en fin d'exercice, jusqu'à concurrence de 2 °/₀ de la recette brute. Le réseau était soumis
au contrôle de l'État, comme les réseaux concédés.

Aux termes du décret sur l'organisation financière, la
gestion était confiée au conseil d'administration. Les excédents de recette devaient être versés au Trésor ; le conseil
réglait, dans la limite à fixer par un arrêté ministériel, la
forme des marchés et était chargé de les approuver. Un
fonctionnaire ayant le titre de « *caissier général des chemins
de fer de l'État* » nommé par décret, sur la proposition des
Ministres des travaux publics et des finances, après avis du
conseil d'administration, et justiciable de la Cour des

comptes, centralisait les recettes et les dépenses et pouvait suspendre, au même titre que les trésoriers-payeurs généraux, le paiement des ordonnances ou mandats. Le terme de l'exercice était fixé au 31 mars, pour la liquidation et l'ordonnancement des dépenses, et au 30 avril, pour les recouvrements des produits et les paiements. Le conseil d'administration devait présenter au Ministre des travaux publics le compte d'administration de chaque exercice, dans le courant du mois de mai de la deuxième année. Le caissier général restait étranger aux dépenses de l'infrastructure et de la superstructure, dont le paiement était effectué comme pour les dépenses ordinaires de l'État.

Un arrêté du Ministre des travaux publics du 20 juin 1878 [J. O., 24 juin 1878] régla, d'ailleurs, le mode de fonctionnement du conseil d'administration et ses rapports avec l'administration centrale des travaux publics.

## 513. — Création de la rente 3 °/₀ amortissable.

I. — PROJET DE LOI. — Le 7 février 1878, MM. Léon Say, Ministre des finances, et de Freycinet, Ministre des travaux publics, présentèrent un projet de loi [J. O., 14 et 20 février 1878] ayant pour objet: 1° de créer l'instrument financier destiné à faire face aux grands travaux publics, que le Gouvernement projetait d'exécuter pendant une dizaine d'années ; 2° d'employer immédiatement cet instrument à la constitution des ressources nécessaires pour le rachat et l'achèvement des chemins de fer secondaires de la région du Sud-Ouest.

L'exposé des motifs définissait ainsi les conditions auxquelles le Gouvernement avait à satisfaire, dans le choix du type à adopter pour les émissions : « 1° Demander les « capitaux au public, sous une forme à laquelle il fût dès

« longtemps habitué et qui se rapprochât autant que possible
« de celle qui avait été, en quelque sorte, consacrée pour
« les grands travaux de chemins de fer ; 2° proportionner
« chaque année cette création de ressources à l'importance
« des opérations qu'on avait en vue, de telle façon que les
« Chambres fussent constamment maîtresses de ralentir ou
« d'activer, selon les circonstances, l'exécution du pro-
« gramme développé sur une certaine suite d'années. D'où
« comme conséquence, l'exclusion des grandes émissions à
« époques fixes, engageant l'avenir et obligeant, pour ainsi
« dire. à poursuivre les travaux, quoi qu'il arrivât, sous
« peine de grever le Trésor d'une charge énorme d'intérêts
« stériles. »

Le titre de crédit auquel le Gouvernement s'était arrêté
était calqué, comme type et comme délai d'amortissement,
sur celui des obligations 3 % des chemins de fer. De même
que ces obligations, il devait être émis au fur et à mesure
des nécessités, par l'intermédiaire des guichets des receveurs
généraux, des receveurs particuliers et, au besoin, des percepteurs, à des cours déterminés et fixés de jour en jour,
suivant le niveau du crédit public.

Le délai d'amortissement était de soixante-quinze ans ;
il expirait à l'année 1953, c'est-à-dire à un terme peu
différent du terme moyen des concessions des grandes Compagnies. Cet amortissement devait avoir lieu par voie de tirage au sort. A l'inverse des autres rentes, celle qu'il s'agissait de créer n'était pas convertible.

Les auteurs du projet de loi estimaient que l'annuité d'intérêt et d'amortissement ne dépasserait pas 5 %.

Ce projet de loi était divisé en trois titres. Le premier
instituait la rente amortissable 3 % et portait que « le taux
« et l'époque des émissions, la forme et le mode de trans-
« fert des titres, le mode et les époques d'amortissement et

« de paiement des arrérages, ainsi que toutes autres condi-
« tions applicables à la dette amortissable par annuités,
« seraient déterminées par décrets ».

Le titre II ouvrait au Ministre des travaux publics, sur
l'exercice 1878 : 1° un crédit de 270 millions, applicable au
paiement, en capital et intérêts, de l'indemnité due aux
Compagnies rachetées ; 2° un crédit de 60 millions, pour
l'exécution des travaux d'achèvement des lignes reprises par
l'État ; 3° un crédit d'un million, pour faire face à l'insuffisance éventuelle des produits de l'exploitation provisoire
de ces lignes. Il prévoyait le report à l'exercice suivant des
sommes non employées sur ces crédits.

Enfin, le titre III autorisait le Ministre des finances :
1° à convertir les obligations trentenaires, déjà émises en
conformité de la loi du 29 décembre 1876 ; 2° à négocier,
sous forme de rente 3 °/₀ amortissable, la portion restant à
émettre, pour 1877, de ces mêmes obligations.

Au projet de loi étaient annexés deux tableaux A et B
donnant, l'un, l'évaluation des indemnités de rachat, et
l'autre, l'estimation des travaux à faire sur les lignes rachetées.

II. — RAPPORT A LA CHAMBRE DES DÉPUTÉS. — Le 1ᵉʳ mars
1878, M. Wilson présenta, au nom de la Commission du
budget, son rapport sur ce projet de loi [J. O., 10 mars
1878].

Ainsi que le constatait ce rapport, la Commission
s'était montrée très favorable au mode d'emprunt proposé par le Gouvernement. Si, en effet, un État devait
toujours tendre, en principe, à rendre sa dette uniforme et
à n'avoir qu'un seul et même titre d'emprunt, on ne pouvait nier, d'autre part, que, dans le cas où il s'agissait d'une
opération d'une nature toute spéciale, il y eût avantage à

faire un appel distinct au crédit. L'amortissement était le
caractère essentiel et légitime du nouvel emprunt ; il permettait de ne pas léguer aux générations futures une charge
trop lourde, de ne pas aliéner la liberté d'allures du pays
pour une durée trop prolongée. D'ailleurs, la convenance
de cet amortissement n'avait pas été contestée ; on s'était
seulement demandé s'il y avait lieu d'y pourvoir par des
rachats à la Bourse plutôt que par un tirage au sort ; mais la
Commission avait estimé qu'il était sage et prudent de s'imposer d'ores et déjà l'obligation de l'amortissement ; elle
avait d'ailleurs considéré que la prétendue économie attribuée à l'amortissement facultatif ne serait pas réelle, eu
égard au relèvement inévitable de la valeur des titres. La
Commission adhérait, pour ces motifs, au projet de loi ;
elle laissait au Gouvernement le soin de déterminer le mode
d'émission, malgré les objections de quelques-uns de ses
membres, aux yeux desquels les souscriptions publiques,
consacrées par l'usage, paraissaient seules susceptibles de
faire concourir aux emprunts la masse du public. L'unique
modification de quelque importance, qu'elle apportât au
projet de loi, consistait dans la suppression de la clause de
conversion des obligations trentenaires déjà émises.

III. — Discussion a la chambre des députés [J. O.,
17 mars 1878]. — La discussion s'ouvrit le 16 mars ; M. Sourigues proposa une disposition additionnelle, aux termes
de laquelle les obligations devaient être mises en souscription publique, au plus offrant et sur soumissions cachetées,
aux conditions suivantes :

1° Le taux d'émission serait publié dans l'année d'ouverture de la souscription ;

2° La répartition des titres serait opérée entre les souscripteurs ayant offert les prix les plus élevés au-dessus du

minimum fixé, en attribuant un droit de préférence aux offres les plus avantageuses à l'État ;

3° Le Ministre des finances aurait la faculté de déterminer, à l'avance, le nombre maximum d'obligations susceptibles d'être attribuées à chaque souscripteur.

Le but de M. Sourigues était d'empêcher les gros banquiers ou les spéculateurs renseignés, soit par des indiscrétions de bureau, soit par tout autre moyen, d'accaparer les emprunts à leur profit et de réaliser des bénéfices préjudiciables au Trésor et au public.

Combattu par M. Wilson et par M. Léon Say, qui rappelèrent les inconvénients des systèmes antérieurs d'émission par voie d'adjudication et même par voie de souscription publique, et qui firent, au contraire, valoir les avantages du nouveau procédé de placement par les guichets des receveurs et percepteurs, au fur et à mesure des besoins, l'amendement fut repoussé.

M. Maurice Rouvier formula, ensuite, les réserves les plus expresses sur l'extension du type de rente prévu par le projet de loi. La création de ce type constituait une innovation dangereuse ; la prime de rembousement qu'il comportait, susceptible de s'expliquer dans des États dont le crédit était mal assis, était difficilement justifiable en France ; d'autre part, la convenance de l'amortissement, et surtout de l'amortissement à échéance fixe, était très discutable et pouvait entraîner à des sacrifices considérables pendant les périodes de crise.

Après quelques observations de M. Langlois, sur la nécessité de ne pas accroître indéfiniment la dette publique, le projet de loi fut voté le 16 mars.

IV.— RAPPORT AU SÉNAT.— Transmis au Sénat le 21 mars, le projet de loi fit, le 21 mai, l'objet d'un rapport très inté-

3                                                              34

ressant de M. Varroy [J. O., 28 mai 1878]. La majorité de la Commission des finances avait accueilli avec faveur l'idée de créer un fonds amortissable, pour les dépenses de travaux publics : l'expérience avait, en effet, démontré que, en France et dans la plupart des pays européens, l'amortissement fonctionnait imparfaitement et finissait par être abandonné, quand il n'était pas obligatoire; il y avait donc un véritable intérêt à attacher cet amortissement aux titres mêmes et à consacrer ainsi, entre l'État et les porteurs, un contrat que les pouvoirs publics seraient tenus de respecter. On devait d'autant moins hésiter à imposer aux générations futures l'obligation d'amortir, que les dépenses auxquelles il s'agissait d'appliquer les fonds d'emprunt avaient pour objet de créer de puissants instruments de travail et de production, et d'assurer, par conséquent, un accroissement de richesse sur lequel seraient prélevées, sans peine, les charges de l'amortissement. La création des annuités du fonds de 3 °/₀ amortissable présentait, d'ailleurs, une grande analogie, pour la durée et le but, avec les annuités de subventions servies aux Compagnies; seulement, l'État les réalisait lui-même, au lieu de les faire escompter par des intermédiaires.

La Commission avait admis l'inutilité d'abaisser au-dessous de 15 fr. le minimum des coupons de rente : ce chiffre correspondait, en effet, au revenu ordinaire des obligations de chemins de fer. Elle avait aussi repoussé deux propositions de la minorité de la Commission, savoir : 1° l'une tendant à l'émission de titres de rente perpétuelle, susceptible de conversions progressives; 2° l'autre tendant à pourvoir, par des moyens de trésorerie, au paiement des échéances les plus prochaines de la dette que l'État avait contractée par la loi de rachat, et d'attendre, ainsi, le résultat des négociations avec les Compagnies. De ces deux propositions, la première avait le défaut de ne pas rendre l'amortissement obligatoire ; la seconde plaçait l'État dans la situation la plus fausse et la plus désavantageuse vis-à-vis des grandes Compagnies.

M. Varroy concluait, en résumé, à l'adoption du projet de loi.

v. — Discussion au sénat. — Au début de la discussion [J. O., 29 mai 1878], M. Chesnelong combattit le projet de loi et en demanda l'ajournement, en raison des conséquences qu'il devait avoir sur les finances du pays. Il entra, sur la situation budgétaire, dans des développements dont nous ne pourrions donner l'analyse sans nous écarter de notre but. Tout en reconnaissant qu'il y avait lieu de compter sur des plus-values dans le rendement des impôts, il considérait comme sage de ne pas les escompter, sans savoir quelle en serait l'importance et sans être certain qu'elles ne seraient pas absorbées par la progression des dépenses. Quant à l'institution de nouveaux impôts, il ne fallait pas y songer : car on avait atteint le maximum des charges qu'il était raisonnablement possible de faire peser sur les contribuables et, en dépassant la mesure, on risquerait d'atteindre le travail national dans son développement, sinon dans son existence D'ailleurs, derrière le projet de loi, il y avait tout un vaste programme, qui ne devait pas entraîner une dépense de moins de 4 milliards, et il était à craindre que le Ministre et, après lui, les pouvoirs publics se laissassent entraîner à y engager, outre mesure, l'action et la responsabilité propres de l'État. L'orateur n'était pas hostile aux travaux publics ; mais il voulait y apporter la mesure et la prudence nécessaires ; il voulait que l'on écartât le système nouveau de rachat par l'État, d'exécution exclusive par l'État, d'exploitation, même provisoire, par l'État, pour en revenir à la coopération des associations privées, c'est-à-dire à une combinaison qui avait permis de dépenser 10 milliards en trente-quatre ans et de construire de 20 à 25 000 kilomètres, sans y faire contribuer le Trésor pour plus de 1 500 millions. Il voulait, précisément, sauvegarder l'instrument essentiel des travaux publics, en empêchant de porter atteinte au régulateur du crédit général, au crédit de l'État. Il demandait donc qu'il fût pourvu provisoirement, au moyen d'opérations de trésorerie, aux engagements contractés par le Gouvernement, et qu'aucune décision définitive n'intervînt, avant la conclusion des négociations engagées ou à engager avec les Compagnies.

M. Varroy, rapporteur, répondit en restreignant le débat au projet de loi en discussion et en écartant l'examen anticipé des voies et moyens d'exécution du grand programme, qui était encore hors de cause. Il chiffra les diverses catégories de dépenses qu'il pouvait être question d'amortir, au moyen de la réserve sagement ménagée dans les budgets antérieurs, et s'efforça d'établir qu'il n'était point imprudent, en l'état, d'ajouter à nos charges celle que constituerait l'amortissement de 500 millions à emprunter, aux termes du projet de loi. Il démontra la nécessité d'exécuter plus de travaux publics qu'on ne l'avait fait depuis dix ans, ne fût-ce que pour créer les ressources indispensables à l'extinction progressive de notre dette. Il ajouta que l'on ne pouvait guère compter sur les Compagnies pour l'exécution de ces travaux, puisqu'il s'agissait de lignes encore inférieures à celles du second réseau, qui, déjà, ne rapportaient pas plus de 1 1/2 °/₀ de leur prix de revient. L'État devait les prendre, presque entièrement, à son compte, et il ne devait pas hésiter à léguer aux générations suivantes un amortissement de 0,20 °/₀, alors que le bénéfice direct ou indirect atteindrait annuellement 10, 12 et peut-être même 15 °/₀.

A son tour, M. Léon Say, Ministre des finances, fournit, avec sa lucidité ordinaire, les explications les plus complètes sur la situation financière ; en ce qui touchait plus particulièrement les dépenses de travaux publics, il affirma que ces dépenses seraient proportionnées aux disponibilités ; que l'on y apporterait la réserve indispensable ; que l'État, se bornant à substituer son action à celle des Compagnies, et dans la même mesure, n'apporterait aucun trouble dans la circulation et l'affectation normale des capitaux. S'expliquant sur les conventions à intervenir avec les Compagnies, il faisait remarquer que l'espoir de M. Chesnelong, de voir ces sociétés assumer la totalité ou une forte part des dépenses nouvelles, était chimérique ; que, par exemple, les chemins, récemment rachetés à un taux incontestablement supérieur à leur valeur commerciale, seraient nécessairement rétrocédés à perte ; que les chemins de fer à construire imposeraient certainement, soit sous forme de subvention, soit sous forme de garantie d'intérêt, une charge importante au Trésor. Il se refusait à créer une troisième dette flottante, pour le paiement des indemnités de rachat.

Après une réplique de M. Chesnelong, la loi fut votée en première délibération. Aucune observation ne fut produite en deuxième délibération, le 3 juin [J. O., 4 juin 1878].

La loi prit la date du 11 juin [B. L., 1ᵉʳ sem. 1878, n° 396. p. 828].

514. — Déclaration d'utilité publique de divers chemins non concédés.

I. — PROJET DE LOI. — La loi du 31 décembre 1875 avait prescrit l'achèvement des études et de l'instruction réglementaire, pour la déclaration d'utilité publique de vingt-deux chemins de fer nouveaux. Plusieurs de ces chemins ayant subi les formalités d'enquête prescrites par les lois, le Ministre des travaux publics avait déposé, le 18 février, un premier projet de loi tendant à la déclaration d'utilité publique de la ligne de Châteaubriant à Rennes. Le 8 mars, il en présenta un second [J. O., 17 mars 1878], concernant les lignes suivantes :

1° Ligne de Ploërmel à Caulnes (43 km., 7 540 000 fr., superstructure comprise), destinée à constituer, avec celle de Questembert à Ploërmel, une nouvelle jonction entre les chemins de ceinture de la Bretagne, et à faire communiquer, par la voie la plus courte, les établissements militaires de Vannes et de Lorient avec ceux de Rennes, Saint-Malo et Cherbourg ;

2° Ligne de Port-de-Piles à Port-Boulet par Chinon (53 km., 7 160 000 fr.), créant une jonction directe entre les grandes artères de Tours à Bordeaux et de Tours à Nantes ;

Embranchement du camp du Ruchard (19 km., 3 millions 230 000 fr.) réclamé par le département de la guerre ;

3° Ligne de Port-de-Piles à Preuilly (35 km., 5 070 000 fr.), ouvrant un débouché aux importantes usines groupées dans le canton de Preuilly, sur les bords de la Creuse ;

4° Ligne de Buzy à Laruns (19 km., 2 200 000 fr.), destinée à desservir les deux stations thermales importantes des Eaux-Bonnes et des Eaux-Chaudes et à pénétrer dans une des vallées des Pyrénées riches en matières premières ;

5° Ligne de Port-d'Isigny au chemin de Caen à Cherbourg (5 km., 630 000 fr.), reliant le port d'Isigny au réseau.

Le projet de loi, calqué sur celui qui concernait le chemin de Châteaubriant à Rennes, prenait acte des offres faites : 1° par le conseil général d'Indre-et-Loire, de subvenir pour 2 500 000 fr. aux deux lignes de Port-Boulet à Port-de-Piles et de Port-de-Piles à Preuilly ; 2° par le conseil général du Calvados et par diverses communes, de concourir pour 297 000 fr. au chemin de Port-d'Isigny à la ligne de Caen à Cherbourg.

II. — RAPPORT ET ADOPTION A LA CHAMBRE DES DÉPUTÉS. — M. Guinot présenta, le 26 mars 1878, un rapport favorable [J. O., 5 avril 1878] ; il recommanda à la sollicitude du Ministre la ligne de Noyant à Montoire et l'embranchement de Richelieu au chemin de Port-Boulet à Chinon ; il fit, d'ailleurs, connaître que la Commission avait écarté :

(a). Un amendement des députés du Loir-et-Cher et de la Sarthe, tendant à l'exécution du ligne de Vendôme à Savigny, qui ne se rattachait pas aux chemins visés par le projet de loi ;

(b). Un amendement de M. Hérault, ayant pour objet l'exécution d'un chemin de Châtellerault à Loudun, qui se trouvait dans le même cas ;

(c). Un amendement de M. René Brice, tendant à l'exécution d'un chemin de Ploërmel à Châteaubriant, qui était dans une situation analogue.

La Commission avait pris acte de la promesse du Ministre, d'étudier un embranchement de Preuilly à Châtellerault, réclamé par M. Hérault dans l'intérêt de l'industrie de cette dernière ville.

La Chambre adopta le projet de loi, le 4 mai, en première délibération [J. O., 5 mai 1878], et le 14 mai, en deuxième délibiration [J. O., 15 mai 1878], après un échange d'explications entre M. Hérault, qui insista pour l'étude de l'embranchement de Preuilly à Châtellerault et M. de Freycinet qui promit cette étude.

III. — RAPPORT ET VOTE AU SÉNAT. — Déposé sur le bureau du Sénat le 14 mai, ce projet de loi fit l'objet d'un rap-

port de M. Jahan en date du 31 mai [J. O., 3 juillet 1878].
Ce rapport concluait à l'adoption des propositions du Gouvernement.

Le Sénat émit, le 6 juin, un vote favorable, après avoir
entendu quelques observations de M. de Gavardie en faveur
de l'étude de deux lignes [J. O., 7 juin 1878].

La loi fut promulguée le 13 juin [B. L., 2ᵉ sem. 1878,
n° 398, p. 9].

515. — **Loi relative à la superstructure de divers
chemins.**

I. — PROJET DE LOI. — Lors de la discussion du budget
de l'exercice de 1877, la Chambre des députés avait, nous
l'avons vu, introduit, dans les dispositions relatives aux
chemins de fer, une clause qui autorisait l'administration à
entreprendre la superstructure des lignes énumérées par
la loi de classement du 31 décembre 1875 et à acheter le
matériel roulant nécessaire à leur exploitation. Mais le
Sénat avait repoussé cette clause, qu'il considérait comme
devant faire l'objet d'une loi spéciale. Le 1ᵉʳ mars 1878, le
Ministre des travaux publics déposa, sur le bureau de cette
Assemblée, un projet de loi, [J. O., 10 mars 1878], qui
reproduisait la stipulation repoussée en 1876, mais en la limi-
tant à la superstructure des chemins qui n'auraient pas été
concédés avant l'achèvement de l'infrastructure. L'exposé
des motifs invoquait la nécessité de ne pas retarder la mise
en exploitation des lignes nouvelles; il faisait remarquer
que l'État avait un personnel parfaitement apte à l'exécution
de cette partie des travaux; qu'il pourrait même réaliser
certaines économies, en mettant en réserve, lors de l'établissement de la plate-forme, les matériaux susceptibles d'être
employés au ballastage; enfin qu'il aurait soin d'adopter

des types conformes à ceux des réseaux auxquels se rattacheraient les chemins visés par le projet de loi.

II. — RAPPORT AU SÉNAT. — La Commission saisie de ce projet de loi exprima le regret que le Gouvernement ne se fût pas conformé plus strictement au vœu du législateur, qui avait entendu limiter l'intervention de l'État à la construction de l'infrastructure et prescrire des négociations avec les Compagnies, en vue de la concession des lignes classées en 1875. Il lui parut impossible d'engager, d'ores et déjà, une dépense, qui n'était pas évaluée à moins de 275 millions pour l'ensemble de ces lignes. D'accord avec M. de Freycinet, Ministre des travaux publics, elle modifia le projet de loi, en restreignant l'autorisation aux chemins ou sections de chemins pour lesquels il y avait véritablement urgence, soit à une longueur de 220 kilomètres (Caen à Dozulé, Échauffour à Bernay, Alençon à Domfront, Mamers à Mortagne, Mortagne à Mézidon, Gondrecourt à Neufchâteau, Saillat à Bussière-Galant, Limoges au Dorat, Vendôme à Romorantin, Limoges à Eymoutiers, Fontenay-le-Comte à Benet, Avallon à Nuits-sous-Ravières). Elle stipula, en outre, que l'administration serait tenue d'adopter le type des lignes principales dont les chemins à construire seraient des affluents. Enfin M. Poriquet prit acte, dans son rapport du 2 mai [J. O., 15 mai 1878], de l'engagement de M. de Freycinet, de saisir le plus tôt possible le Parlement des résultats des négociations qu'il avait entreprises pour la concession des nouvelles lignes.

De son côté, la Commission du budget émit, le 21 mai, un avis conforme à celui de la Commission spéciale [J. O., 1er juin 1878], en insistant sur ce fait qu'il s'agissait exclusivement d'une décision d'espèce, « n'engageant pas les « principes et réservant, au contraire, toutes les questions

« relatives au mode d'achèvement de la généralité des
« lignes comprises dans les lois de décembre 1875, achè-
« vement que la pensée du législateur paraissait avoir été
« de confier à des concessionnaires ».

III. — DISCUSSION AU SÉNAT. — Lors de la première délibération [J. O., 26, 28 et 29 mai 1878], M. Buffet attaqua
vivement le projet de loi. Suivant l'orateur, il suffisait de se
reporter aux documents parlementaires concernant les lois
des 16 et 31 décembre 1875, pour se convaincre que le législateur avait manifesté sa ferme volonté de procéder, le
plus tôt possible, à des concessions ; le texte même des lois
précitées prouvait, d'ailleurs, qu'en tout état de cause la
superstructure ne devait pas être exécutée par l'État. La
proposition du Ministre était absolument contraire à cette
sage disposition ; elle tendait au but contre lequel le Sénat
s'était prononcé, lors de l'examen du budget de 1877, et,
même entourée de toutes les réserves insérées au rapport,
la conclusion de la Commission avait le grave défaut d'ouvrir une porte bien difficile à refermer. Cette conclusion ne
se justifiait pas par des motifs d'urgence : car, d'après les
indications du Ministre, 25 kilomètres seulement devaient
être prêts avant la fin de l'année 1878 à recevoir la superstructure, et il était inadmissible que le Ministre ne pût
réaliser, en temps utile, la concession d'une si faible longueur. En votant la loi, même restreinte à 220 kilomètres,
le Sénat s'exposerait à voir ensuite le Gouvernement lui en
demander d'autres de même nature ; lui arracher, par des
votes successifs, ce qui eût été refusé pour une mesure
d'ensemble ; et engager ainsi, peu à peu, des dépenses qui,
pour les lignes décidées en décembre 1875 et pour celles
dont le classement était élaboré par M. de Freycinet, ne
s'élèveraient pas à moins de 1 175 millions. Sans doute, cer-

tains chemins, dont la construction avait été ou serait or-
donnée par le Parlement, seraient tellement improductifs
que l'État ne saurait les concéder, en se bornant à fournir
la plate-forme ; mais ils constitueraient des exceptions à
justifier et à discuter. M. Buffet reproduisait les arguments
qu'il avait déjà fait valoir, lors de la délibération sur le rachat des réseaux secondaires du Sud-Ouest, relativement au
péril que comporterait un développement excessif des travaux publics ; à l'appauvrissement dont serait frappé le pays,
si l'épargne nationale était consacrée à des œuvres stériles ;
aux embarras inextricables dont le Trésor serait assailli. Du
reste, quelle que fût la dotation des chemins de fer, il
importait d'en tirer le plus grand nombre possible de kilomètres et, pour cela, de n'exécuter que les travaux indispensables ; il importait de laisser aménager les voies
par les Compagnies, qui avaient, à cet égard, une expérience
consommée ; il importait d'enrayer cette tendance, qui se
manifestait, d'augmenter sans cesse l'intervention de l'État,
en allant de proche en proche à l'élimination de l'industrie
privée, non seulement dans la construction, mais encore
dans l'exploitation.

M. Poriquet, rapporteur, répondit à M. Buffet. Après
s'être déclaré partisan convaincu du régime constitué en
1842, il rappela que la Commission n'avait pas voulu suivre
le Ministre dans la voie trop large tracée par le projet de
loi, qu'elle avait tenu à restreindre le champ de l'autorisation
à accorder au Gouvernement, qu'elle avait proposé de le
limiter aux 220 kilomètres, dont l'infrastructure semblait
pouvoir être achevée avant le 1er juillet 1879. Elle avait
adopté ce terme et non celui du 1er janvier, dont avait parlé
M. Buffet, parce que la passation des marchés et la préparation des matériaux exigeaient un délai assez long. Ainsi
réduite, la loi n'offrait plus les mêmes dangers ; elle ren--

trait dans le cadre d'un certain nombre de précédents; elle donnait satisfaction aux populations dont les intérêts eussent été compromis; loin d'affaiblir les revendications contre l'inexécution des lois de 1875, elles les fortifiait et fournissait l'occasion de les accentuer énergiquement et de prendre acte des promesses du Ministre.

M. Paris vint ensuite exprimer des craintes et des critiques analogues à celles qu'avait formulées M. Buffet; il soutint que le terme du 1er juillet 1879, admis par la Commission, était trop éloigné, et qu'il convenait de s'en tenir au terme du 1er janvier, sous peine de s'exposer à consacrer la mainmise de l'État sur la superstructure de tous les chemins nouveaux. Il conclut à renvoyer le projet de loi à la Commission, pour qu'elle le révisât, en y comprenant seulement les lignes dont l'infrastructure serait achevée avant la fin de l'année.

M. de Freycinet, Ministre des travaux publics, demanda, au contraire, le vote du projet de loi, tel que l'avaient arrêté la Commission spéciale et la Commission du budget; les délais nécessaires à la préparation des travaux exigeaient que l'autorisation fût étendue aux lignes dont la plate-forme serait prête dans le premier semestre de 1879. Le Ministre expliquait, d'ailleurs, les difficultés de l'élaboration des conventions nouvelles avec les Compagnies, conventions qui ne pouvaient être coulées simplement dans le moule de celles de 1859 et qui comportaient des débats longs et minutieux.

Le Sénat adopta le 28 mai les articles du projet de loi et décida qu'il passerait à une deuxième délibération. Cette deuxième délibération (3 juin) ne souleva aucune observation.

III. — RAPPORT ET VOTE A LA CHAMBRE DES DÉPUTÉS. —
Le projet de loi, transmis à la Chambre des députés le

3 juin [J. O., 4 juillet 1878], donna lieu, le 6 du même mois, à un rapport de M. Sadi Carnot [J. O., 7 juillet 1878]. Après avoir rappelé la disposition, que la Chambre des députés avait introduite dans la loi de finances de 1877 et qui avait été écartée par le Sénat, M. Carnot exprimait l'avis que la transaction acceptée par le Ministre devait être ratifiée.

Cette conclusion fut homologuée d'urgence et sans discussion, le 8 juin [J. O., 9 juin 1878. — Loi du 14 juin 1878. — B. L., 2ᵉ sem. 1878, n° 398, p. 13].

516. — **Déclaration d'utilité publique du chemin de Mirecourt à Chalindrey.** — Le 26 mars 1878, le Ministre des travaux publics présenta à la Chambre des députés, un projet de loi [J. O., 1ᵉʳ mai 1878], portant déclaration d'utilité publique et autorisation d'exécuter les travaux du chemin de Mirecourt à Chalindrey, compris parmi ceux dont la loi du 31 décembre 1875 avait prescrit l'étude. Ce chemin avait 86 kilomètres et était évalué à 24 000 000 fr.; il devait être complété par deux embranchements, l'un de Merrey à Neufchâteau (37 km., 7 500 000 fr.), l'autre d'Andilly à Langres (17 km., 3 275 000 fr.). La construction par l'État devait être limitée à l'infrastructure.

M. Frogier de Pontlevoy déposa, le 28 mai, un rapport favorable [J. O., 14 juin 1878] et la Chambre des députés vota le projet de loi, le 6 juin, d'urgence et sans discussion [J. O., 7 juin 1878].

Saisi le 6 juin [J. O., 31 juilllet 1878], le Sénat ratifia également, à la date du 8 juin, les propositions du Gouvernement, sur le rapport de M. le général Pélissier [J. O., 9 juin et 9 septembre 1878. — Loi du 15 juin 1878.—B. L., 2ᵉ sem. 1878, n° 398, p. 14].

Le chemin de Mirecourt à Chalindrey fut ouvert en 1881.

**517. — Déclaration d'utilité publique de deux sections du chemin d'Ajaccio à Bastia.** — Le 28 mars, le Gouvernement saisit la Chambre d'un projet loi analogue à celui qui avait été présenté pour le chemin de Châteaubriant à Rennes et relatif à l'exécution d'une ligne d'Ajaccio à Bastia, par Corte [J. O., 1ᵉʳ mai 1878].

D'après le projet de loi, les deux sections d'Ajaccio à Ucciani et de Corte à Bastia étaient déclarées d'utilité publique et devaient, d'ores et déjà, être entreprises par l'État ; les études complémentaires, nécessaires sur la section intermédiaire d'Ucciani à Corte, étaient prescrites.

La dépense totale de la ligne était évaluée à 25 millions (y compris la superstructure), pour une longueur de 159 kilomètres : la dépense afférente aux deux sections à construire immédiatement était estimée à 11 millions, pour 97 kilomètres.

Le 3 juin, M. de Choiseul, rapporteur, émit un avis favorable [J. O., 22 juillet 1878] ; il invoqua la nécessité de ne pas déshériter plus longtemps un département susceptible d'acquérir une grande prospérité, gâce à la fertilité de son sol, à la variété de ses produits, à ses richesses minérales, à l'étendue et à la qualité de ses forêts ; il insista pour que l'on ne tardât pas davantage à suivre l'exemple que nous avait donné l'Italie, en dotant de voies ferrées les îles de Sardaigne et de Sicile.

La Chambre vota la loi, le 6 juin, d'urgence et sans débat [J. O., 7 juin 1878].

Transmis au Sénat le même jour, le projet de loi fut adopté par cette Assemblée, le 8 juin [J. O., 9 juin 1878], conformément aux conclusions du rapport de M. Galloni d'Istria [J. O., 9 septembre 1878. — Loi du 17 juin 1878. — B. L., 2ᵉ sem 1878, nº 415, p. 605].

518. — **Concession du chemin de Pondichéry à la rivière Gingy.** — Nous mentionnons, au passage, une loi du
18 juin 1878 [B. L., 2ᵉ sem. 1878, n° 400, p. 65], portant
allocation d'une subvention à la colonie de l'Inde française,
pour la construction d'un chemin de fer de 12 kilomètres,
rattachant Pondichéry à la rivière Gingy, point où il se soudait au réseau de l'Inde méridionale.

Le texte de la convention, conclue entre le Ministre de la
marine et des colonies, agissant pour le compte de la colonie française de l'Inde, et la Compagnie anglaise concessionnaire, est annexé à la loi.

Le chemin fut ouvert à l'exploitation en 1879.


519. — **Approbation du tracé du raccordement du
chemin de Paris à Vincennes avec le chemin de Ceinture
intérieur.** — Un décret du 9 juillet 1878 [B. L., 2ᵉ sem.
1878, n° 403, p. 194] approuva le projet de raccordement
direct entre le chemin de Paris à Vincennes et le chemin de
Ceinture intérieur de Paris et stipula que la dépense, évaluée à 1 175 000 fr., serait imputée sur le compte de 40 millions ouvert pour travaux complémentaires de l'ancien réseau
de l'Est.


520. — **Mise sous séquestre du chemin de Lagny à
Mortcerf.** — La Compagnie concessionnaire du chemin de
Lagny à Villeneuve-le-Comte, aux carrières de Neufmoutiers et à Mortcerf, ne pouvant continuer son exploitation,
un décret du 21 septembre 1878 [B. L., 2ᵉ sem. 1878, n° 412,
p. 534] prononça la mise sous séquestre de ce chemin.


521. — **Déchéance des concessionnaires de la ligne de
Marmande à Angoulême.** — Le chemin de Marmande à
Angoulême avait été concédé en vertu d'une loi du 2 dé-

cembre 1875. Les concessionnaires n'ayant pu satisfaire à leurs engagements, leur déchéance fut prononcée par arrêté ministériel du 21 septembre.

522. — **Déclaration d'utilité publique d'un embranchement de Luçon au port de Luçon.** — Un décret du 30 novembre 1878 [B. L., 2° sem. 1878, n° 418, p. 799] déclara d'utilité publique, comme annexe de la ligne de la Rochelle à la Roche-sur-Yon, un embranchement de 2 kilomètres, reliant le port de Luçon à la gare de cette ville, et décida que la dépense évaluée à 166 000 fr., serait imputée sur le compte des travaux d'achèvement des lignes rachetées. Cet embranchement fut livré à l'exploitation en 1881.

523. — **Déclaration d'utilité publique du raccordement de la gare de Redon avec le bassin à flot de cette ville.** — Un décret du 9 décembre 1878 [B. L., 1er sem. 1879, n° 437, p. 486] déclara d'utilité publique les travaux à exécuter, par la Compagnie de l'Ouest, pour le raccordement de la gare de Redon avec le bassin à flot de cette ville.

524. — **Fixation du tracé du chemin de Jeumont à Fourmies ou Anor.** — Une loi du 15 septembre 1871 avait déclaré d'utilité publique l'établissement d'une ligne allant d'un point situé entre les stations de Jeumont et d'Erquelines à Fourmies ou à Anor, en restant constamment sur le territoire français et en passant par ou près Cousolre et Solre-le-Château. Après de longues études, une décision ministérielle du 26 avril 1877 avait fixé Jeumont comme point de départ et Anor comme terminus de cette ligne. Mais ce tracé n'étant pas compatible avec les dispositions nouvelles adoptées par le génie militaire, le Ministre des travaux pu-

blics présenta, le 25 novembre, un projet de loi, d'après lequel le chemin devait partir de Maubeuge et aboutir à Fourmies, en continuant à desservir Consolre et Solre-le-Château ; la section de Maubeuge à Cousolre était, d'ailleurs, déclarée d'utilité publique [J. O., 8 décembre 1878].

M. Guillemin conclut, par un rapport du 6 décembre [J. O., 24 décembre 1878], à l'adoption du projet de loi, qui fut voté le 12 du même mois, après une déclaration du rapporteur faisant connaître que la Commission venait d'être saisie d'une demande en indemnité de la Compagnie du Nord-Est, mais qu'elle n'avait pas cru devoir l'examiner [J. O., 13 décembre 1878].

Transmis le 14 décembre au Sénat [J. O., 12 janvier 1879], le projet fut adopté par cette assemblée le 20 décembre [J. O., 21 décembre 1878], conformément aux conclusions [J. O., 13 janvier 1879] de M. Huguet, rapporteur [Loi du 26 décembre 1878. — B. L., 1er sem. 1879, n° 434, p. 353].

525. — **Concession d'un chemin de Vassy à Doulevant-le-Château.** — Une société de propriétaires et d'industriels de la Haute-Blaise avaient demandé la concession d'un chemin d'intérêt général de Vassy à Doulevant-le-Château, prolongeant celui de Saint-Dizier à Vassy et destiné à desservir des exploitations métallurgiques, agricoles et forestières. La longueur de la nouvelle ligne était de 15 kilomètres ; elle était évaluée à 1 590 000 fr., dont 100 000 fr. donnés par le conseil général de la Haute-Marne et 124 500 fr. par la Compagnie de Vassy à Saint-Dizier et diverses communes.

Le Ministre des travaux publics présenta le 21 mars 1878, à la Chambre des députés, un projet de loi [J. O., 4 avril 1878], qui instituait cette concession, moyennant une

3

35

subvention de 300 000 fr., payable en six termes semestriels, et pour une durée égale à celle qui restait à courir
sur la concession du chemin de Vassy à Saint-Dizier. Le
cahier des charges était le même que celui de cette dernière ligne.

M. Danelle-Bernardin déposa, le 28 mai 1878, un
rapport favorable [J. O., 13 et 24 juin 1878].

Le 9 novembre [J. O., 10 novembre 1878], la Chambre
des députés décida, sans discussion, qu'elle passerait à
une deuxième délibération; cette deuxième délibération
eut lieu le 5 décembre [J. O., 6 décembre 1878] et ne souleva aucun débat.

Transmis au Sénat le 7 décembre [J. O., 16 décembre
1878], le projet de loi fit, à la date du 13 ,l'objet d'un rapport favorable de M. Huguet [J. O., 25 décembre 1878] et
d'un avis conforme de la Commission des finances [J. O.,
7 janvier 1879] et fut voté, sans discussion, le 18 décembre
[J. O., 19 décembre 1878. — Loi du 26 décembre 1878,
— B. L., 1er sem. 1879, n° 436, p. 433].

La ligne fut livrée à l'exploitation en 1881.

526. — Assimilation des chemins de fer de l'État aux
chemins de fer concédés, au point de vue des contributions.
— Nous avons à noter, en passant, une disposition de la loi
de finances du 22 décembre 1878 (art. 9), portant que les
chemins de fer exploités par l'État seraient soumis, en ce
qui concernait les droits, taxes et contributions de toutes
natures, au même régime que les chemins de fer concédés
[B. L., 2e sem. 1878, n° 421, p. 857].

527. — Travaux du conseil supérieur des voies de
communication en 1878. — Le conseil supérieur institué
le 31 janvier 1878 tint deux sessions en 1878. Nous noterons,

parmi ses travaux, ceux qui avaient plus spécialement trait aux chemins de fer.

1° *Règle à établir pour le trafic entre deux points reliés par deux lignes d'inégale longueur, concédées à des Compagnies différentes.* — Cette question fit l'objet d'un rapport de M. de Boureuille, inspecteur général des mines, ancien secrétaire général du ministère des travaux publics, au nom de la commission des chemins de fer, constituée dans le sein du conseil supérieur.

Les Compagnies avaient le plus souvent adopté, comme base de leurs conventions, la règle de la plus courte distance, de telle sorte que le trafic était acquis à la Compagnie dont la ligne avait le moindre parcours ; les traités conclus suivant ce principe n'étaient pas sanctionnés par l'administration, qui se bornait à les connaître et à les tolérer. Dans certains cas, les Compagnies s'étaient mises d'accord pour le partage des transports : c'est ainsi que, pour les relations entre Paris et Angers, entre Paris et Redon, la Compagnie d'Orléans et la Compagnie de l'Ouest s'étaient entendues, pour attribuer à la première les marchandises de petite vitesse et à la seconde les voyageurs, et pour répartir entre elles les messageries ; les traités de cette nature avaient été soumis à la sanction du Ministre. La Commission était, à l'unanimité, d'avis qu'il y avait lieu de maintenir l'examen et l'approbation de l'administration pour les conventions de cette dernière catégorie, après avis des chambres de commerce intéressées ; elle considérait, en outre, comme indispensable de soumettre au même régime les conventions de la première catégorie, attendu que la règle de la plus courte distance pouvait, eu égard au tracé des lignes, ne pas fournir la solution la plus satisfaisante et compromettre les intérêts du Trésor, au point de vue du jeu de la garantie et du partage des bénéfices. Elle pensait, d'ailleurs, que les éléments d'appréciation étaient trop variables pour comporter une règle fixe et immuable.

Le conseil ne se prononça pas sur ces conclusions.

2° *Question de l'application des tarifs différentiels aux voyageurs.*

Ce fut également M. de Boureuille qui présenta le rapport sur cette question, au nom de la Commission.

Suivant la Commission, il n'y avait pas lieu d'étendre aux voyageurs le système des tarifs à base décroissante ; leur transport se faisait, en effet, dans des conditions essentiellement différentes de celles des transports de marchandises ; l'élément principal était la traction d'un poids mort considérable, traction dont le prix croissait à peu près proportionnellement à la distance ; d'autre part, les longs parcours ne constituaient qu'une exception et ne donnaient que des recettes minimes ; d'ailleurs, l'expérience avait été faite par le Gouvernement belge, de 1865 à 1871, et les résultats en avaient été défavorables. Toutefois, le rapport signalait l'opportunité de développer les billets d'aller et retour à prix réduit et les abonnements.

Après discussion, le conseil émit l'avis « qu'il n'y avait « pas lieu, en cas de révision des contrats actuels ou de ré- « daction de contrats nouveaux, de modifier les tarifs de « chemins de fer, dans le sens d'une obligation à imposer en « principe aux Compagnies, pour l'établissement sur leurs « lignes de tarifs différentiels applicables aux voyageurs, en « raison de l'augmentation des distances ; mais que, si l'on « ne devait rien prescrire sous ce rapport, il pouvait y avoir « encore des essais utiles à tenter ; des billets d'aller et de « retour à prix réduit, des tarifs d'abonnement, sur d'autres « parcours que ceux qui en avaient été déjà l'objet, pour- « raient produire de bons résultats, même au point de vue « de l'accroissement des recettes. »

3° *Délais de magasinage.* — Un grand nombre de tarifs, applicables à des transports par wagons de quatre tonnes au moins, comportant pour l'expéditeur ou le destinataire la faculté ou l'obligation de procéder eux-mêmes au chargement et au déchargement, l'administration avait dû déterminer les délais impartis pour ces opérations et les droits de magasinage, en cas de retard. Aux termes des premiers arrêtés ministériels, le déchargement devait être opéré dans les vingt-quatre heures de la mise à la poste de la lettre d'avis aux destinataires ; passé ce délai, la taxe était de 5 fr. par wagon et par jour de retard. En 1868, le Ministre décida que, quelle que fût l'heure de l'envoi de l'avis, le destinataire aurait toute la journée du lendemain. Les encombrements qui suivirent les événements de 1870-1871 conduisirent l'administration, tout d'abord, à élever le droit à 10 fr., en accordant quarante-huit heures pour le déchargement, puis, à en revenir au délai de 1868, tout en maintenant la surélévation de la taxe. Mais à la fin de 1876, M. Christophle, Ministre des travaux publics, cédant aux sollicitations auxquelles il était en butte, prit un arrêté fixant le délai de déchargement à quarante-huit heures et le droit de stationnement à 5 fr., pour chacun des trois premiers jours de retard, et à 10 fr., pour chacun des jours suivants. Ces facilités données au commerce eurent des conséquences fâcheuses pour la régularité des transports, la bonne utilisation du matériel, le dégagement des gares, et, par contre-coup, pour la sécurité ; elles provoquèrent les plaintes les plus vives de la part des Compagnies.

Après une enquête et une étude approfondies, la Commission proposa, par l'organe de M. de Boureuille, les dispositions suivantes :

Au départ, les wagons devaient être chargés dans les vingt-quatre heures qui suivaient leur mise à la disposition ·

des expéditeurs ; passé ce délai, il était perçu un droit de stationnement de 5 fr. par wagon et par jour de retard.

A l'arrivée, les Compagnies pouvaient aviser les destinataires par la poste, par exprès ou par télégraphe, les frais de l'avis ne devant pas dépasser la taxe d'une lettre, à moins que le destinataire n'eût lui-même demandé l'emploi du télégraphe. Les wagons devaient être complètement déchargés dans la journée du lendemain, pourvu que l'avis fût expédié, de manière à pouvoir parvenir avant cinq heures et demie du soir. Le délai était augmenté d'un jour, pour les destinataires résidant dans une commune dépourvue de bureau de poste ou desservie par un bureau différent de celui de la gare de départ. Si le nombre de wagons excédait dix, le déchargement n'était obligatoire que pour ce nombre dans la journée du lendemain ; un jour supplémentaire était accordé pour le surplus. Passé ces délais, la Compagnie pouvait, soit percevoir un droit de stationnement de 10 fr. par jour et par wagon, soit procéder au déchargement d'office, en percevant une taxe de 0 fr. 30 par tonne, sans préjudice des droits ordinaires de magasinage pour les marchandises déchargées.

Le conseil homologua ces conclusions, en ajoutant qu'il ne serait pas tenu compte des dimanches et des jours fériés pour les délais de chargement et de déchargement des wagons.

4° *Question de savoir s'il convenait de faire acheter par les départements les terrains nécessaires à l'établissement des chemins de fer.* — L'opinion publique s'était émue de certains verdicts, dans lesquels les sommes allouées par les jurys d'expropriation avaient dépassé tous les mécomptes possibles, et l'on s'était demandé s'il ne conviendrait pas d'intéresser les populations, appelées à profiter de l'ouverture des nouvelles voies de communication, à l'acquisition des terrains nécessaires. Il y avait, à cet égard, de nombreux précédents. Souvent, l'État n'avait consenti à la rectification ou à l'ouverture des travaux de routes nationales que sous la condition de la livraison des terrains par les villes, moyennant allocation d'une somme à forfait. Pour les chemins de fer eux-mêmes, il existait des exemples de subventions données par les départements, sous forme d'acquisition de l'assiette de ces voies de communication. Convenait-il, toutefois, de transformer en règle générale cette pratique couronnée de succès dans certains cas? La Commission ne le pensa pas ; elle rappela que le législateur avait dû rapporter, en 1845, la disposition édictée en 1842, pour mettre à la charge des départements et des communes les deux tiers des indemnités d'expropriation ; que, plus tard, à la fin de 1876, le Sénat s'était refusé à introduire dans la loi de finances de l'exercice 1877 une clause subordonnant l'exécution des lignes classées en 1875 à des offres de concours jugées suffisantes de la part des départements, communes ou propriétaires intéressés ; qu'en effet, cette clause eût été de nature à priver les régions pauvres du bénéfice des voies ferrées dont elles avaient été déshéritées. Elle conclut donc, par l'organe de son rapporteur, M. Lalanne, inspecteur général des ponts et chaussées, à ne pas admettre, comme règle générale, l'achat des terrains par les départements ; toutefois, s'appuyant sur des faits incontestables, elle signala l'avantage qu'il pourrait y avoir fréquemment, à traiter à forfait avec les départements ou les communes, en leur confiant le soin de poursuivre le règlement des indemnités, soit à l'amiable, soit par voie d'expropriation.

Le conseil adopta l'avis de la commission, en modifiant la forme de l'indication subsidiaire et en la libellant comme il suit : « Les exemples qui ont été cités donnent lieu de « croire qu'il y aurait souvent avantage à associer les dé-

« partements et même lès communes, sous une forme ou
« sous une autre, à l'acquisition des terrains et au règle-
« ment des indemnités, soit à l'amiable, soit par voie
« d'expropriation. »

5° *Question de la fermeture des gares les dimanches et jours
fériés, tant à la réception qu'à la livraison des marchandises de
petite vitesse.* — Les partisans de la fermeture des gares, les
dimanches et jours fériés, faisaient valoir l'intérêt de ne pas
retenir à leur service les agents des Compagnies et de leur
laisser la liberté nécessaire pour réparer leurs forces, pour
vaquer à leurs affaires personnelles, pour jouir de la vie de
famille, pour remplir leurs devoirs religieux. Toutefois, les
personnes les plus autorisées reconnaissaient que la fermeture complète pouvait présenter les plus graves inconvénients pour le commerce. M. Claude, sénateur, fit
connaître, dans son rapport, que, en présence de l'arrêté
pris par le Ministre le 27 mai 1878, pour exclure les
dimanches et jours fériés des délais de chargement, de
déchargement et de livraison des wagons, les Compagnies
pouvaient prendre les mesures propres à donner à leurs
employés et ouvriers la liberté voulue et que, dès lors, il n'y
avait pas lieu de prescrire, à cet égard, des dispositions
réglementaires.

Les conclusions de la commission furent adoptées par le
conseil.

6° *Tarif des frais accessoires.* — Aux termes de l'ordonnance du 15 novembre 1846, article 47, les Compagnies
devaient soumettre annuellement à l'approbation ministérielle le tarif de leurs frais accessoires. Ces frais étaient
restés à un taux invariable, lorsque, en 1873, les Compagnies en demandèrent le relèvement, en raison du renchérissement de la main-d'œuvre. L'instruction de l'affaire fut
assez longue et donna lieu à plusieurs rapports, dont l'un,

notamment, fut présenté en 1878 au comité consultatif des chemins de fer par M. Lefébure de Fourcy, inspecteur général des mines. Les conclusions de ce rapport étaient les suivantes :

(a). Enregistrement des bagages. — D'après les renseignements statistiques fournis par les Compagnies et vérifiés par les directeurs du contrôle, la dépense moyenne par enregistrement variait de 0 fr. 137 à 0 fr. 216, non compris l'impôt ; le rapport concluait à admettre le relèvement de la taxe, de 0 fr. 10 à 0 fr. 15, impôt compris.

(b). Enregistrement de la messagerie. — La dépense moyenne effective variant de 0 fr. 131 à 0 fr 318, M. de Fourcy adhérait également au relèvement de la taxe de 0 fr. 10 à 0 fr. 15.

(c). Manutention de la messagerie. — La taxe était de 1 fr. 50 par tonne ; le rapport en admettait le relèvement à 2 fr. 20, attendu que, en fait, la dépense moyenne variait de 2 fr 05 à 6 fr. 96.

(d). Dépôt des bagages. — M. de Fourcy admettait le relèvement de la taxe de 0 fr. 05 à 0 fr. 10, par colis et par jour, attendu que la dépense réelle variait de 0 fr. 048 à 0 fr. 080.

(e). Enregistrement de la petite vitesse. — Le rapport concluait à porter la taxe par colis de 0 fr. 10 à 0 fr. 15, la dépense moyenne variant de 0 fr. 198 à 0 fr. 535.

(f). Manutention de la petite vitesse. — Il conseillait, de même, d'élever les frais de manutention de 1 fr. à 1 fr. 30 par tonne, pour les expéditions par wagon complet, et de 1 fr. 50 à 1 fr. 80, pour les expéditions sans condition de tonnage, savoir :

| | PAR WAGON DE 4 tonnes. | | SANS CONDITION de tonnage. | |
|---|---|---|---|---|
| | ancienne taxe. | taxe proposée. | ancienne taxe. | taxe proposée. |
| | fr. c. | fr. c. | fr. c. | fr. c. |
| Chargement au départ.................. | 0 30 | 0 40 | 0 40 | 0 50 |
| Frais de gare au départ................ | 0 20 | 0 25 | 0 35 | 0 40 |
| Déchargement à l'arrivée............... | 0 30 | 0 40 | 0 40 | 0 50 |
| Frais de gare à l'arrivée... ............ | 0 20 | 0 25 | 0 35 | 0 40 |
| Totaux....... | 1 00 | 1 30 | 1 50 | 1 80 |

(g).· Transmission. — Les frais réels étant en moyenne de 0 fr. 48 à 1 fr. 05, le rapport admettait le relèvement de 0 fr. 40 à 0 fr. 60.

M. de Fourcy était, en outre, d'avis : 1° de maintenir au taux de 0 fr. 10, par fraction indivisible de 100 kilogrammes, en grande et en petite vitesse, et de 0 fr. 30 par tonne, pour les wagons ou camions passés à la bascule, le droit de pesage ; 2° de porter le droit de magasinage de 0 fr. 05 à 0 fr. 10 par jour et par fraction de 100 kilogrammes, pour la grande vitesse.

La commission « des chemins de fer » du conseil supérieur, saisie de la question, commença par repousser la doctrine des Compagnies tendant au remboursement intégral de leurs dépenses ; elle fit remarquer, à l'appui de son opinion, que les opérations accessoires se rattachaient étroitement à l'opération principale du transport et que plusieurs d'entre elles étaient d'ailleurs utiles, non seulement au public, mais aux concessionnaires eux-mêmes. Sous le bénéfice de cette observation, elle proposa les résolutions suivantes, par l'organe de M. de Boureuille :

(a). Relèvement, de 0.fr. 10 à 0 fr. 15, de la taxe d'enregistrement de la messagerie, sous la réserve que l'on

reviendrait au taux primitif, dans le cas où l'impôt additionnel, créé par la loi de 1871, serait supprimé ;

(*b*). Relèvement, de 1 fr. 50 à 1 fr. 85, de la taxe de manutention de la messagerie, de manière à ne pas faire supporter l'impôt par les Compagnies, mais sous la même
réserve que pour la taxe d'enregistrement ;

(*c*). Relèvement, de 0 fr. 05 à 0 fr. 10, de la taxe pour
dépôt des bagages ;

(*d*). Relèvement, de 0 fr. 05 à 0 fr. 10, de la taxe d'enregistrement de la petite vitesse ;

(*e*). Maintien des taxes de manutention, pour lesquelles
les chiffres statistiques, fournis par les Compagnies, com-
prenaient des éléments étrangers à la manutention proprement dite ;

(*f*). Relèvement, de 0 fr. 40 à 0 fr. 50, de la taxe de
transmission ;

(*g*). Adoption de l'avis du comité consultatif, pour le pesage et le droit de magasinage.

Devant le conseil supérieur, M. d'Eichtal déclara que,
tout en maintenant le bien fondé de leurs prétentions, les
Compagnies adhéraient aux chiffres proposés par la commission. A la suite de cette déclaration, une discussion
assez vive s'engagea sur le principe même des relèvements :
MM. Allain-Targé et Wilson soutinrent que le Ministre avait
un pouvoir discrétionnaire pour fixer les taxes et n'était
nullement tenu d'adopter des chiffres correspondant à la
dépense réelle ; M. Aucoc répondit que, si le droit d'arbitrage du Ministre était incontestable, l'intention évidente
des parties contractantes avait été de rembourser les Compagnies de leurs débours ; que, d'autre part, en instituant
l'impôt supplémentaire sur la grande vitesse, le législateur
avait entendu le faire peser sur le public ; et que, dès lors,
il était injuste d'en laisser le poids à la charge des Compa-

gnies, pour les opérations accessoires. M. Andral, vice-président du conseil d'État, se prononça dans le même sens.
Puis, après un débat détaillé, les propositions de la commission furent successivement votées par le conseil.

Nous avons encore à mentionner, parmi les documents
annexés aux procès-verbaux des opérations du conseil supérieur, mais non soumis à ses délibérations : 1° un projet
de convention, élaboré à Berne, sur le régime des transports internationaux ; 2° un rapport de MM. de Savigny et
Marbeau, délégués français à la conférence, sur ce projet
de convention. Une nouvelle conférence a été tenue en 1881
et a abouti à une entente dont les résultats pourront sans
doute être soumis prochainement à la sanction du Parlement.

### 528. — Enquête de la commission « des chemins de fer d'intérêt général » du Sénat.

I. — QUESTIONNAIRE ARRÊTÉ PAR LA COMMISSION CONCER-
NANT LES VOIES ET MOYENS D'EXÉCUTION DU RÉSEAU COMPLÉ-
MENTAIRE. — Le 4 août 1876, le Sénat avait institué une
Commission de dix-huit membres, appelée à rechercher les
bases sur lesquelles il y avait lieu de compléter l'assiette du
réseau des chemins de fer d'intérêt général, les voies et
moyens les plus propres à en assurer l'exécution, et les
simplifications et améliorations à apporter aux tarifs de
marchandises.

Cette Commission, nommée le 12 janvier 1877, s'était
divisée en trois sous-commissions, chargées chacune de
traiter l'un des trois ordres de questions ci-dessus indiqués.
La troisième sous-commision, celle des tarifs, celle qui avait
la tâche la plus difficile, avait procédé à une vaste enquête ;
son travail n'étant pas encore terminé, M. Krantz, qui la

présidait, demanda, le 18 janvier, la prorogation de ses pouvoirs. Cette prorogation fut votée sans débat.

Avant de faire connaître les conclusions des trois sous-commissions, nous considérons comme utile de donner quelques renseignements sur les dépositions recueillies par la Commission.

Ces dépositions sont réunies dans deux volumes fort intéressants, qui méritent d'être lus entièrement et dont l'un, notamment, ne compte pas moins de 800 pages, in-quarto.

Les questions principales posées par la Commission, au sujet des voies et moyens d'exécution du réseau complémentaire, étaient les suivantes :

1° Quel était le maximum d'étendue d'un réseau de voies ferrées qui pouvait être soumis à l'administration d'une Compagnie unique?

2° Quelle étendue de lignes pourrait construire, en moyenne, pendant une période de dix ans, chacune des Compagnies, soit en tenant compte des ressources financières, soit en tenant compte des moyens matériels d'exécution?

3° Les conditions financières souscrites en 1859, au profit des grandes Compagnies, ne comportaient-elles aucune atténuation, fondée sur l'expérience ou sur l'abaissement du loyer des capitaux?

4° Les grandes Compagnies ne trouvaient-elles pas, dans les acquisitions de terrains, des difficultés spéciales leur faisant désirer l'acquisition directe par l'État?

5° L'expérience de la dépense des lignes déjà construites permettait-elle d'espérer des abaissements sérieux, dans le prix des lignes qui restaient à construire?

6° Les frais d'exploitation, pour une ligne parcourue par le même nombre de trains et dans des conditions pareilles, étaient-ils susceptibles de réduction et n'étaient-ils pas supérieurs à ceux qui étaient supportés par de petites Compagnies?

7° Y avait-il quelques articles des tarifs dont le relèvement pût, sans froisser l'opinion publique ou des intérêts sérieux, être opéré dans l'intérêt du produit plus grand de l'exploitation des chemins de fer?

8° Si l'État était amené à la construction de lignes adjacentes aux réseaux existants, dans quelles conditions les Compagnies concessionnaires de ces réseaux se chargeraient-elles d'exploiter lesdites lignes?

Les personnes entendues par la Commission furent les représentants des grandes Compagnies ; M. Fournier, directeur des chemins de fer des Vosges; M. Tourangin, directeur de la Compagnie d'Orléans à Châlons ; MM. Donon et Croquefer, représentants de la Compagnie des chemins de l'Orne, MM. Baum et Villard, représentants de la Compagnie des chemins de fer de Maine-et-Loire ; M. Kopp, directeur des chemins de fer austro-hongrois ; MM. Lemercier et Bazaine, représentants de la Compagnie des Charentes ; M. Mangini, président du conseil d'administration et directeur de la Compagnie des Dombes et du Sud-Est; M. Brasseur, concessionnaire du chemin de Nançois à Gondrecourt ; M. Level, directeur des chemins d'Achiet à Bapaume et d'Enghien à Montmorency ; M. de Dalmas, président de la Compagnie de Vitré à Fougères ; M. Nivoit, ingénieur du contrôle des chemins des Ardennes.

II. — RÉPONSES DES REPRÉSENTANTS DES GRANDES COMPAGNIES. — *Sur la première question*, les représentants des grandes Compagnies furent à peu près unanimes, pour louer la sagesse avec laquelle les pouvoirs publics avaient groupé progressivement, autour de quelques artères principales à très grand trafic. des lignes peu productives ; constitué

ainsi des réseaux étendus; facilité la rapidité des relations
et l'abaissement des tarifs, en réduisant le nombre des administrations entre les mains desquelles avaient à passer les
voyageurs et les marchandises. Ils furent également d'accord,
pour admettre que le développement des réseaux pouvait
encore être notablement accru, sans inconvénient sérieux
pour leur gestion; ils invoquèrent, à l'appui de leur opinion,
l'expérience de l'Angleterre, où certaines Compagnies
avaient un trafic de beaucoup supérieur à celui des Compagnies françaises les plus chargées, comme le montre le tableau ci-dessous :

| DÉSIGNATION des Compagnies. | LONGUEURS. | NOMBRE de voyageurs en 1875. | NOMBRE de tonnes en 1875. |
|---|---|---|---|
| COMPAGNIES ANGLAISES | | | |
| North Eastern........... | 2 262 km. | 29 615 000 fr. | 34 345 000 fr. |
| London and North Western. | 2 581 | 44 828 000 | 26 517 000 |
| Midland................ | 1 833 | 27 764 000 | 20 156 000 |
| Great Western..... ...... | 2 573 | 36 024 000 | 16 388 000 |
| Caledonian............. | 1 329 | 13 764 000 | 12 378 000 |
| Lancashire and Yorkshire. | 709 | 34 753 000 | 11 959 000 |
| COMPAGNIES FRANÇAISES | | | |
| Nord.................. | 1 661 km. | 18 208 000 fr. | 12 063 000 fr. |
| Est................... | 2 256 | 21 111 000 | 7 655 000 |
| Paris-Lyon-Méditerranée.. | 1 932 | 25 459 000 | 19 490 000 |
| Orléans............... | 4 123 | 14 007 000 | 7 132 000 |
| Midi.................. | 2 041 | 9 937 000 | 5 933 000 |
| Ouest... ............... | 2 506 | 33 386 000 | 5 460.000 |

Ils firent aussi valoir que, par une bonne division du
travail, par une décentralisation bien entendue, il était
possible d'élargir beaucoup le champ d'action des administrations centrales; ils ajoutèrent que ce qui eût été naguère
irréalisable était devenu relativement facile, grâce à l'expérience acquise par le personnel. Ils insistèrent sur les

avantages de la diminution du nombre des Compagnies, au point de vue des frais généraux, de l'utilisation du matériel roulant, des ruptures de charge, des transbordements, de la rapidité et de l'économie des transports, de l'unification et de l'abaissement des taxes, des services à demander aux chemins de fer en cas de guerre.

*Sur la deuxième question*, l'appréciation des grandes Compagnies variait naturellement avec l'importance des engagements qu'elles avaient contractés, avec l'intérêt plus ou moins accusé qu'elles pouvaient avoir à réserver leur liberté d'allures; cependant le fait qui paraissait ressortir de leurs dépositions, c'est qu'elles pourraient arriver à dépenser 400 millions par an, tant pour l'achèvement des lignes qui leur avaient été antérieurement concédées, que pour l'exécution des lignes nouvelles. Quelques-uns de leurs représentants se préoccupaient de l'inconvénient qu'il pourrait y avoir à construire trop rapidement des chemins destinés, pour la plupart, à ne pas donner de produit net et même à ne pas couvrir leurs frais d'exploitation; ils redoutaient les charges qui pèseraient, de ce fait, sur le budget des Compagnies et sur le budget de l'État; ils signalaient, en outre, l'opportunité de ne pas imprimer à l'industrie des chemins de fer une activité anormale, qu'il serait difficile de soutenir, et de ne pas provoquer, par des émissions excessives, une dépréciation notable du cours des obligations. Les Compagnies étaient, d'ailleurs, à peu près unanimes pour considérer leur crédit comme spécial et distinct de celui de l'État, et pour admettre que le grand-livre des obligations de chemins de fer prêtait un utile appui au grand-livre de la dette publique et qu'on ne pourrait confondre ces deux livres sans porter atteinte au crédit de l'État. A part la Compagnie du Midi, qui préférait l'exécution par l'État, pour des raisons que nous avons eu à exposer antérieurement à propos des conventions, leur prédilection était pour la construction par leur personnel, qui était plus expérimenté, mieux rémunéré et soustrait au formalisme administratif.

*Sur la troisième question*, les représentants des Compagnies mirent en relief les bénéfices que les conventions de 1859 avaient assurés à l'État, en prélevant sur le produit des lignes de l'ancien réseau la plus forte part des ressources nécessaires à l'exécution du nouveau réseau. Ils montrèrent que le dividende avait été arrêté, de ce fait, dans son essor. Répondant aux critiques formulées contre le taux de la garantie d'intérêt, ils rappelèrent qu'en fait le bénéfice réalisé sur ce taux était minime; que, d'ailleurs, il existait exclusivement pour les Compagnies faisant appel à la garantie d'intérêt; que, même pour ces Compagnies, il ne constituait qu'une avance remboursable avec intérêts; que, au surplus, on avait substitué au taux forfaitaire le taux effectif des emprunts; et, en outre, que l'amortissement devenait de plus en plus lourd, au fur et à mesure que l'on se rapprochait du terme des concessions. Ils ajoutèrent que toute combinaison nouvelle, pour le réseau complémentaire, devrait être étudiée de manière à ne pas porter atteinte à la situation des actionnaires. On trouve, d'ailleurs, dans les dépositions des Compagnies, des tableaux intéressants sur le montant de leurs émissions annuelles et le taux d'intérêt et d'amortissement de ces emprunts.

*Sur la quatrième question*, l'avis des Compagnies fut que l'État ne réaliserait pas les acquisitions de terrains à des conditions plus favorables, mais qu'il pourrait y avoir avantage à faire intervenir les départements et les communes; elles pensaient, en effet, que les jurys seraient plus circonspects, le jour où ils sauraient que les indemnités devraient être payées sur la caisse départementale ou la caisse municipale. Plusieurs d'entre elles fournirent des tableaux utiles

3                                                  36

à consulter, sur le prix de revient des terrains incorporés à leur réseau.

*Sur la cinquième question*, l'opinion prédominante était qu'il n'y avait guère d'économies à espérer sur la construction, attendu que le personnel des Compagnies avait acquis, depuis un certain temps déjà, toute son expérience, et que, si le prix du fer s'était sensiblement abaissé, en revanche les salaires et le prix des matériaux d'autre nature avaient subi un renchérissement marqué. M. Jacqmin, directeur de la Compagnie de l'Est, citait l'exemple de six lignes de son réseau, dont le prix relativement bas avait varié de 150 000 fr. à 60 000 fr. par km., non compris le matériel roulant, les intérêts et les insuffisances de produit des sections successivement ouvertes à la circulation ; il pensait que, pour réaliser quelque économie, il faudrait entrer franchement dans la voie des constructions modestes et admettre des tracés tourmentés, pour les chemins d'ordre secondaire.

*Sur la sixième question*, les grandes Compagnies soutenaient que, non seulement elles n'exploitaient pas plus chèrement, mais même qu'elles exploitaient plus économiquement que les petites Compagnies : en effet, leurs frais généraux, se répartissant sur des opérations plus considérables, étaient moins élevés ; leur crédit était meilleur ; leur matériel était mieux utilisé. La différence apparente, relevée au profit des Compagnies secondaires, tenait à ce que ces sociétés ne pourvoyaient pas convenablement aux réfections et à ce que l'administration leur avait imposé des obligations moins onéreuses pour les services publics.

*Sur la septième question*, les Compagnies considéraient comme nécessaire d'admettre l'éventualité de certains relèvements, surtout pour les voyageurs à grande vitesse et pour les marchandises de valeur. Elles faisaient valoir l'augmentation de l'amortissement pour les lignes nouvelles, la

hausse des salaires, l'accroissement successivement apporté
à la rapidité de marche des trains, l'importance croissante
des réfections. Elles signalaient l'influence fâcheuse qu'avaient
exercée, sur leur trafic, l'impôt de 0. 232 sur les transports
en grande vitesse et celui de 0. 05 sur les transports en
petite vitesse, alors surtout que les voies navigables en étaient
affranchies. Elles représentaient, comme vexatoire et souvent
très lourde, la perception du droit de statistique de 0 fr. 10
à la frontière. Elles insistaient, tout spécialement, pour le
relèvement des frais accessoires, qui avaient été fixés en
1846 et qui étaient devenus, suivant elles, manifestement
insuffisants, savoir :

| | | TAXE ACTUELLE. | TAXE PROPOSÉE. |
|---|---|---|---|
| | | fr. | fr. |
| Enregistrement (par expédition).............. | | 0 10 | 0 15 |
| Manutention des marchandises expédiées sans condition de tonnage. | Frais de chargement au départ.. | 0 40 | 0 50 |
| | Frais de gare au départ........ | 0 35 | 0 40 |
| | Frais de déchargement à l'arrivée. | 0 40 } 1 50 | 0 50 } 1 80 |
| | Frais de gare à l'arrivée....... | 0 35 | 0 40 |
| Manutention des marchandises transportées par wagon complet de 4 000 kg. et au-dessus. | Frais de chargement au départ.. | 0 30 | 0 35 |
| | Frais de gare au départ........ | 0 20 | 0 30 |
| | Frais de déchargement à l'arrivée. | 0 30 } 1 00 | 0 35 } 1 30 |
| | Frais de gare à l'arrivée........ | 0 20 | 0 30 |
| Transmission aux gares de jonction (prix par tonne, applicable par fraction indivisible de 10 kg.)............................... | | 0 40 | 0 60 |
| Pesage. | Par fraction indivisible de 100 kg | 0 10 | 0 15 |
| | Par camion ou wagon complet passé à la bascule, prix par tonne..................... | 0 30 | 0 40 |
| Magasinage. | Par fraction indivisible de 100 kg. et par jour : | | |
| | Les trois premiers jours........ | 0 05 | 0 05 |
| | Les jours suivants............ | 0 05 | 0 10 |
| | Droit de stationnement par jour et par wagon.............. | 5 00 | 10 00 |

*Sur la huitième question*, les réponses n'étaient pas absolument concordantes. La plupart des Compagnies ne paraissaient, toutefois, disposées à se charger de l'exploitation des nouvelles lignes qu'à la condition d'être remboursées de leurs dépenses, sauf à tenir compte à l'État des recettes. M. Jacqmin, directeur de la Compagnie de l'Est, formulait même, à cet égard, quelques réserves, en rappelant que, au cas où il serait procédé au rachat de la concession de la Compagnie, le matériel serait pris par l'État, en compensation de ses avances au titre de la garantie d'intérêt, et que, dès lors, cette Compagnie avait intérêt à ne pas faire les acquisitions supplémentaires de matériel nécessaires à l'exploitation des chemins d'embranchement.

Incidemment, les représentants des grandes Compagnies avaient été amenés à s'expliquer sur certaines questions soulevées par des membres de la Commission ; ils avaient, notamment, fourni leur appréciation sur les modifications réclamées dans le système de la tarification, et produit des tableaux détaillés sur le prix de revient d'un certain nombre de lignes de leur réseau. Nous ne pouvons que renvoyer aux procès-verbaux et répéter que ces documents méritent une lecture attentive et intégrale.

III. — RÉPONSES DES REPRÉSENTANTS DES COMPAGNIES SECONDAIRES. — M. Fournier, directeur de la Compagnie des chemins de fer des Vosges, entra dans quelques détails sur l'organisation de cette Société. Suivant lui, avec une décentralisation convenable, il n'y avait, pour ainsi dire, pas de limite à l'étendue d'un réseau ; au contraire, avec le système en vigueur, il lui paraissait prudent de ne pas dépasser 2 000 kilomètres. La Compagnie se chargerait de l'établissement de 250 kilomètres en cinq ans, à la condition d'être dotée de la garantie d'intérêt. Il ajoutait que, à l'ex-

ception des petites Compagnies dont les agents étaient du
pays, les Compagnies faisant, non seulement œuvre d'utilité
publique, mais encore œuvre d'intérêt privé, devaient payer
les terrains plus cher que l'État. Sans se prononcer catégoriquement sur la possibilité de réduire le prix de revient
des lignes nouvelles, il insistait, cependant, sur l'économie
apportée à la construction du réseau des Vosges, grâce au
caractère modeste des ouvrages, à l'emploi exclusif de tâcherons et à la rapidité d'exécution. Il affirmait que son
exploitation était moins coûteuse que celle des grandes
Compagnies et se plaignait, à cette occasion, des détournements de trafic opérés par la Compagnie de l'Est et de l'élévation des redevances réclamées par cette Compagnie pour
les gares communes. Il n'admettait pas l'éventualité du relèvement des taxes.

M. Nivoit fournit des indications sur les chemins des
Ardennes et indiqua particulièrement que la dépense kilométrique de premier établissement s'était élevée à 70 000 fr.
environ, non compris le matériel roulant.

M. Tourangin, président du conseil d'administration de
la Compagnie d'Orléans à Châlons, exprima l'opinion que,
pour avoir des chances de vitalité et pour rester néanmoins
dans la main de son directeur, un réseau devait avoir, en
moyenne, de 1 500 à 2 000 kilomètres de développement ;
que sa Compagnie pouvait, avec le bénéfice de la garantie
d'intérêt et avec des subventions convenables, construire
200 kilomètres par an ; que ces subventions devraient être
versées comptant et non transformées en annuités, de manière à éviter les frais d'escompte ; qu'il y avait lieu de
laisser aux concessionnaires le soin d'acheter les terrains,
afin de régler la marche des acquisitions sur celle des travaux ; qu'il serait nécessaire de ne pas laisser les Compagnies secondaires en butte aux exigences draconniennes

des grandes Compagnies, pour les gares communes; que certaines taxes de voyageurs ou de marchandises transportés à petite distance pourraient être relevées, mais qu'il conviendrait d'empêcher les détournements; enfin que la Compagnie d'Orléans à Châlons accepterait, pour l'exploitation, un barême à forfait des dépenses d'exploitation, avec garantie d'intérêt sur le matériel roulant et partage des bénéfices au delà d'une certaine limite.

D'après la déposition de MM. Donon et Croquefer, représentants de la Compagnie de l'Orne, une Compagnie secondaire devait avoir environ 1 000 kilomètres. Les petites Compagnies étaient susceptibles de fournir un concours utile, à la condition de jouir des avantages accordés par l'État aux grandes Compagnies et de relever directement de l'administration des travaux publics; la garantie d'intérêt était la seule base solide du crédit des concessionnaires de chemins de fer. L'acquisition des terrains était plus facile pour les Compagnies que pour l'État, qui ne pouvait payer comptant. La dépense de construction des lignes nouvelles pouvait être notablement inférieure à celle des lignes anciennes, grâce à l'expérience acquise et à la rapidité plus grande de l'exécution des travaux. Les Compagnies secondaires pouvaient exploiter à meilleur marché, en usant de procédés plus modestes que ceux des grandes Compagnies. La tarification nécessitait un remaniement; mais ce remaniement devait être dirigé dans la voie de l'abaissement des taxes et non de leur relèvement. MM. Donon et Croquefer se plaignaient des détournements de trafic opérés par la Compagnie de l'Ouest.

Selon les représentants de la Compagnie de Maine-et-Loire, l'étendue des réseaux devait être limitée à 4 000 kilomètres; les Compagnies devaient continuer à effectuer elles-mêmes les acquisitions de terrains; il était possible de réaliser, au moyen de traités à forfait, des économies sérieuses sur la construction ; toutefois il importait de ne pas trop sacrifier les facilités de l'exploitation ultérieure : les tarifs ne pouvaient être relevés, sans froisser l'opinion publique ; enfin, les marchés à conclure pour l'exploitation des nouvelles lignes pouvaient être passés sur la base d'un prix forfaitaire pour le train kilométrique. M. Baum donnait, d'ailleurs, quelques renseignements sur les tarifs allemands.

M. Kopp fut entendu sur la tarification des chemins de fer austro-hongrois.

La déposition de MM. Lemercier et Bazaine roula, presque exclusivement, sur l'historique de la Compagnie des Charentes, sur les causes qui l'avaient empêchée de vivre et, notamment, sur les conditions absolument désavantageuses dans lesquelles elle avait eu à lutter contre la Compagnie d'Orléans.

M. Mangini retraça l'histoire de la Compagnie des Dombes. Il fit ressortir le prix peu élevé des lignes concédées à cette Compagnie et attribua principalement le succès obtenu, à cet égard, à l'emploi exclusif de petits entrepreneurs ou même de tâcherons. Selon lui, en décentralisant les services, on pouvait donner, sans inconvénient, aux réseaux une étendue presque illimitée ; il résultait même de cette extension des avantages indéniables, au point de vue de la bonne utilisation du matériel, de la répartition des frais généraux, de l'abaissement des taxes, de la rapidité des transports ; il faudrait, toutefois, que les grandes Compagnies eussent la sagesse d'adapter leurs procédés d'exploitation à la valeur des lignes. M. Mangini évaluait la puissance productive annuelle du pays à 400 millions, y compris les canaux ; il estimait à 500 kilomètres la longueur des chemins que pourrait établir sa Compagnie, pendant une période de dix années. En présence des difficultés que les Compagnies rencontraient dans l'acquisition des terrains, il était d'avis de mettre, autant que possible, cette acquisition à la charge des départements. Il pensait que des économies notables pouvaient être réalisées sur les dépenses de premier établissement des chemins nouveaux. Il exprimait l'opinion que les grandes Compagnies pouvaient exploiter plus économiquement que les Compagnies secondaires. Il admettait que la Compagnie des Dombes traiterait de l'exploitation des nouvelles lignes, moyennant prélèvement d'une somme fixe de 6 000 fr. et d'une part de l'excédent des recettes.

M. Brasseur attaqua vivement le régime des grandes Compagnies et combattit toute concession nouvelle à leur profit. L'État avait consenti des conditions beaucoup trop avantageuses pour ces sociétés, qui construisaient à des prix excessifs, par suite de l'exagération de leurs frais généraux, de la lenteur apportée à leurs travaux, de l'utilisation défectueuse de leur matériel, et dont le coefficient d'exploitation était aussi beaucoup trop élevé, en raison de l'exagération de leurs tarifs et du peu d'intérêt qu'avaient plusieurs d'entre elles à diminuer leur dette au regard de l'État. L'administration devait entrer franchement dans la voie de la construction et de l'exploitation directe ; elle enraierait ainsi les concurrences déloyales ; elle saurait compter avec l'intérêt public, alors que les grandes Compagnies ne comptaient qu'avec leur intérêt propre. M. Brasseur citait une série de mesures vexatoires, dont la Compagnie de l'Est se serait rendue coupable à son égard.

M. Level fournit des renseignements intéressants sur les lignes d'Achiet à Bapaume et d'Enghien à Montmorency. Il insista sur l'intérêt qu'il y avait à provoquer la création de chemins de fer par les populations intéressées, sauf à les doter de subventions suffisantes et à faire une saine et large application de la loi de 1865 ; il donna des exemples frappants d'initiative locale. Il fit connaître les procédés de construction économique auxquels il avait eu recours. Il énuméra les avantages des sociétés régionales, au point de vue de l'élévation des subventions départementales et communales, de la possibilité d'appliquer des tarifs rémunérateurs, de la diminution des exigences de l'administration et du public, de la connaissance plus parfaite des besoins à desservir ainsi que des ressources du pays. Il expliqua ainsi le concours de la Compagnie du Nord à des lignes dont elle n'aurait pu se charger elle même. Il recommanda de recourir plus souvent à la voie étroite, pour les chemins peu productifs, dont la construction allait s'imposer aux pouvoirs publics, et même d'utiliser le plus souvent possible les accotements des routes. Il entra dans des développements pleins d'intérêt, sur l'association à laquelle la Compagnie du Nord avait consenti, en fournissant le capital-obligations et en faisant, par suite, bénéficier les petites Compagnies de son crédit, sauf à acheter un certain nombre d'actions, de manière à se faire représenter dans les conseils d'administration. Il émit l'avis qu'il serait utile de demander aux départements la livraison des terrains.

Enfin M. de Dalmas donna des indications spéciales à la ligne de Vitré à Fougères.

Notons, pour terminer, des répliques de la Compagnie de l'Est aux plaintes formulées par MM. Fournier et Brasseur et de la Compagnie d'Orléans aux allégations des représentants de la Compagnie des Charentes.

IV. — OBSERVATIONS DES GRANDES COMPAGNIES SUR LES TARIFS. — Nous venons de passer en revue les réponses au questionnaire concernant les voies et moyens d'exécution du réseau complémentaire.

En ce qui concernait les tarifs, la Commission interrogea

et entendit aussi les représentants des grandes Compagnies. Ceux-ci s'attachèrent à faire ressortir les services rendus au pays par l'association des capitaux privés, à montrer combien étaient grande la division et la dispersion des titres de chemins de fer, et combien il serait, dès lors, dangereux de porter la main sur des contrats qui engageaient tant d'intérêts. Prenant ensuite à partie les plaintes formulées contre la tarification, ils relevèrent les contradictions entre celles qui avaient trait aux tarifs d'exportation et celles qui accusaient les Compagnies de gêner le développement du fret de sortie pour nos ports maritimes, entre celles qui portaient sur la complication des classifications et celles qui attaquaient l'insuffisance des nomenclatures de marchandises, entre celles qui critiquaient la multiplicité des tarifs spéciaux et celles qui réclamaient le bénéfice des tarifs de cette nature pour telle ou telle localité. Ils s'elevèrent contre l'idée d'appliquer des formules mathématiques à des opérations qui correspondaient à une recette brute de près d'un milliard par année. Répondant aux reproches articulés contre la grosseur du recueil Chaix, ils firent observer que, si ce recueil était volumineux, cela tenait à ce qu'il contenait, pour les commodités du public, des barêmes et des calculs tout faits ; à ce qu'il embrassait tous les réseaux ; à ce qu'il portait, non seulement sur les transports effectués à l'intérieur de chacun de ces réseaux, mais encore sur les transports communs et même internationaux. Passant à la question d'unification des tarifs, ils annoncèrent leur intention de soumettre au Ministre une sérification uniforme pour les diverses Compagnies, mais nièrent la possibilité d'étendre cette uniformité aux bases kilométriques elles-mêmes. M. Solacroup, directeur de la Compagnie d'Orléans, exposa notamment que, suivant lui, la seule règle rationnelle en matière de tarification de transports était « de demander à la marchandise tout ce qu'elle pouvait payer ». Il insista sur la nécessité de ne pas se lancer dans des expériences aventureuses, alors que l'on se proposait de donner une grande extension au réseau ferré ; sur l'impossibilité commerciale d'appliquer le même traitement à des lignes placées dans les conditions les plus diverses, à des courants de trafic absolument différents ; sur les pertes qu'infligerait inévitablement aux Compagnies et, par contre-coup à l'État, l'uniformisation réclamée par les théoriciens. Les représentants des Compagnies signalèrent, en outre, les relèvements que comportait déjà, pour certaines marchandises, l'application d'une classification unique, et qui s'accuseraient bien davantage, si on voulait étendre l'uniformité aux tarifs. En réponse aux questions posées par le président de la Commission, ils firent connaître que, suivant eux, ce serait une faute de généraliser les tarifs à base décroissante, au fur et à mesure qu'augmenterait la distance de transport, les marchandises de prix pouvant facilement supporter le maintien de la même base à toute distance ; qu'il fallait renoncer aux abaissements pour les longs parcours, quand ils étaient inutiles, sous peine d'être contraint à relever les taxes afférentes aux petits parcours ; qu'il importait de ne pas faire abstraction et de tenir au contraire un grand compte des nécessités commerciales. Interrogés sur les tarifs allemands et autrichiens, dont on vantait la simplicité, ils firent remarquer que le tarif allemand était aujourd'hui considéré comme détestable, et, d'autre part, que le tarif autrichien était, en fait, fort complexe, les Compagnies ayant, comme en Angleterre. la faculté de conclure des traités particuliers.

529. — **Rapport de M. le général d'Andigné, au nom de la commission d'enquête du Sénat, sur les lignes à**

ajouter au réseau d'intérêt général. — Le premier rapport présenté par la Commission porta sur les lignes à ajouter à notre réseau d'intérêt général ; il fut déposé le 2 avril 1878 par M. le général marquis d'Andigné [J. O., 6 juillet 1878].

Au commencement de 1875, le développement des voies ferrées en exploitation, en construction ou concédées, était de 32 791 kilomètres, dont 21 596 kilomètres livrés à la circulation, pour une superficie de territoire de 528 576 kilomètres carrés. L'Angleterre, dont la superficie n'était que de 314 551 kilomètres carrés, avait 26 870 kilomètres en exploitation ; l'Allemagne en avait 27 956, pour une superficie de 540 583 kilomètres carrés. Du rapprochement de ces chiffres, la Commission concluait à la nécessité d'un effort sérieux pour remettre la France au rang qu'elle devait occuper. Cette nécessité lui paraissait d'autant plus évidente que bien des intérêts étaient encore en souffrance, qu'un simple coup d'œil jeté sur la carte suffisait pour constater de nombreuses lacunes. La Commission estimait que le réseau des chemins de fer d'intérêt général, répondant aux besoins en vue desquels avait été primitivement établi le réseau des routes nationales, devait recevoir le même développement, soit 38 000 kilomètres.

Une étude attentive des courants commerciaux, de la distribution de la population, des charges et des ressources dans les divers départements, avait conduit la Commission à proposer le classement immédiat de 6 705 kilomètres destinés :

Soit à mieux desservir des régions peuplées et industrieuses ;

Soit à doter des contrées jusqu'alors déshéritées ;

Soit à assurer les relations administratives entre les chefs-lieux d'arrondissement ;

Soit à permettre, le cas échéant, la concentration rapide des forces militaires sur les points nécessaires.

La Commission prévoyait, en outre, qu'il serait opportun d'ajouter encore 1 000 kilomètres à brève échéance et en demandait, d'ores et déjà, l'étude, conformément au précédent de 1875.

Nous ne croyons pas devoir reproduire la nomenclature des lignes dont le rapport proposait le classement ou l'étude, cette nomenclature ayant été modifiée et assise sur des bases plus solides en 1879.

530.— **Rapport de M. Foucher de Careil**, au nom de la commission d'enquête du Sénat, sur les voies et moyens d'achèvement du réseau. — A la suite de ce premier rapport par lequel la commission d'enquête du Sénat avait conclu au classement de diverses lignes dans le réseau d'intérêt général, M. Foucher de Careil en présenta un second le 24 mai, sur les voies et moyens d'exécution de ce réseau complémentaire [J. O., 6 juin 1878]. Après avoir rappelé que 7 milliards et demi de titres avaient été inscrits au grand-livre des obligations de chemins de fer et qu'il en avait été émis annuellement pour 300 millions sous l'Empire, il exprimait l'avis qu'il n'y avait pas lieu de fermer ce grand-livre. Les dépositions des représentants des six grandes Compagnies attestaient qu'il serait possible de répartir chaque année de 350 à 400 millions entre ces sociétés, au prorata de leurs budgets antérieurs, et que l'on ferait ainsi une œuvre utile, tout à la fois aux Compagnies et au public, en ranimant l'activité nationale et en fournissant à l'épargne un précieux aliment. Toutefois, pour qu'il en pût être ainsi, il fallait renoncer aux attaques passionnées dirigées contre les conventions précédentes, ainsi qu'aux tendances vers le rachat général et l'exploitation par l'État. La Commission était ainsi appelée à examiner les contrats de 1859, 1863 et 1868, et l'intervention directe et active de l'État dans l'exploitation des voies ferrées.

1° CONVENTIONS FINANCIÈRES DE L'ÉTAT AVEC LES COMPAGNIES DE CHEMINS DE FER. — A l'égard de ces conventions, la Commission constatait tout d'abord qu'elles avaient démocratisé en France et réparti, jusque dans les plus petites bourses, un capital de près de 10 milliards, et que, dès lors, sans accorder une bill d'indemnité aux grandes Compagnies et sans admettre le maintien pur et simple du statu quo, on devait, néammoins, ne pas se résoudre imprudemment à une révolution soudaine et violente, mais, au contraire, procéder par voie de réforme lente et progressive ; éviter d'inquiéter les intérêts, de troubler la confiance, de toucher à la fortune publique, dans ce qu'elle avait de plus intime, de plus timide et de plus respectable. L'histoire était là pour nous éclairer : le Gouvernement de 1860, malgré ses convictions économiques bien avérées, malgré sa prédilection pour la libre concurrence, n'avait pas osé porter atteinte au régime inauguré en 1842 ; il avait, en effet, compris qu'une responsabilité trop lourde pèserait sur lui, s'il se lançait dans une pareille aventure et que, d'ailleurs, le commerce déserterait et déshériterait à jamais les régions pauvres. D'ailleurs, les Compagnies ne demandaient pas la révision de leurs contrats et entendaient même s'y tenir comme à la loi des parties. A la vérité, on se récriait contre les avantages faits aux Compagnies, notamment pour la garantie d'intérêt. Mais les griefs allégués de ce chef devaient être réduits à leur juste valeur : le taux forfaitaire de 5,75 %, tout en laissant aux actionnaires un léger bénéfice, n'avait pourtant pas augmenté leur dividende dans une large proportion ; il importait de juger de plus haut le système de la garantie d'intérêt et l'on ne pouvait nier les services qu'avait rendus ce système, en donnant aux associations naissantes la protection dont elles avaient besoin. Dans un discours prononcé en 1869, devant le Parlement belge, M. Malou, Ministre des finances, avait hautement proclamé les résultats merveilleux de la combinaison inaugurée en France en 1859. Il était plus facile de médire des conventions que de s'en passer ; aucun Gouvernement n'avait pu se dispenser d'en conclure avec les Compagnies, et il était impossible qu'il en fût autrement, dès lors que l'on avait la sagesse de ne pas chercher à faire jouer à l'État le rôle d'entrepreneur de transports. Sans doute, les Compagnies avaient les défauts de toutes les industries protégées par l'État et une tendance à user et à abuser du monopole ; mais l'État pouvait réagir contre cette tendance à empiéter sur son domaine, sans renoncer à un concours éminemment utile au pays.

On avait accusé les Compagnies de ne pas avoir de crédit propre ; d'être par suite, pour l'État, des intermédiaires coûteux, en quelque sorte parasites ; de dépenser beaucoup trop, pour l'établissement des lignes du recond réseau, et d'y être poussées par l'augmentation qu'elles réalisaient ainsi sur le bénéfice assuré à leurs actionnaires, grâce à l'exagération du taux de la garantie ; enfin de ne pas exploiter assez économiquement les chemins secondaires. En ce qui touchait au premier reproche, M. Foucher de Careil estimait qu'il était impossible de refuser aux Compagnies le crédit propre attesté par la négociation de leurs titres, garantis, non seulement par l'État, mais encore par leur travail et par le dividende de leurs actionnaires : car une partie seulement des obligations étaient gagées par l'État. D'ailleurs, leur dénier ce crédit, ce serait les solidariser outre mesure avec l'État. En ce qui touchait les deux autres reproches, le rapport ne s'en expliquait que plus loin.

2° Exploitation par l'État. — L'une des lois qui se dégageaient des méthodes suivies chez les divers peuples suivant leur génie, l'une de celles qui ne souffraient d'exception qu'au point de vue politique ou dans un intérêt de défense nationale, c'était assurément celle qui condamnait l'exploitation par l'État et ne conseillait que le contrôle utile, nécessaire, bienfaisant, de la puissance publique.

La thèse de l'exploitation par l'État était née des crises redoutables, auxquelles avait donné naissance la théorie opposée de la liberté absolue de l'industrie des chemins de fer, particulièrement en Amérique. La vérité était entre ces deux solutions extrêmes, elle était dans la sage pondération qui avait prévalu depuis 1842, soit que les Compagnies fussent chargées, non seulement de l'exploitation, mais aussi de la construction, soit que l'État exécutât une partie des travaux, comme l'avait admis le législateur de 1842.

Les statistiques prouvaient d'une manière irrécusable que, en Allemagne, en Autriche-Hongrie, en Belgique, l'État exploitait plus chèrement que les Compagnies; qu'il faisait moins vite, par suite des lenteurs inhérentes au fonctionnarisme et à la complication de ses règlements; qu'il faisait moins bien, faute d'initiative et de responsabilité sérieuse. A un autre point de vue, pouvait-on, sans s'exposer à des abus redoutables, mettre un personnel immense entre les mains des partis politiques qui se succédaient au pouvoir? N'était-il pas à craindre que l'État fût entraîné à considérer les taxes comme un impôt, plutôt que comme la rémunération d'un service; à les faire varier, au gré des nécessités fiscales; à prendre position, en sa qualité d'industriel, dans les questions si vivement débattues des rapports entre le capital et le travail; à adjoindre à l'industrie des chemins de fer des industries annexes, telles que celle de la construction du matériel; et à aller, ainsi, à l'encontre de la règle si sage de la division du travail? N'y avait-il pas une véritable contradiction à poursuivre la mainmise de la puissance publique sur les chemins de fer, au moment où soufflait un vent de décentralisation?

Sans faire l'apologie des grandes Compagnies, la Commission voyait, dans leur institution, une forme mieux appropriée aux besoins du public, un outillage mieux organisé pour empêcher le drainage des capitaux par l'étranger, un frein à des exigences sans cesse renaissantes, que l'État deviendrait impuissant à satisfaire.

Ce qu'il fallait, ce n'était pas détruire ces associations, c'était exiger qu'elles remplissent vraiment leur office, que leur industrie protégée montrât enfin la souplesse, l'élasticité et l'esprit de progrès nécessaires; c'était renforcer le contrôle, sauf à y attacher des hommes distingués et bien rétribués; c'était user des droits que la législation confiait à l'État pour l'homologation des tarifs, des règlements, des itinéraires des trains.

La Commission s'était, d'ailleurs, livrée à une enquête approfondie; elle avait entendu les représentants des grandes Compagnies, ceux des petites Compagnies, les personnes compétentes dont les lumières pouvaient éclairer sa conscience. Son opinion n'avait fait que se confirmer. Toutefois, elle avait acquis la conviction que les grandes Compagnies consacraient des sommes trop élevées à la construction des lignes secondaires et les exploitaient trop chèrement; mais le fait devait bien moins leur être imputé qu'aux exigences excessives de l'État et du public, qui persistaient à vouloir appliquer le même traitement aux deux réseaux; il appartenait aux pouvoirs publics d'y remédier.

3° CONCLUSIONS.—En résumé, la Commission pensait que le système français, ayant traversé les crises, les épreuves

3 37

les plus diverses, trois guerres, trois révolutions, et ayant résisté à toutes ces causes de ruine, saurait encore résister à de nouveaux assauts, pourvu que les Compagnies comprissent la nécessité d'aller plus vite ; de faire plus économiquement, de se montrer dignes de la protection de l'État, en le secondant dans la tutelle des intérêts en souffrance ; de moins tarder à exécuter les travaux reconnus indispensables ; de ne pas enrayer la production et la circulation françaises ; de se pénétrer de leurs devoirs ; de ne pas s'abriter derrière l'improductivité relative des lignes nouvelles. De son côté, l'État, tout en respectant l'uniformité du type de la voie, devait ne plus jeter tous les chemins de fer dans le même moule. Il devait savoir adapter la réglementation au but à atteindre ; renoncer, pour le troisième réseau, à l'inflexibilité d'une législation, dont la date seule suffisait à faire comprendre l'inapplicabilité à ce réseau ; admettre des procédés moins coûteux, pour l'établissement et l'exploitation. Il devait aussi poursuivre la réforme de la loi de 1865 ; encourager les petites Compagnies qui, malgré la faillite Philippart et quelques autres crises particulières, avaient néanmoins fait preuve, en maintes circonstances, d'initiative et de vitalité ; assurer l'entente entre les grandes Compagnies et les sociétés secondaires. Cet accord était facile, pourvu que les chemins d'intérêt local ne fussent pas détournés de leur but et de leur destination et constituassent des affluents des lignes principales : lorsqu'il en avait été ainsi, les grandes Compagnies avaient, le plus souvent, compris que leur intérêt bien entendu était de venir en aide aux Compagnies tributaires de leur réseau ; le Nord, par exemple, s'était prêté à des combinaisons financières d'une fécondité incontestable ; l'Est avait, de son côté, tenté des essais intéressants d'exploitation à forfait pour les sociétés départementales.

Finalement, la Commission formulait son avis dans les termes suivants :

« Considérant qu'il importe d'arriver, sous le plus bref délai possible, au terme des travaux ;

« Que l'intérêt principal, l'intérêt économique, politique et militaire, est dans l'abréviation du temps qui sera consacré à l'établissement des voies ferrées dans notre pays :

« Que tout changement du système, en cours d'exécution, entraînerait des pertes de temps inévitables ; que d'ailleurs, pour arriver au prompt achèvement des travaux, le moyen le plus sûr est d'appliquer à cette œuvre les forces réunies de l'État, des départements, des communes, des grandes et des petites Compagnies, et non pas seulement les forces de l'État ;

« Qu'en outre, l'exploitation des voies commerciales par le Gouvernement lui imposerait une tâche à laquelle il n'est pas propre et des responsabilités, auxquelles il lui importe de se soustraire ;

« La Commission est d'avis qu'il convient d'appliquer à l'achèvement des travaux les moyens employés pour faire les 28 800 kilomètres existants, en traitant, autant que possible, avec les grandes Compagnies voisines ; en créant, à défaut de ces Compagnies, des Compagnies nouvelles ; enfin, en faisant exécuter par l'État, à défaut des Compagnies, les travaux, sauf rétrocession, à des Compagnies exploitantes, des chemins achevés. »

531. — **Rapport de M. George, au nom de la Commission d'enquête du Sénat, sur les tarifs de chemins de fer.** — M. George déposa le 13 décembre 1878, au nom de la Commission d'enquête du Sénat, un rapport relatif aux simplifications et améliorations que comportaient les tarifs de transport des marchandises en petite vitesse ; ce rapport

laissait d'ailleurs de côté les questions accessoires, pour ne
traiter que des questions principales. [J. O., 18 et 20 janvier
1879].

i. — Tarifs en vigueur. — M. George rappelait, tout
d'abord, qu'il existait trois sortes de tarifs :

Les tarifs légaux, c'est-à-dire les taxes maxima que
les cahiers des charges autorisaient les concessionnaires à
percevoir ;

Les tarifs généraux, c'est-à-dire les tarifs d'application
que, dans les conditions et les limites du tarif légal, chaque
Compagnie avait établi sur son réseau, et qui formaient la
loi commune entre les Compagnies et les expéditeurs ;

Les tarifs spéciaux ou réduits, tarifs inférieurs aux tarifs
généraux, que les Compagnies proposaient, sous certaines
conditions, pour certaines marchandises ou certaines personnes, et qui n'étaient applicables qu'aux expéditeurs qui
en faisaient la demande ;

(A). *Tarifs légaux.* — Dans les anciens cahiers des
charges, les marchandises étaient divisées en trois classes
seulement ; le tarif afférent à ces trois classes [était primitivement fixé à 0 fr. 20; 0 fr. 18 et 0 fr. 160 par tonne et par
kilomètre ; la perception était, d'ailleurs, proportionnelle
à la distance.

Des modifications avaient été apportées à cet état de
choses ; les cahiers des charges les plus récents avaient
constitué une quatrième classe, composée d'une partie des
marchandises lourdes et de peu de valeur intrinsèque, qui
étaient, antérieurement, rangées dans la 3ᵉ classe. Les
taxes des trois premières classes avaient été abaissées à
0 fr. 16, 0 fr. 14 et 0 fr. 10; celle de la 4ᵉ classe avait été
fixée uniformément (sauf une exception difficile à comprendre, pour le réseau de Paris-Lyon-Méditerranée), à

0 fr. 08 pour les parcours n'excédant pas 100 kilomètres, avec maximum de 5 fr. ; à 0 fr. 05 pour les parcours de 101 à 300 kilomètres, avec maximum de 12 fr ; et à 0 fr. 04 pour les parcours de plus de 300 kilomètres : comme on le voit, le tarif de la 4ᵉ classe était un tarif à la distance, à bases variables.

(B). *Tarifs généraux.* — Les tarifs légaux pouvant ne pas s'adapter convenablement aux habitudes ou aux nécessités du commerce, il fallait réserver la possibilité de les corriger, en fait, et de les mettre plus en harmonie avec la pratique et les besoins. Les contrats antérieurs à 1840 prévoyaient, à cet effet, qu'il serait procédé, tous les quinze ans, à la révision de ces tarifs; mais, depuis 1840, les Compagnies avaient obtenu la suppression de toute clause de révision et l'on s'était borné à inscrire, dans le cahier des charges, la faculté, pour les Compagnies, de réduire les perceptions, sauf homologation préalable de l'administration. Usant de cette faculté, les Compagnies avaient été amenées à instituer des tarifs généraux, inférieurs aux tarifs légaux. Malheureusement, ces tarifs généraux, approuvés en dernier lieu, en 1862 pour les réseaux du Nord et de l'Est, en 1863 pour les réseaux de l'Ouest et du Midi, en 1864 pour le réseau d'Orléans, et en 1868 pour le réseau de Paris-Lyon-Méditerranée, différaient tous entre eux, et quant à la classification des marchandises, et quant aux bases d'application des taxes.

Le nombre des séries était de cinq pour la Compagnie de l'Est, de sept pour la Compagnie du Nord, de quatre pour la Compagnie d'Orléans (chacune des trois premières séries comportant un prix pour les marchandises d'arrivée et un prix pour les marchandises de départ), de six pour la Compagnie de l'Ouest, de sept pour la Compagnie de Paris-Lyon-Méditerranée, de cinq pour la Compagnie du Midi (chacune des trois premières séries se subdivisant en trois sous-séries, suivant le poids de l'expédition). Les dénominations des marchandises n'étaient, elles-mêmes, pas identiques. Enfin, il arrivait que, sur un même réseau, la classification variait suivant diverses conditions, dont les plus usuelles étaient le tonnage, le conditionnement de la marchandise, son mode d'emballage et le degré de responsabilité laissé à la Compagnie pour les avaries de route.

En ce qui concernait les taxes, un seul tarif général, celui de la Compagnie de l'Est, était clairement rédigé ; c'était le seul qui donnât les prix de transport par tonne et par kilomètre pour chaque série, le seul qui formulât les règles d'application de ces prix au regard des distances parcourues. Pour les trois premières séries, la base était de 0 fr. 16, 0 fr. 14, 0 fr. 10 et la taxe était proportionnelle à la distance d'application. Pour la quatrième, la base était de 0 fr. 08 pour les parcours de 200 kilomètres et au-dessous, de 0 fr. 07 pour les parcours de 201 à 300 kilomètres avec un minimum de 16 fr., de 0 fr. 06 pour les parcours de plus de 300 kilomètres avec un minimum de 21 fr. ; la taxe était perçue sur les distances d'application. Pour la cinquième, la base était de 0 fr. 08 pour les parcours de 100 kilomètres et au-dessous, avec maximum de 5 fr. ; de 0 fr. 05 pour les parcours de 101 à 300 kilomètres, avec maximum de 12 fr.; et de 0 fr. 04 pour les parcours de plus de 300 kilomètres ; les taxes étaient calculées d'après les distances légales par rails. Comme on le voit, le tarif de la Compagnie de l'Est, malgré ses qualités de clarté et de simplicité relative, n'introduisait pas moins deux éléments nouveaux : celui des minima, dans les taxes de la quatrième série, et celui des distances conventionnelles d'application, pour les quatre premières séries.

Les tarifs généraux des autres Compagnies n'indiquaient,

ni les bases kilométriques, ni les formules d'application des
taxes. Sur le réseau du Nord, on pouvait cependant constater, par des calculs assez minutieux, que les bases étaient :
pour la 1<sup>re</sup> série, de 0 fr. 16 ; pour la 2<sup>e</sup> série, de 0 fr. 14
jusqu'à 200 kilomètres, et de 0 fr. 11 pour les parcours
supplémentaires au-dessus de 200 kilomètres ; pour la 3<sup>e</sup>
et la 4<sup>e</sup> série, de 0 fr. 12 et 0 fr. 10 au-dessous de 200 kilomètres, et de 0 fr. 09 et 0 fr. 07 pour les parcours supplémentaires au-dessus de 200 kilomètres ; pour la 5<sup>e</sup> série, de
0 fr. 10 jusqu'à 10 kilomètres. de 0 fr. 09 pour les parcours
supplémentaires de 10 à 160 kilomètres, de 0 fr. 06 entre
160 et 240 kilomètres, et de 0 fr. 05 au-dessus de 240 kilomètres ; pour la 6<sup>e</sup> série, de 0 fr. 10 jusqu'à 10 kilomètres,
de 0 fr. 07 entre 10 et 70 kilomètres, de 0 fr. 05 entre 70
et 160 kilomètres, de 0 fr. 04 entre 160 et 240 kilomètres,
et de 0 fr. 03 au-dessus. Ces derniers tarifs étaient d'un
nouveau genre : c'étaient des tarifs à la distance, à bases
constantes.

Quant aux réseaux de l'Ouest, d'Orléans, du Midi et de
Paris-Lyon-Méditerranée, il était impossible de découvrir
aucune règle, aucun principe. Des cinq Compagnies dont il
vient d'être question, celles du Nord et de Paris-Lyon-Méditerranée étaient les seules qui donnassent des indications
sur les distances d'application : encore la Compagnie de
Paris-Lyon-Méditerranée s'écartait-elle de ces distances
dans le calcul de ses taxes.

(c). *Tarifs réduits, spéciaux, communs.* — La différence
essentielle entre les tarifs spéciaux et les tarifs généraux ré-
sidait dans ce fait que les tarifs spéciaux, toujours inférieurs
aux tarifs légaux, n'étaient applicables qu'autant que les
expéditeurs en faisaient la demande.

La plupart des tarifs spéciaux étaient subordonnés à
certaines conditions portant sur le tonnage, le condition-

nement, la mise à la charge des expéditeurs et destinataires
du chargement et du déchargement, la restriction de la
responsabilité de la Compagnie pour les avaries de route,
l'extension des délais de transport.

Parfois, ils s'appliquaient à tout le réseau ; le plus souvent, ils n'étaient applicables qu'aux transports entre deux
gares, soit dans les deux sens, soit dans une direction unique.
Toutefois, grâce à une clause imposée, en 1866, aux Compagnies par l'administration, les bénéfices des taxes fermes
de gare à gare étaient acquis aux stations intermédiaires,
même non dénommées.

(D). *Tarifs divers.* — M. George mentionnait, en outre,
les tarifs communs, concertés entre plusieurs Compagnies
et moyennant lesquels les transports s'effectuaient, au regard de l'expéditeur, comme s'ils n'empruntaient que les
rails d'une seule Compagnie ; la plupart de ces tarifs étaient
spéciaux et comportaient une classification particulière, par
suite des divergences entre les classifications générales des
différents réseaux.

Il mentionnait également les tarifs internationaux ou
communs entre des Compagnies françaises et des administrations étrangères, ainsi que les tarifs de transit et d'exportation régis par un décret du 26 avril 1862.

II. — Résumé des principaux griefs articulés contre
LES TARIFS EN VIGUEUR ET DES MODIFICATIONS DEMANDÉES.—
La Commission avait procédé à une enquête minutieuse sur
tout le territoire. D'après les résultats de cette enquête, les
griefs articulés contre la tarification en vigueur pouvaient
se résumer comme il suit :

(a). Les embarras et les difficultés résultant, pour le commerce, de la complication des tarifs paraissaient tenir une
place prépondérante dans les préoccupations des déposants;

la simplification des taxes était un des desiderata les plus
fermement formulés.

(b). Avant tout, on réclamait l'uniformité de classification sur tous les réseaux.

(c). On demandait, également, l'uniformité des tarifs
généraux, pour une même classe de marchandises.

(d). Bien qu'il y eût divergence sur la formule à
adopter, le vœu général était que la taxe d'un parcours
donné fût toujours supérieure à celle d'un parcours
moindre.

(e). Les tarifs de gare à gare étaient très discutés.

(f). On réclamait la communauté absolue des tarifs généraux et l'extension de la communauté pour les tarifs spéciaux ; on sollicitait aussi la multiplication des tarifs d'exportation ; on critiquait divers tarifs de transit, comme
nuisibles à l'industrie nationale ; certains tarifs internationaux étaient considérés comme portant atteinte à la protection instituée par nos lois de douane ou comme étant de
véritables traités particuliers avec certaines Compagnies
étrangères.

(g). Les Compagnies secondaires, la batellerie, le cabotage accusaient les grandes Compagnies de leur faire une
concurrence déloyale et de profiter, à cet effet, de la garantie d'intérêt de l'État.

A ces plaintes, les Compagnies répondaient que la diversité et la confusion apparente des taxes résultaient de
l'extrême diversité des nécessités auxquelles répondaient
ces taxes; qu'elles avaient eu pour résultat un abaissement
notable du prix moyen des transports ; que, d'ailleurs, les
concessionnaires avaient, aux termes de leur cahier des
charges, la libre disposition de leurs tarifs, sauf à rester au-
dessous des maxima légaux et à obtenir l'homologation de
l'administration : elles ajoutaient que le droit du Ministre

des travaux publics était, non point de refuser arbitrairement l'exequatur à leurs propositions de tarifs, mais de vérifier que ces propositions n'étaient pas contraires aux dispositions du cahier des charges.

III. — Avis de la commission. — (a). *Droits de l'État.* — M. George rappelait que le caractère d'utilité générale des chemins de fer primait leur caractère commercial; que les concessionnaires de voies ferrées étaient, non pas de simples entrepreneurs de transports. mais de véritables dépositaires d'une partie de la puissance publique; que leurs agents étaient, à certains points de vue, investis des droits et des prérogatives des fonctionnaires publics. C'est par suite de cette situation que l'ordonnance de 1846 avait, par son article 44, interdit la perception des taxes, sans l'homologation préalable de l'administration, et, par son article 49, imposé aux Compagnies l'obligation de soumettre à l'approbation de l'administration tous les changements aux prix antérieurement autorisés. Les cahiers des charges de 1859 et de 1863 avaient maintenu ces prescriptions, et il ne pouvait pas en être autrement. puisque la situation des Compagnies devenait encore plus dépendante vis-à-vis de l'État, leur caution par le fait du jeu de la garantie d'intérêt, leur créancier pour les sommes avancées à ce titre, et leur associé pour le partage des bénéfices. Le droit d'homologation réservé au Ministre devait évidemment être exercé, non seulement pour vérifier si les tarifs modifiés étaient en contradiction avec quelques-unes des dispositions générales du cahier des charges, mais bien pour apprécier si l'intérêt général était sauvegardé.

Du reste, cette interprétation des textes ne pouvait plus être contestée, en présence des précédents : c'est ainsi que l'administration avait manifesté son droit, à diverses reprises, en introduisant, dans tous les tarifs spéciaux, la clause des stations non dénommées; en refusant l'homologation des abaissements de tarifs qui, sans violer les clauses du cahier des charges, ne semblaient pas justifiés par un intérêt public ou pouvaient préjudicier à d'autres industries ou à d'autres Compagnies; enfin, en n'accordant plus que des homologations provisoires.

Mais, si le droit de l'État, en matière de tarifs, était certain pour l'avenir, pouvait-il aller jusqu'à obliger les Compagnies à modifier leurs tarifs actuels? L'affirmative n'était pas douteuse pour les tarifs spéciaux, grâce au caractère provisoire des autorisations; elle l'était beaucoup plus pour les tarifs généraux; quant aux tarifs légaux, ils ne pouvaient évidemment recevoir de modifications que du consentement des deux parties contractantes.

(B). *Propositions la sous-commission.* — 1. TARIFS LÉGAUX. — Les anciens cahiers des charges ne prévoyaient que des tarifs kilométriques proportionnels. Cette perception, proportionnellement à la distance, était contraire à la logique, à l'équité et aux notions les plus élémentaires de l'économie politique. Elle supposait, en effet, que le prix de revient du transport d'une tonne était lui-même proportionnel au nombre de kilomètres parcourus, alors que, en fait, il était composé d'éléments divers, les uns fixes et les autres variables avec la distance. Aussi la pratique avait-elle successivement généralisé, pour les taxes effectivement appliquées, les tarifs à la distance, qui, en rendant les transports moins onéreux pour les longs parcours, augmentaient le rayon des marchés et développaient la puissance et les ressources de la production nationale; un tarif de cette nature avait même été stipulé dans les cahiers des charges, en 1869, pour la Compagnie du Nord, et dès 1863, pour les autres Compagnies, en ce qui concernait les marchandises de la 4° classe. Les nations voisines étaient entrées dans la même voie. Il importait donc de ne plus introduire désormais dans les actes de concession que des tarifs à la distance.

La formule en vigueur pour la 4° classe avait l'inconvénient de faire varier brusquement la base d'application pour la totalité du parcours, lorsque la distance dépassait une limite déterminée, et, par suite, d'entraîner comme correctif le maintien des taxes à un chiffre invariable entre des limites assez éloignées, de telle sorte qu'un parcours moindre ne coûtât jamais plus cher qu'un parcours plus étendu. Il convenait d'y renoncer.

Il en était de même de la formule à minima dont nous avons cité un exemple à propos du réseau de l'Est.

La formule la meilleure était la formule belge, à bases constantes, qui divisait le parcours en zones, comportant des bases progressivement décroissantes, mais qui maintenait ces bases invariables pour chacune des zones, quelle que fût la distance parcourue au delà. Elle faisait disparaître la complication des maxima et des minima.

2. TARIFS GÉNÉRAUX. — Les mêmes considérations s'appliquaient, naturellement, aux tarifs généraux, sans d'ailleurs qu'il fût nécessaire d'admettre une règle uniforme de décroissance pour toutes les séries, d'adopter une diminution également rapide pour les marchandises de peu de valeur et pour les marchandises d'une grande valeur intrinsèque, susceptibles de supporter plus longtemps la taxe élevée des premiers kilomètres.

Le préambule des remaniements à apporter aux tarifs généraux devait être, incontestablement, l'unification des diverses sérifications adoptées par les Compagnies.

On devait, également, poursuivre l'unification des prix,

afin qu'une tonne de marchandise, voyageant aux conditions du tarif général, pût parcourir toutes les grandes voies ferrées de la France, sans se heurter, à l'extrémité de chaque réseau, à de véritables frontières provinciales. Cette réforme, ardemment désirée par le commerce, était, à la vérité, vivement combattue par les directeurs des grandes Compagnies, qui croyaient à l'impossibilité d'unifier les tarifs généraux, non seulement sur les divers réseau français, mais encore dans l'étendue d'un même réseau, et qui invoquaient, à l'appui de leur opinion, les différences des lignes. au point de vue topographique et au point de vue commercial. Mais leurs objections n'étaient pas topiques: en effet, le système même des grands réseaux, que l'État avait organisé au prix de sacrifices considérables, avait eu, pour principal objet, l'unité de direction et d'exploitation. La Compagnie de l'Est l'avait compris et n'avait pas hésité à appliquer un tarif général uniforme, sur tous les chemins composant sa concession, malgré les pertes notables que présentaient certains de ces chemins. La Compagnie du Nord avait agi de même, malgré la concurrence de la batellerie et du cabotage. D'autre part, les augmentations de dépenses de traction n'avaient pas une influence prépondérante sur le prix de revient des transports, et c'était par leurs tarifs spéciaux que les concessionnaires pouvaient, plus particulièrement, pourvoir aux différences de situations commerciales. Au surplus, il serait possible, tout en unifiant les tarifs généraux pour l'ensemble du réseau français, d'admettre des tarifs particuliers pour certains chemins placés dans des conditions exceptionnelles.

Il importait de faire disparaître les distances d'application, pour revenir purement et simplement aux distances réelles, conformément au principe posé par l'article 48 du cahier des charges.

Il convenait, en outre, d'élaguer les déclassements conditionnels, qui trouvaient plus naturellement leur place dans les tarifs spéciaux.

Enfin, il était indispensable que les Compagnies publiassent les bases de leur tarification générale.

3. TARIFS SPÉCIAUX. — M. George exprimait l'avis qu'il n'était pas possible de supprimer les tarifs spéciaux. Il était, en effet, indéniable, en droit, que le cahier des charges réservait aux Compagnies, sous certaines conditions, le droit d'établir des abaissements de tarifs, même partiels et conditionnels ; de plus, un grand nombre de tarifs spéciaux étaient, en fait, conformes à l'intérêt public. Tels étaient les tarifs d'exportation, destinés à favoriser la vente des produits nationaux à l'étranger ; les tarifs de transit, destinés à disputer aux lignes étrangères le transport des marchandises d'un pays à l'autre ; beaucoup de tarifs internationaux, destinés à amener à prix réduit les matières premières nécessaires à notre industrie et à activer nos échanges ; les tarifs communs ; enfin les tarifs spéciaux proprement dits, qui, sans léser des intérêts légitimes, avaient pour but d'empêcher des déperditions de forces, de procurer une utilisation plus complète du matériel, d'accroître le rendement des diverses mailles du réseau, d'éviter les retours à vide.

Ce n'était point à dire toutefois qu'il fallût laisser aux Compagnies la liberté d'action qu'elles ne cessaient de réclamer : car, à côté de leur intérêt, il en était d'autres, dont l'État avait la garde, et qui pouvaient être compromis par les tarifs spéciaux. Ainsi, les tarifs d'exportation, s'ils étaient accordés à certains centres et refusés à d'autres, constituaient, pour ces derniers, une cause d'infériorité et de ruine ; les tarifs de transit pouvaient, dans certains cas, devenir une véritable prime aux industries étrangères riveraines de nos frontières, au préjudice de notre industrie nationale, et favoriser des ports étrangers au détriment des nôtres. Les tarifs internationaux pouvaient donner des facilités excessives à l'importation ; les tarifs communs et les tarifs spéciaux proprement dits avaient provoqué des plaintes, sur lesquelles il était inutile d'insister.

Il fallait qu'à l'avenir l'administration apportât le plus grand soin à l'examen des propositions des Compagnies ; qu'elle fît précéder ses décisions d'homologation d'une enquête sérieuse ; qu'elle empêchât les actes de concurrence abusive contre la batellerie ou contre les autres Compagnies de chemins de fer. Il fallait aussi que le Ministre exigeât la révision des tarifs spéciaux en vigueur. Les clauses relatives au tonnage, à la prolongation des délais de transport, à l'état de conditionnement ou d'emballage des marchandises, étaient susceptibles d'être maintenues ; il en était de même de la clause de non responsabilité, bien qu'elle donnât lieu à certaines objections. Les prix de gare en gare, malgré les dérogations qu'ils constituaient au principe de la proportionnalité des prix aux distances, étaient trop entrés dans la pratique pour qu'il y eût lieu de les supprimer entièrement.

En résumé, la Commission formulait les conclusions suivantes :

ɪ. — En ce qui concernait les tarifs légaux à insérer dans les cahiers des charges des concessions à intervenir : remplacer les différents systèmes de tarifs, qui se trouvaient dans les cahiers des charges actuels, par un seul mode de tarifs, analogue à ce qu'on nomme le tarif belge, c'est-à-dire un tarif à bases constantes et décroissantes, à mesure que la distance du parcours augmente.

ɪɪ. — En ce qui concernait les tarifs généraux qui seraient désormais soumis à l'homologation :

Exiger d'abord que les bases et les formules d'application

des taxes fussent explicitement indiquées dans l'article 3 des conditions générales de chaque tarif;

Ensuite veiller : 1° à ce que les marchandises fussent désignées sous la même dénomination et réparties d'une manière uniforme, en un même nombre de séries :

2° A ce que le prix kilométrique de chaque série de marchandises fût, autant que possible, le même sur l'ensemble des grands réseaux :

3° A ce que les taxes fussent établies suivant les mêmes tarifs à la distance, à bases constantes et en ne tenant compte que des distances réelles.

III. — En ce qui touchait les tarifs réduits connus sous le nom de tarifs spéciaux, tarifs communs, tarifs internationaux, tarifs de transit et tarifs d'exportation : soumettre à un nouvel examen les tarifs de ce genre, actuellement en vigueur ; supprimer tous ceux que rendrait inutile l'application des réformes proposées aux tarifs généraux et ceux qui, n'ayant pour but que l'intérêt particulier des Compagnies, seraient contraires, soit à l'intérêt du Trésor, soit à l'intérêt général, soit au respect des intérêts particuliers entre lesquels l'État devait maintenir égalité de traitement et impartiale protection.

532. — Renvoi des trois rapports au Ministre des travaux publics. — Le 10 juin 1879, M. Krantz, président de la Commission, monta à la tribune, pour présenter un résumé succinct des trois rapports de MM. Foucher de Careil, le général marquis d'Andigné et George, et pour en demander le renvoi au Ministre des travaux publics, si le Sénat ne croyait pas devoir en discuter les conclusions. Ce renvoi fut voté après un débat de procédure, dans lequel la minorité combattit la mesure, comme ne pouvant avoir aucune portée si l'Assemblée ne se prononçait pas sur les résolu-

tions qui se dégageaient des travaux de la Commission [J. O.,
11 juin 1879] (1).

**533. — Projet de convention avec la Compagnie du
Nord.** — Lors de la discussion récente sur les chemins de
Lens à Don et à Armentières et de Valenciennes au Cateau
et à Saint-Erme, le Ministre des travaux publics avait
annoncé son intention de poursuivre les négociations en
cours avec la Compagnie du Nord. Ces négociations abou-
tirent à une convention, que le Ministre soumit à la Chambre
des députés, le 15 novembre 1878 [J. O., 4 décembre 1878],
et dont les dispositions étaient les suivantes :

1° La Compagnie recevait la concession des quatorze
chemins ci-dessous énumérés, d'une longueur totale de 400
kilomètres environ :

1. Lens à Armentières, par Don ;
2. Armentières à Tourcoing ;
3. Hazebrouck à Merville ;
4. Gorgue à Estaires ;
5. Roubaix à la frontière belge, vers Audenarde ;
6. Don à Templeuve ;
7. Valenciennes à Denain et à Lourches ;
8. Denain à Saint-Amand ;
9. Valenciennes à Laon ;
10. De ce chemin à Hirson, avec raccordement dans
les deux directions de Busigny et de Guise ;
11. Solre-le-Château à Avesnes ;
12. Compiègne à Soissons ;
13. Ormoy à la vallée de l'Ourcq ;
14. Laon à la ligne d'Hirson à Amagne ;

(1) Bien que cette discussion ait eu lieu en 1879, nous l'avons rattachée à
l'année 1878, en raison de sa solidarité avec les trois rapports sur lesquels
elle a porté.

3             38

2° L'État devait livrer l'infrastructure de ces chemins ; les subventions locales, et notamment celle de 40 000 fr. par kilomètre, que le département du Nord avait promise pour les lignes n°ˢ 2, 3, 4, 6, 7, 8 et 11, étaient acquises au Trésor.

La Compagnie n'était tenue de poser la deuxième voie que lorsque la recette brute kilométrique atteindrait 35 000 fr. ; en tout cas, l'infrastructure correspondant à cette seconde voie restait à la charge l'État.

3° La Compagnie du Nord s'engageait à faire à l'État une nouvelle avance d'un million, pour le chemin d'Epinay à Luzarches.

4° Elle s'engageait aussi à reprendre et à exploiter les concessions de Dunkerque, d'Hazebrouck, et d'Armentières à la frontière belge, si ces concessions étaient rachetées par l'État, la Compagnie ne devant prendre à son compte que les dépenses de premier établissement des trois gares communes de Dunkerque, d'Hazebrouck et d'Armentières.

5° Les lignes d'Epinay à Luzarches, de Montsoult à Amiens, de Cambrai à Dour, de Douai à Orchies et à la frontière passaient de l'ancien au nouveau réseau. Celles d'Amiens à Estrées et d'Ormoy à Paris, précédemment classées dans le nouveau réseau, celle d'Estrées à Ormoy avec raccordement sur Rivecourt, précédemment concédée à la Compagnie du Nord, comme chemin d'intérêt local, et le chemin de ceinture de Lille étaient rattachés à l'ancien réseau. Le maximum du capital garanti était, par suite, porté de 223 500 000 fr. à 256 200 000 fr. ; quant au maximum du capital de premier établissement de l'ancien réseau, qui avait été fixé à 806 millions, y compris 200 millions de dépenses complémentaires, il était ramené à 789 millions.

6° La Compagnie du Nord était substituée à la Compagnie de Lille à Valenciennes, qui avait fait abandon de ses droits à l'État, en ce qui concernait les lignes exploitées

par la première de ces Compagnies, aux termes du traité du
31 décembre 1875 (Lille à Valenciennes, Saint-Amand à
Blanc-Misseron, Saint-Amand à la frontière belge, Don à
Hénin-Liétard, Valenciennes à Douzies). Elle était, de même,
substituée à la Compagnie de Lille à Béthune, conformément aux contrats intervenus entre ces deux sociétés le
6 mai 1876 (Lignes de Lille à Béthune, de Beuvry à Béthune
et de Violaines à Bully-Grenay). En fin de concession ou en
cas de rachat de la Compagnie du Nord, l'État était substitué à cette Compagnie à l'égard des Compagnies de Lille à
Valenciennes, de Lille à Béthune et du Nord-Est, sauf à
payer à la Compagnie du Nord, comme étant aux droits de
la Compagnie de Lille à Béthune, et aux deux autres Compagnies, les rentes stipulées aux traités des 17 décembre
1875, 31 décembre 1875 et 6 mai 1876.

   7° La Compagnie du Nord consentait au classement dans
le réseau d'intérêt général des chemins d'intérêt local dont
elle était concessionnaire ou qu'elle avait repris (Ermont à
Méry-sur-Oise et raccordement sur Valmondois; Canaples à
Amiens; Frévent à Bouquemaison et à Doullens; Arras à
Doullens; Bully-Grenay à Brias; Abancourt à Saint-Omer-
en-Chaussée; Rochy-Condé à Saint-Just; Breteuil-gare à
Breteuil-ville; Gisors à Beauvais; Beauvais à Clermont;
Clermont à Estrées-Saint-Denis; raccordement du chemin
de Rivecourt à Ormoy-Villers avec celui de Chantilly à
Senlis, à Crépy; Compiègne à Roye). L'État restait chargé
des indemnités à payer, le cas échéant, aux départements.
Le terme des concessions de ces diverses lignes était fixé,
comme celui de la concession de l'ensemble du réseau, au
31 décembre 1950.

   8° Les quatorze chemins concédés par la convention,
ceux d'Hazebrouck, de Dunkerque et d'Armentières à la
frontière, ceux que la Compagnie exploitait pour les trois

Compagnies de Lille à Valenciennes, de Lille à Béthune et du Nord-Est, enfin les chemins d'intérêt local ci-dessus énumérés, devaient former un troisième réseau de 1 200 kilomètres soumis, au point de vue financier, aux dispositions suivantes. Les insuffisances de ce réseau devaient être couvertes par la partie du produit net de l'ancien et du nouveau réseau, qui excéderait la somme de 63 200 000 fr., (revenu de 1877), augmentée de l'intérêt et de l'amortissement des dépenses de premier établissement restant à la charge de l'exploitation de ces deux derniers réseaux après le 31 décembre 1877. Si les disponibilités de ce produit net ne suffisaient pas, la différence pouvait être portée à un compte spécial, jusqu'à concurrence des deux tiers de la valeur du matériel roulant de l'ensemble des réseaux. A partir de cette limite, le déficit était prélevé sur le produit réservé de 63 200 000 fr. L'amortissement du compte spécial devait être assuré, au moyen des excédents du produit de l'ensemble des concessions, en sus du chiffre réservé de 63 200 000 fr., à quelque époque qu'ils se produisissent. Toutefois, si ces excédents dépassaient la somme nécessaire pour pourvoir à l'amortissement avant l'expiration de la concession, la Compagnie pouvait disposer du surplus. Les sommes portées au compte spécial étaient augmentées :

(a). Pour les quatorze lignes concédées par la convention et les trois chemins de Dunkerque, d'Hazebrouck et d'Armentières à la frontière, des intérêts simples à 4 %, l'écart entre ce taux et celui des charges réelles étant couvert par une subvention annuelle correspondante de l'État;

(b). Pour les autres lignes, de leurs charges réelles.

En cas de rachat, l'État devait rembourser à la Compagnie le montant non encore amorti des sommes portées au compte spécial, sauf pour les lignes des Compagnies de Lille à Béthune et du Nord-Est et les chemins d'intérêt local.

9° Le droit du Gouvernement, d'exiger la pose de la deuxième voie, était étendu à toutes les lignes mentionnées dans la convention. Il était stipulé, d'ailleurs, qu'à partir du moment où l'annuité prévue par la loi de 1875 cesserait d'être due par l'État, la dépense serait imputée, pour l'ancien réseau, au compte des travaux complémentaires, et pour le nouveau réseau, au compte du capital garanti, en sus du maximum prévu.

10° Le rachat devait, le cas échéant, comprendre les trois réseaux. La Compagnie se réservait la faculté de demander le remboursement du prix réel de premier établissement des chemins mis en exploitation depuis moins de quinze ans.

11° Le revenu réservé avant partage était augmenté de l'intérêt à 6 °/₀ :

(a). De la dépense de construction et de mise en exploitation des lignes concédées par la convention, y compris tous travaux complémentaires de premier établissement ;

(b). Des dépenses complémentaires de premier établissement et de réfection extraordinaire des lignes des trois Compagnies secondaires ;

(c). Des dépenses de construction et de mise en exploitation des lignes d'intérêt local classées dans le réseau d'intérêt général, y compris tous travaux complémentaires ;

(d). Des dépenses analogues, pour le chemin de ceinture de Lille ;

(e). Des dépenses complémentaires des trois chemins d'Hazebrouck, de Dunkerque et d'Armentières à la frontière ;

(f). Des subventions aux Compagnies correspondantes.

Il était aussi augmenté des charges réelles des lignes des trois Compagnies secondaires.

Le partage était, dans tous les cas, retardé jusqu'au complet amortissement du compte spécial.

12° La Compagnie du Nord faisait abandon de la part de moitié, incombant à l'État, dans la garantie d'intérêt stipulée au profit de la Compagnie du Nord-Est.

13° La Compagnie s'engageait à chauffer les voitures de toute classe des trains ayant plus de deux heures de parcours.

A la convention dont nous venons d'indiquer les traits principaux, était annexé un contrat, du 6 mai 1876, entre les Compagnies de Lille à Béthune, de Lille à Valenciennes et du Nord, qui substituait cette dernière Compagnie à celle de Lille à Béthune, à charge par elle de pourvoir au service des obligations émises par la Compagnie de Lille à Béthune et de livrer 12 000 obligations, en échange de 8 000 actions de cette société ; la rente à servir par la Compagnie du Nord à la Compagnie de Lille à Valenciennes, en exécution du traité du 31 décembre 1875, devait être réduite du montant des charges ci-dessus indiquées.

Le projet de loi présenté par le Ministre des travaux publics prononçait l'incorporation au réseau d'intérêt général des lignes d'intérêt local de la Compagnie du Nord et de la Compagnie de Lille à Valenciennes, sur lesquelles portait la convention ; il stipulait qu'un décret rendu en Conseil d'État statuerait sur l'indemnité ou les dédommagements qui pourraient être dus aux départements.

Ce projet de loi ne reçut pas de suite.

534. — **Projet de convention avec la Compagnie de l'Ouest.** — Le 22 novembre, le Ministre des travaux publics soumit à la Chambre une convention qu'il avait conclue avec la Compagnie de l'Ouest [J. O., 12 décembre 1878] et dont les dispositions, très différentes de celles de la convention avec la Compagnie du Nord, étaient les suivantes :

1° La Compagnie de l'Ouest devenait concessionnaire de

seize lignes, antérieurement classées et même déclarées, pour la plupart, d'utilité publique (700 km. environ de longueur), savoir :

Alençon à Domfront ;

Couterne à la Ferté-Macé ;

Prez-en-Pail à Mayenne ;

Mayenne à Fougères ;

Mamers à Mortagne ;

Mortagne à Mézidon ;

Mortagne à Laigle ;

Caen à Dozulé ;

Dives à Deauville ;

Echauffour à Bernay ;

La Trinité à Orbec ;

Questembert à Ploërmel ;

Châteaubriant à Rennes et à Vitré ;

Ploërmel à Caulnes ;

Saint-Nazaire ou Savenay à Châteaubriant ;

Port-d'Isigny au chemin de Caen à Cherbourg.

2° Ces lignes formaient un troisième réseau distinct des deux autres.

3° Le Ministre s'engageait à les livrer prêtes à être exploitées ; toutefois, il se réservait le droit de faire exécuter par la Compagnie, contre remboursement des dépenses, tout ou partie des études et des travaux.

4° La Compagnie se chargeait d'exploiter le troisième réseau avec son matériel, son personnel et ses propres moyens, et d'exécuter, moyennant le paiement d'une annuité calculée d'après le taux effectif de ses emprunts, les travaux des gares communes à ce réseau et aux deux autres, ceux du doublement des voies et les travaux complémentaires des lignes du troisième réseau.

L'État se réservait de prescrire, pour ces lignes, les modifications jugées utiles dans l'intérêt public.

5° Les trois réseaux étaient solidarisés au point de vue du rachat.

6 ° Il devait être ouvert au troisième réseau un compte spécial comprenant : 1° d'une part toutes les recettes ; 2° d'autre part, toutes les dépenses, y compris une part proportionnelle des frais d'exploitation des gares communes, le loyer de celles de ces gares qui touchaient à d'autres Compagnies, les grosses réparations et réfections de la voie et du matériel roulant, les frais généraux de l'administration centrale, l'intérêt et l'amortissement des dépenses d'acquisition du matériel roulant et du mobilier des gares, etc.

7° La Compagnie était redevable envers l'État du montant des recettes ; de son côté, l'État lui était redevable des dépenses, jusqu'à concurrence d'un maximum kilométrique obtenu en ajoutant à 6 500 fr. les 0.40 de la différence entre la recette brute effective et ce chiffre, et ce, non compris :

(a). Les charges du matériel roulant et du mobilier des gares, qui devaient être remboursées à part, et dont le maximum était fixé à 1 000 fr. ;

(b). Le loyer des gares communes au troisième réseau et aux autres Compagnies.

8° Le nombre maximum des trains susceptibles d'être imposés à la Compagnie était fixé à trois par jour, dans chaque sens, si la recette ne dépassait pas 8 000 fr. ; à quatre, si cette recette était comprise entre 8 et 11 000 fr. ; et ainsi de suite, en ajoutant un train pour chaque accroissement de recettes de 3 000 fr. Tout train réclamé en plus devait être remboursé par l'État, jusqu'à concurrence de 1 fr. 50 par kilomètre parcouru.

9° En cas d'insuffisance des remboursements de l'État, la différence était prélevée sur le revenu réservé à l'ancien réseau.

Si l'exploitation se traduisait par un excédent de recettes, cet excédent était partagé par moitié entre l'État et la Compagnie (en augmentation de son revenu réservé).

10° La révision du maximum assigné aux dépenses d'exploitation pouvait être demandée tous les dix ans, par l'une ou l'autre des parties contractantes. Cette révision devait être opérée d'un commun accord ou par voie d'arbitrage, dans des conditions fixées par la convention.

11° A l'expiration de la concession, le matériel roulant et le mobilier des gares du troisième réseau appartenaient à l'État. Il en était de même, en cas de rachat, moyennant paiement jusqu'à la fin de la concession d'une annuité égale à celle du dernier compte annuel, pour intérêt et amortissement de ce matériel et de ce mobilier.

12° La Compagnie s'engageait à accepter, dans les mêmes conditions, la concession de tous les chemins d'intérêt général de la région, en communication avec son réseau, qui lui seraient attribués par des lois ultérieures; elle devait reprendre, le cas échéant, le matériel roulant et le mobilier des gares dont seraient déjà pourvus ces chemins, et en rembourser la valeur, jusqu'à concurrence d'un maximum de 20 000 fr. par kilomètre.

De même que les précédents, ce projet de loi ne reçut pas de suite.

535. — **Projets de loi relatifs aux chemins d'intérêt local et aux voies ferrées établies sur les voies publiques.** — Pour clore l'année 1878, il nous reste à signaler deux projets de loi, concernant les chemins de fer d'intérêt local et les voies ferrées établies sur les voies publiques, déposés

par M. de Freycinet sur le bureau du Sénat, le 29 avril 1878 [J. O., 12 mai 1878]. L'instruction de ces projets de loi n'ayant été terminée que postérieurement aux lois de classement de 1879, auxquelles nous arrêtons provisoirement notre publication, nous nous abstenons d'en faire connaître l'économie et les dispositions.

# CHAPITRE IV. — ANNÉE 1879

536. — **Convention internationale pour le chemin de Montmédy à Virton.** — Au début de l'année 1879, nous avons à mentionner, pour ordre, une loi du 7 janvier 1879 [B. L.; 1ᵉʳ sem. 1879, n° 426, p. 23], approuvant une convention conclue avec la Belgique, pour le raccordement des sections française et belge du chemin de Montmédy à Virton. Cette convention fut promulguée par décret du 12 juin.

537. — **Concessions de chemins d'intérêt local.** — Nous avons ensuite à noter les concessions suivantes de chemins de fer d'intérêt local :

| DÉSIGNATION des départements. | DÉSIGNATION des lignes. | DATES des décrets. | NUMÉRO du Bulletin des lois. | DÉSIGNATION des concessionnaires. | SUBVENTIONS accordées aux concessionnaires. | PART DE L'ÉTAT dans ces subventions. | TARIFS Voyageurs. | Marchand. en gr. vitesse. | ÉPOQUE d'ouverture. | OBSERVATIONS. |
|---|---|---|---|---|---|---|---|---|---|---|
| | | | | | | | cent. | cent. | | |
| Isère. | Sablonnière à Monta-lieu-Vercieu (19 km.). | 22 janv. | 1er sem. 1870, n° 434, p. 383. | Compagnie de l'Est de Lyon. | 150 000 fr. | 37 500 fr. | 10 7,5 5,5 | 14 10 8-5-4 | » | |
| Loire. | Saint-Victor vers Cours (3 km.). | 21 mars. | 1er sem. 1870, n° 454, p. 889. | Poizat Coquard et autres. | » | » | Id. | Id. | 1881 | |
| Rhône. | Cours vers Saint-Victor (10 km.). | 21 mars | 1er sem. 1870, n° 448, p. 735. | Id. | 1 000 000 | 250 000 | Id. | Id. | 1881 1882 | |
| Haute-Marne. | Naix-Menaucourt à Gûe-Ancerville (5 km.) | 14 juillet. | 2e sem. 1879, n° 471, p. 421. | Brasseur. | 58 925 fr. 30 | 94 396 fr. 25 | Id. | Id. | » | Embranchements sur les carrières des Fourches et les établissements industriels de Bazancourt et de Mootier-sur-Saulx et autres. Concession de 90 ans. Sur le montant de la subvention, un million était payable avec intérêts à 5 %, au moyen de surtaxes de 1 fr. 50 par tonne pour les produits des carrières et de 3 fr. 75 par tonne pour les produits métallurgiques et autres, en provenance ou à destination de la ligne, sans frapper les marchandises de transit. |
| Meuse. | Naix-Menaucourt à Gûe-Ancerville (30 km.). | Id. | 2e sem. 1879, n° 475, p. 381. | Id. | 3 123 866 fr. 25 | 1 017 866 f. 25 | Id. | Id. | » | |

Nous avons aussi à signaler un décret du 22 janvier 1879 [B. L., 1er sem. 1879, n° 426, p. 70], approuvant un traité passé, le 14 mai 1868, entre la Compagnie des chemins de fer de l'Est et la Compagnie du chemin de la Suippe, pour l'exploitation, par la première de ces Compagnies, du chemin de Bazancourt à Bétheniville.

La Compagnie de l'Est était tenue de faire un compte à part des résultats de cette exploitation.

538. — **Institution au ministère des travaux publics d'un comité de l'exploitation technique des chemins de fer.** — Par arrêté du 25 janvier 1879 [J. O., 26 janvier 1879], le Ministre des travaux publics institua un comité administratif de l'exploitation technique des chemins de fer, chargé de l'examen de toutes les questions concernant la police, la sûreté, l'usage des chemins de fer et, particulièrement, des inventions. Une section, dite du contrôle, prise dans le sein du comité, était spécialement appelée à élaborer les mesures propres à améliorer et à uniformiser le service du contrôle.

539. — **Concession du chemin de Port-de-Bouc à Martigues.** — Un décret du 6 mars [B. L., 1er sem. 1879, n° 438, p. 489], déclara d'utilité publique et concéda aux sieurs Digeon et Delamarre un chemin de Port-de-Bouc à Martigues-Ferrières (5 km.), conformément à un cahier des charges analogue à celui des autres chemins d'intérêt général.

540. — **Concession définitive du chemin de Jessains à Eclaron à la Compagnie de l'Est.** — La convention conclue en 1875 avec la Compagnie de l'Est portait concession éventuelle, au profit de cette Compagnie, d'un chemin de 55 kilomètres entre Jessains et Eclaron. Les formalités voulues

ayant été accomplies, le Ministre des travaux publics déposa, le 7 juin 1878, sur le bureau de la Chambre des députés, un projet de loi prononçant la déclaration d'utilité publique de ce chemin et rendant définitive la concession [J. O., 29 juillet 1878].

M. des Roys présenta, le 14 novembre 1878, un rapport favorable, en demandant, toutefois, que le Ministre s'entendît avec la Compagnie pour abréger le délai d'exécution [J.O., 23 novembre 1878].

La Chambre émit d'urgence un vote favorable, le 23 janvier 1879 [J. O., 24 janvier 1879].

Soumis le 28 janvier au Sénat [J. O., 2 février 1879], le projet de loi y donna lieu à un rapport, du 22 février, de M. Cuvinot, qui s'associa aux conclusions déjà formulées par le rapporteur de la Chambre des députés [J. O., 5 mars 1879]. L'Assemblée adopta les conclusions du rapport, sans discussion, le 4 mars [J. O., 5 mars 1879. — Loi du 12 mars 1879. — B. L., 1er sem. 1879, n° 434, p. 354].

541. — **Déclaration d'utilité publique du chemin de Mende au Puy**. — Le chemin de Mende au Puy était compris au nombre des lignes classées par la loi du 31 décembre 1875. Le 21 mai 1878, le Ministre des travaux publics présenta un projet de loi [J. O., 2 juin 1878], tendant à la déclaration d'utilité publique de ce chemin, dont la longueur était de 89 kilomètres, non compris 21 kilomètres empruntés à la ligne d'Alais à Brioude, et qui devait coûter 35 000 000 fr., sans le matériel roulant. Le Ministre demandait, d'ailleurs, l'autorisation d'entreprendre les travaux d'infrastructure.

M. Brossard déposa, le 18 novembre, un rapport [J. O., 2 décembre 1878], par lequel il concluait à l'adoption du projet de loi et au rejet d'un amendement de M. Roques,

ayant pour objet la déclaration d'utilité publique du chemin
. de Carmaux à Rodez, dont les études n'étaient pas terminées.

Le 21 janvier 1879, la Chambre des députés adopta,
d'urgence, les conclusions du rapport, après un échange
d'explications entre le Ministre et M. Roques qui, prenant
acte de la promesse de M. de Freycinet, de proposer la déclaration d'utilité publique du chemin de Carmaux à Rodez
dès l'accomplissement des formalités réglementaires, de
manière à combler la dernière lacune de la ligne directe
de Toulouse à Lyon, déclara, tant en son nom qu'au nom de
MM. Baduel d'Oustrac et autres, retirer l'amendement
soumis à l'Assemblée [J. O., 22 janvier 1879].

Présenté le 28 janvier 1879 au Sénat [J. O., 2 février
1879], le projet de loi y fit l'objet d'un rapport de M. Roussel, en date du 27 février 1879 [J. O., 17 mars 1879].
M. Roussel rappelait les précédents ; il indiquait les difficultés topographiques qui avaient conduit le Gouvernement
à diriger vers la Bastide, et non vers Langogne, la première
partie du tracé entre Mende et la ligne de Brioude à Alais ;
il annonçait qu'une étude attentive avait permis de réduire
la dépense à 31 000 000 fr. ; il concluait à l'adoption des
propositions du Gouvernement, en recommandant à son attention diverses réclamations, qui tendaient à modifier la
direction du tracé, sur une partie du parcours entre Mende
et la Bastide.

La loi fut votée d'urgence par l'Assemblée, le 10 mars
[J. O., 11 et 15 mars 1879. — Loi du 24 mars 1879. —
B. L., 2ᵉ sem. 1879, n° 434, p. 355].

542. — **Déclaration d'utilité publique du chemin de
Dives à Deauville.** — La loi du 16 décembre 1875 avait
prononcé la déclaration d'utilité publique d'un chemin de

Dozulé à Deauville ; le tracé de l'avant-projet visé par cette loi laissait de côté la ville de Dives ; de nouvelles études firent ressortir l'opportunité de modifier radicalement ce tracé, d'emprunter le chemin d'intérêt local de Mézidon à Dives, entre Dozulé et Dives, et de se diriger de ce dernier point vers Deauville ; la longueur totale de la ligne, suivant cette direction, était de 30 kilomètres, dont 8 500 mètres environ empruntés au chemin d'intérêt local.

Le Ministre des travaux publics présenta donc, le 7 février 1878, à la Chambre des députés, un projet de loi, [J. O., 17 février 1878], portant abrogation de la loi du 17 décembre 1875, en ce qui touchait à l'embranchement de Dozulé à Deauville, et déclaration d'utilité publique du chemin de Dives à Deauville.

Après avoir écarté des réclamations émanant de personnes intéressées au maintien du tracé primitif, ainsi qu'une proposition de M. Haentjens, combattue par le Ministre, et tendant à faire la ligne à voie étroite, dans un but d'économie, la Commission émit un avis favorable au projet de loi, par l'organe de M. Reymond [Rapport du 2 décembre. — J. O., 23 décembre 1878].

La première délibération s'ouvrit le 21 janvier 1879 [J. O., 22 janvier 1879]. M. Haentjens, sans maintenir sa proposition, insista, néanmoins, pour que le Gouvernement, imitant l'exemple des États-Unis et des Indes-Anglaises, n'hésitât pas à appliquer aux lignes à faible trafic des procédés et un mode de construction plus économiques, et, notamment, à réduire à 0 m. 75 ou 1 mètre la largeur de la voie.

Puis M. Deschanel défendit, dans l'intérêt du port de Dives, un amendement tendant à déterminer le tracé, aux abords de ce port, suivant une direction différente de celle du projet ; mais il retira sa proposition, devant l'assurance du Ministre d'étudier la question.

La loi fut ensuite votée. La seconde délibération eut lieu le 28 janvier [J. O., 29 janvier 1879] et ne provoqua pas de discussion. Soumis au Sénat le 6 février [J. O., 17 février 1879], le projet de loi fit l'objet d'un rapport favorable, en date du 11 mars, de M. le vicomte de Saint-Pierre [J. O., 20 mars 1879], et fut adopté d'urgence le 22 mars [J. O., 23 mars 1879. — Loi du 29 mars 1879. — B. L., 1er sem. 1879, n° 344, p. 360].

Les sections de Dives à Beuzeval et de Villers à Trouville ont été ouvertes en 1882.

543. — **Concession définitive à la Compagnie de l'Est du chemin de La Ferté-Gaucher à Sézanne et classement de la ligne d'Épernay à Romilly dans le réseau d'intérêt général.** — La convention de 1875 avec la Compagnie de l'Est avait prévu le classement, dans le réseau d'intérêt général, du chemin d'intérêt local d'Épernay à Romilly, dont l'exploitation avait été rétrocédée à la Compagnie de l'Est; elle avait aussi concédé éventuellement à la Compagnie de l'Est le chemin de La Ferté-Gaucher à Sézanne.

Le conseil général de la Marne avait souscrit au classement du chemin d'Épernay à Romilly; le conseil général de l'Aube y avait, au contraire, fait une opposition qui n'était pas fondée, en ce sens qu'il voulait, au préalable, la régularisation de la concession faite, disait-il, sans sa participation, alors qu'il avait alloué une subvention de 30 000 fr. au département de la Marne.

D'autre part, les formalités voulues pour la déclaration d'utilité publique du chemin de La Ferté-Gaucher à Sézanne étaient accomplies.

Le Ministre présenta donc, le 15 novembre 1878, un projet de loi [J. O., 25 novembre 1878] prononçant l'incorporation de la ligne d'Épernay à Romilly et rendant définitive la concession de celle de La Ferté-Gaucher à Sézanne.

Le 28 janvier 1879, M. Plessier déposa un rapport favorable [J. O., 9 février 1879]. Dans ce rapport, il s'attacha à démontrer l'inanité des prétentions du conseil général de l'Aube, qui avait adhéré explicitement à l'exécution du chemin d'Épernay à Romilly, sur toute sa longueur, par les soins exclusifs du département de la Marne, et à justifier l'utilité du chemin de La Ferté-Gaucher à Sézanne, dont la longueur était de 43 kilom. 500, et qui était évalué à 9 000 000 fr., y compris une subvention de 4 000 000 fr. sur les fonds du Trésor.

La Chambre des députés adopta le projet de loi, sans discussion, en première délibération, le 11 février [J. O., 12 février 1879]. Lors de la deuxième délibération, le 18 février [J. O., 19 février 1879], M. Casimir-Périer soutint que, en concédant le chemin d'intérêt local d'Épernay à Romilly sans le consentement du département de l'Aube, sur le territoire duquel empiétait le tracé de ce chemin, le Gouvernement avait commis une irrégularité; que, dès lors, les revendications du conseil général de l'Aube étaient justifiées; que, néanmoins, il ne voulait pas faire obstacle au vote de la loi; mais qu'il insistait pour la prompte exécution de la ligne de la vallée de l'Ourcq à Romilly, depuis longtemps concédée, titre ferme, à la Compagnie de l'Est. M. Sadi Carnot, sous-secrétaire d'État au ministère des travaux publics, répondit et fournit, sur l'état d'avancement des études de la ligne de la Vallée de l'Ourcq à Esternay, des renseignements de nature à satisfaire le département de l'Aube; le projet de loi fut ensuite définitivement adopté par la Chambre.

Transmis au Sénat le 4 mars [J. O., 15 mars 1879], le projet de loi fit l'objet d'un rapport [J. O., 27 mars 1879], du 18 mars, de M. Oscar de La Fayette. Le rapporteur mentionnait les prétentions qu'avait élevées le département de l'Aube et en démontrait le mal fondé ; il constatait que la ligne d'Épernay à Romilly présentait tous les caractères d'un chemin d'intérêt général ; il mettait en relief l'utilité du chemin de La Ferté-Gaucher à Sézanne, qui devait constituer un tronçon d'une nouvelle voie de communication entre Paris et Vitry-le-François.

La loi fut votée d'urgence et sans débat, le 25 mars, [J. O., 26 mars 1879. — Loi du 2 avril 1879. — B. L., 1er sem. 1879, n° 440, p. 544].

## 544. — Projet de convention avec la Compagnie du Nord.

I. — PROJET DE LOI. — La Chambre des députés avait, le 23 juin 1877, ajourné l'examen du projet de loi relatif à la concession des lignes de Lens à Don, de Don à Armentières et de Valenciennes au Cateau, au profit de la Compagnie du Nord.

Le 17 novembre 1877 [J. O., 27 novembre 1877], M. Paris, Ministre des travaux publics, déposa un nouveau projet de loi calqué sur le précédent, sauf suppression de la clause concernant les travaux de défense, réduction de 6 1/2 °/₀ à 6 °/₀ du revenu réservé avant partage, et addition d'une clause, aux termes de laquelle il devait être, le cas échéant, statué par un décret rendu en conseil d'État sur l'indemnité à payer au département de Seine-et-Oise, en raison de l'incorporation du chemin d'Ermont à Valmondois dans le réseau d'intérêt général.

II. — PREMIER RAPPORT A LA CHAMBRE DES DÉPUTÉS. — Le rapport fut présenté par M. Christophle, le 11 février [J. O., 9 mars 1878]. Il reproduisait la plupart des considérations développées antérieurement, dans le rapport de

M. Louis Legrand. Répondant aux préoccupations de
M. Wilson, qui n'aurait pas voulu voir concéder isolément
les lignes ci-dessus indiquées, de peur de compromettre l'a-
venir d'un groupe de neuf lignes dont elles faisaient partie;
M. Christophle faisait observer, d'une part, que la Compagnie du Nord aurait tout intérêt à accepter ultérieurement
la concession des autres chemins, pour provoquer le remaniement désiré par elle dans le classement des diverses lignes
de son réseau, et, d'autre part, qu'il était impossible de songer à organiser une concurrence contre la Compagnie, après
l'échec des tentatives antérieures à cet égard. Le rapporteur prenait, en outre, acte de la promesse du Ministre,
d'examiner la question du prolongement du chemin de Valenciennes au Cateau jusqu'à Saint-Erme et celle de l'incorporation des chemins de Frévent à Gamache et d'Abancourt au Tréport, dans le réseau d'intérêt général. Il
concluait à l'adoption du projet de loi.

III. — Première discussion a la Chambre des députés.
— Lorsque la discussion s'ouvrit, le 18 mars [J. O., 19 mars
1878], devant la Chambre, M. Wilson présenta un contre-
projet, qui tendait à autoriser la construction par l'État de
l'infrastructure des nouvelles lignes. Ce contre-projet fut
renvoyé à la Commission.

IV. — Deuxième rapport a la Chambre des députés. —
Devant la Commission, le Ministre des travaux publics déclara que, sans renoncer à la conclusion d'une convention
avec la Compagnie du Nord, il acceptait l'amendement, afin
de hâter la construction de chemins depuis si longtemps
désirés par la région. M. Tassin, rapporteur, conclut dans
le même sens, le 23 mars [J. O., 1er avril 1878].

v. — DEUXIÈME DISCUSSION A LA CHAMBRE DES DÉPUTÉS.
— Le 28 mars [J. O., 29 mars 1878], la discussion s'ouvrit
par un discours de M. Janvier de la Motte, qui demandait
à la Chambre de ne pas mettre à la charge de l'État les dépenses de construction des lignes nouvelles, alors que la
Compagnie du Nord s'engageait à les exécuter et à les exploiter sans subvention, et que cette Compagnie ne faisait
pas et ne devait pas faire appel à la garantie d'intérêt. Il
n'y avait pas lieu, suivant l'orateur, de s'arrêter à l'argument tiré de la nécessité de ne pas séparer le sort de ces
lignes de celui d'autres chemins à établir prochainement
dans la région : car la Compagnie, éclairée par l'expérience
coûteuse qu'elle avait faite, en laissant d'autres Compagnies
s'implanter au milieu de son réseau, ne résisterait plus,
comme autrefois, à l'extension ultérieure de ses concessions.

M. Wilson répondit à M. Janvier de la Motte. Il fit
valoir que la Compagnie du Nord, ayant repris l'exploitation
de 700 kilomètres de chemins de fer concédés à des Compagnies secondaires et enchevêtrés dans son réseau, avait
été amenée, de bonne foi, à détourner une partie du trafic
des lignes garanties ; qu'il y avait là une situation à régler,
dans l'intérêt du Trésor ; et qu'il importait de ne pas dé-
sarmer l'État pour les négociations à ouvrir dans ce but
avec la Compagnie, en lui concédant d'ores et déjà deux
lignes excellentes.

M. Dréolle combattit, à son tour, le contre-projet de
M. Wilson, qui, suivant lui, ne devait entraîner aucune
abréviation dans le délai d'exécution et qui ne se justifiait
nullement par la situation de la Compagnie du Nord : cette
Compagnie jouissait, en effet, d'une popularité incontestée,
au sein des populations qu'elle desservait elle construisait
et exploitait à la satisfaction générale ; elle n'avait qu'un
réseau relativement restreint et elle ne recourait pas à la

garantie de l'État. D'ailleurs, dans leurs excellents rapports, MM. Louis Legrand et Christophle s'étaient prononcés pour le rejet du contre-projet.

M. de Freycinet, appelé à s'expliquer, déclara qu'il avait adhéré à la nouvelle rédaction de la Commission, afin de ne pas ajourner davantage la construction des lignes en discussion ; mais qu'il avait l'intention de rouvrir, après le vote de la loi, des négociations avec la Compagnie du Nord, en vue de la conclusion d'une convention portant, non seulement, sur ces lignes, mais encore sur quelques autres et, notamment, sur celle du Cateau à Saint-Erme, réclamée par M. Fouquet.

Puis, M. Haentjens présenta des observations analogues à celles de MM. Janvier de la Motte et Dréolle ; il invoqua, particulièrement, l'utilité de ne pas surcharger les finances publiques, de ne pas imposer aux ingénieurs de l'État une tâche excessive, de ne pas décourager et de ne pas dépouiller le personnel des Compagnies.

La Chambre rejeta ensuite un amendement de M. de Clercq, dont l'objet était d'impartir un délai de deux ans, pour l'exécution de l'infrastructure, et qui était évidemment inadmissible pour des travaux de l'État.

Mais, après un débat assez vif, qui mettait en évidence le défaut de ressources immédiatement disponibles pour faire face aux dépenses, le projet de loi fut renvoyé à la Commission, pour étude complémentaire à ce point de vue.

VI. — TROISIÈME RAPPORT A LA CHAMBRE DES DÉPUTÉS. — A la suite de ce renvoi, M. de Freycinet engagea de nouveaux pourparlers avec la Compagnie du Nord, pour reprendre les conventions antérieures, en y comprenant le chemin du Cateau à Saint-Erme, qui avait été établi dans les conditions de la loi de 1842. Mais les deux parties re-

connurent que la convention ne pouvait plus être ainsi restreinte; qu'elle devait porter sur beaucoup d'autres points;
que, dès lors, son élaboration exigerait un délai assez long;
et qu'il y avait lieu, de la part de l'État, d'entreprendre
provisoirement les travaux, en attendant la conclusion du
nouveau contrat.

M. Wilson déposa, en conséquence, le 17 mai, au nom
de la Commission, un rapport supplémentaire [J. O., 23 mai
1878], dans lequel il exposait cette situation et concluait
au maintien de son contre-projet primitif, mais en se bornant à ouvrir au Ministre un crédit de 200 000 fr. sur l'exercice 1878 et en prescrivant l'achèvement des études de la
section du Cateau à Saint-Erme.

La Commission du budget émit, le 18 mai, par l'organe
de son rapporteur, M. Sadi Carnot, un avis favorable à
cette conclusion [J. O., 23 mai 1878].

VII. — TROISIÈME DISCUSSION A LA CHAMBRE DES DÉPUTÉS.
— La discussion à la Chambre des députés fut reprise le
20 mai [J. O., 21 mai 1878]. M. Raymond Bastid critiqua
l'allocation de 200 000 fr. qui lui paraissait insuffisante
pour engager sérieusement les travaux et qu'il redoutait,
néanmoins, comme constituant une pierre d'attente pour
l'exécution complète par l'État. M. Wilson répondit, en
affirmant que la question des voies et moyens à adopter
définitivement était réservée et qu'il s'agissait, purement
et simplement, de dresser les projets définitifs des lignes de
Lens à Don et à Armentières et de Valenciennes au Cateau
et les avant-projets de la section du Cateau à Saint-Erme.
M. de Freycinet donna des explications dans le même sens,
en assurant que l'on ne pourrait pas aller au delà des formalités d'expropriation, en 1878; il ajouta qu'il comptait
encore traiter avec la Compagnie du Nord et que les retards

apportés à la convention résultaient, d'une part, d'un désaccord sur l'importance de la participation de l'État aux travaux entre le Cateau et Saint-Erme, et, d'autre part, d'une divergence de vues entre la Compagnie du Nord, qui croyait, avec raison, devoir substituer Laon à Saint-Erme, comme terminus de cette section, et le département de l'Aisne, qui avait toujours manifesté ses préférences pour Saint-Erme. A la suite de ces explications et malgré les objections de M. Janvier de la Motte (père) et, surtout, de M. René Brice, qui demandait le rejet complet de la loi, les conclusions du rapport de M. Wilson furent adoptées.

VIII. — RAPPORT ET VOTE AU SÉNAT. — Transmis le 21 mai, au Sénat [J. O., 2 juin 1878], le projet de loi fut rectifié, le 15 novembre, par le Ministre des travaux publics, qui y ajouta une clause portant, sur la demande formelle du Ministre de la guerre, autorisation d'imputer au budget des travaux publics, jusqu'à concurrence d'un million, la dépense des travaux défensifs nécessités par l'établissement du chemin de Valenciennes au Cateau, et qui en retrancha, d'autre part, l'article relatif à une ouverture de crédits, attendu que les ressources nécessaires se trouvaient comprises dans une loi d'ensemble du 15 juin 1878 [J. O., 2 décembre 1878].

Le 22 mars 1879, M. Paris déposa un rapport favorable aux propositons du Gouvernement, en prenant acte d'une déclaration du Ministre, portant retrait des dispositions modificatives du 15 novembre [J. O., 27 mars 1879]. La loi fut votée sans discussion les 27 mars [et 3 avril [J. O., 28 mars et 4 avril 1879. — Loi du 7 avril 1879. — B. L., 1er sem. 1879, n° 437, p. 461].

La section de Lens à Bauvin-Provins a été ouverte en 1882.

545. — **Déclaration d'utilité publique des chemins de Poitiers au Blanc, de Civray au Blanc et de Confolens à la ligne précédente.** — La loi du 31 décembre 1875 (art. 2) avait classé les chemins de Poitiers au Blanc, de Civray au Blanc par Lussac et Montmorillon, et de Confolens à la ligne précédente.

De ces trois chemins, le premier (73 km., dont 61 km. à construire; 9 275 000 fr.) devait relier la région métallurgique du centre de la France avec Poitiers, la Rochelle et Rochefort ; son point de départ était fixé à Nouaillé, malgré des réclamations qui tendaient à le reporter au nord de Poitiers, au prix d'un supplément de dépense de 1 325 000 fr. Le second (115 km. dont 19 km. empruntés à des voies existantes; 14 200 000 fr.) devait rendre de grands services, au point de vue industriel et agricole. Le troisième, reliant Confolens au chemin de Civray au Blanc, avait 23 kilomètres et était estimé à 3 000 000 fr. Le 20 février, la Chambre des députés fut saisie d'un projet de loi [J. O., 10 mars 1879], portant déclaration d'utilité publique de ces trois lignes et autorisation d'entreprendre l'infrastructure, et prenant acte de l'offre de concours du département de la Vienne.

M. Salomon déposa, le 15 mars 1879, un rapport favorable [J. O., 1er avril 1879], dans lequel il relatait diverses réclamations, tendant à reporter au nord de Poitiers le point de départ de la ligne de Poitiers au Blanc et à substituer au tracé par Lussac, pour le chemin de Civray au Blanc, un tracé direct par Montmorillon ; la Commission s'était, sur ces deux points, rangée à l'avis de l'administration.

La Chambre vota, d'urgence et sans débat, le projet de loi, le 25 mars [J. O., 26 mars 1879].

Saisi le 27 mars [J. O., 8 avril 1879], le Sénat émit, le 4 avril, un vote favorable [J. O., 5 et 11 avril 1879], conformément aux propositions présentées, au nom de la Com-

mission, par M. le général Arnaudeau [J. O., 17 avril 1879.
—Loi du 7 avril 1879.—B. L., 1ᵉʳ sem. 1879, n°437, p. 458].

**546. — Déclaration d'utilité publique du chemin de Niort à Montreuil-Bellay.** — Le projet de classement complémentaire, dont nous aurons à parler ultérieurement, comprenait une ligne de Niort à Montreuil-Bellay, destinée à compléter le réseau de l'État, en mettant en communication directe le chemin de Saumur à Montreuil-Bellay avec ceux de Niort à Saint-Jean-d'Angély et de Niort à Ruffec, et à constituer une seconde ligne indépendante, de la Rochelle, de Rochefort, et, plus tard, de Bordeaux vers Paris. La longueur du tracé était de 112 kilomètres; la dépense était évaluée à 17 millions.

Le 20 février 1879, la Chambre des députés fut saisie d'un projet de loi, portant déclaration d'utilité publique de la ligne, autorisant l'entreprise de l'infrastructure et prenant acte de l'offre de concours du conseil général des Deux-Sèvres [J. O., 10 mars 1879].

M. de La Porte proposa, par un rapport du 10 mars [J. O., 26 mars 1879], d'accueillir la proposition du Gouvernement; il fit, d'ailleurs, connaître que, d'accord avec le Gouvernement, la Commission avait ajouté à la ligne de Niort à Montreuil-Bellay un embranchement de 12 kilomètres sur Moncontour.

La Chambre ratifia sans débat les conclusions du rapport, les 15 et 22 mars [J. O., 16 et 23 mars 1879].

Soumis au Sénat le 24 mars [J. O., 5 avril 1879], le projet de loi fut voté par cette assemblée le 4 avril [J. O., 5 avril 1879], en conformité des conclusions d'un rapport, en date du 1ᵉʳ avril, de M. Monnet [J. O., 15 avril 1879. — Loi du 7 avril 1879.— B. L., 1ᵉʳ sem. 1879, n° 437, p. 462].

La ligne a été livrée à l'exploitation en 1882.

547. — Déclaration d'utilité publique des chemins de Mautauban à Brives, d'Angers à La Flèche et d'Hirson à Amagne.

I. — Projet de loi. — La Chambre des députés fut saisie le 15 novembre 1878 d'un projet de loi [J. O., 28 novembre 1878], portant déclaration d'utilité publique des chemins suivants, compris au nombre de ceux dont la loi du 31 décembre 1875 avait prescrit l'étude :

1° D'Hirson à Amagne (61 km.; 9 000 000 fr.. non compris le matériel roulant):

2° D'Angers à la limite de la Sarthe, vers La Flèche (37 km., 4 137 000 fr.);

3° De Montauban à Cahors, à Gourdon et à Brives.

Conformément aux précédents, le projet de loi autorisait l'exécution de l'infrastructure par l'État; il prenait acte d'une offre de concours du département du Lot.

II. — Loi relative au chemin de Montauban a Brives. — Le 31 janvier 1879, M. Latrade présenta un rapport favorable [J. O., 10 février 1879], en ce qui concernait spéciale-ment le chemin de Montauban à Brives par Cahors, Gourdon et Souillac; il fit valoir l'utilité de réunir Paris et Toulouse par une ligne directe, tracée dans des conditions propres à ce trafic considérable, c'est-à-dire avec des pentes ne dépassant pas 0.0125 et des rayons ne descendant pas au-dessous de 500 mètres; il enregistra, d'ailleurs, les conclusions du conseil général des ponts et chaussées, tendant au classement d'un chemin de Nontron à Sarlat par ou près Thiviers et Condat, pour donner satisfaction à des vœux produits pendant l'enquête, et constata que le projet de loi, portant classement d'un réseau complémentaire, comprenait ce chemin.

La Chambre des députés vota, d'urgence et sans discussion, le projet de loi, le 11 février [J. O., 12 février 1879].

Saisi à son tour, le 13 février [J. O., 20 février 1879], le Sénat adopta également, et d'urgence, ce projet de loi, le 11 mars [J. O., 12 mars 1879], conformément à un rapport de M. le général Billot [J. O., 15 mars 1879. — Loi du 24 mars. — B. L., 1ᵉ sem. 1879, n° 434, p. 354].

III. — Loi relative au chemin d'Angers a la Flèche. — Le 11 février 1879, la ligne d'Angers à La Flèche fit à son tour l'objet d'un rapport de M. Benoist qui, d'accord avec le Gouvernement, conclut à la déclaration d'utilité publique, en proposant un tracé plus satisfaisant au point de vue des relations directes du réseau d'État avec Paris, malgré les dépenses plus élevées de ce tracé (5 500 000 fr.), et qui prit acte de la promesse de M. de Freycinet d'étudier un raccordement entre les gares des Compagnies de l'Ouest et d'Orléans, à Angers [J. O., 15 février 1879].

. Il n'y eut de discussion, ni pendant la première délibération (14 février) [J. O., 15 février 1879], ni pendant la deuxième délibération (27 février) [J. O., 28 février 1879].

Le projet de loi fut ensuite déposé au Sénat, le 7 mars [J. O., 15 mars 1879] ; par un rapport du 1ᵉʳ avril, M. le général marquis d'Andigné conclut à l'adoption des propositions du Gouvernement [J. O., 13 avril 1879] ; l'Assemblée ratifia, d'urgence, cette conclusion le 4 avril [J. O., 5 avril 1879. — Loi du 7 avril. — B. L., 1ᵉʳ sem. 1879, n° 437, p. 459].

IV. — Loi relative au chemin d'Hirson a Amagne. — Enfin, la troisième ligne, d'Hirson à Amagne, donna lieu, le 21 février 1879, à un rapport détaillé de M. Gailly [J. O., 21 mars 1879]. Deux tracés étaient en lutte : l'un aboutissant à Amagne même, l'autre à Rethel. Le premier répondait plus complètement aux nécessités militaires ; il était réclamé par la Commission militaire supérieure et par le Ministre de la guerre ; il complétait, en effet, avec les lignes d'Amagne à Vouziers et à Apremont et de Vouziers à Revigny, une communication directe entre le nord et l'est de la France ; cette communication était aussi appelée à rendre les plus grands services au point de vue commercial et industriel, en rattachant les bassins houillers du Nord avec les établissements métallurgiques de la Haute-Marne ; les sympathies du département des Ardennes lui étaient acquises sa longueur était de 61 kilomètres et son évaluation, de 9 000 000 fr. L'autre tracé avait les préférences de la ville de Rethel, de celle de Reims, du département de la Marne et de la majorité de la commission d'enquête de l'Aisne ; il allongeait sensiblement le chemin et augmentait notablement la dépense. D'accord avec l'administration, M. Gailly concluait à l'adoption du tracé Hirson-Amagne, en recommandant de le faire passer, autant que possible, par ou près la localité de Signy-l'Abbaye, qui avait offert une subvention de 150 000 fr., qui était le centre d'une industrie de laines fort importante, et qui touchait à de vastes forêts.

Le projet de loi fut voté, en première délibération, le 8 mars, après un échange d'observations entre M. Gailly, qui recommanda tout spécialement le passage par Signy-l'Abbaye, et M. Sadi Carnot, sous-secrétaire d'État, qui promit d'étudier avec sollicitude la question [J. O., 9 mars 1879].

Lors de la deuxième délibération, le 29 mars [J. O., 30 mars 1879], M. Blandin défendit un amendement, qu'il avait présenté, d'accord avec M. Thomas, et qui tendait à substituer au tracé Hirson-Amagne le tracé Hirson-Rethel,

par Rumigny et Château-Porcien, et prolongement de Rethel à Semuy, sur la ligne d'intérêt local d'Amagne à Vouziers. Il contesta l'importance industrielle de Signy-l'Abbaye;
il invoqua la possibilité de desservir cette localité, en prolongeant le chemin d'intérêt local de Marle à Rozoy, l'avis
de la commission d'enquête de l'Aisne, la satisfaction plus
complète que recevraient les intérêts administratifs, le chiffre
plus considérable de la population à desservir ; il fit valoir
que, grâce au prolongement vers Semuy, les relations entre
le bassin houiller du Nord et les centres métallurgiques de
la Haute-Marne et de l'Est seraient activées ; il insista sur
l'utilité de développer la puissance commerciale de Reims ;
il soutint que le tracé Hirson-Rethel, couvert par la rivière
d'Aisne, présentait plus d'intérêt au point de vue stratégique et qu'il était le corollaire de l'établissement de la ligne
de Soissons à Rethel, comprise au projet de classement.
Mais l'amendement fut rejeté, après une réponse de M. Sadi
Carnot, qui reproduisit une partie des arguments développés
par la Commission, et après une déclaration de M. le général
Gresley, Ministre de la guerre, qui déclara n'avoir aucune
raison pour ne pas s'associer aux conclusions du rapport.

Le projet de loi, déposé au Sénat le 22 mars [J. O.,
1er avril 1879], fut adopté le 4 avril [J. O., 5 avril 1879], conformément à un rapport, du 1er avril, de M. Toupet des
Vignes [J. O., 16 avril 1879] ; cet honorable sénateur indiquait la possibilité de donner ultérieurement satisfaction à
la ville de Reims, en établissant un chemin d'intérêt local,
reliant cette ville au chemin d'Hirson à Amagne ; il recommandait le passage par Signy-l'Abbaye [Loi du 7 avril 1879.
— B. L., 1er sem. 1879, n° 437, p. 460].

548. — **Déclaration d'utilité publique du chemin de Cahors à Capdenac.**— Comme la plupart des autres lignes que nous venons de mentionner, celle de Cahors à Capdenac avait été classée par la loi du 31 décembre 1875 (art. 2) ; elle devait, avec celle de Libos à Cahors, dont elle était le prolongement, et, plus tard, avec celle de Villeneuve à Tonneins, former une grande voie de communication reliant à Bordeaux, Cahors, Rodez, Mende et le bassin houiller de l'Aveyron. La longueur du nouveau chemin était de 67 kilomètres, dont 65 kilomètres à construire, et la dépense, de 21 600 000 fr. Dans les enquêtes, un tracé de Cahors sur Figeac avait été opposé à celui de l'administration ; mais, d'accord avec le conseil général des ponts et chaussées, le Gouvernement estimait qu'il y avait lieu de maintenir le tracé vers Capdenac, attendu que le but à poursuivre était, non pas de desservir les relations peu importantes de Cahors avec Aurillac, mais bien de faciliter, aux charbons de Decazeville et d'Aubin, l'accès du marché de l'Ouest, sur lequel ils avaient à lutter avec les charbons anglais. C'est dans ce sens que le Ministre des travaux publics présenta, le 13 février 1879, un projet de loi, portant déclaration d'utilité publique d'un chemin de Cahors à la ligne de Brives au Lot près Capdenac, prenant acte d'une offre de concours du département du Lot et autorisant l'exécution par l'État de l'infrastructure [J. O., 24 février 1879].

Le 10 mars, M. Raymond Bastid déposa un rapport concluant à l'adoption des propositions du Gouvernement, en appelant toutefois son attention sur l'utilité que pourrait présenter l'adjonction d'un raccordement direct vers Figeac, évalué à 500 000 fr. [J. O., 25 mars 1879].

La Chambre émit un vote favorable en première délibération, le 17 mars [J. O., 18 mars 1879], après un échange d'explications entre M. Bastid, qui reproduisit à la tribune

sa recommandation en faveur du double raccordement vers
Capdenac et vers Figeac, et le Ministre des travaux publics,
qui promit l'étude du second raccordement.

Le Sénat fut, à son tour, saisi du projet de loi, le 18 mars
[J. O., 29 mars 1879]. M. le baron de Ravignan présenta un
rapport favorable, le 27 mars [J. O., 4 avril 1879] et constata que, en présence des promesses du Ministre, M. Delord
avait retiré un amendement, présenté par lui et tendant à
substituer Figeac à Capdenac comme terminus de la ligne,
L'Assemblée vota, le 3 avril, la loi qui prit la date du
7 avril [B. L., 1er sem. 1879, n° 437, p. 460].

549. — **Approbation d'une nouvelle classification uniforme des marchandises.** — L'administration avait pressé
les Compagnies d'apporter à leur tarification les améliorations réclamées, à bon droit, par l'opinion publique. Le
point de départ de ces améliorations était une nouvelle
classification uniforme des marchandises.

Jusqu'alors, la seule uniformité qui existât dans les
tarifs généraux consistait en une assimilation, identique
pour toutes les Compagnies, des 1 500 marchandises
aux marchandises-types formant les quatre classes
du cahier des charges; mais la répartition en séries
était essentiellement variable. Le nombre de ces séries était
de quatre, pour la Compagnie d'Orléans; de cinq, pour les
Compagnies de l'Est et du Midi; de six pour la Compagnie
de l'Ouest; et de sept, pour les Compagnies du Nord et de
la Méditerranée.

En 1878, les Compagnies présentèrent un projet de sérification uniforme, ayant pour objet de répartir, sur tous
les réseaux, les marchandises en six séries identiques et à
les faire figurer, par suite, dans leurs tarifs généraux, avec
le même numéro de série et sous la même dénomination.

Une décision ministérielle du 17 avril 1879 approuva en principe, cette proposition, conformément à l'avis du comité consultatif des chemins de fer, sous la réserve expresse de l'examen ultérieur des relations entre la sérification nouvelle et les projets de tarifs généraux qu'auraient à fournir les Compagnies.

550. — **Déchéance des concessionnaires de la ligne de Lagny à Mortcerf.** — Nous avons vu, précédemment, que la ligne de Lagny à Mortcerf avait été mise sous séquestre. Un arrêté du 21 avril 1879 prononça la déchéance des concessionnaires, après l'accomplissement des formalités réglementaires [J. O., 24 avril 1879].

551. — **Déclaration d'utilité publique du chemin de Patay à Nogent-le-Rotrou dans le Loiret.** — Le chemin de Patay à Nogent-le-Rotrou (réseau d'État) fut déclaré d'utilité publique, dans le Loiret, par décret du 17 mai [B. L., 1er sem. 1879, n° 446, p. 719].

552. — **Réorganisation du service du contrôle de l'exploitation.** — L'organisation du service supérieur du contrôle de l'exploitation des chemins de fer, qui remontait à 1868, fut modifiée par un décret du 21 mai 1879 [B. L., 1er sem. 1879, n° 445, p. 712].

Aux termes de ce décret, l'inspection du contrôle restait placée entre les mains d'un inspecteur général des ponts et chaussées ou des mines ; ce haut fonctionnaire centralisait le travail des ingénieurs des ponts et chaussées, des ingénieurs des mines et des inspecteurs de l'exploitation commerciale ; il siégeait avec voix délibérative, au conseil général du corps auquel il appartenait, et, avec voix consultative, pour les affaires de son service, au conseil général

3                                                          40

du corps dont il ne faisait point partie; il siégeait également, avec voix délibérative, dans les questions de son service, au comité consultatif des chemins de fer. Il devait fournir un rapport annuel, qui était soumis aux conseils généraux des ponts et chaussées et des mines, au comité consultatif des chemins de fer et au comité de l'exploitation technique, et, s'il y avait lieu, inséré au *Journal officiel* avec les avis de ces conseils ou comités.

553. — **Substitution de l'État au département de Constantine, pour le chemin de Bône à Guelma.** — Le chemin d'intérêt local de Bône à Guelma avait été déclaré d'intérêt général par la loi du 26 mars 1877 ; cette loi avait, d'ailleurs, stipulé qu'un décret rendu en Conseil d'État réglerait les conditions de la substitution de l'État au département de Constantine.

Le décret prévu par le législateur intervint le 12 juin 1879 [B. L., 1ᵉʳ sem. 1879, n° 452, p. 844]; il fixait au 26 mars 1877 la date de la substitution et stipulait que, à compter de cette date, le département et les communes de Bône et de Guelma seraient dégagés de toute garantie d'intérêt.

554. — **Suppression des inspecteurs généraux des chemins de fer.** — La réorganisation opérée, le 21 mai 1879, dans le service du contrôle, devait avoir pour corollaire la suppression des inspecteurs généraux des chemins de fer. Cette suppression fut prononcée par décret du 20 juin [B. L., 1ᵉʳ sem. 1879, n° 453, p. 869] et les inspecteurs généraux du contrôle recueillirent les attributions des anciens inspecteurs généraux de chemins de fer, concernant l'exploitation commerciale et la gestion financière des Compagnies [Arrêté du 21 juin. — J. O., 22 juin 1879].

555. — Déclaration d'utilité publique de trois chemins de fer dans Meurthe-et-Moselle. Incorporation de diverses lignes d'intérêt local.

I. — Projet de loi. — La loi du 31 décembre 1875, portant approbation d'une convention avec la Compagnie de l'Est, avait stipulé que les lignes de Mirecourt à Vézelise, de Vézelise à Nancy, de Nancy à la frontière vers Château-Salins, seraient soumises à toutes les clauses du cahier des charges de cette Compagnie, si elles étaient classées dans le réseau d'intérêt général. Le conseil général des Vosges donna son adhésion à ce classement; le conseil général de Meurthe-et-Moselle souleva, au contraire, des difficultés et n'adhéra à la mesure que sous la réserve de la déclaration d'utilité publique des trois chemins d'intérêt général de Badonviller à Baccarat (14 km.; 1 575 000 fr., superstructure et matériel roulant compris), de Colombey à Frenelle (32 km., 4 100 000 francs) et Nomény vers Frouard (20 km., 2 700 000 fr.); le département abandonnait gratuitement à l'État ses droits sur la ligne d'intérêt local de Toul à Colombey, pour le jour où elle serait transformée en ligne d'intérêt général et devait livrer les terrains pour les trois nouveaux chemins.

Le Ministre des travaux publics déposa, le 7 juin 1878, sur le bureau de la Chambre des députés, un projet de loi [J. O., 28 juillet 1878] prononçant la déclaration d'utilité publique des chemins de Badonviller à Baccarat, de Colombey à Frenelle et de Nomény vers Frouard, ainsi que l'incorporation au réseau d'intérêt général des lignes de Mirecourt à Vézelise, à Nancy et à la frontière; prenant acte de la renonciation des droits du département sur le chemin de Toul à Colombey; et réservant, pour une loi ultérieure, les dispositions à adopter en vue de l'exécution et de la concession des trois chemins déclarés d'utilité publique.

II. — RAPPORT ET VOTE A LA CHAMBRE DES DÉPUTÉS. — M. Berlet conclut, dans un rapport du 5 décembre 1878, à l'adoption des propositions du Gouvernement [J. O., 22 décembre 1878] ; il expliqua, d'ailleurs, que les difficultés soulevées antérieurement par le département de Meurthe-et-Moselle, mais alors aplanies, se justifiaient par les sacrifices considérables et l'initiative intelligente de ce département, pour l'établissement de son réseau d'intérêt local.

La première et la deuxième délibération eurent lieu les 21 et 28 janvier 1879 [J. O., 22 et 29 janvier 1879] et ne soulevèrent aucune discussion.

III. — RAPPORT ET VOTE AU SÉNAT. — Transmis au Sénat, le 6 février [J. O., 20 février 1879] le projet de loi donna lieu à un rapport du 27 février, de M. Varroy [J. O., 16 mars 1879]. L'auteur de ce rapport faisait remarquer que, si le département des Vosges avait consenti sans difficulté à l'incorporation de la ligne de Mirecourt à Vézelise dans le réseau d'intérêt général, il avait obtenu une large compensation par la déclaration d'utilité publique des lignes de Mirecourt à Chalindrey et de Merrey à Neufchâteau ; que la situation du département de Meurthe-et-Moselle était tout autre ; que ce département avait fait les plus grands sacrifices, avant comme après la guerre, pour la constitution de son réseau d'intérêt local ; qu'il y avait consacré 36 000 fr. par kilomètre ; que le développement de l'industrie de la région permettait de compter sur un rendement sérieux pour ce réseau : que, d'ailleurs, le Conseil d'État avait explicitement proclamé le droit des départements à une indemnité ou à un dédommagement ; que, par suite, les revendications du conseil général étaient de tous points motivées. La transaction intervenue entre le Gouvernement et le département de Meurthe-et-Moselle était équitable; en effet, en faisant masse de la somme consacrée antérieurement aux chemins d'intérêt local incorporés au réseau d'intérêt général et de la valeur des terrains nécessaires à l'assiette des trois nouveaux chemins, on arrivait à un concours moyen de 25 000 fr. par kilomètre. Sous le bénéfice de ces observations, M. Varroy concluait à l'adoption du projet de loi.

La loi fut votée, sans discussion, par le Sénat, les 7 et 14 mars [J. O., 8 et 15 mars 1879] et prit la date du 26 mars [B. L., 1er sem. 1879, n° 434, p. 357].

Un projet de loi supplémentaire fut présenté à la Chambre des députés, le 27 mars [J. O., 15 avril 1879], en vue d'autoriser le Ministre à entreprendre les travaux d'infrastructure, et adopté, d'urgence, le 5 avril [J. O., 6 avril 1879], conformément aux conclusions d'un rapport de M. Berlet en date du 1er avril [J. O., 23 avril 1879].

Saisi à son tour de l'affaire le 26 mai [J. O., 16 juin 1879], le Sénat émit également un vote favorable, le 24 juin [J. O., 25 juin 1879], à la suite d'un rapport de M. Varroy, du 17 juin [J. O., 26 juin 1879. — Loi du 2 juillet 1879. — B. L., 2e sem. 1879, n° 436, p. 4].

La section de Colombey à Favières et la ligne de Badonviller à Baccarat ont été ouvertes en 1881 ; la ligne de Nomény à Pompey l'a été en 1882.

556. — **Rachat et achèvement du chemin de Besançon à Morteau.** — MM. Villevert et consorts s'étaient rendus concessionnaires du chemin de Besançon à Morteau, à la

suite d'une adjudication, à laquelle il avait été procédé, en
vertu d'une loi du 23 mars 1874. Ils avaient été remplacés
par une société anonyme constituée, en 1876, au capital de
6 000 000 fr. Mais cette société avait suspendu les travaux,
le 1er juin 1878, et avait sollicité le rachat, moyennant le
remboursement des dépenses effectives, y compris les intérêts du capital engagé et les indemnités de résiliation à payer
aux entrepreneurs, ou moyennant un prix kilométrique,
après achèvement du chemin. Le Gouvernement ne pouvait
accéder à cette demande ; toutefois, comme le chemin présentait un intérêt stratégique réel, il négocia avec la Compagnie et signa avec elle une convention de rachat, portant
remboursement des dépenses qu'aurait faites l'État, pour
amener les travaux au point où ils se trouvaient. Ces dépenses étaient évaluées à 2 000 000 fr., non compris deux
termes de subvention déjà versés par l'État, et montant à
1 158 125 fr.

Le 5 avril 1879 [J. O., 22 mai 1879], le Ministre présenta un projet de loi, tendant à la ratification de cette convention et à l'achèvement, par l'administration, de l'infrastructure. L'État recevait la ligne libre de toutes charges et
restait étranger à la distribution de l'indemnité de rachat
entre les ayants droit.

Par un rapport du 5 juin [J. O., 29 juin 1879], M. Ber-
nard, député, conclut à l'adoption du projet de loi, en
faisant observer que la Commission, après avoir examiné
l'opportunité d'engager une procédure de déchéance contre
la Compagnie, avait reculé devant les retards devant résulter
inévitablement de cette procédure.

La Chambre des députés émit un vote favorable, les 10
et 16 juin [J. O., 11 et 17 juin 1879].

Le projet de loi, déposé sur le bureau du Sénat le 17 juin
[J. O., 26 juin 1879], donna lieu à un rapport, du 3 juillet,

de M. Oudet [J. O., 14 juillet 1879] et à un avis, de la
même date de M. Varroy, au nom de la Commission des
finances [J. O., 15 juillet 1879]; il fut adopté le 10 juillet
[J. O., 11 juillet 1879. — Loi du 14 juillet. — B. L., 2ᵉ sem.
1879, n° 456, p. 4].

550. — **Déclaration d'utilité publique du chemin de
Velluire à Fontenay-le-Comte.** — Le classement complémentaire, voté par la Chambre des députés, comprenait
une ligne de Velluire à Parthenay, par Fontenay-le-Comte
et Breuil-Barret et de Fontenay-le-Comte à Cholet. Le
19 mai 1879 [J. O., 5 juin 1879], le Ministre des travaux
publics demanda la déclaration d'utilité publique de la section de Velluire à Fontenay-le-Comte, pour laquelle les formalités réglementaires étaient accomplies et qui devait se
raccorder avec le chemin en construction de Benet à Fontenay, relier Fontenay au chef-lieu de la Vendée et établir
une communication plus rapide entre les lignes de la Roche-
sur-Yon à Coutras et d'Angers à Niort. La longueur de
cette section était de 11 kilomètres et son évaluation, de
900 000 fr., dont 300 000 fr. pour l'infrastructure, que le
Gouvernement sollicitait l'autorisation d'entreprendre. Le
département de la Vendée avait offert un concours de
25 000 fr. par kilomètre, mais en subordonnant son offre à
des réserves, qui n'étaient pas susceptibles d'être acceptées
et auxquelles il paraissait devoir renoncer ; le Ministre se
réservait de négocier à cet effet et de prendre acte de la
subvention dans le projet de loi ultérieur.

Conformément aux conclusions d'un rapport de M. Bienvenu, en date du 14 juin [J. O., 11 juillet 1879], la Chambre
des députés vota d'urgence le projet de loi, le 17 juin
[J. O., 22 juin 1879].

Saisi le 24 juin [J. O., 3 juillet 1879], le Sénat émit

également un vote favorable, le 11 juillet [J. O., 12 juillet 1879], sur le rapport de M. le comte de Cornulier [J. O., 16 juillet 1879], et l'avis de la Commission des finances, en date du 5 juillet [J. O., 16 juillet 1879. — Loi du 15 juillet. — B. L., 2ᵉ sem. 1879, nᵒ 456, p. 3].

L'ouverture à l'exploitation a eu lieu en 1881.

558. — **Déclaration d'utilité publique du chemin d'Auray à Quiberon.** — Le Ministre des travaux publics déposa le 19 mai, sur le bureau de la Chambre des députés, un projet de loi analogue pour le chemin d'Auray à Quiberon, également compris au classement et destiné à desservir d'importants établissements de pêche et à conduire au point du continent le plus rapproché de Belle-Isle. La longueur de ce chemin était de 26 kilomètres et l'estimation, de 4 600 000 fr., dont 2 800 000 fr. pour l'infrastructure [J. O., 5 juin 1879].

La Commission formula le 14 juin un avis favorable, par l'organe de M. Bienvenu [J. O., 11 juillet 1879], après avoir repoussé un amendement de M. Ratier, tendant à rapprocher le tracé du port d'Estel, au prix d'un allongement de parcours de 3 kilomètres.

La Chambre des députés vota d'urgence la loi, le 21 juin [J. O., 22 juin 1879], après avoir rejeté l'amendement de M. Ratier. Le Sénat se prononça dans le même sens le 11 juillet [J. O., 12 juillet 1879], conformément aux conclusions du rapport de M. Audren de Kerdrel [J. O., 17 juillet 1879. — Loi du 15 juillet 1879. — B. L., 2ᵉ sem. 1879, nᵒ 456, p. 2].

559. — **Loi de classement du réseau complémentaire pour la France continentale.**

I. — CRÉATION DE COMMISSIONS RÉGIONALES. — (A). *France continentale.* — Le 12 janvier 1878, M. de Freycinet adressait au Président de la République un rapport dans lequel il signalait la nécessité de donner une vive impulsion aux travaux publics et, en particulier, au réseau des voies ferrées. La première mesure à prendre était de distinguer nettement le « réseau d'intérêt général » du « réseau d'intérêt local », afin de bien délimiter le domaine de l'État et celui des départements, et de mettre fin aux hésitations, aussi bien qu'aux compétitions intempestives : cette distinction ne pouvait être faite par une définition théorique, par un criterium que les économistes et les ingénieurs avaient vainement cherché jusqu'alors; elle exigeait, dans chaque cas particulier, l'examen spécial des caractères du chemin de fer et des divers éléments économiques, administratifs ou militaires auxquels il correspondait. Le Ministre considérait comme indispensable de poursuivre, à la fois, cet examen sur tous les points du territoire et d'instituer, à cet effet, des commissions régionales ; la répartition la plus naturelle du travail, entre les diverses commissions, consistait à assigner pour champ d'action, à chacune d'elles, la partie de la France desservie par l'une des grandes Compagnies. Le nombre de ces commissions devait être de six (commission du Nord, commission de l'Ouest, commission du Centre et Sud-Ouest, commission de l'Est, commission du Centre et Sud-Est, commission du Midi); elles devaient se composer des inspecteurs généraux des ponts et chaussées de la région, du directeur du contrôle de l'exploitation des voies ferrées, de l'un des inspecteurs principaux de l'exploitation commerciale attachés au contrôle, d'ingénieurs en chef ayant pris une part importante à la construction ou à l'exploitation des chemins de fer et d'un maître des requêtes au Conseil d'État, appelé à éclairer plus complètement la partie administrative du sujet. Une fois que les commissions régionales auraient terminé le classement des lignes, qui, à raison de leur importance économique ou militaire, paraîtraient devoir être rangées dans le réseau d'intérêt général, leurs travaux seraient centralisés par le conseil général des ponts et chaussées, qui aurait à assigner aux différents chemins un ordre de priorité ; enfin, un projet de loi, concerté avec le département de la guerre, pour les lignes stratégiques, serait soumis aux Chambres.

M. de Freycinet estimait que le réseau complémentaire pourrait comprendre 10 000 kilomètres, savoir :

1° Lignes décidées en principe (lois des 3 juillet, 16 décembre et 31 décembre 1875, mais non encore concédées). . . . .    2 897 km.

2° Lignes concédées à titre d'intérêt local, mais à reprendre par l'État. . . . . . . . . . . . . . . . . . .    2 100

3° Lignes nouvelles à établir principalement dans les régions pauvres et déshéritées, de 4 000 à 6 000 kilomètres, soit. . . . . . . . . . . . . . . . . . . . . . . . .    5 000

TOTAL. . . . . . .    9 997 km.

Soit. . . . . . . . . . . . .    10 000 km.

Pour se rendre compte de l'effort total à demander au pays, il fallait y ajouter le développement des chemins concédés, mais non encore livrés à l'exploitation, ci... 5 751 kilomètres, ce qui portait à près de 16 000 kilomètres la longueur à construire et à 37 000 kilomètres celle du réseau d'intérêt général. Ce dernier chiffre était légèrement supérieur à celui des routes nationales (36 000 km.) et s'écartait peu de celui de 38 000 kilomètres, qui avait été, à diverses reprises, émis à la tribune, comme représentant le terme final de l'entreprise. En évaluant à 200 000 fr. le coût kilométrique moyen des nouveaux chemins, la dépense totale, en face de laquelle le pays allait être placé, était de 3 milliards, en nombre rond ; la loi de classement n'aurait, d'ailleurs, pas à préjuger le délai d'exécution, dont le Parlement resterait absolument maître.

Le Ministre des travaux publics annonçait, d'ailleurs, son intention de présenter, à brève échéance, un projet de loi sur les chemins de fer d'intérêt local, de manière à donner à ces intéressantes voies de communication une extension plus rapide et plus sûre.

Un décret du 2 janvier 1878 [J. O., 3 janvier 1878], conforme aux indications du rapport que nous venons d'analyser, institua les commissions régionales de classement et un arrêté ministériel fixa leur composition et les limites des territoires sur lesquels devaient s'étendre leurs investigations; cet arrêté portait que les résultats de leurs travaux seraient remis au Ministre, avant le 31 mars 1878.

Le 17 janvier, le Ministre adressait, d'ailleurs, aux préfets, une circulaire, par laquelle il les invitait à faire connaître à l'administration les vœux émis en décembre 1877 par les conseils généraux, au sujet des chemins d'intérêt général ou d'intérêt local; à se mettre en rapport avec les présidents des commissions régionales; à leur adresser toutes les observations utiles au classement; et à provoquer, s'il y avait lieu, les avis des chambres de commerce et des chambres consultatives.

(B). *Algérie.* — Le 12 février 1878 [J. O., 13 février 1878], un nouveau décret intervenait, pour instituer une septième commission, appelée à étudier un classement complémentaire en Algérie. Dans le rapport justificatif au Président de la République, M. de Freycinet rappelait que les chemins concédés présentaient un développement de 1 400 à 1 500 kilomètres, dont 1 000 environ appartenant au réseau d'intérêt général; que ce chiffre était loin de répondre aux besoins de la colonie et qu'il importait de le doubler rapidement; il ajoutait que le classement aurait naturellement un caractère moins définitif pour l'Algérie que pour la métropole, eu égard au progrès rapides et aux transformations incessantes de la colonisation.

Nous laisserons provisoirement de côté la partie du classement qui concernait l'Algérie et qui fera l'objet d'une étude distincte.

## II. — TRAVAUX DES COMMISSIONS RÉGIONALES ET DU CONSEIL GÉNÉRAL DES PONTS ET CHAUSSÉES.

— Les commissions régionales s'acquittèrent de leur mission, avec une habileté et une activité tout à fait remarquables; dès le 30 mars 1878, elles produisirent toutes les résultats de leurs travaux. Le conseil général des ponts et chaussées, constitué en comité, put émettre son avis les 25, 26 et 27 avril; d'après ses conclusions, le réseau complémentaire devait présenter une longueur de 9 581 kilomètres savoir :

Lignes décrétées par les lois des 3 juillet, 16 et 31 décembre 1875. . . . . . . . . . . . . . . . . . . . . . . . . . . . 1 435 km.

Lignes prévues par l'article 2 de la loi du 31 décembre 1875. . . . . . . . . . . . . . . . . . . . . . . . . . . . . . 1 371

Lignes concédées éventuellement (pour mémoire).

Lignes d'intérêt local à incorporer { en exploitation. . . . . . . . . . . . . . . 1 373
{ à construire ou en construction. . . . . . 862

Lignes nouvelles. . . . . . . . . . . . . . . . . . . . 4 540

TOTAL PAREIL. . . . . . . 9 581 km.

Les lignes d'intérêt local à construire ou en construction, à reprendre par l'État, et les lignes nouvelles étaient divisées en trois catégories, au point de vue de l'ordre de priorité; les chemins d'intérêt exclusivement militaire étaient rangés dans une catégorie spéciale.

Le conseil faisait remarquer que la dépense moyenne kilométrique ne resterait pas au-dessous de 250 000 fr., si le réseau complémentaire était entièrement établi dans les conditions adoptées pour les grandes lignes à voie large, avec des pentes modérées et des courbes à grand rayon; mais qu'il serait possible et même convenable d'admettre, dans certains cas, des pentes relativement faibles, des courbes prononcées, une diminution de la largeur de la voie, l'utilisation des routes de terre; et que l'on pourrait ainsi se rapprocher de la limite de 200 000 fr., indiquée dans le rapport du 12 janvier, du Ministre des travaux publics au Président de la République. Il estimait, d'ailleurs, que, à raison du peu d'importance du trafic des chemins nouveaux, il faudrait subordonner l'exécution de la plupart d'entre eux au concours des départements, des communes et des intéressés, en s'attachant surtout à obtenir les terrains nécessaires, de manière à garantir l'État contre l'exagération des indemnités d'expropriation.

III. — PROJET DE LOI. — Le 4 juin 1878, le Ministre déposa, sur le bureau de la Chambre des députés, un projet de loi [J. O., 18 février 1878], portant classement de cent cinquante-quatre lignes nouvelles, ainsi que de cinquante-trois lignes antérieurement concédées à titre d'intérêt local. Dans son exposé des motifs, M. de Freycinet rappelait les travaux des commissions régionales et du conseil général des ponts et chaussées, et ajoutait qu'il avait lui-même révisé le résultat de ces travaux, après les avoir rapprochés d'un certain nombre de vœux émis par les autorités départementales ou par des délégations de sénateurs et de députés, et s'être mis d'accord avec le département de la guerre. Le développement total des chemins dont il proposait le classement était de 8 700 kilomètres, dont 2 500 empruntés à des chemins d'intérêt local déjà concédés et 6 200 kilomètres de lignes entièrement nouvelles, disséminées dans toutes les parties de la France, sans en exclure les régions les plus difficiles et les moins favorisées. Toutefois l'administration, en faisant à cet égard acte de justice distributive, n'avait ou perdre de vue que les chemins à établir dans les parties les plus pauvres du territoire y donneraient un faible trafic et entraîneraient des dépenses considérables de construction et d'exploitation ; elle avait dû, en conséquence, ne pas s'engager trop avant dans une voie qui aurait pu conduire à grever outre mesure les finances publiques.

Les chemins, dont le classement était demandé au Parlement, satisfaisaient tous à l'une des conditions essentielles suivantes : 1° être utiles à la défense du pays ; 2° établir une communication plus directe entre deux parties de réseau d'une certaine étendue ; 3° rattacher un centre de quelque importance avec le système général des voies ferrées ; 4° faciliter les relations dans un intérêt politique ou administratif.

Le Ministre avait renoncé, pour les raisons que voici, à leur assigner un ordre de priorité :

(A). Les études préparatoires n'étaient pas assez détaillées pour fournir, à cet égard, des éléments d'une certitude absolue ;

(B). Des incidents surgiraient inévitablement dans le cours des études définitives de certaines lignes et il serait injuste de tenir en suspens les chemins qui viendraient après ces lignes dans le tableau de classement ;

(C). L'ordre de priorité serait nécessairement modifié par des faits militaires ou commerciaux qu'on n'aurait pas prévus ;

(D). La justification de cet ordre de priorité donnerait lieu à des discussions qu'il était préférable de ne point trop agiter publiquement ;

(E). Enfin on enlèverait tout stimulant aux localités, pour concourir à l'œuvre commune.

En ce qui concernait, spécialement, les chemins d'intérêt local à incorporer au réseau général, cette opération devait entraîner le rachat d'un certain nombre d'entreprises. M. de Freycinet insistait pour que l'État restât maître du choix de l'heure à laquelle il réaliserait l'opération et pour que l'on n'admît point, indistinctement, l'application des règles édictées par la loi du 23 mars 1874, concernant le règlement des indemnités, c'est-à-dire le remboursement du prix réel d'établissement. Suivant lui, dans la plupart des cas, quand l'État ne prendrait pas l'initiative du rachat ; quand, ayant du temps devant lui, il consentirait à devancer le terme, pour venir en aide aux Compagnies nécessiteuses, il ne devrait être tenu de payer que ce qu'il eût eu à dépenser, pour faire lui-même les travaux.

Le prix total des rachats ne paraissait pas devoir être supérieur à 200 000 000 fr.

Pour apprécier toute l'étendue de l'effort financier à demander au pays, le Ministre ajoutait aux 8 700 kilomètres à classer, ci. . . . . . . . . . . . . . . . . . . . .        8 700 km.

Les lignes comprises dans les lois des 3 juillet, 16 et 31 décembre 1875. . . . . . . . . . . . . . . . .        2 900

Les lignes concédées à des Compagnies d'intérêt général et non encore livrées à la circulation. . . . . . . .        5 400

Ce qui conduisait à un total de. . . . . . . .        17 000 km.

lesquels ajoutés à la longueur des chemins d'intérêt général exploités ou à la veille de l'être. . . . . . . . .        21 300

et à celle des chemins d'intérêt local incorporés en vertu de la loi du 18 mai 1878. . . . . . . . . . . . . . .        754

assignaient au réseau d'intérêt général un développement total de. . . . . . . . . . . .        39 000 km.

(en nombre rond).

Malgré le chiffre élevé des dépenses de construction de quelques lignes, il y avait lieu d'espérer que le prix de revient kilométrique moyen s'écarterait peu de 200 000 fr. ; sur cette base et en déduisant les dépenses déjà faites sur les chemins en cours d'exécution, on pouvait estimer la dépense restant à faire à 3 200 000 000 fr. En répartissant cette somme sur dix années, c'était une dépense annuelle de 320 000 000 fr. Or, de 1855 à 1865, à une époque où la puissance productive du pays était incontestablement moindre, on avait consacré en moyenne 430 000 000 fr. par an à l'œuvre des chemins de fer. Il ne fallait pas oublier, d'ailleurs, que les Compagnies assumeraient une part considérable de la charge du réseau complémentaire. A la vérité, on avait objecté le faible trafic des lignes nouvelles ; mais le profit qu'un chemin de fer procurait au pays ne devait pas se mesurer au revenu commercial ou à la rémunération directe du capital, mais bien à l'économie réalisée sur les transports. Le prix moyen de 0 fr. 06 par tonne kilométrique n'étant que le cinquième du prix des charrois sur les routes de terre, le produit réel était de cinq fois la recette brute, moins les frais d'exploitation. Ainsi en supposant que la recette kilométrique brute des chemins à classer fût seulement de 7 000 fr. et qu'elle fût entièrement absorbée par les dépenses d'exploitation, le bénéfice serait encore de 28 000 fr., c'est-à-dire de 14 % du capital engagé, et cela, sans tenir compte du trafic déversé sur les lignes préexistantes. Si on voulait avoir égard à ce dernier élément, on était conduit, d'après les résultats de l'expérience, à admettre que, sur les 3 200 000 000 fr., 1 500 000 000 fr., au moins, seraient couverts de ce chef.

Répondant enfin aux préoccupations de certaines personnes, M. de Freycinet faisait observer que les pouvoirs publics seraient absolument libres, chaque année, d'activer ou de ralentir les travaux et que le seul but du projet de loi était d'arrêter un plan, un programme d'ensemble.

L'article 1er du projet de loi énumérait les lignes à classer.
Aux termes de l'article 2, il devait être procédé à l'achèvement
des études et à l'instruction réglementaire pour la déclaration d'utilité publique des chemins nouveaux, ainsi qu'aux
opérations nécessaires pour arriver, par voie de rachat ou
autrement, à l'incorporation, dans le réseau d'intérêt général, des chemins d'intérêt local désignés à l'article 1er. D'après
l'article 3, l'exécution ou l'incorporation des lignes énumérées
à l'article 1er devait avoir lieu successivement, en tenant
compte de l'importance des intérêts militaires et des intérêts
commerciaux engagés, ainsi que du concours financier offert
par les départements, les communes et les intéressés.
L'article 4 stipulait qu'il serait pourvu aux dépenses au
moyen des ressources extraordinaires inscrites au budget
de chaque exercice.

Pendant les vacances parlementaires qui suivirent le
dépôt du projet de loi, le Ministre profita de la session des
conseils généraux, pour provoquer leurs observations sur le
premier travail de l'administration. Le dépouillement des
délibérations des assemblées départementales et l'examen
de diverses communications, émanant de membres du Sénat
ou de la Chambre des députés, amenèrent M. de Freycinet
à ajouter à son programme quelques centaines de kilomètres
et à présenter par suite à la Chambre, le 4 novembre 1878,
un nouveau tableau de classement [J. O., 21 novembre 1878].

Ce tableau, où s'étaient glissées quelques erreurs, fut
lui-même remplacé, le 25 novembre, par un état rectifié
[J. O., 13 décembre 1878], qui comprenait définitivement cent
soixante-deux lignes nouvelles et soixante-quatre chemins
d'intérêt local à incorporer au réseau d'intérêt général, savoir :

A. — *Lignes nouvelles.* — 1. Armentières à Lens par Don.

3                                                             41

2. Armentières à la nouvelle gare de Tourcoing.

3. Hazebrouck à Merville (Nord).

4. La Gorgue à Estaires (Nord).

5. Roubaix à la frontière belge vers Audenarde.

6. Valenciennes à Denain et Lourches, par ou près Trith-Saint-Léger.

7. Denain à Saint-Amand.

8. Don à Templeuve.

9. Ormoy à la vallée de l'Ourcq, par ou près Betz.

10. D'un point de la ligne de Villers-Cotterets à Château-Thierry à un point à déterminer sur la ligne de Paris à Avricourt, entre Meaux et la Ferté-sous-Jouarre.

11. Hirson à la ligne de Valenciennes à Laon, avec raccordement direct vers Busigny et vers Guise.

12. Solre-le-Château à Avesnes.

13. Valenciennes à Laon, par ou près le Cateau.

14. Laon à Mézières, par ou près Rozoy (Aisne).

15. Soissons à Rethel par la vallée de l'Aisne.

16. Montmédy à Stenay ou à Dun.

17. Baroncourt à Étain.

18. Revigny à Saint-Dizier.

19. De Melun à la Ferté-sous-Jouarre, par ou près Rozoy et Coulommiers.

20. D'Esbly à un point à déterminer sur la ligne de Gretz à Coulommiers entre Faremoutier et Coulommiers.

21. De Laon à ou près Château-Thierry.

22. Provins à Esternay, par ou près Villiers-Saint-Georges.

23. Fère-Champenoise à Vitry-le-François.

24. Bourges à la ligne d'Avallon à Auxerre.

25. Auxerre à Troyes, par ou près Saint-Florentin.

26. Rouilly-Saint-Loup (Aube) à Vitry-le-François, par Brienne.

27. Vassy à Doulevant-le-Château (Haute-Marne).

28. Colombey à Mirecourt.

29. Pompey à Nomény, par Leyr (Meurthe-et-Moselle).

30. Baccarat à Badonviller (Meurthe-et-Moselle).

31. Gerbéviller (Meurthe-et-Moselle) à Bruyères (Vosges).

32. Bas-Évette (Belfort) à Giromagny.

33. Raccordement entre la ligne de Ceinture de Paris (rive gauche) et la ligne de Paris à Limours.

34. Raccordement entre la ligne de Ceinture de Paris (rive gauche) et celle du pont de l'Alma à Courbevoie.

35. Raccordement entre la ligne de Grande-Ceinture, à Saint-Germain-en-Laye, et la gare actuelle de Saint-Germain.

36. Raccordement entre la ligne de Grande-Ceinture près l'Étang-la-Ville et la ligne de Paris à Versailles (rive droite), vers Saint-Cloud.

37. Ws-Marines (Seine-et-Oise) à Rambouillet, par Épône et Villiers-Neauphle.

38. Palaiseau à Épinay-sur-Orge.

39. De Limours à un point à déterminer sur la ligne de Brétigny à Tours, avec transformation de la ligne de Paris à Limours pour la remener aux conditions normales.

40. De la limite des départements de Seine-et-Oise et d'Eure-et-Loir, près Auneau, à Melun, par ou près Étampes.

41. Eu à Dieppe.

42. Dieppe à ou près Beuzeville.

43. Pont-Audemer à la ligne de Pont-l'Évêque à Honfleur.

44. Pont-Audemer à Port-Jérôme, avec bac à vapeur sur la Seine.

45. Raccordement entre Quévilly et Sotteville, des chemins de fer d'Orléans à Rouen et de Paris à Rouen.

46. Raccordement près Elbeuf des lignes d'Orléans à Rouen et de Serquigny à Rouen.

47. Vire à Saint-Lô.

48. Fougères à Vire et à un point à déterminer entre Bayeux et Caen.

49. Cherbourg à Beaumont-Hague (Manche).

50. De la limite de la Manche (vers Avranches) à Domfront (Orne).

51. Sablé à Sillé-le-Guillaume.

52. Connerré à Courtalain.

53. Niort à Montreuil-Bellay.

54. De la limite de la Sarthe (vers la Flèche) à Saumur, et raccordement des gares de Saumur.

55. De la ligne de Tours à Saumur à un point à déterminer entre Château-du-Loir et Saint-Calais, avec raccordement sur Savigny.

56. Nantes à Segré et embranchement de Segré à la Possonnière

57. De Blain à ou près la Chapelle-sur-Erdre.

58. Pouancé (Maine-et-Loire) à un point à déterminer sur la ligne de Paris à Rennes, entre Laval et le Genest, par ou près Craon.

59. Raccordement à Pontorson des lignes de Saint-Lô à Lamballe et de Fougères à la baie du Mont-Saint-Michel.

60. Miniac à Châteauneuf (Ille-et-Vilaine).

61. La Brohinière à Dinan (Côtes-du-Nord), et Dinan à Dinard (Ille-et-Vilaine).

62. Châteaubriant à Ploërmel.

63. Auray à Quiberon (Morbihan).

64. Saint-Brieuc au Légué (Côtes-du-Nord).

65. Guingamp à Paimpol (Côtes-du-Nord).

66. Carhaix (Finistère) à Quintin (Côtes-du-Nord).

67. Concarneau à Rosporden (Finistère).

68. Rosporden à Carhaix, et Carhaix à ou près Morlaix.

69. Morlaix à Roscoff (Finistère).

70. Brest au Conquet (Finistère).

71. Châteaulin à Camaret (Finistère).

72. Quimper à Douarnenez (Finistère).

73. D'un point entre Machecoul et la Roche-sur-Yon (à ou près Challans) au goulet de Fromentine (Vendée).

74. Velluire à Fontenay-le-Comte, et Fontenay-le-Comte à Cholet.

75. Surgères à Marans.

76. Saint-Laurent-de-la-Prée au fort d'Enet (Charente-Inférieure).

77. Matha (Charente-Inférieure) à un point de la ligne de Poitiers à Angoulême, entre Civray et Ruffec.

78. Saujon (Charente-Inférieure) à un point de la ligne de Tonnay-Charente à Marennes.

79. Barbezieux à un point à déterminer entre Montendre et Cavignac.

80. D'un point entre Saint-Loubès et Saint-Sulpice à ou près Cavignac (Gironde).

81. Bordeaux (gare spéciale) à ou près Saint-Loubès.

82. Libourne à ou près Langon.

83. Châtellerault à Tournon-Saint-Martin (Indre).

84. Loudun à Châtellerault.

85. Preuilly à Tournon-Saint-Martin.

86. Le Blanc à Argent.

87. Issoudun à Bourges, par Saint-Florent.

88. Le Dorat à Magnac-Laval (Haute-Vienne).

89. Ruffec à Exideuil.

90. De Nontron à ou près Sarlat, en passant par ou près Thiviers et Condat (entraînant la suppression de la ligne de Nontron à Périgueux).

91. Bussière-Galant à ou près Saint-Yrieix (Haute-Vienne).

92. Limoges à Uzerche (Corrèze) et Uzerche à Brives.

93. Uzerche à Aurillac, par ou près Tulle et Argentat.

94. D'un point à déterminer sur la ligne de Châteauroux à Limoges, entre la Souterraine et Eguzon, à Guéret (la Brionne).

95. Felletin à Bort, par Ussel.

96. Chambon à Lavaud-Franche.

97. Montluçon à Eygurande, par le col de Gouttières, avec embranchement sur Saint-Éloi et sur le col de Vauriat.

98. Sancoins à la ligne de Commentry à Moulins.

99. Bort à Neussargues (Cantal).

100. Villeneuve-sur-Lot à Tonneins, et Falgueyrat à un point de la ligne de Libos à Casseneuil.

101. Cahors à la ligne d'Agen à Moissac.

102. Nevers à Tamnay (Nièvre).

103. Tamnay à Château-Chinon.

104. Épinac aux Laumes (Côte-d'Or).

105. Chagny, par Seurre, à un point à déterminer sur la ligne de Dôle à Dijon.

106. Paray-le-Monial à Lozanne ou à l'Arbresle.

107. La Cluse (Ain) à Champagnole (Jura), avec embranchement sur Morez.

108. Lons-le-Saulnier à Champagnole.

109. De la ligne de Lyon à Genève, à Gex et à Divonne.

110. Gilley (Doubs) à Pontarlier.

111. Vougeaucourt (Doubs) à Saint-Hippolyte.

112. Saint-Hippolyte à la ligne de Besançon à Morteau.

113. La Roche à Saint-Gervais et à Chamonix (Haute-Savoie).

114. Albertville à Annecy.

115. La Mure (Isère) à la ligne de Grenoble à Gap.

116. Savines (Hautes-Alpes) à Barcelonnette.

117. Nyons à la ligne de Lyon à Marseille, par Valréas.

118. Vaison à Orange et au Rhône.

119. Traversée du Rhône à Avignon.

120. Forcalquier à la ligne d'Avignon à Gap.

121. Sorgues à Saint-Saturnin (Vaucluse).

122. Valdonne (Bouches-du-Rhône) à la ligne de Carnoules à Aix.

123. Digne à Draguignan, par ou près Castellane.

124. Digne à la ligne de Savines à Barcelonnette.

125. Draguignan à Cagnes, par ou près Grasse.

126. Draguignan à un point à déterminer entre Brignoles et Saint-Maximin.

127. Nice à Puget-Théniers.

128. Nice à Coni, par la vallée du Paillon, le contrefort de Braous, Sospel, le contrefort de Broïs et Fontan.

129. Ajaccio à Propriano (Corse).

130. Ponte-Leccia à Calvi (Corse).

131. Casamozza à Bonifacio (Corse).

132. Ambert à la ligne du Puy à Saint-Georges-d'Aurac.

133. Largentière à l'embranchement d'Aubenas.

134. La Voulte à Yssingeaux, par ou près le Cheylard (Ardèche).

135. Tournon (Ardèche) à la ligne de la Voulte à Yssingeaux.

136. Yssingeaux à la ligne du Puy à Saint-Étienne.

137. Anduze à un point de la ligne de Rodez à Millau, entre Sévérac-le-Château et Millau, avec embranchement sur Florac.

138. Montpellier à Ganges.

139. Espalion à la ligne de Rodez à Sévérac-le-Château.

140. Estréchoux (Hérault) à Castanet-le-Haut.

141. Carmaux à un point à déterminer entre Vindrac et Laguépie.

142. La Bastide-Rouairoux (Tarn) à Bize (Aude).

143. Agde à la mer.

144. Saint-Girons à Foix.

145. Pamiers à Bram (Aude), par Mirepoix.

146. Cépie (Aude) à la ligne de Pamiers à Bram.

147. Quillan à Rivesaltes (Pyrénées-Orientales).

148. Embranchement de la ligne de Pamiers à Bram-sur-Lavelanet (Ariège).

149. Prades à Olette (Pyrénées-Orientales).

150. Vic-Dessos à Tarascon (Ariège).

151. Saint-Girons à Seix (Ariège).

152. Ligne de ceinture de Toulouse.

153. Castelsarrasin à Lombez.

154. Auch à Lannemezan.

155. Lannemezan à Arreau (Hautes-Pyrénées).

156. Chaum (Haute-Garonne) à la frontière espagnole au Pont-du-Roy.

157. Auch à Bazas.

158. Saint-Sever à Pau, à Dax et à Mont-de-Marsan.

159. Mont-de-Marsan à un point à déterminer entre Eauze et Nérac, sur la ligne de Port-Sainte-Marie à Riscle.

160. Oloron à Bedous (Basses-Pyrénées).

161. Saint-Martin-Autevielle à Mauléon.

162. Bayonne à Saint-Jean-Pied-de-Port, avec embranchement d'Ossès à Saint-Étienne-de-Baïgorry.

B. — *Lignes précédemment concédées à titre d'intérêt local.* — 1. Don à Hénin-Liétard.

2. Valenciennes à Douzies.

3. Ermont à Méry-sur-Oise et raccordement sur Valmondois.

4. Canaples à Amiens.

5. Frévent à Bouquemaison et Bouquemaison à Doullens.

6. Arras à Doullens.

7. Bully-Grenay à Brias.

8. Abancourt à Saint-Omer-en-Chaussée.

9. Rochy-Condé à Saint-Just.

10. Breteuil-gare à Breteuil-ville.

11. Gisors à Beauvais.

12. Beauvais (la rue Saint-Pierre) à Clermont.

13. Clermont à Estrées-Saint-Denis.

14. Estrées-Saint-Denis à la ligne de Rivecourt à Ormoy Villers.

15. Rivecourt à Ormoy-Villers et raccordement, près de Crépy, de cette ligne avec celle de Chantilly à Crépy.

16. Compiègne à Roye.

17. Abancourt au Tréport.

18. Saint-Just à Cambrai.

19. Achiet (Pas-de-Calais) à Vélu-Bertincourt.

20. Vélu-Bertincourt à Saint-Quentin.

21. Saint-Quentin à Guise.

22. Doullens à Canaples.

23. Amagne à Vouziers.

24. Vouziers à Challeranges.

25. Nançois-le-Petit à Gondrecourt.

26. Nancy à Vézelise et embranchements.

27. Vézelise à Mirecourt.

28. Toul à Colombey.

29. Nancy à la frontière allemande vers Château-Salins.

30. Lunéville à Gerbéviller (Meurthe-et-Moselle).

31. Arches (Vosges) à Saint-Dié et embranchements.

32. Dreux à Auneau et à la limite du département de Seine-et-Oise vers Étampes.

33. Saint-Georges (Eure) à la limite nord de l'Eure vers Elbeuf.

34. Evreux à Acquigny (Eure).

35. Pacy-sur-Eure à Gisors, par Vernon.

36. Pont-de-l'Arche à Gisors, avec embranchement sur les Andelys.

37. Glos-Montfort (Eure) à Pont-Audemer, et Évreux à ou près Glos-Montfort.

38. Lisieux à Orbec (Calvados).

39. Mézidon à Dives (Calvados).

40. Falaise à Berjou-Pont-d'Ouilly.

41. Briouze (Orne) à la Ferté-Macé.

42. Carentan à Port-Bail et à Carteret (Manche).

43. Avranches à la limite de la Manche vers Domfront.

44. Alençon à Condé-sur-Huisne.

45. Mamers à Saint-Calais.

46. Saint-Calais à Château-du-Loir.

47. La Flèche à la limite de la Sarthe, vers Saumur.

48. La Flèche à la Suze.

49. La Flèche à Sablé.

50. La Flèche à la limite de la Sarthe, vers Angers.

51. Nantes à Chalonnes et Cholet à Beaupréau.

52. Surgères (Charente-Inférieure) à Cognac.

53. Pons à Royan et à la Tremblade (Charente-Inférieure).

54. Châteauneuf à Barbezieux.

55. Tournon-Saint-Martin au Blanc.

56. Le Blanc à Argenton.

57. Argenton à la Châtre.

58. Châteaumeillant à Nevers.

59. Paray-le-Monial à Mâcon.

60. Lons-le-Saulnier à Chalon-sur-Saône.

61. Charlieu (Loire) à Cluny (Saône-et-Loire).

62. Cluny à Chalon-sur-Saône.

63. Saint-Gengoux à Montchanin.

64. Moutiers à Albertville (Savoie).

IV. — RAPPORT DE M. WILSON A LA CHAMBRE DES DÉPUTÉS.
— Le 15 mars 1879, M. Wilson présenta un rapport détaillé sur le projet de loi [J. O., 13 et 15 avril 1879]. Après
avoir rappelé les précédents, il insista sur la nécessité de
ne pas laisser plus longtemps deshéritées des régions
pauvres, qui, en payant leur quote-part des subventions et
des garanties d'intérêt, avaient contribué jusqu'alors à doter les départements riches de leurs voies de communication perfectionnées, et de tracer, dans ce but, un plan d'ensemble bien défini. D'un autre côté, le classement devait,
non seulement constituer un acte de justice distributive,
mais rendre à la France un rang digne d'elle parmi les
nations européennes, au point de vue de la viabilité ferrée.
On ne devait pas oublier, en effet, que notre pays occupait
seulement le sixième rang ; qu'il était devancé par l'Angleterre. la Belgique. l'Allemagne. la Suisse et les Pays-Bas ;
que ces cinq nations poursuivaient leur œuvre avec ardeur ;
que les autres peuples s'engageaient avec vigueur dans
l'œuvre du développement de leur réseau ; que des concurrences menaçantes se dressaient contre notre commerce.
Ces considérations avaient déterminé la Commission à
étendre un peu le cadre du Gouvernement, sans s'écarter
toutefois des limites d'une sage prudence.

Dans son examen, la Commission avait admis les quatre
criteriums indiqués dans l'exposé des motifs du projet de
loi, comme signes caractéristiques des lignes d'intérêt général ; mais il y avait ajouté les trois suivants: 1° desservir
le parcours d'une route nationale ; 2° faciliter l'exploitation
du réseau des chemins de fer de l'État, à la constitution

duquel le Parlement avait consacré des sommes importantes; 3° rendre plus aisées les communications internationales.

Comme le Ministre, elle avait jugé impossible de fixer
législativement un ordre de priorité.

Elle avait en outre considéré, d'accord avec M. de
Freycinet, comme préférable de réserver le tableau B
(lignes d'intérêt local à incorporer), attendu que le classement des chemins énumérés dans ce tableau soulevait des
questions délicates et qu'il importait de ne pas retarder
l'exécution des lignes nouvelles.

Enfin, elle renvoyait à l'administration un certain
nombre d'amendements relatifs à des lignes qui ne pouvaient être classées immédiatement, faute d'études techniques suffisantes, mais qui paraissaient mériter l'attention
toute spéciale du Gouvernement.

L'état de classement arrêté par la Commission modifiait
la désignation ou la direction de certaines lignes, en supprimait quelques-unes et en intercalait trente avec des numéros
*bis* ou *ter*. Nous résumons ci-dessous ces modifications :

| NUMÉROS du projet du Gouvernement. | NUMÉROS intercalés. | DÉSIGNATION DES LIGNES d'après les propositions de la Commission. | OBSERVATIONS. |
|---|---|---|---|
| 2 | | Armentières à Tourcoing et à Roubaix. | Modification satisfaisant à un amendement de MM. Scrépel, Trystram, Pierre Legrand et Masure. |
| 3 et 4 | | | Supprimées comme ne présentant pas un caractère suffisant d'intérêt général. |
| | 8 *bis*. | Lille-la-Madeleine à Lannoy, par le Breucq, l'Empempont et Ham. | Addition réclamée par MM. Scrépel, Trystram, Pierre Legrand et Masure. |
| 10 | | D'un point de la ligne de Villers-Cotterets à Chateau-Thierry, à une station à établir sur la ligne de Paris à Avricourt, entre les stations de Trilport et de Changis. | Modification satisfaisant à un amendement de MM. Jozon, Franck-Chauveau, Plessier et autres. |
| 11 | | Hirson à Busigny, avec embranchement de ou près Winy-sur-Guise. | Modification concertée avec le Gouvernement et avec MM. Soye, Fouquet, Malézieux, Leroux, de Tillancourt et Villain. |
| | 14 *bis*. | D'un point à déterminer sur la ligne de Mézières à Hirson par Rocroy à la frontière belge vers Chimay. | Addition réclamée par MM. Neveux, Drumel, Gailly, Péronne et Philippoteaux et destinée à remplacer le chemin de Signy vers Chimay interdit par le Ministre de la guerre. |
| 24 | | Avallon à Bourges par ou près Clamecy, Cosne, Sancerre et Henrichemont (entraînant la suppression de Châtel-Censoir à Sermizelles). | Modification satisfaisant partiellement à un amendement de M. le comte Le Peletier d'Aunay. |
| | 24 *bis*. | Cosne à Saint-Sauveur. | |
| 25 | | Auxerre à Vitry-le-François, par ou près Saint-Florentin, Troyes-Preize, Assencière et Brienne. | Modification satisfaisant à un amendement de MM. Fréminet, Casimir-Périer, le comte de Roys et Rouvre. |
| 26 27 28 29 et 30 | | | Supprimées 26 comme rendue inutile par le n° 25 modifié; 27 comme déjà déclarée d'utilité publique; 28, 29 et 30 comme faisant partie de projets de loi spéciaux. |
| | 31 *bis*. | Jussey à la ligne d'Epinal et à Aillevillers. | Addition réclamée par MM. Bresson, Jules Ferry, Méline et autres. |
| | 31 *ter*. | Prolongement de la ligne de Remiremont à Saint-Maurice-sur-Moselle jusqu'à Bussang. | Addition réclamée par MM. Jules Ferry et autres. |

| NUMÉROS du projet du Gouvernement. | NUMÉROS intercalés. | DÉSIGNATION DES LIGNES d'après les propositions de la Commission. | OBSERVATIONS. |
|---|---|---|---|
| | 32 *bis.* | Lure à Loulans-les-Forges par Villersexel. | Addition réclamée par MM. Baïhaut, Marquis et Bernard. |
| 33 | | Raccordement entre la ligne de Ceinture de Paris (rive droite) et la ligne de Paris à ou près Auneau. | Modification concertée avec le Gouvernement. |
| 37 | | Rambouillet à un point à déterminer sur la ligne de Pontoise à Gisors, entre Ws - Marines et Chars, en passant par un point à déterminer entre Mantes et Meulan. | Modification concertée avec le Gouvernement. |
| 39 | | Paris (gare spéciale) à ou près Auneau. | Modification destinée à donner au réseau d'État une entrée spéciale à Paris. |
| | 40 *bis.* | Rambouillet à Étampes par ou près Dourdan. | Modification concertée avec le Gouvernement. |
| | 40 *ter.* | Voves à Beaune - la - Rollande par Ymonville, Toury et Pithiviers. | Addition satisfaisant à un amendement de MM. Mannoury, Dreux, Noël Parfait, Truelle, Gatineau, Cochery et autres. |
| 42 | | Dieppe au Havre par la ligne de Montivilliers, avec gare spéciale au Havre. | Modification satisfaisant à divers amendements de MM. Paul Casimir-Périer, Savoye, Peulevey et autres. |
| | 49 *bis.* | Carentan à la ligne de Sottevast à Coutances. | M. Gaslonde avait demandé l'addition d'une ligne de Carentan à Périers. La Commission faisait observer que cette direction était comprise dans la rédaction plus générale ci-contre. |
| | 49 *ter.* | Coutances à Regnéville | Addition concertée avec le Gouvernement. |
| 53 | | Niort à Montreuil - Bellay, avec embranchement sur Moncontour. | Modification demandée par MM. Ganne, Giraud, Proust et de La Porte, et déjà consacrée par un projet de loi spécial voté en première délibération. |
| | 53 *bis.* | Benet à la ligne de Niort à Ruffec. | Addition demandée par M. de La Porte. |
| 55 | | Saumur à Château-du-Loir par ou près Noyant et Château-la-Vallière, avec raccordement de Savigny à la ligne de Château-du-Loir à Saint-Calais. | Modification concertée avec le Gouvernement et donnant satisfaction à un amendement de MM. Benoist et Le Monnier. |

| NUMÉROS du projet du Gouvernement. | NUMÉROS intercalés. | DÉSIGNATION DES LIGNES d'après les propositions de la Commission. | OBSERVATIONS. |
|---|---|---|---|
|  | 55 *bis.* | Tours à Savigny, avec raccordement à la ligne de Vendôme à Pont-de-Braye, entre Vendôme et Montoire. | Addition faite dans l'intérêt du réseau d'État et répondant à des amendements de MM. de Sonnier et autres. |
|  | 55 *ter.* | Saint-Aignan par Coutras vers Blois. | Addition donnant une satisfaction partielle à un amendement de MM. Guinot, Wilson, Labuze et autres. |
| 56 |  | Nantes à Segré. | Modification concertée avec le Gouvernement. |
| 57 |  | Guéméné à ou près la Chapelle sur Erdre, par Blain. | Modification réclamée par MM. Fidèle Simon et Laisant. |
| 60 |  | Miniac à La Gouesnière, par Châteauneuf (Ille-et-Vilaine). | Modification réclamée par M. Eugène Durand. |
| 62 |  | Châteaubriant à Ploërmel par ou près Bain, Pipriac et Maure. | Modification concertée avec le Gouvernement. |
|  | 63 *bis.* | Carhaix à Guingamp par Callac. | Addition réclamée par MM. Huon, le baron de Janzé, Armez, le duc de Feltre et Le Provost de Launay. |
| 66 |  | La Brohinière à la ligne de Châteaulin à Landerneau par Loudéac et Carhaix. | Modification satisfaisant à un amendement de MM. le baron de Janzé, Pinault et Armez. |
| 68 |  | Carhaix à ou près Quimperlé et Carhaix à ou près Morlaix. | Modification destinée à desservir des intérêts plus considérables. |
| 72 |  | Quimper à Douarnenez (Finistère) et Quimper à Pont-l'Abbé (Finistère). | Modification donnant une satisfaction partielle à un amendement de MM. Arnoult et Hémon. |
| 74 |  | Velluire à Parthenay par Fontenay-le-Comte et Breuil-Barret et Fontenay-le-Comte à Cholet. | Modification satisfaisant à un amendement de MM. Bienvenu et autres. |
| 77 |  | Saint-Jean-d'Angély à Civray, avec embranchement sur Cognac par Matha. | Rédaction destinée à tenir compte de deux amendements présentés par un grand nombre de députés et tendant, l'un à l'établissement d'un chemin de Matha à Civray, et l'autre à l'établissement d'un chemin de Saint-Jean-d'Angély à Civray. |
| 80 |  |  | Supprimé. |
| 81 |  | Bordeaux (gare spéciale) à ou près Cavignac (Gironde). | Réunion des numéros 80 et 81 du projet du Gouvernement à raison de leur solidarité. |

| NUMÉROS du projet du Gouvernement. | NUMÉROS intercalés. | DÉSIGNATION DES LIGNES d'après les propositions de la Commission. | OBSERVATIONS. |
|---|---|---|---|
| | 81 bis. | La Sauve à Eymet par ou près Targon, Sauveterre, Monségur et Duras. | Addition satisfaisant à des amendements de MM. Dupouy, Roudier, Caduc, Faye et autres. |
| | 82 bis. | De la gare de Moulis (ligne du Médoc) au port de Lamarque. | Addition réclamée par MM. Caduc et Roudier. |
| 6 | | Le Blanc à Henrichemont par ou près Mézières-en-Brenne, Buzançais, Levroux, Vatan, Graçay, Massay et Vierzon. | Modification répondant en partie à un amendement de MM. Guinot, Wilson et autres et destiné à faciliter la communication entre Le Blanc et les au delà; d'une part, et Auxerre, Clamecy et l'Est de la France, d'autre part. |
| | 88 bis. | Confolens à Bellac. | Addition réclamée par MM. Labuze, Codet, Ninard et Duclaud. |
| 90 | | Nontron à ou près Sarlat, en passant par ou près Thiviers, Villiac et Condat, avec embranchement d'Hautefort à un point à déterminer entre Objat et Brives (entraînant la suppression de la ligne de Nontron à Périgueux). | Modification concertée avec le Gouvernement. |
| 92 | | Limoges à Brives par Uzerche, avec raccordement par la vallée de la Vézère et Treignac avec la ligne de Limoges à Meymac. | Modification satisfaisant à un amendement de MM. le général de Chanal et Vacher. |
| 94 | | D'un point à déterminer sur la ligne de Châteauroux à Limoges entre Forgevieille et Eguzon à ou près Guéret. | Modification satisfaisant à un amendement de MM. de Nalèche, Fourot, Parry et Moreau. |
| | 95 bis. | Felletin à Bourganeuf. | Addition réclamée par M. Martin Nadaud. |
| 96 | | Montluçon à Eygurande, par ou près Evaux et Auzances. | Modification satisfaisant à un amendement de MM. Fourot, Martin Nadaud, Raymond Bastid et autres. |
| 97 | | Lavaud-Franche à la ligne de Montluçon à Eygurande, par ou près Chambon. | |
| | 97 bis. | Saint-Éloi au col de Vauriat et raccordement du col de Gouttières à la ligne de Montluçon à Eygurande. | Modification arrêtée d'accord avec le Gouvernement, pour tenir compte, dans une juste mesure, d'intérêts divergents, dont un assez grand nombre de députés s'étaient faits les organes. |

| NUMÉROS du projet du Gouvernement. | NUMÉROS intercalés. | DÉSIGNATION DES LIGNES d'après les propositions de la Commission. | OBSERVATIONS |
|---|---|---|---|
| 98 | | Sancoins à ou près Lapeyrouse, par ou près Montmarault. | Modification satisfaisant à un amendement de MM. Chantemille, Cornil, Datas, Patissier, Girot-Pouzol et autres. |
| | 99 bis. | La Queuille au Mont-Dore, par la Bourboule. | Addition réclamée par M. Tallon. |
| 100 | | Villeneuve-sur-Lot à Tonneins et à Falgueyrat. | Modification concertée avec le Gouvernement. |
| 101 | | Cahors à ou près Moissac. | Modification réclamée par M. Lasserre. |
| 104 | | Châtillon-sur-Seine à ou près Montchanin, par ou près les Laumes et Epinac. | Modification satisfaisant à deux amendements émanant, l'un de MM. Gilliot et autres et l'autre de MM. Leroy et Lévêque. |
| | 105 bis. | Vichy à Cusset. | Satisfaction partielle donnée à un amendement de MM. Cornil, Reymond, Bonnaud, Patissier, Tassin, Chantemille, etc., pour l'établissement d'une ligne de Boën à Vichy et à Gannat. |
| 106 | | Givors à Paray-le-Monial, par ou près l'Arbresle. | Modification satisfaisant à des amendements de MM. Perras, Varambon et autres et répondant à des intérêts commerciaux et stratégiques considérables. |
| | 106 bis. | Paray-le-Monial à ou près Saint-Martin-d'Estréaux, sur la ligne de la Palisse à Roanne. | Addition satisfaisant, en partie, à un amendement de MM. Bonnaud, Chantemille, Sarrien et autres. |
| 107 | | Champagnole à ou près Ambérieu, par la Cluse, avec embranchement sur Morez et embranchement de Verges à Jeurre. | Modification motivée par deux amendements de MM. Mercier et Lelièvre. |
| 118 | | Vaison à Orange. | Modification concertée avec le Gouvernement. |
| 120 | | Volx à Apt, avec embranchement sur Forcalquier. | Modification réclamée par MM. Bouteille, Allemand et autres. |
| | 121 bis. | L'Isle à Orange, par Carpentras. | Addition satisfaisant à un amendement de MM. Poujade et autres. |
| | 122 bis. | Salon à la Calade, par Lambex. | Addition satisfaisant à un amendement de M. Labadié. |
| 126 | | Draguignan à Mirabeau, par Barjols. | Modification satisfaisant à un amendement de M. Chiris. |

3

42

| NUMÉROS du projet du Gouvernement. | NUMÉROS intercalés. | DÉSIGNATION DES LIGNES d'après les propositions de la Commission. | OBSERVATIONS. |
|---|---|---|---|
| | 132 bis. | D'un point à déterminer sur la ligne d'Issoire à Neussargues à un point à déterminer, dans la direction de Saint-Étienne, sur la ligne de Montbrison à Monistrol. | Addition satisfaisant à un amendement de MM. Jules Maigne et autres. |
| | 132 ter. | Saint-Étienne par ou près Pélussin et Annonay à la rive droite du Rhône à un point à déterminer entre Serrières et Sarras. | Addition réclamée par MM. Richarme, Chalamet, Loubet, Chevandier et autres. |
| | 140 bis. | Lunas à Lodève. | Addition réclamée par MM. Agniel, Arrazat, Devès, Lisbonne, Ménard-Dorian et Vernhes. |
| | 140 ter. | Saint-Chinian à ou près Saint-Pons. | Addition satisfaisant partiellement à un amendement des mêmes députés. |
| 141 | | Carmaux à la Guépie. | Modification concertée avec le Gouvernement. |
| 145 | | D'un point à déterminer entre Pamiers et Saint-Antoine-de-Foix à un autre point à déterminer entre Limoux et Quillan. | Modification satisfaisant à un amendement de MM. Anglade, Sentenac, Escarguel et Escanyé. |
| 146 | | | Supprimé. |
| 147 | | Lavelanet à la ligne de Castelnaudary à Carcassonne. | Modification concertée avec le Gouvernement et satisfaisant à un amendement de MM. Langlade et autres. |
| 148 | | Quillan à Rivesaltes (Pyrénées-Orientales). | Changement de numéro. |
| 157 | | Auch à Bazas, par ou près Eauze. | Modification satisfaisant à un amendement de M. Jean David. |
| | 158 bis. | Vic-en-Bigorre à la ligne de Saint-Sever à Pau. | Addition satisfaisant à deux amendements de MM. Desbons, Jean David, Caze, La Caze et Marcel Barthe. |
| 159 | | Nérac à Mont-de-Marsan, par ou près Mézin, Sos et Villeneuve-de-Marsan. | Modification satisfaisant à un amendement de MM. Léopold Faye, Fallières et autres. |
| | 160 bis. | Oloron à la ligne de Puyoo à Saint-Palais, par la vallée du gave d'Oloron. | Addition réclamée par M. La Caze. |

La Commission repoussait un certain nombre d'amendements et en renvoyait d'autres à l'examen du Ministre.

v. — DISCUSSION A LA CHAMBRE DES DÉPUTÉS. — Après
la déclaration d'urgence, M. de Freycinet ouvrit la discussion générale par un grand discours sur l'origine, l'esprit
et la portée du projet de loi [J. O., 30 mars et 1ᵉʳ avril 1879].
Le Gouvernement, renonçant au système des projets isolés
dont l'initiative lui appartenait exclusivement, avait voulu
préparer un programme d'ensemble, y associer le Parlement, et faire connaître ainsi au pays les lignes nouvelles
sur lesquelles il pouvait compter.

Ce programme était vaste ; il s'était successivement
agrandi dans les diverses phases de l'instruction. Restreint,
tout d'abord, à 7 000 kilomètres, dont 5 000 kilomètres de
chemins nouveaux, il avait dû être porté à 9 000 kilomètres
dans le premier projet de loi, puis à 10 000 kilomètres
dans le projet rectifié du 4 novembre, à la suite de la
session d'août des conseils généraux ; la Commission y
avait, elle-même, ajouté un millier de kilomètres, sauf
ajournement provisoire du tableau B. Outre les 11 000 kilomètres ainsi classés, il fallait compter encore 3 000 kilomètres des lois de juillet et décembre 1875 et 4 à 5 000 kilomètres concédés, mais non encore construits. Le pays avait
donc à faire face à la dépense de construction de 18 000 kilomètres, soit 3 milliards et demi, non compris un milliard et demi pour les ports et la navigation intérieure.
C'était donc un chiffre total de 5 milliards.

Quelque élevé que fût ce chiffre, il n'y avait pas lieu de
s'en effrayer, en présence de la prospérité toujours croissante de la France et de la liberté absolue que conservait
le Parlement, pour gouverner et modérer à son gré la marche
de l'entreprise.

D'ailleurs, l'exécution des travaux exigerait, par la force même des choses, des délais assez longs. D'après l'expérience acquise, il s'écoulait trois ans, environ, entre la conception d'un projet et le premier coup de pioche, et l'on ne pouvait songer à réduire notablement ce laps de temps, sans porter atteinte aux garanties dues aux populalations, à l'intérêt public et aux finances de l'État.

Répondant, ensuite, à des préoccupations inverses, M. de Freycinet faisait connaître que, à partir de 1885, l'importance annuelle des travaux serait de 5 à 600 millions.

Le Ministre ajoutait que les pouvoirs publics auraient à résoudre, le plus tôt possible, la question d'exploitation. Estimant qu'il était nécessaire, pendant un certain nombre d'années, de réclamer le concours des grandes Compagnies, il avait soumis à la Chambre des conventions conclues dans ce but : ces conventions ayant suscité des appréhensions, il ne voulait pas s'obstiner à les défendre, mais il insistait pour que le Parlement étudiât, le plus tôt possible, la question et indiquât la solution à adopter; il était prêt à collaborer avec la Commission qui serait constituée à cet effet.

M. Haentjens, tout en déclarant ne pas vouloir prendre part à la discussion générale, présenta quelques observations, pour contester l'utilité d'un programme susceptible de modifications ultérieures, pour critiquer les délais nécessaires au commencement des travaux, pour demander que le Gouvernement s'efforçât, au moins, de donner le plus tôt possible un aliment à la population ouvrière.

La Chambre passa ensuite à la discussion des articles. Cette discussion fut très longue ; nous ne l'analyserons que sommairement.

Les observations ou amendements sur les diverses lignes sont récapitulés ci-après :

| NUMÉROS des lignes. | CHEMINS demandés par amendement. | AUTEURS des amendements et des observations. | ORATEURS. | OBSERVATIONS. |
|---|---|---|---|---|
| 1 | » | M. des Rotours. | » | Observations dans l'intérêt d'un canton. |
| » | Halluin à Armentières, dans la vallée de la Lys. | Des Rotours et Debuchy. | des Rotours Wilson. | Repoussé. |
| » | Don à Dunkerque. | Plichon, baron de la Grange et Ioos. | Plichon. | Repoussé. |
| » | Berck-sur-mer à Verton. | Livois, Hamille et Lecomte. | Livois. | Repoussé. |
| » | Béthune à Laventie. | De Clercq, Deusy, Devaux, Ribot et Hermary. | De Clercq. | Repoussé. |
| » | Hazebrouck à Merville et de la Gorgue à Estaires. | Plichon. | Plichon, Wilson. | Rejeté. |
| » | Don à Orchies par Carvin. | De Clercq. | De Clercq. | Renvoi pour études, accepté par le Ministre. |
| » | Halluin à Lille. | Debuchy et autres. | Debuchy. | Rejeté. |
| » | Grandvilliers à Abbeville et Méru à Valmondois. | De Douville-Maillefeu et autres. | Jametel. | Renvoi pour études, accepté par le Ministre. |
| » | Naix-Menaucourt à Sorcy ou Pagny-sur-Meuse, par Vacon, Reffroy et Void. | Liouville et Royer. | » | Renvoi pour études, accepté par le Ministre. |
| » | Toul à Thiaucourt. | Petitbien. | » | Renvoi pour études, accepté par le Ministre. |
| » | Dormans à Reims. | Leblond, Thomas et Blandin. | » | Renvoi pour études, accepté par le Ministre. |
| 24 | » | Le Ministre. | Le Ministre et M. Wilson. | Observations tendant à supprimer l'indication d'Henrichemont comme point de passage, combattues par le rapporteur, mais prises en considération par la Chambre. |
| 25 | » | Id. | Id. | Observations du Ministre tendant à supprimer l'indication de Preize et d'Ascencières comme points de passage, combattues par le rapporteur, mais prises en considération par la Chambre. |

| NUMÉROS des lignes. | CHEMINS demandés par amendement. | AUTEURS des amendements et des observations. | ORATEURS. | OBSERVATIONS. |
|---|---|---|---|---|
| » | Villenauxe à Saint-Florentin. | Casimir-Périer et Fréminet. | » | Renvoi accepté par le Ministre. |
| 37 | » | Albert Joly. | A Joly et de La Porte | Observations de M. Joly, tendant à ce qu'il ne fût rien préjugé contre la direction primitivement indiquée par le Gouvernement. Réponse conforme de M. de La Porte. |
| 40 bis et 40 ter. | » | Le Ministre. | Le Ministre M. Wilson. | Suppression du classement et renvoi au Ministre par suite de l'opposition du département de la guerre. |
| 42 | » | Id. | Id. | Observations du Ministre tendant à supprimer les mots : « par la ligne de Montivilliers et avec gare spéciale au Havre. » Prises en considération, malgré les objections du rapporteur. |
| 47-48 | » | Arthur Legrand et autres. | A. Legrand et Wilson. | Observations tendant au renvoi au Ministre d'un amendement déterminant divers points de passage. — Repoussées. |
| » | Mayenne à Saint-Hilaire-du-Harcouët. | Renault-Morlière. | Renault-Morlière, Wilson. | Renvoi au Ministre. |
| » | Cherbourg à St-Waast. | La Vieille. | Wilson. | Id. |
| » | Avranches à Fougères. | Morel. | Morel. | Id. |
| » | Le Mans vers Avranches | Rubillard et autres. | Wilson. | Id. |
| » | Saumur à Cholet. | Benoist et autres. | Benoist. | Id. |
| » | Chalonnes vers Angers. | Berger et autres | Berger, de La Porte. | Id. |
| » | Savigny à Angers. | Guinot et autres | Benoist. | Renvoi au Ministre, pour la partie à laquelle la Commission n'avait pas donné satisfaction. |
| » | Chinon à Richelieu. | Belle et autres. | Wilson. | Renvoi au Ministre. |
| » | Vendôme à Orléans. | De Sonnier et Dufay. | De Sonnier, Wilson. | Id. |
| 56 | Embranchement de Segré à la Possonnière. | De Maillé et autres. | De Maillé, de La Porte | Repoussé. |
| » | Nantes vers la Roche-sur-Yon. | De la Biliais et autres. | De la Biliais | Id. |

| NUMÉROS des lignes. | CHEMINS demandés par amendement. | AUTEURS des amendements et des observations. | ORATEURS. | OBSERVATIONS. |
|---|---|---|---|---|
| » | Châteaubriant à Cholet | Laisant et autres. | Wilson. | Renvoi au Ministre. |
| » | Rennes à Fougères. | Ribot et autres. | Wilson. | Id. |
| » | Ploërmel à ou près Châteaubriant. | Lorois. | Lorois, Wilson. | Repoussé. |
| » | Prolongement de la ligne de Châteaubriant à Ploërmel sur Pontivy. Carhaix et le Pont-du-Buis. | De Gasté. | De Gasté, de La Porte | Renvoi au Ministre. |
| » | Ploërmel à Pontivy. | Le Magner. | Le Magner, de la Porte, le Ministre. | Renvoi au Ministre. |
| » | Carhaix à Quintin. | Armez. | Armez, de la Porte. | Repoussé. |
| » | Perros-Guirec à Lannion. | Le Provost de Launay. | De Penanster, de La Porte. | Repoussé. |
| » | Douarnenez à Audierne | Hémon. | Hémon, Wilson, le Ministre. | Renvoi au Ministre. |
| » | Brest à Saint-Pol-de-Léon. | de Gasté. | De Gasté, de Kerjégu. | Repoussé. |
| » | Des Sables-d'Olonne à la ligne de la Roche-sur-Yon à Luçon? | de la Bassetière | De la Bassetière, Beaussire, de la Porte, le ministre | Sans suite. |
| 74 | Additions diverses. | de la Porte et autres. | Le rapporteur, Beaussire, Bienvenu, Bourgeois. | Renvoi au Ministre. |
| » | Angoulême à Matha. | Ganivet et Roy de Loulay. | Roy de Loulay, de La Porte. | Repoussé. |
| » | Cognac à Barbezieux. | Cunéo d'Ornano | Cunéo d'Ornano, de La Porte. | Repoussé. |
| » | Taillebourg à Saujon. | Jolibois et autres. | Jolibois, Wilson. | Repoussé. |
| 79 bis | » | André. | André, de La Porte. | Amendement portant sur un changement de direction. — Repoussé. |

| NUMÉROS des lignes. | CHEMINS demandés par amendement. | AUTEURS des amendements et des observations. | ORATEURS. | OBSERVATIONS. |
|---|---|---|---|---|
| » | Issigeac à Sivrac. | Garrigat. | Garrigat. | Renvoi au Ministre. |
| » | Poitiers à Confolens. | Serph et autres. | Le rapporteur et le Ministre. | Id. |
| 86 | » | Le Ministre. | Le Ministre et le rapporteur | Observations du Ministre tendant au rejet de la rédaction de la Commission et à l'adoption de la désignation « du Blanc à Argent », dans un intérêt stratégique de premier ordre attesté par les événements de 1870-71. Accueillies par la Chambre, malgré les objections du rapporteur. |
| » | Issoudun à St-Aignan. | Leconte et autres. | Leconte. | Repoussé. |
| » | Magnac - Laval à La Châtre. | Moreau et autres. | Moreau. | Renvoi au Ministre. |
| » | Nontron à Périgueux. | Sarlande. | Sarlande. | Repoussés. |
| » | Id. | Maréchal et Garrigat. | Maréchal, le rapporteur. | Id. |
| » | Du Chemin de Nontron à Sarlat vers Saint-Yrieix. | Chavoix et autres. | Chavoix. | Renvoi au Ministre. |
| » | Uzerche à Aurillac. | Raymond Bastid. | Bastid. | Id. |
| 94 | » | Leconte. | Leconte. | Observations tendant à un changement de désignation. — Repoussées. |
| » | Guéret à Issoudun. | Fourot et autres. | De Saint-Martin. | Renvoi au Ministre. |
| » | Espalion à Saint-Georges-d'Aurat. | Oudoul. | Oudoul, le rapporteur | Id. |
| » | Maurs à Decazeville. | Bastid. | Le rapporteur. | Id. |
| 100 | » | Trubert. | Trubert, de La Porte | Amendement tendant au retour à la rédaction primitive du Gouvernement. — Repoussé. |
| » | Château-Chihon à Saumur. | Le Peletier d'Aunay et autres. | Le Peletier d'Aunay, le rapporteur. | Repoussé. |
| » | Châtillon-sur-Seine à Jessains. | Le comte de Roys et autres. | Le comte de Roys. | Renvoi au Ministre. |

| NUMÉROS des lignes. | CHEMINS demandés par amendement. | AUTEURS des amendements et des observations. | ORATEURS. | OBSERVATIONS. |
|---|---|---|---|---|
| » | Bar-sur-Seine à Dou-levant. | Fréminet. | Fréminet. | Renvoi au Ministre. |
| » | Doulevant à Bricon. | Bizot de Fon-tenay et autres. | Le rappor-teur. | Id. |
| » | Dijon à Gray par Mi-rebeau. | Lévêque et autres. | Lévêque, le rappor-teur. | Id. |
| » | Cusset à Boën. | Cornil et autres | Le rappor-teur, Cornil | Id. |
| » | Digoin à Étau. | Gilliot et autres | Le rappor-teur. | Id. |
| 112 | » | Ducroz et au-tres. | Ducroz. | Observations. — Renvoi au Mi-nistre. |
| » | Gap à la Mure, Gap à Sisteron, Briançon à la ligne de Chambéry à Turin. | Laurençon et autres. | Laurençon. | Renvoi au Ministre. |
| » | Sisteron vers la vallée de l'Ubaye. | Laurençon et Ferrary. | Laurençon. | Id. |
| » | Barjols à un point compris entre Bri-gnoles et Saint-Maxi-min. | Dréo et Daumas | Dréo. | Id. |
| » | Puget - Théniers à la ligne de Digne à Dra-guignan, par l'arron-dissement de Castel-lane. | Arthur Picard. | Picard. | Id. |
| » | Marsiac à Saint-Bonnet par Brioude, la Chaise-Dieu et Cra-ponne. | Maigne et au-tres. | Maigne, Reymond, Crozet-Fournayron | Discours de M. Maigne, insistant pour l'adoption de cet amen-dement, destiné à compléter une grande ligne transver-sale entre Bordeaux, Lyon et Genève. — Rejet, la dési-gnation proposée pour la ligne n° 132 bis. paraissant réserver la communication visée par M. Maigne, tout en laissant à l'administration la latitude nécessaire pour le choix de la direction à adopter. |
| » | Montbrison aux mines de Champagnac. | Girot-Pouzol et autres. | Girot-Pouzol et le rappor-teur. | Renvoi au Ministre. |
| » | Prades vers la ligne de Mende au Puy. | Blachères et au-tres. | Gleizal. | Id. |

| NUMÉROS des lignes. | CHEMINS demandés par amendement. | AUTEURS des amendements et des observations. | ORATEURS. | OBSERVATIONS. |
|---|---|---|---|---|
| 137 | » | Marcellin Pellet et Favand. | Marcellin Pellet. | Observations tendant à déterminer des points de passage. — Renvoi au Ministre. |
| » | Capdenac vers Saint-Laurent-d'Ott, par la vallée du Lot. | Roques et autres. | Roques, Azémar et Wilson. | Rejet. |
| 141 | » | Bernard Lavergne. | Lavergne, le rapporteur. | Observations tendant à substituer à Laguépie, pour le terminus de la ligne, un point compris entre Vindrac et Laguépie. — Vote favorable. |
| 147 | » | Marcou et Bonnet. | Marcou et Laumond. | Amendement de M. Marcou tendant au retour à la rédaction primitive du Gouvernement. — Repoussé. |
| 153 | » | Jean David et Descamps. | Jean David, le rapporteur. | Observations tendant à déterminer des points de passage. — Renvoi au Ministre. |
| » | Grenade à Lombez. | Jean David et Descamps. | Jean David, le rapporteur. | Renvoi au Ministre. |
| » | Saint-Sever à un point de la ligne de Bayonne à Toulouse, entre Orthez et Puyoo | Sourigues. | Sourigues. | Id. |
| » | Septèmes à ou près Roquefavour et Velaux à ou près Salon. | Amat. | Amat, le rapporteur. | Id. |

La Chambre refusa ensuite la prise en considération d'un amendement de M. de Gasté, tendant à stipuler que le Ministre pourrait établir à voie étroite les lignes dont la recette brute kilométrique devrait être de moins de 6 000 fr. Puis elle vota l'ensemble de la loi.

VI. — RAPPORT AU SÉNAT. — Transmis au Sénat le 3 avril 1879 [J. O., 17 avril 1879], le projet de loi donna lieu à un rapport de M. le général Billot, en date du 24 juin [J. O., 15 juillet 1879].

L'honorable sénateur commençait par constater l'insuffisance absolue de notre réseau, pour desservir convenablement l'industrie et l'agriculture ; pour mettre en valeur nos

richesses naturelles ; pour activer, le cas échéant, les mouvements de troupes ; pour lutter contre la concurrence
étrangère. Il proclamait la nécessité d'assurer une répartition plus équitable des chemins de fer entre les diverses
parties du territoire.

Mais, fallait-il préluder par une loi de classement général ?
La minorité de la Commission avait considéré ce mode de
procéder comme inutile et dangereux : inutile, en ce sens
que, à toute heure, le Gouvernement pouvait, en vertu de son
initiative, demander au Parlement la déclaration d'utilité
publique de chemins nouveaux, répondant à des besoins
réels ; dangereux, en ce sens qu'il enchaînait la liberté des
pouvoirs publics, qu'il comportait des engagements difficiles
à remplir sans compromettre les finances publiques, et qu'il
ne déterminait, ni les voies et moyens d'exécution, ni le mode
d'exploitation. Suivant la majorité, au contraire, un plan
général bien étudié, bien conçu, devait donner des garanties
précieuses d'ordre et de méthode, sans constituer un danger
pour nos finances, puisque le Parlement resterait maître de
la déclaration d'utilité publique et saurait fixer, quand le
moment en serait venu, les voies et moyens et le mode d'exploitation. C'est ainsi, d'ailleurs, que le législateur avait eu la
sagesse de procéder en 1842 ; les concessions de 1859 avaient,
elles-mêmes, été faites suivant un programme d'ensemble ;
et si, plus tard, on avait renoncé à cette pratique, les événements avaient démontré les inconvénients de cette faute.

Le principe du projet de loi étant ainsi admis, la Commission avait successivement examiné les cent quatre-vingt-
une lignes votées par la Chambre des députés et dont la
longueur totale était de 8 700 kilomètres environ. Elle avait
reconnu à toutes ces lignes le caractère d'intérêt général.
Elle avait également discuté les amendements qui lui
avaient été soumis ; ses conclusions, tendant au rejet d'une

partie de ces amendements et au renvoi des autres au Ministre, étaient consignées dans un état annexe. Finalement et sous les réserves indiquées dans cet état, elle avait émis un avis favorable au projet de loi, tel qu'il était sorti des délibérations de la Chambre des députés.

II. — Discussion au sénat. — La discussion générale au Sénat [J. O., 11 et 12 juillet 1879] eut plus d'ampleur qu'à la Chambre. Elle s'ouvrit par un discours de M. Krantz. L'orateur approuvait le principe du projet de loi ; il considérait comme opportun, utile et même nécessaire, de donner une impulsion sérieuse à nos grands travaux publics ; de renforcer notre outillage industriel ; de retenir sur notre territoire les capitaux flottants, habitués à aller courir les aventures à l'étranger ; d'établir une démarcation empirique entre les chemins d'intérêt général et les chemins d'intérêt local ; de procéder par voie de classement général, comme on l'avait fait en 1842 ; de suivre, à cet égard, la voie tracée par le Sénat lui-même, lors de la nomination de la Commission d'enquête sur le réseau ferré. Mais il se séparait de l'administration sur l'étendue à donner au programme. Dans son rapport du 2 janvier 1878 au Président de la République, le Ministre avait évalué à 5 000 kilomètres le développement des lignes nouvelles à introduire dans le réseau d'intérêt général et à 2 100 kilomètres celui des lignes d'intérêt local à y incorporer, ce qui devait porter à 38 000 kilomètres la longueur totale du réseau. Ce chiffre était déjà considérable : car il dépassait de 2 000 kilomètres le développement des routes nationales. Mais il avait grandi à tous les degrés de l'instruction. Il s'agissait aujourd'hui d'établir non plus 5 000 kilomètres, mais 8 570 kilomètres de chemins nouveaux, et d'élever, par conséquent, à 42 000 kilomètres la longueur du réseau d'intérêt général. Si on y ajoutait, d'une part, les lignes renvoyées pour étude au Ministre par la Chambre des députés et celles qui le seraient par le Sénat ; si, d'autre part, on estimait à 20 000 kilomètres, c'est-à-dire à la moitié seulement du chiffre indiqué par M. de Freycinet, dans son rapport du 2 janvier 1878, le développement du réseau d'intérêt local, on arrivait à un total de 62 000 kilomètres au minimum.

Ce total était véritablement excessif. Vainement invoquait-on l'exemple de la Belgique : ce pays n'était pas mieux doté, si on prenait pour terme de comparaison le chiffre de la population, et on ne pouvait raisonnablement chercher à l'égaler, au point de vue du développement des voies ferrées, par rapport à la superficie du territoire, sans oublier qu'il possédait des terres plus fertiles, une industrie plus puissante, des richesses minérales plus grandes, et qu'il n'avait subi ni guerre, ni révolutions, depuis de longues années. Vainement aussi soutenait-on que le classement n'engageait pas l'avenir, pour l'exécution à brève échéance des travaux : une fois l'œuvre promise aux régions intéressées, force serait de la réaliser et, d'ailleurs, un ajournement prolongé équivaudrait à la mise en interdit de certaines lignes, que les départements ne pourraient construire, malgré leur utilité, sans porter atteinte au classement. En outre, on ne pouvait méconnaître l'inconvénient de se lier les mains pour un délai trop long, alors que le temps provoquait si vite des déplacements d'intérêts et bouleversait si rapidement les prévisions les mieux assises.

A d'autres égards, le projet de loi prêtait à la critique. Sans parler de la difficulté de comprendre les principes qui avaient présidé à l'ordre de classement des lignes, il était regrettable que l'administration n'eût pas indiqué la longueur approximative de chacune de ces lignes ; qu'elle n'eût pas fait connaître celles qui paraissaient devoir être faites à deux voies et celles qui, au contraire, devaient l'être à voie unique ; qu'elle eût ainsi laissé dans l'ombre des éléments importants de l'évaluation de la dépense ; quelle n'eût pas divisé les chemins en catégories, au point de vue de la priorité de construction ; qu'elle se fût ainsi exposée à toutes les sollicitations et à toutes les pressions.

M. Krantz, revenant ensuite sur l'étendue du programme, exprimait ses craintes au sujet des dangers que ferait naître, tant pour nos finances que pour le prix de la main-d'œuvre, la réalisation d'un plan comportant, pour le réseau d'intérêt général seulement, l'ouverture de 1 500 kilomètres par an, si l'on s'en tenait à la période de dix à douze années, dont il avait été question pour l'exécution. De 1842 à 1852, on n'avait livré annuellement à l'exploitation que 355 kilomètres ; de 1852 à 1865, ce chiffre avait atteint 715 kilomètres ; enfin, dans les dernières années de l'Empire, après la loi de 1865, il s'était élevé à 815 kilomètres ; c'était là le summum, à une époque où nous possédions encore l'Alsace et la Lorraine et où nous avions 100 000 hommes de moins sous les drapeaux. Si l'on faisait, en outre, entrer en ligne de compte les lacunes et les rectifications de routes nationales, les chemins vicinaux, les canaux, les rivières, les ports, pouvait-on envisager, sans appréhension, l'effort inusité que l'on se proposait de demander au pays ? Le pouvait-on surtout, alors que le personnel ouvrier de la France était si restreint et que l'on était déjà obligé de faire, de tous côtés, appel au personnel étranger ? Ne redoutait-on pas le renchérissement des salaires et des matériaux ?

En étudiant de près le classement, on y voyait des lignes qui ne feraient probablement pas leurs frais d'exploitation et qui ne pouvaient être légitimement considérées comme de nature à accroître la richesse publique. L'expérience faite en Suisse était là pour nous éclairer : l'extension excessive,

qui y avait été donnée au réseau, avait entraîné des pertes
considérables de capitaux.

Sans doute, on avait fait valoir, à diverses reprises, que
nous occupions un rang indigne de nous, parmi les nations
européennes. Mais, en admettant la comparaison malgré
la réserve que devaient nous imposer nos désastres, il importait de considérer, avant tout, l'appropriation du réseau
aux besoins à satisfaire : il y avait là un élément d'appréciation plus important que celui qui était tiré de la longueur
des voies ferrées. A cet égard, notre amour-propre n'avait
point à souffrir. Nous ne ne pouvions avoir la prétention
d'être aussi bien dotés que la Belgique ou que la Grande-
Bretagne, l'entrepôt du monde entier ; nous n'avions pas à
regretter d'avoir été devancés par la Suisse, qui avait fait
une école funeste à ses intérêts. Nous ne devions pas oublier
non plus que la proportion des chemins à double voie était
notablement supérieure en France à celle de l'Allemagne,
de la Hollande et de la Suisse. En découpant dans le Nord
une région similaire à la Belgique, il était facile de reconnaître qu'elle était aussi largement desservie. Rien ne motivait, de notre part, une précipitation dangereuse.

En résumé, M. Krantz n'était disposé à se rallier au
projet que si les lignes recevaient un rang de priorité et si
les pouvoirs publics déterminaient celles qui seraient établies
à voie unique.

M. Varroy répondit à M. Krantz, par un discours nourri
de faits et d'arguments. Il traita d'abord de la mesure de
l'utilité des chemins de fer ; l'application de la méthode de
M. Dupuit, inspecteur général des ponts et chaussées, l'avait
conduit à reconnaître que le bénéfice acquis au public pouvait être évalué au triple de la recette brute. Ce chiffre,
quoique un peu inférieur à celui qui avait été indiqué par
M. de Freycinet et qui était du quadruple, n'en était pas

moins largement suffisant pour justifier l'initiative du Ministre des travaux publics. L'expérience était, d'ailleurs, là pour prouver que le degré d'utilité des voies de communication ne pouvait se mesurer à la rémunération directe des capitaux engagés dans leur construction et que des travaux, en apparence peu productifs, rendaient les plus grands services au pays : il suffisait de citer le nouveau réseau des Compagnies, dont le produit net était seulement de 1 1/2 %, les routes, les canaux. Une autre considération ne devait pas non plus être perdue de vue : c'est que les petites lignes ne produisaient pas seulement leur recette spéciale et locale; elles déversaient, sur les chemins auxquelles elles aboutissaient, des voyageurs et des marchandises ; le parcours moyen des voyageurs étant de 30 kilomètres et celui des marchandises de 120 kilomètres, ces chemins voyaient augmenter notablement leur produit, et l'application de la méthode de Dupuit permettait, par exemple, de reconnaître que, en moyenne, l'une des nouvelles lignes rapportant 6 500 fr. par kilomètres de recette localisée en produirait en réalité de 9 à 10 000, si on portait à son actif le surcroît de produit du réseau dont elle serait l'affluent.

L'orateur exprimait la conviction que le nouveau réseau était incontestablement utile ; il le jugeait même nécessaire, par la comparaison entre la situation de la France et celle de l'Allemagne. Au 31 décembre 1869, pour une étendue de territoire assez peu différente, la France avait 16 964 kilomètres de chemins en exploitation et l'Allemagne 17 322 kilomètres : l'écart n'était que de 300 kilomètres en nombre rond. Après 1870, la perte de l'Alsace-Lorraine avait porté cet écart à 1 844 kilomètres; au 31 octobre 1878, il avait atteint 7 613 kilomètres. La recette kilométrique moyenne était pourtant presque aussi élevée en Allemagne qu'en France : près de 40 000 fr., et elle n'avait pas été sensiblement diminuée par le développement du réseau; il en était de même du tonnage moyen, qui s'élevait à 380 000 tonnes environ, dans les deux pays. Quant aux doubles voies, l'Allemagne en avait 9 000 kilomètres au 31 décembre 1876, alors que la France en avait 8 000 kilomètres seulement. Le rapprochement de ces divers chiffres était trop saisissant, pour ne pas nous déterminer à profiter du relèvement de nos finances et à reprendre la tâche, un instant interrompue ; l'ouverture de 1 500 kilomètres par an n'avait rien d'effrayant, si l'on voulait bien remarquer que l'Allemagne avait augmenté annuellement son réseau de 1 600 kilomètres, pendant les dernières années.

M. Krantz avait vu un danger dans l'addition de 4 000 kilomètres au classement, pendant les diverses phases de l'instruction; mais cette addition n'était autre chose que la reprise d'une longueur équivalente sur le réseau d'intérêt local et ne constituait pas, dès lors, une aggravation de charges pour le pays. Le précédent orateur avait admis que le développement de ce dernier réseau pouvait atteindre 20 000 kilomètres. Mais, suivant M. Varroy, ce développement devait être inévitablement enrayé par le caractère peu favorable de la loi récemment votée par le Sénat, sur les chemins de fer d'intérêt local; par le classement lui-même, qui englobait la plupart des lignes antérieurement étudiées par les départements ; enfin par le concours que les conseils généraux auraient à fournir, pour l'exécution du programme en discussion.

On avait exprimé des craintes, au sujet du renchérissement de la main-d'œuvre et l'on avait invoqué, à l'appui de ces craintes, l'augmentation de 30 % qui s'était manifestée après la guerre, dans la région de l'Est où l'on construisait, simultanément, le canal de l'Est, des chemins de fer nouveaux et des ouvrages de défense. M. Varroy réfutait l'ar-

3                                                              43

gumentation : en effet, suivant lui, par une répartition équitable des travaux sur toute l'étendue du territoire, on arriverait à n'engager, dans chaque département, que 55 à 70 kilomètres de chemins à la fois, alors que le délai d'exécution serait de trois ou de quatre années ; en transformant en une longueur équivalente, au point de vue de la dépense, les travaux de port et de navigation intérieure et en ajoutant cette longueur à la précédente, on n'arriverait encore qu'à 80 ou 100 kilomètres, alors que, dans les quatre départements de la frontière auxquels il avait été fait allusion, on avait eu, à la fois, près de 200 kilomètres de chemins de fer et de canaux en cours de construction, sans parler des forts qui avaient exigé un personnel ouvrier fort nombreux et une quantité considérable de matériaux, et pour lesquels on avait dû se résigner à ne ménager aucun sacrifice.

M. Varroy passait ensuite à la question des voies et moyens, qu'il lui paraissait indispensable d'élucider à la face du pays. L'ensemble des dépenses extraordinaires auxquelles il y aurait à pourvoir serait de 7 milliards et demi, dont un milliard et demi pour le deuxième compte de liquidation (réarmement) et 6 milliards pour le programme de travaux publics. Ce total comprenant l'indemnité de rachat des réseaux secondaires du Sud-Ouest, les dépenses pouvaient être considérées comme prenant date à partir du 1er janvier 1878. La Commission des finances avait estimé, en 1878, qu'elles s'échelonneraient sur treize années ; mais elles ne s'élevaient alors qu'à 6 milliards et demi ; à raison de l'addition d'un milliard au programme, il convenait de porter ce délai à quinze années et de lui assigner, par suite, comme terme, l'année 1892. Or, à l'époque de la discussion du budget de 1879, on avait admis que, sur les 1 500 millions du second compte de liquidation, un milliard serait amorti en treize ans ; en recourant à des émissions de rente 3 %, amortissable pour le surplus, l'annuité totale serait, pour 1892, de 352, 384 ou 415 millions, suivant que le taux effectif des emprunts serait de 4,4 1/2 ou 5 %. Si on ralentissait au contraire l'amortissement du premier milliard, si on consolidait une partie de cette dette en 3 % amortissable, l'annuité totale afférente à l'année 1872, c'est-dire à l'année où les charges atteindraient leur maximum, serait sensiblement réduite. Pour ne pas s'éloigner de la vérité, il y avait lieu d'adopter le chiffre de 350 millions.

Pouvait-on inscrire ainsi 350 millions au budget, sans augmenter les impôts? Le point de départ était la disponibilité de 170 millions; il faudrait élever progressivement cette annuité de 15 millions par an, pendant douze années à partir de 1881. L'histoire de nos bugets devait nous enlever toute préoccupation à cet égard; les recettes ordinaires allaient, en effet, sans cesse en augmentant et les évaluations les plus modestes fixaient leur progression à 1 3/4 ou 2 %, soit à 45 ou 55 millions. Il suffirait d'un prélèvement du tiers, sur cette augmentation annuelle.

Encore l'annuité de 15 millions serait-elle probablement réduite, dans une assez large mesure, par le concours en capital des Compagnies concessionnaires et par les subventions départementales.

Après l'épreuve de l'année 1871, au cours de laquelle l'Assemblée nationale avait résolu, dans les circonstances les plus critiques, l'inscription en deux années d'une annuité d'amortissement de 200 millions, il était hors de doute que le pays pourrait, sans difficulté sérieuse, constituer en douze ans une dotation annuelle de 180 millions.

L'orateur examinait ensuite les conditions techniques dans lesquelles devraient être construites les nouvelles lignes, et avant tout il donnait son appréciation sur leur rendement probable. L'ancien réseau des Compagnies, dont la longueur était de 10 000 kilomètres, rapportait environ 70 000 fr. par kilomètre, et ce chiffre s'augmentait annuellement comme les recettes budgétaires. Le nouveau réseau produisait 20 000 fr. par kilomètre; ce produit ne s'accroissait pour ainsi dire pas; le fait s'expliquait par l'adjonction successive de lignes à faible trafic. Quant au troisième réseau, il n'en existait encore qu'une amorce formée par les Compagnies diverses, le réseau d'État, les Compagnies d'intérêt local; son produit brut moyen était de 8 500 fr. par kilomètre, pour 4 500 kilomètres. Dans ces conditions, il était prudent de n'attribuer aux lignes nouvelles qu'un produit brut kilométrique de 8 000 fr. En présence d'une recette si minime, il fallait savoir proportionner l'outil aux services en vue desquels il serait créé; il fallait admettre des pentes plus fortes, des courbes plus accusées, des installations de gares plus modestes. Il fallait que les ingénieurs apportassent dans la conception des projets, dans l'étude des tracés, la préoccupation constante de la plus stricte économie; qu'ils cherchassent à développer le trafic, en touchant d'aussi près que possible aux centres de population, aux usines, aux carrières; qu'ils multipliassent les haltes; qu'à l'inverse des grandes Compagnies, ils raccordassent les voies ferrées et les voies navigables et établissent des contacts fréquents entre ces deux catégories de voies de communication. En se conformant aux principes exposés par l'orateur pour la construction du troisième réseau, l'administration arriverait certainement à se tenir très notablement au-dessous du prix de revient des grandes Compagnies. La dépense moyenne kilométrique du réseau concédé à ces Compagnies était, d'ailleurs, grevée de sommes considérables, pour les intérêts qui s'ajoutaient souvent, pendant de longues années, au capital proprement dit de premier établissement et qui ne s'élevaient pas en moyenne à moins de 60 ou 70 000 fr. par kilomètre, soit au total à 500 millions pour le nouveau réseau des quatre Compagnies faisant appel à la garantie d'intérêt : sans doute, l'État aurait également à pourvoir au paiement d'intérêts; mais, du moins, en les payant annuellement, il n'aurait pas à servir les intérêts des intérêts et à supporter une charge qui, pour les grandes Compagnies, entrait pour plus de moitié (23 à 24 millions) dans le compte de la garantie (43 à 44 millions). Le réseau concédé avait été, en outre, grevé, à l'origine, de dépenses frustratoires dues, non seulement aux fusions, mais encore au système des entreprises générales, qui, pour une seule ligne, celle de Paris à Mulhouse, avt aientraîné un surcroît de prix de 100 000 fr. par kilomètre. L'administration n'aurait pas à subir ces causes de dépenses; elle profiterait de l'abaissement du prix des fers; elle pourrait établir presque toutes ses lignes à une voie. Déjà les Compagnies, qui avaient su adopter des procédés plus modestes de construction, avaient notablement diminué leur prix de revient durant les dernières années. C'est ainsi que la Compagnie de l'Est était descendue à 130 000 fr., 100 000 fr. et même 80 000 fr. par kilomètre; la Compagnie de l'Ouest était arrivée à des résultats analogues; M. Mangini avait, devant la Commission d'enquête du Sénat, affirmé la possibilité de ne pas dépenser plus de 80 à 90 000 fr., dans les vallées faciles, et plus de 200 000 fr., en pays difficile, sans le matériel roulant. Le personnel de l'État saurait de même faire petit, modeste et suffisant : l'exemple du réseau départemental du Bas-Rhin et de plusieurs lignes secondaires, construites par des ingénieurs des ponts et chaussées, le prouvait surabondamment.

En résumé et sous le bénéfice de ces observations, M. Varroy appuyait chaleureusement le projet de loi, qui lui paraissait devoir faire honneur au Ministre, au Parlement et à la République.

Après quelques observations de M. Dufournel qui se prononça contre la loi, M. Bocher prit la parole dans le même sens. Il rappela que, jusqu'alors, l'initiative des études et de l'instruction préalable à la déclaration d'utilité publique avait été réservée au Ministre ; qu'une fois cette instruction terminée, le Gouvernement apportait au Parlement des projets de loi fixant en même temps les conditions d'exécution et celles de l'exploitation ; que ces propositions ne portaient, en général, que sur un nombre restreint de lignes ; que, même dans le cas où, comme en 1868, 1874 et 1875, elles s'étendaient à des chemins plus nombreux, elles n'intéressaient néanmoins qu'une faible fraction des membres des Assemblées. C'est ainsi qu'avaient été successivement votés les 35 000 kilomètres d'intérêt général ou d'intérêt local, décrétés par les Chambres précédentes. M. de Freycinet avait cru devoir agir autrement et préparer un programme, qui avait progressivement grandi et qui n'embrassait pas moins de 245 lignes, non compris les amendements renvoyés pour étude à l'administration. En tenant compte de ces amendements, on ne pouvait estimer à moins de 25 000 kilomètres le développement des chemins nouveaux en construction ou à construire, tant dans la métropole qu'en Algérie, et à moins de 5 ou 6 milliards la dépense correspondante. En quoi consistait le projet de loi ? Il était formé de quatre articles dont le premier constituait un tableau dressé sans ordre méthodique ; le second prescrivait l'achèvement des études des lignes classées et contenait ainsi une stipulation inutile ; le troisième prévoyait l'exécution successive de ces lignes en ayant égard, d'une part, à leur importance relative, c'est-à-dire à un élément dont il avait toujours été tenu compte, et d'autre part, au concours financier des localités, c'est-à-dire à une considération favorable aux départements riches et défavorable aux dépar-

tements pauvres ; enfin le quatrième n'avait d'autre but que
d'indiquer que l'on aurait recours à l'emprunt, pour faire
face aux dépenses. Ainsi conçue, la loi ne résolvait aucune
des questions, ne tranchait aucune des difficultés que soulevait le grave problème de l'achèvement du réseau ; elle ne
produisait aucun principe nouveau, aucun système particulier ; elle n'avançait, ni d'un jour, ni d'une heure, la
construction des voies ferrées réclamées par le pays. Son
utilité était donc absolument problématique. A la vérité, on
avait prétendu que la création des chemins de fer français
s'était faite sans plan, ni méthode ; mais l'histoire était là
pour démentir cette assertion : n'y avait-il pas un plan rai-
sonné, méthodique, un système économique et financier,
dans la loi du 11 juin 1842, qui avait décidé l'établissement
des lignes magistrales de notre réseau et assuré leur exécution par l'action combinée de l'État et de l'industrie
privée? N'y avait-il pas une idée générale, une conception
rationnelle, dans les mesures prises après 1848 pour relever
le crédit des Compagnies, en procédant à leur fusion, en
leur donnant une base large et solide, en prolongeant
la durée de leurs concessions ? N'y avait-il pas une combinaison équitable et ingénieuse dans les conventions
de 1859, de 1863 et de 1868, qui avaient permis
de consacrer les plus-values des chemins antérieurement
concédés à la construction de lignes nouvelles et réduit le
concours de l'État à une garantie d'intérêt remboursable
et compensée par un partage éventuel des bénéfices? N'y
avait-il pas un principe fécond dans cette loi de 1865, qui,
mieux comprise et mieux surveillée dans son application,
aurait pu produire les plus heureux résultats? Trouvait-on
dans le projet de loi en discussion un principe, un système
analogue? Non, car le programme élaboré par le Gouvernement et par la Chambre des députés ne pouvait même

prétendre à constituer un cadre fermé, ne fût-ce qu'à titre
temporaire. On l'avait, à tort, représenté comme une œuvre
de réparation des injustices commises : il y avait eu, non
pas des injustices, mais des inégalités de situation des diverses parties du territoire. On l'avait également, à tort,
préconisé comme indispensable pour rendre à la France un
rang digne d'elle et de son génie : notre pays possédait autant de chemins de fer que l'Angleterre, l'Irlande et l'Écosse
réunies, autant que l'Allemagne, deux fois plus que l'Autriche-Hongrie, trois fois plus que l'Italie, cinq fois plus
que la Belgique. Si le développement de notre réseau ferré,
par rapport à la superficie du territoire, était inférieur à
celui des réseaux hollandais, belge et anglais, l'écart s'expliquait par la différence de la topographie, par nos crises
et nos vicissitudes intérieures ou extérieures, par la date plus
tardive à laquelle nous étions entrés dans l'arène. Au surplus
ce n'était point à la superficie du territoire, ni au chiffre de la
population, mais aux besoins de la circulation, à l'importance
du trafic, aux produits, aux richesses à mettre en mouvement,
que se mesurait la longueur utile d'un réseau de chemins de
fer. La question n'était pas de savoir quel était le réseau le plus
développé, mais bien quel était le mieux tracé, le mieux
équilibré ; celui qui, par le plus petit nombre de lignes, desservait le plus grand nombre d'intérêts ; celui dont la construction et l'exploitation avaient absorbé le moins de capitaux. A cet égard, nous pouvions défier toute comparaison.
Ainsi, à quelque point de vue que l'on se plaçât, le projet
de loi n'était qu'une illusion. Il avait, en outre, le grave défaut de nous engager dans une entreprise immense, sans
déterminer ce que les chemins deviendraient, au fur et à
mesure de leur exécution ; de mettre à la charge de l'État
20 000 kilomètres de lignes, y compris le réseau déjà constitué par la loi de 1878. M. de Freycinet avait si bien com-

pris la nécessité de pourvoir à cette situation, qu'il avait soumis aux Chambres des projets de conventions avec les grandes
Compagnies ; mais, ces conventions ayant été repoussées, il
importait que le Ministre fît connaître au plus tôt ses intentions nouvelles et que, au besoin, le Sénat lui traçât une
règle de conduite, en s'inspirant des conclusions de la Commission d'enquête présidée par M. Krantz et des travaux de
M. Foucher de Careil.

M. de Freycinet répondit à la fois à M. Krantz et à
M. Bocher. Tout d'abord, en ce qui concernait l'achèvement
du réseau ferré, ces deux orateurs avaient contesté, non pas
l'opportunité d'y procéder, mais l'ampleur du projet. Or,
au fond, le différend ne portait que sur les 2 000 kilomètres
de chemins nouveaux, que le Gouvernement avait ajoutés
aux 500 kilomètres prévus dans le rapport présenté par
M. le général d'Andigné, au nom de la Commission d'enquête du Sénat. Était-il possible d'affirmer qu'un plan, jugé
bon quand il portait le développement du réseau à 40 000 kilomètres, devînt mauvais, lorsqu'il élevait ce chiffre à
42 000 kilomètres? Sans doute, cet écart serait augmenté
par les quelques lignes supplémentaires qu'avait admises la
Chambre ou qu'admettrait le Sénat: mais il y avait là un
aléa peu important, inévitable en pareil cas.

On avait, en second lieu, critiqué, comme de nature à
imposer au pays des efforts excessifs, l'intention manifestée
par le Gouvernement d'ouvrir 1 500 kilomètres par an, et
on avait invoqué les chiffres beaucoup plus faibles qui
n'avaient pas été dépassés pendant la période de plus grande
activité sous l'Empire. Le raisonnement péchait par la base:
ce qu'il importait de considérer, c'était non point la longueur des chemins à livrer à l'exploitation, chaque année,
mais la somme à y consacrer. Or, de 1855 à 1865, la [dé-
pense annuelle moyenne avait atteint 430 millions et il ne

s'agissait que de dépenser de 300 à 350 millions. Les faits
n'étaient-ils pas là pour attester combien les sacrifices de ·
cette nature contribuaient à la prospérité publique, loin d'y
porter atteinte? N'était-il pas constant que, sous l'influence
de l'extension des voies de communication, de 1850 à 1875,
l'importance du commerce général s'était élevée de 2 milliards et demi à 9 milliards et demi, alors que, de 1825 à
1850, elle ne s'était élevée que de 1 milliard à 2 milliards et
demi? N'avions-nous pas sous les yeux l'exemple de l'Allemagne qui, avec des ressources inférieures aux nôtres, avait
exécuté, depuis 1870, 1 500 kilomètres par an?

Quant à la forme du projet de loi, on lui avait opposé
deux critiques contradictoires; d'un côté, on lui avait reproché d'être inutile et inefficace, de ne pas avancer d'une
heure l'achèvement du réseau; d'un autre côté, on l'avait
représenté comme lançant le pays dans des aventures redoutables. Il suffisait de faire ressortir la contradiction de
ces imputations pour en faire justice.

M. de Freycinet insistait, à cette occasion, sur l'erreur
de ceux qui repoussaient la construction des lignes dont le
capital ne devait pas être remunéré. C'était, à ses yeux,
raisonnement de négociant et non raisonnement d'homme
d'État. Car, en matière de chemins de fer, il y avait ce que
l'on voyait et ce que l'on ne voyait pas. Il y avait, outre le
produit direct de l'exploitation, l'économie énorme réalisée
sur les transports; les impôts directs ou indirects perçus par
l'État sur les voies ferrées et équivalant, pour les grandes
Compagnies, au bénéfice des actionnaires; les impôts et
contributions de toute nature sur les objets mis en mouvement. Pouvait-on, d'ailleurs, tarder davantage à doter de
chemins de fer les régions pauvres?

Le classement, tel qu'il était proposé, n'avait point été
arrêté sans méthode, comme l'avaient soutenu les adversaires

du projet de loi. L'administration avait suivi un ordre géographique, consacré par les travaux antérieurs de statistique,
conforme aux précédents. Si les lignes n'avaient point été
groupées par ordre de priorité, c'est qu'il avait fallu renoncer à ce groupement très séduisant de prime abord : il
était impossible, en effet, pour des raisons inutiles à expliquer, de mettre en relief au premier plan les lignes stratégiques et, par suite, les combinaisons adoptées par le département de la guerre, pour la mobilisation et la défense du
pays ; il était également impossible de s'enfermer dans des
liens que les phénomènes économiques, commerciaux, industriels viendraient rompre inévitablement pendant la période assignée aux travaux ; il était impossible enfin de s'exposer aux difficultés qu'un ordre de priorité eût suscitées
au sein du Parlement.

M. de Freycinet se défendit enfin d'avoir fait œuvre de
politique, dans un vain désir de popularité. S'il avait été
inspiré par une idée politique, c'était uniquement par le désir
de donner à la France la conciliation et l'apaisement dans le
travail, de contribuer au bien et à la grandeur de la patrie.

Le Sénat vota ensuite, le 12 juillet, les divers articles de
la loi après avoir prononcé le renvoi au Ministre de divers
amendements énumérés ci-dessous.

| CHEMINS DEMANDÉS PAR AMENDEMENTS. | AUTEURS DES AMENDEMENTS. |
|---|---|
| Hazebrouck à Béthune par Merville..... | Massiet du Biest et autres. |
| Naix-Menaucourt à Sorcy ou Pagny-sur-Meuse....................... | Vivenot et Honnoré. |
| Anbréville à Apremont par Varennes... | Vivenot et autres. |
| Reims à Dormans.................. | Dauphinot et Leblond. |
| Prolongement jusqu'à Givry-en-Argonne du chemin de Troyes à Vitry-le-François........................... | Dauphinot et Leblond. |
| Villenauxe à Toucy................ | Rampont et autres. |

| | |
|---|---|
| Toul à Thiaucourt.................. | Bernard et Varroy. |
| Lunéville à Einville................ | Bernard et Varroy. |
| Grandvilliers à Abbeville............ | Cuvinot et Lagache. |
| Rennes à Fougères................. | Roger-Marvaise et autres. |
| Laval à Ernée..................... | Dubois-Fresnay et Denis. |
| Laval à Saint-Hilaire-du-Harcouët..... | Denis et autres. |
| Fresnay-sur-Sarthe à la ligne d'Alençon à Mayenne...................... | Caillaux et Vétillart. |
| Bellême à Nogent-le-Rotrou........... | Caillaux et Vétillart. |
| Sillé-le-Guillaume à Couterne......... | Dubois-Fresnay et Denis. |
| Argentan à Vimoutiers (l'amendement comprenait en outre une section de Prez-en-Pail à Argentan, non admise par la Commission ni par le Sénat).. | Poriquet et autres. |
| Château-la-Vallière à la ligne de Tours à Savigny...................... | Guinot et autres. |
| Chinon à Richelieu................. | Guinot et autres. |
| La Possonnière à Candé ou à Segré... | Baron Le Guay et autres. |
| Ancenis à Châteaubriant............. | Baron de Lareinty et autres. |
| Guérande à Questembert............. | Baron de Lareinty et autres. |
| Nantes à La Roche-sur-Yon.......... | Baron de Lareinty et autres. |
| Cholet à Saumur.................... | Baron Le Guay et autres. |
| Cognac à Ruffec.................... | Carnot. |
| Taillebourg à Saujon............... | Boffinton et autres. |
| Matha à Angoulême................. | Roy de Loulay. |
| Nontron à Périgueux................ | Daussel. |
| Sarlat aux Eyzyes.................. | Marquis de Malleville. |
| Châteauroux à Guéret............... | Palotte et autres. |
| Embranchement de la ligne de Givors à Paray-le-Monial.................. | Mangini. |
| Bellenave à Paray-le-Monial.......... | Chantemerle et autres. |
| Annemasse à Marignier.............. | Chardon et Chaumontel. |
| Gap à La Mure.................... | De Ventavon et autres. |
| Gap à Sisteron.................... | De Ventavon et autres. |
| Sisteron à la vallée d'Ubaye.......... | De Ventavon et autres. |
| Briançon à la ligne de Chambéry à Turin.......................... | De Ventavon et autres. |
| Vienne au Grand-Lemps............. | Eymard-Duvernay. |

| | |
|---|---|
| Valréas à Saint-Rambert-d'Albron..... | Malens et Lamorte. |
| Barjols à Saint-Maximin............. | Charles Brun et autres. |
| Les Salins-d'Hyères à Fréjus......... | Charles Brun et Ferrouillat. |
| Privas à Aubenas.................. | Comte Rampon. |
| Penchot à Saint-Laurent-d'Olt......... | Mayran et autres. |
| Toulouse à Lannemezan............. | Hébrard et autres. |
| Hagetmau à ou près Puyòo........... | Daguenet et autres. |

Notons également pour terminer :

Le renvoi au Ministre d'une proposition de MM. Lenoël et autres, tendant à définir la ligne de « Carentan au chemin de Sottevast à Coutances », sous le nom de ligne « de Carentan à Périers » ;

Le renvoi d'un amendement de M. le vicomte de Lorgeril, tendant à remplacer la ligne de la Brohinière à Dinan par une variante de Caulnes-Dinan à Dinan ;

Le rejet d'un amendement de MM. Boffinton et autres, portant classement d'un chemin de Saint-Ciers-la-Lande à Royan ;

Le renvoi d'un amendement de MM. le baron de Barante et autres, tendant à fixer un point de passage pour la ligne du col des Gouttières au chemin de Montluçon à Eygurande ;

Le renvoi d'une proposition de MM. Dieudé-Defly et Garnier, tendant à remplacer la ligne de Draguignan à Cagnes par Grasse, par une ligne de Draguignan à Nice par Grasse ;

Le renvoi d'un amendement de MM. Barne et Pelletan, ayant pour objet la substitution d'une ligne de Draguignan à Meyrargues à celle de Draguignan à Mirabeau ;

Le renvoi d'une proposition de MM. le comte Rampon et Malens, portant substitution d'une ligne de Saint-Peray au chemin du Puy aux deux chemins de la Voulte à Issingeaux et de Tournon au chemin précédent ;

Le renvoi de deux amendements de MM. Roussel et de

Rozière, tendant à substituer à la ligne d'Anduze au chemin de Rodez à Millau, avec embranchement sur Florac, les deux lignes primitivement proposées par le Gouvernement, de Florac à Anduze par le col de Fontemort et de Florac au chemin de Rodez à Millau ;

Le renvoi d'un amendement de MM. Cazot et autres; portant fixation de certains points de passage pour la même ligne;

Le rejet d'un amendement, en faveur d'un embranchement de Morlaas à Saint-Germé.

La loi ainsi votée prit la date du 17 juillet 1879 [B. L., 2ᵉ sem. 1879, n° 456, p. 6].

Nous donnons ci-dessous la nomenclature définitive des lignes classées, ainsi qu'un tableau des lignes ayant fait l'objet d'amendements renvoyés pour étude au Ministre des travaux publics, en distinguant par la lettre D les amendements envoyés par la Chambre des députés seulement, par la lettre S les amendements renvoyés par le Sénat seul, et par les lettres S. D les amendements renvoyés par les deux Chambres.

### 1° Tableau des lignes classées.

| | |
|---|---|
| 1. Armentières à Lens, par Don. . . . . . . . . . . . | 24 km. |
| 2. Armentières à Tourcoing et à Roubaix. . . . . . . | 19 |
| 3. Roubaix à la frontière belge, vers Audenarde. . . | 2 |
| 4. Valenciennes à Denain et Lourches, par ou près Trith-Saint-Léger. . . . . . . . . . . . . . . . . . . | 11 |
| 5. Denain à Saint-Amand. . . . . . . . . . . . . | 14 |
| 6. Don à Templeuve. . . . . . . . . . . . . . . . | 20 |
| 7. Lille (la Madeleine) à Lannoy, par le Breucq, l'Empempont et Ham. . . . . . . . . . . . . . . . . . . | 12 |
| 8. Ormoy à la vallée de l'Ourcq, par ou près Betz. . . | 20 |
| 9. D'un point de la ligne de Villers-Cotterets à Château-Thierry à une station à établir sur la ligne de Paris à Avricourt, entre les stations de Trilport et de Changis. . . . | 28 |
| A reporter. . . . . . . . . . | 150 km. |

|  |  |
|---|---|
| *Report.* . . . . . . . | 150 km. |
| 10. Hirson à Busigny, avec embranchement de ou près Wimy à Guise. . . . . . . . . . . . . . . . . . . . | 84 |
| 11. Solre-le-Château à Avesnes. . . . . . . . . . . | 12 |
| 12. Valenciennes à Laon , par ou près le Cateau. . . . | 107 |
| 13. Laon à Mézières, par ou près Rozoy (Aisne). . . . | 90 |
| 14. D'un point à déterminer sur la ligne de Mézières à Hirson, par Rocroy, à la frontière belge, vers Chimay. . . . | 16 |
| 15. Soissons à Rethel , par la vallée de l'Aisne. . . . | 77 |
| 16. Montmédy à Stenay ou à Dun. . . . . . . . . . . | 24 |
| 17. Baroncourt à Étain. . . . . . . . . . . . . . | 11 |
| 18. Revigny à Saint-Dizier. . . . . . . . . . . . . | 28 |
| 19. Melun à la Ferté-sous-Jouarre, par ou près Rozoy et Coulommiers. . . . . . . . . . . . . . . . . . | 68 |
| 20. Esbly à un point à déterminer sur la ligne de Gretz à Coulommiers, entre Faremoutier et Coulommiers. . . . | 22 |
| 21. Laon à ou près Château-Thierry. . . . . . . . . | 64 |
| 22. Provins à Esternay, par ou près Villiers-Saint-Georges. . . . . . . . . . . . . . . . . . . . | 29 |
| 23. Fère-Champenoise à Vitry-le-François. . . . . . . | 50 |
| 24. Avallon à Bourges, par ou près Clamecy, Cosne et Sancerre (entraînant la suppression de Chatel-Censoir à Sermizelles). . . . . . . . . . . . . . . . . . . | 143 |
| 25. Cosne à Saint-Sauveur. . . . . . . . . . . . . | 34 |
| 26. Auxerre à Vitry-le-François, par ou près Saint-Florentin, Troyes et Brienne. . . . . . . . . . . . . | 145 |
| 27. Gerbéviller (Meurthe-et-Moselle) à Bruyères (Vosges). . . . . . . . . . . . . . . . . . . . | 45 |
| 28. Jussey à la ligne d'Epinal et à Aillevillers. . . . . | 72 |
| 29. Prolongement de la ligne de Remiremont à Saint-Maurice-sur-Moselle jusqu'à Bussang. . . . . . . . . . | 4 |
| 30. Bas-Evette (Belfort) à Giromagny. . . . . . . . | 7 |
| 31. Lure à Loulans-les-Forges, par Villersexel. . . . | 38 |
| 32. Raccordement entre la ligne de Ceinture de Paris (rive gauche) et la ligne de Paris à ou près Auneau. . . . . | 1 |
| 33. Raccordement entre la ligne de Ceinture de Paris (rive gauche) et celle du pont de l'Alma à Courbevoie. . . | 1 |
| *A reporter.* . . . . . . | 1322 km. |

|  | |
|---|---:|
| *Report.* . . . . . | 2140 km. |
| 55. Benet à la ligne de Niort à Ruffec. . . . . . . . | 9 |
| 56. De la limite de la Sarthe (vers la Flèche) à Saumur et raccordement des gares de Saumur. . . . . . . . . . | 51 |
| 57. Saumur à Château-du-Loir, par ou près Noyant et Château-la-Vallière, avec raccordement de Savigny à la ligne de Château-du-Loir à Saint-Calais. . . . . . . . . | 63 |
| 58. Tours à Savigny, avec raccordement à la ligne de Vendôme à Pont-de-Bray, entre Vendôme et Montoire. . . | 69 |
| 59. Saint-Aignan, par Contres, vers Blois. . . . . . . | 30 |
| 60. Nantes à Segré. . . . . . . . . . . . . . . . . . | 77 |
| 61. Beslé à ou près la Chapelle-sur-Erdre, par Blain. . | 41 |
| 62. Pouancé (Maine-et-Loire) à un point à déterminer sur la ligne de Paris à Rennes, entre Laval et le Genest, par ou près Craon. . . . . . . . . . . . . . . . . . . . | 58 |
| 63. Raccordement, à Pontorson, des lignes de Saint-Lô à Lamballe et de Fougère à la baie du Mont-Saint-Michel. | 4 |
| 64. Miniac à la Gouesnière, par Châteauneuf (Ille-et-Vilaine) . . . . . . . . . . . . . . . . . . . . . . . . . | 11 |
| 65. La Brohinière à Dinan (Côtes-du-Nord) et Dinan à Dinard (Ille-et-Vilaine). . . . . . . . . . . . . . . . . | 55 |
| 66. Châteaubriant à Ploërmel, par près Bain et Messac. | 88 |
| 67. Auray à Quiberon (Morbihan). . . . . . . . . . . | 26 |
| 68. Saint-Brieuc au Légué (Côtes-du-Nord). . . . . . . | 7 |
| 69. Guingamp à Paimpol (Côtes-du-Nord). . . . . . . | 36 |
| 70. Carhaix à Guingamp, par Callac. . . . . . . . . | 46 |
| 71. La Brohinière à la ligne de Châteaulin à Landerneau, par Loudéac et Carhaix. . . . . . . . . . . . . . | 168 |
| 72. Concarneau à Rosporden (Finistère). . . . . . . . | 14 |
| 73. Carhaix à ou près Quimperlé et Carhaix à ou près Morlaix. . . . . . . . . . . . . . . . . . . . . . . . . | 112 |
| 74. Morlaix à Roscoff (Finistère). . . . . . . . . . . | 26 |
| 75. Brest au Conquet (Finistère). . . . . . . . . . . . | 24 |
| 76. Châteaulin à Camaret (Finistère). . . . . . . . . | 46 |
| 77. Quimper à Douarnenez (Finistère) et Quimper à Pont-l'Abbé (Finistère) . . . . . . . . . . . . . . . . . | 39 |
| 78. D'un point entre Machecoul et la Roche-sur-Yon (à ou près Challans) au goulet de Fromentine (Vendée). . | 24 |
| 79. Velluire à Parthenay, par Fontenay-le-Comte et Breuil-Barret et Fontenay-le-Comte à Cholet. . . . . . . | 172 |
| *A reporter.* . . . . . . | 3433 km. |

|  |  |
|---|---|
| *Report* | 3433 km. |
| 80. Surgères à Marans | 31 |
| 81. Saint-Laurent-de-la-Prée au fort d'Enet (Charente-Inférieure) | 9 |
| 82. Saint-Jean-d'Angély à Civray, avec embranchement sur Cognac, par Matha | 110 |
| 83. Saujon (Charente-Inférieure) à un point de la ligne de Tonnay-Charente à Marennes | 31 |
| 84. Barbezieux à un point à déterminer entre Montendre et Cavignac | 48 |
| 85. Bordeaux (gare spéciale) à ou près Cavignac (Gironde) | 36 |
| 86. La Sauve à Eymet, par ou près Targon, Sauveterre, Monségur et Duras | 62 |
| 87. Libourne à ou près Langon | 43 |
| 88. De la gare de Moulis (ligne du Médoc) au port de Lamarque | 6 |
| 89. Châtellerault à Tournon-Saint-Martin (Indre) | 41 |
| 90. Loudun à Châtellerault | 47 |
| 91. Preuilly à Tournon-Saint-Martin (Indre) | 15 |
| 92. Le Blanc à Argent | 161 |
| 93. Issoudun à Bourges, par Saint-Florent | 21 |
| 94. Le Dorat à Magnac-Laval (Haute-Vienne) | 7 |
| 95. Confolens à Bellac | 39 |
| 96. Ruffec à Excideuil | 40 |
| 97. Nontron à ou près Sarlat, en passant par ou près Thiviers, Villiac et Condat, avec embranchement d'Hautefort à un point à déterminer entre Objat et Brives (entraînant la suppression de la ligne de Nontron à Périgueux) | 137 |
| 98. Bussière-Galant à ou près Saint-Yrieix (Haute-Vienne) | 16 |
| 99. Limoges à Brives, par Uzerche, avec raccordement par la vallée de la Vézère et Treignac avec la ligne de Limoges à Meymac | 131 |
| 100. Uzerche à Aurillac, par ou près Tulle et Argentat | 83 |
| 101. D'un point à déterminer sur la ligne de Châteauroux à Limoges, entre Forgevieille et Eguzon, à ou près Guéret | 44 |
| 102. Felletin à Bort, par Ussel | 70 |
| 103. Felletin à Bourganeuf | 45 |
| *A reporter* | 4706 km. |

|  | |
|---|---:|
| *Report.* . . . . . . . | 4706 km. |
| 104. Montluçon à Eygurande, par ou près Evaux et Auzances . . . . . . . . . . . . . . . . . . . . . . | 92 |
| 105. Lavaud-Franche à la ligne de Montluçon à Eygurande, par ou près Chambon. . . . . . . . . . . . . . . | 20 |
| 106. Saint-Eloi au col de Vauriat et raccordement du col de Gouttières à la ligne de Montluçon à Eygurande. . . | 83 |
| 107. Sancoins à ou près Lapeyrouse, par ou près Montmarault . . . . . . . . . . . . . . . . . . . . . . | 75 |
| 108. Bort à Neussargues (Cantal). . . . . . . . . . . . | 60 |
| 109. Laqueuille au Mont-Dore, par la Bourboule. . . . | 15 |
| 110. Villeneuve-sur-Lot à Tonneins et à Falgueyrat. . | 72 |
| 111. Cahors à ou près Moissac. . . . . . . . . . . . | 58 |
| 112. Nevers à Tamnay (Nièvre). . . . . . . . . . . . | 50 |
| 113. Tamnay à Château-Chinon . . . . . . . . . . . | 23 |
| 114. De Châtillon-sur-Seine à ou près Montchanin, par ou près les Laumes et Epinac. . . . . . . . . . . . . | 156 |
| 115. Chagny, par Seurre, à un point à déterminer sur sur la ligne de Dôle à Dijon. . . . . . . . . . . . . | 64 |
| 116. Vichy à Cusset. . . . . . . . . . . . . . . . | 4 |
| 117. Givors à Paray-le-Monial, par ou près l'Arbresle. | 125 |
| 118. Paray-le-Monial à un point à déterminer entre Saint-Martin-d'Estréaux et la Palisse. . . . . . . . . . | 44 |
| 119. Champagnole à ou près Ambérieu, par la Cluse, avec embranchement sur Morez et embranchement de Verges à Jeurre . . . . . . . . . . . . . . . . . . . | 184 |
| 120. Lons-le-Saunier à Champagnole. . . . . . . . . . | 44 |
| 121. De la ligne de Lyon à Genève à Gex et à Divonne. . . . . . . . . . . . . . . . . . . . . . . . | 39 |
| 122. Gilley (Doubs) à Pontarlier. . . . . . . . . . . | 23 |
| 123. Vougeaucourt (Doubs) à Saint-Hippolyte. . . . . | 27 |
| 124. Saint-Hippolyte à la ligne de Besançon à Morteau . . . . . . . . . . . . . . . . . . . . . . . . | 47 |
| 125. La Roche à Saint-Gervais et à Chamonix (Haute-Savoie). . . . . . . . . . . . . . . . . . . . . | 70 |
| 126. Albertville à Annecy. . . . . . . . . . . . . . | 44 |
| 127. La Mure (Isère) à la ligne de Grenoble à Gap. . . | 32 |
| 128. Savines (Hautes-Alpes) à Barcelonnette. . . . . . | 37 |
| 129. Nyons à la ligne de Lyon à Marseille, par Valréas. | 41 |
| 130. Vaison à Orange. . . . . . . . . . . . . . . . | 27 |
| *A reporter.* . . . . . . | 6262 km. |

| | |
|---|---|
| *Report.* | 7748 km. |
| 158. Saint-Chinian à ou près Saint-Pons. | 26 |
| 159. Carmaux à un point à déterminer entre Vindrac et Laguépie. | 25 |
| 160. La Bastide-Rouairoux (Tarn) à Bize (Aude) | 36 |
| 161. Agde à la mer. | 4 |
| 162. Saint-Girons à Foix. | 44 |
| 163. D'un point à déterminer entre Pamiers et Saint-Antoine-de-Foix à un autre point à déterminer entre Limoux et Quillan. | 41 |
| 164. Lavelanet (Ariège) à la ligne de Castelnaudary à Carcassonne | 61 |
| 165. Quillan à Rivesaltes (Pyrénées-Orientales). | 69 |
| 166. Prades à Olette (Pyrénées-Orientales). | 15 |
| 167. Vicdessos à Tarascon (Ariège). | 14 |
| 168. Saint-Girons à Seix (Ariège). | 17 |
| 169. Ligne de ceinture de Toulouse. | 10 |
| 170. Castelsarrasin à Lombez. | 73 |
| 171. Auch à Lannemezan | 66 |
| 172. Lannemezan à Arreau (Hautes-Pyrénées) | 26 |
| 173. Chaum (Haute-Garonne) à la frontière espagnole, au Pont-du-Roy. | 14 |
| 174. Auch à Bazas, passant par ou près Eauze. | 143 |
| 175. Saint-Sever à Pau, à Dax et à Mont-de-Marsan | 134 |
| 176. Vic-en-Bigorre à la ligne de Saint-Sever à Pau. | 35 |
| 177. Nérac à Mont-de-Marsan, par ou près Mézin, Sos et Villeneuve-de-Marsan | 91 |
| 178. Oloron à Bedous (Basses-Pyrénées). | 27 |
| 179. Oloron à la ligne de Puyoo à Saint-Palais, par la vallée du gave d'Oloron. | 45 |
| 180. Saint-Martin-Autevielle à Mauléon. | 26 |
| 181. Bayonne à Saint-Jean-Pied-de-Port, avec embranchement d'Ossés à Saint-Étienne-de-Baïgorry. | 58 |
| TOTAL. | 8 848 km. |

2° *Tableau des lignes ayant fait l'objet d'amendements renvoyés pour étude au Ministre des travaux publics.*

| | |
|---|---|
| s. Argenton à Vimoutiers, par Erun. | 35 km. |
| *A reporter.* | 35 km. |

|  | *Report.* | 35 km. |
|---|---|---|
| s. | Aubréville à Apremont, par Varennes. | 16 |
| d. | Aurillac à Entraygues. | 40 |
| d. | Avranches à Fougères, par Saint-James. | 27 |
| d. | Bar-sur-Seine à Doulevant, par Estoyes. | 47 |
| s. d. | Barjols à la ligne de Brignoles à Saint-Maximin. | 25 |
| s. | Beaujeu à la ligne de l'Arbresle à Paray-le-Monial. | 15 |
| s. | Bellême à Nogent-le-Rotrou. | 23 |
| s. d. | Bellenave à Paray-le-Monial par ou près Chantelle, Varennes et le Donjon. | 92 |
| s. | Bessèges à Chamborigaud. | 9 |
| d. | Boën à Vichy et à Gannat. | 54 |
| d. | Carvin à Orchies, par Auchy, Bersée, Caumont, Mons-en-Puel, Thumeries, Wahagnies et Libercourt. | 18 |
| d. | Chalonnes vers Angers par les Ponts-de-Cé (rive gauche de la Loire). | 20 |
| d. | Chantonnay-les-Herbiers à Montaigu, par Saint-Fulgent. | 10 |
| d. | Château-la-Vallière à Port-Boulet, par Bourgueil. | 41 |
| s. d. | Châteaubriant à Ancenis. | 45 |
| d. | Châtillon-sur-Seine à Jessains, par Essoyes et la vallée du Landion. | 53 |
| d. | Cherbourg à Saint-Vaast, par Saint-Pierre-de-Barfleur. | 28 |
| s. d. | Chinon à Richelieu. | 15 |
| d. | Cholet à Ancenis. | 49 |
| s. | Cognac à Ruffec, par Rouillac et Aigre. | 45 |
| d. | Digoin à Étang, par la vallée de l'Arroux. | 51 |
| d. | Dijon à Gray, par Mirebeau. | 35 |
| d. | Don à Orchies, par Carvin. | 17 |
| s. d. | Dormans à Reims. | 37 |
| d. | Douarnenez à Audierne. | 19 |
| d. | Doulevant-le-Château à Bricon, par Juzennecourt. | 35 |
| d. | Espalion vers Pont-de-Montgon, par ou près Entraygues, Chaudesaygues, Pierrefort. | 78 |
| d. | Esternay à Épernay et embranchement sur Sézanne. | 46 |
| d. | Fontenay-le-Comte (d'un point entre) et Chantonnay à Aiguillon sur-Mer, par Sainte-Hermine et Luçon. | 44 |
| s. | Fresnay-sur-Sarthe à la ligne d'Alençon à Mayenne, par Villaines-la-Juhel. | 33 |
|  | *A reporter.* | 1102 km. |

|  |  |
|---|---|
| *Report.* . . . . . . | 1102 km. |
| s. d. Gap à la Mure, par la vallée du Drac. . . . . . . | 23 |
| s. d. Gap à Sisteron, par la vallée de la Durance. . . | 61 |
| s. d. Grandvilliers à Abbeville. . . . . . . . . . . | 56 |
| s. Grasse à Nice, par Vence. . . . . . . . . . . . | 30 |
| d. Grenade à Lombez. . . . . . . . . . . . . . . | 37 |
| s. Guérande à Questembert, par la Roche-Bernard. . . | 47 |
| s. d. Guéret par Aigurande à la ligne d'Argenton à la Châtre. . . . . . . . . . . . . . . . . . . . . . | 67 |
| s. d. Hagetmau, par Amou, entre Orthez et Puyoo. . . | 34 |
| d. Hautefort à Saint-Yrieix, par la Nouaille. . . . . . | 27 |
| s. Hazebrouck à Béthune, par Merville. . . . . . . . | 30 |
| d. Issigeac à Siorac. . . . . . . . . . . . . . . | 38 |
| s. d. Issoudun à la ligne d'Argenton à la Châtre, vers Aigurande. . . . . . . . . . . . . . . . . . . . | 40 |
| s. La Possonnière à Candé ou à Segré. . . . . . . . | 33 |
| d. La Trémouille au Dorat. . . . . . . . . . . . . | 30 |
| s. d. Laval à Vire. . . . . . . . . . . . . . . . | 67 |
| d. Loches à Saint-Aignan, par Montrésor. . . . . . . | 45 |
| s. Lunéville à Einville. . . . . . . . . . . . . . | 11 |
| d. Magnac-Laval à Argenton. . . . . . . . . . . . | 52 |
| d. Magnac-Laval à la Châtre, par Aigurande. . . . . . | 82 |
| s. d. Marignier à Annemasse, par Saint-Geoire. . . . . | 31 |
| s. d. Martigné-Briant à Cholet, par Vihiers. . . . . . | 42 |
| s. Matha à Angoulême, par Rouillac et Hiersac. . . . | 43 |
| d. Maurs à Decazeville. . . . . . . . . . . . . . | 19 |
| s. d. Mayenne à Saint-Hilaire-du-Harcouët. . . . . . | 43 |
| d. Mende à Florac. . . . . . . . . . . . . . . . | 43 |
| d. Méru à Valmondois.. . . . . . . . . . . . . . | 48 |
| d. Montbrison aux mines de Champagnac, par Ambert et Issoire. . . . . . . . . . . . . . . . . . . . | 180 |
| d. Montoire à Vouvray. . . . . . . . . . . . . . | 45 |
| s. d. Naix-Menaucourt à Sorcy ou Pagny-sur-Meuse, par Reffroy, Vacon et Void. . . . . . . . . . . . | 29 |
| s. Nantes à la Roche sur-Yon, par ou près Legé, Rocheservière et Saint-Philibert-de-Grand-Lieu. . . . . . . . | 63 |
| s. Nontron à Périgueux. . . . . . . . . . . . . | 35 |
| d. Noyant à Angers, par Baugé et Beaufort. . . . . . | 51 |
| s. d. Noyant vers Montoire par Neuvy et Neuillé-Pont-Pierre. . . . . . . . . . . . . . . . . . . . . | 66 |
| *A reporter* . . . . . . | 2620 km. |

| | |
|---|---:|
| *Report.* | 2620 km. |
| s. Penchot à Saint-Laurent-d'Ott, par la vallée du Lot. | 84 |
| D. Ploërmel, par un point entre Loudéac et Pontivy, à la ligne de Loudéac à Carhaix. | 62 |
| D. Poitiers à Confolens, par la Villedieu, Gençais et Usson. | 67 |
| D. Pont-de-Montgon à Saint-Georges-d'Aurac. | 40 |
| D. Prades (Ardèche) à la ligne de Langogne au Puy. | 90 |
| D. Preuilly à Loches. | 32 |
| s. Privas à Aubenas. | 21 |
| D. Puget-Théniers à la ligne de Digne à Draguignan. | 35 |
| D. Rambouillet à Etampes, par ou près Dourdan. | 35 |
| s. D. Rennes à Fougères. | 46 |
| D. Revigny à Verdun ou à Thiaucourt. | 83 |
| s. Saint-Perey au Cheylard, par Vernoux. | 36 |
| s. D. Saint-Rambert à Crest, par Romans. | 86 |
| s. Salins-d'Hyères (les) à Fréjus. | 69 |
| s. Sarlat aux Eyzies. | 20 |
| s. D. Saumur à Cholet, par Vihiers. | 54 |
| D. Septêmes à ou près Roquefavour | 15 |
| s. D. Sillé-le-Guillaume à Couterne, par ou près Villaines-la-Juhel et Lassay. | 55 |
| s. Taillebourg à Saujon. | 30 |
| s. D. Tallard vers Savines. | 24 |
| s. Toucy à Joigny ou la Roche. | 31 |
| s. D. Toul à Thiaucourt. | 49 |
| s. Toulouse à Lannemezan par Saint-Lys, Lombez, l'Isle-en-Dodon et Boulogne-sur-Gesse. | 108 |
| D. Toury à Beaune-la-Rolande, par Pithiviers. | 44 |
| D. Velaux à ou près Salon. | 20 |
| s. D. Vienne au Grand-Lemps. | 52 |
| s. Villenauxe à Joigny ou à la Roche. | 80 |
| s. D. Villenauxe à Saint-Florentin, par ou près Nogent-sur-Seine, Marcilly-le-Hayer. | 74 |
| D. Villetrun aux Ormes par Oucques, Marchenoir et Ouzouer-le-Marché. | 56 |
| s. Vitry-le-François à Givry-en-Argonne. | 34 |
| TOTAL | 4152 km. |

560. — **Déclaration d'utilité publique du chemin de Saint-Nazaire à Châteaubriant.** — L'administration avait étudié, pour la ligne de Saint-Nazaire à Châteaubriant classée par la loi du 31 décembre 1875 (art. 2), deux tracés différents. Le premier de ces tracés empruntait le chemin de Nantes à Saint-Nazaire, jusqu'à Savenay, et celui de Nantes à Châteaubriant, à partir d'Issé ; sa longueur était de 92 kilomètres, dont 50 kilomètres à construire, moyennant une dépense de 8 millions, non compris le matériel roulant. Le second avait son origine à Saint-Nazaire, avec une gare de marchandises spéciale en relation directe avec les bassins du port, et se soudait à la ligne de Châteaubriant à Redon, concédée à la Compagnie de l'Ouest : sa longueur était de 90 kilom. 5, dont 72 kilomètres à construire, moyennant une dépense de 13 millions, susceptible d'être réduite à 11 millions par l'emprunt du chemin de Saint-Nazaire à Nantes, jusqu'à Montoire. Le conseil général des ponts et chaussées avait conclu à la mise à l'enquête du premier tracé. Mais les populations avaient vivement protesté ; le conseil général de la Loire-Inférieure avait offert une subvention de 20 000 fr. par kilomètre pour obtenir l'adoption du second tracé. L'administration avait cru devoir céder au courant d'opinion qui s'était si clairement manifesté après l'accomplissement des formalités réglementaires ; elle présenta, le 29 mars. un projet de loi tendant à la déclaration d'utilité publique suivant cette dernière direction et à l'exécution par l'État de l'infrastructure [J. O., 15 avril 1879].

M. Plessier déposa le 5 juin un rapport favorable [J. O., 16 juin 1879], en insistant sur l'intérêt qu'il y avait à desservir Saint-Nazaire par une ligne nouvelle, à provoquer ainsi une concurrence féconde entre les deux Compagnies de l'Ouest et d'Orléans, et, par suite, à adopter le tracé qui n'empruntait pas les rails de cette dernière Compagnie.

Le 16 juin, la Chambre des députés ratifia d'urgence les conclusions du rapporteur [J. O., 17 juin 1879].

Le Sénat vota également le projet de loi le 15 juillet [J. O., 16 juillet 1879], conformément à un rapport du 3 juillet de M. le baron de Lareinty [Loi du 18 juillet 1879. — B. L., 2° sem. 1879, n° 456, p. 12].

561. — **Déclaration d'utilité publique du chemin de Nantes à Segré.** — La ligne de Nantes à Segré (82 km., 12 200 000 fr., dont 6 700 000 fr. pour l'infrastructure) était depuis longtemps réclamée par les départements intéressés; elle était destinée à constituer, entre la ville de Nantes et le réseau de l'Ouest, une communication directe vers le Mans et Paris; les conseils généraux avaient offert une subvention de 20 000 fr. par kilomètre. Le 19 mai, la Chambre fut saisie d'un projet de loi portant déclaration d'utilité publique du chemin et autorisation d'entreprendre les travaux d'infrastructure. Dans l'exposé des motifs [J. O., 12 juin 1879], le Ministre expliquait qu'il avait renoncé à un contre-projet comportant l'emprunt du réseau d'Orléans entre Nantes et Ancenis, malgré la réduction qui en serait résultée dans la longueur à construire et la dépense à y consacrer, parce que le tracé proposé avait l'avantage de se raccorder directement à Nantes avec les chemins de fer de l'État et de desservir des intérêts locaux considérables.

M. de La Porte conclut, par un rapport du 14 juin, à l'adoption du projet de loi en insistant sur les intérêts régionaux qui étaient en jeu et qu'affirmait le large concours offert par les départements, et sur l'utilité de créer une ligne nouvelle de Nantes à Paris, à l'abri des inondations. Cette conclusion fut ratifiée d'urgence par la Chambre le 11 juin [J. O., 22 juin 1879].

Le Sénat émit un vote semblable le 15 juillet [J. O., 16 juillet 1879], sur le rapport de M. le marquis d'Andigné [J. O., 28 juillet 1879] et l'avis conforme de la Commission des finances en date du 10 juillet [J. O., 21 juillet 1879. — Loi du 18 juillet 1879. — B. L., 2ᵉ sem. 1879, n° 458, p. 48].

562. — **Loi de classement du réseau complémentaire pour l'Algérie.**

I. — Projet de loi. — Le 4 novembre 1878, le Ministre des travaux publics déposait sur le bureau de la Chambre des députés, pour l'Algérie, un projet de loi de classement analogue à celui qu'il avait présenté pour la métropole [J. O., 22 novembre 1878]. Il comprenait dans ce classement les lignes qui lui avaient paru être utiles aux intérêts stratégiques, aux communications des trois provinces, aux relations des centres les plus importants [et des principaux ports du littoral avec le système général des voies ferrées, ou enfin à la jonction du sud de l'Algérie, du Maroc et de la Tunisie avec le réseau, savoir :

A. *Lignes nouvelles.* — 1. De la frontière du Maroc à Tlemcen ;

2. De Tlemcen à Sidi-bel-Abbès ;

3. De Tlemcen à Beni-Saf ;

4. De Beni-Saf à Rio-Salado ;

5. De Rio-Salado vers Oran ;

6. De Sebdou à un point de la ligne de Sidi-bel-Abbès à la frontière du Maroc.

7. De Mostaganem à Lhillil ;

8. De Relizane à Tiaret ;

9. De Ténès à Orléansville ;

10. D'Affreville à Haouch-Moghzen ;

11. De Mouzaïaville à Berrouaghia par Haouch-Moghzen;

12. De Berrouaghia aux Trembles ;

13. Des Trembles à Bordj-Bouïra ;

14. De Ménerville à Sétif par Bordj-Bouïra ;

15. De Ménerville à Tizi-Ouzou ;

16. De Beni-Mansour à Bougie ;

17. De l'Oued-Tixter vers Bougie, par les vallées du Bou-Sellam et de l'Oued-Amassin ;

18. D'El-Guerrah à Batna ;

19. De Batna à Biskra ;

20. D'Aïn-Beïda au réseau de la province de Constantine.

B. — *Lignes d'intérêt local à incorporer*. — 1. De Sainte-Barbe-du-Tlélat à Sidi-bel-Abbès ;

2. De la Maison-Carrée à Ménerville.

Ces lignes étaient classées sans ordre de priorité : les raisons, qui avaient déterminé le Ministre à renoncer à un ordre de cette nature pour les chemins nouveaux de la métropole, étaient en effet plus puissantes encore pour l'Algérie ;

Les propositions du Gouvernement portaient en somme sur un développement de 1 700 kilomètres, dont 100 kilomètres pour les deux chemins d'intérêt local à incorporer : en ce qui concernait ces deux dernières lignes, l'exposé des motifs formulait les réserves que nous avons déjà signalées pour le tableau B de la métropole, dans le but de sauvegarder sa liberté d'action.

L'étendue du réseau algérien devait s'élever ainsi à 2 900 kilomètres ; les principaux centres administratifs de la colonie étaient tous desservis ; la portion la plus fertile de l'Algérie était traversée, depuis la régence de Tunis jusqu'au Maroc, par une grande voie ferrée parrallèle au littoral ; les ports de quelque importance étaient tous rattachés au réseau ; enfin des chemins perpendiculaires à la ligne centrale allaient dans le Sud porter nos produits aux caravanes. La longueur, par 1 000 habitants, devait être de 1 kilomètre, chiffre peu différent de celui de la métropole (1 km. 05).

II. — RAPPORT A LA CHAMBRE DES DÉPUTÉS. — M. Journault présenta à la Chambre des députés un rapport très développé [J. O., 30, 31 mars et 1ᵉʳ avril 1879]. Cet honorable député commençait par rappeler les richesses naturelles de l'Algérie ; ses 1 200 kilomètres de côtes ; ses 43 millions d'hectares ; ses mines de plomb, de fer, de zinc, de cuivre ; ses carrières de marbre et d'onyx ; ses salines ; ses sources thermales ; ses forêts de pins, de cèdres, de chênes-verts, de chênes-lièges ; ses mers d'alfa, couvrant 5 millions d'hectares ; ses 10 millions de moutons ; ses 4 millions de dattiers ; son mouvement commercial, de 350 à 400 millions par an ; ses exportations, qui se chiffraient à 350 000 têtes de bêtes à laine, à 1 million de quintaux de céréales, à 4 700 000 quintaux de minerais. La nécessité de la doter d'un réseau développé de voies ferrées n'était plus à discuter.

De toutes les artères, la plus importante était, sans contredit, la grande ligne centrale, non point tant par sa valeur commerciale que par les relations qu'elle était destinée à assurer entre la capitale algérienne, les chefs-lieux d'Oran et de Constantine, et les deux frontières du Maroc et de Tunisie, et qui présentaient un intérêt supérieur, au triple point de vue militaire, politique et administratif. Toutefois, on ne pouvait la séparer des lignes secondaires. M. Journault procédait donc à un examen simultané par département.

(A). *Département d'Oran.* — Le classement qu'il proposait, au nom de la Commission, et auquel le Gouvernement avait adhéré, différait un peu de celui du projet primitif. Il comprenait les lignes suivantes :

1° Tlemcen à la Sénia (Oran), par ou près Aïn-Temouchent (au lieu de Tlemcen à Sidi-bel-Abbès et de Tlemcen à Rachegoum et Beni-Saf par la Tafna). — Cette modification, contraire aux visées de la Compagnie de l'Ouest-Algérien et aux propositions du conseil supérieur de l'Algérie et du conseil général des ponts et chaussées, était conforme aux vœux du conseil général d'Oran, de la ville d'Oran et de celle de Tlemcen. Les adversaires de la ligne directe de Tlemcen à Oran invoquaient les difficultés du terrain ; l'inconvénient, au point de vue militaire, de trop rapprocher le tracé du littoral ; l'allongement, pour les relations de Tlemcen avec Alger ; les dangers que courrait le chemin, en cas de guerre avec le Maroc ; le préjugé résultant de l'établissement de l'amorce du Tlélat à Sidi-bel-Abbès, en faveur de la direction de Sidi-bel-Abbès à Tlemcen ; la longueur plus faible à construire dans cette direction ; l'opportunité de desservir le village de Lamoricière et tout un territoire propice à la colonisation ; l'utilité de rattacher directement Tlemcen à la mer, au lieu de reporter le point d'embarquement ou de débarquement à Oran. Mais, aux yeux de la Commission, ces arguments étaient de peu de valeur : les études complémentaires avaient démontré l'inanité des craintes relatives à la nature argileuse des terrains ; la ligne de Tlemcen à Sidi-bel-Abbès et au Tlélat serait tout aussi exposée, si ce n'est plus, au point de vue militaire ; les relations de Tlemcen étaient avec Oran et non avec Alger ; la section du Tlélat à Sidi-bel-Abbès était une amorce de la ligne d'Oran vers Magenta, Ras-el-Ma et les hauts plateaux, et non d'une ligne du Tlélat à Tlemcen ; en tenant compte du chemin de Tlemcen à

Beni-Saf, la longueur à construire, loin d'être moindre, serait plus considérable et la dépense plus forte ; le territoire compris entre Sidi-bel-Abbès et Tlemcen ne présentait pas la richesse et la fertilité dont on avait parlé ; Lamoricière était déjà rattaché à Tlemcen et à Sidi-bel-Abbès par une bonne route ; les difficultés du chemin de Tlemcen à Beni-Saf seraient très sérieuses ; le port de Rachgoum se trouvait dans des conditions défectueuses et il était anormal de créer, à si faible distance, une concurrence au port d'Oran, entrepôt naturel de l'Algérie occidentale.

2° Sidi-bel-Abbès à Magenta. — Cette ligne était nécessaire aux communications entre Oran et les hauts plateaux, et à la mise en valeur des alfas de Ras-el-Ma et de la région située au sud de cette localité. Sa construction avait pour corollaire l'incorporation de la ligne d'intérêt local du Tlélat à Sidi-bel-Abbès, concédée à la Compagnie de l'Ouest-Algérien.

3° Tlemcen à la frontière du Maroc. — Il s'agissait là du dernier tronçon du Grand-Central, véhicule naturel des produits du Maroc et de ceux des mines situées près de Lalla-Maghnia.

4° Sebdou à un point à déterminer entre la frontière du Maroc et Tlemcen. — Utile pour la défense et pour l'exploitation de l'alfa, ainsi que des minerais des Beni-Snouss.

5° Du massif minier de Rio-Salado à un point à déterminer entre Aïn-Temouchent et la Sénia. — Ligne justifiée par les richesses du massif minier de Rio-Salado à construire plus ou moins rapidement, suivant l'importance du concours local.

6° Mostaganem à Tiaret par Aïn-Tedelès et Relizane (au lieu des lignes de Mostaganem à Lhillil et de Relizane à Tiaret). — Cette substitution était destinée à éviter l'emprunt de la ligne d'Oran à Alger, sur 30 kilomètres environ, et à desservir des intérêts plus sérieux. Le chemin de Mostaganem à Tiaret devait rendre la vie à la ville de Mostaganem, en la reliant au marché le plus important de la région.

7° Mascara à Aïn-Thizy.— Destinée à desservir Mascara, que la ligne d'Arzew à Saïda avait laissée de côté.

(B). *Département d'Alger*. — 8° Ténès à Orléansville. — Destinée à rendre la vie à la ville de Ténès, dont le trafic avait été détourné par la construction du chemin d'Alger à Oran et dont le port offrait un refuge utile aux navires.

9° Affreville à Haouch-Moghzen, Mouzaïaville à Berrouaghia par Haouch-Moghzen, Ménerville à Bordj-Bouïra. — De ces trois lignes, la première constituait un tronçon du Grand-Central. La seconde était destinée à relier à Alger la vallée de la Chiffa et, particulièrement, la ville de Médéah, centre de marchés importants ; à créer une amorce pour les communications rapides vers Laghouat ; et à rendre ainsi les plus grands services, au point de vue militaire. La troisième était une section de la ligne directe d'Alger à Constantine, desservait la Kabylie, permettait l'exploitation des mines de fer de Palestro, des mines de zinc de Guéroume, des forêts et des carrières de marbre de l'Isser.

10° Berrouaghia aux Trembles et les Trembles à Bordj-Bouïra. — Tronçons du Grand-Central, desservant en outre la ville d'Aumale.

11° Bordj-Bouïra à Beni-Mansour. — Autre section du Grand-Central.

12° Ménerville à Tizi-Ouzou. — Destinée à desservir tout le haut plateau de la grande Kabylie, à écouler vers le port d'Alger les produits de cette contrée riche et fertile, et à y empêcher des insurrections analogues à celle de 1871.

13° Maison-Carrée à Ménerville (à incorporer au réseau d'intérêt général). — Premier tronçon des lignes d'Alger à Tizi-Ouzou et d'Alger à Constantine.

(c). *Département de Constantine.* — 14° Béni-Mansour à Sétif par Bordj-bou-Arreridj. — Suite du Grand-Central, traversant sur une partie de son parcours une région peu fertile et peu propre à la colonisation, mais desservant à son extrémité occidentale la riche région sétifienne.

15° Béni-Mansour à Bougie et de l'Oued-Tikster à Bougie, par les vallées de Bou-Sellam et de l'Oued-Amassin. — Ces deux lignes avaient pour objet de relier à la mer la région sétifienne et de mettre en valeur le port, si bien situé et si sûr, de Bougie. La seconde desservait plus spécialement la ville de Sétif, point où se tenait un marché important et où les indigènes du Sud venaient échanger leurs bestiaux et leurs dattes contre les fruits, les figues, les huiles de la Kabylie et s'approvisionner de céréales.

16° El-Guerrah à Batna. — Bien que cette ligne eût été déjà classée dans la loi du 26 juillet 1875, portant approbation d'une convention avec la Compagnie de l'Est-Algérien, la Commission jugeait utile de confirmer ce classement et d'affirmer ainsi l'utilité d'une ligne reliant au réseau le poste avancé de Batna, situé au milieu d'une région fertile en céréales et très productive d'alfa et près de belles forêts et des gisements miniers de l'Aurès.

17° Batna à Biskra. — Ligne de pénétration vers le Sahara algérien, appelée à s'alimenter par les produits des caravanes du Sud.

18° Aïn-Beïda au réseau constantinois. — Aïn-Beïda était le centre de forêts et de mines importantes. Le Gouvernement présentait, pour relier cette ville au réseau, deux tracés, dont l'un aboutissait à la ligne d'El-Guerrah à Batna et était tributaire du port de Philippeville et de la ville de Constantine, tandis que l'autre aboutissait à la ligne de Constantine à Bône et permettait au trafic d'aller, soit au port de Philippeville, soit à celui de Bône. La Commission

3                                                      45

donnait la préférence au premier tracé, à titre de réparation du préjudice causé à Constantine et Philippeville par la
construction du chemin de Sétif à Bougie; toutefois, elle
en reportait le terminus près d'El-Guerrah.

19° Tebessa à Souk-Arrhas. — Cette ligne, prévue dans
la convention de 1874 entre le département de Constantine
et la Compagnie de Bône à Guelma, devait dédommager
Bône de l'attribution à Philippeville du trafic d'Aïn-Beïda,
tout en desservant Tebessa, trait d'union entre le Sud algérien et le Sud de la Tunisie, centre important à tous égards
au point de vue de l'extension de notre influence.

Le rapport récapitulait ensuite les points de passage du
Grand-Central. Il formulait les réserves les plus expresses
sur une idée qui avait été émise et qui tendait à l'exécution
à voie étroite des chemins transversaux. L'adoption à voie
étroite ne lui paraissait s'imposer que pour la ligne de
Mascara à Aïn-Thizy, qui s'embranchait sur un chemin de
même nature.

Pour le surplus, il concluait à l'adoption du projet de
loi.

III. — VOTE DE LA CHAMBRE DES DÉPUTÉS. — La Chambre
des députés adopta d'urgence et sans discussion, le 1ᵉʳ avril
1879, les conclusions de la Commission [J. O., 2 avril 1879].

IV.— RAPPORT AU SÉNAT. — Déposé le 3 avril 1879 sur
le bureau du Sénat [J. O., 19 avril 1879], le projet de loi
donna lieu dans cette Assemblée à un rapport de M. Pomel,
en date du 21 juin 1879 [J. O., 7 juillet 1879].

Au début de son travail, M. Pomel faisait remarquer
que, si le classement nouveau devait placer l'Algérie à peu
près sur le pied d'égalité avec la métropole, au point de vue
du rapport entre le développement de son réseau et la po-

pulation, il était loin d'en être de même, en prenant pour
terme de comparaison la superficie du territoire. A cet
égard, la France continentale devait être dotée de 0 m. 08
de chemins de fer par kilomètre carré ; la colonie ne devait
en avoir que 0 m. 02, abstraction faite des steppes saha-
riennes situées en dehors du Tell. Le programme, quoique
proportionné aux besoins du moment, restait donc en deçà
des besoins que l'on devait aider à se manifester dans un
avenir prochain.

Le rapporteur rappelait ensuite à grands traits quelles
avaient été les bases du classement ; il jugeait ces bases rationnelles. Tout en exprimant le regret qu'aucune ligne
sérieuse de pénétration ne fût projetée dans toute l'étendue
du département d'Alger et dans la moitié occidentale de
celui de Constantine, il reconnaissait que cette lacune était
motivée par la configuration du sol ; il prenait acte de la
déclaration du Ministre des travaux publics, que, si le département de la guerre réclamait plus tard des lignes aboutissant à Laghouat et à Géryville, il serait facile d'y pourvoir par des chemins économiques à voie étroite. La structure du réseau lui paraissait en harmonie avec le caractère
orographique du pays. Il donnait, à cet égard, des renseignements très intéressants sur la division naturelle de
l'Algérie qui comprenait, savoir :

La région saharienne, très vaste, très étendue, située au
sud de l'Atlas, peu productive, parcourue exclusivement par
des tribus pastorales, à part quelques groupes d'oasis, et
où nous ne devions avoir pour longtemps encore que des
intérêts militaires et des devoirs de souveraineté ;

Les Hauts-Plateaux, région supérieure de l'Atlas, placée
à l'altitude de 800 à 1 000 mètres, participant dans l'Ouest au
caractère désertique du Sahara, produisant surtout de l'alfa,
ne comportant guère pour les indigènes qu'une région pas-

torale, et où nous avions surtout à encourager l'élevage des bêtes à laine ;

Le Tell, région voisine de la mer, essentiellement fertile, riche en forêts magnifiques, recélant des richesses minérales considérables, offrant un champ des plus vastes à la colonisation.

Il n'y avait pas encore lieu de se préoccuper sérieusement des chemins à lancer vers le Sahara. Pour les Hauts-Plateaux, nous avions à pousser jusqu'à leurs confins des embranchements, destinés à transporter vers nos ports et nos marchés les viandes et les textiles. Mais c'était surtout le Tell qui devait être l'objet de toute notre sollicitude ; nous avions à y développer la colonisation, à y introduire la réforme des mœurs et surtout celle des procédés culturaux.

La bande de 1 000 kilomètres de longueur et de 80 à 220 kilomètres de largeur qui constituait le Tell était d'ailleurs loin d'être homogène ; elle affectait des dispositions orographiques différentes. Dans l'Ouest, elle partait du bord même des steppes et formait un versant accidenté de contreforts entre des vallées étroites, jusqu'à une plaine basse, séparée elle-même de la mer par un bourrelet de collines. Au centre, le bourrelet littoral s'accentuait, prenait de grands reliefs, s'évasait et se courbait, pour laisser place à la fertile plaine de la Mitidja, et se terminait dans la chaîne du Jurjura culminant à plus de 2 300 mètres. A l'Est, la chaîne des montagnes bordant la côte n'était en quelque sorte que le prolongement du Jurjura ; elle était très accidentée et formait par excellence la région forestière ; les plaines élevées qui la séparaient du prolongement des crêtes des plateaux à alfa étaient riches en céréales.

M. Pomel montrait que les tracés adoptés pour le Grand-Central et pour les chemins transversaux s'adaptaient parfaitement à la topographie du sol.

Traitant ensuite, mais d'une main légère, la question de l'ordre à adopter dans l'exécution, il faisait remarquer que les lignes transversales reliant l'intérieur du pays à la côte seraient de beaucoup les plus productives et que, au contraire, l'uniformité de prodection des régions traversées par le Grand-Central rendrait peu important le trafic de cette ligne magistrale, si ce n'est aux abords de ses points de contact avec les lignes transversales.

Il énumérait toutes les considérations qui militaient en faveur de l'extension du réseau algérien : conditions favorables d'acclimatement et de peuplement ; opportunité d'assurer l'expansion de notre race et de notre civilisation ; importance des marchés de la colonie ; nécessité d'accomplir un devoir d'humanité, en faveur des races que nous n'avions pu soumettre à notre domination, pour les laisser s'éteindre insensiblement dans la barbarie ; facilité de développer dans de larges proportions la puissance productive du sol, en donnant aux produits des débouchés rapides et économiques.

Passant successivement en revue les diverses lignes portées au classement, M. Pomel les justifiait par des considérations analogues à celles que nous avons déjà résumées, en faisant l'analyse du rapport de M. Journault à la Chambre des députés.

Enfin, il discutait un amendement de M. Caillaux, tendant à l'addition d'une ligne de Biskra à El-Goléah, c'est-à-dire d'une amorce d'un chemin transsaharien destiné à relier l'Algérie au bassin du Niger. La Commission avait pensé que le tracé le meilleur à adopter, pour ce chemin, était encore trop indéterminé, pour qu'il fût possible de l'engager par le classement d'une section de 500 kilomètres de longueur ; elle avait estimé qu'il convenait d'attendre les résultats des études entreprises par le Ministre ; toutefois, pour

affirmer l'intérêt patriotique et national de l'œuvre, elle
avait cru devoir ajouter au classement une ligne « d'un point
à déterminer sur le Grand-Central vers le Sahara, dans la
direction du Sud ».

Sous cette réserve, M. Pomel concluait au vote du projet
de loi adopté par la Chambre des députés.

v. — DISCUSSION AU SÉNAT. — La première délibération
au Sénat eut lieu le 5 juillet 1879 [J. O., 6 juillet 1879]. M. le
général Robert, qui avait, au sein de la Commission, défendu la ligne de Tlemcen à Sidi-bel-Abbès contre celle de
Tlemcen à Oran par Aïn-Temouchent, présenta un amendement, ayant pour objet, non plus de substituer la première
de ces deux lignes à la seconde, mais de la faire ajouter
au classement. A l'appui de sa proposition, il invoqua l'avis
du conseil supérieur de l'Algérie ; celui de la commission
régionale ; celui du conseil général des ponts et chaussées ;
les résultats de deux enquêtes d'utilité publique ouvertes,
l'une en 1877 et l'autre en 1878 ; le raccourci de 37 kilomètres, dans les communications de l'Algérie avec Tlemcen,
centre stratégique de première importance, et vers la frontière du Maroc ; la sécurité du tracé, en cas d'attaque par
le littoral ; les services que le chemin rendrait, en cas d'insurrection ; l'avantage d'utiliser une ligne, déjà établie et en
exploitation, et de n'avoir à construire que 82 kilomètres.
Il cita un certain nombre de faits, qui attestaient pleinement, à ses yeux, le haut intérêt militaire de la ligne de
Sidi-bel-Abbès à Tlemcen. Enfin, il fit remarquer que, même
avec l'addition sollicitée par lui, il y avait encore une
économie de 28 kilomètres sur le développement primitivement prévu par le Gouvernement, pour les relations de
Tlemcen avec la mer et avec Oran. M. Pomel, rapporteur,
combattit l'amendement, en faisant valoir que les relations

de Tlemcen étaient à peu près exclusivement dirigées sur
Oran et qu'il serait fâcheux de faire une double ligne
qu'aucun intérêt vital ne réclamait. M. de Freycinet ayant
ensuite déclaré que, d'accord avec le Ministre de la guerre,
il considérerait le vote des conclusions de la Commission
comme équivalant, non point au rejet, mais seulement à
l'ajournement du chemin de Sidi-bel-Abbès à Tlemcen, le
général Robert retira son amendement.

M. Caillaux défendit, à son tour, la proposition qu'il
avait présentée, pour le classement d'une ligne de Biskra à
El-Goléah. Cette ligne était utile par elle-même, puisqu'elle
reliait Biskra, c'est-à-dire le seul point situé aux frontières
du Sahara qui fut abordé par le réseau algérien, à El-Goléah,
centre important placé à l'extrémité méridionale de nos
possessions, et qu'elle desservait, sur son chemin, les oasis
de Touggourt et d'Ouargla où nous entretenions des gar-
nisons. Elle était utile également, comme amorce du chemin
transsaharien ; on pourrait la prolonger tout d'abord sur
500 kilomètres jusqu'au Touat, qui comptait une population
sédentaire de 300 000 habitants, en passant par Aïn-Salah,
centre de commerce et de ravitaillement des caravanes, et
plus tard sur 1 000 kilomètres jusqu'au fleuve du Niger à
Tombouctou. De tous côtés, de grands efforts se faisaient
pour ouvrir au commerce du monde l'intérieur du continent
africain, c'est-à-dire un marché de 80 millions d'habitants ;
il ne fallait pas nous laisser devancer. L'entreprise, quoique
grandiose et difficile, ne paraissait pas dépasser celles que
les Anglais, d'une part, et les Américains de l'autre, avaient
menées à bonne fin, en sillonnant les Indes de voies ferrées
et en reliant New-York à San-Francisco, ni celle que les
Russes projetaient, pour la jonction de l'Oural à la Chine.
A la vérité, la Commission était entrée dans les vues de
l'orateur : mais la disposition qu'elle avait introduite au

classement était si vague, si indéterminée, qu'elle compromettait l'idée première de l'amendement. Il était matériellement impossible d'établir de toutes pièces un projet du chemin de fer transsaharien ; le seul procédé pratique était de préparer l'avenir par une première expérience, une première marche, sauf à aller ensuite de l'avant, si les circonstances et le terrain paraissaient le permettre.

M. Pomel insista pour le rejet de la proposition, en donnant quelques indications sur les divers tracés mis en avant, pour le transsaharien, et en faisant valoir que l'amorce de Biskra à El-Goléah ne cadrait avec aucun de ces tracés et que, dès lors, il était imprudent d'engager ainsi un chemin de 500 kilomètres, sans certitude et même sans probabilité de pouvoir l'utiliser ultérieurement. L'amendement fut repoussé. Puis, sur la demande de M. de Freycinet qui fournit quelques explications au sujet de l'impulsion donnée par son administration à l'étude de la question, la Commission retira l'addition qu'elle avait faite au classement.

La loi fut par suite votée en première délibération, telle qu'elle était sortie de la Chambre des députés ; elle le fut de même le 15 juillet en deuxième délibération [J. O., 16 juillet 1879. — Loi du 18 juillet 1879. — B. L., 2° sem. 1879, n° 456, p. 13].

Le classement comprenait définitivement les lignes suivantes :

### A. Lignes nouvelles.

| | |
|---|---|
| De la frontière du Maroc à Tlemcen. . . . . . . . . . | 58 km. |
| De Tlemcen à la Sénia (Oran), par Aïn-Temouchent. . | 145 |
| Du massif minier de Rio-Salado à un point à déterminer entre Aïn-Temouchent et la Sénia. . . . . . . . | 25 |
| De Sebdou à un point à déterminer entre Tlemcen et la frontière du Maroc. . . . . . . . . . . . . . . . . . | 45 |
| *A reporter.* . . . . . . | 273 km. |

| | |
|---|---|
| Report. . . . . . | 273 km. |
| De Sidi-bel-Abbès à Magenta. . . . . . . . . . . . | 61 |
| De Mostaganem à Tiaret, par Aïn-Tédélès et Relizane. | 179 |
| De Mascara à Aïn-Thizy. . . . . . . . . . . . . | 12 |
| De Ténès à Orléansville. . . . . . . . . . . . . | 58 |
| D'Affreville à Haouch-Moghzen. . . . . . . . . . . | 48 |
| De Mouzaïaville à Berrouaghia, par Haouch-Moghzen. | 96 |
| De Berrouaghia aux Trembles. . . . . . . . . . . | 70 |
| Des Trembles à Bordj-Bouïra. . . . . . . . . . . | 30 |
| De Ménerville à Sétif, par Bordj-Bouïra. . . . . . . | 247 |
| De Ménerville à Tizi-Ouzou. . . . . . . . . . . | 56 |
| De Béni-Mansour à Bougie. . . . . . . . . . . . . | 97 |
| De l'Oued-Tikster vers Bougie, par les vallées du Bou- | |
| Sellam et de l'Oued-Amassin. . . . . . . . . . . . . | 85 |
| D'El-Guerrah à Batna. . . . . . . . . . . . . . | 80 |
| De Batna à Biskra. . . . . . . . . . . . . . . . | 115 |
| D'Aïn-Beïda au réseau de la province de Constantine. | 80 |
| De Tébessa à Souk-Arrhas. . . . . . . . . . . . | 126 |
| Ensemble. . . . . . | 1 713 km. |

в. *Lignes d'intérêt local à incorporer.*

| | |
|---|---|
| Sainte-Barbe-du-Tlélat à Sidi-bel-Abbès. . . . . . . | 51 km. |
| La Maison-Carrée à Ménerville. . . . . . . . . . . | 43 |
| Ensemble. . . . . | 94 km. |

563. — **Question de M. Poriquet, sénateur, sur la répartition des crédits affectés aux travaux de chemins de fer en 1879.** — Pour clore la période du 1ᵉʳ janvier au 18 juillet 1879, nous avons encore à mentionner divers incidents ou propositions parlementaires.

Le 28 janvier [J. O., 29 janvier 1879], M. Poriquet posa une question au Ministre des travaux publics, au sujet de la répartition des crédits mis en bloc à sa disposition, pour l'exécution des chemins de fer non concédés en 1879, et réclama le dépôt au Sénat et la publication au *Journal officiel* de cette répartition, afin de permettre au Parlement d'exercer son contrôle sur la distribution d'une somme trop considérable, pour que l'emploi en fût laissé purement et simplement à la discrétion de l'administration.

M. de Freycinet lui répondit, en indiquant les inconvénients de la publication d'une répartition nécessairement modifiée, en cours d'exercice, par les mécomptes dans les délais d'instruction ou dans les adjudications; il promit toutefois de mettre ce document sous les yeux de la Commission des finances.

**564. — Proposition de MM. Germain Casse et autres sur les rapports entre les Compagnies et leurs agents commissionnés.** — La dissolution de la Chambre des députés, en 1877, avait empêché de donner suite à la proposition de MM. Germain Casse et autres concernant les rapports entre les Compagnies et leurs mécaniciens et chauffeurs. Cette proposition fut reprise le 29 janvier 1878 par leurs auteurs qui l'étendirent à tous les agents commissionnés et stipulèrent, en outre, le remboursement à ces agents ou à leurs héritiers, en cas de démission, de révocation ou de mort, de toutes les sommes retenues sur leurs émoluments au profit des caisses de retraite [J. O., 9 février 1878].

Le 20 février 1879 [J. O., 13 mars 1879], M. Germain Casse présenta un rapport tendant à la prise en considération. Il rappelait les pétitions réitérées, par lesquelles les mécaniciens et chauffeurs avaient appelé l'attention des pouvoirs publics sur leur situation, sur l'excès de travail imposé au personnel et aux machines locomotives, sur les pénalités injustes et excessives auxquelles ils étaient soumis, sur le caractère véritablement arbitraire des conseils d'administration, sur l'iniquité des responsabilités qu'ils endossaient, en cas d'accident. Sans contester la nécessité d'une discipline rigoureuse, la Commission estimait que la situation comportait un examen et des mesures législatives. Les garanties fournies par les recours au Ministre et aux tribunaux étaient insuffisantes ; en 1871, en effet, les Compagnies avaient pu impunément révoquer quatre-vingts agents et en frapper d'autres de peines disciplinaires diverses, pour avoir adressé une réclamation au Ministre ; quant aux tribunaux, ils étaient inaccessibles au personnel subalterne, en présence de la puissance d'organisation du contentieux des Compagnies.

La prise en considération fut prononcée sans débat le 15 mars [J. O., 16 mars 1879].

### 565. — Proposition de M. Jean David, député, sur le régime du troisième réseau.

I. — PROPOSITION. — M. Jean David, député, préoccupé des plaintes des industriels et des commerçants, sur le mode d'exploitation des chemins livrés à la circulation, présenta, le 27 mai, une proposition sur le régime du troisième réseau [J. O., 21 juin 1879]. Dans son exposé des motifs, il rappelait que les voies ferrées avaient été créées, non dans un but d'exploitation commerciale, mais dans un but d'utilité générale. Ce principe était formellement inscrit dans le préambule de l'ordonnance du 15 novembre 1846 ; les grandes Compagnies l'avaient complètement méconnu : leur doctrine à cet égard s'était nettement affirmée par l'organe de M. Solacroup, directeur de la Compagnie d'Orléans, qui n'avait voulu reconnaître d'autre règle que celle qui consistait « à demander à la marchandise tout « ce qu'elle pouvait payer ». En présence de prétentions de cette nature, la vraie solution, celle qui s'imposerait inévitablement, serait le rachat des concessions ; toutefois, comme elle était de nature à soulever encore des objections, il convenait de se borner, provisoirement, à organiser sur des bases rationnelles l'exploitation du troisième réseau. Les dispositions proposées par M. Jean David étaient les suivantes.

Des groupes de 2 000 kilomètres, au plus, étaient constitués avec les lignes nouvelles non concédées, les lignes d'intérêt local qu'il paraîtrait utile de leur annexer, et enfin les lignes qu'il serait nécessaire de distraire des concessions antérieures, moyennant paiement d'une indemnité à régler, soit à l'amiable, soit par l'application de la loi du 3 mai 1841.

La construction des chemins nouveaux serait placée sous l'autorité du Ministre des travaux publics et l'exploitation, sous l'autorité du Ministre de l'agriculture et du commerce. Les travaux de premier établissement seraient exécutés par voie d'adjudication ou de concession à l'industrie privée; tout en respectant l'unité de largeur de la voie, des limites plus élevées pourraient être admises pour les pentes et des limites plus faibles pour le rayon des courbes. La formation des groupes serait arrêtée par le législateur, après enquête et avis des conseils généraux, des conseils d'arrondissement et des conseils municipaux. Les tarifs resteraient entre les mains de l'État; ils seraient fixés par le Parlement, après élaboration par une commission de membres du Parlement, de conseillers généraux, d'ingénieurs, de représentants des chambres de commerce et des chambres consultatives des arts et manufactures; ils seraient révisés tous les quinze ans; le Gouvernement pourrait en provoquer plus souvent la modification, les concessionnaires entendus. Ils devraient satisfaire aux conditions suivantes :

1° Expéditions aux conditions les plus avantageuses pour l'expéditeur ;

2° Tarifs kilométriques à base décroissante, calculés

comme les délais, d'après la plus courte distance réelle, sauf majoration pour tenir compte des difficultés de traction ;

3° Classification basée sur la valeur, la nature et le conditionnement des marchandises ;

4° Exclusion des tarifs conditionnels ou spéciaux; déclassement, en cas de chargement par wagon complet, d'allongement des délais, de renonciation aux garanties légales ;

5° Uniformité des tarifs sur les divers groupes.

L'exploitation serait affermée, pour quinze ans au plus, à des Compagnies fournissant le matériel roulant et rémunérées par l'allocation : 1° d'un prix forfaitaire kilométrique, pour la mise en marche de six trains par jour, dont trois dans chaque sens ; 2° d'un prix également forfaitaire, pour les trains supplémentaires : 3° d'une part des produits nets. La composition des trains serait fixée par l'administration. Le matériel serait repris par l'État, à dire d'experts, en fin de bail. Les concessionnaires pourraient être chargés de l'exécution de travaux neufs, dans l'étendue de leur groupe.

II. — Prise en considération. — Par un rapport du 30 juin [J. O., 19 juillet 1879], M. de La Porte conclut à la prise en considération de la proposition et à son renvoi à une Commission de trente-trois membres, comme celle dont la création avait été demandée par MM. Savary et autres en 1877 et qui n'avait pas été nommée.

La Chambre des députés prononça sans discussion la prise en considération. le 9 juillet [J. O., 10 juillet 1879]

566. — Amendement de M. Paul Bert au budget de 1880. — M. Paul Bert avait présenté un amendement au budget pour l'affectation d'un crédit de 200 000 fr. aux

études d'un chemin de fer entre l'Algérie et le bassin du Niger. M. Rouvier, rapporteur, affirma les sympathies de la Commission, pour l'objet de cet amendement, et son désir de voir réaliser le plus tôt possible l'œuvre civilisatrice qui ouvrirait au mouvement des échanges, entre l'Afrique et l'Europe, une voie essentiellement française, au grand pro-'fit de notre commerce et de notre influence. Toutefois, il conclut à repousser la proposition, attendu que M. de Freycinet avait mis la question à l'étude et que la dotation du chapitre relatif aux travaux extraordinaires de chemins de fer permettrait de faire face, le cas échéant, aux dépenses des explorations.

L'amendement fut retiré le 25 juillet, lors de la discussion du budget.

**567.— Observations sur la période de 1876 à 1879.** — Nous arrêtons provisoirement notre publication aux lois de classement de 1879, qui constituent le dernier fait saillant de l'histoire des chemins de fer.

Si nous jetons un coup d'œil rétrospectif sur la période de 1876 à 1879, que nous venons de parcourir, nous voyons qu'elle est dominée par les faits suivants : rachat d'un certain nombre de concessions secondaires ; avortement, devant le Parlement, de toutes les combinaisons étudiées pour rattacher tout ou partie des lignes nouvelles aux réseaux des grandes Compagnies ; constitution d'un réseau d'État ; adoption du vaste programme de M. de Freycinet ; extension considérable du rôle de l'État, dans la construction et l'exploitation des voies ferrées ; travaux remarquables de la commission d'enquête du Sénat et, notamment, rapport de M. George sur les tarifs.

Depuis, les Ministres placés successivement à la tête de l'administration des travaux publics, ont porté leurs efforts

sur la construction des lignes classées en 1879 ou antérieurement. Ils ont en même temps négocié avec les grandes
Compagnies, tout à la fois pour leur faire accepter une
partie des dépenses de premier établissement de ces lignes,
presque toutes tributaires de leurs réseaux, et pour les
amener à réaliser dans leur exploitation et particulièrement
dans leur tarification les améliorations réclamées par l'opinion publique. Plusieurs conventions ont été conclues dans
ce sens, antérieurement à 1883 ; mais elles sont venues
échouer à la Chambre des députés, de telle sorte que la
question du régime des chemins de fer est restée ouverte. En
attendant la solution de cette question, il a fallu pourvoir, à
titre provisoire, à la mise en service des chemins susceptibles d'être livrés à la circulation : l'exploitation de la plupart de ces chemins a été confiée aux grandes Compagnies,
en vertu de traités d'affermage à courte échéance; pour
quelques autres lignes, elle a été placée entre les mains de
l'administration des chemins de fer de l'État ; enfin, sur
deux points, le Gouvernement a organisé une expérience de
régie directe. Toutes ces mesures n'étaient évidemment que
des expédients onéreux pour nos finances. Il est vivement à
désirer que nous puissions sortir, à bref délai, de cette
situation essentiellement précaire et transitoire. L'État
poursuit un but légitime, en cherchant à faire contribuer
les Compagnies à l'exécution du troisième réseau dont elles
sont appelées à profiter largement, par le trafic que les lignes
de ce réseau feront affluer sur les artères de l'ancien et du
nouveau réseau. Les Compagnies ne peuvent pas oublier,
elles n'oublieront pas, que l'État les a soutenues, dotées,
protégées à leur origine et dans leur développement; qu'elles
sont tenues moralement d'appliquer une partie de leurs
plus-values à la réalisation du programme de M. de Freycinet; qu'en se montrant trop parcimonieuses, elles man-

queraient à leur mission. Elles doivent aussi se montrer disposées à donner, au point de vue de leur tarification, les
satisfactions légitimes que réclame l'intérêt public. Il importe qu'un accord s'établisse le plus tôt possible sur des
bases équitables et, en tous cas, que les pouvoirs publics
puissent statuer définitivement sur les voies et moyens d'exécution et sur le régime du troisième réseau (1).

Nous terminons par un tableau récapitulatif de la situation au 18 juillet 1879.

## 1. — MÉTROPOLE.

| DÉSIGNATION DES CATÉGORIES DE CHEMINS | | | LONGUEURS | | TOTAUX. |
|---|---|---|---|---|---|
| | | | en exploitation. | en construc-tion ou à construire. | |
| | | | kilom. | kilom. | kilom. |
| Chemins d'in-térêt général. | concédés | définitivement.... | 22 400 | 5 027 | 27 427 (a) |
| | | éventuellement... | » | 146 | 146 |
| | non concédés (y compris le réseau de l'Etat) | déclarés d'utilité publique...... | » | 3 075 | 3 075 |
| | | classés......... | » | 8 939 (b) | 8 939 |
| Chemins industriels et divers............... | | | 252 | 114 | 366 |
| Chemins d'intérêt local................... | | | 2 030 | 2 257 | 4 287 |
| Ensemble.......... | | | 24 682 k. | 19 558 k. | 44 240 k. |

(a) Y compris les lignes du réseau des chemins de fer de l'État.

(b) Déduction faite de 371 kilomètres compris dans la loi du 17 juillet 1879, mais déclarés d'utilité pu-blique, antérieurement à cette date.

(1) Depuis le mois de mai, époque à laquelle nous écrivions ces lignes, des conventions nouvelles ont été conclues entre M. Raynal, Ministre des travaux publics, et la plupart des grandes Compagnies. Ces conventions sont actuel-lement soumises à la Chambre des députés.

## 2. — ALGÉRIE.

| DÉSIGNATION DES CATÉGORIES DE CHEMINS. | | | LONGUEURS | | TOTAUX. |
|---|---|---|---|---|---|
| | | | en exploitation. | en construction ou à construire. | |
| | | | kilom. | kilom. | kilom. |
| Chemins d'intérêt général. | concédés | définitivement.... | 871 | 289 | 1 160 (a) |
| | | éventuellement... | » | 133 | 133 |
| | non concédés | déclarés d'utilité publique...... | » | » | » |
| | | classés......... | » | 1 633 (b) | 1 633 (b) |
| Chemins industriels et divers............. | | | 33 | » | 33 |
| Chemins d'intérêt local.................. | | | 51 | 43 | 94 |
| Ensemble......... | | | 955 k. | 2 098 k. | 3 053 k. |

(a) Non compris 220 kilom. sur le territoire tunisien, dont 134 kilom. exploités.
(b) Non compris 80 kilom. déjà concédés éventuellement.

FIN DU TOME TROISIÈME.

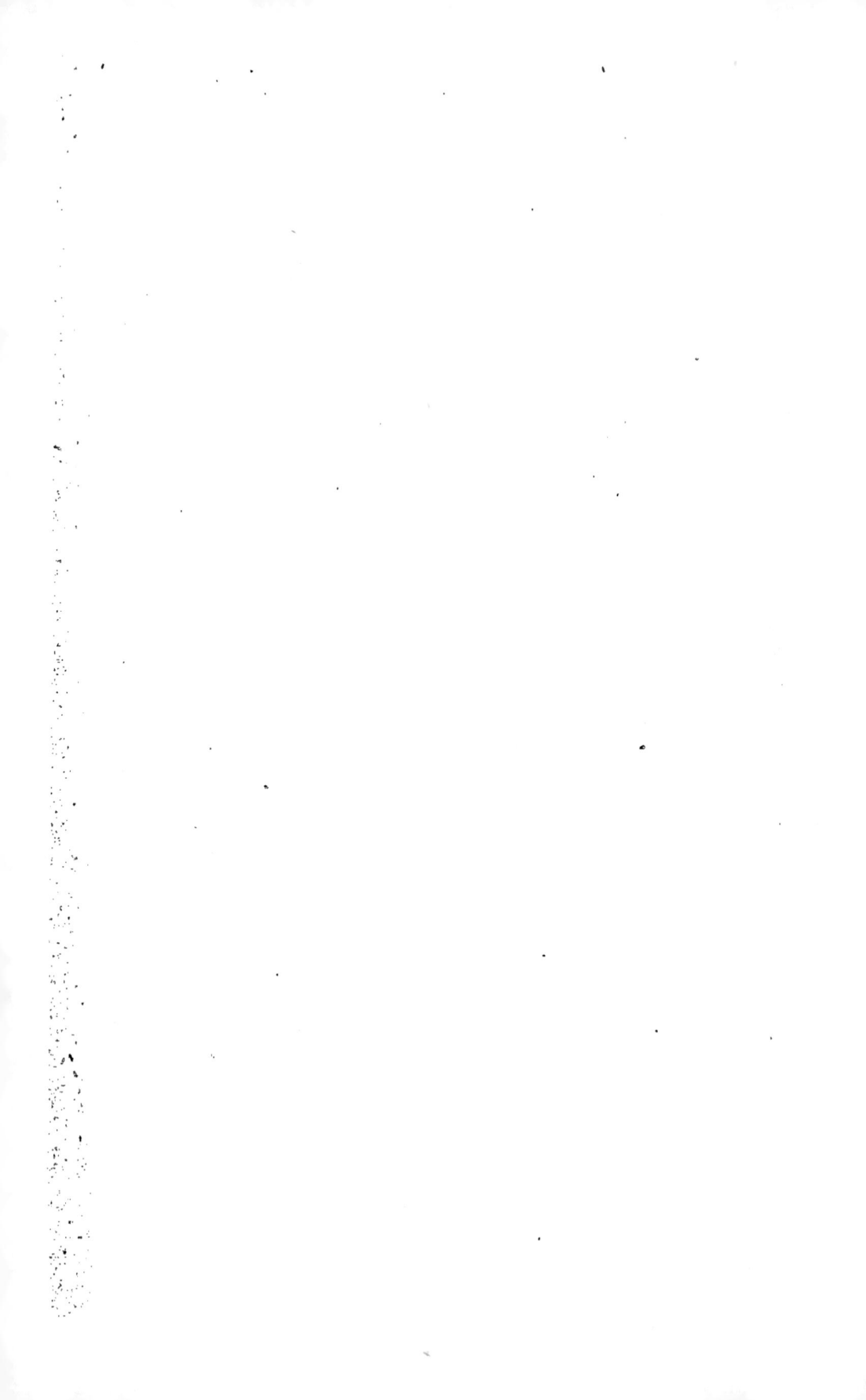

# I. — TABLE DES MATIÈRES

---

## PREMIÈRE PARTIE

### PÉRIODE DU 4 SEPTEMBRE 1870 AU 31 DÉCEMBRE 1875

EXTENSION DES RÉSEAUX CONCÉDÉS AUX GRANDES COMPAGNIES

#### CHAPITRE I. — ANNÉE 1871

#### CHAPITRE II. — ANNÉE 1872

# DEUXIÈME PARTIE

## PÉRIODE DU 1er JANVIER 1876 AU 18 JUILLET 1879

CONSTITUTION DU RÉSEAU D'ÉTAT. — ADOPTION DU GRAND PROGRAMME
DE TRAVAUX PUBLICS

### CHAPITRE Ier. — ANNÉE 1876.

FIN DE LA PREMIÈRE TABLE

# II. — TABLE

## DES PRINCIPALES QUESTIONS D'ORDRE GÉNÉRAL

### TRAITÉES DANS LE TOME TROISIÈME [1-2]

[1] On n'a indiqué que les principaux passages de l'ouvrage. utiles à consulter sur chaque question.
[2] Le lecteur devra prendre connaissance de la suite de chaque article de l'ouvrage. à partir de la page notée par la table.

FIN DE LA DEUXIÈME TABLE.

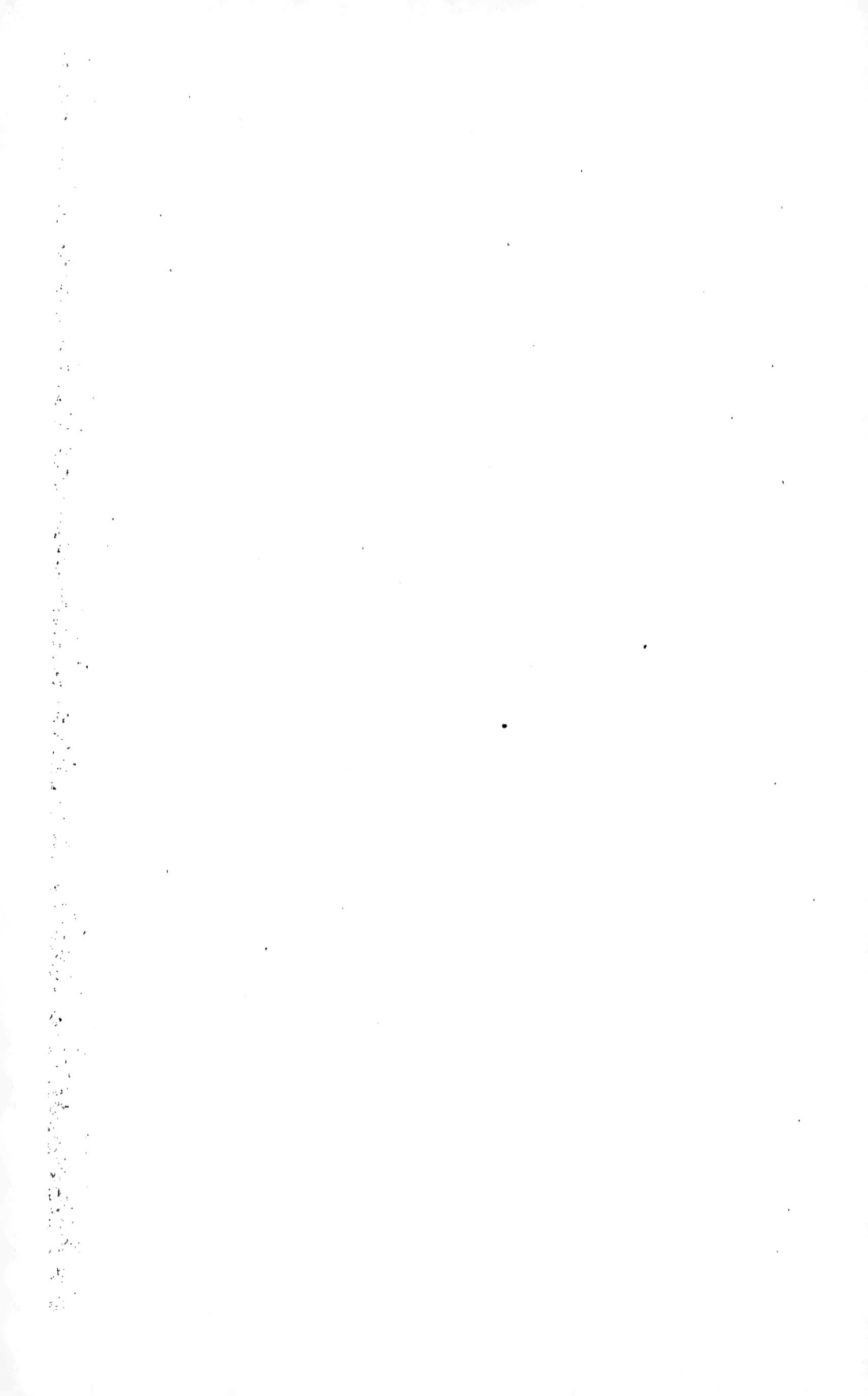

# III.—TABLE ALPHABÉTIQUE

## DES CHEMINS OU SECTIONS FAISANT SPÉCIALEMENT L'OBJET DES ACTES RELATÉS DANS LE TOME TROISIÈME [1]

---

---

[1] Les lignes renvoyées au Ministre, pour étude, par la Chambre des députés ou par le Sénat, lors du classement de 1879, ne sont pas comprises dans la présente table ; le lecteur en trouvera la nomenclature page 694.

3

47

FIN DES TABLES DU TOME TROISIÈME.

.